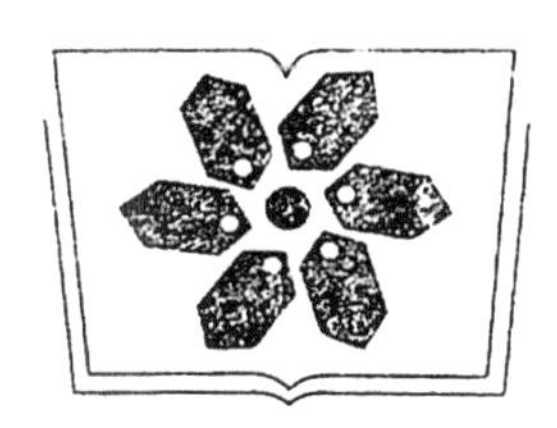

中国科学院科学出版基金资助项目

纯粹数学与应用数学专著　第32号

亚纯函数唯一性理论

仪洪勋　杨重骏　著

科　学　出　版　社

1 9 9 5

(京)新登字 092 号

内 容 简 介

本书系统地总结了近 20 年来国内外关于亚纯函数唯一性理论的研究工作。主要内容为 Nevanlinna 基本理论、零级和有穷非整数级亚纯函数的唯一性、五值定理、重值与唯一性、四值定理及其改进、各种类型的三值定理、二值定理和一值定理、涉及到导数的唯一性以及具有公共值集的唯一性等。

本书可供大学数学专业高年级学生、研究生、教师及有关的研究人员阅读和参考。

图书在版编目(CIP)数据

亚纯函数唯一性理论 / 仪洪勋, 杨重骏著. —北京: 科学出版社, 1995.9 (2019.2重印)
(纯粹数学与应用数学专著丛书 ; 32)
ISBN 978-7-03-004554-6

Ⅰ. ①亚… Ⅱ. ①仪… ②杨… Ⅲ. ①半纯函数-研究 Ⅳ. ①O174.52

中国版本图书馆 CIP 数据核字 (2018) 第 108563 号

责任编辑: 李静科 / 责任校对: 李静科
责任印制: 张 伟 / 封面设计: 陈 敬

科 学 出 版 社 出版
北京东黄城根北街 16 号
邮政编码: 100717
http://www.sciencep.com
北京建宏印刷有限公司 印刷
科学出版社发行 各地新华书店经销
*
1995 年 9 月第 一 版 开本: 720 × 1000 1/16
2019年 2 月 印 刷 印张: 40
字数: 525 000
定价: 328.00元
(如有印装质量问题, 我社负责调换)

序　　言

所谓函数唯一性理论是探讨在什么情况下只存在一个函数满足所给的条件. 大家都知道, 多项式除了一常数因子外, 由其零点(亦即取零值的点集)而定, 但对超越整函数以至亚纯函数就不然了. 如函数 e^z 和 e^{-z}, 它们具有共同取值 $\pm 1, 0$ 及 ∞ 的点集. 因此, 如何来唯一地确定一个亚纯函数的探讨也就显得有趣及复杂了. 在这方面, R. Nevanlinna 所创立的值分布论也就自然地成为主要的研究工具, 很早 Nevanlinna 本人也证明, 任何一非常数亚纯函数可由其 5 个值的点集而确定. 换言之, 如两非常数亚纯函数 f 与 g 具有共同的取 5 个值的点集, 则 $f \equiv g$. 很明显, 如有了些附加条件, 则二个函数相应地可由具有共同地取 4 个值, 3 个值, 2 个值甚至一个值的点集而定. 本书主要介绍在各种情况下亚纯函数可由少于 5 个值的点集而定的种种研究结果及方法.

本书共十章. 第一章介绍 Nevanlinna 基本理论, 其中包括杨乐最近得到的几个精密的基本不等式和解决 Hayman 提出的一个著名问题的研究工作, 也包括 N. Steinmetz 最近得到的解决 Nevanlinna 提出的在第二基本定理的一般形式中把常数替换成小函数的著名问题的研究工作. 第二章介绍有关一些有穷级(下级)亚纯函数的唯一性的研究工作, 其中包括有理函数的唯一性, 零级和有穷非整数级亚纯函数的唯一性, 一些有穷级(下级)整函数的唯一性, 也包括 J. Anastassiadis 得到的有穷级整函数的 Taylor 展式的系数, Picard 例外值, CM 公共值及唯一性的关系的研究工作. 第三章介绍有关五值定理和重值与唯一性的研究工作, 其中包括 Nevanlinna 五值定理的各种改进和推广, 也包括处理重值问题的杨乐方法和仪洪勋所得到的关于重值与唯一性的研究工作. 第四章介绍 Nevanlinna 四值定理的各种改进和推广, 其中包括 Gundersen，Mues 最近得到的关于四值定理改进的研究工作，也包括 Reinders 最近得到的 4DM 值定理. 第五章介绍各种类型的三值定理，其中包括仪洪勋得到的关于亏值与唯一性的研究工作，也包括 Brosch 最近得到的周期函数与偶函数的唯一性、微分方程解的唯一性、具有分式线性变换关系的各种充分条件等研究工作. 第六章介绍有关亚纯函数的三值集合的研究工作，其中包括 Rubel，杨重骏和 Ozawa 得到的有关整函数二值集合的研究工作，也包括 Ueda，Tohge 得到的有关亚纯函数三值集合的研究工作. 第七章介绍各种类型的二值定理及一值定理，其中包括仪洪勋最近得到的关于具有二个或一个公共值的亚纯函数唯一性的研究工作，也包括仪洪勋解决杨重骏一个猜测的研究工作. 第八章介绍有关函数与其导数具有公共值问题的研究工作，其中包括 Frank，Ohlenroth，Weissenborn，Schwick 得到的关于函数与其 k 阶导数具有二个 CM 公共值或三个 IM 公共值问题的研究工作，也包括 Mues，Reinders 最近得到的关于函数及其微分多项式具有二个 CM 公共值或三个 IM 公共值问题的研究工作. 第九章介绍有关两函数的导数具有公共值问题的研究工作，其中包括 Köhler，Tohge 解决 Hinkkanen 提出的一个著名问题的研究工作，也包括仪洪勋、杨重骏解决杨重骏提出的一个著名问题的研究工作. 第十章介绍具有公共值集亚纯函数唯一性的研究工作，其中包括仪洪勋得到的函数具有四个、三个、二个或一个公共值集问题的研究工作，也包括仪洪勋最近得到的解决 Gross 提出的一个著名问题的研究工作.

本书是世界上关于亚纯函数唯一性理论这一研究方向的第一本专著，大部分内容是近年来这一研究方向的新成果. 本书参阅了世界上近二十年来，包括不少是作者研究成果在内的二百余篇学术论文及一些博士论文. 在撰写中，还加入了我们新近获得尚未发表的结果. 另外，本书特别注重此方向不同的研究技巧的介绍，对其中的许多研究成果给予了精简、巧妙的证明，使得读者能用它们来解决更广泛更深入的有关问题. 最后我们希望本书的出版，对于亚纯函数唯一性理论的研究，在国外能引起更多的共鸣及交流，在国内能结出更丰硕的成果.

本书的出版得到杨乐教授、李忠教授、庄圻泰教授和龚升教授的大力支持，作者在此表示衷心的感谢. Bergweiler 博士帮助查找资料. 杨连中、扈培础、周长桐、张庆彩、李平、杨永增等同志帮助校阅书稿，并提出了许多宝贵的意见，谨向他们表示谢意. 本书的出版还得到中国科学院科学出版基金和香港大学及理工学院拨款委员会的资助，在此一并表示感谢.

书中不当之处，敬请读者批评指正.

仪洪勋

杨重骏

1994 年 6 月

目　　录

第一章　预备知识，Nevanlinna 基本理论

R. Nevanlinna 所创立的值分布论是亚纯函数唯一性理论的主要研究工具. 本章将扼要叙述 Nevanlinna 基本理论.

最近，杨乐建立了几个精密的基本不等式，解决了 Hayman 提出的一个著名问题，并给出导数亏量和的估计，我们将在 §1.4 中介绍他在这方面的部分研究工作.

R. Nevanlinna 曾提出在第二基本定理的一般形式中是否可以把常数都替换为小函数的问题. 庄圻泰解决了整函数的情况. N. Steinmetz 本质上使用庄圻泰方法解决了 Nevanlinna 这个著名问题. 我们将在 §1.5 中叙述并证明这个结果.

R. Nevanlinna 关于亚纯函数组的一个定理在亚纯函数唯一性理论的研究中起到重要作用，我们将在 §1.7 中叙述并证明这个定理及其各种类型的改进和推广.

要在本章中包罗万象地列出全部所需的预备知识，既难以做到，也无此必要，故在以后各章中对于所需的预备知识，我们将分别叙述.

§1.1　特征函数与第一基本定理

1.1.1　特征函数

我们先引进正对数.

定义 1.1　对于 $x \geqslant 0$，定义

$$\log^+ x = \max(\log x, 0) = \begin{cases} \log x, & x \geqslant 1 \\ 0, & 0 \leqslant x < 1. \end{cases}$$

容易看出，对于任意正数 x 有

$$\log x = \log^+ x - \log^+ \frac{1}{x}.$$

设函数 $f(z)$ 在 $|z| \leqslant R$ $(0 < R < \infty)$ 上亚纯，对于 $0 < r < R$，Nevanlinna[1,2] 引进以下几个函数.

定义 1.2 $m(r,f) = \dfrac{1}{2\pi}\displaystyle\int_0^{2\pi} \log^+ |f(re^{i\theta})| d\theta.$

$m(r,f)$ 也记为 $m(r,f=\infty)$ 或 $m(r,\infty)$，是 $|f(z)|$ 的正对数在 $|z| = r$ 上的平均值.

定义 1.3 $N(r,f) = \displaystyle\int_0^r \frac{n(t,f) - n(0,f)}{t} dt + n(0,f)\log r,$

这里 $n(t,f)$ 表示 $f(z)$ 在 $|z| \leqslant t$ 上的极点个数，重级极点按其重数计算，$n(0,f)$ 表示 $f(z)$ 在原点处极点的重级（当 $f(0) \neq \infty$ 时，则 $n(0,f) = 0$）.

$N(r,f)$ 有时也记为 $N(r,f=\infty)$ 或 $N(r,\infty)$，称为 $f(z)$ 极点的计数函数.

定义 1.4 $T(r,f) = m(r,f) + N(r,f).$

$T(r,f)$ 称为 $f(z)$ 的特征函数，显然它是非负函数.

设 a 为任一有穷复数，则 $\dfrac{1}{f(z)-a}$ 在 $|z| \leqslant R$ 上亚纯. 根据上述定义，Nevanlinna[1,2] 引进以下几个函数.

定义 1.2′ $m\left(r,\dfrac{1}{f-a}\right) = \dfrac{1}{2\pi}\displaystyle\int_0^{2\pi} \log^+ \frac{1}{|f(re^{i\theta}) - a|} d\theta.$

$m\left(r,\dfrac{1}{f-a}\right)$ 也记为 $m(r,f=a)$ 或 $m(r,a)$.

定义 1.3′
$$N\left(r,\frac{1}{f-a}\right) = \int_0^r \frac{n\left(t,\dfrac{1}{f-a}\right) - n\left(0,\dfrac{1}{f-a}\right)}{t} dt + n\left(0,\frac{1}{f-a}\right)\log r,$$

这里 $n\left(t,\dfrac{1}{f-a}\right)$ 表示在 $|z| \leqslant t$ 上 $f(z) - a$ 的零点个数，重级零点按其重数计算，$n\left(0,\dfrac{1}{f-a}\right)$ 表示 $f(z) - a$ 在原点的重级.

$n\left(t,\dfrac{1}{f-a}\right)$ 也记为 $n(t,f=a)$ 或 $n(t,a)$，$n\left(0,\dfrac{1}{f-a}\right)$ 也记为 $n(0,f=a)$ 或 $n(0,a)$，$N\left(r,\dfrac{1}{f-a}\right)$ 有时记为 $N(r,f=a)$ 或

$N(r,a)$,称作 $f(z)$ 的 a 值点的计数函数.

定义 1.4′ $T(r,\frac{1}{f-a})=m(r,\frac{1}{f-a})+N(r,\frac{1}{f-a})$.

$T(r,\frac{1}{f-a})$ 称为$\frac{1}{f(z)-a}$的特征函数.

1.1.2 函数的积与和的特征函数

为了讨论有限个亚纯函数的积与和的特征函数,我们先注意正对数的几个性质.

设 $a_1,a_2,\cdots,a_p$ 为 p 个有穷复数,根据正对数的定义,容易推出

$$\log^+\left|\prod_{j=1}^{p}a_j\right|\leqslant\sum_{j=1}^{p}\log^+|a_j|$$

及

$$\log^+\left|\sum_{j=1}^{p}a_j\right|\leqslant\sum_{j=1}^{p}\log^+|a_j|+\log p.$$

于是,若 $f_j(z)(j=1,2,\cdots,p)$ 为 p 个于 $|z|<R$ 内的亚纯函数,则对于 $0<r<R$ 有

$$m(r,\prod_{j=1}^{p}f_j)\leqslant\sum_{j=1}^{p}m(r,f_j) \tag{1.1.1}$$

及

$$m(r,\sum_{j=1}^{p}f_j)\leqslant\sum_{j=1}^{p}m(r,f_j)+\log p. \tag{1.1.2}$$

此外对于 $0<r<R$ 显然有

$$n(r,\prod_{j=1}^{p}f_j)\leqslant\sum_{j=1}^{p}n(r,f_j) \tag{1.1.3}$$

及

$$n(r,\sum_{j=1}^{p}f_j)\leqslant\sum_{j=1}^{p}n(r,f_j). \tag{1.1.4}$$

若 $R>1$,则对于 $1\leqslant r<R$,显然有 $\log r\geqslant 0$,从(1.1.3)及(1.1.4)即可导出

$$N(r,\prod_{j=1}^{p}f_j)\leqslant\sum_{j=1}^{p}N(r,f_j) \tag{1.1.5}$$

及

$$N(r,\sum_{j=1}^{p}f_j)\leqslant\sum_{j=1}^{p}N(r,f_j).\tag{1.1.6}$$

于是,从(1.1.1),(1.1.2),(1.1.5),(1.1.6)即可得出不等式

$$T(r,\prod_{j=1}^{p}f_j)\leqslant\sum_{j=1}^{p}T(r,f_j)\tag{1.1.7}$$

及

$$T(r,\sum_{j=1}^{p}f_j)\leqslant\sum_{j=1}^{p}T(r,f_j)+\log p.\tag{1.1.8}$$

若 $f_j(0)\neq\infty(j=1,2,\cdots,p)$,则对于 $0<r<R$,从(1.1.3)及(1.1.4)也可导出(1.1.5)及(1.1.6).于是(1.1.7)及(1.1.8)也成立.

1.1.3 Poisson-Jensen 公式

在 Nevanlinna 理论中,下述 Poisson-Jensen 公式起着十分重要的作用.

定理1.1 设函数 $f(\zeta)$ 在 $|\zeta|\leqslant R(0<R<\infty)$ 上亚纯,$a_\mu(\mu=1,2,\cdots,M)$,$b_\upsilon(\upsilon=1,2,\cdots,N)$ 分别为 $f(\zeta)$ 在 $|\zeta|<R$ 内的零点和极点.若 $z=re^{i\theta}$ 为 $|\zeta|<R$ 内不与 a_μ,b_υ 相重的任意一点,则

$$\log|f(z)|=\frac{1}{2\pi}\int_0^{2\pi}\log|f(Re^{i\varphi})|\frac{R^2-r^2}{R^2-2Rr\cos(\theta-\varphi)+r^2}d\varphi+\sum_{\mu=1}^{M}\log\left|\frac{R(z-a_\mu)}{R^2-\overline{a}_\mu z}\right|-\sum_{\upsilon=1}^{N}\log\left|\frac{R(z-b_\upsilon)}{R^2-\overline{b}_\upsilon z}\right|.\tag{1.1.9}$$

证. 我们区分三种情形.

1) 假设 $f(\zeta)$ 在 $|\zeta|\leqslant R$ 上无零点和极点,故函数 $\frac{R^2-|z|^2}{R^2-\overline{z}\zeta}\log f(\zeta)$ 在 $|\zeta|\leqslant R$ 上全纯,于是由 Cauchy 公式有

$$\log f(z)=\frac{1}{2\pi i}\int_{|\zeta|=R}\frac{R^2-|z|^2}{(R^2-\overline{z}\zeta)(\zeta-z)}\log f(\zeta)d\zeta.\tag{1.1.10}$$

在上式中,将圆周 $|\zeta|=R$ 上的点以 $\zeta=Re^{i\varphi}(0\leqslant\varphi<2\pi)$ 表之,

于是(1.1.10)变成

$$\log f(z) = \frac{1}{2\pi}\int_0^{2\pi}\frac{R^2 - r^2}{R^2 - 2Rr\cos(\theta-\varphi) + r^2}\log f(Re^{i\varphi})d\varphi. \tag{1.1.11}$$

取实部,即得

$$\log|f(z)| = \frac{1}{2\pi}\int_0^{2\pi}\log|f(Re^{i\varphi})|\frac{R^2 - r^2}{R^2 - 2Rr\cos(\theta-\varphi) + r^2}d\varphi \tag{1.1.12}$$

于是(1.1.9)成立.

2)假设 $f(\zeta)$ 仅在 $|\zeta| = R$ 上有零点和极点,在 $|\zeta| < R$ 内无零点和极点.

此时,(1.1.10)式右端的被积函数仅仅具有对数奇性,因而积分仍然有意义.在每个零点和极点处,只需对积分线圆周 $|\zeta| = R$ 稍许作些改动,然后通过极限过程,即可证明(1.1.12)式成立,从而(1.1.9)式也成立.

3)假设 $f(\zeta)$ 在 $|\zeta| < R$ 内有零点 $a_\mu(\mu = 1,2,\cdots,M)$ 和极点 $b_\upsilon(\upsilon = 1,2,\cdots,N)$.

置

$$F(\zeta) = f(\zeta)\frac{\prod_{\upsilon=1}^{N}\left\{\frac{R(\zeta - b_\upsilon)}{R^2 - \overline{b}_\upsilon\zeta}\right\}}{\prod_{\mu=1}^{M}\left\{\frac{R(\zeta - a_\mu)}{R^2 - \overline{a}_\mu\zeta}\right\}}. \tag{1.1.13}$$

则易见 $F(\zeta)$ 在 $|\zeta| < R$ 内全纯,且无零点.对 $F(\zeta)$ 应用(1.1.12)式,并注意到,当 $\zeta = Re^{i\varphi}$, $|a| < R$ 时,

$$\left|\frac{R(\zeta - a)}{R^2 - \overline{a}\zeta}\right| = \left|\frac{Re^{i\varphi} - a}{R - \overline{a}e^{i\varphi}}\right| = \left|\frac{R - ae^{-i\varphi}}{R - \overline{a}e^{i\varphi}}\right| = 1,$$

则得到

$$\log|F(z)| = \frac{1}{2\pi}\int_0^{2\pi}\log|f(Re^{i\varphi})|\frac{R^2 - r^2}{R^2 - 2Rr\cos(\theta-\varphi) + r^2}d\varphi. \tag{1.1.14}$$

由(1.1.13)得

$$\log|F(z)| = \log|f(z)| + \sum_{\upsilon=1}^{N}\log\left|\frac{R(z-b_\upsilon)}{R^2-\bar{b}_\upsilon z}\right|$$
$$-\sum_{\mu=1}^{M}\log\left|\frac{R(z-a_\mu)}{R^2-\bar{a}_\mu z}\right|.$$
将此代入(1.1.14)即得(1.1.9).

定理1.1中的公式(1.1.9)是复分析中的一个重要公式,由定理1.1可以推出

系1. 在定理1.1的条件下,若$f(\zeta)$在$|\zeta|\leqslant R$上没有零点和极点,则对于任意点z,$|z|=r<R$,有
$$\log|f(z)| = \frac{1}{2\pi}\int_0^{2\pi}\log|f(Re^{i\varphi})|\frac{R^2-r^2}{R^2-2Rr\cos(\theta-\varphi)+r^2}d\varphi. \tag{1.1.15}$$
这就是Poisson公式.

系2. 在定理1.1的条件下,若$f(0)\neq 0,\infty$,则
$$\log|f(0)| = \frac{1}{2\pi}\int_0^{2\pi}\log|f(Re^{i\varphi})|d\varphi$$
$$-\sum_{\mu=1}^{M}\log\frac{R}{|a_\mu|}+\sum_{\upsilon=1}^{N}\log\frac{R}{|b_\upsilon|}. \tag{1.1.16}$$
这就是Jensen公式.

若$f(0)=0$或∞,设$f(\zeta)$在原点邻域内的Laurent展式为
$$f(\zeta) = c_\lambda\zeta^\lambda + c_{\lambda+1}\zeta^{\lambda+1}+\cdots,\ c_\lambda\neq 0,$$
显然有
$$\lambda = n(0,\frac{1}{f}) - n(0,f).$$
命
$$g(\zeta) = \begin{cases} f(\zeta)(\dfrac{R}{\zeta})^\lambda, & \zeta\neq 0 \\ c_\lambda R^\lambda, & \zeta = 0. \end{cases}$$
显然$g(\zeta)$在$|\zeta|\leqslant R$上亚纯,且$g(0)\neq 0,\infty$. 对$g(\zeta)$应用Jensen公式(1.1.16),并注意到$|g(Re^{i\varphi})| = |f(Re^{i\varphi})|$,则得
$$\log|c_\lambda| + \lambda\log R = \frac{1}{2\pi}\int_0^{2\pi}\log|f(Re^{i\varphi})|d\varphi$$

$$- \sum_{0<|a_\mu|<R} \log \frac{R}{|a_\mu|} + \sum_{0<|b_\upsilon|<R} \log \frac{R}{|b_\upsilon|}.$$

即

$$\log|c_\lambda| + n(0,\frac{1}{f})\log R = \frac{1}{2\pi}\int_0^{2\pi}\log|f(Re^{i\varphi})|d\varphi$$

$$- \sum_{0<|a_\mu|<R} \log \frac{R}{|a_\mu|} + \sum_{0<|b_\mu|<R} \log \frac{R}{|b_\mu|} + n(0,f)\log R. \tag{1.1.17}$$

这就是 Jensen 公式的一般形式.

1.1.4 第一基本定理

引理 1.1 设 $f(z)$ 在 $|z| \leqslant R$ $(0<R<\infty)$ 上亚纯，在原点邻域内的 Laurent 展式为

$$f(z) = c_\lambda z^\lambda + c_{\lambda+1} z^{\lambda+1} + \cdots,\ c_\lambda \neq 0,$$

则对于 $0<r<R$ 有

$$T(r,f) = T(r,\frac{1}{f}) + \log|c_\lambda|. \tag{1.1.18}$$

证. 设 $a_\mu(\mu=1,2,\cdots,M)$，$b_\upsilon(\upsilon=1,2,\cdots,N)$ 分别为 $f(z)$ 在 $0<|z|<r$ 内的零点和极点，由(1.1.17)得

$$\log|c_\lambda| + n(0,\frac{1}{f})\log r = \frac{1}{2\pi}\int_0^{2\pi}\log|f(re^{i\theta})|d\theta$$

$$- \sum_{\mu=1}^{M}\log \frac{r}{|a_\mu|} + \sum_{\upsilon=1}^{N}\log \frac{r}{|b_\upsilon|} + n(0,f)\log r. \tag{1.1.19}$$

注意到

$$\frac{1}{2\pi}\int_0^{2\pi}\log|f(re^{i\theta})|d\theta = \frac{1}{2\pi}\int_0^{2\pi}\log^+|f(re^{i\theta})|d\theta$$

$$- \frac{1}{2\pi}\int_0^{2\pi}\log^+\frac{1}{|f(re^{i\theta})|}d\theta,$$

$$\sum_{\mu=1}^{M}\log \frac{r}{|a_\mu|} = \int_0^r \frac{n(t,\frac{1}{f}) - n(0,\frac{1}{f})}{t}dt,$$

$$\sum_{\upsilon=1}^{N}\log \frac{r}{|b_\upsilon|} = \int_0^r \frac{n(t,f) - n(0,f)}{t}dt.$$

于是(1.1.19)可以写成

$$\log|c_\lambda| + \frac{1}{2\pi}\int_0^{2\pi}\log^+\frac{1}{|f(re^{i\theta})|}d\theta$$

$$+\int_0^r\frac{n\left(t,\frac{1}{f}\right)-n(0,\frac{1}{f})}{t}dt + n(0,\frac{1}{f})\log r$$

$$=\frac{1}{2\pi}\int_0^{2\pi}\log^+|f(re^{i\theta})|d\theta + \int_0^r\frac{n(t,f)-n(0,f)}{t}dt$$

$$+n(0,f)\log r. \tag{1.1.20}$$

使用特征函数的符号,(1.1.20)即化为(1.1.18).

公式(1.1.18)表示了亚纯函数 $f(z)$ 与 $\frac{1}{f(z)}$ 的特征函数之间的关系,这是 Jensen 公式的另一种写法,所以也称它为 Jensen-Nevanlinna 公式. 利用公式(1.1.18)还可以推出亚纯函数 $f(z)$ 的特征函数 $T(r,f)$ 与 $\frac{1}{f(z)-a}$ 的特征函数 $T(r,\frac{1}{f-a})$ 之间的关系,这就是下面 Nevanlinna 关于亚纯函数的第一基本定理.

定理 1.2 设 $f(z)$ 于 $|z|<R(\leqslant\infty)$ 内亚纯. 若 a 为任一有穷复数,则对于 $0<r<R$ 有

$$T(r,\frac{1}{f-a}) = T(r,f) + \log|c_\lambda| + \varepsilon(a,r), \tag{1.1.21}$$

其中 c_λ 为 $\frac{1}{f(z)-a}$ 在原点的 Laurent 展式中第一个非零系数,而

$$|\varepsilon(a,r)| \leqslant \log^+|a| + \log 2. \tag{1.1.22}$$

证. 对于 $\frac{1}{f(z)-a}$ 应用公式(1.1.18)有

$$T(r,\frac{1}{f-a}) = T(r,f-a) + \log|c_\lambda|.$$

再由(1.1.8)得

$$T(r,f-a) \leqslant T(r,f) + \log^+|a| + \log 2$$

及

$$T(r,f) = T(r,f-a+a)$$
$$\leqslant T(r,f-a) + \log^+|a| + \log 2,$$

便立即有定理的结论.

公式(1.1.21)可简单写作

$$T(r,\frac{1}{f-a}) = T(r,f) + O(1). \qquad (1.1.23)$$

它表达了,对任一有穷复数 a,$T(r,\frac{1}{f-a})$ 与 $T(r,f)$ 仅仅相差一个有界量.

1.1.5 Cartan 恒等式,级

为了获得特征函数的一些性质,我们需要 Cartan[1] 的一个恒等式,为此先证明

引理 1.2 设 a 为任一有穷复数,则

$$\frac{1}{2\pi}\int_0^{2\pi}\log|a-e^{i\theta}|d\theta = \log^+|a|. \qquad (1.1.24)$$

证. 当 $a=0$ 时,(1.1.24) 显然成立. 当 $|a|>1$ 时,$a-z$ 在 $|z|<1$ 内既无零点也无极点,于是由 Jensen 公式得

$$\log|a| = \frac{1}{2\pi}\int_0^{2\pi}\log|a-e^{i\theta}|d\theta.$$

当 $0<|a|\leqslant 1$ 时,$a-z$ 在 $|z|<1$ 内有一个零点 a 而无极点,于是由 Jensen 公式得

$$\log|a| = \frac{1}{2\pi}\int_0^{2\pi}\log|a-e^{i\theta}|d\theta - \log\frac{1}{|a|}.$$

这就证明,无论在哪种情况都有(1.1.24).

定理 1.3 设函数 $f(z)$ 在 $|z|<R$ 内亚纯,且 $f(0)\neq\infty$,则对于 $0<r<R$ 有

$$T(r,f) = \frac{1}{2\pi}\int_0^{2\pi}N(r,\frac{1}{f-e^{i\theta}})d\theta + \log^+|f(0)|. \qquad (1.1.25)$$

证. 对 $f(z)-e^{i\theta}$ 应用 Jensen 公式有

$$\log|f(0)-e^{i\theta}| = \frac{1}{2\pi}\int_0^{2\pi}\log|f(re^{i\varphi})-e^{i\theta}|d\varphi + N(r,f) - N(r,\frac{1}{f-e^{i\theta}}).$$

再对 θ 积分,并交换右端首项的积分次序,则

$$\frac{1}{2\pi}\int_0^{2\pi}\log|f(0)-e^{i\theta}|d\theta = \frac{1}{2\pi}\int_0^{2\pi}\left\{\frac{1}{2\pi}\int_0^{2\pi}\log|f(re^{i\varphi})-e^{i\theta}|d\theta\right\}d\varphi$$

$$+ N(r,f) - \frac{1}{2\pi}\int_0^{2\pi} N(r,\frac{1}{f-e^{i\theta}})d\theta.$$

应用引理 1.2,上式左端为 $\log^+ |f(0)|$,右端第一项为

$$\frac{1}{2\pi}\int_0^{2\pi}\log^+ |f(re^{i\varphi})|d\varphi,$$

即 $m(r,f)$,于是可得(1.1.25).

(1.1.25) 称为 Cartan 恒等式.

若 $f(0)=\infty$,设

$$f(z) = c_\lambda z^\lambda + c_{\lambda+1}z^{\lambda+1} + \cdots,\ c_\lambda \neq 0.$$

则 $\lambda < 0$. 由(1.1.17) 得

$$\log|c_\lambda| = \frac{1}{2\pi}\int_0^{2\pi}\log|f(re^{i\varphi}) - e^{i\theta}|d\varphi$$

$$+ N(r,f) - N(r,\frac{1}{f-e^{i\theta}}).$$

与前面类似,可得公式

$$T(r,f) = \frac{1}{2\pi}\int_0^{2\pi} N(r,\frac{1}{f-e^{i\theta}})d\theta + \log|c_\lambda|. \qquad (1.1.26)$$

由(1.1.25) 与(1.1.26) 可得下述

系 1. $T(r,f)$ 是 r 的非减函数.

系 2. $T(r,f)$ 是 $\log r$ 的凸函数.

证. 由(1.1.25) 与(1.1.26) 可得

$$\frac{dT(r,f)}{d\log r} = \frac{1}{2\pi}\int_0^{2\pi} n(r,\frac{1}{f-e^{i\theta}})d\theta.$$

于是 $T(r,f)$ 是 $\log r$ 的凸函数.

下面我们引入级的定义.

定义 1.5 设 $S(r)$ 是在(r_0,∞) 定义的实函数,其中 $r_0 \geqslant 0$. 若 $S(r)$ 在该区间内非负且非减,则它的级 λ 和下级 μ 分别定义为

$$\lambda = \overline{\lim_{r\to\infty}}\frac{\log^+ S(r)}{\log r},\ \mu = \underline{\lim_{r\to\infty}}\frac{\log^+ S(r)}{\log r}.$$

由定义 1.5 显然有 $0 \leqslant \mu \leqslant \lambda \leqslant \infty$.

设 $f(z)$ 于开平面亚纯,则 $T(r,f)$ 是$(0,\infty)$ 内确定的实函数,且在此区间上非负与非减,于是按照定义 1.5,$T(r,f)$ 有级与下级.

定义 1.6 设 $f(z)$ 于开平面亚纯,$f(z)$ 的级 λ 与下级 μ 分别

定义为 $T(r,f)$ 的级与下级，即

$$\lambda=\overline{\lim_{r\to\infty}}\frac{\log^+T(r,f)}{\log r},\quad \mu=\underline{\lim_{r\to\infty}}\frac{\log^+T(r,f)}{\log r}.$$

1.1.6 整函数的特征函数

设 $f(z)$ 为非常数整函数，考虑最大模

$$M(r,f)=\max_{|z|=r}|f(z)|.$$

下面给出 $M(r,f)$ 与 $T(r,f)$ 的关系，我们有

定理 1.4 设 $f(z)$ 为非常数整函数，则对于 $0\leqslant r<R<\infty$ 有

$$T(r,f)\leqslant\log^+M(r,f)\leqslant\frac{R+r}{R-r}T(R,f).\tag{1.1.27}$$

证. 因 $f(z)$ 是非常数整函数，故 $N(r,f)=0,T(r,f)=m(r,f)$. 由 $m(r,f)$ 的定义，显然有

$$T(r,f)\leqslant\log^+M(r,f).$$

即(1.1.27) 的第一个不等式成立. 下面证明(1.1.27) 的第二个不等式成立.

当 $M(r,f)\leqslant 1$ 时，(1.1.27) 的第二个不等式显然成立. 当 $M(r,f)>1$ 时，设 $|f(z_0)|=M(r,f)$，其中 $z_0=re^{i\theta}$. 应用 Poisson-Jensen 公式，并注意到 $\left|\frac{R(z-a_\mu)}{R^2-\overline{a}_\mu z}\right|<1$，则

$$\begin{aligned}\log^+M(r,f)&=\log|f(z_0)|\\&\leqslant\frac{1}{2\pi}\int_0^{2\pi}\log|f(Re^{i\varphi})|\frac{R^2-r^2}{R^2-2Rr\cos(\theta-\varphi)+r^2}d\varphi\\&\leqslant\frac{R+r}{R-r}\cdot\frac{1}{2\pi}\int_0^{2\pi}\log^+|f(Re^{i\varphi})|d\varphi\\&=\frac{R+r}{R-r}T(R,f),\end{aligned}$$

即(1.1.27) 的第二个不等式成立.

1.1.7 有理函数的特征函数

设 $f(z)$ 为非常数有理函数，即可设

$$f(z)=\frac{a_p z^p+a_{p-1}z^{p-1}+\cdots+a_0}{b_q z^q+b_{q-1}z^{q-1}+\cdots+b_0}, \tag{1.1.28}$$

其中 $a_p(\neq 0),a_{p-1},\cdots,a_0,b_q(\neq 0),b_{q-1},\cdots,b_0$ 是有穷复数，p,q 为非负整数，且 $p+q\geqslant 1$，(1.1.28) 式右端的分子与分母没有公因子.

容易证明，当 r 充分大时

$$m(r,f)=\begin{cases}(p-q)\log r+O(1), & p>q,\\ O(1), & p\leqslant q\end{cases}$$

及

$$N(r,f)=q\log r.$$

于是

$$T(r,f)=\max(p,q)\log r+O(1). \tag{1.1.29}$$

我们下面证明

定理 1.5 设 $f(z)$ 为开平面上的超越亚纯函数，则

$$\lim_{r\to\infty}\frac{T(r,f)}{\log r}=\infty. \tag{1.1.30}$$

证. 分别两种情况.

1) $f(z)$ 没有极点，故为一超越整函数，设

$$f(z)=\sum_{n=0}^{\infty}a_n z^n. \tag{1.1.31}$$

因为 $f(z)$ 为超越整函数，故在展式(1.1.31) 中有无穷个系数 a_n 不等于 0. 根据 Cauchy 不等式有

$$|a_n|r^n\leqslant M(r,f)\quad (r>0,n=0,1,2,\cdots).$$

故对每一个正整数 k 有

$$\lim_{r\to\infty}\frac{M(r,f)}{r^k}=\infty.$$

于是

$$\varliminf_{r\to\infty}\frac{\log M(r,f)}{\log r}\geqslant k.$$

再由 k 的任意性即得

$$\lim_{r\to\infty}\frac{\log M(r,f)}{\log r}=\infty. \tag{1.1.32}$$

由(1.1.27) 式，在其中取 $R=2r$，得

$$\log^+ M(r,f)\leqslant 3T(2r,f).$$

再由(1.1.32),即得(1.1.30)式.

2) $f(z)$ 有极点.

先假定 $f(z)$ 有无穷个极点,则必有

$$\lim_{r\to\infty}\frac{N(r,f)}{\log r}=\infty. \tag{1.1.33}$$

因为我们有

$$N(r^2,f)\geqslant N(r^2,f)-N(r,f)\geqslant n(r,f)\log r\ (r>1).$$

由(1.1.33)即得(1.1.30)式.

现在假定 $f(z)$ 只有有穷个极点 $b_j(j=1,2,\cdots,k)$ 它们的重级分别为 $m_j(j=1,2,\cdots,k)$. 命

$$p(z)=\prod_{j=1}^{k}(z-b_j)^{m_j},\quad g(z)=p(z)f(z).$$

则 $g(z)$ 无极点. 又由于 $f(z)$ 为超越亚纯函数,故 $g(z)$ 为超越整函数,属于第一种情况,所以

$$\lim_{r\to\infty}\frac{T(r,g)}{\log r}=\infty.$$

另一方面

$$T(r,g)\leqslant T(r,p)+T(r,f)\leqslant m\log r+c+T(r,f),(r\geqslant 1)$$

其中 $m=\sum_{j=1}^{k}m_j$,并且 $c>0$ 为一常数,故有(1.1.30)式.

从定理1.5及(1.1.29)式我们可得

系. 设 $f(z)$ 为开平面上的非常数亚纯函数,则 $f(z)$ 为有理函数的充分必要条件为

$$\varliminf_{r\to\infty}\frac{T(r,f)}{\log r}<\infty.$$

§1.2 第二基本定理

1.2.1 第二基本定理

为了证明第二基本定理,我们引入一个引理,这个引理本身也

是有意义的，以后经常用到.

引理 1.3 设 $f(z)$ 为 $|z|<R$ 内非常数亚纯函数，$a_j(j=1,2,\cdots,q)$ 为 q 个判别的有穷复数，则对于 $0<r<R$ 有

$$m\left(r,\sum_{j=1}^{q}\frac{1}{f-a_j}\right)=\sum_{j=1}^{q}m\left(r,\frac{1}{f-a_j}\right)+O(1). \tag{1.2.1}$$

证. 设

$$F(z)=\sum_{j=1}^{q}\frac{1}{f(z)-a_j}.$$

根据(1.1.2)得

$$m(r,F)\leqslant\sum_{j=1}^{q}m\left(r,\frac{1}{f-a_j}\right)+\log q. \tag{1.2.2}$$

我们再寻求 $m(r,F)$ 的一个适当的下界.设

$$\min_{1\leqslant j<k\leqslant q}|a_j-a_k|=\delta,$$

显然 $\delta>0$.设 z 为任意一个固定点，则有两种情况：

1) 在 $j=1,2,\cdots,q$ 中有一个 $k(1\leqslant k\leqslant q)$ 使

$$|f(z)-a_k|<\frac{\delta}{2q}. \tag{1.2.3}$$

于是当 $j\neq k$ 时，

$$\begin{aligned}|f(z)-a_j|&=|f(z)-a_k+a_k-a_j|\\&\geqslant|a_k-a_j|-|f(z)-a_k|\\&\geqslant\delta-\frac{\delta}{2q}=\frac{2q-1}{2q}\delta.\end{aligned}$$

从此及(1.2.3)即得

$$\frac{1}{|f(z)-a_j|}\leqslant\frac{2q}{(2q-1)\delta}<\frac{1}{2q-1}\cdot\frac{1}{|f(z)-a_k|}. \tag{1.2.4}$$

所以

$$\begin{aligned}|F(z)|&\geqslant\frac{1}{|f(z)-a_k|}-\sum_{\substack{j=1\\j\neq k}}^{q}\frac{1}{|f(z)-a_j|}\\&\geqslant\frac{1}{|f(z)-a_k|}-\frac{q-1}{2q-1}\cdot\frac{1}{|f(z)-a_k|}\\&>\frac{1}{2|f(z)-a_k|}.\end{aligned}$$

从此即得

$$\log^+ |F(z)| > \log^+ \frac{1}{|f(z)-a_k|} - \log 2. \qquad (1.2.5)$$

从(1.2.4)得

$$\sum_{\substack{j=1\\ j\neq k}}^{q}\log^+ \frac{1}{|f(z)-a_j|} \leqslant \sum_{\substack{j=1\\ j\neq k}}^{q}\log^+ \frac{2q}{(2q-1)\delta} < q\log^+ \frac{2q}{\delta}.$$

从此及(1.2.5)即得

$$\log^+ |F(z)| > \sum_{j=1}^{q}\log^+ \frac{1}{|f(z)-a_j|} - q\log^+ \frac{2q}{\delta} - \log 2. \qquad (1.2.6)$$

2) 在 $j=1,2,\cdots,q$ 中任一附标 $k(1\leqslant k\leqslant q)$ 都不能使(1.2.3)成立,即有

$$|f(z)-a_j| \geqslant \frac{\delta}{2q} \qquad (j=1,2,\cdots,q).$$

于是有

$$\sum_{j=1}^{q}\log^+ \frac{1}{|f(z)-a_j|} \leqslant q\log^+ \frac{2q}{\delta}.$$

此时(1.2.6)也成立.

在(1.2.6)中令 $z=re^{i\theta}$,并从 0 到 2π 对 θ 积分,再除以 2π 即得

$$m(r,F) \geqslant \sum_{j=1}^{q} m\left(r,\frac{1}{f-a_j}\right) - q\log^+ \frac{2q}{\delta} - \log 2. \qquad (1.2.7)$$

从(1.2.2)及(1.2.7)即得(1.2.1).

下面叙述并证明第二基本定理.

定理 1.6 设 $f(z)$ 为 $|z|<R$ 内非常数亚纯函数,$a_j(j=1,2,\cdots,q)$ 为 $q(\geqslant 2)$ 个判别的有穷复数,则对于 $0<r<R$ 有

$$m(r,f) + \sum_{j=1}^{q} m\left(r,\frac{1}{f-a_j}\right) \leqslant 2T(r,f) - N_1(r) + S(r,f), \qquad (1.2.8)$$

这里

$$N_1(r) = (2N(r,f) - N(r,f')) + N\left(r,\frac{1}{f'}\right), \qquad (1.2.9)$$

$$S(r,f)=m(r,\frac{f'}{f})+m(r,\sum_{j=1}^{q}\frac{f'}{f-a_j})+O(1). \quad (1.2.10)$$

证. 设

$$F(z)=\sum_{j=1}^{q}\frac{1}{f(z)-a_j}.$$

根据引理 1.3 得

$$m(r,F)=\sum_{j=1}^{q}m(r,\frac{1}{f-a_j})+O(1). \quad (1.2.11)$$

另一方面

$$\begin{aligned}m(r,F)&\leqslant m(r,f'F)+m(r,\frac{1}{f'})\\&\leqslant m(r,f'F)+T(r,f')-N(r,\frac{1}{f'})+O(1).\end{aligned} \quad (1.2.12)$$

注意到

$$\begin{aligned}T(r,f')&=m(r,f')+N(r,f')\\&\leqslant m(r,f)+m(r,\frac{f'}{f})+N(r,f')\\&=T(r,f)+m(r,\frac{f'}{f})+(N(r,f')-N(r,f)),\end{aligned} \quad (1.2.13)$$

由(1.2.11),(1.2.12),(1.2.13) 即得

$$\begin{aligned}m(r,f)+\sum_{j=1}^{q}m(r,\frac{1}{f-a_j})&\leqslant 2T(r,f)\\&-\left\{2N(r,f)-N(r,f')+N(r,\frac{1}{f'})\right\}\\&+m(r,\frac{f'}{f})+m(r,\sum_{j=1}^{q}\frac{f'}{f-a_j})+O(1),\end{aligned}$$

这就证明了定理 1.6.

1.2.2 第二基本定理余项的估计

为了以后的应用,我们需要估计定理 1.6 中的余项 $S(r,f)$. 为了估计 $S(r,f)$,我们需要研究 $m(r,\frac{f'}{f})$ 的增长问题. 它由下述

引理所表达. 由于$\frac{f'}{f}=(\log f)'$，所以也称为对数导数引理，它在 Nevanlinna 第二基本定理里起着关键的作用. 这个引理本身也是有意义的，我们以后经常用到.

为了以后应用，我们只对开平面上的亚纯函数的情形进行讨论，对于其他情形，可参看 Hayman[1].

引理1.4 设$f(z)$为开平面上的非常数亚纯函数，且$f(0)\neq 0,\infty$，则对于$0<r<R<\infty$有

$$m\left(r,\frac{f'}{f}\right)<4\log^+T(R,f)+3\log^+\frac{1}{R-r}+4\log^+R+2\log^+\frac{1}{r}+4\log^+\log^+\frac{1}{|f(0)|}+10. \quad (1.2.14)$$

证. 设z_0为$|z|<R$内一点，它不是$f(z)$的零点和极点，则函数$\log f(z)$在z_0的邻域内全纯. 设

$$g(z)=\frac{1}{2\pi}\int_0^{2\pi}\log|f(Re^{i\varphi})|\frac{Re^{i\varphi}+z}{Re^{i\varphi}-z}d\varphi-\sum_{\mu=1}^{M}\log\frac{R^2-\bar{a}_\mu z}{R(z-a_\mu)}+\sum_{\upsilon=1}^{N}\log\frac{R^2-\bar{b}_\upsilon z}{R(z-b_\upsilon)},$$

其中$a_\mu(\mu=1,2,\cdots,M)$，$b_\upsilon(\upsilon=1,2,\cdots,N)$分别为$f(z)$在$|z|<R$内的零点和极点. 容易看出，$g(z)$也在$z_0$的邻域内全纯. 注意到

$$\mathrm{Re}\left\{\frac{Re^{i\varphi}+z}{Re^{i\varphi}-z}\right\}=\frac{R^2-r^2}{R^2-2Rr\cos(\varphi-\theta)+r^2},$$

其中$z=re^{i\theta}$. 由(1.1.9)即得

$$\log|f(z)|=\frac{1}{2\pi}\int_0^{2\pi}\log|f(Re^{i\varphi})|\cdot\mathrm{Re}\left\{\frac{Re^{i\varphi}+z}{Re^{i\varphi}-z}\right\}d\varphi-\sum_{\mu=1}^{M}\log\left|\frac{R^2-\bar{a}_\mu z}{R(z-a_\mu)}\right|+\sum_{\upsilon=1}^{N}\log\left|\frac{R^2-\bar{b}_\upsilon z}{R(z-b_\upsilon)}\right|.$$

于是两个全纯函数$\log f(z)$和$g(z)$在z_0的邻域内实部恒等. 由全纯函数的性质，所以两个函数只相差一个常数，即

$$\log f(z)=\frac{1}{2\pi}\int_0^{2\pi}\log|f(Re^{i\varphi})|\frac{Re^{i\varphi}+z}{Re^{i\varphi}-z}d\varphi-\sum_{\mu=1}^{M}\log\frac{R^2-\bar{a}_\mu z}{R(z-a_\mu)}+\sum_{\upsilon=1}^{N}\log\frac{R^2-\bar{b}_\upsilon z}{R(z-b_\upsilon)}+ic. \quad (1.2.15)$$

通过解析延拓知，(1.2.15)式在 $|z|<R$ 成立.(1.2.15)两端求导数得

$$\frac{f'(z)}{f(z)}=\frac{1}{2\pi}\int_0^{2\pi}\log|f(Re^{i\varphi})|\frac{2Re^{i\varphi}}{(Re^{i\varphi}-z)^2}d\varphi$$

$$-\sum_{\mu=1}^{M}\frac{|a_\mu|^2-R^2}{(z-a_\mu)(R^2-\bar{a}_\mu z)}+\sum_{\upsilon=1}^{N}\frac{|b_\upsilon|^2-R^2}{(z-b_\upsilon)(R^2-\bar{b}_\upsilon z)}. \tag{1.2.16}$$

当 $|z|=r$ 时，

$$\left|\frac{2Re^{i\varphi}}{(Re^{i\varphi}-z)^2}\right|\leqslant\frac{2R}{(R-r)^2},$$

$$\left|\frac{|a_\mu|^2-R^2}{(z-a_\mu)(R^2-\bar{a}_\mu z)}\right|=\frac{R(R^2-|a_\mu|^2)}{|R^2-\bar{a}_\mu z|^2}\cdot\left|\frac{R^2-\bar{a}_\mu z}{R(z-a_\mu)}\right|$$

$$\leqslant\frac{R^3}{(R^2-Rr)^2}\left|\frac{R^2-\bar{a}_\mu z}{R(z-a_\mu)}\right|$$

$$=\frac{R}{(R-r)^2}\left|\frac{R^2-\bar{a}_\mu z}{R(z-a_\mu)}\right|,$$

同理

$$\left|\frac{|b_\upsilon|^2-R^2}{(z-b_\upsilon)(R^2-\bar{b}_\upsilon z)}\right|\leqslant\frac{R}{(R-r)^2}\left|\frac{R^2-\bar{b}_\upsilon z}{R(z-b_\upsilon)}\right|.$$

于是由(1.2.16)即得

$$\left|\frac{f'(z)}{f(z)}\right|\leqslant\frac{2R}{(R-r)^2}\left\{\frac{1}{2\pi}\int_0^{2\pi}|\log|f(Re^{i\varphi})||d\varphi\right.$$

$$\left.+\sum_{\mu=1}^{M}\left|\frac{R^2-\bar{a}_\mu z}{R(z-a_\mu)}\right|+\sum_{\upsilon=1}^{N}\left|\frac{R^2-\bar{b}_\upsilon z}{R(z-b_\upsilon)}\right|\right\}. \tag{1.2.17}$$

但

$$\frac{1}{2\pi}\int_0^{2\pi}|\log|f(Re^{i\varphi})||d\varphi=m(R,f)+m(R,\frac{1}{f})$$

$$\leqslant 2T(R,f)+\log\frac{1}{|f(0)|}.$$

因此由(1.2.17)得

$$\log^+\left|\frac{f'(z)}{f(z)}\right|\leqslant\log^+\frac{2R}{(R-r)^2}+\log^+2T(R,f)$$

$$+\log^+\log^+\frac{1}{|f(0)|}+\sum_{\mu=1}^{M}\log^+\left|\frac{R^2-\bar{a}_\mu z}{R(z-a_\mu)}\right|$$

$$+\sum_{\nu=1}^{N}\log^{+}\left|\frac{R^2-\bar{b}_\nu z}{R(z-b_\nu)}\right|+\log\left\{n(R,f)+n(R,\frac{1}{f})+2\right\}.$$

(1.2.18)

对于函数$\frac{R^2-\bar{a}_\mu z}{R(z-a_\mu)}$应用 Jensen 公式,并注意到$\left|\frac{R^2-\bar{a}_\mu z}{R(z-a_\mu)}\right|>1$,则有

$$\log\frac{R}{|a_\mu|}=m(r,\frac{R^2-\bar{a}_\mu z}{R(z-a_\mu)})+\log^{+}\frac{r}{|a_\mu|}.$$

故

$$\sum_{\mu=1}^{m}m(r,\frac{R^2-\bar{a}_\mu z}{R(z-a_\mu)})=\sum_{\mu=1}^{M}\log\frac{R}{|a_\mu|}-\sum_{\mu=1}^{M}\log^{+}\frac{r}{|a_\mu|}$$

$$=N(R,\frac{1}{f})-N(r,\frac{1}{f}).$$

同理

$$\sum_{\nu=1}^{N}m\left(r,\frac{R^2-\bar{b}_\nu z}{R(z-b_\nu)}\right)=N(R,f)-N(r,f).$$

由(1.2.18)即得

$$m(r,\frac{f'}{f})\leqslant 2\log2+\log^{+}R+2\log^{+}\frac{1}{R-r}+\log^{+}T(R,f)$$

$$+\log^{+}\log^{+}\frac{1}{|f(0)|}+N(R,f)-N(r,f)$$

$$+N(R,\frac{1}{f})-N(r,\frac{1}{f})+\log\{n(R,f)+n(R,\frac{1}{f})+2\}.$$

取 ρ,使满足 $r<\rho<R$,这里 ρ 待定. 由上式,显然有

$$m(r,\frac{f'}{f})<2\log2+\log^{+}\rho+2\log^{+}\frac{1}{\rho-r}+\log^{+}T(\rho,f)$$

$$+\log^{+}\log^{+}\frac{1}{|f(0)|}+N(\rho,f)-N(r,f)$$

$$+N(\rho,\frac{1}{f})-N(r,\frac{1}{f})+\log\{n(\rho,f)+n(\rho,\frac{1}{f})+2\}.$$

(1.2.19)

下面估计 $n(t)=n(t,f)+n(t,\frac{1}{f})$. 记与 $n(t)$ 相应的计数函数为 $N(t)$,由

$$N(R)\geqslant\int_{\rho}^{R}\frac{n(t)}{t}dt\geqslant n(\rho)\cdot\frac{R-\rho}{R}$$

有

$$n(\rho) \leqslant \frac{R}{R-\rho} N(R) \leqslant \frac{R}{R-\rho}\left\{2T(R,f) + \log^+ \frac{1}{|f(0)|}\right\}.$$

于是

$$\log^+ \{n(\rho)+2\} \leqslant \log^+ R + \log^+ \frac{1}{R-\rho} + \log^+ \log^+ \frac{1}{|f(0)|} + \log^+ T(R,f) + 4\log 2. \tag{1.2.20}$$

由于 $N(t)$ 是 $\log t$ 的凸函数，对于 $0<r<\rho<R$ 有

$$\frac{N(\rho)-N(r)}{\log\rho - \log r} \leqslant \frac{N(R)-N(r)}{\log R - \log r},$$

即

$$N(\rho) - N(r) \leqslant \frac{\log \frac{\rho}{r}}{\log \frac{R}{r}} N(R).$$

又因

$$\log \frac{\rho}{r} = \int_r^\rho \frac{dt}{t} \leqslant \frac{\rho - r}{\rho},$$

$$\log \frac{R}{r} = \int_r^R \frac{dt}{t} \geqslant \frac{R-r}{R}.$$

故有

$$N(\rho) - N(r) \leqslant \frac{R}{r} \cdot \frac{\rho - r}{R-r}\left\{2T(R,f) + \log^+ \frac{1}{|f(0)|}\right\}.$$

取 ρ 使

$$\rho = r + \frac{r(R-r)}{2R\left\{T(R,f) + \log^+ \frac{1}{|f(0)|} + 1\right\}}.$$

则有 $0<r<\rho<R$ 且

$$N(\rho) - N(r) < 1, \tag{1.2.21}$$

及

$$\log^+ \frac{1}{\rho - r} \leqslant \log^+ \frac{1}{r} + \log^+ \frac{1}{R-r} + \log^+ R + \log^+ T(R,f) + \log^+ \log^+ \frac{1}{|f(0)|} + \log 6. \tag{1.2.22}$$

注意到 $\rho - r < \frac{R-r}{2}$,我们有

$$R - \rho = (R - r) - (\rho - r) > \frac{R-r}{2}.$$

从而

$$\log^+ \frac{1}{R-\rho} < \log 2 + \log^+ \frac{1}{R-r}. \tag{1.2.23}$$

将(1.2.20),(1.2.21),(1.2.22),(1.2.23)代入(1.2.19)即得

$$\begin{aligned} m\left(r,\frac{f'}{f}\right) < {} & 9\log 2 + 2\log 3 + 1 + 4\log^+ \log^+ \frac{1}{|f(0)|} \\ & + 2\log^+ \frac{1}{r} + 3\log^+ \frac{1}{R-r} + 4\log^+ R \\ & + 4\log^+ T(R,f). \end{aligned}$$

由此即得(1.2.14).

当 $f(0) = 0$ 或 ∞ 时,设在 $z = 0$ 附近

$$f(z) = c_\lambda z^\lambda + c_{\lambda+1} z^{\lambda+1} + \cdots, \qquad (c_\lambda \neq 0).$$

置 $g(z) = z^{-\lambda} f(z)$,则 $g(0) \neq 0,\infty$,注意到

$$\frac{f'(z)}{f(z)} = \frac{\lambda}{z} + \frac{g'(z)}{g(z)}.$$

对 $m\left(r,\frac{g'}{g}\right)$ 可用引理 1.4,于是对 $m\left(r,\frac{f'}{f}\right)$ 也可得到与(1.2.14)类似的不等式,所以对引理 1.4 的应用来讲,可以不必顾虑 $f(0)$ 之值.

在引理 1.4 关于 $m\left(r,\frac{f'}{f}\right)$ 的估计中涉及到 $\log^+ T(R,f)$. 为了处理这一项,我们还需要关于单调函数的一个引理,这个引理本质上是属于 Borel[1] 的.

引理 1.5 设 $T(r)$ 在 $r_0 \leqslant r < \infty$ 上是连续、非减函数,$T(r_0) \geqslant 1$,则除去 r 的一个集合 E_0 后恒有

$$T\left(r + \frac{1}{T(r)}\right) < 2T(r), \tag{1.2.24}$$

且 E_0 的线性测度不超过 2.

证. 若(1.2.24)式在 $r_0 \leqslant r < \infty$ 上恒成立,则引理已成立,否则记 E_0 为使(1.2.24)式不成立的 $r(\geqslant r_0)$ 的集合. 因为 $T(r)$ 是

连续函数,所以 E_0 是闭集. 记

$$r_1 = \min\{r; r \in E_0\}, r_1' = r_1 + \frac{1}{T(r_1)},$$

$$r_2 = \min\{r; r \in E_0 \cap [r_1', \infty)\}, r_2' = r_2 + \frac{1}{T(r_2)},$$

$$\cdots\cdots$$

$$r_n = \min\{r; r \in E_0 \cap [r_{n-1}', \infty)\}, r_n' = r_n + \frac{1}{T(r_n)},$$

$$\cdots\cdots$$

若 r_n 有无穷个,则 $\{r_n\}$ 不可能趋于一个有穷的极限 τ,否则,由于 $r_n < r_n' \leqslant r_{n+1}$,则 $\{r_n'\}$ 也趋于 τ. 而

$$r_n' - r_n = \frac{1}{T(r_n)} \geqslant \frac{1}{T(\tau)} > 0,$$

令 $n \to \infty$,导致矛盾. 故 $\lim\limits_{n\to\infty} r_n = \infty$. 因此

$E_0 \subset \{\bigcup\limits_{n=1}^{\infty} [r_n, r_n']\}$,故

$$\mathrm{mes} E_0 \leqslant \sum_{n=1}^{\infty} (r_n' - r_n) = \sum_{n=1}^{\infty} \frac{1}{T(r_n)}.$$

注意到 $r_n (n = 1, 2, \cdots)$ 都属于 E_0. 因此

$$T(r_n) \geqslant T(r_{n-1}') \geqslant 2T(r_{n-1}) \geqslant \cdots \geqslant 2^{n-1} T(r_1) \geqslant 2^{n-1}.$$

于是

$$\mathrm{mes} E_0 \leqslant \sum_{n=1}^{\infty} \frac{1}{2^{n-1}} = 2.$$

由引理 1.5,引理 1.4 可以叙述为

引理 1.4′ 设 $f(z)$ 为开平面上的非常数亚纯函数,则当 $f(z)$ 为有穷级时

$$m(r, \frac{f'}{f}) = O(\log r), \quad (r \to \infty),$$

当 $f(z)$ 为无穷级时,

$$m(r, \frac{f'}{f}) = O(\log(rT(r, f))), (r \to \infty, r \notin E_0),$$

这里 E_0 的线性测度不超过 2.

证. 当 $f(z)$ 的级 λ 为有穷时，

$$T(r,f) < r^{\lambda+1}, \quad (r > r_0).$$

在引理 1.4 中取 $R = 2r$，则

$$m\left(r,\frac{f'}{f}\right) = O(\log r) \quad (r \to \infty).$$

当 $f(z)$ 的级为无穷时，存在 r_0 使 $T(r_0,f) \geqslant 1$. 由引理 1.5，相应于 $T(r,f)$ 的除外集为 E_0，则 $\mathrm{mes}E_0 \leqslant 2$. 当 $r \notin E_0$ 时，取 $R = r + \frac{1}{T(r,f)}$，有

$$m\left(r,\frac{f'}{f}\right) = O\{\log(rT(r,f))\} \qquad (r \to \infty, r \notin E_0).$$

应用引理 1.4′，我们马上可以得到下述定理.

定理 1.7 设 $f(z)$ 为开平面上的非常数亚纯函数，$S(r,f)$ 由定理 1.6 中的(1.2.10) 确定，则当 $f(z)$ 为有穷级时有

$$S(r,f) = O(\log r) \quad (r \to \infty), \tag{1.2.25}$$

当 $f(z)$ 为无穷级时有

$$S(r,f) = O(\log(rT(r,f))) \quad (r \to \infty, r \notin E), \tag{1.2.26}$$

这里 E 是一个有穷线性测度的集合.

注意到，当 $f(z)$ 为非常数有理函数时，$\frac{f'}{f}$ 仍为非常数有理函数，并且分子的次数总比分母的次数少 1. 于是

$$m\left(r,\frac{f'}{f}\right) = o(1) \qquad (r \to \infty).$$

当 $f(z)$ 为超越亚纯函数时，由定理 1.5 有

$$\log r = o(T(r,f)) \qquad (r \to \infty).$$

显然有

$$\log^+ T(r,f) = o(T(r,f)) \qquad (r \to \infty).$$

于是定理 1.7 也可以叙述为

定理 1.7′ 设 $f(z)$ 为开平面上的非常数亚纯函数，$S(r,f)$ 由定理 1.6 中的(1.2.10) 确定，则当 $f(z)$ 为有穷级时有

$$S(r,f) = o(T(r,f)) \qquad (r \to \infty).$$

当 $f(z)$ 为无穷级时有

$$S(r,f)=o(T(r,f)) \qquad (r\to\infty, r\notin E),$$

这里 E 是一个有穷线性测度的集合.

由于当 a_j 为有穷时有

$$m(r,\frac{1}{f-a_j})=T(r,f)-N(r,\frac{1}{f-a_j})+O(1).$$

于是定理 1.6 也可以叙述为

定理 1.6′ 设 $f(z)$ 为开平面上的非常数亚纯函数,$a_j(j=1,2,\cdots,q)$ 为 $q(\geqslant 3)$ 个判别的复数(其中之一可以是 ∞),则

$$(q-2)T(r,f)<\sum_{j=1}^{q}N(r,\frac{1}{f-a_j})-N_1(r)+S(r,f),$$

这里 $N_1(r)$ 仍如(1.2.9)式表示,$S(r,f)$ 具有定理 1.7 中所表述的余项的性质.

1.2.3 第二基本定理的另一形式

设函数 $f(z)$ 于 $|z|<R(\leqslant\infty)$ 内亚纯,a 为任意有穷复数,对于 $0<r<R$,我们以 $\overline{n}(r,\frac{1}{f-a})$ 表示在 $|z|\leqslant r$ 内 $f(z)-a$ 的零点个数,每个零点仅计一次,它有时也记为 $\overline{n}(r,f=a)$ 或 $\overline{n}(r,a)$.
又记

$$\overline{n}(0,\frac{1}{f-a})=\begin{cases}0, \text{若 } f(0)\neq a,\\ 1, \text{若 } f(0)=a.\end{cases}$$

置

$$\overline{N}(r,\frac{1}{f-a})=\int_0^r\frac{\overline{n}(t,\frac{1}{f-a})-\overline{n}(0,\frac{1}{f-a})}{t}dt + \overline{n}(0,\frac{1}{f-a})\log r,$$

称之为 $f(z)-a$ 的精简计数函数,或记为 $\overline{N}(r,f=a)$,$\overline{N}(r,a)$.
类似地有 $\overline{n}(r,f)$(或 $\overline{n}(r,f=\infty)$,$\overline{n}(r,\infty)$)以及 $\overline{N}(r,f)$(或 $\overline{N}(r,f=\infty)$,$\overline{N}(r,\infty)$).

下面叙述并证明第二基本定理的另一较精确的形式.

定理 1.8 设 $f(z)$ 为开平面上的非常数亚纯函数，$a_j(j=1,2,\cdots,q)$ 为 $q(\geqslant 3)$ 个判别的复数(其中之一可以是 ∞)，则

$$(q-2)T(r,f) < \sum_{j=1}^{q}\overline{N}(r,\frac{1}{f-a_j}) + S(r,f),$$

这里 $S(r,f)$ 具有定理 1.7′ 中所表述的余项的性质.

证. 由定理 1.6′ 有

$$(q-2)T(r,f) < \sum_{j=1}^{q}N(r,\frac{1}{f-a_j}) - N_1(r) + S(r,f), \tag{1.2.27}$$

其中 $S(r,f)$ 具有定理 1.7′ 中所表述的余项的性质.

下面来讨论 $N_1(r)$ 的性质.

设 $n_1(t) = 2n(t,f) - n(t,f') + n(t,\frac{1}{f'})$，则

$$N_1(r) = \int_0^r \frac{n_1(t)-n_1(0)}{t}dt + n_1(0)\log r.$$

再设 $|z_0|\leqslant t$. 若 $f(z)$ 在 z_0 处有一个 k 重极点，则 $n_1(t)$ 在 z_0 处计算 $k-1$ 次. 又若 a 为一有穷复数，$f(z)-a$ 在 z_0 处有一个 k 重零点，则 $n_1(t)$ 在 z_0 处计算 $k-1$ 次. 于是

$$\sum_{j=1}^{q}N(r,\frac{1}{f-a_j}) - N_1(r) \leqslant \sum_{j=1}^{q}\overline{N}(r,\frac{1}{f-a_j}). \tag{1.2.28}$$

由(1.2.27)及(1.2.28)即得定理 1.8 的结果.

1.2.4 亏量关系

我们先引进以下几个定义.

定义 1.7 设 $f(z)$ 为开平面上的非常数亚纯函数，a 为任一复数. 定义 a 对于 $f(z)$ 的亏量(或简称为亏量)为

$$\delta(a,f) = \varliminf_{r\to\infty}\frac{m(r,\frac{1}{f-a})}{T(r,f)} = 1 - \varlimsup_{r\to\infty}\frac{N(r,\frac{1}{f-a})}{T(r,f)}. \tag{1.2.29}$$

容易看出 $0\leqslant\delta(a,f)\leqslant 1$.

定义 1.8 若 $\delta(a,f)>0$，则复数 a 称为亚纯函数 $f(z)$ 的亏

值，它也称为 Nevanlinna 例外值.

对于更精确性的刻画，我们还需引入下面记号.

定义 1.9 设 $f(z)$ 为开平面上的非常数亚纯函数，a 为任一复数. 定义

$$\Theta(a,f)=1-\varlimsup_{r\to\infty}\frac{\overline{N}\left(r,\frac{1}{f-a}\right)}{T(r,f)},$$

$$\theta(a,f)=\varliminf_{r\to\infty}\frac{N\left(r,\frac{1}{f-a}\right)-\overline{N}\left(r,\frac{1}{f-a}\right)}{T(r,f)}.$$

显然有 $0\leqslant\Theta(a,f)\leqslant 1$, $0\leqslant\theta(a,f)\leqslant 1$ 及

$$\begin{aligned}\delta(a,f)+\theta(a,f)&=\varliminf_{r\to\infty}\frac{m\left(r,\frac{1}{f-a}\right)}{T(r,f)}\\&\quad+\varliminf_{r\to\infty}\frac{N\left(r,\frac{1}{f-a}\right)-\overline{N}\left(r,\frac{1}{f-a}\right)}{T(r,f)}\\&\leqslant\varliminf_{r\to\infty}\frac{m(r,a)+N(r,a)-\overline{N}(r,a)}{T(r,f)}=\Theta(a,f).\end{aligned}$$

根据定理 1.8，容易导出下述亏量关系.

定理 1.9 设 $f(z)$ 为开平面上的非常数亚纯函数，则使 $\Theta(a,f)>0$ 的值 a 至多是可数的，并且

$$\sum_{a}\{\delta(a,f)+\theta(a,f)\}\leqslant\sum_{a}\Theta(a,f)\leqslant 2. \tag{1.2.30}$$

由此马上可得下述.

系. 设 $f(z)$ 为开平面上的非常数亚纯函数，则 $f(z)$ 的亏值至多是可数的，且

$$\sum_{a}\delta(a,f)\leqslant 2. \tag{1.2.31}$$

1.2.5 有理函数的亏值

设 $f(z)$ 由(1.1.28)所定义. 则当 r 充分大时

$$N(r,f)=q\log r,$$

$$N(r,\frac{1}{f}) = p\log r,$$

$$T(r,f) = \max\{p,q\}\log r + O(1).$$

设 a 为任意非零有穷复数，则

$$f(z) - a = \frac{(a_p z^p + a_{p-1}z^{p-1} + \cdots + a_0) - a(b_q z^q + b_{q-1}z^{q-1} + \cdots + b_0)}{b_q z^q + b_{q-1}z^{q-1} + \cdots + b_0},$$

于是当 $p \neq q$ 时，

$$N(r,\frac{1}{f-a}) = \max\{p,q\}\log r.$$

当 $p = q$，且 $a_p \neq ab_q$ 时，

$$N(r,\frac{1}{f-a}) = p\log r,$$

当 $p = q$，且 $a_p = ab_q$ 时，

$$N(r,\frac{1}{f-a}) \leqslant (p-1)\log r.$$

由上即可得出有理函数的亏值的性质：

(1) 当 $p > q$ 时，∞ 是 $f(z)$ 仅有的亏值.

(2) 当 $p < q$ 时，0 是 $f(z)$ 仅有的亏值.

(3) 当 $p = q$ 时，$\frac{a_p}{b_q}$ 是 $f(z)$ 仅有的亏值.

于是我们得到

定理 1.10 设 $f(z)$ 为非常数有理函数，则 $f(z)$ 有且仅有一个亏值.

§1.3 关于特征函数和级的几个结果

1.3.1 亚纯函数线性变换的特征函数

我们下面证明特征函数的一个重要性质.

定理 1.11 设 $f(z)$ 在 $|z| < R$ 内亚纯，又设 $g(z) =$

$\dfrac{af(z)+b}{cf(z)+d}$,其中 a、b、c、d 为常数使 $ad-bc\neq 0$,则对于 $0<r<R$ 有

$$T(r,g)=T(r,f)+O(1).$$

证. 由于 $f(z)$ 也可以表为 $f(z)=\dfrac{-dg(z)+b}{cg(z)-a}$,因此我们仅须证明

$$T(r,g)\leqslant T(r,f)+O(1),0<r<R. \tag{1.3.1}$$

事实上,当 $c=0$ 时,$g(z)=\dfrac{a}{d}f(z)+\dfrac{b}{d}$. 于是

$$\begin{aligned}T(r,g)&=T\left(r,\frac{a}{d}f+\frac{b}{d}\right)\\&\leqslant T(r,f)+\log^+\left|\frac{a}{d}\right|+\log^+\left|\frac{b}{d}\right|+\log 2\\&=T(r,f)+O(1).\end{aligned}$$

即(1.3.1)成立.

当 $c\neq 0$ 时,

$$\begin{aligned}T(r,g)&=T\left(r,\frac{a}{c}+\frac{b-\frac{ad}{c}}{cf+d}\right)\\&\leqslant\log^+\left|\frac{a}{c}\right|+\log^+\left|b-\frac{ad}{c}\right|+T\left(r,\frac{1}{cf+d}\right)+\log 2,\end{aligned} \tag{1.3.2}$$

而

$$\begin{aligned}T\left(r,\frac{1}{cf+d}\right)&=T(r,cf+d)+O(1)\\&\leqslant T(r,f)+\log^+|c|+\log^+|d|+O(1).\end{aligned} \tag{1.3.3}$$

将(1.3.3)代入(1.3.2),即得(1.3.1).

这就证明了定理 1.11.

1.3.2 亚纯函数多项式的特征函数

本书中,我们用 E 表示 r 在 $(0,\infty)$ 中具有有穷线性测度的一个集合,但在每次出现时不一定相同. 我们用 $S(r,f)$ 表示满足下

列条件的量：当 $f(z)$ 为有穷级时，$S(r,f)=o(T(r,f))(r\to\infty)$，当 $f(z)$ 为无穷级时，$S(r,f)=o(T(r,f))(r\to\infty, r\notin E)$，以后不再说明.

定义 1.10 设 $f(z)$ 和 $a(z)$ 在开平面亚纯. 如果 $T(r,a)=S(r,f)$，则称 $a(z)$ 为 $f(z)$ 的小函数.

对于亚纯函数多项式的特征函数，我们有

定理 1.12 （参看杨重骏[1]） 设 $f(z)$ 为开平面上非常数亚纯函数，$p(f)=a_0f^n+a_1f^{n-1}+\cdots+a_n$，其中 $a_0(\not\equiv 0), a_1,\cdots,a_n$ 均为 f 的小函数，则

$$T(r,p(f))=nT(r,f)+S(r,f). \tag{1.3.4}$$

证. 不失一般性，我们可以假设 $a_0(z)\equiv 1$.

首先，当 $n=1$ 时，(1.3.4) 显然成立. 因此由

$$\begin{aligned}T(r,p(f))&\leqslant T(r,f\cdot\sum_{k=1}^{n}a_{k-1}f^{n-k})+T(r,a_n)+O(1)\\&\leqslant T(r,f)+T(r,\sum_{k=1}^{n}a_kf^{n-k-1})+S(r,f)\end{aligned}$$

和归纳法得

$$T(r,p(f))\leqslant nT(r,f)+S(r,f). \tag{1.3.5}$$

下面寻求相反的不等式.

显然有

$$N(r,p(f))=nN(r,f)+S(r,f), \tag{1.3.6}$$

为了估计 $m(r,p(f))$. 在圆 $|z|=r$ 上，设

$$A(z)=\max_{1\leqslant i\leqslant n}|a_i(z)|^{\frac{1}{i}} \qquad (i=1,2,\cdots,n).$$

对于 r 的固定的值，记 E_1 为 $0\leqslant\theta<2\pi$ 上的集合使得 $|f(re^{i\theta})|\geqslant 2A(re^{i\theta})$. 记 E_2 为其补集. 在 E_1 上我们有

$$\begin{aligned}|p(f)|&=|f|^n\cdot\left|1+\frac{a_1}{f}+\cdots+\frac{a_n}{f^n}\right|\\&\geqslant|f|^n\left\{1-\left|\frac{a_1}{f}\right|-\cdots-\left|\frac{a_n}{f^n}\right|\right\}\\&\geqslant|f|^n\left\{1-\frac{1}{2}-\cdots-\frac{1}{2^n}\right\}\end{aligned}$$

$$= \frac{1}{2^n} \cdot |f|^n.$$

因此

$$\begin{aligned} n \cdot m(r,f) &= m(r,f^n) \\ &= \frac{1}{2\pi}\int_{E_1} \log^+ |f^n| d\theta + \frac{1}{2\pi}\int_{E_2} \log^+ |f^n| d\theta \\ &\leqslant \frac{1}{2\pi}\int_0^{2\pi} \log^+ |2^n p(f)| d\theta + \frac{1}{2\pi}\int_0^{2\pi} \log^+ |2A|^n d\theta \\ &\leqslant m(r,p(f)) + S(r,f). \end{aligned} \tag{1.3.7}$$

由(1.3.6),(1.3.7)得

$$T(r,P(f)) \geqslant nT(r,f) + S(r,f). \tag{1.3.8}$$

由(1.3.5),(1.3.8)即得(1.3.4).

1.3.3 亚纯函数有理式的特征函数

下述定理本质上属于 Valiron,其证明是 A. Z. Mokhon'ko[1]给出的.

定理 1.13 设 $f(z)$ 为开平面上非常数亚纯函数,$R(f) = \frac{P(f)}{Q(f)}$,其中 $P(f) = \sum_{k=0}^{p} a_k f^k$ 和 $Q(f) = \sum_{j=0}^{q} b_j f^j$ 是两个互质的 f 的多项式,系数 $\{a_k(z)\}$ 和 $\{b_j(z)\}$ 均为 f 的小函数,且 $a_p(z) \not\equiv 0$,$b_q(z) \not\equiv 0$. 则

$$T(r,R(f)) = \max\{p,q\} \cdot T(r,f) + S(r,f). \tag{1.3.9}$$

证. 不失一般性,不妨设 $p \geqslant q$,因为如果 $p < q$,则考虑 $\frac{1}{R(f)}$,并注意到

$$T(r,R(f)) = T(r,\frac{1}{R(f)}) + O(1).$$

则可化为我们所假设的情形. 应用辗转相除可得

$P(f) = S_1(f)Q(f) + T_1(f)$, $\deg S_1 = p - q$, $\deg T_1 = t_1 < q$,

$Q(f) = S_2(f)T_1(f) + T_2(f)$, $\deg S_2 = q - t_1$, $\deg T_2 = t_2 < t_1$,

……

$T_{m-2}(f) = S_m(f)T_{m-1}(f) + T_m(f)$, $\deg S_m = t_{m-2} - t_{m-1}$,

$$\deg T_m = t_m = 0.$$

由假设,$P(f)$ 与 $Q(f)$ 是互质的,因此 $T_m(f) \neq 0$,且有

$$P(f) \cdot U(f) + Q(f) \cdot V(f) = 1. \tag{1.3.10}$$

其中$U(f)$和$V(f)$为f的多项式,其系数均为f的小函数,并且$u \leqslant q-1, v \leqslant p-1$,这里$u = \deg U, v = \deg V$. 由于$p+u=q+v$和$p \geqslant q$,故$v \geqslant u$.

反复应用定理 1.12 和第一基本定理得

$$\begin{aligned}
T(r,R(f)) &= T\left(r,\frac{P(f)}{Q(f)}\right) \\
&\leqslant T(r,S_1(f)) + T\left(r,\frac{T_1(f)}{Q(f)}\right) + O(1) \\
&= T(r,S_1(f)) + T\left(r,\frac{Q(f)}{T_1(f)}\right) + O(1) \\
&\leqslant T(r,S_1(f)) + T(r,S_2(f)) + T\left(r,\frac{T_2(f)}{T_1(f)}\right) + O(1) \\
&\cdots\cdots \\
&\leqslant T(r,S_1(f)) + T(r,S_2(f)) + \cdots \\
&\quad + T(r,S_m(f)) + T\left(r,\frac{T_{m-1}(f)}{T_m(f)}\right) + O(1) \\
&= (p-q)T(r,f) + (q-t_1)T(r,f) + \cdots \\
&\quad + (t_{m-2}-t_{m-1})T(r,f) + t_{m-1}T(r,f) + S(r,f) \\
&= pT(r,f) + S(r,f).
\end{aligned} \tag{1.3.11}$$

注意到$v \geqslant u$,使用与证明(1.3.11)相同的证明方法,可以证明

$$T\left(r,\frac{V(f)}{U(f)}\right) \leqslant vT(r,f) + S(r,f). \tag{1.3.12}$$

下面证明相反方向的不等式.

应用定理 1.12,由(1.3.10)得

$$\begin{aligned}
T\left(r,\frac{U(f)}{V(f)} + \frac{Q(f)}{P(f)}\right) &= T\left(r,\frac{1}{V(f)\cdot P(f)}\right) \\
&= T(r,V(f)\cdot P(f)) + O(1) \\
&= (p+v)T(r,f) + S(r,f).
\end{aligned} \tag{1.3.13}$$

另一方面,应用(1.3.12)可得

$$T\left(r,\frac{U(f)}{V(f)}+\frac{Q(f)}{P(f)}\right)\leqslant T\left(r,\frac{U(f)}{V(f)}\right)+T\left(r,\frac{Q(f)}{P(f)}\right)+O(1)$$
$$=T\left(r,\frac{V(f)}{U(f)}\right)+T\left(r,\frac{P(f)}{Q(f)}\right)+O(1)$$
$$\leqslant vT(r,f)+T(r,R(f))+S(r,f). \tag{1.3.14}$$

结合(1.3.13)和(1.3.14)得

$$T(r,R(f))\geqslant pT(r,f)+S(r,f). \tag{1.3.15}$$

由(1.3.11)和(1.3.15)即得(1.3.9).

由定理 1.13 可得下述

系. 设 $f(z)$ 为开平面上非常数亚纯函数.

$$g(z)=\frac{a(z)f(z)+b(z)}{c(z)f(z)+d(z)},$$

其中 $a(z),b(z),c(z),d(z)$ 均为 f 的小函数，且 $a(z)d(z)-b(z)c(z)\not\equiv 0$,则

$$T(r,g)=T(r,f)+S(r,f). \tag{1.3.16}$$

显然上述系是定理 1.11 的推广. 与本段有关的结果可参看何育赞 - 萧修治[1].

1.3.4 亚纯函数积与和的级

为了叙述方便,我们用 $\lambda(h)$ 与 $\mu(h)$ 分别表示亚纯函数 $h(z)$ 的级与下级. 关于亚纯函数积与和的级,我们有下述定理.

定理 1.14 设 $f(z)$ 与 $g(z)$ 为开平面上非常数亚纯函数,其级分别为 $\lambda(f)$ 与 $\lambda(g)$. 则

$$\lambda(f\cdot g)\leqslant\max\{\lambda(f),\lambda(g)\},$$
$$\lambda(f+g)\leqslant\max\{\lambda(f),\lambda(g)\}.$$

即两个亚纯函数积与和的级均不大于两个亚纯函数级中的较大者.

证. 不失一般性,不妨设

$$\lambda(f)\leqslant\lambda(g)<\infty.$$

由级的定义知,对任意给定的 $\varepsilon>0$,存在 R,使得当 $r\geqslant R$ 时有

$$T(r,f)<r^{\lambda(f)+\varepsilon}.$$

及

$$T(r,g) < r^{\lambda(g)+\varepsilon}.$$

注意到

$$T(r,fg) \leqslant T(r,f) + T(r,g).$$

于是当 $r \geqslant R$ 时有

$$T(r,fg) < 2r^{\lambda(g)+\varepsilon}.$$

这就导出,对任意 $\varepsilon > 0$,

$$\overline{\lim_{r\to\infty}} \frac{\log^+ T(r,fg)}{\log r} \leqslant \lambda(g) + \varepsilon,$$

于是 $\lambda(fg) \leqslant \lambda(g)$.

由 $T(r,f+g) \leqslant T(r,f) + T(r,g) + \log 2$,

与上面类似.也可得出

$$\lambda(f+g) \leqslant \lambda(g).$$

若两亚纯函数的级不相等,我们有

定理 1.15 设 $f(z)$ 与 $g(z)$ 为开平面上非常数亚纯函数,其级分别为 $\lambda(f)$ 与 $\lambda(g)$.如果 $\lambda(f) < \lambda(g)$,则

$$\lambda(fg) = \lambda(g), \quad \lambda(f+g) = \lambda(g).$$

即如果两个亚纯函数的级不相等,则其积与和的级均等于两级中的较大者.

证. 由 $g = (f \cdot g) \cdot \frac{1}{f}$ 及 $\lambda(\frac{1}{f}) = \lambda(f)$,应用定理 1.14 得

$$\begin{aligned}\lambda(g) &\leqslant \max\{\lambda(fg), \lambda(f)\} \\ &\leqslant \max\{\lambda(g), \lambda(f)\} \\ &= \lambda(g).\end{aligned}$$

于是 $\lambda(fg) = \lambda(g)$.

同理可证 $\lambda(f+g) = \lambda(g)$.

关于亚纯函数积与和的下级,我们有下述定理.

定理 1.16 设 $f(z)$ 与 $g(z)$ 为开平面上非常数亚纯函数,$f(z)$ 的级为 $\lambda(f)$,$g(z)$ 的下级为 $\mu(g)$.则

$$\mu(fg) \leqslant \max\{\lambda(f), \mu(g)\},$$

$$\mu(f+g) \leqslant \max\{\lambda(f), \mu(g)\}.$$

即两个亚纯函数积与和的下级均不大于一个亚纯函数的级与另一个亚纯函数的下级中的较大者.

证. 不失一般性,不妨设

$$\lambda(f) < \infty, \quad \mu(g) < \infty.$$

设 $\alpha = \max\{\lambda(f), \mu(g)\}$. 由下级的定义知,存在 $r_n \to \infty (n \to \infty)$,使

$$\lim_{n\to\infty} \frac{\log^+ T(r_n, g)}{\log r_n} = \mu(g).$$

于是对任意给定的 $\varepsilon > 0$,存在 N_1,当 $n > N_1$ 时有

$$T(r_n, g) < r_n^{\mu(g)+\varepsilon}.$$

由级的定义知,对任意给定的 $\varepsilon > 0$,存在 R,使得当 $r \geqslant R$ 时有

$$T(r, f) < r^{\lambda(f)+\varepsilon}.$$

又 $r_n \to \infty (n \to \infty)$. 故存在 N_2,当 $n > N_2$ 时有 $r_n > R$,于是有

$$T(r_n, f) < r_n^{\lambda(f)+\varepsilon}.$$

注意到

$$T(r, fg) \leqslant T(r, f) + T(r, g).$$

则当 $n > \max\{N_1, N_2\}$ 时有

$$\begin{aligned} T(r_n, fg) &\leqslant r_n^{\lambda(f)+\varepsilon} + r_n^{\mu(g)+\varepsilon} \\ &\leqslant 2r_n^{\alpha+\varepsilon}. \end{aligned}$$

这就导出,对任意 $\varepsilon > 0$,

$$\underline{\lim_{r\to\infty}} \frac{\log^+ T(r, fg)}{\log r} \leqslant \underline{\lim_{n\to\infty}} \frac{\log^+ T(r_n, fg)}{\log r_n} \leqslant \alpha + \varepsilon.$$

于是

$$\mu(fg) \leqslant \max\{\lambda(f), \mu(g)\}.$$

由 $T(r, f+g) \leqslant T(r, f) + T(r, g) + \log 2$,

与上面类似,也可得出

$$\mu(f+g) \leqslant \max\{\lambda(f), \mu(g)\}.$$

定理 1.17 设 $f(z)$ 与 $g(z)$ 为开平面上非常数亚纯函数,$f(z)$ 的级为 $\lambda(f)$,$g(z)$ 的下级为 $\mu(g)$. 如果 $\lambda(f) < \mu(g)$,则

$$\mu(fg) = \mu(g), \mu(f+g) = \mu(g).$$

证. 由 $g = (f \cdot g) \cdot \dfrac{1}{f}$ 及 $\lambda(\dfrac{1}{f}) = \lambda(f)$,应用定理1.16得

$$\begin{aligned}\mu(g) &\leqslant \max\{\mu(f\cdot g),\lambda(f)\}\\ &\leqslant \max\{\mu(g),\lambda(f)\}\\ &= \mu(g).\end{aligned}$$

于是
$$\mu(fg)=\mu(g).$$
同理可证
$$\mu(f+g)=\mu(g).$$

定理 1.18 设 $f(z)$ 与 $g(z)$ 为开平面上非常数亚纯函数，$f(z)$ 的级为 $\lambda(f)$，$g(z)$ 的下级为 $\mu(g)$. 如果 $\lambda(f)<\mu(g)$，则

$$T(r,f)=o(T(r,g))\quad (r\to\infty)$$

证. 取 $0<\varepsilon<\frac{1}{2}(\mu(g)-\lambda(f))$. 则

$$\lambda(f)<\lambda(f)+\varepsilon<\mu(g)-\varepsilon<\mu(g).$$

由级与下级的定义知，存在 R，使得当 $r\geqslant R$ 时有

$$T(r,f)<r^{\lambda(f)+\varepsilon}$$

及

$$T(r,g)>r^{\mu(g)-\varepsilon}.$$

故

$$\frac{T(r,f)}{T(r,g)}<r^{-(\mu(g)-\lambda(f)-2\varepsilon)}.$$

于是

$$\lim_{r\to\infty}\frac{T(r,f)}{T(r,g)}=0,$$

即

$$T(r,f)=o(T(r,g))\quad (r\to\infty).$$

1.3.5 Doeringer 关于级的一个结果

W. Doeringer[1] 证明了

定理 1.19 设 $T_1(r),T_2(r)$ 为在 $r>r_0>0$ 中定义的实值、非负、不减的函数，且

$$T_1(r)=O(T_2(r))\quad (r\to\infty,r\notin E),$$

这里 E 的线性测度有穷. 则

(i) $\overline{\lim\limits_{r\to\infty}} \dfrac{\log^+ T_1(r)}{\log r} \leqslant \overline{\lim\limits_{r\to\infty}} \dfrac{\log^+ T_2(r)}{\log r}$,

(ii) $\underline{\lim\limits_{r\to\infty}} \dfrac{\log^+ T_1(r)}{\log r} \leqslant \underline{\lim\limits_{r\to\infty}} \dfrac{\log^+ T_2(r)}{\log r}$.

即 $T_1(r)$ 的级与下级分别小于或等于 $T_2(r)$ 的级与下级.

证. (i) 不失一般性,假设

$$\lambda = \overline{\lim_{r\to\infty}} \frac{\log^+ T_2(r)}{\log r} < \infty.$$

于是,对任意给定的 $\varepsilon > 0$,存在 $R > \max\{r_0, 1\}$, $k > 0$ 与 $E \subseteq [R, \infty)$,使得

$$T_2(r) \leqslant r^{\lambda+\varepsilon}, \qquad 对 r \geqslant R,$$

$$T_1(r) \leqslant kT_2(r), \quad 对 r \in [R, \infty)\backslash E,$$

且 $m = \mathrm{mes}(E) < \infty$,这里 m 表示 E 的 Lebesgue 测度.

对 $r > R + m$ 及 $r \in E$,我们能找到 $r_1, r_2 \notin E$, $R \leqslant r_1 < r < r_2$ 及 $r_2 - r_1 \leqslant m + 1$,使得

$$T_1(r) \leqslant T_1(r_2) \leqslant kT_2(r_2) \leqslant kr_2^{\lambda+\varepsilon} \leqslant k\left(\frac{r_2}{r_1}\right)^{\lambda+\varepsilon} r^{\lambda+\varepsilon}$$
$$\leqslant cr^{\lambda+\varepsilon},$$

这里 $c = k(m + 2)^{\lambda+\varepsilon}$,于是对所有 $r > R + m$,

$$T_1(r) \leqslant cr^{\lambda+\varepsilon}.$$

这就导出,对任意 $\varepsilon > 0$,

$$\overline{\lim_{r\to\infty}} \frac{\log^+ T_1(r)}{\log r} \leqslant \lambda + \varepsilon,$$

于是

$$\overline{\lim_{r\to\infty}} \frac{\log^+ T_1(r)}{\log r} \leqslant \lambda.$$

即 (i) 成立.

(ii) 不失一般性,不妨设

$$\mu_1 = \underline{\lim_{r\to\infty}} \frac{\log^+ T_1(r)}{\log r},$$

$$\mu_2 = \underline{\lim_{r\to\infty}} \frac{\log^+ T_2(r)}{\log r} < \infty.$$

如果 $\mu_1 > \mu_2$,设 $\mu_1 > \mu_0 > \mu_2$,则存在 $R > \max\{r_0, 1\}$, $k > 0$,与 $E \subseteq [R, \infty)$,使得

$$T_1(r) \geqslant r^{\mu_0}, \quad 对\ r \geqslant R,$$

$$T_1(r) \leqslant kT_2(r), \quad 对\ r \in [R,\infty)\backslash E,$$

且 $m = \text{mes}(E) < \infty$.

对 $r > R + m$,及 $r \in E$,我们能找到 $r_1, r_2 \notin E, R \leqslant r_1 < r < r_2$ 及 $r_2 - r_1 \leqslant m + 1$,使得

$$T_2(r) \geqslant T_2(r_1) \geqslant \frac{1}{k}T_1(r_1) \geqslant \frac{1}{k} \cdot r_1^{\mu_0} \geqslant \frac{1}{k} \cdot \left(\frac{r_1}{r_2}\right)^{\mu_0} r^{\mu_0}$$

$$\geqslant D \cdot r^{\mu_0},$$

这里 $D = \frac{1}{k}\frac{1}{(m+2)^{\mu_0}}$. 于是对所有 $r > R + m$,

$$T_2(r) \geqslant D \cdot r^{\mu_0},$$

这就导出

$$\varliminf_{r\to\infty} \frac{\log^+ T_2(r)}{\log r} = \mu_2 \geqslant \mu_0,$$

这是一个矛盾. 于是 $\mu_1 \leqslant \mu_2$,即(ii) 成立.

由定理 1.19,立即可得下述

系. 设 $f(z)$ 与 $g(z)$ 在开平面亚纯. 如果

$$T(r,f) = O(T(r,g)) \quad (r \to \infty, r \notin E),$$

则 f 的级与下级分别小于或等于 g 的级与下级.

1.3.6 函数与其导数的增长关系

我们需要下述庄圻泰[2] 的不等式.

定理 1.20 设函数 $f(z)$ 于开平面亚纯,且 $f(0) \neq \infty$,则对于 $\tau > 1$ 与 $r > 0$ 有

$$T(r,f) < C_\tau T(\tau r, f') + \log^+(\tau r) + 4 + \log^+|f(0)|.$$

定理 1.20 的证明可参看杨乐[1]. 由定理 1.20 可得下述

系. 设函数 $f(z)$ 于开平面亚纯,则

$$T(r,f) < O\{T(2r,f') + \log r\} \quad (r \to \infty). \tag{1.3.17}$$

我们还需要相反方向的不等式.

引理 1.6 设函数 $f(z)$ 于开平面亚纯,则

$$T(r,f') < 2T(r,f) + S(r,f). \tag{1.3.18}$$

证.

$$\begin{aligned} T(r,f') &= m(r,f') + N(r,f') \\ &\leqslant m(r,f) + m(r,\frac{f'}{f}) + N(r,f) + \overline{N}(r,f) \\ &= T(r,f) + \overline{N}(r,f) + S(r,f) \\ &< 2T(r,f) + S(r,f). \end{aligned}$$

由(1.3.17)与(1.3.18)即得下述

定理 1.21 设函数 $f(z)$ 于开平面亚纯，则 $f(z)$ 与其导数 $f'(z)$ 有相同的级与下级.

系. 设函数 $f(z)$ 于开平面亚纯，n 为正整数，则 $f(z)$ 与 $f^{(n)}(z)$ 有相同的级与下级.

§1.4 亚纯函数结合于导数的值分布

1.4.1 Milloux 定理

Milloux[1] 证明了

定理 1.22 设 $f(z)$ 为开平面上非常数亚纯函数，k 为正整数，

$$\Psi(z) = \sum_{i=0}^{k} a_i(z) f^{(i)}(z), \tag{1.4.1}$$

这里 $a_i(z)(i=0,1,\cdots,k)$ 均为 $f(z)$ 的小函数，则

$$m(r,\frac{\Psi}{f}) = S(r,f) \tag{1.4.2}$$

及

$$\begin{aligned} T(r,\Psi) &\leqslant T(r,f) + k\overline{N}(r,f) + S(r,f) \\ &\leqslant (k+1)T(r,f) + S(r,f). \end{aligned} \tag{1.4.3}$$

证. 首先考虑特殊情形 $\Psi(z) = f^{(k)}(z)$，并用数学归纳法证明定理 1.22 的结论.

根据对数导数引理(引理 1.4′)有

$$m(r,\frac{f'}{f}) = S(r,f).$$

由引理 1.6 有

$$T(r,f') \leqslant T(r,f) + \overline{N}(r,f) + S(r,f)$$
$$\leqslant 2T(r,f) + S(r,f)$$

于是当 $k=1$ 时定理成立. 假设当 $k=n$ 时定理成立,即

$$m(r,\frac{f^{(n)}}{f}) = S(r,f).$$

及

$$T(r,f^{(n)}) \leqslant T(r,f) + n\overline{N}(r,f) + S(r,f)$$
$$\leqslant (n+1)T(r,f) + S(r,f).$$

则

$$m(r,\frac{f^{(n+1)}}{f}) \leqslant m(r,\frac{f^{(n+1)}}{f^{(n)}}) + m(r,\frac{f^{(n)}}{f})$$
$$= S(r,f^{(n)}) + S(r,f)$$
$$= S(r,f), \tag{1.4.4}$$

$$T(r,f^{(n+1)}) \leqslant T(r,f^{(n)}) + \overline{N}(r,f^{(n)}) + S(r,f^{(n)})$$
$$\leqslant T(r,f) + n\overline{N}(r,f) + S(r,f)$$
$$+ \overline{N}(r,f^{(n)}) + S(r,f^{(n)})$$
$$= T(r,f) + (n+1)\overline{N}(r,f) + S(r,f)$$
$$\leqslant (n+2)T(r,f) + S(r,f). \tag{1.4.5}$$

于是 $n=k+1$ 时定理成立.

下面考虑一般情况

显然

$$m(r,\frac{\Psi}{f}) \leqslant \sum_{i=0}^{k} m(r,\frac{a_i f^{(i)}}{f}) + \log(k+1)$$
$$\leqslant \sum_{i=0}^{k}\left[m(r,a_i) + m(r,\frac{f^{(i)}}{f})\right] + \log(k+1)$$
$$= S(r,f).$$

于是

$$m(r,\Psi) \leqslant m(r,\frac{\Psi}{f}) + m(r,f)$$
$$= m(r,f) + S(r,f). \tag{1.4.6}$$

又

$$N(r,\Psi) \leqslant N(r,f^{(k)}) + \sum_{i=0}^{k} N(r,a_i)$$

$$\leqslant N(r,f) + k\overline{N}(r,f) + S(r,f). \quad (1.4.7)$$

由(1.4.6),(1.4.7)得

$$\begin{aligned} T(r,\Psi) &\leqslant m(r,f) + N(r,f) + k\overline{N}(r,f) + S(r,f) \\ &= T(r,f) + k\overline{N}(r,f) + S(r,f) \\ &\leqslant (k+1)T(r,f) + S(r,f). \end{aligned}$$

定理 1.23 设 $f(z)$ 为开平面上非常数亚纯函数,$\Psi(z)$ 被(1.4.1)所定义,且 $\Psi(z)$ 不为常数,则

$$T(r,f) < \overline{N}(r,f) + N\left(r,\frac{1}{f}\right) + \overline{N}\left(r,\frac{1}{\Psi-1}\right) - N_0\left(r,\frac{1}{\Psi'}\right) + S(r,f), \quad (1.4.8)$$

这里 $N_0\left(r,\frac{1}{\Psi'}\right)$ 表示 Ψ' 的零点但不是 $\Psi-1$ 的零点的计数函数.

证. 由定理 1.6 有

$$m(r,\Psi) + m\left(r,\frac{1}{\Psi}\right) + m\left(r,\frac{1}{\Psi-1}\right) \leqslant 2T(r,\Psi) - N_1(r) + S(r,\Psi), \quad (1.4.9)$$

这里

$$N_1(r) = 2N(r,\Psi) - N(r,\Psi') + N\left(r,\frac{1}{\Psi'}\right).$$

又

$$\begin{aligned} 2T(r,\Psi) - N_1(r) = {} & m(r,\Psi) + m\left(r,\frac{1}{\Psi-1}\right) + N(r,\Psi) \\ & + N\left(r,\frac{1}{\Psi-1}\right) - N\left(r,\frac{1}{\Psi'}\right) - 2N(r,\Psi) \\ & + N(r,\Psi') + O(1). \end{aligned} \quad (1.4.10)$$

显然

$$\begin{aligned} N(r,\Psi') - N(r,\Psi) &= \overline{N}(r,\Psi) \\ &\leqslant \overline{N}(r,f) + \sum_{i=o}^{k} \overline{N}(r,a_i) \\ &\leqslant \overline{N}(r,f) + S(r,f), \end{aligned}$$

$$N(r,\frac{1}{\Psi-1})-N(r,\frac{1}{\Psi'})=\overline{N}(r,\frac{1}{\Psi-1})-N_0(r,\frac{1}{\Psi'}).$$

再由(1.4.3)，

$$S(r,\Psi)=S(r,f).$$

于是由(1.4.9)，(1.4.10)得

$$m(r,\frac{1}{\Psi})\leqslant\overline{N}(r,f)+\overline{N}(r,\frac{1}{\Psi-1})-N_0(r,\frac{1}{\Psi'})+S(r,f). \tag{1.4.11}$$

应用(1.4.2)，我们有

$$\begin{aligned}T(r,f)&=m(r,\frac{1}{f})+N(r,\frac{1}{f})+O(1)\\&\leqslant m(r,\frac{1}{\Psi})+m(r,\frac{\Psi}{f})+N(r,\frac{1}{f})+O(1)\\&\leqslant m(r,\frac{1}{\Psi})+N(r,\frac{1}{f})+S(r,f).\end{aligned}$$

由上及(1.4.11)得

$$T(r,f)\leqslant\overline{N}(r,f)+N(r,\frac{1}{f})+\overline{N}(r,\frac{1}{\Psi-1})-N_0(r,\frac{1}{\Psi'})+S(r,f).$$

由定理1.23可得下述

系. 设 $f(z)$ 为开平面上非常数亚纯函数，k 为正整数，则

$$T(r,f)<\overline{N}(r,f)+N(r,\frac{1}{f})+N(r,\frac{1}{f^{(k)}-1})-N(r,\frac{1}{f^{(k+1)}})+S(r,f). \tag{1.4.12}$$

1.4.2 导数的零点估计

(1.4.12)给出了关于导数的1值点的不等式，下面考虑关于导数的零点的问题. 首先有

定理 1.24 设 $f(z)$ 为开平面上非常数亚纯函数，k 为正整数，则

$$N(r,\frac{1}{f^{(k)}})\leqslant T(r,f^{(k)})-T(r,f)+N(r,\frac{1}{f})+S(r,f)$$

(1.4.13)

及

$$N\left(r,\frac{1}{f^{(k)}}\right)\leqslant N\left(r,\frac{1}{f}\right)+k\overline{N}(r,f)+S(r,f). \quad (1.4.14)$$

证. 显然

$$m\left(r,\frac{1}{f}\right)\leqslant m\left(r,\frac{1}{f^{(k)}}\right)+m\left(r,\frac{f^{(k)}}{f}\right)$$
$$=m\left(r,\frac{1}{f^{(k)}}\right)+S(r,f).$$

于是

$$T(r,f)-N\left(r,\frac{1}{f}\right)\leqslant T(r,f^{(k)})-N\left(r,\frac{1}{f^{(k)}}\right)+S(r,f),$$

即

$$N\left(r,\frac{1}{f^{(k)}}\right)\leqslant T(r,f^{(k)})-T(r,f)+N\left(r,\frac{1}{f}\right)+S(r,f).$$

再由(1.4.5)得

$$N\left(r,\frac{1}{f^{(k)}}\right)\leqslant N\left(r,\frac{1}{f}\right)+k\overline{N}(r,f)+S(r,f).$$

定理 1.25 设 $f(z)$ 为开平面上非常数亚纯函数,k 为正整数,$\delta_f=\sum\limits_{a\neq\infty}\delta(a,f)$,则

$$N\left(r,\frac{1}{f^{(k)}}\right)\leqslant T(r,f^{(k)})-(\delta_f-\varepsilon)T(r,f)\quad (r\notin E),$$

(1.4.15)

及

$$N\left(r,\frac{1}{f^{(k)}}\right)\leqslant (1-\delta_f+\varepsilon)T(r,f)+k\overline{N}(r,f)\quad (r\notin E),$$

(1.4.16)

这里 ε 是任意预先给定的正数.

证. 不妨假设满足 $\delta(a,f)>0$ 的 a 有无穷多个,则存在① 中的一个序列 $\{a_i\}_{i=1}^{\infty}$,使 $a_i\neq a_j(i\neq j)$ 及 $\sum\limits_{i=1}^{\infty}\delta(a_i,f)=\delta_f$. 于是对任意预先给定的正数 ε,存在正整数 q,使

$$\delta = \sum_{i=1}^{q} \delta(a_i, f) > \delta_f - \frac{\varepsilon}{3}. \tag{1.4.17}$$

置

$$F(z) = \sum_{i=1}^{\varepsilon} \frac{1}{f(z) - a_i}.$$

由(1.2.1)得

$$\sum_{i=1}^{q} m(r, \frac{1}{f - a_i}) = m(r, F) + O(1). \tag{1.4.18}$$

注意到

$$\begin{aligned} m(r, F) &\leqslant m(r, \frac{1}{f^{(k)}}) + m(r, \sum_{i=1}^{q} \frac{f^{(k)}}{f - a_i}) \\ &= T(r, f^{(k)}) - N(r, \frac{1}{f^{(k)}}) + S(r, f), \end{aligned} \tag{1.4.19}$$

及

$$\sum_{i=1}^{q} m(r, \frac{1}{f - a_i}) \geqslant (\delta - \frac{\varepsilon}{3}) T(r, f) \quad (r \notin E). \tag{1.4.20}$$

由(1.4.17)—(1.4.20)得

$$\begin{aligned} N(r, \frac{1}{f^{(k)}}) &\leqslant T(r, f^{(k)}) - (\delta_f - \frac{2}{3}\varepsilon) T(r, f) + S(r, f) \\ &\leqslant T(r, f^{(k)}) - (\delta_f - \varepsilon) T(r, f), \quad (r \notin E). \end{aligned}$$

再由(1.4.5)得

$$N(r, \frac{1}{f^{(k)}}) \leqslant (1 - \delta_f + \varepsilon) T(r, f) + k\overline{N}(r, f) \quad (r \notin E).$$

为了得到关于 $N(r, \frac{1}{f^{(k)}})$ 的反方向的不等式，我们先引进 Wronskian 行列式的概念.

定义 1.11 设 $f_1(z), f_2(z), \cdots, f_n(z)$ 均在开平面亚纯，

$$W = \begin{vmatrix} f_1, & f_2, & \cdots, & f_n \\ f_1', & f_2', & \cdots, & f_n' \\ \cdots & \cdots & \cdots & \cdots \\ f_1^{(n-1)}, & f_2^{(n-1)}, & \cdots, & f_n^{(n-1)} \end{vmatrix}$$

为 n 阶行列式，我们称 W 为 $f_1, f_2, \cdots, f_n$ 的 Wronskian 行列式，记作 $W = W(f_1, f_2, \cdots, f_n)$.

Frank-Weissenborn[1] 证明了

定理 1.26 设 $f(z)$ 为开平面上的超越亚纯函数,k 为正整数,则

$$(k-1)\overline{N}(r,f) \leqslant (1+\varepsilon)N(r,\frac{1}{f^{(k)}}) + (1+\varepsilon)(N(r,f) - \overline{N}(r,f)) + S(r,f), \qquad (1.4.21)$$

这里 ε 是任意预先给定的正数.

证. 对任意给定的 $\varepsilon > 0$,我们选择一个正整数 $n > \frac{k}{\varepsilon}$. 设

$W(z) = W(1,z,z^2,\cdots,z^{k+n-1},f(z),zf(z),\cdots,z^nf(z))$ 因为 $f(z)$ 是超越亚纯函数,故 $W \not\equiv 0$,容易看到,W 是 f 的 $n+1$ 次齐次微分多项式,其系数为常数,不含 f 的阶低于 k 的导数

设
$$A = \frac{W}{(f^{(k)})^{n+1}},$$
则
$$m(r,A) = S(r,f^{(k)}).$$
于是

$$N(r,\frac{1}{A}) \leqslant T(r,A) + O(1)$$
$$= N(r,A) + S(r,f^{(k)}). \qquad (1.4.22)$$

现在来估计在$(z) \leqslant r$ 中 A 的零点与极点的数目. Wronskian 行列式的一个简单性质给出

$$W = f^{k+2n+1}W(\frac{1}{f},\frac{z}{f},\cdots,\frac{z^{k+n-1}}{f},1,z,\cdots,z^n).$$

设 z_0 为 f 的 p 级极点,则

$$W(z) = O((z-z_0)^{-p(k+2n+1)}) \quad (z \to z_0).$$

于是

$$A(z) = O((z-z_0)^{(n+1)(k+p)-p(k+2n+1)})$$
$$= O((z-z_0)^{n(k-1)-(k+n)(p-1)}) \quad (z \to z_0). \quad (1.4.23)$$

设 $\overline{N}_p^0(r)$,$\overline{N}_p^\infty(r)$,$\overline{N}_p^*(r)$ 分别表示 f 的 p 级极点,是 A 的零点,是 A 的极点,是使 A 取有穷非零值的点的精简计数函数,则

$$\sum_{p=1}^{\infty}(n(k-1)-(k+n)(p-1))\overline{N}_p^0(r) \leqslant N(r,\frac{1}{A})$$

$$\leqslant N(r,A) + S(r,f^{(k)})$$

$$\leqslant \sum_{p=1}^{\infty}((k+n)(p-1)-n(k-1))\overline{N}_p^{\infty}(r)$$

$$+ (n+1)N(r,\frac{1}{f^{(k)}}) + S(r,f^{(k)}) \qquad (1.4.24)$$

如果 z_0 使 A 取有穷非零值，由(1.4.23) 得

$$n(k-1)-(k+n)(p-1) \leqslant 0.$$

故

$$n(k-1)\overline{N}_p^*(r) \leqslant (k+n)(p-1)\overline{N}_p{}^*(r).$$

于是

$$n(k-1)\sum_{p=1}^{\infty}\overline{N}_p{}^*(r) \leqslant (k+n)\sum_{p=1}^{\infty}(p-1)\overline{N}_p{}^*(r).$$

再由(1.4.24) 得

$$n(k-1)\sum_{p=1}^{\infty}\overline{N}_p(r) \leqslant (k+n)\sum_{p=1}^{\infty}(p-1)\overline{N}_p(r)$$

$$+ (n+1)N(r,\frac{1}{f^{(k)}}) + S(r,f^{(k)}). \qquad (1.4.25)$$

这里 $\overline{N}_p(r) = \overline{N}_p{}^0(r) + \overline{N}_p{}^{\infty}(r) + \overline{N}_p{}^*(r)$，它是 f 的 p 级极点的精简计数函数. 显然

$$\overline{N}(r,f) = \sum_{p=1}^{\infty}\overline{N}_p(r),$$

$$N(r,f) - \overline{N}(r,f) = \sum_{p=1}^{\infty}(p-1)\overline{N}_p(r).$$

由(1.4.25) 即得

$$(k-1)\overline{N}(r,f) \leqslant (1+\frac{k}{n})(N(r,f)-\overline{N}(r,f))$$

$$+ (1+\frac{1}{n})N(r,\frac{1}{f^{(k)}}) + S(r,f^{(k)})$$

$$\leqslant (1+\varepsilon)N(r,\frac{1}{f^{(k)}}) + (1+\varepsilon)(N(r,f)$$

$$- \overline{N}(r,f)) + S(r,f^{(k)}). \qquad (1.4.26)$$

显然 $S(r,f^{(k)}) = S(r,f)$. 由(1.4.26) 即得(1.4.21).

不等式(1.4.26) 由杨乐[2] 首先得出. 用较小的项 $S(r,f^{(k)})$ 代

替(1.4.21)中的项 $S(r,f)$ 即得(1.4.26).这个改动非常重要,以后我们将看到(1.4.26)有比较大的应用价值.杨乐[3]又把(1.4.26)改写成下述更为有用的形式.

定理 1.26′ 设 $f(z)$ 为开平面上的超越亚纯函数,k 为正整数,则

$$N(r,\frac{1}{f^{(k+1)}}) > (k+1)\overline{N}(r,f) - N(r,f) - \varepsilon T(r,f^{(k)}) - S(r,f^{(k)}), \qquad (1.4.27)$$

这里 ε 为任意预先给定的正数.

1989 年,Frank-Weissenborn[2]又推广了定理 1.26,证明了

定理 1.27 设 $f(z)$ 在开平面超越亚纯,$a_1,a_2,\cdots,a_k$ 为开平面上 k 个线性无关的亚纯函数,且均为 f 的小函数,$L(f)=W(a_1,a_2,\cdots,a_k,f)$,则

$$k\cdot\overline{N}(r,f) \leqslant N(r,\frac{1}{L(f)}) + (1+\varepsilon)N(r,f) + S(r,f) \qquad (1.4.28)$$

这里 ε 为任意正数.

在定理 1.27 中,令 $a_j(z)=\dfrac{z^{j-1}}{(j-1)!}(j=1,2,\cdots,k)$,则 $L(f)=f^{(k)}$,(1.4.28)即化为(1.4.21).

最近,王跃飞[1]使用类似的方法,证明了

定理 1.28 设 $f(z)$ 在开平面超越亚纯,$k\geqslant 3$,则

$$(k-2)\overline{N}(r,f) + N(r,\frac{1}{f}) \leqslant 2\overline{N}(r,\frac{1}{f}) + N(r,\frac{1}{f^{(k)}}) + \varepsilon T(r,f) + S(r,f), \qquad (1.4.29)$$

这里 ε 为任意正数.

1.4.3 杨乐不等式

在函数值分布论中,引入所论函数的导数是一个重要的研究课题,这方面的非常突出有趣的结果是下述 Hayman 不等式.

定理 1.29 (Hayman[2]) 设 $f(z)$ 于开平面超越亚纯,k 为正

整数，则

$$T(r,f)<(2+\frac{1}{k})N(r,\frac{1}{f})+(2+\frac{2}{k})N(r,\frac{1}{f^{(k)}-1})$$
$$+S(r,f). \tag{1.4.30}$$

值得注意的是，在 Hayman 不等式中仅用了两项计数函数，便可界囿特征函数 $T(r,f)$，在没有引进导数时是不能做到的. 然而，这两项计数函数的系数较大，不像通常 Nevanlinna 第二基本定理中计数函数的系数等于 1. 针对这种情况，Hayman[1] 提出：在其不等式(1.4.30) 里，$N(r,\frac{1}{f})$ 与 $N(r,\frac{1}{f^{(k)}-1})$ 的系数是否为最佳数值？杨乐[2] 解决了这个问题，他使用一简单的方法建立了一个用 $N(r,\frac{1}{f})$ 与 $N(r,\frac{1}{f^{(k)}-1})$ 来界囿 $T(r,f)$ 的基本不等式，而相应的系数却可大大减小. 事实上，杨乐证明了下述定理.

定理 1.30 设 $f(z)$ 于开平面超越亚纯，k 为正整数，则

$$T(r,f)<(1+\frac{1}{k})N(r,\frac{1}{f})+(1+\frac{1}{k})N(r,\frac{1}{f^{(k)}-1})$$
$$-N(r,\frac{1}{f^{(k+1)}})+\varepsilon T(r,f)+S(r,f), \tag{1.4.31}$$

这里 ε 为任意正数.

证. 由定理 1.26 有

$$k\overline{N}(r,f)<(1+\frac{\varepsilon}{6})N(r,\frac{1}{f^{(k+1)}})+(1+\frac{\varepsilon}{6})(N(r,f)$$
$$-\overline{N}(r,f))+S(r,f).$$

于是

$$\overline{N}(r,f)<\frac{1}{k+1}N(r,\frac{1}{f^{(k+1)}})+\frac{1}{k+1}N(r,f)$$
$$+\frac{1}{k+1}\cdot\frac{\varepsilon}{6}[N(r,\frac{1}{f^{(k+1)}})+N(r,f)]+S(r,f). \tag{1.4.32}$$

注意到

$$N(r,\frac{1}{f^{(k+1)}})+N(r,f)<T(r,f^{(k+1)})+T(r,f)$$
$$<(k+3)T(r,f)+S(r,f).$$

由(1.4.32)得

$$\overline{N}(r,f) < \frac{1}{k+1}N(r,\frac{1}{f^{(k+1)}}) + \frac{1}{k+1}N(r,f) + \frac{\varepsilon}{2}T(r,f) + S(r,f). \quad (1.4.33)$$

于是

$$N(r,\frac{1}{f^{(k+1)}}) > (k+1)\overline{N}(r,f) - N(r,f) - \frac{k+1}{2}\varepsilon T(r,f) - S(r,f). \quad (1.4.34)$$

把(1.4.34)代入(1.4.12)得

$$T(r,f) < N(r,\frac{1}{f}) + N(r,\frac{1}{f^{(k)}-1}) - k\overline{N}(r,f) + N(r,f) + \frac{k+1}{2}\varepsilon T(r,f) + S(r,f). \quad (1.4.35)$$

注意到 $N(r,f) \leqslant T(r,f)$，由(1.4.35)得

$$\overline{N}(r,f) < \frac{1}{k}N(r,\frac{1}{f}) + \frac{1}{k}N(r,\frac{1}{f^{(k)}-1}) + \varepsilon T(r,f) + S(r,f). \quad (1.4.36)$$

把(1.4.36)代入(1.4.12)得

$$T(r,f) < (1+\frac{1}{k})N(r,\frac{1}{f}) + (1+\frac{1}{k})N(r,\frac{1}{f^{(k)}-1}) - N(r,\frac{1}{f^{(k+1)}}) + \varepsilon T(r,f) + S(r,f),$$

即(1.4.31)成立.

显然，在定理1.30的基本不等式(1.4.31)中，$N(r,\frac{1}{f})$ 或 $N(r,\frac{1}{f^{(k)}-1})$ 的系数均不能小于1. 因此当 k 适当大时，(1.4.31)式可以说是近似于最佳的.

杨乐[2]还证明了

定理1.31 设 $f(z)$ 于开平面超越亚纯，k 为正整数. 若 ε 为任意正数，a 与 b 为任意二个判别的有穷复数，则

$$T(r,f^{(k)}) < (1+\frac{1}{2k})N(r,\frac{1}{f^{(k)}-a}) + (1+\frac{1}{2k})N(r,\frac{1}{f^{(k)}-b})$$

$$-N\left(r,\frac{1}{f^{(k+1)}}\right)+\varepsilon T(r,f^{(k)})+S(r,f^{(k)}).$$

(1.4.37)

证. 对函数 $f^{(k)}(z)$ 与三个判别的复数 a,b,∞ 应用 Nevanlinna 第二基本定理,则

$$T(r,f^{(k)})<\overline{N}(r,f)+N\left(r,\frac{1}{f^{(k)}-a}\right)+N\left(r,\frac{1}{f^{(k)}-b}\right)$$
$$-N\left(r,\frac{1}{f^{(k+1)}}\right)+S(r,f^{(k)}).\qquad(1.4.38)$$

注意到

$$T(r,f^{(k)})\geqslant N(r,f)+k\overline{N}(r,f),$$

由(1.4.27)与(1.4.38)得

$$\overline{N}(r,f)<\frac{1}{2k}N\left(r,\frac{1}{f^{(k)}-a}\right)+\frac{1}{2k}N\left(r,\frac{1}{f^{(k)}-b}\right)$$
$$+\varepsilon T(r,f^{(k)})+S(r,f^{(k)}).\qquad(1.4.39)$$

再把(1.4.39)代入(1.4.38)即得(1.4.37).

由定理 1.31 可以得出下述

系. 设 $f(z)$ 于开平面超越亚纯, k 为正整数, a 与 b 为任意二个判别的有穷复数. 则

$$\delta(a,f^{(k)})+\delta(b,f^{(k)})\leqslant 1+\frac{1}{2k+1}.$$

设 k 为正整数, Hayman[2] 首先指出

$$\sum_{a\neq\infty}\delta(a,f^{(k)})\leqslant 1+\frac{1}{k+1},$$

对于任意超越亚纯函数 $f(z)$ 成立. 1971 年, Mues[1] 将此结果改进为

$$\sum_{a\neq\infty}\delta(a,f^{(k)})\leqslant 1+\frac{k+2}{k^2+4k+2}.$$

1990 年, 杨乐[3] 又把上述结果改进为

定理 1.32 设 $f(z)$ 于开平面超越亚纯, k 为正整数, 则

$$\sum_{a\neq\infty}\delta(a,f^{(k)})\leqslant 1+\frac{1}{2k+1}.\qquad(1.4.40)$$

证. 由(1.4.27)得

$$N\left(r,\frac{1}{f^{(k+1)}}\right) > (k+1)\overline{N}(r,f) - N(r,f) - \varepsilon T(r,f^{(k)})$$
$$- o(T(r,f^{(k)})) \quad (r\to\infty, r\notin E_1), \quad (1.4.41)$$

其中 E_1 的线性测度有穷.

设 $a_j(j=1,2,\cdots,q)$ 为 q 个判别的有穷复数,则我们有

$$\sum_{j=1}^{q} m\left(r,\frac{1}{f^{(k)}-a_j}\right) = m\left(r,\sum_{j=1}^{q}\frac{1}{f^{(k)}-a_j}\right) + O(1)$$
$$\leqslant m\left(r,\frac{1}{f^{(k+1)}}\right) + m\left(r,\sum_{j=1}^{q}\frac{f^{(k+1)}}{f^{(k)}-a_j}\right) + O(1)$$
$$= m\left(r,\frac{1}{f^{(k+1)}}\right) + o(T(r,f^{(k)})) \quad (r\to\infty, r\notin E_2),$$
$$(1.4.42)$$

其中 E_2 的线性测度有穷.

设 $E_0 = E_1 \cup E_2$,则 E_0 的线性测度有穷. 我们区分两种情况.

1) $\varliminf\limits_{\substack{r\to\infty\\ r\notin E_0}} \dfrac{\overline{N}(r,f)}{T(r,f^{(k)})} < \dfrac{1}{2k+1}$.

由(1.4.42)得

$$\sum_{j=1}^{q} m\left(r,\frac{1}{f^{(k)}-a_j}\right) \leqslant T(r,f^{(k+1)}) + o(T(r,f^{(k)}))$$
$$\leqslant T(r,f^{(k)}) + \overline{N}(r,f) + o(T(r,f^{(k)}))$$
$$(r\to\infty, r\notin E_0).$$

于是

$$\sum_{j=1}^{q}\delta(a_j,f^{(k)}) \leqslant \varliminf_{\substack{r\to\infty\\ r\notin E_0}} \frac{T(r,f^{(k)})+\overline{N}(r,f)}{T(r,f^{(k)})}$$
$$\leqslant 1 + \frac{1}{2k+1}.$$

2) $\varliminf\limits_{\substack{r\to\infty\\ r\notin E_0}} \dfrac{\overline{N}(r,f)}{T(r,f^{(k)})} \geqslant \dfrac{1}{2k+1}$.

由(1.4.41)与(1.4.42)得

$$\sum_{j=1}^{q} m\left(r,\frac{1}{f^{(k)}-a_j}\right) \leqslant T(r,f^{(k+1)}) - N\left(r,\frac{1}{f^{(k+1)}}\right) + o(T(r,f^{(k)}))$$

$$\leqslant T(r,f^{(k)}) + \overline{N}(r,f) - (k+1)\overline{N}(r,f) + N(r,f)$$
$$+ \varepsilon T(r,f^{(k)}) + o(T(r,f^{(k)}))$$
$$\leqslant 2T(r,f^{(k)}) - 2k\overline{N}(r,f) + \varepsilon T(r,f^{(k)}) + o(T(r,f^{(k)}))$$
$$(r \to \infty, r \notin E_0).$$

于是

$$\sum_{j=1}^{q}\delta(a_j,f^{(k)}) \leqslant \varliminf_{\substack{r\to\infty \\ r\notin E_0}}\left\{2 - 2k\frac{\overline{N}(r,f)}{T(r,f^{(k)})}\right\} + \varepsilon$$
$$\leqslant 1 + \frac{1}{2k+1} + \varepsilon.$$

因为 ε 是任意的,我们也有

$$\sum_{j=1}^{q}\delta(a_j,f^{(k)}) \leqslant 1 + \frac{1}{2k+1}.$$

因为 q 能任意大,于是即得

$$\sum_{a\neq\infty}\delta(a_j,f^{(k)}) \leqslant 1 + \frac{1}{2k+1}.$$

最近,王跃飞[1] 使用他所建立的不等式(1.4.29),证明了

定理 1.33 设 $f(z)$ 于开平面超越亚纯,k 为非负整数,则对所有 k 有

$$\sum_{a\neq\infty}\delta(a,f^{(k)}) \leqslant 1,$$

至多可能有四个例外 k 值.

杨乐[3] 还证明了

定理 1.34 设 $f(z)$ 于开平面超越亚纯,其级有穷,k 为正整数,则

$$\sum\delta(a,f^{(k)}) \leqslant 2 - \frac{2k(1-\Theta(\infty,f))}{1+k(1-\Theta(\infty,f))}.$$

证. 与(1.4.42)类似,有

$$m(r,f^{(k)}) + \sum_{j=1}^{q}m\left(r,\frac{1}{f^{(k)}-a_j}\right) \leqslant m(r,f^{(k)})$$
$$+ m\left(r,\frac{1}{f^{(k+1)}}\right) + S(r,f) \leqslant m(r,f^{(k)}) + T(r,f^{(k)})$$
$$+ \overline{N}(r,f) - N\left(r,\frac{1}{f^{(k+1)}}\right) + S(r,f). \qquad (1.4.43)$$

把(1.4.27)代入(1.4.43)得

$$
\begin{aligned}
&m(r,f^{(k)})+\sum_{j=1}^{q}m\left(r,\frac{1}{f^{(k)}-a_j}\right)\\
&\quad\leqslant m(r,f^{(k)})+T(r,f^{(k)})+\overline{N}(r,f)-(k+1)\overline{N}(r,f)\\
&\qquad+N(r,f)+\varepsilon T(r,f^{(k)})+S(r,f^{(k)})\leqslant 2T(r,f^{(k)})\\
&\qquad-2k\,\overline{N}(r,f)+\varepsilon T(r,f^{(k)})+S(r,f^{(k)}).
\end{aligned}
\tag{1.4.44}
$$

注意到 $f(z)$ 的级有穷,由(1.4.44)得

$$
\begin{aligned}
&\delta(\infty,f^{(k)})+\sum_{j=1}^{q}\delta(a_j,f^{(k)})\\
&\quad\leqslant \varliminf_{r\to\infty}\left\{2-\frac{2k\overline{N}(r,f)}{T(r,f^{(k)})}\right\}+\varepsilon\\
&\quad\leqslant 2-2k\varlimsup_{r\to\infty}\frac{\overline{N}(r,f)}{T(r,f^{(k)})}+\varepsilon.
\end{aligned}
\tag{1.4.45}
$$

因为

$$
\frac{\overline{N}(r,f)}{T(r,f^{(k)})}\geqslant\frac{\overline{N}(r,f)}{T(r,f)+k\,\overline{N}(r,f)+S(r,f)},
$$

于是

$$
\begin{aligned}
\varlimsup_{r\to\infty}\frac{\overline{N}(r,f)}{T(r,f^{(k)})}&\geqslant\varlimsup_{r\to\infty}\frac{\overline{N}(r,f)}{T(r,f)+k\,\overline{N}(r,f)+S(r,f)}\\
&\geqslant\frac{\varlimsup\limits_{r\to\infty}\dfrac{\overline{N}(r,f)}{T(r,f)}}{\varlimsup\limits_{r\to\infty}\left\{1+k\dfrac{\overline{N}(r,f)}{T(r,f)}+\dfrac{S(r,f)}{T(r,f)}\right\}}\\
&=\frac{1-\Theta(\infty,f)}{1+k(1-\Theta(\infty,f))}.
\end{aligned}
\tag{1.4.46}
$$

由(1.4.45),(1.4.46)即得

$$
\delta(\infty,f^{(k)})+\sum_{j=1}^{q}\delta(a_j,f^{(k)})\leqslant 2-\frac{2k(1-\Theta(\infty,f))}{1+k(1-\Theta(\infty,f))}+\varepsilon.
$$

令 $\varepsilon\to 0,q\to\infty$ 即得

$$
\sum\delta(a,f^{(k)})\leqslant 2-\frac{2k(1-\Theta(\infty,f))}{1+k(1-\Theta(\infty,f))}.
$$

从定理1.34即得下述

系1. 设 $f(z)$ 于开平面超越亚纯,且级为有穷.若 $\Theta(\infty,f)<1$,则

$$\lim_{k\to\infty}\left\{\sum\delta(a,f^{(k)})\right\}=0.$$

系 2. 设 $f(z)$ 于开平面超越亚纯，且级为有穷. 若 $\Theta(\infty,f)=0$，则

$$\sum\delta(a,f^{(k)})\leqslant\frac{2}{k+1}.$$

系 3. 设 $f(z)$ 于开平面超越亚纯，且级为有穷. 若存在一正整数 k_0 使得 $\sum\delta(a,f^{(k_0)})=2$，则必 $\Theta(\infty,f)=1$.

为了以后研究亚纯函数唯一性问题的需要，再证明杨乐[3]的一个不等式.

定理 1.35 设 $f(z)$ 于开平面超越亚纯，$a_j(j=1,2,\cdots,q)$ 是 $q(\geqslant 2)$ 个判别的有穷复数，k 为正整数，则

$$\left\{q-1-\frac{q-1}{kq+q-1}\right\}T(r,f^{(k)})$$
$$<\sum_{j=1}^{q}N(r,\frac{1}{f^{(k)}-a_j})+\varepsilon T(r,f^{(k)})+S(r,f^{(k)}),\tag{1.4.47}$$

这里 ε 是任意给定的正数.

证. 由 Nevanlinna 第二基本定理有

$$(q-1)T(r,f^{(k)})<\overline{N}(r,f)+\sum_{j=1}^{q}N(r,\frac{1}{f^{(k)}-a_j})$$
$$-N(r,\frac{1}{f^{(k+1)}})+S(r,f^{(k)}).\tag{1.4.48}$$

把(1.4.27)代入(1.4.48)并注意到

$$N(r,f)+k\overline{N}(r,f)\leqslant T(r,f^{(k)})$$

即得

$$\overline{N}(r,f)<\frac{1}{kq+q-2}\sum_{j=1}^{q}N(r,\frac{1}{f^{(k)}-a_j})+\varepsilon T(r,f^{(k)})$$
$$+S(r,f^{(k)}).\tag{1.4.49}$$

再把(1.4.49)代入(1.4.48)得

$$(q-1)T(r,f^{(k)})<(1+\frac{1}{kq+q-2})\sum_{j=1}^{q}N(r,\frac{1}{f^{(k)}-a_j})$$

$$-N(r,\frac{1}{f^{(k+1)}})+\varepsilon T(r,f^{(k)})+S(r,f^{(k)}).$$

(1.4.50)

不等式(1.4.50)的两端同除以 $1+\dfrac{1}{kq+q-2}$ 即得(1.4.47).

§1.5 第二基本定理的推广

在本节里,我们考虑将第二基本定理中的常数易为小函数的推广.

1.5.1 三个小函数的情况

R. Nevanlinna[2] 曾经在含有三项计数函数的第二基本定理中将常数易为小函数. 他建立了

定理 1.36 设函数 $f(z)$ 在开平面亚纯,$a_j(z)(j=1,2,3)$ 为 $f(z)$ 的小函数,且互相判别,则

$$T(r,f)<\sum_{j=1}^{3}\overline{N}(r,\frac{1}{f-a_j})+S(r,f). \tag{1.5.1}$$

证. 设

$$g(z)=\frac{f(z)-a_1(z)}{f(z)-a_3(z)}\cdot\frac{a_2(z)-a_3(z)}{a_2(z)-a_1(z)}. \tag{1.5.2}$$

由(1.3.16)得

$$T(r,g)=T(r,f)+S(r,f). \tag{1.5.3}$$

由第二基本定理有

$$T(r,g)\leqslant\overline{N}(r,g)+\overline{N}(r,\frac{1}{g})+\overline{N}(r,\frac{1}{g-1})+S(r,g).$$

(1.5.4)

由(1.5.2)易知

$$\overline{N}(r,g)+\overline{N}(r,\frac{1}{g})+\overline{N}(r,\frac{1}{g-1})$$
$$\leqslant\sum_{j=1}^{3}\overline{N}(r,\frac{1}{f-a_j})+\overline{N}(r,\frac{1}{a_2-a_1})+\overline{N}(r,\frac{1}{a_2-a_3})$$
$$+\overline{N}(r,\frac{1}{a_3-a_1})$$

$$\leqslant \sum_{j=1}^{3} \overline{N}(r, \frac{1}{f - a_j}) + S(r, f). \qquad (1.5.5)$$

由(1.5.3),(1.5.4)与(1.5.5)即得(1.5.1).

1.5.2 庄圻泰不等式

与引理1.2的证明类似,可以证明

引理1.7 设$f(z)$于开平面亚纯,$a_j(z)(j = 1, 2, \cdots, q)$均为$f(z)$的小函数,且互相判别. 则

$$\sum_{j=1}^{q} m(r, \frac{1}{f - a_j}) = m(r, \sum_{j=1}^{q} \frac{1}{f - a_j}) + S(r, f). \quad (1.5.6)$$

证. 设

$$F(z) = \sum_{j=1}^{q} \frac{1}{f(z) - a_j(z)}.$$

由(1.1.2)得

$$m(r, F) \leqslant \sum_{j=1}^{q} m(r, \frac{1}{f - a_j}) + O(1). \qquad (1.5.7)$$

下面再寻求$m(r, F)$的一个适当的下界.

对于每个r,设$z = re^{i\theta}(0 \leqslant \theta < 2\pi)$. 置

$$\delta(z) = \min_{1 \leqslant j < k \leqslant q} \{ |a_j(z) - a_k(z)| \}$$

再以$E_j(j = 1, 2, \cdots, q)$表示使得

$$|f(z) - a_j(z)| < \frac{\delta(z)}{2q} \quad (j = 1, 2, \cdots, q)$$

成立的z的集合,我们区分两种情况.

1) 设$z \in (\bigcup_{j=1}^{q} E_j)$.

不失一般性,设$z \in E_k$,则当$j \neq k$时,

$$|f(z) - a_j(z)| \geqslant |a_k(z) - a_j(z)| - |f(z) - a_k(z)|$$
$$> \delta(z) - \frac{\delta(z)}{2q} = \frac{2q - 1}{2q} \delta(z).$$

于是$z \notin E_j(j \neq k)$.

由

$$F(z) = \frac{1}{f(z) - a_k(z)} \left\{ 1 + \sum_{j \neq k} \frac{f(z) - a_k(z)}{f(z) - a_j(z)} \right\}$$

有

$$|F(z)| \geqslant \frac{1}{|f(z)-a_k(z)|}\left\{1-(q-1)\cdot\frac{\frac{\delta(z)}{2q}}{\frac{2q-1}{2q}\delta(z)}\right\}$$

$$> \frac{1}{2|f(z)-a_k(z)|}.$$

于是

$$\log^+|F(z)| > \log^+\frac{1}{|f(z)-a_k(z)|} - \log 2$$

$$> \sum_{j=1}^{q}\log^+\frac{1}{|f(z)-a_j(z)|} - q\log^+\frac{2q}{\delta(z)} - \log 2. \tag{1.5.8}$$

2) 设 $z \notin (\bigcup_{j=1}^{q} E_j)$.

由 E_j 的定义知,

$$|f(z)-a_j(z)| \geqslant \frac{\delta(z)}{2q} \quad (j=1,2,\cdots,q).$$

故

$$\sum_{j=1}^{q}\log^+\frac{1}{|f(z)-a_j(z)|} \leqslant q\log^+\frac{2q}{\delta(z)}.$$

于是(1.5.8) 也成立.

在(1.5.8) 中,令 $z = re^{i\theta}$,并从 0 到 2π 对 θ 积分再除以 2π 即得

$$m(r,F) \geqslant \sum_{j=1}^{q} m(r,\frac{1}{f-a_j}) - \frac{q}{2\pi}\int_0^{2\pi}\log^+\frac{2q}{\delta(re^{i\theta})}d\theta - \log 2.$$

注意到

$$\frac{1}{\delta(z)} \leqslant \sum_{1\leqslant j<k\leqslant q}\frac{1}{|a_j(z)-a_k(z)|}.$$

于是

$$m(r,F) \geqslant \sum_{j=1}^{q} m(r,\frac{1}{f-a_j}) - q\sum_{1\leqslant j<k\leqslant q} m(r,\frac{1}{a_j-a_k}) - O(1)$$

$$= \sum_{j=1}^{q} m(r,\frac{1}{f-a_j}) - S(r,f). \tag{1.5.9}$$

由(1.5.7),(1.5.9)即得(1.5.6).

R. Nevanlinna 曾提出在第二基本定理的一般形式中,是否可以把常数都替换为小函数.对此问题,庄圻泰曾进行了研究.特别地在整函数的情况,将问题彻底解决.事实上,庄圻泰[3]证明了

定理 1.37 设 $f(z)$ 于开平面亚纯,$a_j(z)(j=1,2,\cdots,q)$ 均为 $f(z)$ 的小函数,且互相判别,则

$$(q-1)T(r,f) < \sum_{j=1}^{q} N(r,\frac{1}{f-a_j}) + q\overline{N}(r,f) + S(r,f). \tag{1.5.10}$$

证. 设

$$F(z) = \sum_{j=1}^{q} \frac{1}{f(z)-a_j(z)}.$$

由引理 1.7 有

$$\sum_{j=1}^{q} m(r,\frac{1}{f-a_j}) = m(r,F) + S(r,f). \tag{1.5.11}$$

设 $\{b_1,b_2,\cdots,b_p\}$ 是 $\{a_1,a_2,\cdots,a_q\}$ 的最大线性无关子集.设

$$L(f) = W(b_1,b_2,\cdots,b_p,f).$$

则

$$L(f) = A_0 f^{(p)} + A_1 f^{(p-1)} + \cdots + A_{p-1}f' + A_p f,$$

这里 $A_0,A_1,\cdots,A_p$ 均为 f 的小函数.显然 $L(f)$ 是一线性算子,且

$$L(a_j) = 0 \quad (j=1,2,\cdots,q).$$

于是

$$L[f(z)-a_j(z)] = L[f(z)] \quad (j=1,2,\cdots,q),$$

及

$$m(r,\frac{L(f)}{f-a_j}) = m(r,\frac{L(f-a_j)}{f-a_j}) = S(r,f) \quad (j=1,2,\cdots,q).$$

因此

$$m(r,F) \leqslant m(r,\frac{1}{L(f)}) + m(r,\sum_{j=1}^{q}\frac{L(f)}{f-a_j})$$

$$\leqslant m(r,\frac{1}{L(f)}) + \sum_{j=1}^{q} m(r,\frac{L(f)}{f-a_j}) + \log q$$

$$= T(r,L(f)) - N(r,\frac{1}{L(f)}) + S(r,f).$$

(1.5.12)

由(1.4.3)得

$$T(r,L(f)) \leqslant T(r,f) + p\overline{N}(r,f) + S(r,f). \quad (1.5.13)$$

由(1.5.11),(1.5.12),(1.5.13)即得

$$\sum_{j=1}^{q} m(r,\frac{1}{f-a_j}) \leqslant T(r,f) + p\overline{N}(r,f) - N(r,\frac{1}{L(f)}) + S(r,f). \quad (1.5.14)$$

注意到

$$m(r,\frac{1}{f-a_j}) = T(r,f) - N(r,\frac{1}{f-a_j}) + S(r,f).$$

于是(1.5.14)即为

$$(q-1)T(r,f) < \sum_{j=1}^{q} N(r,\frac{1}{f-a_j}) + p\overline{N}(r,f) - N(r,\frac{1}{L(f)}) + S(r,f). \quad (1.5.15)$$

由此即得(1.5.10).

1.5.3 小函数为有理函数的情况

对于上述R. Nevanlinna 提出的一般问题,Frank-Weissenborn[1]解决了把常数替换为有理函数的情况. 事实上,他们证明了

定理 1.38 设 $f(z)$ 于开平面超越亚纯,$a_j(z)(j=1,2,\cdots,q)$ 为 q 个判别的有理函数,ε 为任意给定的正数,则

$$m(r,f) + \sum_{j=1}^{q} m(r,\frac{1}{f-a_j}) \leqslant (2+\varepsilon)T(r,f) + S(r,f).$$

(1.5.16)

证. 由定理 1.17 得

$$T(r,\prod_{j=1}^{q}(f-a_j)) = qT(r,f) + S(r,f).$$

显然有

$$\sum_{j=1}^{q} m(r,\frac{1}{f-a_j}) = qT(r,f) - \sum_{j=1}^{q} N(r,\frac{1}{f-a_j}) + S(r,f)$$

$$= T(r,\prod_{j=1}^{q}(f-a_j)) - \sum_{j=1}^{q} N(r,\frac{1}{f-a_j}) + S(r,f)$$

$$= m(r,(\prod_{j=1}^{q}(f-a_j))^{-1}) + S(r,f). \tag{1.5.17}$$

因 $a_j(j=1,2,\cdots,q)$ 为有理函数，我们可以选择一个多项式 $P(z)$，使得 $P_j(z)=P(z)a_j(z)(j=1,2,\cdots,q)$ 全是多项式，置 $F=Pf$. 则

$$\Big(\prod_{j=1}^{q}(f-a_j)\Big)^{-1} = P^q\Big(\prod_{j=1}^{q}(F-P_j)\Big)^{-1} = \sum_{j=1}^{q}\frac{A_j}{F-P_j}, \tag{1.5.18}$$

这里 $A_j(j=1,2,\cdots,q)$ 均为有理函数.

设 $n>\max\{degP_j:0\leqslant j\leqslant q\}$，由(1.5.17)，(1.5.18)得

$$\sum_{j=1}^{q} m(r,\frac{1}{f-a_j}) \leqslant m(r,\sum_{j=1}^{q}\frac{A_jF^{(n)}}{F-P_j}) + m(r,\frac{1}{F^{(n)}}) + S(r,f)$$

$$\leqslant \sum_{j=1}^{q} m(r,\frac{F^{(n)}}{F-P_j}) + m(r,\frac{1}{F^{(n)}}) + S(r,f)$$

$$\leqslant m(r,\frac{1}{F^{(n)}}) + S(r,f)$$

$$\leqslant T(r,F^{(n)}) - N(r,\frac{1}{F^{(n)}}) + S(r,f). \tag{1.5.19}$$

对 $\varepsilon>0$，我们能够选择 $\eta>0$，使得

$$\frac{(n-1)\eta}{1+\eta} < \varepsilon.$$

由(1.4.21)得

$$(n-1)\overline{N}(r,F) \leqslant (1+\eta)N(r,\frac{1}{F^{(n)}}) + (1+\eta)(N(r,F) - \overline{N}(r,F)) + S(r,f).$$

于是

$$N(r,\frac{1}{F^{(n)}}) \geqslant \frac{n+\eta}{1+\eta}\overline{N}(r,F) - N(r,F) + S(r,f). \tag{1.5.20}$$

注意到

$$T(r,F^{(n)}) \leqslant T(r,F) + n\overline{N}(r,F) + S(r,f)$$

$$= T(r,f) + n\overline{N}(r,F) + S(r,f) \qquad (1.5.21)$$

及

$$N(r,F) = N(r,f) + S(r,f). \qquad (1.5.22)$$

由(1.5.19),(1.5.20),(1.5.21),(1.5.22)即得

$$\begin{aligned}\sum_{j=1}^{q} m(r,\frac{1}{f-a_j}) + m(r,f) &\leqslant T(r,f) + n\overline{N}(r,F) - \frac{n+\eta}{1+\eta}\overline{N}(r,F) + N(r,f) \\ &\quad + m(r,f) + S(r,f) \\ &= 2T(r,f) + \frac{(n-1)\eta}{1+\eta}\overline{N}(r,F) + S(r,f) \\ &< (2+\varepsilon)T(r,f) + S(r,f).\end{aligned}$$

1.5.4 第二基本定理的推广

为了以后应用,我们先引进下述概念.

定义 1.12 设 $f(z)$ 于开平面亚纯,$a(z)$ 为 $f(z)$ 的小函数,$n_0,n_1,\cdots,n_k$ 是非负整数.我们称 $M(f) = af^{n_0}(f')^{n_1}\cdots(f^{(k)})^{n_k}$ 为 f 的微分单项式,$n = \sum_{j=0}^{k} n_j$ 为 $M(f)$ 的次数.

定义 1.13 设 $f(z)$ 于开平面亚纯,$M_1(f),M_2(f),\cdots,M_m(f)$ 均为 f 的微分单项式,其次数分别为 $n_1,n_2,\cdots,n_m$.我们称 $P(f) = \sum_{j=1}^{m} M_j(f)$ 为 f 的微分多项式,其次数 $n = \max\{n_1,n_2,\cdots,n_m\}$.

下面再证明一个引理.

引理 1.8 设 $f(z)$ 于开平面超越亚纯,n 为正整数,则 $\frac{f^{(n)}}{f}$ 可表为 $\frac{f'}{f}$ 的微分多项式.

证. 当 $n=1$ 时,引理 1.8 显然成立.假设 $n=k$ 时引理 1.8 成立,即

$$\frac{f^{(k)}}{f}=P(\frac{f'}{f}),$$

其中 $P(\frac{f'}{f})$ 是$\frac{f'}{f}$ 的微分多项式. 注意到

$$(\frac{f^{(k)}}{f})'=\frac{f^{(k+1)}}{f}-\frac{f^{(k)}}{f}\cdot\frac{f'}{f}.$$

于是

$$\begin{aligned}\frac{f^{(k+1)}}{f}&=(\frac{f^{(k)}}{f})'+\frac{f^{(k)}}{f}\cdot\frac{f'}{f}\\&=(P(\frac{f'}{f}))'+P(\frac{f'}{f})\cdot\frac{f'}{f}\end{aligned}$$

也是$\frac{f'}{f}$ 的微分多项式,即 $n=k+1$ 时引理 1.8 成立. 由数学归纳法知,引理 1.8 成立.

最近值分布论研究的一个重大成就是 N. Steinmetz[1] 解决了 R. Nevanlinna1925 年提出的在第二基本定理的一般形式中把常数都替换成小函数的问题,他证明了

定理 1.39 设 $f(z)$ 于开平面超越亚纯,$a_j(z)(j=1,2,\cdots,q)$ 为 q 个判别的 $f(z)$ 的小函数,ε 为任意给定的正数,则

$$m(r,f)+\sum_{j=1}^{q}m(r,\frac{1}{f-a_j})\leqslant(2+\varepsilon)T(r,f)+S(r,f),\tag{1.5.23}$$

其等价形式为

$$(q-1-\varepsilon)T(r,f)\leqslant N(r,f)+\sum_{j=1}^{q}N(r,\frac{1}{f-a_j})+S(r,f).\tag{1.5.24}$$

证. 设 $A=(a_1,a_2,\cdots,a_q)$,我们以 $L(s,A)$ 表由有限个形如乘积 $a_1^{n_1}a_2^{n_2}\cdots a_q^{n_q}$,其中 $n_j\geqslant 0(j=1,2,\cdots,q)$ 及 $\sum_{j=1}^{q}n_j=s$ 的线性组合所张成的向量空间,并用 $\dim L(s,A)$ 表示向量空间 $L(s,A)$ 的维数,对给定的 s,设 $\dim L(s,A)=n$,令 $b_1,b_2,\cdots,b_n$ 表 $L(s,A)$ 的一组基;设 $\dim L(s+1,A)=k$,令 $\beta_1,\beta_2,\cdots,\beta_k$ 表 $L(s+1,A)$ 的一组基,显然有 $n\leqslant k$.

我们首先证明，对任意预先给定的正数 ε，总存在一个 s，使 $\frac{k}{n}<1+\varepsilon$. 因如若不然，则表示对所有自然数 s，都有

$$k=\dim L(s+1,A)\geqslant(1+\varepsilon)\dim L(s,A).$$

于是

$$k\geqslant(1+\varepsilon)^2\cdot\dim L(s-1,A)\geqslant\cdots\geqslant b\cdot(1+\varepsilon)^s. \tag{1.5.25}$$

这里 $b=\dim L(1,A)$ 是一个常数. 另一方面

$$k=\dim L(s+1,A)\leqslant\binom{q+s}{s+1}<c\cdot s^{q-1}, \tag{1.5.26}$$

其中 c 为常数. 由(1.5.25)，(1.5.26) 得

$$b(1+\varepsilon)^s\leqslant c\cdot s^{q-1}\quad(s=1,2,\cdots). \tag{1.5.27}$$

但

$$\lim_{s\to\infty}\frac{b(1+\varepsilon)^s}{c\cdot s^{q-1}}=\infty,$$

于是(1.5.27) 不可能成立. 这就证明了，对任意预先给定的正数 ε，存在一个 s，使 $\frac{k}{n}<1+\varepsilon$. 下面我们就选定使 $\frac{k}{n}<1+\varepsilon$ 的 s.

置

$P(f)=W(\beta_1,\beta_2,\cdots,\beta_k,fb_1,fb_2,\cdots,fb_n)$，由 $\beta_1,\beta_2,\cdots,\beta_k,fb_1,fb_2,\cdots,fb_n$ 线性无关知，$P(f)\not\equiv0$. 由 Wronskian 行列式的定义知，

$$P(f)=\sum C_p(z)\prod_{j=0}^{n+k-1}(f^{(j)})^{p_j}=f^n\sum C_p(z)\prod_{j=0}^{n+k-1}\left(\frac{f^{(j)}}{f}\right)^{p_j}, \tag{1.5.28}$$

于是

$$m(r,P(f))\leqslant nm(r,f)+S(r,f). \tag{1.5.29}$$

Wronskian 行列式的一个简单性质给出

$$P(f)=f^{n+k}W\left(\frac{\beta_1}{f},\frac{\beta_2}{f},\cdots,\frac{\beta_k}{f},b_1,b_2,\cdots,b_n\right).$$

又 $P(f)$ 的极点来自 $\beta_i(i=1,2,\cdots,k)$，$b_j(j=1,2,\cdots,n)$ 及 f 的极点，于是

$$N(r,P(f)) \leqslant (n+k)N(r,f) + S(r,f). \tag{1.5.30}$$

由(1.5.29),(1.5.30)得

$$T(r,P(f)) \leqslant nT(r,f) + kN(r,f) + S(r,f). \tag{1.5.31}$$

设 a 为 $a_j(j=1,2,\cdots,q)$ 的一个线性组合,则

$$\begin{aligned}P(f-a) &= W(\beta_1,\beta_2,\cdots,\beta_k,fb_1-ab_1,fb_2-ab_2,\cdots,fb_n-ab_n)\\ &= W(\beta_1,\beta_2,\cdots,\beta_k,fb_1,fb_2,\cdots,fb_n)\\ &\quad \pm \sum W(\beta_1,\beta_2,\cdots,\beta_k,\cdots).\end{aligned}$$

在$\sum W(\beta_1,\beta_2,\cdots,\beta_k,\cdots)$中 β_k 后的元素由 ab_j 构成,但 ab_j 与 $\beta_1,\beta_2,\cdots,\beta_k$ 线性相关,故$\sum W(\beta_1,\beta_2,\cdots,\beta_k,\cdots)=0$. 于是

$$P(f-a) = P(f). \tag{1.5.32}$$

由(1.5.28)并应用引理 1.8 得

$$P(f) = f^n \cdot Q\left(\frac{f'}{f}\right), \tag{1.5.33}$$

其中 $Q(\frac{f'}{f})$ 为 $\frac{f'}{f}$ 的微分多项式. 设

$$u_j = f - a_j \quad (j=1,2,\cdots,q),$$

$$Q_j = Q\left(\frac{u'_j}{u_j}\right) \quad (j=1,2,\cdots,q).$$

由(1.5.32)及(1.5.33)可得

$$P(f) = P(u_j) = u_j^n Q_j \quad (j=1,2,\cdots,q)$$

故

$$\frac{1}{(f-a_j)^n} = \frac{Q_j}{P(f)} \quad (j=1,2,\cdots,q)$$

于是

$$\frac{1}{|f-a_j|} = \frac{|Q_j|^{\frac{1}{n}}}{|P(f)|^{\frac{1}{n}}} \quad (j=1,2,\cdots,q). \tag{1.5.34}$$

设

$$F(z) = \sum_{j=1}^{q} \frac{1}{f(z)-a_j(z)},$$

由引理 1.7 得

$$\sum_{j=1}^{q} m\left(r,\frac{1}{f-a_j}\right) = m(r,F) + S(r,f). \tag{1.5.35}$$

由(1.5.34)得

$$|F(z)| \leqslant \sum_{j=1}^{q} \frac{1}{|f(z)-a_j(z)|}$$

$$\leqslant \frac{1}{|P(f)|^{\frac{1}{n}}} \sum_{j=1}^{q} |Q_j|^{\frac{1}{n}} \quad .$$

再应用(1.5.31)得

$$\begin{aligned} m(r,F) &\leqslant \frac{1}{n} m(r,\frac{1}{P(f)}) + \frac{1}{n}\sum_{j=1}^{q} m(r,Q_j) + O(1) \\ &\leqslant \frac{1}{n} T(r,P(f)) - \frac{1}{n} N(r,\frac{1}{P(f)}) + S(r,f) \\ &\leqslant T(r,f) + \frac{k}{n} N(r,f) - \frac{1}{n} N(r,\frac{1}{P(f)}) + S(r,f). \end{aligned} \tag{1.5.36}$$

由(1.5.35)及(1.5.36)可得

$$\begin{aligned} m(r,f) + \sum_{j=1}^{q} m(r,\frac{1}{f-a_j}) &\leqslant (1+\frac{k}{n}) T(r,f) + S(r,f) \\ &< (2+\varepsilon) T(r,f) + S(r,f). \end{aligned}$$

这就得到(1.5.23).

注意到

$$\begin{aligned} m(r,\frac{1}{f-a_j}) &= T(r,f-a_j) - N(r,\frac{1}{f-a_j}) + O(1) \\ &= T(r,f) - N(r,\frac{1}{f-a_j}) + S(r,f). \end{aligned} \tag{1.5.37}$$

把(1.5.37)代入(1.5.23)即得(1.5.24).

1989年,Frank-Weissenborn[2] 给出定理1.39一个简化证明,下面给出的是他们证明的再简化.

设$\{b_1,b_2,\cdots,b_p\}$是$\{a_1,a_2,\cdots,a_q\}$的最大线性无关子集.设

$$L(f) = W(b_1,b_2,\cdots,b_p,f).$$

与定理1.37的证明相同,我们可以得到(1.5.15),再由定理1.27得

$$p\overline{N}(r,f) \leqslant N(r,\frac{1}{L(f)}) + (1+\varepsilon)N(r,f) + S(r,f). \tag{1.5.38}$$

由(1.5.14),(1.5.38)得

$$m(r,f)+\sum_{j=1}^{q}m\left(r,\frac{1}{f-a_j}\right)\leqslant(2+\varepsilon)T(r,f)+S(r,f).$$

容易看出,定理1.39的证明本质上使用了庄圻泰的方法.

1.5.5 小函数的亏量关系

与定义1.7类似,我们有

定义1.14 设$f(z)$于开平面超越亚纯,$a(z)$为$f(z)$的小函数.定义$a(z)$对于$f(z)$的亏量(或简称为亏量)为

$$\delta(a,f)=\varliminf_{r\to\infty}\frac{m\left(r,\frac{1}{f-a}\right)}{T(r,f)}.$$

容易看出$0\leqslant\delta(a,f)\leqslant 1$.

定义1.15 设$f(z)$于开平面超越亚纯,$a(z)$为$f(z)$的小函数.若$\delta(a,f)>0$,则$a(z)$称为$f(z)$的亏函数.

由定理1.39容易导出下述小函数的亏量关系.

定理1.40 设$f(z)$于开平面超越亚纯,则$f(z)$的亏函数至多是可数的,且

$$\delta(\infty,f)+\sum_{a(z)\neq\infty}\delta(a,f)\leqslant 2,$$

上式左端的和是对$f(z)$的所有小函数的亏量求和.

§1.6 具有二个Picard例外值的亚纯函数

1.6.1 Picard例外值

首先引入下述定义.

定义1.16 设函数$f(z)$于开平面亚纯,a为任一复数.若$f(z)-a$没有零点,则称a为$f(z)$的Picard例外值.

定义1.16′ 设函数$f(z)$为开平面上的超越亚纯函数,a为任一复数.若$f(z)-a$仅有有限多个零点,则称a为$f(z)$的广义Picard例外值.

第二基本定理的一个简单应用为下述 Picard 定理.

定理 1.41 开平面上的超越亚纯函数至多有两个广义 Picard 例外值.

证. 设 $f(z)$ 为开平面上的超越亚纯函数,a 为任一复数,若 a 为 $f(z)$ 的广义 Picard 例外值,则 $N(r,\frac{1}{f-a})=O(\log r)$. 再由定理 1.5 知,$N(r,\frac{1}{f-a})=o(T(r,f))(r\to\infty)$,于是 $\delta(a,f)=1$. 由亏量关系知,这样的 a 至多有两个,这就证明了定理 1.41.

由定理 1.10 知,非常数有理函数的 Picard 例外值至多有一个. 由定理 1.41 知,超越亚纯函数的 Picard 例外值至多有两个.

1.6.2 具有两个 Picard 例外值的亚纯函数

定理1.42 设 $f(z)$ 为开平面上的非常数亚纯函数,0 与 ∞ 均为 $f(z)$ 的 Picard 例外值,则 $f(z)=e^{h(z)}$,这里 $h(z)$ 是一个非常数整函数.

证. 因 $f(z)$ 是没有零点的整函数,故 $\frac{f'(z)}{f(z)}$ 是整函数. 设 z_0 为开平面上的任一点,我们选定 $\log f(z_0)$ 为多值 $\mathrm{Log} f(z_0)$ 中的某一个定值,置

$$h(z)=\int_{z_0}^{z}\frac{f'(z)}{f(z)}dz+\log f(z_0).$$

则 $h(z)$ 是整函数,且

$$e^{h(z)}=\exp\left\{\int_{z_0}^{z}\frac{f'(z)}{f(z)}dz+\log f(z_0)\right\}=f(z).$$

$h(z)$ 不为常数是显然的.

由定理 1.42,可以得出

系 1. 设 $f(z)$ 为开平面上的非常数亚纯函数,a 为任一有穷复数. 若 a 与 ∞ 均为 $f(z)$ 的 Picard 例外值,则 $f(z)=e^{h(z)}+a$,这里 $h(z)$ 是一个非常数整函数.

系 2. 设 $f(z)$ 为开平面上的非常数亚纯函数,a 与 b 为二个判别的有穷复数. 若 a 与 b 均为 $f(z)$ 的 Picard 例外值,则 $f(z)=$

$\dfrac{ae^{h(z)}-b}{e^{h(z)}-1}$,这里 $h(z)$ 是非常数整函数.

证. 设

$$g(z)=\frac{f(z)-b}{f(z)-a},$$

则 0 与 ∞ 均为 $g(z)$ 的 Picard 例外值. 由定理 1.42 知,$g(z)=e^{h(z)}$,其中 $h(z)$ 是非常数整函数,于是

$$\frac{f(z)-b}{f(z)-a}=e^{h(z)}.$$

解出 $f(z)$,即得系 2 的结论.

1.6.3 函数实部的最大值

设函数 $f(z)$ 于 $|z|\leqslant R$ 全纯,对于 $0\leqslant r\leqslant R$,$0\leqslant\theta<2\pi$,$z=re^{i\theta}$,置

$$A(r,f)=\max_{|z|=r}\mathrm{Re}\{f(z)\},$$

并称 $A(r,f)$ 为 $f(z)$ 在圆 $|z|=r$ 上实部的最大值. 容易证明,在 $[0,R]$ 中,$A(r,f)$ 为 r 的单调上升连续函数. 事实上,令

$$F(z)=e^{f(z)},$$

则 $F(z)$ 于 $|z|\leqslant R$ 全纯,且

$$|F(z)|=|e^{u(z)+iv(z)}|=e^{u(z)},$$

其中

$$u(z)=\mathrm{Re}\{f(z)\},$$
$$v(z)=\mathrm{Im}\{f(z)\}.$$

故

$$M(r,F)=\max_{|z|=r}|F(z)|=\max_{|z|=r}e^{u(z)}=e^{A(r,f)}$$

于是

$$A(r,f)=\log M(r,F).$$

我们知道,在 $[0,R]$ 中,$M(r,F)$ 是 r 的单调上升连续函数,因而 $A(r,f)$ 也是这样的函数. 如果 $f(z)$ 不为常数,则 $F(z)$ 也不为常数,这时 $M(r,F)$ 是严格上升的,因而 $A(r,f)$ 也是这样.

现比较 $M(r,f)$ 与 $A(r,f)$ 的大小. 显然

$$\operatorname{Re}\{f(z)\} \leqslant |f(z)| \leqslant M(r,f).$$

于是

$$A(r,f) \leqslant M(r,f). \tag{1.6.1}$$

另一方面,我们有下述 Caratheodory 不等式.

定理 1.43 设函数 $f(z)$ 于 $|z| \leqslant R(0 < R < \infty)$ 全纯,则对于 $0 < r < R$ 有

$$M(r,f) \leqslant \frac{2r}{R-r}A(R,f) + \frac{R+r}{R-r}|f(0)|. \tag{1.6.2}$$

证. 当 $f(z)$ 为常数时,(1.6.2) 显然成立,下设 $f(z)$ 不为常数,这时 $A(r,f)$ 为 r 的严格上升函数.

首先考虑 $f(0)=0$ 的情形,显然有 $A(R,f)>0$. 置

$$f(z) = u + iv,$$

$$\phi(z) = \frac{f(z)}{2A(R,f) - f(z)}, \tag{1.6.3}$$

则

$$\phi(z) = \frac{u+iv}{2A(R,f) - u - iv}.$$

注意到在 $|z| \leqslant R$ 中,

$$2A(R,f) - u \geqslant A(R,f) > 0,$$

因而 $2A(R,f) - u - iv \neq 0$,所以 $\phi(z)$ 于 $|z| \leqslant R$ 全纯. 显然 $2A(R,f) - u$ 不小于 u 及 $-u$,于是

$$(2A(R,f) - u)^2 + v^2 \geqslant u^2 + v^2,$$

从此即知,在 $|z| \leqslant R$ 中,

$$|\phi(z)|^2 = \frac{u^2 + v^2}{(2A(R,f) - u)^2 + v^2} \leqslant 1.$$

注意到

$$\phi(0) = \frac{f(0)}{2A(R,f) - f(0)} = 0,$$

故根据 Schwarz 引理得知,当 $|z| = r < R$ 时

$$|\phi(z)| \leqslant \frac{r}{R}. \tag{1.6.4}$$

由(1.6.3) 得

$$f(z) = \frac{2A(R,f) \cdot \phi(z)}{1 + \phi(z)}.$$

再由(1.6.4)知在圆 $|z| = r$ 上有

$$|f(z)| = \left|\frac{2A(R,f) \cdot \phi(z)}{1 + \phi(z)}\right| \leqslant \frac{2A(R,f) \cdot |\phi(z)|}{|1 - |\phi(z)||}$$

$$\leqslant \frac{2A(R,f) \cdot \dfrac{r}{R}}{1 - \dfrac{r}{R}} = \frac{2r}{R - r}A(R,f). \tag{1.6.5}$$

于是

$$M(r,f) \leqslant \frac{2r}{R - r}A(R,f).$$

这就证明当 $f(0) = 0$ 时,(1.6.2)成立.

再考虑 $f(0) \neq 0$ 的情况. 设

$$g(z) = f(z) - f(0).$$

应用(1.6.5)于函数 $g(z)$ 即得,当 $r < R$ 时有

$$|g(z)| \leqslant \frac{2r}{R - r}A(R,g),$$

即

$$|f(z) - f(0)| \leqslant \frac{2r}{R - r}\max_{|z|=R}\mathrm{Re}\{f(z) - f(0)\}$$

$$= \frac{2r}{R - r}\{A(R,f) - \mathrm{Re}[f(0)]\}$$

$$\leqslant \frac{2r}{R - r}A(R,f) + \frac{2r}{R - r}|f(0)|.$$

于是

$$|f(z)| \leqslant |f(z) - f(0)| + |f(0)|$$

$$\leqslant \frac{2r}{R - r}A(R,f) + \frac{2r}{R - r}|f(0)| + |f(0)|$$

$$= \frac{2r}{R - r}A(R,f) + \frac{R + r}{R - r}|f(0)|.$$

这就证明当 $f(0) \neq 0$ 时,(1.6.2)成立.

1.6.4 具有二个 Picard 例外值的亚纯函数的级

先引入一个定义.

定义 1.17 设$f(z)$于开平面亚纯，若$f(z)$的级λ与下级μ相等，则称 $f(z)$ 为正规增长的亚纯函数.

由定义 1.17 易知，若 $f(z)$ 为正规增长的亚纯函数，则

$$\lim_{r\to\infty}\frac{\log\ T(r,f)}{\log r}$$

存在. 反之，若

$$\lim_{r\to\infty}\frac{\log^+ T(r,f)}{\log r}$$

存在，则 $f(z)$ 为正规增长的亚纯函数.

由定理 1.43，可以证明

定理 1.44 设$h(z)$为非常数整函数，$f(z)=e^{h(z)}$，且$f(z)$的级为λ，下级为μ.

(i) 若 $h(z)$ 为 p 次多项式，则 $\lambda=\mu=p$.

(ii) 若 $h(z)$ 为超越整函数，则 $\lambda=\mu=\infty$.

无论哪种情况，$f(z)$ 均为正规增长的整函数.

证. (i) 设

$$h(z)=a_0z^p+a_1z^{p-1}+\cdots+a_p,$$

其中 $a_0(\neq 0),a_1,\cdots,a_p$ 均为常数，通过计算知

$$T(r,f)\sim\frac{|a_0|}{\pi}r^p\quad(r\to\infty).$$

于是 $f(z)$ 的级与下级均为 p.

(ii) 设 $h(z)$ 为超越整函数.

设
$$M(r,h)=\max_{|z|=r}|h(z)|,$$
$$A(r,h)=\max_{|z|=r}\mathrm{Re}\{h(z)\},$$
$$M(r,f)=\max_{|z|=r}|f(z)|.$$

显然有

$$M(r,f)=e^{A(r,h)}.$$

由定理 1.43 有

$$\begin{aligned}M(r,h)&\leqslant 2A(2r,h)+3|h(0)|\\&=2\log M(2r,f)+3|h(0)|.\end{aligned}$$

再由定理 1.4 有

$$\log^+ M(2r,f) \leqslant 3T(4r,f).$$

于是

$$M(r,h) \leqslant 6T(4r,f) + 3|h(0)|. \tag{1.6.6}$$

注意到 $h(z)$ 为超越整函数，由引理 1.3 知

$$\lim_{r\to\infty} \frac{\log M(r,h)}{\log r} = \infty. \tag{1.6.7}$$

由(1.6.6),(1.6.7) 即可得到

$$\lim_{r\to\infty} \frac{\log T(r,f)}{\log r} = \infty.$$

即 $f(z)$ 的级与下级均为 ∞.

由定理 1.44，可以得到

系 1. 设 $h(z)$ 为非常数整函数，$f(z)=e^{h(z)}$，且 $f(z)$ 的级为 λ，下级为 μ.

(i) 若 $\mu<\infty$，则 μ 必为正整数，$h(z)$ 为 μ 次多项式，且 $\lambda=\mu$.

(ii) 若 $\mu=\infty$，则 $h(z)$ 为超越整函数，且 $\lambda=\mu$.

系 2. 设 $f(z)$ 为开平面上的非常数亚纯函数，若 $f(z)$ 有两个判别的 Picard 例外值，则 $f(z)$ 为正规增长的亚纯函数.

1.6.5 具有二个 Picard 例外值的亚纯函数的超级

为了进一步刻画无穷级亚纯函数的增长，我们引入下述概念.

定义 1.18 设 $f(z)$ 于开平面亚纯，$f(z)$ 的超级 υ 定义为 $\log^+ T(r,f)$ 的级，即

$$\upsilon = \varlimsup_{r\to\infty} \frac{\log^+ \log^+ T(r,f)}{\log r}.$$

设 $f(z)=e^{h(z)}$，关于 $h(z)$ 的级与 $f(z)$ 的超级，有下述定理.

定理 1.45 设 $h(z)$ 为非常数整函数，其级为 $\lambda(h)$. 再设 $f(z)=e^{h(z)}$，其超级为 $\upsilon(f)$，则 $\lambda(h)=\upsilon(f)$. 即 $h(z)$ 的级等于 $e^{h(z)}$ 的超级.

证. 设

$$M(r,h) = \max_{|z|=r} |h(z)|,$$

$$A(r,h) = \max_{|z|=r} \mathrm{Re}\{h(z)\},$$

$$M(r,f)=\max_{|z|=r}|f(z)|,$$

则有

$$M(r,f)=e^{A(r,h)}.$$

由定理 1.4,定理 1.43,并应用(1.6.1)有

$$T(r,f)\leqslant \log M(r,f)=A(r,h)\leqslant M(r,h),$$

$$\log M(r,h)\leqslant 3T(2r,h).$$

$$T(r,h)\leqslant \log M(r,h)$$

$$\begin{aligned}M(r,h)&\leqslant 2A(2r,h)+3|h(0)|\\&=2\log M(2r,f)+3|h(0)|\\&\leqslant 6T(4r,f)+3|h(0)|.\end{aligned}$$

于是

$$\log T(r,f)\leqslant 3T(2r,h),$$

及

$$T(r,h)\leqslant \log\{6T(4r,f)+3|h(0)|\}.$$

由此即可得到 $\lambda(h)=\upsilon(f)$.

1.6.6 $T(r,g(h))$ 与 $T(r,h)$ 的比较

Clunie 证明了

定理 1.46 设 $g(z)$ 为超越亚纯函数,$h(z)$ 为非常数整函数.则

$$\lim_{r\to\infty}\frac{T(r,g(h))}{T(r,h)}=\infty.$$

证. 设 $h(z)$ 为 p 次多项式,则

$$T(r,h)=p\log r+O(1).$$

显然 $g(h)$ 仍为超越亚纯函数,由定理 1.5 有

$$\lim_{r\to\infty}\frac{T(r,g(h))}{\log r}=\infty,$$

于是

$$\lim_{r\to\infty}\frac{T(r,g(h))}{T(r,h)}=\lim_{r\to\infty}\frac{T(r,g(h))}{p\log r+O(1)}=\infty.$$

下面假设 $h(z)$ 为超越整函数.

因 $g(z)$ 为超越亚纯函数,由定理 1.41 知,$g(z)$,$g(z)+1$,

$g(z)-1$ 中至少有一个有无穷多个零点,不失一般性,设 $g(z)$ 有无穷多个零点.设 $\omega_1,\omega_2,\cdots,\omega_k$ 为 $g(z)$ 的零点,且满足

$$|\omega_i-\omega_j|\geqslant 2 \quad (1\leqslant i<j\leqslant k).$$

由零点和极点的孤立性,我们可以找到一个正数 $\delta<1$,使当 $|\omega-\omega_j|<\delta$ 时有

$$|g(\omega)|<c|\omega-\omega_j| \quad (j=1,2,\cdots,k). \tag{1.6.8}$$

其中 c 为正常数.

现在固定 j,当 $|\omega-\omega_j|<\delta$ 时,由(1.6.8)得

$$\log^+\frac{1}{|g(\omega)|}\geqslant\log^+\frac{1}{|\omega-\omega_j|}-\log^+c. \tag{1.6.9}$$

注意到,当 $i\neq j$ 时有

$$\begin{aligned}|\omega-\omega_i|&\geqslant|\omega_j-\omega_i|-|\omega-\omega_j|\\&\geqslant 2-\delta>1.\end{aligned}$$

于是

$$\log^+\frac{1}{|\omega-\omega_i|}=0. \tag{1.6.10}$$

由(1.6.9),(1.6.10)即得

$$\log^+\frac{1}{|g(\omega)|}\geqslant\sum_{i=1}^{k}\left[\log^+\frac{1}{|\omega-\omega_i|}\right]-\log^+c. \tag{1.6.11}$$

显然(1.6.11)对 $|\omega-\omega_j|<\delta(j=1,2,\cdots,k)$ 中的 ω 均成立.

设 ω 不在 k 个圆盘 $|\omega-\omega_j|<\delta(j=1,2,\cdots,k)$ 任一个中.若

$$|\omega-\omega_j|\geqslant 1 \qquad (j=1,2,\cdots,k).$$

则

$$\log^+\frac{1}{|\omega-\omega_j|}=0, \quad (j=1,2,\cdots,k)$$

于是(1.6.11)仍成立.若存在 j,使

$$\delta\leqslant|\omega-\omega_j|<1,$$

则

$$\log^+\frac{1}{|\omega-\omega_j|}-\log^+\frac{1}{\delta}<0.$$

注意到,当 $i\neq j$ 时,

$$\begin{aligned}|\omega-\omega_i|&\geqslant|\omega_j-\omega_i|-|\omega-\omega_j|\\&\geqslant 2-1=1.\end{aligned}$$

于是
$$\log^+ \frac{1}{|\omega - \omega_i|} = 0.$$
此时有
$$\sum_{i=1}^{k}\left[\log^+ \frac{1}{|\omega - \omega_i|}\right] - \log^+ \frac{1}{\delta} < 0.$$
于是有
$$\log^+ \frac{1}{|g(\omega)|} \geqslant \sum_{i=1}^{k}\left[\log^+ \frac{1}{|\omega - \omega_i|}\right] - \log^+ \frac{1}{\delta}. \qquad (1.6.12)$$
由(1.6.11),(1.6.12)即得对开平面中的 ω 有
$$\log^+ \frac{1}{|g(\omega)|} \geqslant \sum_{i=1}^{k}\left[\log^+ \frac{1}{|\omega - \omega_i|}\right] - c',$$
其中 c' 为正常数. 因此
$$\log^+ \frac{1}{|g(h(z))|} \geqslant \sum_{i=1}^{k}\left[\log^+ \frac{1}{|h(z) - \omega_i|}\right] - c'.$$
于是
$$m(r, \frac{1}{g(h)}) \geqslant \sum_{i=1}^{k} m(r, \frac{1}{h - \omega_i}) - c'. \qquad (1.6.13)$$
显然还有
$$N(r, \frac{1}{g(h)}) \geqslant \sum_{i=1}^{k} N(r, \frac{1}{h - \omega_i}). \qquad (1.6.14)$$
(1.6.13)与(1.6.12)两式相加即得
$$T(r, g(h)) \geqslant kT(r, h) + O(1).$$
因此
$$\frac{T(r, g(h))}{T(r, h)} \geqslant k + o(1).$$
又 k 可任意大,这就得到
$$\lim_{r\to\infty} \frac{T(r, g(h))}{T(r, h)} = \infty.$$

在亚纯函数唯一性理论的研究中,常用的是下述定理,它实际上是定理 1.46 的推论.

定理 1.47 设 $h(z)$ 为非常数整函数, $f(z) = e^{h(z)}$,则

(i) $T(r, h) = o(T(r, f)) \quad (r \to \infty)$,

(ii) $T(r, h') = S(r, f)$.

§ 1.7　关于亚纯函数组的定理

1.7.1　Nevanlinna 关于亚纯函数组的定理

在亚纯函数唯一性理论的研究中，下述 Nevanlinna[2] 定理起重要作用.

定理 1.48　设 $f_j(z)(j=1,2,\cdots,n)$ 为 n 个线性无关的亚纯函数，满足恒等式

$$\sum_{j=1}^{n} f_j \equiv 1. \tag{1.7.1}$$

则对于 $1 \leqslant j \leqslant n$ 有

$$\begin{aligned} T(r,f_j) \leqslant & \sum_{k=1}^{n} N(r,\frac{1}{f_k}) + N(r,f_j) + N(r,D) \\ & - \sum_{k=1}^{n} N(r,f_k) - N(r,\frac{1}{D}) + S(r), \end{aligned} \tag{1.7.2}$$

其中 D 为 Wronskian 行列式 $W(f_1,f_2,\cdots,f_n)$，

$$S(r) = o(T(r)) \quad (r \to \infty, r \notin E), \tag{1.7.3}$$

这里

$$T(r) = \max_{1 \leqslant k \leqslant n}\{T(r,f_k)\}, \tag{1.7.4}$$

E 为有穷线性测度的一个集合.

证.　将恒等式(1.7.1)逐次求导数，得

$$\sum_{j=1}^{n} f_j^{(k)} = 0 \quad (k=1,2,\cdots,n-1). \tag{1.7.5}$$

由于 $f_j(z)(j=1,2,\cdots,n)$ 线性无关，故 $D \not\equiv 0$. 由(1.7.1)，(1.7.5)得

$$D = D_j(j=1,2,\cdots,n), \tag{1.7.6}$$

其中 D_j 为行列式 D 中 f_j 的代数余子式，故有

$$f_1 = \frac{D_1}{f_2 f_3 \cdots f_n} \bigg/ \frac{D}{f_1 f_2 \cdots f_n} = \frac{\triangle_1}{\triangle}, \tag{1.7.7}$$

其中

$$\triangle = \begin{vmatrix} 1 & ,1 & ,\cdots, & 1 \\ \frac{f_1'}{f_1} & ,\frac{f_2'}{f_2} & ,\cdots, & \frac{f_n'}{f_n} \\ \cdots & \cdots & \cdots & \cdots \\ \frac{f_1^{(n-1)}}{f_1}, & \frac{f_2^{(n-1)}}{f_2}, & \cdots, & \frac{f_n^{(n-1)}}{f_n} \end{vmatrix}, \tag{1.7.8}$$

$\triangle_1$ 为行列式$\triangle$中第一行第一个元素1的代数余子式，由(1.7.7)得

$$\begin{aligned} m(r,f_1) &\leqslant m(r,\triangle_1) + m(r,\triangle) \\ &\leqslant m(r,\triangle_1) + m(r,\triangle) + N(r,\frac{1}{\triangle}) \\ &\quad - N(r,\frac{1}{\triangle}) + O(1). \end{aligned} \tag{1.7.9}$$

由于

$$\triangle = \frac{D}{f_1 f_2 \cdots f_n},$$

故

$$\begin{aligned} N(r,\triangle) - N(r,\frac{1}{\triangle}) &= \sum_{k=1}^{n} N(r,\frac{1}{f_k}) - \sum_{k=1}^{n} N(r,f_k) \\ &\quad + N(r,D) - N(r,\frac{1}{D}). \end{aligned} \tag{1.7.10}$$

注意到

$$m(r,\frac{f_j^{(k)}}{f_j}) = S(r,f_j) = S(r),$$

$$(j = 1,2,\cdots,n,\ k = 1,2,\cdots,n-1).$$

于是

$$m(r,\triangle_1) + m(r,\triangle) = S(r). \tag{1.7.11}$$

由(1.7.9),(1.7.10),(1.7.11)得

$$\begin{aligned} T(r,f_1) &= m(r,f_1) + N(r,f_1) \\ &\leqslant \sum_{k=1}^{n} N(r,\frac{1}{f_k}) + N(r,f_1) + N(r,D) \\ &\quad - \sum_{k=1}^{n} N(r,f_k) - N(r,\frac{1}{D}) + S(r). \end{aligned} \tag{1.7.12}$$

用同样的方法可以证明，对其他 $f_j(2 \leqslant j \leqslant n)$ 也有类似(1.7.12)

的结果，于是(1.7.2) 成立.

由定理 1.48，可以得到下述

定理1.49 在定理1.48的条件下，若 $\sum_{k=1}^{n}\overline{N}(r,f_k)=S(r)$，则

$$T(r)\leqslant \sum_{k=1}^{n}N\left(r,\frac{1}{f_k}\right)-N\left(r,\frac{1}{D}\right)+S(r). \tag{1.7.13}$$

这里 $T(r),D,S(r)$ 与定理 1.48 相同.

证. 由(1.7.6) 有

$$N(r,D)=N(r,D_1)\leqslant \sum_{k=2}^{n}(N(r,f_k)+(n-1)\overline{N}(r,f_k)).$$

于是

$$\begin{aligned}
&N(r,f_1)+N(r,D)-\sum_{k=1}^{n}N(r,f_k)\\
&=N(r,D)-\sum_{k=2}^{n}N(r,f_k)\\
&\leqslant \sum_{k=2}^{n}(N(r,f_k)+(n-1)\overline{N}(r,f_k))-\sum_{k=2}^{n}N(r,f_k)\\
&=(n-1)\sum_{k=2}^{n}\overline{N}(r,f_k)\leqslant (n-1)\sum_{k=1}^{n}\overline{N}(r,f_k)\\
&=S(r).
\end{aligned} \tag{1.7.14}$$

由(1.7.12)，(1.7.14) 得

$$T(r,f_1)\leqslant \sum_{k=1}^{n}N\left(r,\frac{1}{f_k}\right)-N\left(r,\frac{1}{D}\right)+S(r). \tag{1.7.15}$$

用同样的方法可以证明，对其他 $f_j(2\leqslant j\leqslant n)$ 也有类似于(1.7.15) 的结果，于是(1.7.13) 成立.

由定理 1.48，Nevanlinna[2] 证明了

定理1.50 设 $f_j(z)(j=1,2,\cdots,n,\ n\geqslant 2)$ 为 n 个亚纯函数，且满足下列条件：

1° $\sum_{j=1}^{n}C_jf_j(z)\equiv 0$，其中 $C_j(j=1,2,\cdots,n)$ 均为常数.

2° $f_j(z)\not\equiv 0(j=1,2,\cdots,n)$，并且当 $1\leqslant j<k\leqslant n$ 时，$f_j(z)/f_k(z)$ 非为常数.

3° $\sum_{j=1}^{n}(N(r,f_j)+N(r,\frac{1}{f_j}))=o(\tau(r)),(r\to\infty,r\notin E)$,

其中 $\tau(r)=\min_{1\leqslant j<k\leqslant n}\left\{T(r,\frac{f_j}{f_k})\right\}$.

则 $C_j=0\ (j=1,2,\cdots,n)$.

证. 用数学归纳法. 先设 $n=2$, 则

$$C_1f_1(z)+C_2f_2(z)\equiv 0.$$

假定 $C_j(j=1,2)$ 不全等于 0, 不失一般性, 设 $C_1\neq 0$, 则

$$\frac{f_1(z)}{f_2(z)}\equiv-\frac{C_2}{C_1},$$

但此与条件 2° 矛盾. 故 $n=2$ 时定理 1.50 成立.

设 $n=l(\geqslant 2)$ 时定理 1.50 成立, 并证明对于 $n=l+1$ 时定理 1.50 仍成立. 事实上, 考虑 $l+1$ 个亚纯函数 $f_j(z)(j=1,2,\cdots,l+1)$ 满足定理 1.50 的条件, 于是有

$$\sum_{j=1}^{l+1}C_jf_j(z)\equiv 0. \tag{1.7.16}$$

假定 $C_j(j=1,2,\cdots,l+1)$ 不全等于 0. 下面证明 $C_j\neq 0(j=1,2,\cdots,l+1)$. 如若不然, 不失一般性, 设 $C_{l+1}=0$. 由(1.7.16) 得

$$\sum_{j=1}^{l}C_jf_j(z)\equiv 0,$$

并且 $f_j(z)(j=1,2,\cdots,l)$ 满足定理 1.50 的各条件, 其中 $n=l$. 但按假定定理 1.50 对于整数 $n=l$ 成立, 故 $C_j=0(j=1,2,\cdots,l)$, 从而 $C_j=0(j=1,2,\cdots,l+1)$ 与 $C_j(j=1,2,\cdots,l+1)$ 不全等于 0 的假定矛盾, 所以 $C_j\neq 0(j=1,2,\cdots,l+1)$. 置

$$g_j(z)=-\frac{C_jf_j(z)}{C_{l+1}f_{l+1}(z)}\quad(j=1,2,\cdots,l). \tag{1.7.17}$$

由(1.7.16) 得

$$\sum_{j=1}^{l}g_j(z)\equiv 1.$$

我们进一步证明 $g_j(z)(j=1,2,\cdots,l)$ 线性无关. 如若不然, 设存在不全为 0 的常数 $a_j(j=1,2,\cdots,l)$, 使

$$\sum_{j=1}^{l} a_j g_j(z) \equiv 0,$$

则

$$\sum_{j=1}^{l} a_j C_j f_j(z) \equiv 0.$$

由于按假定定理 1.50 对于整数 l 成立，故有 $a_j c_j = 0 (j = 1, 2, \cdots, n)$，注意到 $a_j (j = 1, 2, \cdots, l)$ 不全为 0，不失一般性，设 $a_1 \neq 0$. 由 $a_1 c_1 = 0$ 得 $c_1 = 0$，这与已知结果 $c_j \neq 0 (j = 1, 2, \cdots, l+1)$ 矛盾，于是 $g_j(z) (j = 1, 2, \cdots, l)$ 线性无关.

设 $T(r) = \max\limits_{1 \leqslant k \leqslant l} \{T(r, g_k)\}$. 由(1.7.17)得

$$N(r, \frac{1}{g_j}) + N(r, g_j) \leqslant N(r, \frac{1}{f_j}) + N(r, f_j) + N(r, f_{l+1}) + N(r, \frac{1}{f_{l+1}}),$$
$$(j = 1, 2, \cdots, l).$$

再由条件 3° 得

$$N(r, \frac{1}{g_j}) + N(r, g_j) = S(r) \quad (j = 1, 2, \cdots, l).$$

其中 $S(r) = o(T(r)) (r \to \infty, r \notin E)$. 于是

$$\sum_{j=1}^{l} N(r, \frac{1}{g_j}) = S(r)$$

$$\sum_{j=1}^{l} N(r, g_j) = S(r).$$

对 $g_j(z) (j = 1, 2, \cdots, l)$ 应用定理 1.48 得

$$T(r, f_k) \leqslant S(r) \quad (k = 1, 2, \cdots, l).$$

于是

$$T(r) \leqslant S(r),$$

这是不可能的，这个矛盾证明了 $C_j = 0 (j = 1, 2, \cdots, l+1)$. 于是 $n = l + 1$ 时定理 1.50 成立.

由定理 1.50 可以证明

定理 1.51 设 $f_j(z) (j = 1, 2, \cdots, n) (n \geqslant 2)$ 为亚纯函数，$g_j(z) (j = 1, 2, \cdots, n)$ 为整函数，满足下列各条件：

1° $\sum_{j=1}^{n} f_j(z)e^{g_j(z)} \equiv 0.$

2° 当 $1 \leqslant j < k \leqslant n$ 时，$g_j(z) - g_k(z)$ 非为常数.

3° 当 $1 \leqslant j \leqslant n, 1 \leqslant h < k \leqslant n$ 时，

$$T(r, f_j) = o\{T(r, e^{g_h - g_k})\} \quad (r \to \infty, r \notin E).$$

则 $f_j(z) \equiv 0 (j = 1, 2, \cdots, n)$.

证. 用数学归纳法. 先设 $n = 2$，则条件 1° 为

$$f_1(z)e^{g_1(z)} + f_2(z)e^{g_2(z)} \equiv 0.$$

假设 $f_j(z)(j = 1,2)$ 不全恒等于 0，不失一般性，设 $f_1(z) \not\equiv 0$. 则有

$$e^{g_1(z) - g_2(z)} \equiv -\frac{f_2(z)}{f_1(z)}.$$

再由条件 3° 有

$$\begin{aligned} T(r, e^{g_1 - g_2}) &= T\left(r, \frac{f_2}{f_1}\right) \\ &\leqslant T(r, f_2) + T(r, f_1) + O(1) \\ &= o\{T(r, e^{g_1 - g_2})\}, \end{aligned}$$

这是一个矛盾，故 $n = 2$ 时定理 1.51 成立.

现假定定理 1.51 对于一整数 $n(\geqslant 2)$ 成立，下面我们证明对于 $n + 1$ 定理 1.51 仍成立. 设 $f_j(z), g_j(z)(j = 1, 2, \cdots, n + 1)$ 满足定理 1.51 中各条件. 假定 $f_j(z)(j = 1, 2, \cdots, n + 1)$ 不全恒等于 0. 如果 $f_j(z)(j = 1, 2, \cdots, n + 1)$ 中有一个函数，例如 $f_{n+1}(z) \equiv 0$. 则由恒等式

$$\sum_{j=1}^{n+1} f_j(z)e^{g_j(z)} \equiv 0 \tag{1.7.18}$$

有

$$\sum_{j=1}^{n} f_j(z)e^{g_j(z)} \equiv 0.$$

所以 $f_j(z)(j = 1, 2, \cdots, n)$ 满足定理 1.51 中各条件，又由于已知对于整数 n 定理 1.51 成立，故 $f_j(z) \equiv 0 (j = 1, 2, \cdots, n)$. 从而 $f_j(z) \equiv 0 (j = 1, 2, \cdots, n + 1)$，这与假定矛盾. 所以 $f_j(z) \not\equiv 0 (j = 1, 2, \cdots, n + 1)$. 置

$$F_j(z) = f_j(z)e^{g_j(z)},\quad C_j = 1,\quad (j = 1,2,\cdots,n+1), \tag{1.7.19}$$

由(1.7.18)得

$$\sum_{j=1}^{n+1} C_j F_j(z) \equiv 0. \tag{1.7.20}$$

显然 $F_j(z) \not\equiv 0 (j = 1,2,\cdots,n+1)$. 易知,当 $1 \leqslant j < k \leqslant n+1$ 时,$F_j(z)/F_k(z)$ 非为常数. 此外我们有

$$\begin{aligned} N(r,F_j) + N(r,\frac{1}{F_j}) &\leqslant N(r,f_j) + N(r,\frac{1}{f_j}) \\ &\leqslant 2T(r,f_j) + O(1) = o\{T(r,e^{g_h - g_k})\},(r \to \infty, r \notin E) \end{aligned} \tag{1.7.21}$$

$$(j = 1,2,\cdots,n+1,\quad 1 \leqslant h < k \leqslant n+1).$$

但

$$\frac{F_h}{F_k} = \frac{f_h}{f_k} e^{g_h - g_k},$$

故

$$\begin{aligned} T(r,e^{g_h - g_k}) &= T\left(r,\frac{f_k}{f_h} \cdot \frac{F_h}{F_k}\right) \\ &\leqslant T(r,f_k) + T(r,f_h) + T(r,\frac{F_h}{F_k}) + O(1) \\ &= T(r,\frac{F_h}{F_k}) + o\{T(r,e^{g_h - g_k})\},(r \to \infty, r \notin E). \end{aligned}$$

于是

$$T(r,e^{g_h - g_k}) = O\left(T(r,\frac{F_h}{F_k})\right).\quad (r \notin E) \tag{1.7.22}$$

由(1.7.21),(1.7.22)有

$$N(r,F_j) + N(r,\frac{1}{F_j}) = o\left\{T(r,\frac{F_h}{F_k})\right\}\quad (r \to \infty, r \notin E).$$

$$(j = 1,2,\cdots,n+1,\quad 1 \leqslant h < k \leqslant n+1).$$

这就证明了 $F_j(z)(j=1,2,\cdots,n+1)$ 满足定理1.50中各条件,故 $c_j = 0(j=1,2,\cdots,n+1)$,这与(1.7.19)矛盾. 于是 $f_j(z)(j=1,2,\cdots,n+1)$ 全恒等于0.

1.7.2 Borel 关于整函数组的一个定理

下面叙述 Borel 的一个关于整函数组的重要定理.

定理 1.52 设 $f_j(z)(j=1,2,\cdots,n)$ 及 $g_j(z)(j=1,2,\cdots,n)(n\geqslant 2)$ 为两组整函数,满足下列各条件:

1° $\sum_{j=1}^{n} f_j(z)e^{g_j(z)}\equiv 0$.

2° 当 $1\leqslant j\leqslant n,1\leqslant h<k\leqslant n$ 时,$f_j(z)$ 的级小于 $e^{g_h(z)-g_k(z)}$ 的级.

则 $f_j(z)\equiv 0,(j=1,2,\cdots,n)$.

这个定理在亚纯函数唯一性理论的研究中起着重要作用,它曾引起 Nevanlinna 对于亚纯函数组的研究,以下我们根据定理 1.51 给出以上 Borel 定理的一个严格证明.

证. 根据定理 1.51,我们只需证明由定理 1.52 中条件 2° 可以推出定理 1.51 中条件 2° 及 3°. 事实上,由于整函数的级都是非负的,故当 $h\neq k$ 时,$e^{g_h(z)-g_k(z)}$ 的级大于 0,故 $g_h(z)-g_k(z)$ 非为常数,所以定理 1.51 中条件 2° 满足. 由定理 1.44 知,$e^{g_h(z)-g_k(z)}$ 的级与下级相等,因此按假定 $f_j(z)$ 的级小于 $e^{g_h(z)-g_k(z)}$ 的级知,$f_j(z)$ 的级小于 $e^{g_h(z)-g_k(z)}$ 的下级,再由定理 1.18 知,

$$T(r,f_j)=o\{T(r,e^{g_h-g_k})\}.$$

于是,定理 1.51 中条件 3° 也满足,这就完成了定理 1.52 的证明.

由定理 1.52,可得下述

系. 设 $f_j(z)(j=1,2,\cdots,n+1)$ 及 $g_j(z)(j=1,2,\cdots,n)(n\geqslant 1)$ 为两组整函数,满足下列条件:

1° $\sum_{j=1}^{n} f_j(z)e^{g_j(z)}\equiv f_{n+1}(z)$,

2° 当 $1\leqslant j\leqslant n+1,1\leqslant k\leqslant n$ 时,$f_j(z)$ 的级小于 $e^{g_k(z)}$ 的级. 在 $n\geqslant 2$ 的情形,当 $1\leqslant j\leqslant n+1,1\leqslant h<k\leqslant n$ 时,$f_j(z)$ 的级亦小于 $e^{g_h(z)-g_k(z)}$ 的级.

则 $$f_j(z)\equiv 0\quad (j=1,2,\cdots,n+1).$$

证. 只需注意条件 1° 中恒等式可以写为

$$\sum_{j=1}^{n} f_j(z)e^{g_j(z)} - f_{n+1}(z)e^{g_{n+1}(z)} \equiv 0, \quad g_{n+1}(z) \equiv 0,$$

然后由定理 1.52 即可得出 $f_j(z) \equiv 0 (j = 1,2,\cdots,n+1)$.

1.7.3 Niino 关于亚纯函数组的一个定理

我们首先证明一个引理,这个引理实质上是 Borel 定理的一个推广.

引理 1.9 设 $g_j(z)(j = 1,2,\cdots,n)$ 是整函数,$a_j(z)(j = 0, 1,\cdots,n)$ 是亚纯函数,且满足

$$T(r,a_j) = o\Big(\sum_{k=1}^{n} T(r,e^{g_k})\Big) \quad (r \to \infty, r \notin E) \ (j = 0,1,\cdots,n)$$

如果

$$\sum_{j=1}^{n} a_j(z)e^{g_j(z)} \equiv a_0(z), \tag{1.7.23}$$

则存在不全为 0 的常数 $c_j(j = 1,2,\cdots,n)$,使得

$$\sum_{j=1}^{n} c_j a_j(z)e^{g_j(z)} \equiv 0. \tag{1.7.24}$$

证. 如果 $a_0(z) \equiv 0$,引理 1.9 显然成立. 下面假设 $a_0(z) \not\equiv 0$. 由(1.7.23)有

$$\sum_{j=1}^{n} \frac{a_j(z)}{a_0(z)}e^{g_j(z)} \equiv 1.$$

设 $\quad G_j(z) = \dfrac{a_j(z)}{a_0(z)}e^{g_j(z)} \quad (j = 1,2,\cdots,n).$

则

$$\sum_{j=1}^{n} G_j(z) \equiv 1.$$

如果 $G_j(z)$ 线性无关,由定理 1.48 得

$$T(r,G_j) < \sum_{j=1}^{n} N\Big(r,\frac{1}{G_j}\Big) + N(r,D) + S(r). \tag{1.7.25}$$

其中 D 为 Wronskian 行列式 $W(G_1,G_2,\cdots,G_n)$,

$S(r) = o(T(r)) \quad (r \to \infty, r \notin E)$,

这里 $T(r)=\max\limits_{1\leqslant j\leqslant n}\{T(r,G_j)\}$. 注意到

$$N(r,\frac{1}{G_j})\leqslant N(r,\frac{1}{a_j})+N(r,a_0)\leqslant T(r,a_j)+T(r,a_0)+O(1)$$

$$=o(\sum_{k=1}^{n}T(r,e^{g_k}))\quad(r\to\infty,r\notin E). \tag{1.7.26}$$

$$N(r,G_j)\leqslant N(r,a_j)+N(r,\frac{1}{a_0})\leqslant T(r,a_j)+T(r,a_0)+O(1)$$

$$=o(\sum_{k=1}^{n}T(r,e^{g_k}))\quad(r\to\infty,r\notin E),$$

故

$$N(r,D)\leqslant n\sum_{j=1}^{n}N(r,G_j)=o(\sum_{k=1}^{n}T(r,e^{g_k}))\quad(r\to\infty,r\notin E) \tag{1.7.27}$$

由(1.7.25),(1.7.26),(1.7.27)即得对 $j=1,2,\cdots,n$ 有

$$T(r,G_j)<o(\sum_{k=1}^{n}T(r,e^{g_k}))+S(r)\quad(r\to\infty,r\notin E).$$

显然有

$$T(r,G_j)=T(r,e^{g_j})+o(\sum_{k=1}^{n}T(r,e^{g_k}))\quad(r\notin E),$$

$$S(r)=o(\sum_{k=1}^{n}T(r,e^{g_k}))\quad(r\notin E).$$

故对 $j=1,2,\cdots,n$ 有

$$T(r,e^{g_j})=o(\sum_{k=1}^{n}T(r,e^{g_k}))\quad(r\notin E).$$

于是

$$\sum_{k=1}^{n}T(r,e^{g_k})=o\Big(\sum_{k=1}^{n}T(r,e^{g_k})\Big)\quad(r\notin E).$$

这个矛盾证明了 $G_j(z)(j=1,2,\cdots,n)$ 必线性相关,于是(1.7.24)成立.

下面证明 Niino[1] 的一个定理.

定理 1.53 设 $g_j(z)(j=1,2,\cdots,n)$ 为整函数,$a_j(z)(j=0,1,\cdots,n)$ 为亚纯函数,且满足

$$T(r,a_j) = S(r,e^{g_h}) \text{ 及 } T(r,a_j) = S(r,e^{g_1-g_h}),$$
$$(j = 0,1,\cdots,n, \quad h = k,k+1,\cdots,n).$$

如果 $a_1(z) \not\equiv 0$,且

$$\sum_{j=1}^{n} a_j(z)e^{g_j(z)} \equiv a_0(z), \tag{1.7.28}$$

则存在常数 $c_j(j = 0,2,3,\cdots,k-1)$,使得

$$\sum_{j=1}^{k-1} c_j a_j(z)e^{g_j(z)} + c_0 a_0(z) \equiv 0,$$

其中 $c_1 = 1$.

证. 不妨设 $a_j(z)e^{g_j(z)}(j = 2,3,\cdots,k-1)$,$a_0(z)$ 线性无关. 因若 $a_j(z)e^{g_j(z)}(j = 2,3,\cdots,k-1)$,$a_0(z)$ 线性相关,可找出其最大线性无关子集,$\sum_{j=2}^{k-1} a_j(z)e^{g_j(z)} - a_0(z)$ 可用其线性表出.

下面用数学归纳法证明.

先证 $l = n-(k-1) = 1$,即 $n = k$ 时定理 1.53 成立. 应用引理 1.9 到(1.7.28)有

$$\sum_{j=1}^{k} d_j a_j(z)e^{g_j(z)} \equiv 0, \tag{1.7.29}$$

这里 $d_j(j = 1,2,\cdots,k)$ 为不全为 0 的常数. 如果 $d_1 = 0$,由 $a_j(z)e^{g_j(z)}(j = 2,3,\cdots,k-1)$ 线性无关知,$d_k \neq 0$. 由(1.7.29)得

$$a_k(z)e^{g_k(z)} = -\sum_{j=2}^{k-1} \frac{d_j}{d_k} a_j(z)e^{g_j(z)}. \tag{1.7.30}$$

把(1.7.30)代入(1.7.28)得

$$a_1(z)e^{g_1(z)} + \sum_{j=2}^{k-1} \left(1 - \frac{d_j}{d_k}\right) a_j(z)e^{g_j(z)} - a_0(z) \equiv 0.$$

于是定理 1.53 成立. 如果 $d_1 \neq 0$,若 $d_k = 0$,由(1.7.29)得

$$\sum_{j=1}^{k-1} \frac{d_j}{d_1} a_j(z)e^{g_j(z)} \equiv 0.$$

定理 1.53 也成立. 若 $d_k \neq 0$,由(1.7.29)得

$$a_k(z)e^{g_k(z)} = -\sum_{j=1}^{k-1} \frac{d_j}{d_k} a_j(z)e^{g_j(z)}. \tag{1.7.31}$$

把(1.7.31)代入(1.7.28)得

$$\sum_{j=1}^{k-1}(1-\frac{d_j}{d_k})a_j(z)e^{g_j(z)}-a_0(z)\equiv 0. \tag{1.7.32}$$

因 $a_j(z)e^{g_j(z)}(j=2,3,\cdots,k-1)$, $a_0(z)$ 线性无关, 故 $1-\frac{d_1}{d_k}\neq 0$. (1.7.32)两端除以 $1-\frac{d_1}{d_k}$ 即得定理1.53的结论,这就证明当 $l=n-(k-1)=1$ 时定理1.53成立.

下面假设 $n-(k-1)=l(l\geqslant 1)$ 时定理1.53成立,证明 $n-(k-1)=l+1$ 时定理1.53也成立. 事实上,应用引理1.9到(1.7.28)有

$$\sum_{j=1}^{k+l}d_ja_j(z)e^{g_j(z)}\equiv 0, \tag{1.7.33}$$

这里 $d_j(j=1,2,\cdots,k+l)$ 为不全为0的常数. 如果 $d_1=0$,由 $a_j(z)e^{g_j(z)}(j=2,3,\cdots,k-1)$ 线性无关知,$d_h(h=k,k+1,\cdots,k+l)$ 中至少有一个不为0,不妨设 $d_{k+l}\neq 0$. 由(1.7.33)得

$$a_{k+l}(z)e^{g_{k+l}(z)}=-\sum_{j=2}^{k+l-1}\frac{d_j}{d_{k+l}}a_j(z)e^{g_j(z)}, \tag{1.7.34}$$

把(1.7.34)代入(1.7.28)有

$$a_1(z)e^{g_1(z)}+\sum_{j=2}^{k+l-1}(1-\frac{d_j}{d_{k+l}})a_j(z)e^{g_j(z)}\equiv a_0(z).$$

由归纳假设知定理1.53成立. 如果 $d_1\neq 0$,则若 $d_h=0(h=k,k+1,\cdots,k+l)$,由(1.7.33)得

$$\sum_{j=1}^{k-1}\frac{d_j}{d_1}a_j(z)e^{g_j(z)}\equiv 0.$$

定理1.53成立. 若 $d_h(h=k,k+1,\cdots,k+l)$ 不全为0. 不妨设 $d_{k+l}\neq 0$. 由(1.7.33)得

$$\sum_{j=1}^{k+l-1}d_ja_j(z)e^{g_j(z)-g_{k+l}(z)}\equiv -d_{k+l}a_{k+l}(z). \tag{1.7.35}$$

应用引理1.9到(1.7.35)得

$$\sum_{j=1}^{k+l-1}e_jd_ja_j(z)e^{g_j(z)-g_{k+l}(z)}\equiv 0,$$

其中 $e_j(j=1,2,\cdots,k+l-1)$ 为不全为 0 的常数，故

$$\sum_{j=1}^{k+l-1} e_j d_j a_j(z) e^{g_j(z)} \equiv 0. \tag{1.7.36}$$

若 $d_h=0(h=k,k+1,\cdots,k+l-1)$，由 $a_j(z)e^{g_j(z)}(j=2,3,\cdots,k-1)$ 线性无关知，$e_1 d_1 \neq 0$.（1.7.36）两端同除以 $e_1 d_1$，即得定理 1.53 的结论. 若 $d_h(h=k,k+1,\cdots,k+l-1)$ 不全为 0，不妨设 $d_{k+l-1}\neq 0$. 由（1.7.36）得

$$\sum_{j=1}^{k+l-2} e_j d_j a_j(z) e^{g_j(z)-g_{k+l-1}(z)} \equiv -d_{k+l-1} a_{k+l-1}(z).$$

重复上面过程，即可得到定理 1.53 的结论. 这就证明 $n-(k-1)=l+1$ 时定理 1.53 也成立.

1.7.4 亚纯函数组的亏量关系

Niino-Ozawa[1] 证明了

定理 1.54 设 $g_j(z)(j=1,2,\cdots,p)$ 为超越整函数，$a_j(j=1,2,\cdots,p)$ 为非零常数. 如果 $\sum_{j=1}^{p} a_j g_j(z)=1$，则 $\sum_{j=1}^{p}\delta(0,g_j)\leqslant p-1$.

下述定理是定理 1.54 的加强形式.

定理 1.55 设 $g_j(z)(j=1,2,\cdots,p)$ 为非常数亚纯函数，且满足 $\Theta(\infty,g_j)=1(j=1,2,\cdots,p)$，$a_j(j=0,1,2,\cdots,p)$ 为非零常数. 如果 $\sum_{j=1}^{p} a_j g_j(z)=a_0$，则 $\sum_{j=1}^{p}\delta(0,g_j)\leqslant p-1$.

为了证明定理 1.55，先证明一个引理.

引理 1.10 设 $f_1(z),f_2(z)$ 为开平面上非常数亚纯函数，c_1,c_2,c_3 为非零常数. 如果 $c_1 f_1+c_2 f_2\equiv c_3$，则

$$T(r,f_1)<\overline{N}(r,\frac{1}{f_1})+\overline{N}(r,\frac{1}{f_2})+\overline{N}(r,f_1)+S(r,f_1).$$

证. 由第二基本定理得

$$T(r,f_1)<\overline{N}(r,\frac{1}{f_1})+\overline{N}\left(r,\frac{1}{f_1-\frac{c_3}{c_1}}\right)+\overline{N}(r,f_1)+S(r,f_1).$$

注意到 $f_1 - \frac{c_3}{c_1}$ 的零点与 f_2 的零点相同. 于是

$$T(r,f_1) < \overline{N}(r,\frac{1}{f_1}) + \overline{N}(r,\frac{1}{f_2}) + \overline{N}(r,f_1) + S(r,f_1).$$

易见,引理 1.10 实质上也是定理 1.48 的一个推论. 下面证明定理 1.55.

证. 用数学归纳法.

先设 $p = 2$,由引理 1.10 容易得到

$$\delta(0,g_1) + \delta(0,g_2) \leqslant 1.$$

即 $p = 2$ 定理 1.55 成立.

下面假设 $2 \leqslant p \leqslant q$ $(q \geqslant 2)$ 时定理 1.55 成立, 证明 $p = q + 1$ 时定理 1.55 成立. 事实上,如果 $g_j(z)(j = 1,2,\cdots,q+1)$ 线性无关,由条件 $\Theta(\infty,g_j) = 1(j = 1,2,\cdots,q+1)$ 知

$$\overline{N}(r,g_j) = o(T(r,g_j)) \quad (j = 1,2,\cdots,q+1).$$

设

$$T(r) = \max_{1\leqslant j\leqslant q+1}\{T(r,g_j)\}$$

则

$$\sum_{j=1}^{q+1}\overline{N}(r,g_j) = S(r),$$

其中 $S(r) = o(T(r)) \quad (r \to \infty, r \notin E)$.

应用定理 1.49 到

$$\sum_{j=1}^{q+1}\frac{a_j}{a_0}g_j(z) \equiv 1 \tag{1.7.37}$$

得

$$T(r,g_j) < \sum_{j=1}^{q+1}N(r,\frac{1}{g_j}) + S(r) \quad (j = 1,2,\cdots,q+1).$$

故

$$T(r) < \sum_{j=1}^{q+1}N(r,\frac{1}{g_j}) + S(r). \tag{1.7.38}$$

注意到对 $j = 1,2,\cdots,q+1$ 有

$$N(r,\frac{1}{g_j}) \leqslant (1 - \delta(0,g_j) + o(1))T(r,g_j)$$

$$\leqslant (1 - \delta(0, g_j) + o(1)) T(r).$$

于是

$$\sum_{j=1}^{q+1} N\left(r, \frac{1}{g_j}\right) \leqslant \left(q + 1 - \sum_{j=1}^{q+1} \delta(0, g_j) + o(1)\right) T(r). \tag{1.7.39}$$

由(1.7.38),(1.7.39)得

$$T(r') < \left(q + 1 - \sum_{j=1}^{q+1} \delta(0, g_j)\right) T(r) + S(r).$$

由此即得

$$\sum_{j=1}^{q+1} \delta(0, g_j) \leqslant q.$$

如果 $g_j(z)(j = 1, 2, \cdots, q + 1)$ 线性相关,则存在不全为 0 的常数 $c_j(j = 1, 2, \cdots, q + 1)$ 使

$$\sum_{j=1}^{q+1} c_j g_j(z) \equiv 0. \tag{1.7.40}$$

不妨设 $c_{q+1} \neq 0$,由(1.7.40)得

$$g_{q+1}(z) = - \sum_{j=1}^{q} \frac{c_j}{c_{q+1}} g_j(z). \tag{1.7.41}$$

把(1.7.41)代入(1.7.37)得

$$\sum_{j=1}^{q} d_j g_j(z) \equiv 1, \tag{1.7.42}$$

其中 $d_j(j = 1, 2, \cdots, q)$ 均为常数. 由(1.7.42)知,$d_j(j = 1, 2, \cdots, q)$ 中至少有二个不为零,不妨设 $d_j \neq 0(j = 1, 2, \cdots, s)$,$d_j = 0(j = s + 1, \cdots, q)$,这里 $2 \leqslant s \leqslant q$. 于是(1.7.42)可写为

$$\sum_{j=1}^{s} d_j g_j(z) \equiv 1. \tag{1.7.43}$$

根据归纳假设,由(1.7.43)得

$$\sum_{j=1}^{s} \delta(0, g_j) \leqslant s - 1.$$

注意到

$$\delta(0, g_j) \leqslant 1 \qquad (j = s + 1, \cdots, q + 1).$$

于是

$$\sum_{j=1}^{q+1}\delta(0,g_j)\leqslant q.$$

这就证明,当 $p=q+1$ 时定理 1.55 也成立.

1.7.5 三个函数的情况

本书中,我们用 I 表示 r 在 $(0,\infty)$ 中具有无穷线性测度的一个集合,用 E 表示 r 在 $(0,\infty)$ 中具有有穷线性测度的一个集合,但在每次出现时不一定相同,以后不再说明.

在亚纯函数唯一性理论中,下面是一些常用的结果.

定理 1.56 设 $f_j(z)(j=1,2,3)$ 于开平面亚纯,且 $f_1(z)$ 不为常数.如果

$$\sum_{j=1}^{3}f_j(z)\equiv 1, \tag{1.7.44}$$

且

$$\sum_{j=1}^{3}N\left(r,\frac{1}{f_j}\right)+2\sum_{j=1}^{3}\overline{N}(r,f_j)<(\lambda+o(1))T(r)\quad (r\in I), \tag{1.7.45}$$

其中 $\lambda<1$, $T(r)=\max\limits_{1\leqslant j\leqslant 3}\{T(r,f_j)\}$,则 $f_2(z)\equiv 1$ 或 $f_3(z)\equiv 1$.

证. 由引理 1.10 易知, $f_2\not\equiv 0$, $f_3\not\equiv 0$.首先假设 f_1,f_2,f_3 线性无关,由定理 1.48 得

$$T(r,f_1)<\sum_{k=1}^{3}N\left(r,\frac{1}{f_k}\right)+N(r,f_1)+N(r,D)$$
$$-\sum_{k=1}^{3}N(r,f_k)-N\left(r,\frac{1}{D}\right)+S(r), \tag{1.7.46}$$

其中

$$D=\begin{vmatrix} f_1 & f_2 & f_3\\ f_1' & f_2' & f_3'\\ f_1'' & f_2'' & f_3''\end{vmatrix},$$

$$S(r)=o(T(r))\quad (r\to\infty, r\notin E),$$

这里

$$T(r)=\max_{1\leqslant k\leqslant 3}\{T(r,f_k)\}.$$

由(1.7.44)有

$$D = \begin{vmatrix} f_2' & f_3' \\ f_2'' & f_3'' \end{vmatrix}.$$

故

$$\begin{aligned} & N(r,f_1) + N(r,D) - \sum_{k=1}^{3} N(r,f_k) \\ & \quad = N(r,D) - N(r,f_2) - N(r,f_3) \\ & \quad \leqslant 2\overline{N}(r,f_2) + 2\overline{N}(r,f_3). \end{aligned} \tag{1.7.47}$$

由(1.7.46),(1.7.47)可得

$$T(r,f_1) < \sum_{k=1}^{3} N(r,\frac{1}{f_k}) + 2\overline{N}(r,f_2) + 2\overline{N}(r,f_3) + S(r). \tag{1.7.48}$$

同理可得

$$T(r,f_2) < \sum_{k=1}^{3} N(r,\frac{1}{f_k}) + 2\overline{N}(r,f_1) + 2\overline{N}(r,f_3) + S(r),$$

$$T(r,f_3) < \sum_{k=1}^{3} N(r,\frac{1}{f_k}) + 2\overline{N}(r,f_1) + 2\overline{N}(r,f_2) + S(r).$$

于是

$$T(r) < \sum_{k=1}^{3} N(r,\frac{1}{f_k}) + 2\sum_{k=1}^{3} \overline{N}(r,f_k) + S(r).$$

再由(1.7.45)得

$$T(r) < (\lambda + o(1))T(r) \quad (r \in I),$$

这是一个矛盾,这个矛盾证明了 $f_j(j = 1,2,3)$ 线性相关.于是存在不全为 0 的常数 $c_j(j = 1,2,3)$ 使

$$\sum_{j=1}^{3} c_j f_j = 0. \tag{1.7.49}$$

若 $c_1 = 0$,由(1.7.49)知,$c_2 \neq 0, c_3 \neq 0$,且

$$f_3 = -\frac{c_2}{c_3} f_2. \tag{1.7.50}$$

把(1.7.50)代入(1.7.44)得

$$f_1 + (1 - \frac{c_2}{c_3}) f_2 = 1. \tag{1.7.51}$$

由(1.7.50),(1.7.51)得

$$T(r,f_2)=T(r,f_1)+O(1).$$

$$T(r,f_3)=T(r,f_2)+O(1)$$
$$=T(r,f_1)+O(1).$$

故

$$T(r)=T(r,f_1)+O(1). \tag{1.7.52}$$

因 $f_1(z)$ 不为常数,由(1.7.51)知,$1-\frac{c_2}{c_3}\neq 0$.应用引理1.10到(1.7.51),并注意到(1.7.52)有

$$T(r)<\overline{N}(r,\frac{1}{f_1})+\overline{N}(r,\frac{1}{f_2})+\overline{N}(r,f_1)+S(r)$$
$$<\sum_{k=1}^{3}N(r,\frac{1}{f_k})+2\sum_{k=1}^{3}\overline{N}(r,f_k)+S(r)$$

再由(1.7.45)得

$$T(r)<(\lambda+o(1))T(r)\quad(r\in I),$$

这个矛盾即证实 $c_1\neq 0$.

由(1.7.49)得

$$f_1=-\frac{c_2}{c_1}f_2-\frac{c_3}{c_1}f_3. \tag{1.7.53}$$

把(1.7.53)代入(1.7.44)得

$$(1-\frac{c_2}{c_1})f_2+(1-\frac{c_3}{c_1})f_3=1. \tag{1.7.54}$$

我们区分三种情况.

1) $1-\frac{c_2}{c_1}\neq 0,1-\frac{c_3}{c_1}\neq 0$.

由(1.7.53),(1.7.54)得

$$f_1=\frac{c_2-c_3}{c_1-c_2}f_3-\frac{c_2}{c_1-c_2}. \tag{1.7.55}$$

由(1.7.54),(1.7.55)得

$$T(r,f_3)=T(r,f_1)+O(1),$$

$$T(r,f_2)=T(r,f_3)+O(1)$$
$$=T(r,f_1)+O(1).$$

故

$$T(r) = T(r,f_1) + O(1). \tag{1.7.56}$$

应用引理 1.10 到(1.7.54),并注意到(1.7.56) 有

$$\begin{aligned} T(r) &< \overline{N}(r,\frac{1}{f_2}) + \overline{N}(r,\frac{1}{f_3}) + \overline{N}(r,f_2) + S(r) \\ &< \sum_{k=1}^{3} N(r,\frac{1}{f_k}) + 2\sum_{k=1}^{3}\overline{N}(r,f_k) + S(r). \end{aligned}$$

再由(1.7.45) 得

$$T(r) < (\lambda + o(1))T(r) \quad (r \in I).$$

这是一个矛盾.

2) $1 - \frac{c_2}{c_1} = 0.$

由(1.7.54) 知,$1 - \frac{c_3}{c_1} \neq 0$,且

$$f_3 = \frac{c_1}{c_1 - c_3}. \tag{1.7.57}$$

注意到由 $1 - \frac{c_2}{c_1} = 0$ 可得 $c_1 = c_2$. 再由(1.7.53),(1.7.57) 得

$$f_1 + f_2 = -\frac{c_3}{c_1 - c_3}. \tag{1.7.58}$$

若 $c_3 \neq 0$,应用引理 1.10 到(1.7.58) 得

$$\begin{aligned} T(r) &< \overline{N}(r,\frac{1}{f_1}) + \overline{N}(r,\frac{1}{f_2}) + \overline{N}(r,f_1) + S(r) \\ &< \sum_{k=1}^{3} N(r,\frac{1}{f_k}) + 2\sum_{k=1}^{3}\overline{N}(r,f_k) + S(r). \end{aligned}$$

再由(1.7.45) 即得矛盾. 于是 $c_3 = 0$. 由(1.7.57) 得 $f_3 \equiv 1$.

3) $1 - \frac{c_3}{c_1} = 0.$

与 2) 类似,可得 $f_2 \equiv 1$.

应用与证明定理 1.56 相同的方法,可以证明下述

定理 1.57 设 $f_j(z)(j = 1,2,3)$ 于开平面亚纯,且 $f_1(z)$ 不为常数. 如果

$$\sum_{j=1}^{3} f_j(z) \equiv 1,$$

且

$$\begin{cases} \sum_{j=1}^{3} N(r,\frac{1}{f_j}) + 2\sum_{j=2}^{3}\overline{N}(r,f_j) < (\lambda + o(1))T(r,f_1) \quad (r \in I) \\ T(r) = O(T(r,f_1)), \end{cases}$$

其中 $\lambda < 1, T(r) = \max_{1\leqslant j\leqslant 3}\{T(r,f_j)\}$,则 $f_2(z) \equiv 1$ 或 $f_3(z) \equiv 1$.

1.7.6 四个函数的情况

仪洪勋[22] 证明了

定理 1.58 设 $f_j(z)(j = 1,2,3,4)$ 为开平面非常数亚纯函数,且满足

$$\sum_{j=1}^{4} f_j \equiv 1. \tag{1.7.59}$$

如果

$$\sum_{j=1}^{4}\overline{N}(r,f_j) = o(T(r,f_k)) \quad (r \notin E, k = 1,2) \tag{1.7.60}$$

及

$$\sum_{j=1}^{4} N(r,\frac{1}{f_j}) < (\lambda + o(1))T(r,f_k) \quad (r \in I, k = 1,2), \tag{1.7.61}$$

其中 $\lambda < 1$,则 $f_1 + f_2 \equiv 0$ 及 $f_3 + f_4 \equiv 1$.

证. 假设 $f_j(z)(j = 1,2,3,4)$ 线性无关,由定理 1.49 得

$$T(r,f_i) < \sum_{j=1}^{4} N(r,\frac{1}{f_j}) + S(r) \quad (i = 1,2,3,4), \tag{1.7.62}$$

其中 $S(r) = o(T(r)) \quad (r \to \infty, r \notin E)$,

$$T(r) = \max_{1\leqslant i\leqslant 4}\{T(r,f_i)\},$$

由(1.7.61),(1.7.62)得

$$T(r) < (\lambda + o(1))T(r) \quad (r \in I),$$

这是一个矛盾,于是 $f_j(z)(j = 1,2,3,4)$ 线性相关,即存在不全为 0 的常数 $c_j(j = 1,2,3,4)$ 使得

$$\sum_{j=1}^{4} c_j f_j = 0. \tag{1.7.63}$$

假设 $c_4 \neq 0$. 由(1.7.59),(1.7.63)得

$$\sum_{j=1}^{3}(1-\frac{c_j}{c_4})f_j \equiv 1. \tag{1.7.64}$$

如果 $1-\frac{c_1}{c_4}=0$，由(1.7.64)得

$$(1-\frac{c_2}{c_4})f_2+(1-\frac{c_3}{c_4})f_3 \equiv 1. \tag{1.7.65}$$

因 f_2, f_3 均非常数，故 $1-\frac{c_2}{c_4}\neq 0, 1-\frac{c_3}{c_4}\neq 0$. 应用引理 1.10 到(1.7.65)，并注意到(1.7.60)，(1.7.61)得

$$T(r,f_2)<(\lambda+o(1))T(r,f_2) \quad (r\in I),$$

这是一个矛盾，于是 $1-\frac{c_1}{c_4}\neq 0$，用同样的方法可以证明 $1-\frac{c_2}{c_4}\neq 0, 1-\frac{c_3}{c_4}\neq 0$. 应用定理 1.56 到(1.7.64)，并注意到(1.7.60)，(1.7.61)得 $f_j(z)(j=1,2,3)$ 中至少有一个为常数，这与定理的假设矛盾，这个矛盾证明了 $c_4=0$. 同理可证 $c_3=0$. 由(1.7.63)得 $c_1\neq 0, c_2\neq 0$，且

$$f_2=-\frac{c_1}{c_2}f_1. \tag{1.7.66}$$

由(1.7.59)，(1.7.66)得

$$(1-\frac{c_1}{c_2})f_1+f_3+f_4 \equiv 1. \tag{1.7.67}$$

假设 $1-\frac{c_1}{c_2}\neq 0$. 应用定理 1.56 到(1.7.67)，并注意到(1.7.60)，(1.7.61)得 $f_j(z)(j=1,3,4)$ 中至少有一个为常数，这与定理的假设矛盾. 于是 $1-\frac{c_1}{c_2}=0$. 由(1.7.66)，(1.7.67)即得 $f_1+f_2\equiv 0$ 及 $f_3+f_4\equiv 1$.

由定理 1.58，可以证明下述

定理 1.59 设 $f_j(z)(j=1,2,3,4)$ 于开平面亚纯，$f_k(z)(k=1,2)$ 不为常数，且满足

$$\sum_{j=1}^{4}f_j \equiv 1. \tag{1.7.68}$$

如果

$$\sum_{j=1}^{4}\overline{N}(r,f_j)=o(T(r,f_k))\quad(r\notin E,k=1,2),$$

及

$$\sum_{j=1}^{4}N(r,\frac{1}{f_j})<(\lambda+o(1))T(r,f_k)\quad(r\in I,k=1,2),$$

其中 $\lambda<1$,则或者 $f_3\equiv1$,或者 $f_4\equiv1$,或者 $f_3+f_4\equiv1$.

证. 假设 $f_3\not\equiv1,f_4\not\equiv1$. 我们区分三种情况.

1) 假设 $f_4\equiv c$,其中 $c(\neq1)$ 为常数,由(1.7.68)得

$$\sum_{j=1}^{3}\frac{1}{1-c}f_j\equiv1.$$

再由定理 1.57 知,$\frac{1}{1-c}f_3\equiv1$,于是 $f_3\equiv1-c$,故有 $f_3+f_4\equiv1$.

2) 假设 $f_3\equiv c$,其中 $c(\neq1)$ 为常数,与上面类似,也可得出 $f_4\equiv1-c$,及 $f_3+f_4\equiv1$.

3) 假设 f_3,f_4 均不为常数,由定理 1.58 即得 $f_3+f_4\equiv1$.

应用定理 1.48,使用与定理 1.59 类似的证明方法,可以证明

定理 1.60 设 $f_j(z)(j=1,2,3,4)$ 于开平面亚纯,$f_k(z)(k=1,2)$ 不为常数,且满足

$$\sum_{j=1}^{4}f_j\equiv1.$$

如果

$$\sum_{j=1}^{4}N(r,\frac{1}{f_j})+3\sum_{j=1}^{4}\overline{N}(r,f_j)<(\lambda+o(1))T(r,f_k)$$
$$(r\in I,k=1,2),$$

其中 $\lambda<1$,则或者 $f_3\equiv1$,或者 $f_4\equiv1$,或者 $f_3+f_4\equiv1$.

应用定理 1.60,可以证明下述

定理 1.61 设 $f_j(z)(j=1,2,3,4)$ 于开平面亚纯,$f_k(z)(k=1,2,3)$ 不为常数,且满足

$$\sum_{j=1}^{4}f_j\equiv1.$$

如果

$$\sum_{j=1}^{4} N(r,\frac{1}{f_j}) + 3\sum_{j=1}^{4}\overline{N}(r,f_j) < (\lambda + o(1))T(r,f_k)$$

$$(r \in I, k = 1,2,3).$$

其中 $\lambda < 1$,则 $f_4 \equiv 1$.

证. 假设 $f_4 \not\equiv 1$,由定理 1.60 得

$$f_3 + f_4 \equiv 1.$$

再由引理 1.10 得

$$T(r,f_3) < \overline{N}(r,\frac{1}{f_3}) + \overline{N}(r,\frac{1}{f_4}) + \overline{N}(r,f_3) + S(r,f_4)$$

$$< (\lambda + o(1))T(r,f_3) \qquad (r \in I),$$

这是一个矛盾,于是 $f_4 \equiv 1$.

1.7.7 n 个函数的情况

最近,仪洪勋[36] 把上面的结果推广到一般情况,证明了

定理 1.62 设 $f_j(z)(j = 1,2,\cdots,n)$ 于开平面亚纯,$f_k(z)(k = 1,2,\cdots,n-1)$ 不为常数,且满足

$$\sum_{j=1}^{n} f_j \equiv 1, \tag{1.7.69}$$

其中 $n \geqslant 3$. 如果 $f_n(z) \not\equiv 0$,且

$$\sum_{j=1}^{n} N(r,\frac{1}{f_j}) + (n-1)\sum_{j=1}^{n}\overline{N}(r,f_j) < (\lambda + o(1))T(r,f_k)$$

$$(r \in I, k = 1,2,\cdots,n-1), \tag{1.7.70}$$

其中 $\lambda < 1$,则 $f_n(z) \equiv 1$.

由引理 1.10 知,在定理 1.62 中,n 必须大于或等于 3,否则 (1.7.69) 与 (1.7.70) 不能同时成立. 显然定理 1.57,定理 1.61 均为定理 1.62 的特殊情况,由定理 1.62 容易给出定理 1.50,定理 1.51,定理 1.52 的简单证明,下面用数学归纳法证明定理 1.62.

由定理 1.57 知,当 $n = 3$ 时,定理 1.62 成立,假定定理 1.62 对于整数 $n(3 \leqslant n \leqslant l)$ 成立,下面证明定理 1.62 对于整数 $n = l + 1$ 成立.

如果 $f_j(j = 1,2,\cdots,l+1)$ 线性无关,由定理 1.48 得

$$T(r,f_1) < \sum_{j=1}^{l+1} N(r,\frac{1}{f_j}) + N(r,f_1) + N(r,D)$$

$$- \sum_{j=1}^{l+1} N(r,f_j) - N(r,\frac{1}{D}) + S(r), \quad (1.7.71)$$

其中 $D, S(r)$ 与定理 1.48 相同. 与(1.7.14) 类似,我们也有

$$N(r,f_1) + N(r,D) - \sum_{j=1}^{l+1} N(r,f_j) \leqslant l \sum_{j=1}^{l+1} \overline{N}(r,f_j). \quad (1.7.72)$$

由(1.7.70),(1.7.71),(1.7.72) 得

$$T(r,f_1) < (\lambda + o(1))T(r,f_1) \quad (r \in I),$$

这是一个矛盾,于是 $f_j (j = 1,2,\cdots,l+1)$ 线性相关,即存在不全为 0 的常数 $c_j (j = 1,2,\cdots,l+1)$,使得

$$\sum_{j=1}^{l+1} c_j f_j \equiv 0. \quad (1.7.73)$$

注意到 $f_k (k = 1,2,\cdots,l)$ 不为常数,$f_{l+1} \neq 0$,故有 $c_j (j = 1,2,\cdots,l)$ 不全为 0. 不失一般性,设 $c_1 \neq 0$. 由(1.7.69),(1.7.73) 得

$$\sum_{j=2}^{l+1} (1 - \frac{c_j}{c_1}) f_j \equiv 1. \quad (1.7.74)$$

由引理 1.10 知,$1 - \frac{c_j}{c_1} (j = 2,3,\cdots,l+1)$ 中至少有三个不为 0. 如果 $1 - \frac{c_{l+1}}{c_1} = 0$. 由(1.7.74) 得

$$\sum_{j=2}^{l} (1 - \frac{c_j}{c_1}) f_j \equiv 1.$$

注意到(1.7.70),由归纳假设知,$(1 - \frac{c_j}{c_1}) f_j (j = 2,3,\cdots,l)$ 中必有一个恒等于 1,这与 $f_j (j = 1,2,\cdots,l)$ 均不为常数矛盾,于是 $1 - \frac{c_{l+1}}{c_1} \neq 0$. 由(1.7.74),根据归纳假设知,$f_{l+1}$ 为常数. 设 $f_{l+1} \equiv c$,其中 c 为常数. 如果 $c \neq 1$,由(1.7.69) 得

$$\sum_{j=1}^{l} \frac{1}{1-c} f_j \equiv 1.$$

再根据归纳假设知,$f_j (j = 1,2,\cdots,l)$ 中至少有一个为常数,这是

一个矛盾，于是 $c=1$，即 $f_{l+1}\equiv 1$，这就证明了当 $n=l+1$ 时定理 1.62 成立.

仪洪勋[36] 还证明了

定理 1.63 设 $f_j(j=1,2,\cdots,n)$ 于开平面亚纯，$f_k(k=1,2,\cdots,n-2)$ 不为常数，且满足

$$\sum_{j=1}^{n} f_j \equiv 1, \tag{1.7.75}$$

其中 $n \geqslant 4$. 如果 $f_{n-1}\not\equiv 0, f_n \not\equiv 0$，且

$$\sum_{j=1}^{n} N\left(r,\frac{1}{f_j}\right)+(n-1)\sum_{j=1}^{n}\overline{N}(r,f_j)<(\lambda+o(1))T(r,f_k)$$
$$(r\in I, k=1,2,\cdots,n-2), \tag{1.7.76}$$

其中 $\lambda<1$，则或者 $f_{n-1}\equiv 1$，或者 $f_n\equiv 1$，或者 $f_{n-1}+f_n\equiv 1$.

证. 假设 $f_{n-1}(z)\not\equiv 1, f_n(z)\not\equiv 1$. 我们区分三种情况.

1) $f_n(z)\equiv c$，其中 $c(\neq 1)$ 为常数. 由(1.7.75)得

$$\sum_{j=1}^{n-1}\frac{1}{1-c}f_j \equiv 1,$$

再应用定理 1.62 得 $\frac{1}{1-c}f_{n-1}\equiv 1$. 故 $f_{n-1}(z)\equiv 1-c$，于是 $f_{n-1}(z)+f_n(z)\equiv 1$.

2) $f_{n-1}(z)\equiv c$，其中 $c(\neq 0)$ 为常数. 与 1) 类似，也可得 $f_{n-1}(z)+f_n(z)\equiv 1$.

3) 假设 $f_{n-1}(z), f_n(z)$ 均不为常数，对此种情况，我们使用数学归纳法.

由定理 1.60 知，当 $n=4$ 时定理 1.63 成立. 假定定理 1.63 对于整数 $n(4\leqslant n\leqslant l)$ 成立，下面我们证明定理 1.63 对于整数 $n=l+1$ 成立.

与定理 1.62 的证明类似，应用定理 1.48，由(1.7.76)可以证明 $f_j(z)(j=1,2,\cdots,l+1)$ 线性相关，即存在不全为 0 的常数 $c_j(j=1,2,\cdots,l+1)$ 使得

$$\sum_{j=1}^{l+1} c_j f_j \equiv 0. \tag{1.7.77}$$

如果 $c_{l+1} \neq 0$，由(1.7.75)，(1.7.77) 得

$$\sum_{j=1}^{l} \left(1 - \frac{c_j}{c_{l+1}}\right) f_j \equiv 1.$$

由定理 1.62 知，$f_j(z)(j = 1, 2, \cdots, l)$ 中至少有一个为常数，这是一个矛盾. 于是 $c_{l+1} = 0$，同理可证 $c_l = 0$. 不失一般性，设 $c_1 \neq 0$. 由(1.7.75)，(1.7.77) 得

$$\sum_{j=2}^{l-1} \left(1 - \frac{c_j}{c_1}\right) f_j + f_l + f_{l+1} \equiv 1.$$

再根据归纳假设有 $f_l + f_{l+1} \equiv 1$，这就证明当 $n = l + 1$ 时定理 1.63 成立.

由定理 1.57 知，若在定理 1.63 中 $n = 3$，则仅有两种情况，即或者 $f_{n-1} \equiv 1$，或者 $f_n \equiv 1$.

与本节有关的结果可参看 Nevanlinna[2]，庄圻泰-杨重骏[1]，庄圻泰[4]，Niino[1,2]，Hiromi-Ozawa[1]，Niino-Ozawa[1]，Toda[1]，仪洪勋[1,9,22,36]，仪洪勋-杨重骏[1,2]，李平-杨重骏[1,2].

第二章　一些有穷级(下级)亚纯函数的唯一性

在亚纯函数唯一性理论中,确定有理函数所需的条件比较少,而确定级小于1的超越亚纯函数所需的条件又与有理函数非常相似,有穷非整数级(下级)亚纯函数的唯一性又是上述两类亚纯函数唯一性的推广,本章将扼要叙述关于这几种类型的亚纯函数唯一性的研究工作.

在亚纯函数唯一性理论中,关于有穷级(下级)整函数唯一性的研究成果非常丰富,研究方法也比较特殊,我们将在§2.4中扼要叙述关于有穷级(下级)整函数唯一性的研究工作.

研究有穷非整数级(下级)亚纯函数的唯一性,研究具有实零点的有穷级整函数的唯一性需要Hadamard分解定理等有关知识,我们将在§2.1中叙述并证明Hadamard分解定理等有关结果.

J. Anastassiadis[1]建立了有穷级整函数的Taylor展式的系数,Picard例外值,CM公共值,唯一性等的关系,我们将在§2.5中叙述并证明J. Anastassiadis在这方面的有关研究成果.

§2.1　Hadamard分解定理

2.1.1　亚纯函数的零点的收敛指数

设$f(z)$为超越亚纯函数,它的非零零点为$z_1,z_2,\cdots,z_n,\cdots$,重级零点重复排列.令$|z_n|=r_n$,且有$r_1\leqslant r_2\leqslant\cdots\leqslant r_n\leqslant\cdots$.我们称使$\sum\limits_{n=1}^{\infty}r_n^{-\tau}$收敛的正数$\tau$的下确界为$f(z)$的零点收敛指数,记为

ρ_1. 由下确界的定义知，对任意给定的正数 ε，$\sum_{n=1}^{\infty} r_n^{-(\rho_1+\varepsilon)}$ 收敛，$\sum_{n=1}^{\infty} r_n^{-(\rho_1-\varepsilon)}$ 发散.

我们以 $n(r)$ 表示 $f(z)$ 在 $|z| \leqslant r$ 内的非零零点的个数，且置

$$N(r) = \int_0^r \frac{n(t)}{t} dt.$$

于是

$$n(r, \frac{1}{f}) = n(r) + n(0, \frac{1}{f}),$$

$$N(r, \frac{1}{f}) = N(r) + n(0, \frac{1}{f}) \log r.$$

我们有下述

定理 2.1 设 $f(z)$ 为超越亚纯函数，具有无穷多个零点，其零点收敛指数为 ρ_1. 则

$$\varlimsup_{r\to\infty} \frac{\log N(r)}{\log r} = \varlimsup_{r\to\infty} \frac{\log n(r)}{\log r} = \rho_1. \tag{2.1.1}$$

证. 首先证明(2.1.1)右端等式. 设

$$\varlimsup_{r\to\infty} \frac{\log n(r)}{\log r} = \alpha. \tag{2.1.2}$$

若 $\alpha < \infty$，由(2.1.2)知，对任意给定的 $\varepsilon > 0$，存在一个正数 M，当 $r > M$ 时

$$\frac{\log n(r)}{\log r} < \alpha + \frac{\varepsilon}{2}.$$

但当 n 充分大以后 $r_n > M$，所以

$$\frac{\log n(r_n)}{\log r_n} < \alpha + \frac{\varepsilon}{2},$$

即

$$n(r_n) < r_n^{\alpha+\frac{\varepsilon}{2}}.$$

由于 $n(r_n) \geqslant n$，所以

$$n < r_n^{\alpha+\frac{\varepsilon}{2}}.$$

于是

$$\frac{1}{r_n^{\alpha+\varepsilon}} < \frac{1}{n^{1+\delta}},$$

其中 $\delta = \dfrac{\varepsilon}{2\alpha + \varepsilon} > 0$. 所以级数

$$\sum_{n=1}^{\infty} \frac{1}{r_n^{\alpha+\varepsilon}}$$

收敛.

另一方面,对任意给定的 $\varepsilon > 0$,可以证明

$$\sum_{n=1}^{\infty} \frac{1}{r_n^{\alpha-\varepsilon}} \tag{2.1.3}$$

发散. 事实上,假若级数(2.1.3) 收敛. 则有

$$\lim_{n\to\infty} \frac{n}{r_n^{\alpha-\varepsilon}} = 0.$$

所以当 n 充分大以后有 $n < r_n^{\alpha-\varepsilon}$,即 $n(r_n) < r_n^{\alpha-\varepsilon}$. 设 $r_n \leqslant r < r_{n+1}$,则

$n(r_n) = n(r) < n(r_{n+1})$. 所以当 r 充分大以后有

$$n(r) < r^{\alpha-\varepsilon}.$$

于是

$$\alpha = \varlimsup_{r\to\infty} \frac{\log n(r)}{\log r} \leqslant \alpha - \varepsilon,$$

这是一个矛盾,故级数(2.1.3) 发散.

这就证明了 $\alpha = \rho_1$.

若 $\alpha = \infty$,则对任何正数 τ,级数 $\sum\limits_{n=1}^{\infty} \dfrac{1}{r_n^{\tau}}$ 发散,否则,若对某个 τ 使级数 $\sum\limits_{n=1}^{\infty} \dfrac{1}{r_n^{\tau}}$ 收敛,则与上面的证明方法完全一样,可证得 $\alpha \leqslant \tau$,这与 $\alpha = \infty$ 矛盾. 所以当 $\alpha = \infty$ 时,$\rho_1 = \infty$.

下面再证(2.1.1) 左端等式.

由

$$\begin{aligned} n(r) &= \frac{n(r)}{\log 2} \int_r^{2r} \frac{dt}{t} \\ &\leqslant \frac{1}{\log 2} N(2r) \end{aligned}$$

与

$$N(r)-N(r_0)=\int_{r_0}^{r}\frac{n(t)}{t}dt$$
$$\leqslant n(r)\log\frac{r}{r_0},$$

即得

$$\varlimsup_{r\to\infty}\frac{\log N(r)}{\log r}=\varlimsup_{r\to\infty}\frac{\log n(r)}{\log r}.$$

由定理 2.1,(2.1.1) 式可以作为 $f(z)$ 的零点的收敛指数的定义.

定理 2.2 设 $f(z)$ 为 λ 级超越亚纯函数,其零点收敛指数为 ρ_1,则 $\rho_1\leqslant\lambda$.

证. 由

$$N(r)+n(0,\frac{1}{f})\log r=N(r,\frac{1}{f})\leqslant T(r,f)+O(1),$$

即得

$$\varlimsup_{r\to\infty}\frac{\log N(r)}{\log r}\leqslant\varlimsup_{r\to\infty}\frac{\log T(r,f)}{\log r},$$

于是 $\rho_1\leqslant\lambda$.

2.1.2 典型乘积

设 $f(z)$ 为超越亚纯函数,它的非零零点为 $z_1,z_2,\cdots,z_n,\cdots$. 令 $|z_n|=r_n$,且有 $r_1\leqslant r_2\leqslant\cdots\leqslant r_n\leqslant\cdots$. 设 p 是使级数

$$\sum_{n=1}^{\infty}\frac{1}{r_n^{p+1}}$$

收敛的最小整数. 我们称

$$E(u,0)=1-u,$$
$$E(u,p)=(1-u)e^{u+\frac{u^2}{2}+\cdots+\frac{u^p}{p}},\quad p=1,2,\cdots,$$

为基本因子. 可以证明无穷乘积

$$P(z)=\prod_{n=1}^{\infty}E(\frac{z}{z_n},p)$$

在 z 平面上任何有限区域为一致收敛. 于是 $P(z)$ 是一个整函数.

$P(z)$ 称作 $f(z)$ 的零点所作成的典型乘积. 整数 p 叫做典型乘积的亏格. 显然有 $\rho_1 - 1 \leqslant p \leqslant \rho_1 \leqslant \lambda$,这里 ρ_1 为 $f(z)$ 的零点收敛指数,λ 为 $f(z)$ 的级.

我们有下述 Borel 定理.

定理 2.3 典型乘积 $P(z)$ 的级 ρ 等于其零点收敛指数 ρ_1,即 $\rho = \rho_1$.

证. 由定理 2.2 知,$\rho_1 \leqslant \rho$. 下证 $\rho \leqslant \rho_1$. 设

$$\log|P(z)| = \sum_{r_n \leqslant 2r} \log\left|E\left(\frac{z}{z_n}, p\right)\right| + \sum_{r_n > 2r} \log\left|E\left(\frac{z}{z_n}, p\right)\right|$$
$$= \sum\nolimits_1 + \sum\nolimits_2.$$

下面估计 $\sum_1$ 与 $\sum_2$.

先估计 $\sum_2$. 由基本因子的定义,并注意到 $r_n > 2r$,则有

$$\begin{aligned}
\log\left|E\left(\frac{z}{z_n}, p\right)\right| &\leqslant \left|\log E\left(\frac{z}{z_n}, p\right)\right| \\
&= \left|\log\left(1 - \frac{z}{z_n}\right) + \frac{z}{z_n} + \frac{1}{2}\left(\frac{z}{z_n}\right)^2 + \cdots + \frac{1}{p}\left(\frac{z}{z_n}\right)^p\right| \\
&\leqslant \frac{1}{p+1}\left|\frac{z}{z_n}\right|^{p+1} + \frac{1}{p+2}\left|\frac{z}{z_n}\right|^{p+2} + \cdots \\
&< \left(\frac{r}{r_n}\right)^{p+1}\left[1 + \left(\frac{r}{r_n}\right) + \left(\frac{r}{r_n}\right)^2 + \cdots\right] \\
&< 2\left(\frac{r}{r_n}\right)^{p+1}.
\end{aligned}$$

于是

$$\begin{aligned}
\sum\nolimits_2 &= \sum_{r_n > 2r} \log\left|E\left(\frac{z}{z_n}, p\right)\right| \\
&< 2r^{p+1} \sum_{r_n > 2r} \left(\frac{1}{r_n}\right)^{p+1}. \qquad (2.1.4)
\end{aligned}$$

若 $p = \rho_1 - 1$,则 $\sum_{n=1}^{\infty} r_n^{-\rho_1}$ 收敛,所以由(2.1.4)知,存在常数 A_2,使

$$\sum\nolimits_2 < A_2 r^{\rho_1}. \qquad (2.1.5)$$

若 $p > \rho_1 - 1$,则对充分小的正数 ε,有 $p + 1 > \rho_1 + \varepsilon$. 因此由

(2.1.4) 知

$$\sum\nolimits_2 < 2r^{\rho_1+\varepsilon}\sum_{r_n>2r}\frac{r^{p+1-\rho_1-\varepsilon}}{r_n^{p+1}}$$

$$< 2\cdot(\frac{1}{2})^{p+1-\rho_1-\varepsilon}r^{\rho_1+\varepsilon}\sum_{n=1}^{\infty}(\frac{1}{r_n})^{\rho_1+\varepsilon}$$

$$\leqslant A_2r^{\rho_1+\varepsilon}. \tag{2.1.6}$$

再估计 $\sum_1$. 注意到 $r_n\leqslant 2r$,我们有

$$\log\left|E\left(\frac{z}{z_n},p\right)\right|\leqslant\left|\log E\left(\frac{z}{z_n},p\right)\right|$$

$$\leqslant\log\left(1+\frac{r}{r_n}\right)+\frac{r}{r_n}+\frac{1}{2}\left(\frac{r}{r_n}\right)^2+\cdots+\frac{1}{p}\left(\frac{r}{r_n}\right)^p$$

$$< 2\left[\frac{r}{r_n}+\left(\frac{r}{r_n}\right)^2+\cdots+\left(\frac{r}{r_n}\right)^p\right]$$

$$= 2\left(\frac{r}{r_n}\right)^p\left[\left(\frac{r_n}{r}\right)^{p-1}+\left(\frac{r_n}{r}\right)^{p-2}+\cdots+1\right]$$

$$< 2\left(\frac{r}{r_n}\right)^p[2^{p-1}+2^{p-2}+\cdots+1]$$

$$= B\cdot\left(\frac{r}{r_n}\right)^p. \tag{2.1.7}$$

再注意到,对充分小的正数 ε,有 $\rho_1+\varepsilon-p>0$. 于是由(2.1.7)有

$$\sum\nolimits_1 < Br^p\sum_{r_n\leqslant 2r}r_n^{-p}$$

$$= Br^p\sum_{r_n\leqslant 2r}r_n^{\rho_1+\varepsilon-p}\cdot r_n^{-\rho_1-\varepsilon}$$

$$< Br^p\cdot(2r)^{\rho_1+\varepsilon-p}\sum_{n=1}^{\infty}r_n^{-\rho_1-\varepsilon}$$

$$= A_1r^{\rho_1+\varepsilon}. \tag{2.1.8}$$

由(2.1.5),(2.1.6),(2.1.8) 得

$$\log|P(z)| < (A_1+A_2)r^{\rho_1+\varepsilon}$$

由于 ε 的任意性,有 $\rho\leqslant\rho_1$. 这就证明 $\rho=\rho_1$.

对典型乘积进行更精确的估计,我们可以证明下述

定理 2.4 设 p 为典型乘积 $P(z)$ 的亏格,则 $T(r,P)=o(r^{p+1})\quad(r\to\infty)$.

定理 2.4 的证明比较长，可参看 Hayman[1].

2.1.3 Hadamard 分解定理

对有穷级整函数，有下述 Hadamard 分解定理.

定理 2.5 设 $f(z)$ 为有穷 $\lambda(f)$ 级整函数，$z=0$ 为其 k 级零点，$z_1,z_2,\cdots$ 为 $f(z)$ 的非 0 零点，则

$$f(z)=z^kP(z)e^{Q(z)},$$

其中 $P(z)$ 为 $f(z)$ 的非 0 零点的典型乘积，$Q(z)$ 为一次数不高于 $\lambda(f)$ 的多项式.

证. 设

$$F(z)=\frac{f(z)}{z^kP(z)},\tag{2.1.9}$$

则 $F(z)$ 为整函数，且 0 为其 Picard 例外值. 于是 $F(z)=e^{Q(z)}$，其中 $Q(z)$ 为整函数. 下面证明 $Q(z)$ 为一次数不高于 $\lambda(f)$ 的多项式.

设 $f(z)$ 的非 0 零点的收敛指数为 ρ_1. $P(z)$ 的级为 ρ. 由定理 2.2,2.3 有

$$\rho=\rho_1\leqslant\lambda(f).\tag{2.1.10}$$

设 $F(z)$ 的级为 $\lambda(F)$. 应用定理 1.14，由 (2.1.9),(2.1.10) 得

$$\lambda(F)\leqslant\max\{\rho,\lambda(f)\}=\lambda(f).$$

再由定理 1.44 的系 1 知，$Q(z)$ 为一次数不超过 $\lambda(f)$ 的多项式.

设 $f(z)$ 为有穷 $\lambda(f)$ 级整函数，由定理 2.5 知，

$$f(z)=z^kP(z)e^{Q(z)},$$

其中 $P(z)$ 为 $f(z)$ 的非 0 零点的典型乘积，$Q(z)$ 为一次数不高于 $\lambda(f)$ 的多项式，设 p 为典型乘积 $P(z)$ 的亏格，q 为多项式 $Q(z)$ 的次数. 置

$$g=\max\ \{p,q\},$$

我们称整数 g 为整函数 $f(z)$ 的亏格. 设 $f(z)$ 的零点收敛指数为 ρ_1，我们已经知道典型乘积 $P(z)$ 的亏格 p 满足

$$\rho_1-1\leqslant p\leqslant\rho_1\leqslant\lambda(f).$$

注意到 $q\leqslant\lambda(f)$. 于是 $f(z)$ 的亏格 $g\leqslant\lambda(f)$.

显然有　$\lambda(f) \leqslant \max\{\rho_1, q\}$. 故

$$\lambda(f) = \max\{\rho_1, q\}.$$

现在比较 q 与 ρ_1,只有两种可能:

1）设 $\rho_1 \leqslant q$,则 $\lambda(f) = q$.

注意到　$p \leqslant \rho_1$,故 $p \leqslant q$,于是

$$g = \max\{p, q\} = q = \lambda(f).$$

2）设 $\rho_1 > q$,则 $\lambda(f) = \rho_1$.

注意到　$g = \max\{p, q\} \geqslant p$,及 $p \geqslant \rho_1 - 1 = \lambda(f) - 1$.

于是

$$g \geqslant \lambda(f) - 1.$$

综上即得 $f(z)$ 的亏格 g 满足

$$\lambda(f) - 1 \leqslant g \leqslant \lambda(f).$$

若　$\lambda(f) - 1 < g \leqslant \lambda(f)$,则　$\lambda(f) < g + 1$. 由级的定义知,对 $0 < \varepsilon < g + 1 - \lambda(f)$,存在 r_0,当 $r \geqslant r_0$ 时有

$$T(r, f) < r^{\lambda(f)+\varepsilon} = o(r^{g+1}) \qquad (r \to \infty).$$

若　$\lambda(f) - 1 = g$,由定理 2.4 知,

$$T(r, P) = o(r^{p+1}) = o(r^{g+1}) \qquad (r \to \infty).$$

显然还有

$$T(r, e^Q) = o(r^q) = o(r^{g+1}) \qquad (r \to \infty).$$

于是

$$\begin{aligned} T(r, f) &\leqslant k\log r + T(r, P) + T(r, e^Q) \\ &= o(r^{g+1}) \qquad (r \to \infty). \end{aligned}$$

这就证明了下述

定理 2.6　设 $f(z)$ 为有穷级整函数,g 为其亏格,则

$$T(r, f) = o(r^{g+1}) \qquad (r \to \infty).$$

下面把 Hadamard 分解定理推广到亚纯函数,我们有下述

定理 2.7　设 $f(z)$ 为有穷 $\lambda(f)$ 级亚纯函数,在 $z = 0$ 附近

$$f(z) = c_k z^k + c_{k+1} z^{k+1} + \cdots \qquad (c_k \neq 0),$$

$a_1, a_2, \cdots$ 为 $f(z)$ 的非 0 零点,$b_1, b_2, \cdots$ 为 $f(z)$ 的非零极点,则

$$f(z) = z^k e^{Q(z)} \frac{P_1(z)}{P_2(z)},$$

其中 $P_1(z)$ 为 $f(z)$ 的非 0 零点的典型乘积，$P_2(z)$ 为 $f(z)$ 的非 0 极点的典型乘积，$Q(z)$ 为一次数不高于 $\lambda(f)$ 的多项式.

证. 设

$$F(z) = \frac{f(z)P_2(z)}{z^k P_1(z)}. \tag{2.1.11}$$

则 $F(z)$ 为整函数，且 0 为其 Picard 例外值. 于是 $F(z) = e^{Q(z)}$，其中 $Q(z)$ 为整函数，下面证明 $Q(z)$ 为一次数不高于 $\lambda(f)$ 的多项式.

设 $f(z)$ 的零点收敛指数为 ρ_1，$P_1(z)$ 的级为 $\lambda(P_1)$，$f(z)$ 的极点收敛指数为 ρ_2，$P_2(z)$ 的级为 $\lambda(P_2)$. 由定理 2.3 有

$$\lambda(P_1) \leqslant \rho_1, \qquad \lambda(P_2) \leqslant \rho_2.$$

再由定理 2.2 有

$$\lambda(P_1) \leqslant \lambda(f), \qquad \lambda(P_2) \leqslant \lambda(f).$$

设 $F(z)$ 的级为 $\lambda(F)$. 由定理 1.14 有

$$\lambda(F) \leqslant \max\{\lambda(P_1), \lambda(P_2), \lambda(f)\} = \lambda(f).$$

再由定理 1.44 的系 1 知，$Q(z)$ 为一次数不高于 $\lambda(f)$ 的多项式.

设 $f(z)$ 为有穷 $\lambda(f)$ 级亚纯函数，由定理 2.7 知

$$f(z) = z^k e^{Q(z)} \frac{P_1(z)}{P_2(z)}.$$

设 $f(z)$ 的非 0 零点的典型乘积 $P_1(z)$ 的亏格为 p_1，$f(z)$ 的非 0 极点的典型乘积 $P_2(z)$ 的亏格为 p_2，多项式 $Q(z)$ 的次数为 q，置

$$g = \max\{p_1, p_2, q\},$$

我们称整数 g 为亚纯函数 $f(z)$ 的亏格. 与整函数的情况类似，可以证明

$$\lambda(f) - 1 \leqslant g \leqslant \lambda(f).$$

与定理 2.6 类似，我们可以证明下述

定理 2.8 设 $f(z)$ 为有穷级亚纯函数，g 为其亏格，则

$$T(r,f) = o(r^{g+1}) \qquad (r \to \infty).$$

2.1.4 Laguerre 零点分隔定理

在研究具有实零点有穷级整函数唯一性问题中，需用到下述

Laguerre 零点分隔定理.

定理 2.9 设 $f(z)$ 为有穷级整函数. 其亏格 $g \leqslant 1$，且 $f(z)$ 为实整函数(即当 z 为实数时，$f(z)$ 取实数值). 如果 $f(z)$ 的所有零点均为实数，则当 z 为实数时，$f(z)$ 的导数 $f'(z)$ 也取实数值，且 $f'(z)$ 的所有零点也均为实数，在 $f(z)$ 的二个相邻零点之间有且仅有 $f'(z)$ 的一个零点，且是 $f'(z)$ 的单零点.

证. 因 $f(z)$ 为有穷级整函数. 由定理 2.5 知

$$f(z) = z^k P(z) e^{Q(z)}. \tag{2.1.12}$$

又 $f(z)$ 的亏格 $g \leqslant 1$，故 $p \leqslant 1, q \leqslant 1$，其中 p 为典型乘积 $P(z)$ 的亏格，q 为多项式 $Q(z)$ 的次数. 由亏格 g 与 $f(z)$ 的级 $\lambda(f)$ 的关系，我们还有 $\lambda(f) \leqslant g + 1 \leqslant 2$.

首先考虑 $p = 1$ 的情形，可设(2.1.12) 为

$$f(z) = cz^k e^{az} \prod_{n=1}^{\infty} \left(1 - \frac{z}{z_n}\right) e^{\frac{z}{z_n}}, \tag{2.1.13}$$

其中 $c(\neq 0)$，a 为常数，k 为非负整数，$\{z_n\}$ 为 $f(z)$ 的所有非 0 零点，$\prod\limits_{n=1}^{\infty} \left(1 - \frac{z}{z_n}\right) e^{\frac{z}{z_n}}$ 为 $f(z)$ 的非 0 零点的典型乘积，按照 $q = 0$ 或 1，$a = 0$ 或 $\neq 0$.

其次考虑 $p = 0$ 的情况. 如果 $f(z)$ 有无穷个非 0 零点 $\{z_n\}$，这时级数 $\sum\limits_{n=1}^{\infty} z_n^{-1}$ 收敛，记其值为 a_1，可设(2.1.12) 为

$$f(z) = cz^k e^{a_2 z} \prod_{n=1}^{\infty} \left(1 - \frac{z}{z_n}\right), \tag{2.1.14}$$

其中 $c(\neq 0)$，a_2 为常数，按照 $q = 0$ 或 1，$a_2 = 0$ 或 $\neq 0$，k 为非负整数. 显然

$$e^{a_1 z} = e^{z \sum\limits_{n=1}^{\infty} z_n^{-1}} = \prod_{n=1}^{\infty} e^{\frac{z}{z_n}} ,$$

于是(2.1.14) 可改写为

$$f(z) = cz^k e^{az} \prod_{n=1}^{\infty} \left(1 - \frac{z}{z_n}\right) e^{\frac{z}{z_n}} .$$

其中 $a = a_2 - a_1$，此时 $f(z)$ 亦可写作(2.1.13)，但其中无穷乘积

不再为典型乘积. 如果 $f(z)$ 仅有有穷个非 0 零点, $f(z)$ 亦可写作(2.1.13). 但其中无穷积代以有穷积 $\prod_{n=1}^{w}(1-\frac{z}{z_n})e^{\frac{z}{z_n}}$,这里 w 为正整数. 在以后我们仅考虑 $f(z)$ 有无穷多个零点的情况, 对 $f(z)$ 有有穷个零点的情形可类似处理.

现在证明(2.1.13) 中常数 c,a 均为实数, 且当 z 为实数时, $f'(z)$ 取实数值. 由(2.1.13) 得

$$c=\lim_{\substack{z\to 0\\(z\text{沿实轴})}}\frac{f(z)}{z^k}.$$

于是 c 为实数. 设 ξ 为实轴上任意一点, 则

$$f'(\xi)=\lim_{\substack{z\to \xi\\(z\text{沿实轴})}}\frac{f(z)-f(\xi)}{z-\xi},$$

于是 $f'(\xi)$ 为实数. 这就证明当 z 为实数时, $f'(z)$ 取实数值. 对(2.1.13) 施用对数微分法可得

$$\frac{f'(z)}{f(z)}=\frac{k}{z}+a+\sum_{n=1}^{\infty}\left(\frac{1}{z-z_n}+\frac{1}{z_n}\right). \quad (2.1.15)$$

由此即知, a 为实数.

下面证明 $f'(z)$ 的零点均为实数. 设 ζ 为 $f'(z)$ 的零点, 这里 $\zeta\neq 0, z_n(n=1,2\cdots)$. 设 $\zeta=\xi+i\eta$, 这里 ξ,η 均为实数. 由(2.1.15)得

$$0=\frac{k}{\xi+i\eta}+a+\sum_{n=1}^{\infty}\left(\frac{1}{\xi+i\eta-z_n}+\frac{1}{z_n}\right). \quad (2.1.16)$$

比较(2.1.16) 两端的虚部得

$$0=-\eta\left\{\frac{k}{\xi^2+\eta^2}+\sum_{n=1}^{\infty}\frac{1}{(\xi-z_n)^2+\eta^2}\right\} \quad (2.1.17)$$

注意到 $\zeta\neq 0, z_n(n=1,2,\cdots)$. 由(2.1.17) 得 $\eta=0$, 于是 $\zeta=\xi$ 为实数, 这就证明 $f'(z)$ 的零点均为实数.

最后证明 $f'(z)$ 的零点与 $f(z)$ 的零点相互分隔. 设 z_n, z_{n+1} 为 $f(z)$ 的两个相邻零点, 且 $z_n<z_{n+1}$, 则当 $z\in(z_n,z_{n+1})$ 时, $f(z)\neq 0$. 因此, 当 $z\in(z_n,z_{n+1})$ 时, $\frac{f'(z)}{f(z)}$ 为 z 的连续函数, 由(2.1.15) 得

$$\frac{d}{dz}\left\{\frac{f'(z)}{f(z)}\right\} = -\frac{k}{z^2} - \sum_{n=1}^{\infty}\frac{1}{(z-z_n)^2}. \qquad (2.1.18)$$

由 (2.1.18) 知，当 $z \in (z_n, z_{n+1})$ 时，$\frac{d}{dz}\left\{\frac{f'(z)}{f(z)}\right\} < 0$，再由 (2.1.15) 知

$$\lim_{z \to z_n^+}\frac{f'(z)}{f(z)} = +\infty, \lim_{z \to z_{n+1}^-}\frac{f'(z)}{f(z)} = -\infty.$$

于是$\frac{f'(z)}{f(z)}$在(z_n, z_{n+1})自$+\infty$严格下降到$-\infty$. 因此在(z_n, z_{n+1})中，$\frac{f'(z)}{f(z)}$有且仅有一个零点. 设其为z_n'. 显然$z_n < z_n' < z_{n+1}$. 再由 (2.1.18) 知$\frac{d}{dz}\left\{\frac{f'(z)}{f(z)}\right\}_{|z=z'_n} < 0$，于是$z_n'$必为$f'(z)$的单零点.

这就完成了定理 2.9 的证明.

2.1.5 Borel 定理

先引进 Borel 例外值的概念.

定义 2.1 设 $f(z)$ 于开平面超越亚纯，其级为 λ，a 为任一复数. 若

$$\varlimsup_{r \to \infty}\frac{\log^+ n(r, \frac{1}{f-a})}{\log r} < \lambda,$$

则称 a 为 $f(z)$ 的 Borel 例外值.

由定理 2.1 易知，$f(z)$ 以复数 a 为 Borel 例外值的必要且充分的条件是

$$\varlimsup_{r \to \infty}\frac{\log^+ N(r, \frac{1}{f-a})}{\log r} < \lambda.$$

下面证明 Borel 定理.

定理 2.10 设函数 $f(z)$ 于开平面亚纯，级 λ 为有穷正数，则 $f(z)$ 的 Borel 例外值至多有两个.

证. 假设定理 2.10 的结论不成立，则存在三个判别的复数 $a_j (j = 1,2,3)$，使得 $f(z)$ 以 a_j 为 Borel 例外值. 设

$$\varlimsup_{r\to\infty}\frac{\log^{+}N(r,\frac{1}{f-a_j})}{\log r}=\rho_j(j=1,2,3). \tag{2.1.19}$$

及

$$\rho=\max\{\rho_1,\rho_2,\rho_3\}. \tag{2.1.20}$$

则

$$\rho<\lambda.$$

注意到 $f(z)$ 为有穷级，由定理 1.6′ 和定理 1.7′，则有

$$(1-o(1))T(r,f)<\sum_{j=1}^{3}N(r,\frac{1}{f-a_j}).$$

于是有

$$\varlimsup_{r\to\infty}\frac{\log^{+}T(r,f)}{\log r}\leqslant\rho<\lambda,$$

这与 $f(z)$ 的级为 λ 相矛盾.

当亚纯函数 $f(z)$ 的级大于 0 时，显然 $f(z)$ 的 Picard 例外值必为它的 Borel 例外值. 于是在有穷正级时，Borel 定理推广了 Picard 定理.

由定理 2.10 的证明容易看出，若(2.1.19)，(2.1.20) 成立，则 $f(z)$ 的级 $\lambda=\rho$.

2.1.6 具有两个 Borel 例外值的亚纯函数

在 §1.6.4 中，我们证明了：设 $f(z)$ 为开平面上非常数亚纯函数，具有两个判别的 Picard 例外值，则 $f(z)$ 为正规增长的亚纯函数，其级(下级) 为正整数或 ∞. 对 Borel 例外值，我们有一个类似的定理.

定理 2.11 设 $f(z)$ 于开平面亚纯，其级 $\lambda(f)>0$，设 a_1,a_2 为 $f(z)$ 的两个判别的 Borel 例外值，则 $f(z)$ 为正规增长的亚纯函数，其级(下级) 为正整数或 ∞.

证. 不失一般性，不妨设 $a_1=0,a_2=\infty$. 否则，只要设 $F(z)=\dfrac{f(z)-a_1}{f(z)-a_2}$，考虑 $F(z)$ 即可.

设 $P_1(z)$ 为 $f(z)$ 的非零零点的典型乘积，$P_2(z)$ 为 $f(z)$ 的非

零极点的典型乘积. 设在 $z=0$ 附近

$$f(z)=c_kz^k+c_{k+1}z^{k+1}+\cdots,\quad (c_k\neq 0).$$

置

$$P(z)=\frac{z^kP_1(z)}{P_2(z)},\tag{2.1.21}$$

$$g(z)=\frac{f(z)}{P(z)},\tag{2.1.22}$$

则 $g(z)$ 以 $0,\infty$ 为其 Picard 例外值,故

$$g(z)=e^{h(z)},$$

其中 $h(z)$ 为整函数,由定理 1.44 知,$g(z)$ 的下级 $\mu(g)$ 与级 $\lambda(g)$ 相等,且同为正整数或同为 ∞.

设 $P_1(z),P_2(z),P(z)$ 的级分别为 $\lambda(P_1),\lambda(P_2),\lambda(P)$. 因 $0,\infty$ 为 $f(z)$ 的 Borel 例外值,故 $\lambda(P_1)<\lambda(f),\lambda(P_2)<\lambda(f)$. 应用定理 1.14,由(2.1.21)得

$$\lambda(P)\leqslant\max\{\lambda(P_1),\lambda(P_2)\}<\lambda(f).$$

再由(2.1.22)得

$$\lambda(g)\leqslant\max\{\lambda(P),\lambda(f)\}=\lambda(f).$$

另一方面,由(2.1.22)得

$$f(z)=g(z)P(z).\tag{2.1.23}$$

再应用定理 1.14,由(2.1.23)得

$$\lambda(f)\leqslant\max\{\lambda(g),\lambda(P)\}=\lambda(g).$$

于是 $\lambda(f)=\lambda(g)$, 及 $\lambda(P)<\lambda(g)=\mu(g)$. 应用定理 1.17, 由(2.1.23)得

$$\mu(f)=\mu(g),$$

这里 $\mu(f)$ 为 $f(z)$ 的下级. 这就证明了 $\lambda(f)=\mu(f)$,即 $f(z)$ 为正规增长的亚纯函数,其级(下级)为正整数或 ∞.

由定理 2.11,立即可以得到

系. 设 $f(z)$ 于开平面亚纯,其级或下级为有穷非整数,则 $f(z)$ 至多有一个 Borel 例外值. 特别地,若 $f(z)$ 为有穷非整数级整函数,则 $f(z)$ 不存在有穷的 Borel 例外值.

设 $f(z)$ 于开平面超越亚纯,其级与下级分别为 $\lambda(f)$ 与 $\mu(f)$.

设 a 为任一复数，且

$$\overline{\lim_{r\to\infty}} \frac{\log^+ N(r,\frac{1}{f-a})}{\log r} = \rho_1.$$

若 a 为 $f(z)$ 的 Borel 例外值，我们仅能得到 $\rho_1 < \lambda(f)$，一般来说

$$\overline{\lim_{r\to\infty}} \frac{N(r,\frac{1}{f-a})}{T(r,f)} \neq 0,$$

即 $\delta(a,f) \neq 1$. 但如果 $\rho_1 < \mu(f)$，使用与定理 1.18 相同的证明方法，我们可以证明

$$\overline{\lim_{r\to\infty}} \frac{N(r,\frac{1}{f-a})}{T(r,f)} = 0,$$

即 $\delta(a,f) = 1$.　于是由定理 2.11，我们可以得到

定理 2.12　设 $f(z)$ 于开平面亚纯，其级大于 0. 设 a_1,a_2 为 $f(z)$ 的两个判别的 Borel 例外值，则 $\delta(a_1,f) = \delta(a_2,f) = 1$.

由定理 1.9,2.12，容易给出定理 2.10 的一个简化证明. 还容易看到，把定理 2.10 中条件"级 λ 为有穷正数"换为"级 λ 非零"定理 2.10 仍成立.

§2.2　级小于 1 的亚纯函数的唯一性

2.2.1　几个记号

设 $f(z)$ 与 $g(z)$ 为非常数亚纯函数，a 为任意复数. 再设 $f(z)-a$ 的零点为 $z_n(n=1,2,\cdots)$. 如果 $z_n(n=1,2\cdots)$ 也是 $g(z)-a$ 的零点（不计重级），则记为

$$f=a \Rightarrow g=a \quad \text{或} \quad g=a \Leftarrow f=a.$$

如果 $z_n(n=1,2,\cdots)$ 是 $f(z)$ 的 $\nu(n)$ 重零点时，$z_n(n=1,2,\cdots)$ 也是 $g(z)-a$ 的至少 $\nu(n)$ 重零点，则记为

$$f=a \rightarrow g=a \quad \text{或} \quad g=a \leftarrow f=a.$$

因此 $f=a \Leftrightarrow g=a$ 表示 $f(z)-a$ 与 $g(z)-a$ 的零点相同(不计重级),$f=\infty \Leftrightarrow g=\infty$ 表示 $f(z)$ 与 $g(z)$ 的极点相同(不计重级),$f=a \leftrightarrows g=a$ 表示 $f(z)-a$ 与 $g(z)-a$ 的零点相同,而且每个零点的重级也相同. $f=\infty \leftrightarrows g=\infty$ 表示 $f(z)$ 与 $g(z)$ 的极点相同,而且每个极点的重级也相同.

定义 2.2 设 $f(z)$ 与 $g(z)$ 为非常数亚纯函数,a 为任意复数.

(i) 如果 $f=a \leftrightarrows g=a$,则称 a 为 $f(z)$ 与 $g(z)$ 的 CM 公共值.

(ii) 如果 $f=a \Leftrightarrow g=a$,则称 a 为 $f(z)$ 与 $g(z)$ 的 IM 公共值.

(iii) 如果 a 为 $f(z)$ 与 $g(z)$ 的 IM 公共值,并且 $f(z)-a$ 与 $g(z)-a$ 的所有零点的重级均不相同,则称 a 为 $f(z)$ 与 $g(z)$ 的 DM 公共值.

在定义 2.2 中,CM 是"counting multiplicity"的缩写,IM 是"ignoring multiplicity"的缩写,DM 是"different multiplicity"的缩写.

2.2.2 多项式的唯一性

首先,我们有

定理 2.13 设 $f(z)$ 与 $g(z)$ 为非常数多项式,a 为任一有穷复数. 如果 a 为 $f(z)$ 与 $g(z)$ 的 CM 公共值,则 $f(z)-a \equiv K(g(z)-a)$,其中 K 为一非零常数.

证. 显然 $H=\dfrac{f-a}{g-a}$ 为既无零点也无极点的有理函数. 于是 H 为一常数,即 $\dfrac{f-a}{g-a} \equiv K(\neq 0)$,这就证明 $f-a \equiv K(g-a)$.

系. 设 $f(z)$ 与 $g(z)$ 为非常数多项式,a 为任一有穷复数. 如果 a 为 $f(z)$ 与 $g(z)$ 的 CM 公共值,且存在一点 z_0,使 $f(z_0)=g(z_0)=b$,这里 $b \neq a$,则 $f \equiv g$.

下面考虑 IM 公共值的情况. Adams-Straus[1] 证明了下述结果.

定理2.14 设$f(z)$与$g(z)$为非常数多项式,a与b为二个判别的有穷复数.如果a与b均为$f(z)$与$g(z)$的IM公共值,则$f(z) \equiv g(z)$。

证. 设$f(z)$的次数为p,$g(z)$的次数为q.不失一般性,不妨设$p \geqslant q$.

设$H(z) = f'(z)(f(z) - g(z))$.显然$H(z)$仍为多项式,且其次数$\leqslant 2p - 1$.$f - a = 0$与$f - b = 0$的根显然是$H(z)$的零点,因$f'(z)$的零点可补足其重级,从而$H(z) = 0$至少有$2p$个根.于是$H(z) \equiv 0$.又因$f(z)$不为常数,故$f'(z) \not\equiv 0$.于是$f(z) \equiv g(z)$.

定理2.14中的两个值的要求不能减少,例如,$f(z) = (z-1)\cdot(z-2)^2$,$g(z) = (z-1)^2(z-2)$,0是$f(z)$与$g(z)$的IM公共值,但$f(z) \not\equiv g(z)$.

杨重骏[3]提出下述问题:设$p(z)$,$q(z)$为两个非常数多项式,如果存在两个判别的有穷复数a与b使得

$$(p-a)(p-b) = 0 \Leftrightarrow (q-a)(q-b) = 0,$$

那么除了$p(z) \equiv q(z)$或$p(z) + q(z) \equiv a + b$之外,$p(z)$与$q(z)$间还可能有何等恒等的关系?

事实上,上述问题的结论除了$p \equiv q$或$p + q \equiv a + b$之外,还有其他可能.例如,取$a = 1$,$b = -1$,$p(z) = \frac{1}{2}z(z^2 - 3)$,$q(z) = \frac{1}{3}(2z^2 - 5)$.容易验证$p^2 - 1 = 0 \Leftrightarrow q^2 - 1 = 0$,但$p \not\equiv q$及$p + q \not\equiv a + b$.

注意到,上面的例子中$p(z)$与$q(z)$的次数不等.基于这种情况,杨重骏[2]提出下述猜测:设$p(z)$,$q(z)$为两个相同次数的非常数多项式.如果存在两个判别的有穷复数a与b使得

$$(p-a)(p-b) = 0 \Leftrightarrow (q-a)(q-b) = 0,$$

则 $$p(z) \equiv q(z) \quad 或 \quad p(z) + q(z) \equiv a + b.$$

与上述杨重骏猜测有关的结果可参看Moh[1],Mkrtejan[1],Hans-Gerald[1],但必须指出的是,上述杨重骏猜测至今还没有被

证实.

2.2.3　有理函数的唯一性

对有理函数,我们有

引理 2.1　设 $f(z)$ 与 $g(z)$ 为非常数有理函数,具有 CM 公共值 $0,\infty$,则 $f(z)\equiv Kg(z)$,其中 K 为非零常数.

证.　显然 $H=\dfrac{f}{g}$ 为既无零点也无极点的有理函数.于是 H 为一常数.即 $\dfrac{f}{g}\equiv K(\neq 0)$.于是 $f\equiv Kg$.

由引理 2.1,我们可以得到

定理 2.15　设 $f(z)$ 与 $g(z)$ 为非常数有理函数,具有两个判别的 CM 公共值 a,b.则

$$\frac{f(z)-a}{f(z)-b}\equiv K\cdot\frac{g(z)-a}{g(z)-b},$$

其中 $K(\neq 0)$ 为常数.

证.　设　$F(z)=\dfrac{f(z)-a}{f(z)-b}$,　$G(z)=\dfrac{g(z)-a}{g(z)-b}$.则 $F(z)$ 与 $G(z)$ 具有 CM 公共值 $0,\infty$.由引理 2.1 有　$F(z)\equiv KG(z)$,其中 $K(\neq 0)$ 为常数.由此即可得到定理 2.15 的结论.

系.　设 $f(z)$ 与 $g(z)$ 为非常数有理函数,具有两个判别的 CM 公共值 a,b.如果存在一点 z_0,使 $f(z_0)=g(z_0)=c$,其中 $c\neq a,c\neq b$.则 $f(z)\equiv g(z)$.

下面考虑 IM 公共值的情况.Adams-Straus[1] 证明了下述结果.

定理 2.16　设 $f(z)$ 与 $g(z)$ 为非常数有理函数,具有四个判别的 IM 公共值 a_1,a_2,a_3,a_4.则 $f(z)\equiv g(z)$.

证.　不失一般性,不妨设 $a_1=0,a_2=\infty,a_3=a,a_4=b$.否则,只要设

$$F(z)=\frac{f(z)-a_1}{f(z)-a_2},\qquad G(z)=\frac{g(z)-a_1}{g(z)-a_2},$$

则 $F(z)$ 与 $G(z)$ 具有四个判别的 IM 公共值 $0,\infty,\dfrac{a_3-a_1}{a_3-a_2}$,

$\dfrac{a_4 - a_1}{a_4 - a_2}$,考虑 $F(z)$ 与 $G(z)$ 即可.

设

$$f(z) = \frac{f_1(z)}{f_2(z)}, \quad g(z) = \frac{g_1(z)}{g_2(z)},$$

其中 $f_1(z)$,$f_2(z)$,$g_1(z)$,$g_2(z)$ 均为多项式,且 $f_1(z)$ 与 $f_2(z)$ 没有公因子,$g_1(z)$ 与 $g_2(z)$ 没有公因子. 于是

$$\begin{aligned}
&f_1 = 0 \Leftrightarrow g_1 = 0,\\
&f_2 = 0 \Leftrightarrow g_2 = 0,\\
&f_1 - af_2 = 0 \Leftrightarrow g_1 - ag_2 = 0,\\
&f_1 - bf_2 = 0 \Leftrightarrow g_1 - bg_2 = 0.
\end{aligned}$$

不失一般性,假设

$$\deg f_1 \geqslant \max\{\deg f_2, \deg g_1, \deg g_2\}. \tag{2.2.1}$$

设

$$H_1 = f_2 g_2 (f - g) = f_1 g_2 - f_2 g_1. \tag{2.2.2}$$

则 H_1 在 f 的 0 点,极点,a 点,b 点均为 0. 设

$$H_2 = f_1 f_2 (f_1 - af_2)(f_1 - bf_2), \tag{2.2.3}$$

则 H_2 当且仅当在 f 的 0 点,极点,a 点,b 点为 0,设

$$H_3 = (f_1' f_2 - f_1 f_2') H_1. \tag{2.2.4}$$

容易证明,H_3 在 f 的 0 点,极点,a 点,b 点均为 0,且 H_3 在 f 的 0 点,极点,a 点,b 点的 0 点的重级均大于或等于 H_2 在 f 的 0 点,极点,a 点,b 点的相应 0 点的重级. 于是

$$H_3 = FH_2, \tag{2.2.5}$$

其中 F 为多项式.

设

$$s = \min\{\deg f_1, \deg(f_1 - af_2), \deg(f_1 - bf_2)\}. \tag{2.2.6}$$

因

$$\begin{aligned}
f_1' f_2 - f_1 f_2' &= (f_1 - af_2)' f_2 - (f_1 - af_2) f_2'\\
&= (f_1 - bf_2)' f_2 - (f_1 - bf_2) f_2'.
\end{aligned}$$

于是

$$\deg(f_1' f_2 - f_1 f_2') \leqslant s + \deg f_2 - 1. \tag{2.2.7}$$

由(2.2.5)知

$$\deg F + \deg H_2 = \deg H_3. \tag{2.2.8}$$

由(2.2.1),(2.2.3),(2.2.6)得

$$\deg H_2 \geqslant \deg f_2 + 2\deg f_1 + s. \tag{2.2.9}$$

由(2.2.1),(2.2.2)有

$$\deg H_1 \leqslant 2\deg f_1. \tag{2.2.10}$$

由(2.2.4),(2.2.7),(2.2.10)得

$$\deg H_3 \leqslant s + \deg f_2 - 1 + 2\deg f_1. \tag{2.2.11}$$

把(2.2.9),(2.2.11)代入(2.2.8)得

$$\deg F + \deg f_2 + 2\deg f_1 + s \leqslant s + \deg f_2 - 1 + 2\deg f_1,$$

故 $\deg F \leqslant -1$. 于是 $F \equiv 0$. 再由(2.2.5)得 $H_3 \equiv 0$. 注意到

$$f' = \frac{f_1' f_2 - f_1 f_2'}{f_2^{\ 2}},$$

又 f 不为常数,故 $f_1' f_2 - f_1 f_2' \not\equiv 0$. 由(2.2.4)得 $H_1 \equiv 0$. 再由(2.2.2)得 $f \equiv g$.

定理 2.16 中的四个值的要求不能减少. 例如,

设 $f(z) = \dfrac{-4z^3}{(z-1)^3(z+1)}, g(z) = \dfrac{-4z}{(z-1)(z+1)^3}$. 容易验证 $f(z)$ 与 $g(z)$ 具有三个判别的 IM 公共值 $0,\infty,1$,但 $f(z) \not\equiv g(z)$.

2.2.4 代数函数的唯一性

设 $P_j(z)(j = 0,1,\cdots,v)$ 为没有公共零点的多项式,且 $P_v(z) \not\equiv 0$,则方程

$$P_v(z)w^v + \cdots + P_1(z)w + P_0(z) = 0 \tag{2.2.12}$$

定义了 w 为 z 的函数. 当 $v = 1$ 时,方程(2.2.12)简化为

$$P_1(z)w + P_0(z) = 0,$$

即

$$w = -\frac{P_0(z)}{P_1(z)}.$$

这时 w 为 z 的有理函数,它是单值函数. 当 $v > 1$ 时,我们假定(2.2.12)的左端不能分解为含有 w 的因子,其系数仍为 z 的多项式,这时 w 为多值函数. 不论 v 等于1或大于1,用(2.2.12)所定义

的 w 为 z 的函数叫做代数函数. 代数函数包括有理函数在内,代数函数中不为有理函数者叫做无理函数.

如果(2.2.12) 为不可约方程,即(2.2.12) 的左端不能分解为含有 w 的因子,其系数仍为 z 的多项式,则由方程(2.2.12) 所定义的 w 为 z 的函数称作 v 值代数函数. 显然 v 值代数函数是有理函数的自然推广.

由定理 2.15 易知,三个值点集即可确定有理函数. 何育赞猜测,$2v+1$ 个值点集即可确定 v 值代数函数. 最近,余军扬证实了何育赞上述猜测的正确性. 事实上,余军扬证明了一个比要求 $2v+1$ 个值点集条件为弱的定理,其形式与定理 2.15 的系类似,请参看余军扬[1].

2.2.5 级小于 1 的亚纯函数的唯一性

对级小于 1 的亚纯函数,我们有

定理 2.17 设 $f(z)$ 与 $g(z)$ 为非常数亚纯函数,其级均小于 1. 如果 $0,\infty$ 为 $f(z)$ 与 $g(z)$ 的 CM 公共值,则 $f(z)\equiv Kg(z)$,其中 K 为非零常数.

证. 因 $0,\infty$ 为 $f(z)$ 与 $g(z)$ 的 CM 公共值. 故 $H=\dfrac{f}{g}$ 为既无零点也无极点的亚纯函数. 由定理 1.14 知,$H(z)$ 的级

$$\lambda(H)\leqslant\max\{\lambda(f),\lambda(g)\}<1.$$

再由定理 1.44 知,$H(z)$ 为常数,设其为 K,则 $f\equiv Kg,K\neq 0$.

由定理 2.17 可得

系 1. 设 $f(z)$ 与 $g(z)$ 为非常数亚纯函数,其级均小于 1. 如果 a,b 为 $f(z)$ 与 $g(z)$ 的两个判别的 CM 公共值,且存在 z_0,使 $f(z_0)=g(z_0)=c$,其中 $c\neq a$, $c\neq b$,则 $f(z)\equiv g(z)$.

系 2. 设 $f(z)$ 与 $g(z)$ 均为级小于 1 的非常数整函数,a 为其 CM 公共值,且存在 z_0,使 $f(z_0)=g(z_0)=b$,其中 $b\neq a$,则 $f(z)\equiv g(z)$.

定理 2.17 及其系说明,确定级小于 1 的整函数的条件与确定

多项式的条件相同，确定级小于 1 的亚纯函数的条件与确定有理函数的条件相同.

与本节有关的结果可参看饶久泉[1].

§2.3 有穷非整数级(下级)亚纯函数的唯一性

2.3.1 具有三个公共值的亚纯函数的唯一性

首先我们有

定理 2.18 设 $f(z)$ 与 $g(z)$ 为非常数亚纯函数，$a_j(j=1,2,3)$ 为 $f(z)$ 与 $g(z)$ 的三个判别的 IM 公共值. 则

$$T(r,f) < 3T(r,g) + S(r,f), \tag{2.3.1}$$

$$T(r,g) < 3T(r,f) + S(r,g). \tag{2.3.2}$$

证. 由定理 1.8 得

$$\begin{aligned} T(r,f) &< \sum_{j=1}^{3}\overline{N}(r,\frac{1}{f-a_j}) + S(r,f) \\ &= \sum_{j=1}^{3}\overline{N}(r,\frac{1}{g-a_j}) + S(r,f) \\ &\leqslant 3T(r,g) + S(r,f). \end{aligned}$$

同理可证(2.3.2)成立.

定理 2.18 的结果是精确的. 例如，

$$f(z) = \frac{e^{3z}-3e^{2z}}{1-3e^z}, \quad g(z) = \frac{e^z-3}{1-3e^z},$$

容易验证 $0,1,\infty$ 为 $f(z)$ 与 $g(z)$ 的三个 IM 公共值，且满足 $T(r,f) \sim 3T(r,g)(r\to\infty)$.

由定理 1.19 与定理 2.18，我们有

系. 在定理 2.18 的条件下，$f(z)$ 与 $g(z)$ 有相同的级和下级.

对 CM 公共值，仪洪勋[27]证明了下述

定理 2.19 设 $f(z)$ 与 $g(z)$ 为有穷下级亚纯函数，$a_j(j=1,2,3)$ 为其三个判别的 CM 公共值. 如果 $f(z)\not\equiv g(z)$，则 $\lambda(f)=$

$\mu(f)=\lambda(g)=\mu(g)=$ 整数,其中 $\lambda(f)$ 与 $\mu(f)$ 分别为 $f(z)$ 的级与下级,$\lambda(g)$ 与 $\mu(g)$ 分别为 $g(z)$ 的级与下级,即 $f(z)$ 与 $g(z)$ 均为正规增长亚纯函数.

证. 不失一般性,不妨设 $a_1=0, a_2=1, a_3=\infty$. 否则,只要设

$$F(z)=\frac{f(z)-a_1}{f(z)-a_3}\cdot\frac{a_2-a_3}{a_2-a_1},\qquad G(z)=\frac{g(z)-a_1}{g(z)-a_3}\cdot\frac{a_2-a_3}{a_2-a_1},$$

则 $0,1,\infty$ 为 $F(z)$ 与 $G(z)$ 的 CM 公共值,考虑 $F(z)$ 与 $G(z)$ 即可.

因 $0,1,\infty$ 为 $f(z)$ 与 $g(z)$ 的 CM 公共值,故

$$\frac{f}{g}=e^{p},\tag{2.3.3}$$

$$\frac{f-1}{g-1}=e^{q},\tag{2.3.4}$$

其中 $p(z), q(z)$ 均为整函数.

由(2.3.2),(2.3.3)得

$$\begin{aligned}T(r,e^{p})&<T(r,f)+T(r,g)+O(1)\\&<4T(r,f)+S(r,f).\end{aligned}$$

因此

$$\lambda(e^{p})=\mu(e^{p})\leqslant\mu(f),$$

即 $p(z)$ 为次数不高于 $\mu(f)$ 的多项式. 同理可得

$$\lambda(e^{q})=\mu(e^{q})\leqslant\mu(f),$$

即 $q(z)$ 为次数不高于 $\mu(f)$ 的多项式. 于是

$$\max\{\lambda(e^{p}),\lambda(e^{q})\}\leqslant\mu(f).\tag{2.3.5}$$

因 $f(z)\not\equiv g(z)$,故 $e^{q}\not\equiv 1, e^{q-p}\not\equiv 1$. 由(2.3.3),(2.3.4)得

$$f=\frac{1-e^{q}}{1-e^{q-p}}.\tag{2.3.6}$$

应用定理 1.14 到(2.3.6),由(2.3.5)得

$$\begin{aligned}\lambda(f)&\leqslant\max\{\lambda(e^{q}),\lambda(e^{q-p})\}\\&\leqslant\max\{\lambda(e^{q}),\lambda(e^{p})\}\\&\leqslant\mu(f).\end{aligned}$$

注意到 $\mu(f)\leqslant\lambda(f)$,故

$$\lambda(f)=\mu(f)=\max\{\lambda(e^{q}),\lambda(e^{p})\}=\text{整数}.$$

再由定理 2.18 即得

$$\lambda(f)=\mu(f)=\lambda(g)=\mu(g)=\text{整数}.$$

由定理 2.19，即可得出下述 Nevanlinna 定理.

定理 2.20 设 $f(z)$ 与 $g(z)$ 为有穷非整数级或有穷非整数下级亚纯函数，$a_j(j=1,2,3)$ 为其三个判别的 CM 公共值，则 $f(z)\equiv g(z)$.

2.3.2 重零点与唯一性

M. Ozawa[1] 证明了

定理 2.21 设 $f(z)$ 与 $g(z)$ 为有穷级整函数，且

$$f(z)=0\rightarrow g(z)=0,f(z)=1\leftrightarrows g(z)=1.$$

如果 $f(z)$ 有无穷个重零点，则 $f(z)\equiv g(z)$.

可以把上述结果推广到一般情况. 仪洪勋[27] 证明了下述

定理 2.22 设 $f(z)$ 与 $g(z)$ 为非常数亚纯函数，且

$$f=0\rightarrow g=0,\quad f=1\leftrightarrows g=1,\quad f=\infty\leftrightarrows g=\infty.$$

如果

$$N(r,\frac{1}{f})-\overline{N}(r,\frac{1}{f})\neq S(r,g),\tag{2.3.7}$$

则 $f(z)\equiv g(z)$.

证. 假设 $f(z)\not\equiv g(z)$. 由

$$f=1\leftrightarrows g=1,\quad f=\infty\leftrightarrows g=\infty$$

得

$$\frac{f(z)-1}{g(z)-1}=e^{h(z)}.$$

其中 $h(z)$ 为整函数. 于是

$$f(z)-1=(g(z)-1)e^{h(z)}\tag{2.3.8}$$

若 $e^{h(z)}\equiv K$，其中 $K(\neq 0)$ 为常数. 由 (2.3.7) 知，$f(z)$ 的零点非空，设 z_0 为 $f(z)$ 的一个零点，由 (2.3.8) 得 $K=1$，故 $f(z)\equiv g(z)$. 这与假设矛盾. 于是 $e^{h(z)}$ 不为常数. (2.3.8) 两端求导数得

$$f'(z)=\{g'(z)+(g(z)-1)h'(z)\}e^{h(z)}.$$

由 $f=0\rightarrow g=0$ 得

$$N(r,\frac{1}{f})-\overline{N}(r,\frac{1}{f})\leqslant N(r,\frac{1}{h'})$$
$$\leqslant T(r,h')+O(1). \qquad (2.3.9)$$

由第二基本定理得

$$T(r,f)<\overline{N}(r,\frac{1}{f})+\overline{N}(r,\frac{1}{f-1})+\overline{N}(r,f)+S(r,f)$$
$$\leqslant\overline{N}(r,\frac{1}{g})+\overline{N}(r,\frac{1}{g-1})+\overline{N}(r,g)+S(r,f)$$
$$<3T(r,g)+S(r,f).$$

于是

$$T(r,e^h)\leqslant T(r,f)+T(r,g)+O(1)$$
$$<4T(r,g)+S(r,f). \qquad (2.3.10)$$

由定理 1.47 得

$$T(r,h')=S(r,e^h). \qquad (2.3.11)$$

由(2.3.9),(2.3.10),(2.3.11)得

$$N(r,\frac{1}{f})-\overline{N}(r,\frac{1}{f})=S(r,g).$$

这与(2.3.7)矛盾. 于是 $f(z)\equiv g(z)$.

对有穷下级亚纯函数,我们有

定理 2.23 设 $f(z)$ 与 $g(z)$ 为非常数亚纯函数,$g(z)$ 的下级 $\mu(g)<\infty$. 再设

$$f=0\rightarrow g=0,\quad f=1\leftrightarrows g=1,\quad f=\infty\leftrightarrows g=\infty.$$

如果当 r 足够大时

$$n(r,\frac{1}{f})-\overline{n}(r,\frac{1}{f})>\max\{0,\mu(g)-1\}, \qquad (2.3.12)$$

则 $f(z)\equiv g(z)$.

证. 假设 $f(z)\not\equiv g(z)$,与定理 2.22 的证明类似,我们也有(2.3.8)及(2.3.10). 因 $\mu(g)<\infty$,由(2.3.10)知,$h(z)$ 为次数不超过 $\mu(g)$ 的多项式. (2.3.8) 两端求导数得

$$f'(z)=\{g'(z)+(g(z)-1)h'(z)\}e^{h(z)}.$$

由 $f=0\rightarrow g=0$ 得

$$n(r,\frac{1}{f})-\overline{n}(r,\frac{1}{f})\leqslant n(r,\frac{1}{h'})\leqslant\mu(g)-1.$$

这与(2.3.12)矛盾.于是 $f(z)\equiv g(z)$.

由定理 2.23,我们有下述

系. 设 $f(z)$ 与 $g(z)$ 为非常数亚纯函数,$g(z)$ 的下级 $\mu(g)<\infty$.再设

$$f=0\to g=0,\quad f=1\leftrightarrows g=1,\quad f=\infty\leftrightarrows g=\infty.$$

如果 $f(z)$ 的重级 $\geqslant 2$ 的零点的个数大于 $\max\{0,\mu(g)-1\}$,则 $f(z)\equiv g(z)$.

在定理 2.23 中,假设 $\mu(g)<\infty$ 是必要的.如果假设 $f(z)$ 的下级 $\mu(f)<\infty$,定理 2.23 就不一定成立.例如,设 $f(z)=\sin z+1$,$g(z)=\sin z\cdot e\cos^2 z+1$.容易验证

$$f=0\to g=0,\quad f=1\leftrightarrows g=1,\quad f=\infty\leftrightarrows g=\infty.$$

且

$f(z)$ 有无穷个重零点,但 $f(z)\not\equiv g(z)$.这主要是因为 $\mu(g)=\infty$.

与本节有关的结果可参看仪洪勋[10,27],饶久泉[1],Ozawa[1].

2.3.3 Borel 例外值与唯一性

M. Ozawa[1] 证明了

定理 2.24 设 $f(z)$ 与 $g(z)$ 为有穷非整数级整函数,且满足

$$f=0\to g=0,\qquad f=1\leftrightarrows g=1.$$

则 $f(z)\equiv g(z)$.

易见,在整函数的情况,定理 2.24 是定理 2.20 的一个改进.可以把定理 2.24 推广到一般情况,仪洪勋[27] 证明了下述

定理 2.25 设 $f(z)$ 与 $g(z)$ 为非常数亚纯函数,$g(z)$ 的级 $\lambda(g)$ 为有穷非整数.再设 $a_j(j=1,2,3)$ 为三个判别的复数,$f(z)$ 与 $g(z)$ 满足

$$f=a_1\to g=a_1,\quad f=a_2\leftrightarrows g=a_2,\quad f=a_3\leftrightarrows g=a_3,$$

且 a_1 不是 f 的 Borel 例外值,则 $f(z)\equiv g(z)$.

证. 不失一般性,不妨设 $a_1=0,a_2=1,a_3=\infty$.如果 $f(z)\not\equiv g(z)$,与定理 2.22 的证明类似,我们也有

$$f-1=(g-1)e^h,\tag{2.3.13}$$

这里 $h(z)$ 为非常数整函数. 与定理 2.22 的证明类似,我们也有

$$T(r,e^h) < 4T(r,g) + S(r,g). \tag{2.3.14}$$

于是 e^h 的级

$$\lambda(e^h) \leqslant \lambda(g).$$

注意到 $\lambda(g)$ 为有穷非整数. $\lambda(e^h)$ 的级为整数,故

$$\lambda(e^h) < \lambda(g). \tag{2.3.15}$$

由定理 2.23 知,$f(z)$ 的重级 $\geqslant 2$ 的零点个数仅有有限个,故

$$N(r,\frac{1}{f}) = \overline{N}(r,\frac{1}{f}) + S(r,f). \tag{2.3.16}$$

由 $f = 0 \to g = 0$ 及 (2.3.13) 得

$$\overline{N}(r,\frac{1}{f}) \leqslant N(r,\frac{1}{e^h - 1}) \leqslant T(r,e^h) + O(1).$$

再由(2.3.16) 得

$$N(r,\frac{1}{f}) \leqslant T(r,e^h) + S(r,f). \tag{2.3.17}$$

于是

$$\overline{\lim_{r\to\infty}} \frac{\log^+ N(r,\frac{1}{f})}{\log r} \leqslant \lambda(e^h) < \lambda(g). \tag{2.3.18}$$

应用定理 1.15 到(2.3.13),由(2.3.15) 得,

$$\lambda(f) = \lambda(g).$$

再由(2.3.18) 得

$$\overline{\lim_{r\to\infty}} \frac{\log^+ N(r,\frac{1}{f})}{\log r} < \lambda(f).$$

于是 0 为 $f(z)$ 的 Borel 例外值. 这与定理 2.25 的条件矛盾,这个矛盾证实了 $f(z) \equiv g(z)$.

使用类似的方法,可以证明

定理 2.26 把定理 2.25 中的条件 $g(z)$ 的级 $\lambda(g)$ 为有穷非整数换为 $g(z)$ 的下级 $\mu(g)$ 为有穷非整数,则 $f(z) \equiv g(z)$.

由定理 2.11,定理 2.25 与定理 2.26 可得下述

系. 设 $f(z)$ 与 $g(z)$ 为非常数亚纯函数,$g(z)$ 的级 $\lambda(g)$ 为

有穷非整数或 $g(z)$ 的下级 $\mu(g)$ 为有穷非整数. 再设 $a_j(j=1,2,3)$ 为三个判别的复数, $f(z)$ 与 $g(z)$ 满足

$$f=a_1\rightarrow g=a_1,\quad f=a_2\leftrightarrows g=a_2,\quad f=a_3\leftrightarrows g=a_3,$$

且 a_2 为 f 的 Borel 例外值, 则 $f(z)\equiv g(z)$.

显然定理 2.24 是上述结果的一个简单推论. 与本节有关的结果可参看饶久泉[2], Ozawa[1], 仪洪勋[27].

2.3.4 亏值与唯一性

我们先引入几个符号

设 $f(z)$ 为开平面非常数亚纯函数, a 为任一复数, k 为正整数, 我们以 $\overline{n}_{k)}(r,\frac{1}{f-a})$ 表示在 $|z|\leqslant r$ 上 $f(z)-a$ 的重级不超过 k 的零点数目, 重级零点仅计一次, 相应的计数函数记为 $\overline{N}_{k)}(r,\frac{1}{f-a})$. 我们以 $\overline{E}_{k)}(a,f)$ 表示 $f(z)-a$ 的重级不超过 k 的零点集合, 重级零点仅计一次.

对有穷非整数下级整函数, 仪洪勋[27] 证明了

定理 2.27 设 $f(z)$ 与 $g(z)$ 为非常数整函数, $f(z)$ 的下级 $\mu(f)$ 为有穷非整数, 且 $f=0\leftrightarrows g=0$. 如果存在两个判别的有穷非零复数 a_1,a_2, 满足

$$\overline{E}_{1)}(a_j,f)=\overline{E}_{1)}(a_j,g)\quad (j=1,2),$$

及

$$\max\{\Theta(0,f),\ \delta(a_1,f),\ \delta(a_2,f)\}>0,$$

则 $f(z)\equiv g(z)$.

证. 首先对 $j=1,2$ 我们有,

$$\overline{N}(r,\frac{1}{f-a_j})\leqslant\frac{1}{2}\overline{N}_{1)}(r,\frac{1}{f-a_j})+\frac{1}{2}N(r,\frac{1}{f-a_j}).\tag{2.3.19}$$

故

$$\overline{N}(r,\frac{1}{f-a_j})\leqslant\frac{1}{2}\overline{N}_{1)}(r,\frac{1}{f-a_j})+\frac{1}{2}T(r,f)+O(1).$$

$$(2.3.20)$$

应用第二基本定理，由(2.3.20)得

$$2T(r,f) < \overline{N}(r,\frac{1}{f}) + \overline{N}(r,\frac{1}{f-a_1}) + \overline{N}(r,\frac{1}{f-a_2}) + S(r,f)$$

$$< \overline{N}(r,\frac{1}{f}) + \frac{1}{2}\overline{N}_{1)}(r,\frac{1}{f-a_1}) + \frac{1}{2}\overline{N}_{1)}(r,\frac{1}{f-a_2})$$

$$+ T(r,f) + S(r,f). \qquad (2.3.21)$$

根据定理 2.27 的条件，由(2.3.21)得

$$T(r,f) < \overline{N}(r,\frac{1}{f}) + \frac{1}{2}\overline{N}_{1)}(r,\frac{1}{f-a_1}) + \frac{1}{2}\overline{N}_{1)}(r,\frac{1}{f-a_2})$$

$$+ S(r,f)$$

$$= \overline{N}(r,\frac{1}{g}) + \frac{1}{2}\overline{N}_{1)}(r,\frac{1}{g-a_1}) + \frac{1}{2}\overline{N}_{1)}(r,\frac{1}{g-a_2})$$

$$+ S(r,f)$$

$$< 2T(r,g) + S(r,f). \qquad (2.3.22)$$

同理可证

$$T(r,g) < 2T(r,f) + S(r,g). \qquad (2.3.23)$$

于是 $g(z)$ 的下级 $\mu(g) = \mu(f)$.

由 $f = 0 \leftrightarrows g = 0$ 得

$$\frac{f(z)}{g(z)} = e^{h(z)}, \qquad (2.3.24)$$

其中 $h(z)$ 为整函数. 由(2.3.23),(2.3.24)得

$$T(r,e^h) \leqslant T(r,f) + T(r,g) + O(1)$$

$$\leqslant 3T(r,f) + S(r,f). \qquad (2.3.25)$$

于是 e^h 的级 $\lambda(e^h)$ 与下级 $\mu(e^h)$ 满足

$$\lambda(e^h) = \mu(e^h) \leqslant \mu(f). \qquad (2.3.26)$$

注意到 $\mu(f)$ 为有穷非整数，$\lambda(e^h)$ 为整数，故

$$\lambda(e^h) < \mu(f). \qquad (2.3.27)$$

假设 $f(z) \not\equiv g(z)$. 由(2.3.24)知，$e^h \not\equiv 1$. 设 $\{z_n\}$ 是 $f(z) - a_1$ 的所有单零点，由定理 2.27 的条件 $\overline{E}_{1)}(a_1,f) = \overline{E}_{1)}(a_1,g)$ 知，$\{z_n\}$ 也是 $g(z) - a_1$ 的所有单零点. 再由(2.3.24)知，

$$e^{h(z_n)} = 1.$$

于是

$$\overline{N}_{1)}(r,\frac{1}{f-a_1})\leqslant N(r,\frac{1}{e^h-1})\leqslant T(r,e^h)+O(1).\tag{2.3.28}$$

由(2.3.27),(2.3.28)得

$$\varlimsup_{r\to\infty}\frac{\log^+\overline{N}_{1)}(r,\frac{1}{f-a_1})}{\log r}\leqslant\lambda(e^h)<\mu(f).$$

使用与定理 1.18 相同的证明方法,即可证明

$$\lim_{r\to\infty}\frac{\overline{N}_{1)}(r,\frac{1}{f-a_1})}{T(r,f)}=0.\tag{2.3.29}$$

同理可证

$$\overline{N}_{1)}(r,\frac{1}{f-a_2})=o(T(r,f))\quad(r\to\infty).\tag{2.3.30}$$

应用第二基本定理,由(2.3.19)得

$$\begin{aligned}2T(r,f)&<\overline{N}(r,\frac{1}{f})+\overline{N}(r,\frac{1}{f-a_1})+\overline{N}(r,\frac{1}{f-a_2})+S(r,f)\\&<\overline{N}(r,\frac{1}{f})+\frac{1}{2}\overline{N}_{1)}(r,\frac{1}{f-a_1})+\frac{1}{2}N(r,\frac{1}{f-a_1})\\&\quad+\frac{1}{2}\overline{N}_{1)}(r,\frac{1}{f-a_2})+\frac{1}{2}N(r,\frac{1}{f-a_2})+S(r,f)\end{aligned}\tag{2.3.31}$$

再由(2.3.29),(2.3.30)得

$$\begin{aligned}2T(r,f)&<\overline{N}(r,\frac{1}{f})+\frac{1}{2}N(r,\frac{1}{f-a_1})\\&\quad+\frac{1}{2}N(r,\frac{1}{f-a_2})+S(r,f)\end{aligned}$$

于是

$$\begin{aligned}2&\leqslant(1-\Theta(0,f))+\frac{1}{2}(1-\delta(a_1,f))\\&\quad+\frac{1}{2}(1-\delta(a_2,f)),\end{aligned}$$

即

$$\Theta(0,f)+\frac{1}{2}\delta(a_1,f)+\frac{1}{2}\delta(a_2,f)\leqslant 0,$$

这与定理 2.27 的条件相矛盾,于是 $f(z)\equiv g(z)$.

对有穷非整数级整函数,我们也有类似的结论.不过(2.3.27)式应换为

$$\lambda(e^h)<\lambda(f),$$

于是(2.3.29),(2.3.30)式不一定成立.因此必须换一种证法.

定理 2.28 设 $f(z)$ 与 $g(z)$ 为非常数整函数,$f(z)$ 的级 $\lambda(f)$ 为有穷非整数,且

$$f=0\leftrightarrows g=0.$$

如果存在两个判别的有穷非零复数 a_1,a_2,满足

$$\overline{E}_{1)}(a_j,f)=\overline{E}_{1)}(a_j,g),\qquad (j=1,2),$$

及

$$\max\{\Theta(0,f),\delta(a_1,f),\delta(a_2,f)\}>0,$$

则

$$f(z)\equiv g(z).$$

证. 与定理 2.27 的证明类似,我们也有(2.3.24)式及(2.3.25)式.于是可以证明

$$\lambda(e^h)<\lambda(f).\tag{2.3.32}$$

假设 $f(z)\not\equiv g(z)$. 与定理 2.27 的证明类似,我们也有(2.3.28)式,同理也有

$$\overline{N}_{1)}\left(r,\frac{1}{f-a_2}\right)\leqslant T(r,e^h)+O(1).\tag{2.3.33}$$

与定理 2.27 的证明类似,我们也有(2.3.31)式.由(2.3.31),(2.3.28),(2.3.33)得

$$\begin{aligned}2T(r,f)<&(1-\Theta(0,f)+o(1))T(r,f)\\&+\frac{1}{2}(1-\delta(a_1,f)+o(1))T(r,f)\\&+\frac{1}{2}(1-\delta(a_2,f)+o(1))T(r,f)\\&+T(r,e^h)+o(T(r,f)).\end{aligned}$$

于是

$$\left(\Theta(0,f)+\frac{1}{2}\delta(a_1,f)+\frac{1}{2}\delta(a_2,f)+o(1)\right)T(r,f)$$

$$< T(r, e^h). \tag{2.3.34}$$

注意到 $\max\{\Theta(0,f),\delta(a_1,f),\delta(a_2,f)\} > 0$. 由 (2.3.34) 即得 $\lambda(f) \leqslant \lambda(e^h)$. 这与 (2.3.32) 矛盾. 这个矛盾即证明了 $f(z) \equiv g(z)$.

定理 2.27 与定理 2.28 关于 f 的亏量的条件是必要的. 例如, 设 $f(z) = \cos z^{\frac{n}{2}}, g(z) = -f(z)$. $a_1 = 1, a_2 = -1$, 其中 n 为奇整数, 且 $n \geqslant 3$. 容易验证, $\mu(f) = \lambda(f) = \frac{n}{2}$, 为有穷非整数, 且 $f = 0 \leftrightarrows g = 0$, $\overline{E}_{1)}(a_j, f) = \overline{E}_{1)}(a_j, g)\ (j = 1, 2)$, $\max\{\Theta(0,f),\delta(a_1,f),\delta(a_2,f)\} = 0$, $f(z) \not\equiv g(z)$ 是显然的.

使用证明定理 2.28 的方法也可证明定理 2.27, 在这里我们实际上给出了定理 2.27 的两个证明. 使用与证明定理 2.27 和定理 2.28 类似的证明方法, 仪洪勋[27] 证明了下述

定理 2.29 设 $f(z)$ 与 $g(z)$ 为非常数整函数, $f(z)$ 的下级 $\mu(f)$ 为有穷非整数, 且

$$f = 0 \leftrightarrows g = 0.$$

如果存在两个判别的有穷非零复数 a_1, a_2, 满足

$$\overline{E}_{k_j)}(a_j, f) = \overline{E}_{k_j)}(a_j, g) \qquad (j = 1, 2),$$

其中 $k_1 \geqslant 1$, $k_2 \geqslant 2$, 则 $\quad f(z) \equiv g(z)$.

定理 2.30 把定理 2.29 的条件 $f(z)$ 的下级 $\mu(f)$ 为有穷非整数换为 $f(z)$ 的级 $\lambda(f)$ 为有穷非整数, 则 $f(z) \equiv g(z)$.

下面仅证明定理 2.30, 定理 2.29 的证明完全类似.

为了叙述方便, 我们不妨设 $k_1 = 1, k_2 = 2$, 对其他情况可完全类似证明.

首先我们有

$$\begin{aligned}\overline{N}\left(r, \frac{1}{f - a_1}\right) &\leqslant \frac{1}{2}\overline{N}_{1)}\left(r, \frac{1}{f - a_1}\right) + \frac{1}{2}N\left(r, \frac{1}{f - a_1}\right) \\ &\leqslant \frac{1}{2}\overline{N}_{1)}\left(r, \frac{1}{f - a_1}\right) + \frac{1}{2}T(r, f) + O(1),\end{aligned} \tag{2.3.35}$$

及

$$\overline{N}(r,\frac{1}{f-a_2}) \leqslant \frac{2}{3}\overline{N}_{2)}(r,\frac{1}{f-a_2}) + \frac{1}{3}N(r,\frac{1}{f-a_2})$$
$$\leqslant \frac{2}{3}\overline{N}_{2)}(r,\frac{1}{f-a_2}) + \frac{1}{3}T(r,f) + O(1). \tag{2.3.36}$$

应用第二基本定理,由(2.3.35),(2.3.36)得

$$T(r,f) < \overline{N}(r,\frac{1}{f-a_1}) + \overline{N}(r,\frac{1}{f-a_2}) + S(r,f)$$
$$< \frac{1}{2}\overline{N}_{1)}(r,\frac{1}{f-a_1}) + \frac{2}{3}\overline{N}_{2)}(r,\frac{1}{f-a_2})$$
$$+ (\frac{1}{2}+\frac{1}{3})T(r,f) + S(r,f).$$

于是

$$T(r,f) < 3\overline{N}_{1)}(r,\frac{1}{f-a_1}) + 4\overline{N}_{2)}(r,\frac{1}{f-a_2})$$
$$+ S(r,f). \tag{2.3.37}$$

根据定理 2.30 的条件,由(2.3.37)得

$$T(r,f) < 3\overline{N}_{1)}(r,\frac{1}{g-a_1}) + 4N_{2)}(r,\frac{1}{g-a_2}) + S(r,f).$$
$$< 7T(r,g) + S(r,f).$$

同理可得

$$T(r,g) < 7T(r,f) + S(r,g). \tag{2.3.38}$$

于是 $g(z)$ 的级 $\lambda(g) = \lambda(f)$.

由 $\quad f = 0 \leftrightarrows g = 0$ 得

$$\frac{f(z)}{g(z)} = e^{h(z)}, \tag{2.3.39}$$

其中 $h(z)$ 为整函数. 由(2.3.38),(2.3.39)得

$$T(r,e^h) \leqslant T(r,f) + T(r,g) + O(1)$$
$$< 8T(r,f) + S(r,f).$$

于是 e^h 的级 $\lambda(e^h) \leqslant \lambda(f)$. 注意到 $\lambda(f)$ 为有穷非整数,$\lambda(e^h)$ 为整数. 故

$$\lambda(e^h) < \lambda(f). \tag{2.3.40}$$

假设 $f(z) \not\equiv g(z)$. 由(2.3.39)知,$e^h \not\equiv 1$. 与定理2.27的证明类似,我们也有

$$\overline{N}_{1)}(r,\frac{1}{f-a_1})\leqslant N(r,\frac{1}{e^h-1})\leqslant T(r,e^h)+O(1).$$

(2.3.41)

及

$$\overline{N}_{2)}(r,\frac{1}{f-a_2})\leqslant N(r,\frac{1}{e^h-1})\leqslant T(r,e^h)+O(1).$$

(2.3.42)

把(2.3.41),(2.3.42)代入(2.3.37)得

$$T(r,f)<7T(r,e^h)+S(r,f).$$

于是 $\lambda(f)\leqslant\lambda(e^h)$,这与(2.3.40)矛盾.于是 $f(z)\equiv g(z)$.

与本节有关的结果可参看 Ueda[1],仪洪勋[27].

在§2.2与§2.3中主要研究了级小于1的亚纯函数与有穷非整数级(下级)亚纯函数的唯一性问题.设 $f(z)=e^{h(z)}$, $g(z)=e^{-h(z)}$,其中 $h(z)$ 为非常数整函数,则易见 $0, 1, -1, \infty$ 为 $f(z)$ 与 $g(z)$ 的四个判别的CM公共值,但 $f(z)\not\equiv g(z)$.这个例子表明有穷整数级(下级)和无穷级亚纯函数的唯一性问题与级小于1和有穷非整数级(下级)亚纯函数的唯一性有本质区别.

§2.4 有穷级(下级)整函数的唯一性

2.4.1 两个整函数的商

Osgood-Yang[1] 证明了

引理 2.2 设 $P(z)$ 与 $Q(z)$ 为相同次数的非常数多项式.如果 $Q(z)$ 取整数值时,$P(z)$ 也取整数值,则 $P(z)=AQ(z)+B$,其中 $A(\neq 0)$,B 为整数.

引理 2.3 设 $P(z)$ 与 $Q(z)$ 为非常数多项式.如果 $Q(z)$ 取整数值时,$P(z)$ 也取整数值,则 $\frac{\deg P}{\deg Q}=d$ 为整数,且 $P(z)=L(Q(z))$,其中 $L(z)=a_dz^d+a_{d-1}z^{d-1}+\cdots+a_0$,$a_j(j=0,1,\cdots,d)$ 为有理数,且 $a_d\neq 0$.

由引理 2.2，自然会想到，引理 2.3 中当 $d>1$ 时，$L(z)$ 的系数 $a_j(j=0,1,\cdots,d)$ 是否也为整数？然而，一般来说，$a_j(j=0,1,\cdots,d)$ 不一定为整数. 例如，考虑 $P(z)=\frac{1}{2}Q(z)(Q(z)-1)$. 引理 2.2 与引理 2.3 的证明可参看 Osgood-Yang[1].

1978 年，G. Gundersen[1] 推广了引理 2.3，证明了：设 $P(z)$ 与 $Q(z)$ 为非常数多项式，$\{x_j\}_{j=1}^{\infty}$ 为一个实数序列，具有极限点 $\pm\infty$. 如果每当 $Q(z)\in\{x_j\}_{j=1}^{\infty}$ 时，$P(z)$ 取实数值，则 $\frac{\deg P}{\deg Q}=d$ 为整数，且 $P(z)=\sum_{j=0}^{d}a_j(Q(z))^j$，其中 $a_j(j=0,1,\cdots,d)$ 为实数.

由引理 2.2，容易证明下述

定理 2.31 设 $P(z)$ 与 $Q(z)$ 为相同次数的非常数多项式. 如果

$$f(z)=\frac{e^{P(z)}-1}{e^{Q(z)}-1}$$

为整函数，则 $P(z)=m\cdot Q(z)+2n\pi i$，其中 m,n 为整数，且 $m\neq 0$.

证. 设 $\alpha(z)=\frac{P(z)}{2\pi i}$，$\beta(z)=\frac{Q(z)}{2\pi i}$，

则

$$f(z)=\frac{e^{2\pi i\alpha(z)}-1}{e^{2\pi i\beta(z)}-1}.$$

因为 $f(z)$ 为整函数. 故 $e^{2\pi i\beta(z)}-1$ 的零点必为 $e^{2\pi i\alpha(z)}-1$ 的零点，即 $\beta(z)$ 取整数值时，$\alpha(z)$ 也取整数值，由引理 2.2 得

$$\alpha(z)=m\cdot\beta(z)+n,$$

其中 $m(\neq 0),n$ 为整数. 于是

$$P(z)=m\cdot Q(z)+2n\pi i.$$

下面证明一个定理，它在有穷下级整函数的唯一性中起重要作用.

定理 2.32 设 $f(z)$ 与 $g(z)$ 为有穷下级非常数整函数，0,1 为其 CM 公共值，则仅可能出现下述情形：

(i) $f(z)\equiv g(z)$.

(ii) $f(z)=a(1-e^{h(z)}),\quad g(z)=(1-a)(1-e^{-h(z)}),$

$$\tag{2.4.1}$$

其中 a 为常数,且 $a\neq 0,1,h(z)$ 为非常数多项式.

(iii)
$$f(z)=e^{nh(z)}+e^{(n-1)h(z)}+\cdots+1,$$
$$g(z)=e^{-nh(z)}+e^{-(n-1)h(z)}+\cdots+1, \tag{2.4.2}$$

其中 n 为正整数,$h(z)$ 为非常数多项式.

(iv)
$$f(z)=-e^{-nh(z)}-e^{-(n-1)h(z)}-\cdots-e^{-h(z)},$$
$$g(z)=-e^{nh(z)}-e^{(n-1)h(z)}-\cdots-e^{h(z)}, \tag{2.4.3}$$

其中 n 为正整数,$h(z)$ 为非常数多项式.

(v)
$$f(z)=\frac{e^{2\pi iL(h(z))}-1}{e^{2\pi ih(z)}-1}, \tag{2.4.4}$$
$$g(z)=\frac{e^{-2\pi iL(h(z))}-1}{e^{-2\pi ih(z)}-1},$$

其中 $L(z)=a_dz^d+a_{d-1}z^{d-1}+\cdots+a_0,a_j(j=0,1,\cdots,d)$ 为有理数,且 $a_d\neq 0,d$ 为正整数且 $d\geqslant 2,h(z)$ 为非常数多项式.

证. 假设 $f(z)\not\equiv g(z)$,因 0,1 为 $f(z)$ 与 $g(z)$ 的 CM 公共值,故

$$\frac{f}{g}=e^{\alpha},\qquad \frac{f-1}{g-1}=e^{\beta}, \tag{2.4.5}$$

其中 $\alpha(z)$ 与 $\beta(z)$ 均为整函数,且 $e^{\beta}\not\equiv 1,e^{\beta-\alpha}\not\equiv 1$. 由第二基本定理得

$$\begin{aligned}T(r,g)&<N(r,\frac{1}{g})+N(r,\frac{1}{g-1})+S(r,g)\\&=N(r,\frac{1}{f})+N(r,\frac{1}{f-1})+S(r,g)\\&<2T(r,f)+S(r,g).\end{aligned}$$

再由(2.4.5)得

$$\begin{aligned}T(r,e^{\alpha})&\leqslant T(r,f)+T(r,g)+O(1)\\&<3T(r,f)+S(r,g).\end{aligned}$$

设 e^{α} 的下级为 $\mu(e^{\alpha})$,f 的下级为 $\mu(f)$,则 $\mu(e^{\alpha})\leqslant\mu(f)<\infty$. 于是 $\alpha(z)$ 为多项式,同理 $\beta(z)$ 也为多项式. 由(2.4.5)得

$$f=\frac{e^{\beta}-1}{e^{\beta-\alpha}-1},\qquad g=\frac{e^{-\beta}-1}{e^{-(\beta-\alpha)}-1}.\tag{2.4.6}$$

我们区分下述三种情况.

1) 设 $e^{\beta-\alpha}$ 为常数. 设 $e^{\beta-\alpha}=c$. 则 $c\neq 0,1$. 由(2.4.6)得

$$f=\frac{1}{c-1}(e^{\beta}-1),\qquad g=\frac{c}{1-c}(e^{-\beta}-1).\tag{2.4.7}$$

设 $\frac{1}{1-c}=a$, 则 $a\neq 0,1$. 再设 $\beta(z)=h(z)$, 由(2.4.7)即得(2.4.1).

2) 设 $\beta(z)$ 的次数与 $\beta(z)-\alpha(z)$ 的次数相等. 应用定理2.31, 由(2.4.6)得

$$f(z)=\frac{e^{mh(z)}-1}{e^{h(z)}-1},\qquad g(z)=\frac{e^{-mh(z)}-1}{e^{-h(z)}-1},\tag{2.4.8}$$

其中 $h(z)=\beta(z)-\alpha(z)$ 为非常数多项式, m 为整数, 且 $m\neq 0,1$.

再区分两种情况.

1° 假设 $m=n+1$, 其中 n 为正整数.

由(2.4.8)得(2.4.2).

2° 假设 $m=-n$, 其中 n 为正整数.

由(2.4.8)得(2.4.3).

3) 假设 $\beta(z)$ 的次数与 $\beta(z)-\alpha(z)$ 的次数不等.

设 $p(z)=\frac{\beta(z)}{2\pi i},\quad h(z)=\frac{\beta(z)-\alpha(z)}{2\pi i}$.

由(2.3.48)得

$$f(z)=\frac{e^{2\pi ip(z)}-1}{e^{2\pi ih(z)}-1}.$$

因为 $f(z)$ 为整函数, 故 $e^{2\pi ih(z)}-1$ 的零点必为 $e^{2\pi ip(z)}-1$ 的零点, 即 $h(z)$ 取整数值时, $p(z)$ 也取整数值, 由引理2.3得 $\frac{\deg p}{\deg h}=d$ 为整数, 且 $p(z)=L(h(z))$, 其中 $L(z)=a_dz^d+a_{d-1}z^{d-1}+\cdots+a_0$, $a_j(j=0,1,\cdots,d)$ 为有理数, 且 $a_d\neq 0$. 因 $p(z)$ 与 $h(z)$ 的次数不等, 故 $d\geqslant 2$. 由此即得(2.4.4).

与本节有关的结果可参看 Osgood-Yang[1], 仪洪勋[42].

2.4.2 具有二个公共值的有穷下级整函数的唯一性

设 $F(z)$ 与 $G(z)$ 为有穷下级非常数整函数，a,b 为两个判别的有穷复数. 如果 a,b 为 $F(z)$ 与 $G(z)$ 的 CM 公共值，设

$$f(z)=\frac{F(z)-a}{b-a},\qquad g(z)=\frac{G(z)-a}{b-a},$$

则 $f(z)$ 与 $g(z)$ 仍为有穷下级非常数整函数，且 0,1 为其 CM 公共值. 以后，为了叙述方便，我们不妨设两个 CM 公共值为 0,1.

首先，我们有下述引理

引理 2.4 (i) 假设 $f(z)$ 如(2.4.1)所表示，则 $\delta(0,f)=\delta(1,f)=0$.

(ii) 假设 $f(z)$ 如(2.4.2)所表示，则 $\delta(0,f)=0,\delta(1,f)=\frac{1}{n}$.

(iii) 假设 $f(z)$ 如(2.4.3)所表示，则 $\delta(0,f)=\frac{1}{n},\delta(1,f)=0$.

(iv) 假设 $f(z)$ 如(2.4.4)所表示，则 $\delta(0,f)=\delta(1,f)=0$.

证. (i),(ii),(iii)显然成立，下面证明(iv).

$$\text{因}\quad \deg L=d\geqslant 2,\quad \text{故}$$

$$\deg(2\pi iL(h(z)))>\deg(2\pi ih(z)).$$

于是

$$T(r,e^{2\pi ih})=o(T(r,e^{2\pi iL(h)}),\quad (r\to\infty),$$

$$T(r,f)=T(r,e^{2\pi iL(h)})+S(r,f).$$

注意到

$$N(r,\frac{1}{f})=N(r,\frac{1}{e^{2\pi iL(h)}-1})-N(r,\frac{1}{e^{2\pi ih}-1})$$

$$=T(r,f)+S(r,f).$$

$$N(r,\frac{1}{f-1})=N(r,\frac{1}{e^{2\pi iL(h)}-e^{2\pi ih}})-N(r,\frac{1}{e^{2\pi ih}-1})$$

$$=T(r,f)+S(r,f).$$

因此 $\delta(0,f)=\delta(1,f)=0$.

M. Ozawa[1] 证明了下述定理.

定理 2.33 设 $f(z)$ 与 $g(z)$ 为有穷下级非常数整函数，0，1 为其 CM 公共值. 如果 $\delta(0,f) > \frac{1}{2}$，则 $f(z) \equiv g(z)$ 或 $f(z) \cdot g(z) \equiv 1$.

证. 假设 $f(z) \not\equiv g(z)$，由定理 2.32 与引理 2.4 易知，仅当

$$f(z) = -e^{-h(z)}, \qquad g(z) = -e^{h(z)},$$

其中 $h(z)$ 为非常数多项式时成立. 于是

$$f(z) \cdot g(z) \equiv 1.$$

定理 2.33 中条件 $\delta(0,f) > \frac{1}{2}$ 是必要的. 例如，设 $f(z) = e^z - e^{2z}$，$g(z) = e^{-z} - e^{-2z}$. 容易验证，0，1 为其 CM 公共值，$\delta(0,f) = \frac{1}{2}$，但 $f \not\equiv g$ 及 $fg \not\equiv 1$.

定理 2.34 设 $f(z)$ 与 $g(z)$ 为有穷下级非常数整函数，0，1 为其 CM 公共值. 如果 $\delta(0,f) > 0$，且 $\delta(0,f) \neq \frac{1}{p}$，其中 $p(\geqslant 2)$ 为整数，则 $f(z) \equiv g(z)$，或者 $f(z) \cdot g(z) \equiv 1$，且 0 为 $f(z)$ 与 $g(z)$ 的公共 Picard 例外值.

证. 假设 $f(z) \not\equiv g(z)$. 由定理 2.32 与引理 2.4 易知仅当 $\delta(0,f) = 1$ 时成立. 再由定理 2.33 即得定理 2.34 的结论.

由定理 2.32 与引理 2.4，下述定理显然成立.

定理 2.35 设 $f(z)$ 与 $g(z)$ 为有穷下级非常数整函数，0，1 为其 CM 公共值. 如果 $\delta(0,f) > 0$，$\delta(1,f) > 0$，则 $f(z) \equiv g(z)$.

H. Uead[1] 证明了下述定理.

定理 2.36 设 $f(z)$ 与 $g(z)$ 为有穷下级非常数整函数，0，1 为其 CM 公共值，且 $0 < \delta(0,f) \leqslant \frac{1}{2}$. 如果至少存在 $f(z)$ 的一个零点 z_0，使得

$$f^{(j)}(z_0) = g^{(j)}(z_0) = 0 \quad (j = 0,1,\cdots,k-1),$$

$$f^{(k)}(z_0) = g^{(k)}(z_0) \neq 0,$$

其中 k 为一个正整数，则 $f(z) \equiv g(z)$.

证. 假设 $f(z)\not\equiv g(z)$. 因 $0<\delta(0,f)\leqslant\frac{1}{2}$,由定理 2.32 与引理 2.4 知

$$f(z)=-e^{-nh(z)}-e^{-(n-1)h(z)}-\cdots-e^{-h(z)},\quad(2.4.9)$$
$$g(z)=-e^{nh(z)}-e^{(n-1)h(z)}-\cdots-e^{h(z)},$$

其中 $n(\geqslant 2)$ 为整数,$h(z)$ 为非常数多项式. 于是

$$\frac{f-1}{g-1}\cdot\frac{g}{f}=e^{h}.$$

上式两端令 $z=z_0$,由定理 2.36 中条件即得 $e^{h(z_0)}=1$.

由(2.4.9) 得 $f(z_0)=-n\neq 0$,这与 z_0 为 $f(z)$ 的零点相矛盾,这个矛盾证实了 $f(z)\equiv g(z)$.

定理 2.37 设 $f(z)$ 与 $g(z)$ 为有穷下级非常数整函数,0,1 为其 CM 公共值,且 $\delta(0,f)=0$. 如果存在 $f(z)$ 的无穷多个零点 $z_m(m=1,2,\cdots)$,使得

$$f^{(j)}(z_m)=g^{(j)}(z_m)=0\quad(j=0,1,\cdots,k-1),$$
$$f^{(k)}(z_m)=g^{(k)}(z_m)\neq 0,$$

其中 k 为一个正整数,则 $f(z)\equiv g(z)$.

证. 假设 $f(z)\not\equiv g(z)$. 因 $\delta(0,f)=0$,由定理 2.32 与引理 2.4 知,$f(z)$ 如(2.4.1) 所表示,或 $f(z)$ 如(2.4.2) 所表示,或 $f(z)$ 如(2.4.4) 所表示. 我们区分三种情况.

1) 假设 $f(z)$ 如(2.4.1) 所表示. 则

$$\frac{f-1}{g-1}\cdot\frac{g}{f}=\frac{a-1}{a},$$

上式两端令 $z=z_1$,由定理 2.37 中条件得

$$1=\frac{a-1}{a}.$$

这是一个矛盾.

2) 假设 $f(z)$ 如(2.4.2) 所表示. 则

$$\frac{f-1}{g-1}\cdot\frac{g}{f}=e^{h}.$$

上式两端令 $z=z_1$,由定理 2.37 中条件得 $e^{h(z_1)}=1$. 由(2.4.2) 得

$f(z_1) = n + 1$,这与 z_1 为 $f(z)$ 的零点矛盾.

3) 假设 $f(z)$ 如(2.4.4) 所表示.则

$$\frac{f-1}{g-1} \cdot \frac{g}{h} = e^{2\pi i h(z)},$$

上式两端令 $z = z_m(m = 1,2,\cdots)$. 由定理 2.37 中条件得

$$e^{2\pi i h(z_m)} = 1.$$

因为 z_m 为 $f(z)$ 的零点,由(2.4.4) 知,$e^{2\pi i L(h(z))} - 1$ 在 $z = z_m$ 的零点的重级大于 $e^{2\pi i h(z)} - 1$ 在 $z = z_m$ 的零点的重级,于是 $e^{2\pi i L(h(z))} - 1$ 在 $z = z_m$ 的零点的重级至少是 2. 因此 $z = z_m$ 满足

$$(e^{2\pi i L(h(z))} - 1)'_{|z=z_m} = 2\pi i L'(h(z_m)) \cdot h'(z_m) e^{2\pi i L(h(z_m))} = 0.$$

因为 L 与 h 均为 z 的非常数多项式,故使

$$2\pi i \cdot L'(h(z)) \cdot h'(z) = 0$$

的点 z 仅有有限个,这与定理 2.37 中条件矛盾. 于是 $f(z) \equiv g(z)$.

定理 2.37 中条件存在 $f(z)$ 的无穷个零点 $z_m(m = 1,2,\cdots)$ 使得

$$f^{(j)}(z_m) = g^{(j)}(z_m) = 0 \quad (j = 0,1,\cdots,k-1),$$
$$f^{(k)}(z_m) = g^{(k)}(z_m) \neq 0,$$

其中 k 为一正整数,是必要的,不能被有穷个零点代替. 例如,设

$$f(z) = \frac{e^{2\pi i L(z)} - 1}{e^{2\pi i z} - 1}, \qquad g(z) = \frac{e^{-2\pi i L(z)} - 1}{e^{-2\pi i z} - 1},$$

其中 $L(z) = (n+1)! \int_0^z \prod_{j=1}^{n} (t-j) dt,$

n 为正整数. 容易验证,0,1 为 $f(z)$ 与 $g(z)$ 的 CM 公共值,且 $\delta(0, f) = 0$,仅存在 $f(z)$ 的 n 个零点 $\{j\}_{j=1}^{n}$,使得 $z_j = j(j = 1,2,\cdots, n)$ 满足定理 2.37 中条件,$f(z) \not\equiv g(z)$ 是显然的.

2.4.3 在两条射线附近有无穷多个零点的有穷下级整函数的唯一性

下述定理本质上属于 Ozawa[1].

定理 2.38 设 $f(z)$ 与 $g(z)$ 为非常数整函数，$g(z)$ 的下级 $\mu(g)<\infty$. 再设

$$f=0\rightarrow g=0,\qquad f=1\leftrightarrows g=1.$$

如果存在两条射线 $re^{i\theta_j}(j=1,2)$，其中 $\theta_1-\theta_2=2\pi\nu$，$\nu$ 为无理数，使得对任意给定的正数 ε，都存在下标 $n_{k_0,j}$，使得当 $k\geqslant k_0$ 时有

$$|\arg z_{n_{k,j}}-\theta_j|<\varepsilon,\quad (j=1,2)$$

其中 $\{z_{n_{k,j}}\}$ 为 $f(z)$ 的零点集合，则

$$f(z)\equiv g(z).$$

证. 设 $\{b_n\}$ 与 $\{c_m\}$ 为 $f(z)$ 的零点 $\{z_n\}$ 的子集，使得

$$\arg b_n\rightarrow\theta_1\quad(n\rightarrow\infty),$$

$$\arg c_m\rightarrow\theta_2\quad(m\rightarrow\infty).$$

由 $f=1\leftrightarrows g=1$ 得

$$f-1=e^h(g-1),\tag{2.4.10}$$

其中 $h(z)$ 为整函数. 与定理 2.22 的证明类似，我们也有

$$T(r,e^h)\leqslant 4T(r,g)+S(r,g).$$

于是 e^h 的下级 $\mu(e^h)\leqslant\mu(g)<\infty$. 因此 $h(z)$ 为次数不超过 $\mu(g)$ 的多项式.

设 $e^{h(z)}$ 不为常数，置

$$p_n=\frac{1}{2\pi i}h(b_n),$$

$$q_m=\frac{1}{2\pi i}h(c_m).$$

因 b_n 与 c_m 均为 $f(z)$ 的零点，由(2.4.10)知，$e^{h(b_n)}=1$，$e^{h(c_m)}=1$. 于是 p_n，q_m 均为整数，且

$$p_n\rightarrow\infty\quad(n\rightarrow\infty),$$

$$q_m\rightarrow\infty\quad(m\rightarrow\infty).$$

设

$$h(z)=a_sz^s+a_{s-1}z^{s-1}+\cdots+a_0,$$

其中 $a_s(\neq 0),a_{s-1},\cdots,a_0$ 为常数，s 为正整数. 则

$$b_n=\left(\frac{2\pi|p_n|}{|a_s|}\right)^{\frac{1}{s}}\cdot\exp i\left\{\frac{\delta_0\pi}{s}+\frac{\pi}{2s}-\frac{\arg a_s}{s}+\frac{2\pi t_0}{s}\right\}$$

$$\cdot \left\{1 - O\left(\frac{1}{(p_n)^{\frac{1}{s}}}\right)\right\} \quad (n \to \infty),$$

其中 δ_0 根据 p_n 是正整数还是负整数分别为 0 或 1,t_0 为整数,满足 $0 \leqslant t_0 \leqslant s-1$. 因此

$$\arg b_n = -\frac{\arg a_s}{s} + \frac{\pi}{2s} + \frac{\delta_0 \pi}{s} + \frac{2\pi t_0}{s} + \varepsilon_0(n),$$

其中 $\varepsilon_0(n) \to 0 \quad (n \to \infty)$.

同理可证

$$\arg c_m = -\frac{\arg a_s}{s} + \frac{\pi}{2s} + \frac{\delta_1 \pi}{s} + \frac{2\pi t_1}{s} + \varepsilon_1(m),$$

其中 $\delta_1 = 0$ 或 1, t_1 为整数,满足 $0 \leqslant t_1 \leqslant s-1$,

$$\varepsilon_1(m) \to 0 \quad (m \to \infty).$$

令 $n \to \infty, m \to \infty$, 则得

$$\begin{aligned}\theta_1 - \theta_2 &= \frac{2\pi(t_0 - t_1)}{s} + \frac{2\pi(\delta_0 - \delta_1)}{2s} \\ &= 2\pi\left\{\frac{t_0 - t_1}{s} + \frac{\delta_0 - \delta_1}{2s}\right\}\end{aligned}$$

于是

$$\nu = \frac{t_0 - t_1}{s} + \frac{\delta_0 - \delta_1}{2s},$$

显然上式右端为有理数,这与 ν 为无理数矛盾. 于是 $e^{h(z)}$ 为常数. 设 $e^h = c$ 把 $f(z)$ 与 $g(z)$ 的零点代入(2.3.52)即得 $c = 1$. 因此 $f(z) \equiv g(z)$.

2.4.4 具有实零点的有穷级整函数的唯一性

首先引入三个引理.

引理 2.5 设 $f(z)$ 为有穷级整函数,其亏格为 g. 如果 $f(z)$ 的零点均为实数,且 $g \geqslant 2$,则 $\delta(0,f) > 0$. 如果 $f(z)$ 的零点均为正数(或负数),且 $g \geqslant 1$,则 $\delta(0,f) > 0$.

引理 2.5 的证明可参看 Edrei-Fuchs-Hellerstein[1]. 把引理 2.5 中条件 $f(z)$ 的零点均为实数,且 $g \geqslant 2$,换为 $f(z)$ 的零点除有限个外均为实数,且 $g \geqslant 2$,我们也有 $\delta(0,f) > 0$. 事实上,设 $g(z)$

$= \dfrac{f(z)}{p(z)}$，其中 $p(z)$ 为多项式，其零点恰为 $f(z)$ 的不为实数的零点，则 $g(z)$ 为有穷级整函数，其亏格仍为 $g \geqslant 2$，且 $g(z)$ 的零点均为实数，由引理 2.5 知，$\delta(0,g) > 0$，于是 $\delta(0,f) > 0$. 类似地，把引理 2.5 中条件 $f(z)$ 的零点均为正数（或负数），且 $g \geqslant 1$ 换为 $f(z)$ 的零点除有限个外均为正数（或负数），且 $g \geqslant 1$，我们也有 $\delta(0,f) > 0$. 以后我们将使用这个说明.

引理 2.6 设 $f(z)$ 为非常数整函数，其级为 $\lambda(f)$. 如果 $f(z)$ 的零点与 1 点均为实数，则 $\lambda(f) \leqslant 1$. 如果 $f(z)$ 的零点与 1 点均为正数（或负数），则 $\lambda(f) \leqslant \dfrac{1}{2}$.

引理 2.6 的证明可参看 Edrei[1]. 容易看出，把引理 2.6 中条件 $f(z)$ 的零点与 1 点均为实数（或正数）换为 $f(z)$ 的零点与 1 点除有限个外均为实数（或正数），引理 2.6 仍成立.

引理 2.7 设 $f(z)$ 为非常数整函数，其零点与 1 点均为实数. 如果 $f(z)$ 不为实整函数（即至少存在一个实数 z_0，使 $f(z_0)$ 不为实数值），则 $f(z)$ 必为下述两形式之一：

(i) $$f(z) = \frac{\sin(az+b)e^{i(az+c)}}{\sin(b-c)}, \quad \sin(b-c) \neq 0,$$

其中 a,b,c 为实常数.

(ii) $$f(z) = \frac{\sin(P(az+b))e^{i(P-1)(az+b)}}{\sin(az+b)},$$

其中 $P(\neq 0,1)$ 为整数，a,b 为实常数.

引理 2.7 的证明可参看 Edrei[1].

H. Ueda[1] 证明了下述

定理 2.39 设 $f(z)$ 与 $g(z)$ 为有穷下级整函数，且 $f(z) \not\equiv g(z)$. 如果 0,1 为 $f(z)$ 与 $g(z)$ 的 CM 公共值，$f(z)$ 至少有一个零点，其零点均为实数，则 $f(z)$ 与 $g(z)$ 为下述两形式之一：

(i) $$f(z) = a(1-e^{i(cz+d)}),$$
$$g(z) = (1-a)(1-e^{-i(cz+d)}),$$

其中 $a(\neq 0,1)$ 为常数， $c(\neq 0)$，d 为实常数.

(ii) $f(z) = \dfrac{e^{im(cz+d)} - 1}{e^{i(cz+d)} - 1}$,

$g(z) = \dfrac{e^{-im(cz+d)} - 1}{e^{-i(cz+d)} - 1}$,

其中 $c(\neq 0)$,d 为实常数, m 为整数,且满足 $|m| \geqslant 2$.

证. 应用定理 2.32,由定理 2.39 中条件知,$f(z)$ 如(2.4.1)所表示,或 $f(z)$ 如(2.4.8)所表示,或 $f(z)$ 如(2.4.4)所表示.我们区分三种情况.

1) 假设 $f(z)$ 如(2.4.1)所表示.则

$$f(z) = a(1 - e^{h(z)}), \quad g(z) = (1 - a)(1 - e^{-h(z)}),$$

其中 $a(\neq 0,1)$ 为常数,$h(z)$ 为非常数多项式.显然有 $\delta(0,f) = 0$.应用引理 2.5,则有 $f(z)$ 的亏格 $g = 0$ 或 1.再应用定理 2.6 知

$$T(r,f) = o(r^2) \quad (r \to \infty).$$

由此即知,$h(z)$ 为一次多项式.设

$$h(z) = b_1 z + b_2,$$

其中 $b_1(\neq 0)$,b_2 为常数.再由 $f(z)$ 的零点均为实数,则 $f(z)$ 的零点 $z_n(n = 1,2\cdots)$ 满足

$$b_1 z_n + b_2 = 2k\pi i.$$

其中 k 为整数,由此即得 b_1,b_2 均为纯虚数.设 $b_1 = ic$,$b_2 = id$,则 $c(\neq 0)$,d 为实数,这就得出定理 2.39 的结论(i).

2) 假设 $f(z)$ 如(2.4.8)所表示,则

$$f(z) = \frac{e^{mh(z)} - 1}{e^{h(z)} - 1}, \quad g(z) = \frac{e^{-mh(z)} - 1}{e^{-h(z)} - 1},$$

其中 $h(z)$ 为非常数多项式,$m(\neq 0,1)$ 为整数.当 $m = -1$ 时,则 $f(z) = -e^{-h(z)}$,此时 $f(z)$ 无零点,与定理 2.39 中条件矛盾.故 $m \neq -1$.于是 $|m| \geqslant 2$.显然 $f(z)$ 的零点满足

$$\frac{h(z)}{2\pi i} = \frac{k}{m} \neq 整数,$$

其中 k 为整数,只要注意到$\dfrac{h(z)}{2\pi i} =$ 整数满足 $e^{h(z)} - 1 = 0$,因而不是 $f(z)$ 的零点.因为 $f(z)$ 的零点均为实数,故 $h(z)$ 必为一次多项式.设

$$h(z) = b_1 z + b_2,$$

其中 $b_1(\neq 0)$,b_2 为常数.再由 $f(z)$ 的零点为实数,则 $f(z)$ 的零点 $z_n(n = 1,2\cdots)$ 满足

$$\frac{b_1 z_n + b_2}{2\pi i} = \frac{k}{m} \neq \text{整数}.$$

由此即得 b_1,b_2 均为纯虚数.设 $b_1 = ic, b_2 = id$,则 $c(\neq 0),d$ 为实数.这就得出定理 2.39 的结论(ii).

3) 假设 $f(z)$ 如(2.4.4)所表示.由引理 2.4 知,$\delta(0,f) = 0$.应用引理 2.5,则有 $f(z)$ 的亏格 $g = 0$ 或 1.再应用定理 2.6 知

$$T(r,f) = o(r^2) \quad (r \to \infty).$$

但此时

$$T(r,f) = T(r,e^{2\pi i L(h)}) + S(r,f).$$

注意到 $L(z)$ 的次数 $d \geq 2$,$h(z)$ 为非常数,这就得出矛盾.

由定理 2.39,可以得到下述

系. 设 $f(z)$ 与 $g(z)$ 为有穷下级整函数,0,1 为其 CM 公共值.再设 $f(z)$ 至少有一个零点,其零点均为实数.如果 $f(z) - 1$ 至少有一个零点,其零点不全位于与实轴平行的一条直线上,则 $f(z) \equiv g(z)$.

H. Ueda[1] 断言:设 $f(z)$ 与 $g(z)$ 为有穷级整函数,0,1 为其 CM 公共值,再设 $f(z)$ 至少有一个零点,其零点均为实数.如果 $f(z) - 1$ 至多有一个零点,则 $f(z) \equiv g(z)$.然而,H. Ueda 的这个结论是不正确的.反例如下:$f(z) = e^{iz} + 1, g(z) = e^{-iz} + 1$.事实上,定理 2.39 的结论(ii)中 $m = 2$,均可作为反例.这个反证也说明,在定理 2.39 的系中,假设 $f(z) - 1$ 至少有一个零点是必要的.

M. Ozawa[1] 证明了

定理 2.40 设 $f(z)$ 与 $g(z)$ 为非常数整函数,1 为其 CM 公共值,如果 $\delta(0,f) > 0$,0 为 $g(z)$ 的 Picard 例外值,则 $f(z) \equiv g(z)$,或者 $f(z) \cdot g(z) \equiv 1$.

证. 由定理 2.40 中条件,设 $g(z) = e^{\alpha(z)}$ 及

$$f(z) - 1 = e^{\beta(z)}(g(z) - 1),$$

其中 $\alpha(z)$，$\beta(z)$ 均为整函数，且 $\alpha(z)$ 不为常数. 于是

$$f - e^{\alpha+\beta} + e^{\beta} = 1. \tag{2.4.11}$$

应用定理 1.56，由(2.4.11) 得 $e^{\beta} \equiv 1$ 或 $e^{\alpha+\beta} \equiv -1$.

若 $e^{\beta} \equiv 1$，则 $f(z) \equiv g(z)$. 若 $e^{\alpha+\beta} \equiv -1$，则 $f = -e^{\beta}$，$g = e^{\alpha} = -e^{-\beta}$，于是 $f(z) \cdot g(z) \equiv 1$.

应用定理 2.40，H. Ueda[1] 证明了

定理 2.41 设 $f(z)$ 与 $g(z)$ 为有穷级整函数，1 为其 CM 公共值，且 0 为 $g(z)$ 的 Picard 例外值，$f(0) = 1$. 如果 $f(z)$ 至少有一个零点，其零点均为实数，则 $f(z)$ 与 $g(z)$ 为下述三形式之一：

(i) $f(z) = (\frac{1}{2} + ib) + (\frac{1}{2} - ib)e^{iaz}, g(z) = e^{\pm iaz}$,

其中 $a(\neq 0)$，b 为实常数.

(ii) $f(z) = 1 - e^{iaz} + e^{2iaz}, g(z) = e^{\pm iaz}$,

其中 $a(\neq 0)$ 为实常数.

(iii) $f(z) = 1 + ibe^{-iaz} - ibe^{iaz} = 1 + 2b\sin az$,

$g(z) = e^{2iaz}$,

其中 a，b 为实常数，且满足 $a \neq 0$，$|b| \geqslant \frac{1}{2}$.

证. 由定理 2.41 中条件知，$f(z) \not\equiv g(z)$，$f(z) \cdot g(z) \not\equiv 1$. 应用定理 2.40，由定理 2.41 中条件知，$\delta(0, f) = 0$. 再应用引理 2.5，由定理 2.41 中条件知，$f(z)$ 的亏格 $\leqslant 1$. 应用定理 2.6，则有

$$T(r, f) = o(r^2) \quad (r \to \infty). \tag{2.4.12}$$

由第二基本定理得

$$\begin{aligned} T(r,g) &< \overline{N}(r, \frac{1}{g}) + \overline{N}(r, \frac{1}{g-1}) + \overline{N}(r,g) + O(\log r) \\ &= \overline{N}(r, \frac{1}{f-1}) + O(\log r) \\ &\leqslant T(r,f) + O(\log r) \qquad (2.4.13) \\ &= o(r^2) \quad (r \to \infty). \qquad (2.4.14) \end{aligned}$$

由定理 2.41 中条件及(2.4.14)，可设

$$g(z) = e^{cz}, \tag{2.4.15}$$

其中 $c(\neq 0)$ 为常数.

由 $f=1 \leftrightarrows g=1$ 知，存在一多项式 $h(z)$，使得

$$f(z)=1+(g(z)-1)e^{h(z)}. \tag{2.4.16}$$

由(2.4.12)，(2.4.14)，(2.4.16)得

$$\begin{aligned}T(r,e^h) &\leqslant T(r,f)+T(r,g)+O(1)\\&=o(r^2)\quad(r\to\infty).\end{aligned}$$

于是 $h(z)$ 的次数为 1 或 0，即可设

$$h(z)=d_1z+d_2,$$

其中 d_1,d_2 为不全为零的常数.

$$f(z)=1+e^{(c+d_1)z+d_2}-e^{d_1z+d_2}, \tag{2.4.17}$$

其中 $c\neq 0$，$(d_1,d_2)\neq(0,0)$.

现在我们证明 c 与 d_1 为纯虚数. 由(2.4.13)，(2.4.15)知，$f(z)$ 的亏格为 1. 再由引理 2.5 知，$f(z)=0$ 的正根有无穷多个，负根也有无穷多个，由此及(2.4.17)即知，c 与 d_1 为纯虚数. 设 $c=i\alpha$，$d_1=i\beta$，$e^{d_2}=de^{ir}$，其中 α,β,r 均为实数，$d>0$. 则(2.4.17)变为

$$f(z)=1+de^{i[(\alpha+\beta)z+r]}-de^{i(\beta z+r)}. \tag{2.4.18}$$

如果 $f(z)$ 为实整函数，即当 z 取实数时，$f(z)$ 也取实数值. 设 z 为实数，比较(2.4.18)两端的虚部得

$$0=d\{\sin[(\alpha+\beta)z+r]-\sin(\beta z+r)\}.$$

注意到

$$\sin[(\alpha+\beta)z+r]-\sin(\beta z+r)=2\cos\left[\frac{\alpha+2\beta}{2}z+r\right]\sin\frac{\alpha}{2}z.$$

则有 $\alpha=-2\beta$，$r=(m+\frac{1}{2})\pi$，其中 m 为整数，于是 $c=i\alpha=-i2\beta$，

$$f(z)=1+(-1)^m id\{e^{-i\beta z}-e^{i\beta z}\}.$$

设

$$b=(-1)^{m+1}d,\quad a=-\beta,$$

则有

$$f(z)=1+ibe^{-iaz}-ibe^{iaz}=1+2b\sin az.$$

$$g(z)=e^{2iaz},$$

其中 a, b 为实数，且 $a \neq 0$. 因 $f(z)$ 为实整函数，且有无穷多个实零点，设 $z = z_n (n = 1, 2\cdots)$ 为 $f(z)$ 的零点. 则有

$$1 + 2b\sin(az_n) = 0,$$

及

$$\sin(az_n) = -\frac{1}{2b}.$$

注意到 $|\sin(az_n)| \leqslant 1$. 于是 $|b| \geqslant \frac{1}{2}$. 这就得出定理 2.41 的(iii).

如果 $f(z)$ 不为实整函数，因为 $g(z) = e^{i\alpha z}$，其中 $\alpha (\neq 0)$ 为实常数，故 $g(z) = 1$ 的根为 $\left\{\frac{2n\pi}{\alpha}\right\}_{n=-\infty}^{+\infty}$. 于是 $f(z) = 1$ 的根均为实数. 由引理 2.7 知，$f(z)$ 必为下述两形式之一：

$$1° \quad f(z) = \frac{e^{-i(\eta - \eta_1)}}{2i\sin(\eta - \eta_1)}[e^{2i(\xi z + \eta)} - 1], \tag{2.4.19}$$

其中 ξ, η, η_1 为实常数，且 $\sin(\eta - \eta_1) \neq 0$.

2°

$$f(z) = \begin{cases} 1 + e^{2i(\xi z + \eta)} + \cdots + e^{2i(p-1)(\xi z + \eta)}, & (p = 2, 3\cdots) \\ -e^{-2i(\xi z + \eta)} - \cdots - e^{2ip(\xi z + \eta)}, & (p = -1, -2, \cdots), \end{cases} \tag{2.4.20}$$

其中 ξ, η 为实常数. 我们区分五种情况.

1) 假设在(2.4.18) 中的 $\alpha > 0, \beta > 0$. 把(2.4.18) 与(2.4.19), (2.4.20) 相比较知

$$f(z) = 1 + e^{2i(\xi z + \eta)} + e^{4i(\xi z + \eta)}$$
$$= 1 + de^{i[(\alpha + \beta)z + r]} - de^{i(\beta z + r)},$$

故 $d = 1, (\beta z + r) + (2k + 1)\pi = 2(\xi z + \eta)$, ($k$ 为整数)

$$[(\alpha + \beta)z + r] + 2m\pi = 4(\xi z + \eta), \quad (m \text{ 为整数}).$$

于是 $\alpha = \beta, r = 2n\pi$, ($n$ 为整数). 设 $\alpha = a$，则

$$f(z) = 1 + e^{2iaz} - e^{iaz},$$

$$g(z) = e^{iaz},$$

其中 a 为正实数，这就是定理 2.41 的(ii).

2) 假设在(2.4.18) 中的 $\alpha < 0, \beta > 0$. 把(2.4.18) 与

(2.4.19)，(2.4.20) 相比较知 $\alpha+\beta\geqslant 0$. 如果 $\alpha+\beta=0$，由(2.4.18) 得

$$f(z)=1+de^{ir}-de^{i(\beta z+r)}. \tag{2.4.21}$$

注意到 $f(z)$ 的零点均为实零点，故在 $f(z)$ 的零点 $z_n(n=1,2\cdots)$ 处有

$$\left|e^{i\beta z_n}\right|=\left|1+\frac{1}{d}e^{-ir}\right|=1.$$

由此即得

$$de^{ir}=-\frac{1}{2}+ib,$$

其中 b 为实常数. 代入(2.4.21) 即得

$$f(z)=(\frac{1}{2}+ib)+(\frac{1}{2}-ib)e^{iaz},$$

$$g(z)=e^{-iaz},$$

其中 $a=-\alpha=\beta$ 为正实数. 这就是定理 2.41 的(i)，其中 $a>0$，b 为实常数. 如果 $\alpha+\beta>0$，把(2.4.18) 与(2.4.19)，(2.4.20) 相比较知，

$$\begin{aligned}f(z)&=1+e^{2i(\xi z+\eta)}+e^{4i(\xi z+\eta)}\\&=1+de^{i[(\alpha+\beta)z+r]}-de^{i(\beta z+r)},\end{aligned}$$

故 $\quad d=1,[(\alpha+\beta)z+r]+2m\pi=2(\xi z+\eta)$，（$m$ 为整数）

$\qquad \beta z+r+(2k+1)\pi=4(\xi z+\eta)$，（$k$ 为整数）

于是 $\alpha=-\dfrac{\beta}{2}$，$r=(2n+1)\pi$，（n 为整数）设 $\alpha=-a$，则

$$f(z)=1-e^{iaz}+e^{2iaz},\qquad g(z)=e^{-iaz},$$

其中 a 为正实数. 这就是定理 2.41 的(ii).

3) 假设在(2.4.18) 中的 $\alpha>0,\beta<0$. 把(2.4.18) 与(2.4.19)，(2.4.20) 相比较知 $\alpha+\beta=0$.

于是

$$f(z)=1+de^{ir}-de^{i(\beta z+r)}.$$

与情况 2) 中前面一半类似，我们也有

$$f(z)=(\frac{1}{2}+ib)+(\frac{1}{2}-ib)e^{iaz},$$

$$g(z) = e^{-iaz},$$

其中 $a=-\alpha=\beta$ 为负实数，b 为实常数，这就是定理 2.41 的(i).

4) 假设在(2.4.18)中的 $\alpha<0,\beta<0$. 把(2.4.18)与(2.4.19)，(2.4.20)相比较知

$$\begin{aligned} f(z) &= 1 + e^{2i(\xi z+\eta)} + e^{4i(\xi z+\eta)} \\ &= 1 + de^{i[(\alpha+\beta)z+r]} - de^{i(\beta z+r)}. \end{aligned}$$

与情况 1)类似，我们也有

$$f(z) = 1 + e^{2iaz} - e^{iaz},$$

$$g(z) = e^{iaz},$$

其中 a 为负实数，这就是定理 2.41 的(ii).

5) 假设在(2.4.18)中的 $\beta=0$. 由(2.4.18)得

$$f(z) = 1 + de^{i(\alpha z+r)} - de^{ir}. \tag{2.4.22}$$

注意到 $f(z)$ 的零点均为实零点，故在 $f(z)$ 的零点 $z_n(n=1,2\cdots)$ 处有

$$\left|e^{i\alpha z_n}\right| = \left|1 - \frac{1}{d}e^{-ir}\right| = 1.$$

由此即得

$$de^{ir} = \frac{1}{2} - ib,$$

其中 b 为实常数. 代入(2.4.22)，并设 $\alpha=a$ 得

$$f(z) = (\frac{1}{2}+ib) + (\frac{1}{2}-ib)e^{iaz},$$

$$g(z) = e^{iaz},$$

其中 $a(\neq 0)$，b 为实常数. 这就是定理 2.41 的(i).

2.4.5 具有实零点与实 1 点的整函数的唯一性

Czubiak-Gundersen[1] 得出下述结果：设 $f(z)$ 与 $g(z)$ 为仅有实零点和实 1 点的非常数整函数，0，1 为其 CM 公共值，则 $f(z)\equiv g(z)$. 设

$$f(z) = \frac{1}{2}(1-e^{iz}),\ g(z) = \frac{1}{2}(1-e^{-iz}).$$

容易验证，$f(z)$ 与 $g(z)$ 仅有实零点与实 1 点，0，1 为其 CM 公共值，但 $f(z) \not\equiv g(z)$. 这个例子证实，Czubiak-Gundersen 的上述结果是不正确的. 最近，仪洪勋[31] 纠正了上述结果，证明了

定理 2.42 设 $f(z)$ 与 $g(z)$ 为非常数整函数，其零点与 1 点均为实数，且 0，1 为其 CM 公共值. 如果 $f(z) \not\equiv g(z)$，则 $f(z)$ 与 $g(z)$ 为下述两形式之一.

(i)
$$f(z) = (\frac{1}{2} + ib)(1 - e^{i(cz+d)}), \tag{2.4.23}$$

$$g(z) = (\frac{1}{2} - ib)(1 - e^{-i(cz+d)}),$$

其中 $b, c(\neq 0), d$ 为实常数.

(ii)
$$f(z) = \frac{e^{im(cz+d)} - 1}{e^{i(cz+d)} - 1}, \tag{2.4.24}$$

$$g(z) = \frac{e^{-im(cz+d)} - 1}{e^{-i(cz+d)} - 1},$$

其中 $c(\neq 0), d$ 为实常数，$m(\neq 0, 1)$ 为整数.

证. 因 $f(z)$ 与 $g(z)$ 的零点和 1 点均为实数，由引理 2.6 知，$f(z)$ 的级 $\lambda(f) \leqslant 1$，$g(z)$ 的级 $\lambda(g) \leqslant 1$. 应用定理 2.32，由 0，1 为 $f(z)$ 与 $g(z)$ 的 CM 公共值知，$f(z)$ 如(2.4.1) 所表示，或 $f(z)$ 如(2.4.8) 所表示，或 $f(z)$ 如(2.4.4) 所表示，我们区分三种情况.

1) 假设 $f(z)$ 如(2.4.1) 所表示，注意到 $\lambda(f) \leqslant 1$，则有

$$f(z) = a(1 - e^{b_1 z + b_2}),$$

其中 $b_1(\neq 0), b_2$ 为常数. 再由 $f(z)$ 的零点均为实数得，b_1, b_2 均为纯虚数. 设 $b_1 = ic, b_2 = id$，则 $c(\neq 0), d$ 为实常数. 于是

$$f(z) = a(1 - e^{i(cz+d)}).$$

再由 $f(z)$ 的 1 点为实数，故在 $f(z)$ 的 1 点 $z_n (n = 1, 2 \cdots)$ 处有

$$|e^{i(cz_n + d)}| = \left|1 - \frac{1}{a}\right| = 1.$$

由此即得

$$a = \frac{1}{2} + ib,$$

其中 b 为实数. 由此即得定理 2.42 的(i).

2) 假设 $f(z)$ 如(2.4.8)所表示. 注意到 $\lambda(f)\leqslant 1$,则有

$$f(z)=\frac{e^{m(b_1z+b_2)}-1}{e^{b_1z+b_2}-1},$$

其中 $b_1(\neq 0)$,b_2 为常数,$m(\neq 0,1)$ 为整数. 显然 $z_1=\frac{2\pi ki}{mb_1}-\frac{b_2}{b_1}$ (其中 k 为整数,$\frac{k}{m}$ 不为整数)与 $z_2=z_1+\frac{2\pi i}{b_1}$ 均为 $f(z)$ 的零点,由 z_1,z_2 为实数知,b_1,b_2 均为纯虚数. 设 $b_1=ic$,$b_2=id$,则 $c(\neq 0)$,d 为实常数. 于是

$$f(z)=\frac{e^{im(cz+d)}-1}{e^{i(cz+d)}-1},$$

其中 $c(\neq 0)$,d 为实常数,$m(\neq 0,1)$ 为整数. 容易验证,此时 $f(z)$ 的 1 点也均为实数. 由此即得定理 2.42 的(ii).

3) 假设 $f(z)$ 如(2.4.4)所表示. 注意到 $L(z)$ 的次数 $d\geqslant 2$,故 $f(z)$ 的级 $\lambda(f)\geqslant 2$,这与 $\lambda(f)\leqslant 1$ 矛盾.

这就完成了定理 2.42 的证明.

Czubiak-Gundersen[1] 证明了

定理 2.43 设 $f(z)$ 与 $g(z)$ 为非常数整函数,其零点与 1 点均为实数. 如果 $f(z)$ 与 $g(z)$ 均为实整函数,且 0,1 为其 IM 公共值,则 $f(z)\equiv g(z)$.

证. 设 x_1 与 x_2 为 $f(z)$ 与 $g(z)$ 的相邻零点,则当 $x\in(x_1,x_2)$ 时,$f(x)\neq 0$. 不妨设

$$f(x)>0,\quad x\in(x_1,x_2).$$

设 ξ 为 $f(x)$ 在 $[x_1,x_2]$ 的极大值,则 $f'(\xi)=0$. 由定理 2.9 知,ξ 为 $f'(x)$ 在 (x_1,x_2) 中仅有的零点,且为单零点. 若

$$g(x)<0,\quad x\in(x_1,x_2),$$

因 1 为 $f(x)$ 与 $g(x)$ 的 IM 公共值,故在 (x_1,x_2) 中 $f(x)-1$ 与 $g(x)-1$ 均无零点. 下面设

$$g(x)>0,\quad x\in(x_1,x_2).$$

设 η 为 $g(x)$ 在 $[x_1,x_2]$ 的极大值,则 $g'(\eta)=0$. 由定理 2.9 知,η 为 $g'(x)$ 在 (x_1,x_2) 中仅有的零点,且为单零点. 若 $f(\xi)<1$,则 $f(x)$

-1 在(x_1,x_2)中无零点，故$g(\eta)<1$，$g(x)-1$在(x_1,x_2)中无零点. 若$f(\xi)=1$，则$f(x)-1$在(x_1,x_2)中仅有一个零点$x=\xi$，且为二重零点，故$g(\eta)=1$，$\eta=\xi$，$g(x)-1$在(x_1,x_2)中仅有一个零点$x=\xi$，且为二重零点. 若$f(\xi)>1$，则有$g(\eta)>1$，且$f(x)-1$与$g(x)-1$在(x_1,x_2)中仅有二个零点，且为单零点. 这就证明在$f(z)$与$g(z)$的任何两个零点之间，$f(z)$与$g(z)$的所有1点为CM公共值. 通过考虑函数$F(z)=1-f(z)$，$G(z)=1-g(z)$，用同样的方法可以证明，在$f(z)$与$g(z)$的任何两个1点之间，$f(z)$与$g(z)$的所有零点为CM公共值. 下面我们讨论两种情形.

1） 假设存在一个实数x_3，使得

$$f(x)\neq 0,\quad x>x_3.$$

由定理2.9中证明的(2.1.18)知，当$x>x_3$时，$\frac{f'}{f}$严格减少. 故f'在(x_3,∞)中至多有一个零点，因此f在(x_3,∞)中至多有二个1点. 再由引理2.6知，$\lambda(f)\leqslant\frac{1}{2}$，$\lambda(g)\leqslant\frac{1}{2}$. 如果还存在一个实数$x_4$，使得

$$f(x)\neq 0,\quad x<x_4,$$

则由定理2.5知，$f(z)$与$g(z)$均为多项式. 再由定理2.14知，$f(z)\equiv g(z)$. 如果$f(z)$有无穷多个负零点，由前面的讨论知，$f(z)-1$与$g(z)-1$的零点至多除去两个外，其重级均相同，并注意到$\lambda(f)\leqslant\frac{1}{2}$，$\lambda(g)\leqslant\frac{1}{2}$，于是存在一个有理函数$R(z)$，使得

$$\frac{f(z)-1}{g(z)-1}=R(z),$$

因为在f与g的零点处，$R(z)=1$. 这就意味着$R(z)\equiv 1$. 于是$f(z)\equiv g(z)$.

假设存在一个实数x_4，使得

$$f(x)\neq 0,\quad x<x_4.$$

与前面类似，我们也可证得$f(z)\equiv g(z)$.

类似地，假设存在一个实数x_3，使得

$$1-f(x)\neq 0,\quad x>x_3$$

或者假设存在一个实数 x_4，使得

$$1 - f(x) \neq 0, \quad x < x_4.$$

我们可以使用 $1-f$ 与 $1-g$ 分别代替 f 与 g 进行讨论. 也可证得 $f(z) \equiv g(z)$.

2) 假设 $f(z)$ 与 $g(z)$ 有无穷多个正零点，有无穷多个负零点，有无穷多个正 1 点，有无穷多个负 1 点，由前面的讨论知，0，1 为 $f(z)$ 与 $g(z)$ 的 CM 公共值. 如果 $f(z) \not\equiv g(z)$，由定理 2.42 知，$f(z)$ 如(2.4.23) 所表示，或如(2.4.24) 所表示.

假设 $f(z)$ 如(2.4.23) 所表示，注意到 $f(z)$ 为实整函数，故当 $z = x$ 为实数时，

$$\operatorname{Im}\{f(x)\} = b(1 - \cos(cx + d)) - \frac{1}{2}\sin(cx + d) = 0,$$

设 $x = \dfrac{\pi - d}{c}$，得 $b = 0$，于是 $-\dfrac{1}{2}\sin(cx + d) = 0$，这是一个矛盾.

假设 $f(z)$ 如(2.4.24) 所表示. 则 $f(z)$ 可表为

$$f(z) = e^{i\frac{m-1}{2}(cz+d)} \cdot \frac{\sin \dfrac{m}{2}(cz + d)}{\sin \dfrac{1}{2}(cz + d)}.$$

易知，此时 $f(z)$ 也不为实整函数. 于是 $f(z) \equiv g(z)$.

由引理 2.7，定理 2.42，我们可以证明下述

定理 2.44 设 $f(z)$ 与 $g(z)$ 为非常数整函数，其 0 点与 1 点均为实数，且 0，1 为 $f(z)$ 与 $g(z)$ 的 IM 公共值. 如果 $f(z)$ 与 $g(z)$ 均不为实整函数，则 $f(z)$ 与 $g(z)$ 为下述三形式之一：

(i) $f(z) \equiv g(z)$.

(ii) $f(z) = (\frac{1}{2} + ib)(1 - e^{i(cz+d)})$,

$$g(z) = (\frac{1}{2} - ib)(1 - e^{-i(cz+d)}),$$

其中 $b, c(\neq 0), d$ 为实常数.

(iii) $f(z) = \dfrac{e^{im(cz+d)} - 1}{e^{i(cz+d)} - 1}$,

$$g(z)=\frac{e^{-im(cz+d)}-1}{e^{-i(cz+d)}-1},$$

其中 $c(\neq 0)$, d 为实常数, $m(\neq 0,1)$ 为整数.

证. 因 $f(z)$ 的零点与 1 点均为实数,由引理 2.7 知

$$f(z)=\frac{\sin(az+b)e^{i(az+c)}}{\sin(b-c)},\quad (\sin(b-c)\neq 0)$$

其中 $a(\neq 0)$, b, c 为实常数,或者

$$f(z)=\frac{\sin(p(az+b))e^{i(p-1)(az+b)}}{\sin(az+b)},$$

其中 $a(\neq 0)$, b 为实常数, $p(\neq 0,1)$ 为整数,于是 $f(z)$ 的零点均为单零点. 设 $F(z)=1-f(z)$, 则 $F(z)$ 的零点与 1 点均为实数,与上面类似,可知 $F(z)$ 的零点均为单零点,于是 $f(z)$ 的 1 点均为单 1 点. 同理可证 $g(z)$ 的零点均为单零点, $g(z)$ 的 1 点均为单 1 点. 由 0,1 为 $f(z)$ 与 $g(z)$ 的 IM 公共值知, 0,1 为 $f(z)$ 与 $g(z)$ 的 CM 公共值. 再由定理 2.42 即得定理 2.44 的结论.

定理 2.45 设 $f(z)$ 与 $g(z)$ 为非常数整函数,其 0 点与 1 点均为实数,且 0,1 为 $f(z)$ 与 $g(z)$ 的 IM 公共值. 如果 $f(z)$ 为实整函数, $g(z)$ 不为实整函数,则 $f(z)$ 与 $g(z)$ 为下述五种形式之一:

(i)

$$f(z)=\sin^2(az+b),\quad g(z)=-i\sin(az+b)e^{i(az+b)},$$

(ii)

$$f(z)=\frac{\sin^2(p(az+b))}{\sin^2(az+b)},\quad g(z)=\frac{\sin(p(az+b))}{\sin(az+b)}e^{i(p-1)(az+b)},$$

这里 $p=-2$ 或 $p=-3$.

(iii) $$f(z)=1-\frac{\sin^2(p-1)(az+b)}{\sin^2(az+b)},$$

$$g(z)=\frac{\sin(p(az+b))}{\sin(az+b)}e^{i(p-1)(az+b)},$$

这里 $p=3$, 或 $p=4$, 其中 $a(\neq 0)$, b 均为实常数.

证. 因 $g(z)$ 的零点与 1 点均为实数,且 $g(z)$ 不为实整函数,由引理 2.7 知

$$g(z)=\frac{\sin(az+b)e^{i(az+c)}}{\sin(b-c)},\quad (\sin(b-c)\neq 0),\ (2.4.25)$$

其中 $a(\neq 0),b,c$ 为实常数，或者

$$g(z)=\frac{\sin(p(az+b))e^{i(p-1)(az+b)}}{\sin(az+b)}, \tag{2.4.26}$$

其中 $p(\neq 0,1)$ 为整数，$a(\neq 0),b$ 为实常数.

假设 $g(z)$ 如(2.4.25)所表示，则 $g(z)$ 的零点均为单零点，且仅当 $z=\frac{m\pi-b}{a}$（m 为整数）时 $g(z)=0$. 注意到

$$g(z)-1=\frac{e^{2i(az+c)}-1}{1-e^{-2i(b-c)}}=\frac{\sin(az+c)}{\sin(b-c)}e^{i(az+b)}, \tag{2.4.27}$$

于是 $g(z)$ 的 1 点均为单 1 点，且仅当 $z=\frac{n\pi-c}{a}$（n 为整数）时，$g(z)-1=0$. 故 $g(z)$ 的任何两个相邻零点之间的距离与 $g(z)$ 的任何两个相邻 1 点之间的距离相等. 因此在 $f(z)$ 的每两个零点之间恰好有一个 1 点，由定理 2.43 的讨论知，$f(z)$ 的所有 1 点均为二重 1 点. 把上述讨论应用到 $1-f(z)$ 知，$f(z)$ 的所有 0 点均为二重 0 点. 于是

$$\frac{f(z)}{(g(z))^2}=e^{A_1z+B_1},$$

其中 A_1,B_1 为常数. 再由(2.4.25)得

$$f(z)=\frac{\sin^2(az+b)}{\sin^2(b-c)}\cdot e^{A_2z+B_2}, \tag{2.4.28}$$

其中 $A_2=A_1+2ia,B_2=B_1+2ic$ 为常数. 因为 $f(z)$ 为实整函数，由(2.4.28)知 $A_2=a_1,B_2=a_2+\pi ki$，其中 a_1,a_2 为实数，k 为整数. 于是

$$f(z)=\frac{\sin^2(az+b)}{\sin^2(b-c)}e^{a_1z+a_2+\pi ki}. \tag{2.4.29}$$

由(2.4.27)知，$g(z)-1$ 的零点满足

$$\sin^2(az+b)=\sin^2(b-c).$$

再由(2.4.29)得

$$e^{a_1z+a_2+\pi ki}\equiv 1,$$

$$f(z)=\frac{\sin^2(az+b)}{\sin^2(b-c)}.$$

于是

$$f(z)-1=\frac{\sin(az+c)\sin(az+2b-c)}{\sin^2(b-c)}.$$

注意到仅当 $z=\frac{\pi n-c}{a}$(n 为整数) 时 $f(z)=1$. 于是 $\sin^2(b-c)=1$. 因此

$$f(z)=\sin^2(az+b),$$
$$g(z)=-i\sin(az+b)e^{i(az+b)}.$$

这就得出定理 2.45 的(i).

假设 $g(z)$ 如(2.4.26) 所表示. 则 $g(z)$ 的零点均为单零点,且仅当 $az+b=\frac{m\pi}{p}\neq$ 整数,(其中 m 为整数) 时 $g(z)=0$. 注意到

$$g(z)-1=\frac{e^{2i(p-1)(az+b)}-1}{1-e^{-2i(az+b)}}=\frac{\sin(p-1)(az+b)}{\sin(az+b)}e^{ip(az+b)} \tag{2.4.30}$$

故 $g(z)$ 的 1 点均为单 1 点,且仅当 $az+b=\frac{n\pi}{p-1}\neq$ 整数 (其中 n 为整数) 时 $g(z)-1=0$.

首先假设 $p<0$,则在 $f(z)$ 的任何两个相邻 1 点之间至多有一个零点,把定理 2.43 的讨论应用到 $1-f(z)$ 知,$f(z)$ 的零点均为二重零点,故

$$\frac{f(z)}{(g(z))^2}=e^{A_1z+B_1},$$

其中 A_1,B_1 为常数. 再由(2.4.26) 得

$$f(z)=\frac{\sin^2(p(az+b))}{\sin^2(az+b)}\cdot e^{A_2z+B_2}, \tag{2.4.31}$$

其中 A_2,B_2 为常数. 因为 $f(z)$ 为实整函数,由(2.4.31) 知,$A_2=a_1,B_2=a_2+\pi ki$,其中 a_1,a_2 为实常数,k 为整数. 于是

$$f(z)=\frac{\sin^2(p(az+b))}{\sin^2(az+b)}e^{a_1z+a_2+\pi ki}. \tag{2.4.32}$$

因为仅当 $az+b=\frac{n\pi}{p-1}\neq$ 整数时 $f(z)=1$,由(2.4.32) 得

$$f(z)=\frac{\sin^2(p(az+b))}{\sin^2(az+b)}. \tag{2.4.33}$$

如果 $p=-1$,则 $f(z)\equiv 1$,这是不可能的. $p=-2$ 与 $p=-3$ 的

情况给出定理 2.45 的(ii). 如果 $p \leqslant -4$,由(2.4.33)知,当 $az+b=\frac{\pi}{p+1}$ 时,$f(z)=1$. 但由前面讨论知,仅当 $az+b=\frac{n\pi}{p-1}\neq$ 整数(其中 n 为整数)时 $f(z)=1$. 故 $\frac{\pi}{p+1}=\frac{n\pi}{p-1}$,即 $n=\frac{p-1}{p+1}$,因为 $p\leqslant -4$,$\frac{p-1}{p+1}$ 不能为整数. 这也是不可能的.

下面假设 $p\geqslant 2$. 则在 $f(z)$ 的任何两个相邻零点之间至多有一个 1 点,由定理 2.43 的讨论知,$f(z)$ 的 1 点均为二重 1 点,故

$$\frac{1-f(z)}{(1-g(z))^2}=e^{A_1z+B_1},$$

其中 A_1,B_1 为常数. 再由(2.4.30)得

$$f(z)=1-\frac{\sin^2(p-1)(az+b)}{\sin^2(az+b)}e^{A_2z+B_2}, \tag{2.4.34}$$

其中 A_2,B_2 为常数. 因为 $f(z)$ 为实整函数. 由(2.4.34)知,$A_2=a_1,B_2=a_2+\pi ki$,其中 a_1,a_2 为实常数,k 为整数. 于是

$$f(z)=1-\frac{\sin^2(p-1)(az+b)}{\sin^2(az+b)}e^{a_1z+a_2+\pi ki}. \tag{2.4.35}$$

因为仅当 $az+b=\frac{m\pi}{p}\neq$ 整数时 $f(z)=0$,由(2.4.35)得

$$f(z)=1-\frac{\sin^2(p-1)(az+b)}{\sin^2(az+b)}. \tag{2.4.36}$$

如果 $p=2$,则 $f(z)\equiv 0$,这是不可能的. $p=3$,与 $p=4$ 的情况给出定理 2.45 的(iii). 如果 $p\geqslant 5$,由(2.4.36)知,当 $az+b=\frac{\pi}{p-2}$ 时,$f(z)=0$,但由前面讨论知,仅当 $az+b=\frac{m\pi}{p}\neq$ 整数(其中 m 为整数)时 $f(z)=0$. 故 $\frac{\pi}{p-2}=\frac{m\pi}{p}$,即 $m=\frac{p}{p-2}$,因为 $p\geqslant 5$,$\frac{p}{p-2}$ 不能为整数,这也是不可能的.

由定理 2.43,2.44,2.45 仪洪勋[31] 得到下述定理,它是 Czubiak-Gundersen[1] 有关结果的纠正.

定理 2.46 设 $f(z)$ 与 $g(z)$ 为非常数整函数,其 0 点与 1 点均为实数. 如果 0,1 为 $f(z)$ 与 $g(z)$ 的 IM 公共值,则 $f(z)$ 与 $g(z)$

为下述形式之一：

(i) $f(z) \equiv g(z)$.

(ii) $f(z) = (\frac{1}{2} + ib)(1 - e^{i(cz+d)})$

$g(z) = (\frac{1}{2} - ib)(1 - e^{-i(cz+d)})$,

其中 $b, c(\neq 0), d$ 为实常数.

(iii) $f(z) = \frac{e^{im(cz+d)} - 1}{e^{i(cz+d)} - 1}$,

$g(z) = \frac{e^{-im(cz+d)} - 1}{e^{-i(cz+d)} - 1}$,

其中 $c(\neq 0), d$ 为实常数，$m(\neq 0, 1)$ 为整数.

(iv) $f(z) = \sin^2(az + b)$

$g(z) = -i\sin(az + b)e^{i(az+b)}$,

其中 $a(\neq 0), b$ 为实常数.

(v) $f(z) = \frac{\sin^2(p(az + b))}{\sin^2(az + b)}$,

$g(z) = \frac{\sin(p(az + b))}{\sin(az + b)}e^{i(p-1)(az+b)}$,

其中 $a(\neq 0). b$ 为实常数，$p = -2$ 或 -3.

(vi) $f(z) = 1 - \frac{\sin^2(p-1)(az + b)}{\sin^2(az + b)}$,

$g(z) = \frac{\sin(p(az + b))}{\sin(az + b)}e^{i(p-1)(az+b)}$,

其中 $a(\neq 0), b$ 为实常数，$p = 3$ 或 $p = 4$.

Rubel-Yang[1] 与 M. Ozawa[1] 分别用不同的方法证明了：设 $f(z)$ 为非常数整函数，如果 $f(z)$ 与 $\sin z$ 具有CM公共值 0 和 1，则 $f(z) \equiv \sin z$. 应用定理 2.46，我们可以得出下述结论，它是 Rubel-Yang[1]，与 Ozawa[1] 上述结果的改进.

系. 设 $f(z)$ 为非常数整函数，如果 $f(z)$ 与 $\sin z$ 具有 IM 公共值 0 和 1，则 $f(z) \equiv \sin z$.

还应注意到，应用定理 2.23，我们可以得出下述结论：设 $f(z)$ 为非常数整函数，其下级 $\mu(f) < \infty$. 如果

$$\sin z = 1 \rightarrow f(z) = 1, \qquad \sin z = 0 \leftrightarrows f(z) = 0,$$

则 $f(z) \equiv \sin z$.

§2.5 有穷级整函数的 Taylor 展式的系数与唯一性

2.5.1 Taylor 展式系数与 Picard 例外值

设 $f(z)$ 为超越整函数，其级 $\lambda<\infty$. 设 $f(z)$ 的 Taylor 展式为

$$f(z)=c_0+c_1z+c_2z^2+\cdots. \tag{2.5.1}$$

设 a 为任一有穷复数，若 a 为 $f(z)$ 的 Picard 例外值，则

$$f(z)-a=e^{q(z)}, \tag{2.5.2}$$

其中 $q(z)$ 为 λ 次多项式. 于是

$$\frac{f'(z)}{f(z)-a}=q'(z). \tag{2.5.3}$$

设

$$q'(z)=\rho_0+\rho_1z+\cdots+\rho_{\lambda-1}z^{\lambda-1}. \tag{2.5.4}$$

由(2.5.1),(2.5.3),(2.5.4)得

$$\sum_{n=1}^{\infty}nc_nz^{n-1}=\left[(c_0-a)+\sum_{n=1}^{\infty}c_nz^n\right]\cdot\left[\sum_{n=0}^{\lambda-1}\rho_nz^n\right],$$

比较上式两端系数可得

$$\begin{cases}\rho_0(c_0-a)=c_1\\ \rho_0c_1+\rho_1(c_0-a)=2c_2\\ \cdots\cdots\cdots\\ \rho_0c_{\lambda-1}+\rho_1c_{\lambda-2}+\cdots+\rho_{\lambda-1}(c_0-a)=\lambda c_\lambda\end{cases} \tag{2.5.5}$$

$$\rho_0c_k+\rho_1c_{k-1}+\cdots+\rho_{\lambda-1}c_{k-\lambda+1}=(k+1)c_{k+1} \tag{2.5.6}$$

$$k=\lambda,\lambda+1,\cdots$$

下面证明行列式

$$A_n=\begin{vmatrix}c_n, & c_{n+1}, & \cdots, & c_{n+\lambda-1}\\ c_{n+1}, & c_{n+2}, & \cdots, & c_{n+\lambda}\\ \cdots & \cdots & \cdots & \cdots\\ c_{n+\lambda-1}, & c_{n+\lambda}, & \cdots, & c_{n+2\lambda-2}\end{vmatrix}\quad(n=1,2,\cdots). \tag{2.5.7}$$

不全为零. 因为,如果 $A_n=0(n=1,2\cdots)$,则存在不全为零的常数 $d_1,d_2,\cdots,d_\lambda$,使得

$$\begin{cases}d_1c_1+d_2c_2+\cdots+d_\lambda c_\lambda=0\\ d_1c_2+d_2c_3+\cdots+d_\lambda c_{\lambda+1}=0\\ \cdots\cdots\cdots\end{cases}$$

如在上组关系式中,第一式两端乘以 z^λ,第二式两端乘以 $z^{\lambda+1}$,$\cdots$,最后相加可得

$$f(z)(d_1z^{\lambda-1}+d_2z^{\lambda-2}+\cdots+d_\lambda)=\pi(z),$$

其中 $\pi(z)$ 为多项式,从而 $f(z)$ 为有理函数,此与假设不符.

假设 $A_k\neq 0$,则方程组

$$\rho_0c_j+\rho_1c_{j-1}+\cdots+\rho_{\lambda-1}c_{j-\lambda+1}=(j+1)c_{j+1}$$
$$(j=k,k+1,\cdots,k+\lambda-1)$$

有唯一组解 $\rho_0,\rho_1,\cdots,\rho_{\lambda-1}$,从而由方程组(2.5.5)中任一方程即可得值 a.

由方程组(2.5.5)与(2.5.6)可得下述

定理 2.47 设 $f(z)$ 为超越整函数,其级 $\lambda<\infty$,其 Taylor 展式为(2.5.1). 若存在非负整数 ν,使

$$c_\nu=c_{\nu+1}=\cdots=c_{\nu+\lambda-1}=0,$$

则 $f(z)$ 没有 Picard 例外值.

应用定理 2.47 即知,级为 1 的整函数 $\cos z$ 与 $\sin z$ 就无任何 Picard 例外值. 事实上,我们使用其他方法,例如应用 Borel 定理(定理 1.52)也可证明 $\cos z$ 与 $\sin z$ 无任何 Picard 例外值.

现在,我们不失一般性,设 $A_1\neq 0$,则由方程组(2.5.5)中一个方程与方程组(2.5.6)中前 λ 个方程消去 $\rho_0,\rho_1,\cdots,\rho_{\lambda-1}$ 可得

$$\left\{\begin{array}{l}
\left|\begin{array}{ccccc}
c_0-a, & 0, & \cdots, & 0, & c_1 \\
c_\lambda, & c_{\lambda-1}, & \cdots, & c_1, & (\lambda+1)c_{\lambda+1} \\
\cdots & \cdots & \cdots & \cdots & \cdots \\
c_{2\lambda-1}, & c_{2\lambda-2}, & \cdots, & c_\lambda, & 2\lambda c_{2\lambda}
\end{array}\right|=0, \\
\cdots\cdots\cdots\cdots \\
\left|\begin{array}{ccccc}
c_{\lambda-1}, & c_{\lambda-2}, & \cdots, & c_0-a, & \lambda c_\lambda \\
c_\lambda, & c_{\lambda-1}, & \cdots, & c_1, & (\lambda+1)c_{\lambda+1} \\
\cdots & \cdots & \cdots & \cdots & \cdots \\
c_{2\lambda-1}, & c_{2\lambda-2}, & \cdots, & c_\lambda, & 2\lambda c_{2\lambda}
\end{array}\right|=0
\end{array}\right. \tag{2.5.8}$$

由行列式的性质,(2.5.8) 也可写为

$$D_0-a\delta_0=0, D_1-a\delta_1=0, \cdots, D_{\lambda-1}-a\delta_{\lambda-1}=0, \tag{2.5.9}$$

其中 D_j 及 $\delta_j(j=0,1,\cdots,\lambda-1)$ 自明. 有可能存在某个 j,使 $D_j=\delta_j=0$. 例如,若 $c_1=0$,由(2.5.8) 中第一式可得 $(c_0-a)\delta_0=0$. 在(2.5.2) 中置 $z=0$ 可得 $c_0-a=e^{q(0)}\neq 0$. 于是 $\delta_0=0$. 由此即得 $D_0=0$. 下面证明 $\delta_j(j=0,1,\cdots,\lambda-1)$ 不全为零. 因为,如果 $\delta_j=0(j=0,1,\cdots,\lambda-1)$,注意到由(2.5.6) 中前 λ 个关系式可得

$$\rho_j=\pm\frac{\delta_j}{A_1}\quad(j=0,1,\cdots,\lambda-1),$$

因此 $\rho_j=0(j=0,1,\cdots,\lambda-1)$,于是 $f(z)$ 为常数,这是一个矛盾. 这就证明了 $\delta_j(j=0,1,\cdots,\lambda-1)$ 不全为零. 故可由(2.5.9) 即可求出 a,事实上,我们证明了下述

定理 2.48 设 $f(z)$ 为超越整函数,其级 $\lambda<\infty$,且 a 为其 Picard 例外值. 若 $A_\upsilon\neq 0$,其中 A_υ 如(2.5.7) 所表示,则 a 可由 $f(z)$ 的 Taylor 展式的前面 $\upsilon+2\lambda$ 个系数唯一确定. 特别地,若 $A_1\neq 0$,则 a 可由 $f(z)$ 的 Taylor 展式的前面 $2\lambda+1$ 个系数唯一确定.

Borel 对 Picard 例外值的概念稍加推广,引入了下述概念.

定义 2.3 设 $f(z)$ 为超越整函数,a 为任一有穷复数,若 $f(z)-a$ 有 m 个零点,则称 a 为 $f(z)$ 的 m 次例外值.

由定义 2.3 易知,若 a 为 $f(z)$ 的 m 次例外值,则

$$f(z) - a = A(z)e^{q(z)},$$

其中 $A(z)$ 为 m 次多项式，$q(z)$ 为非常数整函数. Anastassiadis[1] 引入下述概念.

定义 2.4 设 $f(z)$ 为超越整函数，$p(z)$ 为多项式，若 $f(z) - p(z)$ 没有零点，则称 $p(z)$ 为 $f(z)$ 的例外多项式.

由定义 2.4 易知，若 $p(z)$ 为 $f(z)$ 的例外多项式，则

$$f(z) - p(z) = e^{q(z)},$$

其中 $q(z)$ 为非常数整函数.

关于有穷级整函数的 m 次例外值与例外多项式与前面有关的结果可参看 Anastassiadis[1].

2.5.2 Taylor 展式系数与 CM 公共值

设 $f(z)$ 与 $g(z)$ 为超越整函数，其级 $\lambda(f) < \infty$，$\lambda(g) < \infty$，且 $f(z) \not\equiv g(z)$. 设 $f(z)$ 与 $g(z)$ 的 Taylor 展式分别为

$$f(z) = c_0 + c_1 z + c_2 z^2 + \cdots,$$

$$g(z) = d_0 + d_1 z + d_2 z^2 + \cdots.$$

设 a 为任一有穷复数，若 a 为 $f(z)$ 与 $g(z)$ 的 CM 公共值，则

$$\frac{f(z) - a}{g(z) - a} = e^{q(z)}, \tag{2.5.10}$$

其中 $q(z)$ 为 p 次多项式. 显然有

$$p \leqslant \max\{[\lambda(f)], [\lambda(g)]\}.$$

其中 $[\lambda(f)]$ 与 $[\lambda(g)]$ 分别表示 $\lambda(f)$ 与 $\lambda(g)$ 的整数部分. 将 (2.5.10) 两端微分，并与 (2.5.10) 消去 $e^{q(z)}$ 可得

$$(f'g - fg') - a(f' - g') = q'\{fg - a(f + g) + a^2\}. \tag{2.5.11}$$

设

$$q'(z) = \lambda_0 + \lambda_1 z + \cdots + \lambda_{p-1} z^{p-1},$$

$$f'g - g'f = \sum_{n=0}^{\infty} \alpha_n z^n,$$

$$f' - g' = \sum_{n=0}^{\infty} \beta_n z^n,$$

$$fg = \sum_{n=0}^{\infty} \gamma_n z^n,$$

$$f + g = \sum_{n=0}^{\infty} \delta_n z^n.$$

由(2.5.11)可得

$$\begin{cases} \alpha_0 - a\beta_0 = \lambda_0(\gamma_0 - a\delta_0 + a^2) \\ \alpha_1 - a\beta_1 = \lambda_0(\gamma_1 - a\delta_1) + \lambda_1(\gamma_0 - a\delta_0 + a^2) \\ \cdots\cdots\cdots\cdots \\ \alpha_{p-1} - a\beta_{p-1} = \lambda_0(\gamma_{p-1} - a\delta_{p-1}) + \cdots + \lambda_{p-1}(\gamma_0 - a\delta_0 + a^2) \end{cases} \tag{2.5.12}$$

$$\alpha_\nu - a\beta_\nu = \lambda_0(\gamma_\nu - a\delta_\nu) + \cdots + \lambda_{p-1}(\gamma_{\nu-p+1} - a\delta_{\nu-p+1}), \quad \nu = p, p+1, \cdots. \tag{2.5.13}$$

今假设无下列形式的关系式成立:

$$B_1(f' - g') + B_2(fg) + B_3(f + g) + B_4 \equiv 0, \tag{2.5.14}$$

其中 B_1, B_2, B_3, B_4 为不全恒等于零的次数至多为 $p-1$ 次的多项式,则行列式

$$D_k = \begin{vmatrix} \beta_k, & \gamma_k, & \delta_k, & \gamma_{k-1}, & \delta_{k-1}, & \cdots, & \gamma_{k-p+1}, & \delta_{k-p+1} \\ \beta_{k+1}, & \gamma_{k+1}, & \delta_{k+1}, & \gamma_k, & \delta_k, & \cdots, & \gamma_{k-p+2}, & \delta_{k-p+2} \\ \cdots\cdots & & & & & & & \\ \beta_{k+2p}, & \gamma_{k+2p}, & \delta_{k+2p}, & \gamma_{k+2p-1}, & \delta_{k+2p-1}, & \cdots, & \gamma_{k+p+1}, & \delta_{k+p+1} \end{vmatrix} \neq 0,$$

$$k = p, p+1, \cdots.$$

因不然,则会导致(2.5.14)成立. 现设 $D_p \neq 0$. 则由(2.5.13)前 $2p+1$ 个关系式消去 λ_j 及 $a\lambda_j (j = 0, 1, 2, \cdots, p-1)$ 可得

$$D_p{}^* + aD_p = 0.$$

于是

$$a = -\frac{D_p{}^*}{D_p}.$$

由此及(2.5.12)即可得出 $\lambda_0, \lambda_1, \cdots, \lambda_{p-1}$. 此时 $f(z)$ 与 $g(z)$ 仅有一个 CM 公共值. 这样我们就证明了下述

定理 2.49 设 $f(z)$ 与 $g(z)$ 为超越整函数，其级 $\lambda(f)<\infty$，$\lambda(g)<\infty$，且 $f(z)\not\equiv g(z)$. 则 $f(z)$ 与 $g(z)$ 具有一个以上的有穷 CM 公共值的必要条件是存在不全恒等于零的次数至多为 $\max\{[\lambda(f)],[\lambda(g)]\}-1$ 次的多项式 B_1,B_2,B_3,B_4，使得

$$B_1(f'-g')+B_2(fg)+B_3(f+g)+B_4\equiv 0.$$

现假设无下列形式的关系式成立

$$A_1(fg)+A_2(f+g)+A_3\equiv 0, \qquad (2.5.15)$$

其中 A_1,A_2,A_3 为不全恒等于零的次数至多为 $p-1$ 次的多项式，则行列式

$$\triangle_k=\begin{vmatrix}\gamma_k, & \delta_k, & \gamma_{k-1}, & \delta_{k-1}, & \cdots, & \gamma_{k-p+1}, & \delta_{k-p+1}\\ \gamma_{k+1}, & \delta_{k+1}, & \gamma_k, & \delta_k, & \cdots, & \gamma_{k-p+2}, & \delta_{k-p+2}\\ \cdots & \cdots & \cdots & \cdots & & & \\ \gamma_{k+2p-1}, & \delta_{k+2p-1}, & \gamma_{k+2p-2}, & \delta_{k+2p-2}, & \cdots, & \gamma_{k+p}, & \delta_{k+p}\end{vmatrix}\neq 0,$$

$$k=p,p+1,\cdots.$$

因否则，则会导致(2.5.15)成立. 现设 $\triangle_p\neq 0$. 则由(2.5.13)前 $2p$ 个方程得出 λ_j 及 $a\lambda_j(j=0,1,\cdots,p-1)$ 如下：

$$\begin{aligned}\lambda_j&=k_j^{(1)}+k_j^{(2)}a\\ a\lambda_j&=\mu_j^{(1)}+\mu_j^{(2)}a\end{aligned}\qquad (j=0,1,2,\cdots,p-1)$$

由

$$\begin{cases}\lambda_0=k_0^{(1)}+k_0^{(2)}a\\ a\lambda_0=\mu_0^{(1)}+\mu_0^{(2)}a\end{cases}$$

消去 λ_0，可得 a 的两个值，且相应每个 a 可得一组 $\lambda_0,\lambda_1,\cdots,\lambda_{p-1}$. 这样我们就证明了下述

定理 2.50 设 $f(z)$ 与 $g(z)$ 为超越整函数，其级 $\lambda(f)<\infty$，$\lambda(g)<\infty$，且 $f(z)\not\equiv g(z)$，则 $f(z)$ 与 $g(z)$ 具有二个以上的有穷 CM 公共值的必要条件是存在不全恒等于零的次数至多为 $\max\{[\lambda(f)],[\lambda(g)]\}-1$ 次的多项式 A_1,A_2,A_3，使得

$$A_1(fg)+A_2(f+g)+A_3\equiv 0.$$

容易看出，若 $f(z)$ 与 $g(z)$ 具有二个以上的有穷 CM 公共值，

则 $\triangle_k = 0(k = p, p+1, \cdots)$.

假设 A_1, A_2, A_3 为不全恒等于零的次数至多为 $p-1$ 次的多项式，且使得

$$A_1(fg) + A_2(f+g) + A_3 \equiv 0. \tag{2.5.16}$$

我们区分下述三种情形讨论.

1) 假设 $A_1 \not\equiv 0, A_2 \not\equiv 0$.

则由(2.5.16)可得

$$\begin{cases} A_1 f + A_2 = -\dfrac{A_1A_3 - A_2{}^2}{A_1 g + A_2}, \\ A_1 g + A_2 = -\dfrac{A_1A_3 - A_2{}^2}{A_1 f + A_2}. \end{cases} \tag{2.5.17}$$

因 $A_1 f + A_2$ 与 $A_1 g + A_2$ 均为整函数，故 $A_1 g + A_2$ 只能有有限个零点，设

$$A_1 g + A_2 = \Gamma e^Q,$$

其中 Γ 与 Q 均为多项式，且 Γ 可除尽 $A_1A_3 - A_2{}^2$. 设

$$-(A_1A_3 - A_2{}^2) = \Gamma \cdot \Gamma_1,$$

则

$$A_1 f + A_2 = \triangle \cdot e^R.$$

其中 $\triangle$ 与 R 均为多项式，且 $\triangle$ 可除尽 $A_1A_3 - A_2{}^2$. 并设

$$-(A_1A_3 - A_2{}^2) = \triangle \cdot \triangle_1.$$

则由(2.5.17)得

$$\begin{cases} A_1 f + A_2 = \dfrac{\Gamma \cdot \Gamma_1}{\Gamma \cdot e^Q} = \Gamma_1 \cdot e^{-Q} = \triangle \cdot e^R, \\ A_1 g + A_2 = \dfrac{\triangle \cdot \triangle_1}{\triangle \cdot e^R} = \triangle_1 e^{-R} = \Gamma e^Q. \end{cases} \tag{2.5.18}$$

从而在选取适当的常数下有

$$Q = -R, \quad \triangle = \Gamma_1, \quad \Gamma = \triangle_1.$$

因此

$$-(A_1A_3 - A_2{}^2) = \Gamma \cdot \triangle.$$

设 a, b 为 $f(z)$ 与 $g(z)$ 的 CM 公共值，则

$$\frac{f-a}{g-a}=e^{p},\qquad \frac{f-b}{g-b}=e^{s}. \tag{2.5.19}$$

其中 p,s 均为多项式. 故

$$\frac{(A_1f+A_2)-(A_1a+A_2)}{(A_1g+A_2)-(A_1a+A_2)}=e^{p},$$

$$\frac{(A_1f+A_2)-(A_1b+A_2)}{(A_1g+A_2)-(A_1b+A_2)}=e^{s}.$$

再由(2.5.18)可得

$$\begin{cases}\dfrac{\triangle\cdot e^{R}-(A_1a+A_2)}{\Gamma\cdot e^{-R}-(A_1a+A_2)}=e^{p},\\[2mm] \dfrac{\triangle\cdot e^{R}-(A_1b+A_2)}{\Gamma\cdot e^{-R}-(A_1b+A_2)}=e^{s}.\end{cases} \tag{2.5.20}$$

首先假设 $A_1a+A_2\equiv 0$,则由(2.5.20)得 $p=2R$,$\triangle=\Gamma$,由(2.5.18)得

$$A_1f-aA_1=\triangle e^{R},\qquad A_1g-aA_1=\triangle e^{-R}.$$

故 A_1 可除尽 $\triangle$,设 $\triangle=A_1M$,其中 M 为多项式,则可得

$$f-a=Me^{R},\quad g-a=Me^{-R}. \tag{2.5.21}$$

再由(2.5.19)得

$$\frac{Me^{R}+(a-b)}{(a-b)e^{R}+M}=e^{s-R}.$$

注意到上式可以写为

$$(a-b)e^{s-R}-M=\frac{(a-b)^2-M^2}{(a-b)e^{R}+M}.$$

因 $M\not\equiv 0$,$a-b\neq 0$,显然上式当且仅当 $s=R$,$a-b=M$ 时成立. 于是由(2.5.21)得

$$f-a=(a-b)e^{R},\quad g-a=(a-b)e^{-R},$$

从而有

$$f-b=(a-b)(e^{R}+1),\quad g-b=(a-b)(e^{-R}+1),$$

$$f-(2a-b)=(a-b)(e^{R}-1),$$

$$g-(2a-b)=(a-b)(e^{-R}-1).$$

因此 $f(z)$ 与 $g(z)$ 有三个 CM 公共值 a,b 及 $2a-b$. 设 A_1b+A_2

$\equiv 0$,与上面类似,我们也可得到 $f(z)$ 与 $g(z)$ 具有三个 CM 公共值 a,b 及 $2b-a$.

下面假设 $A_1a+A_2\not\equiv 0, A_1b+A_2\not\equiv 0$,则由(2.5.20)知 $\triangle\not\equiv 0, \Gamma\not\equiv 0$,且

$$\begin{cases}\dfrac{(A_1a+A_2)^2-\Gamma\cdot\triangle}{(A_1a+A_2)e^R-\Gamma}=\triangle+(A_1a+A_2)e^{p-R},\\[2ex] \dfrac{(A_1b+A_2)^2-\Gamma\cdot\triangle}{(A_1b+A_2)e^R-\Gamma}=\triangle+(A_1b+A_2)e^{s-R}.\end{cases} \tag{2.5.22}$$

显然(2.5.22)式当且仅当

$$(A_1a+A_2)^2-\Gamma\cdot\triangle=0,\quad (A_1b+A_2)^2-\Gamma\cdot\triangle=0$$

及

$$e^{p-R}=1,\qquad e^{s-R}=-1$$

时成立. 于是

$$A_1(a^2-b^2)+2A_2(a-b)=0,$$

即 $\quad A_2=-\dfrac{1}{2}(a+b)A_1$. 这表示 A_1 与 A_2 有常数比值之关系. 再由(2.5.22)得

$$\triangle=\Gamma,\qquad \frac{1}{2}(a-b)A_1=-\triangle,$$

及

$$f-\frac{1}{2}(a+b)=-\frac{1}{2}(a-b)e^R,$$

$$g-\frac{1}{2}(a+b)=-\frac{1}{2}(a+b)e^{-R}.$$

从而有

$$f-a=-\frac{1}{2}(a-b)(e^R+1),\quad g-a=-\frac{1}{2}(a-b)(e^{-R}+1),$$

$$f-b=-\frac{1}{2}(a-b)(e^R-1),\quad g-b=-\frac{1}{2}(a-b)(e^{-R}-1).$$

因此 $f(z)$ 与 $g(z)$ 具有三个 CM 公共值 $a,b,\dfrac{1}{2}(a+b)$.

2) 假设 $A_2\equiv 0$. 则由(2.5.16)得

$$A_1(fg)+A_3=0,$$

即 A_1 可整除 A_3. 设 $A_3 = -MA_1$,其中 M 为多项式,从而 $fg = M$. 因 f 与 g 均为整函数,故 f 与 g 只能有有限个零点,设

$$f = \triangle_1 e^R, \quad g = \triangle_2 e^{-R}, \tag{2.5.23}$$

则 $\quad M = \triangle_1 \cdot \triangle_2$,其中 $\triangle_1$ 与 $\triangle_2$ 均为多项式.

设 $a(\neq 0)$ 为 $f(z)$ 与 $g(z)$ 的 CM 公共值,则

$$\frac{f-a}{g-a} = e^p,$$

其中 p 为多项式. 于是

$$\frac{\triangle_1 e^R - a}{\triangle_2 e^{-R} - a} = e^p.$$

注意到上式可写为

$$\frac{\triangle_1 \triangle_2 - a^2}{\triangle_2 - ae^R} = \triangle_1 + ae^{p-R}. \tag{2.5.24}$$

因 $a \neq 0$, $\triangle_2 \neq 0$,显然上式当且仅当 $\triangle_1 \triangle_2 = a^2$, $p = R$ 时成立. 于是由(2.5.24)得 $\triangle_1 = -a$, $\triangle_2 = -a$,再由(2.5.23)得

$$f = -ae^R, \quad g = -ae^{-R}.$$

从而有

$$f - a = -a(e^R + 1), \quad g - a = -a(e^{-R} + 1),$$

$$f + a = -a(e^R - 1), \quad g + a = -a(e^{-R} - 1).$$

因此 $f(z)$ 与 $g(z)$ 具有三个 CM 公共值 $-a, 0, a$.

3) 假设 $A_1 \equiv 0$. 则由(2.5.16)得

$$f + g = N,$$

其中 $N = -\dfrac{A_3}{A_2}$ 为多项式. 于是

$$f = N - g.$$

设 a 为 $f(z)$ 与 $g(z)$ 的 CM 公共值,则

$$\frac{f-a}{g-a} = e^p,$$

其中 p 为多项式. 于是

$$\frac{N-g-a}{g-a} = e^p$$

即
$$\frac{N-2a}{g-a}=e^{p}+1.$$
显然上式当且仅当 $N=2a, e^{p}=-1$ 时成立. 因此 $f(z)$ 与 $g(z)$ 只有一个 CM 公共值 a. 事实上, $\frac{f-a}{g-a}=-1, f+g\equiv 2a$.

我们也可对有穷级亚纯函数作同样的讨论及得到类似的结果,与本节有关的结果可参看 Anastassiadis[1].

2.5.3 Taylor 展式系数与唯一性

对有穷级整函数,Anastassiadis[1] 证明了下述唯一性定理.

定理 2.51 设 $f(z)$ 与 $g(z)$ 为超越整函数,其级 $\lambda(f)<\infty$, $\lambda(g)<\infty$, 其 Taylor 展式分别为
$$f(z)=\sum_{n=0}^{\infty}c_{n}z^{n},\quad g(z)=\sum_{n=0}^{\infty}d_{n}z^{n}.$$
设 a 为 $f(z)$ 与 $g(z)$ 的 CM 公共值,其中 a 为有穷复数. 如果
$$c_{j}=d_{j}\quad(j=0,1,\cdots,q),$$
$$c_{0}\neq a,$$
其中 $q=\max\{[\lambda(f)],[\lambda(g)]\}$, 则 $f(z)\equiv g(z)$.

证. 由 a 为 $f(z)$ 与 $g(z)$ 的 CM 公共值得
$$\frac{f(z)-a}{g(z)-a}=e^{q(z)},\tag{2.5.25}$$
其中 $q(z)$ 为 p 次多项式,显然有
$$p\leqslant\max\{[\lambda(f)],[\lambda(g)]\}=q.$$
与 §2.5.2 节类似,我们也可得到(2.5.12). 注意到 $c_{j}=d_{j}(j=0,1,\cdots,q)$, $c_{0}\neq a$, 我们有
$$\alpha_{j}=0\quad(j=0,1,\cdots,q-1),$$
$$\beta_{j}=0\quad(j=0,1,\cdots,q-1),$$
$$\gamma_{0}=c_{0}d_{0}=c_{0}^{2},$$
$$\delta_{0}=c_{0}+d_{0}=2c_{0}.$$
故
$$\begin{aligned}\gamma_{0}-a\delta_{0}+a^{2}&=c_{0}^{2}-2c_{0}a+a^{2}\\&=(c_{0}-a)^{2}\neq 0.\end{aligned}$$

于是由(2.5.12)可得

$$\lambda_0 = \lambda_1 = \cdots = \lambda_{p-1} = 0,$$

及

$$q'(z) \equiv 0.$$

再由(2.5.25)得

$$\frac{f-a}{g-a} = K, \tag{2.5.26}$$

其中K为常数.在(2.5.26)中令$z=0$得 $K=1$. 于是 $f(z) \equiv g(z)$.

设$f(z)$为非常数整函数,a为任一有穷复数,我们以$E(a,f)$表示$f(z)-a$的零点集合,重级零点按其重级计算.使用这个记号,我们可把定理 2.51 述之如下:

定理 2.51′ 任一级为λ的整函数$f(z)$,可完全由$E(a,f)$及$f(z)$的 Taylor 展式中前$[\lambda]+1$个系数$c_j(j=0,1,\cdots,[\lambda])$,其中$c_0=a$,唯一确定.

我们也可对有穷级亚纯函数作同样的讨论及得到类似的结果,可参看 Anastassiadis[1].

第三章　五值定理，重值与唯一性

五值定理是 Nevanlinna 关于亚纯函数唯一性的一个重要结果，本章将在 §3.1 节中证明这个结果及其各种推广.

在亚纯函数值分布理论中，重级值点的影响如何是一个重要的课题. 亚纯函数的重值与唯一性问题主要是研究重级值点对唯一性的影响，我们将在 §3.3，§3.4，§3.5 节中扼要叙述关于亚纯函数的重值与唯一性问题的研究工作. 这些结果是 Nevanlinna 五值定理的推广与改进.

亚纯函数重值与唯一性问题的研究本质上都是应用了处理重值问题的杨乐方法，我们将在 §3.2 节中介绍杨乐方法和杨乐关于重值问题的部分研究工作.

§3.1　五 值 定 理

3.1.1　Nevanlinna 五值定理

R. Nevanlinna[2] 证明了下述五值定理

定理 3.1　设 $f(z)$ 与 $g(z)$ 为两个非常数亚纯函数，$a_j(j=1,2,3,4,5)$ 为五个判别的复数. 如果 $a_j(j=1,2,3,4,5)$ 为 $f(z)$ 与 $g(z)$ 的 IM 公共值，则 $f(z)\equiv g(z)$.

证.　首先设 $a_j(j=1,2,3,4,5)$ 均为有穷. 由第二基本定理（定理 1.8），我们有

$$3T(r,f)<\sum_{j=1}^{5}\overline{N}\left(r,\frac{1}{f-a_j}\right)+S(r,f), \qquad (3.1.1)$$

$$3T(r,g)<\sum_{j=1}^{5}\overline{N}\left(r,\frac{1}{g-a_j}\right)+S(r,g). \qquad (3.1.2)$$

假设 $f(z) \not\equiv g(z)$. 由 $a_j(j=1,2,3,4,5)$ 为 $f(z)$ 与 $g(z)$ 的 IM 公共值得

$$\sum_{j=1}^{5}\overline{N}(r,\frac{1}{f-a_j}) = \sum_{j=1}^{5}\overline{N}(r,\frac{1}{g-a_j}) \leqslant N(r,\frac{1}{f-g})$$
$$\leqslant T(r,f-g)+O(1)$$
$$\leqslant T(r,f)+T(r,g)+O(1). \quad (3.1.3)$$

由(3.1.1),(3.1.2),(3.1.3)得

$$3\{T(r,f)+T(r,g)\} \leqslant 2\{T(r,f)+T(r,g)\} + S(r,f)+S(r,g),$$

即

$$T(r,f)+T(r,g) \leqslant S(r,f)+S(r,g).$$

这是一个矛盾. 于是 $f(z) \equiv g(z)$.

如果 $a_j(j=1,2,3,4,5)$ 中有一个为 ∞,不失一般性,设 $a_5=\infty$. 取有穷复数 a,使满足 $a \neq a_j(j=1,2,3,4)$. 置

$$F(z)=\frac{1}{f(z)-a}, \qquad G(z)=\frac{1}{g(z)-a},$$

设

$$b_j=\frac{1}{a_j-a} \quad (j=1,2,3,4), \quad b_5=0,$$

则 $b_j(j=1,2,3,4,5)$ 为 $F(z)$ 与 $G(z)$ 的 IM 公共值. 由前面所证,我们有 $F(z) \equiv G(z)$,于是 $f(z) \equiv g(z)$.

定理 3.1 中 $f(z)$ 与 $g(z)$ 具有五个判别的 IM 公共值的条件不能减弱为 $f(z)$ 与 $g(z)$ 具有四个判别的 IM 公共值. 例如,$f(z)=e^z$,$g(z)=e^{-z}$ 具有四个判别的 IM 公共值 $0,1,-1,\infty$,但 $f(z) \not\equiv g(z)$.

3.1.2 Nevanlinna 五值定理的强化

设 $h(z)$ 为非常数亚纯函数,a 为任意复数,我们以 $\overline{E}(a,h)$ 表示 $h(z)-a$ 的零点集合,每个零点仅计一次.

最近,杨重骏[6] 改进了定理 3.1,证明了

定理 3.2 设 $f(z)$ 与 $g(z)$ 为两个非常数亚纯函数,$a_j(j=1,$

2,3,4,5) 为五个判别的复数. 如果

$$\overline{E}(a_j,f) \subseteq \overline{E}(a_j,g) \quad (j=1,2,3,4,5), \tag{3.1.4}$$

及

$$\varliminf_{r\to\infty} \sum_{j=1}^{5} \overline{N}(r,\frac{1}{f-a_j}) \Big/ \sum_{j=1}^{5} \overline{N}(r,\frac{1}{g-a_j}) > \frac{1}{2}, \tag{3.1.5}$$

则 $f(z) \equiv g(z)$.

证. 不失一般性,不妨设 $a_j(j=1,2,3,4,5)$ 均为有穷. 与定理 3.1 的证明类似,我们也可得到(3.1.1),(3.1.2). 于是

$$\sum_{j=1}^{5} \overline{N}(r,\frac{1}{f-a_j}) = O(T(r,f)) \quad (r \notin E),$$

及

$$\sum_{j=1}^{5} \overline{N}(r,\frac{1}{g-a_j}) = O(T(r,g)) \quad (r \notin E).$$

假设 $f(z) \not\equiv g(z)$,由(3.1.4) 得

$$\begin{aligned}\sum_{j=1}^{5} \overline{N}\left(r,\frac{1}{f-a_j}\right) &\leqslant \overline{N}\left(r,\frac{1}{f-g}\right) \\ &\leqslant T(r,f) + T(r,g) + O(1).\end{aligned}$$

再由(3.1.1),(3.1.2) 得

$$\begin{aligned}\sum_{j=1}^{5} \overline{N}\left(r,\frac{1}{f-a_j}\right) \leqslant &\left(\frac{1}{3}+o(1)\right) \sum_{j=1}^{5} \overline{N}\left(r,\frac{1}{f-a_j}\right) \\ &+ \left(\frac{1}{3}+o(1)\right) \sum_{j=1}^{5} \overline{N}\left(r,\frac{1}{g-a_j}\right), \\ &(r \notin E).\end{aligned}$$

于是

$$\left(\frac{2}{3}+o(1)\right) \sum_{j=1}^{5} \overline{N}\left(r,\frac{1}{f-a_j}\right) \leqslant \left(\frac{1}{3}+o(1)\right) \sum_{j=1}^{5} \overline{N}\left(r,\frac{1}{g-a_j}\right), \quad (r \notin E).$$

由此即得

$$\varliminf_{r\to\infty} \sum_{j=1}^{5} \overline{N}\left(r,\frac{1}{f-a_j}\right) \Big/ \sum_{j=1}^{5} \overline{N}\left(r,\frac{1}{g-a_j}\right) \leqslant \frac{1}{2},$$

这与(3.1.5) 矛盾. 因此 $f(z) \equiv g(z)$.

3.1.3 两个亚纯函数公共 a 值点密度的度量

设 $f(z)$ 与 $g(z)$ 为非常数亚纯函数，a 为任意复数，我们以 $\overline{E}_0(a)$ 表示

$\overline{E}(a,f) \cap \overline{E}(a,g)$，以 $\overline{n}_0(r,a)$ 表示在 $|z| \leqslant r$ 中 $\overline{E}_0(a)$ 的点的数目，置

$$\overline{N}_0(r,a) = \int_0^r \frac{\overline{n}_0(r,a) - \overline{n}_0(o,a)}{t} dt + \overline{n}_0(0,a)\log r$$

及

$$\overline{N}_{12}(r,a) = \overline{N}\left(r,\frac{1}{f-a}\right) + \overline{N}\left(r,\frac{1}{g-a}\right) - 2\overline{N}_0(r,a).$$

我们有下述

定理 3.3 设 $f(z)$ 与 $g(z)$ 为非常数亚纯函数. 如果 $f(z) \not\equiv g(z)$，则

$$\varlimsup_{r\to\infty} \frac{\sum\limits_{a\neq\infty} \overline{N}_0(r,a)}{T(r,f) + T(r,g)} \leqslant 1.$$

证. 显然

$$\begin{aligned}\sum_{a\neq\infty} \overline{N}_0(r,a) &\leqslant N\left(r,\frac{1}{f-g}\right) \\ &\leqslant T(r,f-g) + O(1) \\ &\leqslant T(r,f) + T(r,g) + O(1).\end{aligned}$$

于是

$$\varlimsup_{r\to\infty} \frac{\sum\limits_{a\neq\infty} \overline{N}_0(r,a)}{T(r,f) + T(r,g)} \leqslant 1.$$

由定理 3.3，可得下述

系. 设 $f(z)$ 与 $g(z)$ 为非常数亚纯函数. 如果

$$\varlimsup_{r\to\infty} \frac{\sum\limits_{a\neq\infty} \overline{N}_0(r,a)}{T(r,f) + T(r,g)} > 1,$$

则 $f(z) \equiv g(z)$.

注意到，在定理 3.1 中，若 $a_j(j=1,2,3,4,5)$ 均为有穷，则

$$\sum_{a\neq\infty}\overline{N}_0(r,a)\geqslant\sum_{j=1}^{5}\overline{N}(r,\frac{1}{f-a_j})=\sum_{j=1}^{5}\overline{N}(r,\frac{1}{g-a_j}),$$

由(3.1.1)，(3.1.2)，我们有

$$\varlimsup_{r\to\infty}\frac{\sum\limits_{a\neq\infty}\overline{N}_0(r,a)}{T(r,f)+T(r,g)}\geqslant\frac{3}{2}>1.$$

由定理 3.3 的系知，$f(z)\equiv g(z)$. 因此，定理 3.1 实质上是定理 3.3 的一个推论

设 $f(z)$ 与 $g(z)$ 为两个不同的超越亚纯函数，a 为任意复数. 设

$$\lambda(a)=1-\varlimsup_{r\to\infty}\frac{\overline{N}_{12}(r,a)}{T(r,f)+T(r,g)}.$$

$\lambda(a)$ 可以作为 $f(z)$ 与 $g(z)$ 公共 a 值点密度的度量，我们有下述 Nevanlinna[2] 定理.

定理 3.4 (i) $0\leqslant\lambda(a)\leqslant1$.

(ii) 使 $\lambda(a)>0$ 的值 a 至多是可数的.

(iii) $\sum\limits_{a}\lambda(a)\leqslant4$.

证. 不妨设 $\lambda(\infty)=0$，否则进行变换即可. 显然有

$$0\leqslant2\overline{N}_0(r,a)\leqslant\overline{N}\left(r,\frac{1}{f-a}\right)+\overline{N}\left(r,\frac{1}{g-a}\right).$$

故

$$\begin{aligned}0\leqslant\overline{N}_{12}(r,a)&\leqslant\overline{N}\left(r,\frac{1}{f-a}\right)+\overline{N}\left(r,\frac{1}{g-a}\right)\\&\leqslant T(r,f)+T(r,g)+O(1).\end{aligned}$$

于是 $0\leqslant\lambda(a)\leqslant1$. 这就证明了(i).

由第二基本定理知，对任意 k 个判别的有穷复数 $a_j(j=1,2,\cdots,k)$，有

$$\begin{aligned}(k-2)[T(r,f)+T(r,g)]<\sum_{j=1}^{k}\Big[&\overline{N}\left(r,\frac{1}{f-a_j}\right)\\&+\overline{N}\left(r,\frac{1}{g-a_j}\right)\Big]+S(r,f)+S(r,g)\end{aligned}$$

$$= \sum_{j=1}^{k}\overline{N}_{12}(r,a_j) + 2\sum_{j=1}^{k}\overline{N}_0(r,a_j) + S(r,f) + S(r,g). \qquad (3.1.6)$$

注意到 $f(z) \not\equiv g(z)$. 我们有

$$\begin{aligned}\sum_{j=1}^{k}\overline{N}_0(r,a_j) &\leqslant N(r,\frac{1}{f-g}) \\ &\leqslant T(r,f-g) + O(1) \\ &\leqslant T(r,f) + T(r,g) + O(1). \qquad (3.1.7)\end{aligned}$$

由(3.1.6),(3.1.7)得

$$(k-4)[T(r,f) + T(r,g)] < \sum_{j=1}^{k}\overline{N}_{12}(r,a_j) + S(r,f) + S(r,g).$$

由 $\lambda(a_j)$ 的定义得

$$\sum_{j=1}^{k}\lambda(a_j) \leqslant 4. \qquad (3.1.8)$$

再由 $a_j(j=1,2,\cdots,k)$ 的任意性,由(3.1.8)得

$$\sum_{a}\lambda(a) \leqslant 4.$$

这就证明了(iii). 由(iii)容易导出(ii).

设 $f(z)=e^z$, $g(z)=e^{-z}$. 容易证明,对 $a=0,1,-1,\infty$ 有 $\lambda(a)=1$. 所以定理3.4中的(iii)是精确的. 由定理3.4,可得下述

系. 设 $f(z)$ 与 $g(z)$ 为非常数亚纯函数. 如果

$$\sum_{a}\varliminf_{r\to\infty}\frac{2\overline{n}_0(r,a)}{\overline{n}(r,\frac{1}{f-a}) + \overline{n}(r,\frac{1}{g-a})} > 4, \qquad (3.1.9)$$

则 $f(z) \equiv g(z)$.

证. 我们注意到

$$\begin{aligned}\lambda(a) &\geqslant 1 - \varlimsup_{r\to\infty}\frac{\overline{N}_{12}(r,a)}{\overline{N}(r,\frac{1}{f-a}) + \overline{N}(r,\frac{1}{g-a})} \\ &= \varliminf_{r\to\infty}\frac{2\overline{N}_0(r,a)}{\overline{N}(r,\frac{1}{f-a}) + \overline{N}(r,\frac{1}{g-a})}\end{aligned}$$

$$\geqslant \varliminf_{r\to\infty} \frac{2\overline{n}_0(r,a)}{\overline{n}\left(r,\frac{1}{f-a}\right)+\overline{n}\left(r,\frac{1}{g-a}\right)}. \tag{3.1.10}$$

假设 $f(z)\not\equiv g(z)$. 由(3.1.9),(3.1.10) 得

$$\sum_a \lambda(a) > 4,$$

这与定理 3.4 的(iii) 矛盾. 于是 $f(z)\equiv g(z)$.

与本节有关的结果可参看 Nevanlinna[2],Gross[1].

3.1.4 把常数换为小函数的推广

一个自然的问题是,五值定理对小函数是否成立. 我们有下述

定理 3.5 设 $f(z)$ 与 $g(z)$ 为非常数亚纯函数,$a_j(z)(j=1,2,3,4,5)$ 为五个判别的 f 与 g 的小函数(即 $T(r,a_j)=S(r,f)$, $T(r,a_j)=S(r,g)(j=1,2,3,4,5)$). 如果

$$f(z)-a_j(z)=0 \leftrightarrows g(z)-a_j(z)=0 \quad (j=1,2,3,4,5),$$

则 $f(z)\equiv g(z)$.

证. 假设 $f(z)\not\equiv g(z)$. 由第二基本定理的推广定理(定理 1.39),我们有

$$(3-\varepsilon)T(r,f) < \sum_{j=1}^{5} N\left(r,\frac{1}{f-a_j}\right)+S(r,f), \tag{3.1.11}$$

$$(3-\varepsilon)T(r,g) < \sum_{j=1}^{5} N\left(r,\frac{1}{g-a_j}\right)+S(r,g), \tag{3.1.12}$$

其中 ε 为任意给定的正数. 由

$$f(z)-a_j(z)=0 \leftrightarrows g(z)-a_j(z)=0 \quad (j=1,2,3,4,5)$$

得

$$\begin{aligned}\sum_{j=1}^{5} N\left(r,\frac{1}{f-a_j}\right) &= \sum_{j=1}^{5} N\left(r,\frac{1}{g-a_j}\right) \leqslant N\left(r,\frac{1}{f-g}\right)\\ &\leqslant T(r,f-g)+O(1)\\ &\leqslant T(r,f)+T(r,g)+O(1).\end{aligned} \tag{3.1.13}$$

由(3.1.11),(3.1.12),(3.1.13) 得

$$(3-\varepsilon)[T(r,f)+T(r,g)] \leqslant 2[T(r,f)+T(r,g)] + S(r,f)+S(r,g),$$

即

$$(1-\varepsilon)[T(r,f)+T(r,g)] \leqslant S(r,f)+S(r,g),$$

这是一个矛盾. 于是 $f(z)\equiv g(z)$.

设 $h(z)$ 为非常数亚纯函数,$a(z)$ 为 $h(z)$ 的小函数. 我们以 $E(a,h)$ 表示 $h(z)-a(z)$ 的零点集合,重级零点按其重级计算.

设 $f(z)$ 与 $g(z)$ 为非常数亚纯函数,$a(z)$ 为 $f(z)$ 与 $g(z)$ 的小函数. 我们以 $n_0(r,a)$ 表示在 $|z|\leqslant r$ 内 $f(z)-a(z)$ 与 $g(z)-a(z)$ 的公共零点的个数,重级按小者计,$N_0(r,a)$ 表示 $n_0(r,a)$ 相应的计数函数. 置

$$N_{12}(r,a)=N\left(r,\frac{1}{f-a}\right)+N\left(r,\frac{1}{g-a}\right)-2N_0(r,a).$$

与定理 3.3 类似,我们有下述

定理 3.6 设 $f(z)$ 与 $g(z)$ 为非常数亚纯函数. 如果 $f(z)\not\equiv g(z)$,则

$$\varlimsup_{r\to\infty}\frac{\sum\limits_{a(z)\not\equiv\infty}N_0(r,a)}{T(r,f)+T(r,g)}\leqslant 1.$$

证. 显然

$$\sum_{a(z)\not\equiv\infty}N_0(r,a)\leqslant N\left(r,\frac{1}{f-g}\right)\leqslant T(r,f-g)+O(1) \leqslant T(r,f)+T(r,g)+O(1).$$

由此即得定理 3.6 的结论.

由定理 3.6,可得下述

系. 设 $f(z)$ 与 $g(z)$ 为非常数亚纯函数. 如果

$$\varlimsup_{r\to\infty}\frac{\sum\limits_{a(z)\not\equiv\infty}N_0(r,a)}{T(r,f)+T(r,g)}>1,$$

则 $f(z)\equiv g(z)$.

定理 3.5 实质上是定理 3.6 的一个推论.

3.1.5 有关小函数的唯一性的进一步结果

先证明二个引理

引理 3.1 设 $f(z)$ 为非常数亚纯函数，$b_1(z)$，$b_2(z)$ 为其小函数，互相判别，且均不恒为零或 1，则

$$2T(r,f) < \overline{N}(r,f) + \overline{N}\left(r,\frac{1}{f}\right) + \overline{N}\left(r,\frac{1}{f-1}\right) + \overline{N}\left(r,\frac{1}{f-b_1}\right) + \overline{N}\left(r,\frac{1}{f-b_2}\right) + S(r,f).$$

证. 若 $b_1(z)$，$b_2(z)$ 均为常数，由定理 1.8 知，引理 3.1 成立. 下设 $b_1(z)$ 与 $b_2(z)$ 不全为常数. 置

$$F(z) = \begin{vmatrix} ff' & f' & f^2 - f \\ b_1 b_1' & b_1' & b_1^2 - b_1 \\ b_2 b_2' & b_2' & b_2^2 - b_2 \end{vmatrix}. \tag{3.1.14}$$

我们首先证明 $F(z) \not\equiv 0$.

如果 $F(z) \equiv 0$，由(3.1.14)易得

$$\left(\frac{b_1'}{b_1} - \frac{b_2'}{b_2}\right)\left(\frac{f'}{f-1} - \frac{b_2'}{b_2-1}\right) \equiv \left(\frac{b_1'}{b_1-1} - \frac{b_2'}{b_2-1}\right)\left(\frac{f'}{f} - \frac{b_2'}{b_2}\right). \tag{3.1.15}$$

我们区分四种情形.

1) 假设 $\frac{b_1'}{b_1} \equiv \frac{b_2'}{b_2}$. 则 $\frac{b_1'}{b_1-1} \not\equiv \frac{b_2'}{b_2-1}$. 由(3.1.15)得 $\frac{f'}{f} \equiv \frac{b_2'}{b_2}$，即 $f(z) = cb_2(z)$. 其中 c 为常数，这是一个矛盾.

2) 假设 $\frac{b_1'}{b_1-1} \equiv \frac{b_2'}{b_2-1}$， 与 1) 类似，也可得出矛盾.

3) 假设 $\frac{b_1'}{b_1} \not\equiv \frac{b_2'}{b_2}$， $\frac{b_1'}{b_1-1} \not\equiv \frac{b_2'}{b_2-1}$， 且 $\frac{b_1'}{b_1} - \frac{b_2'}{b_2} \equiv \frac{b_1'}{b_1-1} - \frac{b_2'}{b_2-1}$. 这时(3.1.15)可化为

$$\frac{f'}{f-1} - \frac{f'}{f} \equiv \frac{b_2'}{b_2-1} - \frac{b_2'}{b_2}.$$

故

$$\frac{f-1}{f} \equiv c \cdot \frac{b_2-1}{b_2}, \quad \text{其中 } c \text{ 为常数.}$$

于是

$$\frac{1}{f} = 1 - c\left(1 - \frac{1}{b_2}\right).$$

因此

$$T(r,f) = T\left(r,\frac{1}{f}\right) + O(1) = S(r,f),$$

这也是一个矛盾.

4) 假设 $\frac{b_1'}{b_1} \not\equiv \frac{b_2'}{b_2}, \frac{b_1'}{b_1-1} \not\equiv \frac{b_2'}{b_2-1}$,且

$\frac{b_1'}{b_1} - \frac{b_2'}{b_2} \not\equiv \frac{b_1'}{b_1-1} - \frac{b_2'}{b_2-1}$. 这时(3.1.15)可写为

$$\begin{aligned}&\left(\frac{b_1'}{b_1} - \frac{b_2'}{b_2}\right)\frac{f'}{f-1} - \left(\frac{b_1'}{b_1-1} - \frac{b_2'}{b_2-1}\right)\frac{f'}{f}\\ &\equiv \frac{b_1'b_2'}{b_1(b_2-1)} - \frac{b_2'b_1'}{b_2(b_1-1)}.\end{aligned} \tag{3.1.16}$$

由(3.1.16)可知,$f(z)-1$ 的零点只可能来自 $b_j(z)(j=1,2)$ 的零点,1点或极点处以及 $\frac{b_1'}{b_1} - \frac{b_2'}{b_2}$ 的零点处. 因此

$$\begin{aligned}\overline{N}\left(r,\frac{1}{f-1}\right) \leqslant \sum_{j=1}^{2}\left\{N(r,b_j) + N\left(r,\frac{1}{b_j}\right) + N\left(r,\frac{1}{b_j-1}\right)\right\}\\ + N\left(r,\frac{1}{\frac{b_1'}{b_1} - \frac{b_2'}{b_2}}\right) = S(r,f).\end{aligned} \tag{3.1.17}$$

同理可得

$$\overline{N}\left(r,\frac{1}{f}\right) = S(r,f). \tag{3.1.18}$$

由(3.1.16)还可看出,$f(z)$ 的极点只可能来自 $b_j(j=1,2)$ 的零点,1点或极点处以及 $\left(\frac{b_1'}{b_1} - \frac{b_2'}{b_2}\right) - \left(\frac{b_1'}{b_1-1} - \frac{b_2'}{b_2-1}\right)$ 的零点处,因此同样可得

$$\overline{N}(r,f) = S(r,f). \tag{3.1.19}$$

综合(3.1.17),(3.1.18),(3.1.19)便得

$$T(r,f) < \overline{N}(r,f) + \overline{N}\left(r,\frac{1}{f}\right) + \overline{N}\left(r,\frac{1}{f-1}\right) + S(r,f)$$
$$= S(r,f).$$

这也是一个矛盾. 于是 $F(z) \neq 0$.

置

$$\delta(z) = \frac{1}{3}\min\{1,|b_1(z)|,|b_2(z)|,|b_1(z)-1|,$$
$$|b_2(z)-1|,|b_1(z)-b_2(z)|\},$$
$$\theta_j(r) = \{\theta: |f(re^{i\theta}) - b_j(re^{i\theta})| \leqslant \delta(re^{i\theta})\},(j=1,2),$$
$$\theta_3(r) = \{\theta: |f(re^{i\theta})| \leqslant \delta(re^{i\theta})\},$$
$$\theta_4(r) = \{\theta: |f(re^{i\theta}) - 1| \leqslant \delta(re^{i\theta})\},$$

显然 $\theta_i(r) \cap \theta_j(r) \quad (i \neq j, i,j = 1,2,3,4)$ 最多只有有限个点. 易见

$$\frac{1}{2\pi}\int_0^{2\pi}\log\frac{1}{\delta(re^{i\theta})}d\theta$$
$$\leqslant \frac{1}{2\pi}\int_0^{2\pi}\log\max\left\{1,\frac{1}{|b_1|},\frac{1}{|b_2|},\frac{1}{|b_1-1|},\frac{1}{|b_2-1|},\frac{1}{|b_1-b_2|}\right\}d\theta$$
$$+\log 3$$
$$\leqslant m(r,\frac{1}{b_1}) + m(r,\frac{1}{b_2}) + m(r,\frac{1}{b_1-1}) + m(r,\frac{1}{b_2-1})$$
$$+ m(r,\frac{1}{b_1-b_2}) + \log 3$$
$$= S(r,f). \tag{3.1.20}$$

注意到

$$ff' = (f-b_1)(f'-b_1') + b_1'(f-b_1) + b_1(f'-b_1') + b_1b_1',$$
$$f' = (f'-b_1') + b_1',$$
$$f^2 - f = (f-b_1)^2 + (2b_1-1)(f-b_1) + b_1^2 - b_1.$$

将上三式代入(3.1.14),利用行列式性质可得

$$F = \begin{vmatrix} (f-b_1)(f'-b_1')+b_1'(f-b_1)+b_1(f'-b_1'), & f'-b_1', & (f-b_1)^2+(2b_1-1)(f-b_1) \\ b_1b_1', & b_1', & b_1^2-b_1 \\ b_2b_2', & b_2', & b_2^2-b_2 \end{vmatrix}$$

(3.1.21)

再利用 $\theta \in \theta_1(r)$ 时，$|f-b_1| \leqslant \delta \leqslant 1+|b_1|$ 可得

$$\frac{1}{2\pi}\int_{\theta_1(r)}\log^+\left|\frac{F}{f-b_1}\right|d\theta$$

$$\leqslant m(r,\frac{f'-b_1'}{f-b_1})+O\{m(r,b_1)+m(r,b_2)+m(r,b_1')+m(r,b_2')\}$$

$$=S(r,f). \qquad (3.1.22)$$

由(3.1.20)，(3.1.22) 得

$$m(r,\frac{1}{f-b_1}) \leqslant \frac{1}{2\pi}\int_{\theta_1(r)}\log^+\frac{1}{|f-b_1|}d\theta+\frac{1}{2\pi}\int_0^{2\pi}\log\frac{1}{\delta}d\theta$$

$$\leqslant \frac{1}{2\pi}\int_{\theta_1(r)}\log^+\left|\frac{F}{f-b_1}\right|d\theta+\frac{1}{2\pi}\int_{\theta_1(r)}\log^+\frac{1}{|F|}d\theta+S(r,f).$$

$$=\frac{1}{2\pi}\int_{\theta_1(r)}\log^+\frac{1}{|F|}d\theta+S(r,f). \qquad (3.1.23)$$

类似的论证可得

$$m(r,\frac{1}{f-b_2}) \leqslant \frac{1}{2\pi}\int_{\theta_2(r)}\log^+\frac{1}{|F|}d\theta+S(r,f), \qquad (3.1.24)$$

$$m(r,\frac{1}{f}) \leqslant \frac{1}{2\pi}\int_{\theta_3(r)}\log^+\frac{1}{|F|}d\theta+S(r,f), \qquad (3.1.25)$$

$$m(r,\frac{1}{f-1}) \leqslant \frac{1}{2\pi}\int_{\theta_4(r)}\log^+\frac{1}{|F|}d\theta+S(r,f), \qquad (3.1.26)$$

结合(3.1.23)—(3.1.26) 得

$$m(r,\frac{1}{f-b_1})+m(r,\frac{1}{f-b_2})+m(r,\frac{1}{f})+m(r,\frac{1}{f-1})$$

$$\leqslant m(r,\frac{1}{F})+S(r,f).$$

因此

$$4T(r,f)<\{N(r,\frac{1}{f-b_1})+N(r,\frac{1}{f-b_2})+N(r,\frac{1}{f})+N(r,\frac{1}{f-1})-N(r,\frac{1}{F})\}+T(r,F)+S(r,f).$$

$$(3.1.27)$$

由(3.1.21) 知，$f-b_1$ 的 $p(>1)$ 重零点若不是 b_1 或 b_2 的极点必为 $F(z)$ 的至少 $p-1$ 重零点. 类似可证，$f-b_2$ 的 $p(>1)$ 重零点

若不是b_1或b_2的极点必为$F(z)$的至少$p-1$重零点. 由(3.1.14)知, f或$f-1$的$p(>1)$重零点若不是b_1或b_2的极点必为$F(z)$的至少$p-1$重零点. 于是由(3.1.27)得

$$4T(r,f)<\overline{N}(r,\frac{1}{f-b_1})+\overline{N}(r,\frac{1}{f-b_2})+\overline{N}(r,\frac{1}{f})$$
$$+\overline{N}(r,\frac{1}{f-1})+T(r,F)+S(r,f). \quad (3.1.28)$$

由(3.1.14)易得

$$m(r,F)<2m(r,f)+S(r,f),$$
$$N(r,F)<2N(r,f)+\overline{N}(r,f)+S(r,f).$$

故

$$T(r,F)<2T(r,f)+\overline{N}(r,f)+S(r,f), \quad (3.1.29)$$

由(3.1.28), (3.1.29)即得引理3.1的结论.

引理3.2 设$f(z)$为非常数亚纯函数, $a_j(z)(j=1,2,3,4,5)$为五个判别的$f(z)$的小函数. 则

$$2T(r,f)<\sum_{j=1}^{5}\overline{N}(r,\frac{1}{f-a_j})+S(r,f).$$

证. 置

$$g(z)=\frac{f(z)-a_4(z)}{f(z)-a_5(z)}\cdot\frac{a_3(z)-a_5(z)}{a_3(z)-a_4(z)},$$
$$b_j(z)=\frac{a_j(z)-a_4(z)}{a_j(z)-a_5(z)}\cdot\frac{a_3(z)-a_5(z)}{a_3(z)-a_4(z)} \quad (j=1,2).$$

由定理1.13得

$$T(r,g)=T(r,f)+S(r,f). \quad (3.1.30)$$

故

$$T(r,b_j)=S(r,g).$$

对$g(z)$, $b_1(z)$, $b_2(z)$应用引理3.1可得

$$2T(r,g)<\overline{N}(r,g)+\overline{N}(r,\frac{1}{g})+\overline{N}(r,\frac{1}{g-1})+\overline{N}(r,\frac{1}{g-b_1})$$
$$+\overline{N}(r,\frac{1}{g-b_2})+S(r,g). \quad (3.1.31)$$

注意到

$$\overline{N}(r,g)<\overline{N}(r,\frac{1}{f-a_5})+S(r,f),$$

$$\overline{N}(r,\frac{1}{g})<\overline{N}(r,\frac{1}{f-a_4})+S(r,f),$$

$$\overline{N}(r,\frac{1}{g-1})<\overline{N}(r,\frac{1}{f-a_3})+S(r,f),$$

$$\overline{N}(r,\frac{1}{g-b_j})<\overline{N}(r,\frac{1}{f-a_j})+S(r,f)\quad(j=1,2).$$

再由(3.1.30),(3.1.31)即得

$$2T(r,f)<\sum_{j=1}^{5}\overline{N}(r,\frac{1}{f-a_j})+S(r,f).$$

设$h(z)$为非常数亚纯函数,p为正整数,记$n_p(r,h)$为$h(z)$在$|z|\leqslant r$内的极点个数,计重数,重数大于p时只计p次,$N_p(r,h)$为其相应的计数函数.

引理3.3 设$f(z)$为非常数亚纯函数,$a_j(z)(j=1,2,\cdots,q)$为$q(\geqslant 3)$个判别的$f(z)$的小函数.则对任意小的正数ε,存在正整数p,使得

$$(q-2-\varepsilon)T(r,f)<\sum_{j=1}^{q}N_p\left(r,\frac{1}{f-a_j}\right)+S(r,f).$$

证. 使用定理1.39证明中采用的符号.由(1.5.35),(1.5.36),(1.5.37)得

$$\begin{aligned}qT(r,f)-\sum_{j=1}^{q}N(r,\frac{1}{f-a_j})&<T(r,f)+\frac{k}{n}N(r,f)\\&\quad-\frac{1}{n}N(r,\frac{1}{P(f)})+S(r,f)\\&<(2+\varepsilon)T(r,f)-\frac{1}{n}N(r,\frac{1}{P(f)})+S(r,f),\end{aligned}$$

其中$P(f)=W(\beta_1,\beta_2,\cdots,\beta_k,fb_1,fb_2,\cdots,fb_n)$.于是

$$\begin{aligned}(q-2-\varepsilon)T(r,f)<\sum_{j=1}^{q}N(r,\frac{1}{f-a_j})-\frac{1}{n}N(r,\frac{1}{P(f)})\\+S(r,f).\end{aligned}\tag{3.1.32}$$

注意到

$$P(f-a_j)=P(f),\quad(j=1,2,\cdots,q).\tag{3.1.33}$$

设 z_0 为 $f-a_{j_0}(1\leqslant j_0\leqslant q)$ 的 $t\ (t>n+k)$ 重零点，但不是 $a_j(z)(j=1,2,\cdots,q)$ 的极点，由 $P(f-a_{j_0})$ 的定义与(3.1.33)知，z_0 为 $P(f)$ 的至少 $n(t-n-k)$ 重零点. 于是由(3.1.32)得

$$(q-2-\varepsilon)T(r,f)<\sum_{j=1}^{q}N_{n+k}(r,\frac{1}{f-a_j})+S(r,f).$$

最近，张庆德[1] 证明了

定理 3.7 设 $f(z)$ 与 $g(z)$ 为非常数亚纯函数，$a_j(z)(j=1,2,3,4,5)$ 为五个判别的 $f(z)$ 与 $g(z)$ 的小函数. 如果

$$f(z)-a_j(z)=0\Leftrightarrow g(z)-a_j(z)=0\quad(j=1,2,3,4,5),$$

且 $f(z)-a_j(z)$ 的重级零点均为 $g(z)-a_j(z)$ 的重级零点($j=1,2,3,4,5$)，则 $f(z)\equiv g(z)$.

证. 假设 $f(z)\not\equiv g(z)$. 记 $\overline{n}^*(r,\frac{1}{f-a_j})$ 为 $f-a_j$ 在 $|z|\leqslant r$ 内重级大于 1 的零点个数，每个零点仅计一次 ($j=1,2,3,4,5$)，$\overline{N}^*(r,\frac{1}{f-a_j})$ 为相应的计数函数. 由定理 3.7 的假设可得

$$\begin{aligned}&\sum_{j=1}^{5}\overline{N}(r,\frac{1}{f-a_j})+\sum_{j=1}^{5}\overline{N}^*(r,\frac{1}{f-a_j})\\&\qquad\leqslant N(r,\frac{1}{f-g})<T(r,f)+T(r,g)+O(1).\end{aligned}\tag{3.1.34}$$

再由引理 3.2 得

$$\begin{aligned}&2T(r,f)+\sum_{j=1}^{5}\overline{N}^*(r,\frac{1}{f-a_j})\\&\quad<\sum_{j=1}^{5}\overline{N}(r,\frac{1}{f-a_j})+\sum_{j=1}^{5}\overline{N}^*(r,\frac{1}{f-a_j})+S(r,f)\\&\quad<T(r,f)+T(r,g)+S(r,f).\end{aligned}\tag{3.1.35}$$

同理可得

$$\begin{aligned}&2T(r,g)+\sum_{j=1}^{5}\overline{N}^*(r,\frac{1}{f-a_j})\\&\qquad<T(r,f)+T(r,g)+S(r,g).\end{aligned}\tag{3.1.36}$$

由(3.1.35)，(3.1.36)即得

$$\sum_{j=1}^{5}\overline{N}^{*}(r,\frac{1}{f-a_j}) = S(r,f)+S(r,g) \tag{3.1.37}$$

及

$$T(r,g) = T(r,f)+S(r,f). \tag{3.1.38}$$

应用引理 3.3，置 $\varepsilon=\frac{1}{2}$，得正整数 p，可得

$$\begin{aligned} 2.5T(r,f) &< \sum_{j=1}^{5}N_p(r,\frac{1}{f-a_j})+S(r,f) \\ &< \sum_{j=1}^{5}\{\overline{N}(r,\frac{1}{f-a_j})+p\,\overline{N}^{*}(r,\frac{1}{f-a_j})\}+S(r,f) \end{aligned}$$

再由(3.1.34)，(3.1.37)，(3.1.38) 得

$$2.5T(r,f) < 2T(r,f)+S(r,f),$$

即

$$\frac{1}{2}T(r,f) < S(r,f),$$

这是一个矛盾. 于是 $f(z)\equiv g(z)$.

显然定理 3.7 是定理 3.5 的改进.

设 $h(z)$ 为非常数亚纯函数，$a(z)$ 为 $h(z)$ 的小函数. 我们以 $\widetilde{E}(a,h)$ 表示 $h(z)-a(z)$ 的零点集合，单重零点计一次，重级零点计二次.

使用上述符号，由定理 3.7 可得下述

系. 设 $f(z)$ 与 $g(z)$ 为非常数亚纯函数，$a_j(z)(j=1,2,3,4,5)$ 为五个判别的 $f(z)$ 与 $g(z)$ 的小函数. 如果 $\widetilde{E}(a_j,f)=\widetilde{E}(a_j,g)(j=1,2,3,4,5)$，则 $f(z)\equiv g(z)$.

张庆德[1] 还证明了下述

定理 3.8 设 $f(z)$ 与 $g(z)$ 为非常数亚纯函数，$a_j(z)(j=1,2,3,4,5,6)$ 为六个判别的 $f(z)$ 与 $g(z)$ 的小函数. 如果

$$f(z)-a_j(z)=0 \Leftrightarrow g(z)-a_j(z)=0 \quad (j=1,2,3,4,5,6),$$

则 $f(z)\equiv g(z)$.

证. 假设 $f(z)\not\equiv g(z)$. 易见

$$\sum_{j=1}^{6}\overline{N}(r,\frac{1}{f-a_j})\leqslant N(r,\frac{1}{f-g})$$
$$<T(r,f)+T(r,g)+O(1).$$

由引理 3.2 得

$$2T(r,f)<\sum_{\substack{j=1\\j\neq k}}^{6}\overline{N}(r,\frac{1}{f-a_j})+S(r,f)\quad(k=1,2,3,4,5,6).$$

故

$$12T(r,f)<5\sum_{j=1}^{6}\overline{N}(r,\frac{1}{f-a_j})+S(r,f)$$
$$<5T(r,f)+5T(r,g)+S(r,f).\tag{3.1.39}$$

同理有

$$12T(r,g)<5T(r,f)+5T(r,g)+S(r,g).\tag{3.1.40}$$

由(3.1.39),(3.1.40)得

$$2T(r,f)+2T(r,g)<S(r,f)+S(r,g).$$

这是一个矛盾. 于是 $f(z)\equiv g(z)$.

与本节有关的结果可参看朱经浩[1],叶寿桢[1,2],张庆德[1].

§3.2 处理重值问题的杨乐方法

亚纯函数重值与唯一性问题的研究本质上都是应用了处理重值问题的杨乐方法. 本节将扼要论述杨乐关于重值问题的部分研究工作.

3.2.1 二个引理

设 $f(z)$ 为非常数亚纯函数,a 为任意复数,k 为正整数,我们以 $\overline{n}_{k)}(r,\frac{1}{f-a})$ 或 $\overline{n}_{k)}(r,f=a)$ 或 $\overline{n}_{k)}(r,a)$ 表示在 $|z|\leqslant r$ 内 $f(z)-a$ 的重级不超过 k 的零点数目,且重级零点仅计一次;以 $\overline{n}_{(k+1}(r,\frac{1}{f-a})$ 或 $\overline{n}_{(k+1}(r,f=a)$ 或 $\overline{n}_{(k+1}(r,a)$ 表示在 $|z|\leqslant r$ 内 $f(z)-a$ 的重级超过 k 的零点数目,重级零点也计算一次. 相应

的计数函数记为 $\overline{N}_{k)}(r,\frac{1}{f-a})$ 或 $\overline{N}_{k)}(r,f=a)$ 或 $\overline{N}_{k)}(r,a)$ 以及 $\overline{N}_{(k+1}(r,\frac{1}{f-a})$ 或 $\overline{N}_{(k+1}(r,f=a)$ 或 $\overline{N}_{(k+1}(r,a)$. 与上述诸量相似，我们还采用记号 $n_{k)}(r,\frac{1}{f-a})$, $n_{(k+1}(r,\frac{1}{f-a})$, $N_{k)}(r,\frac{1}{f-a})$, $N_{(k+1}(r,\frac{1}{f-a})$，其中重级零点按重数计算.

下面证明二个在重值问题中起重要作用的引理.

引理 3.4 设 $f(z)$ 为非常数亚纯函数，a 为任意复数，k 为正整数，则

(i) $$\overline{N}(r,\frac{1}{f-a})\leqslant\frac{k}{k+1}\overline{N}_{k)}(r,\frac{1}{f-a})+\frac{1}{k+1}N(r,\frac{1}{f-a}),\tag{3.2.1}$$

(ii) $$\overline{N}(r,\frac{1}{f-a})\leqslant\frac{k}{k+1}\overline{N}_{k)}(r,\frac{1}{f-a})+\frac{1}{k+1}T(r,f)+O(1).\tag{3.2.2}$$

证. 注意到

$$\overline{N}(r,\frac{1}{f-a})=\overline{N}_{k)}(r,\frac{1}{f-a})+\overline{N}_{(k+1}(r,\frac{1}{f-a})$$

及

$$\overline{N}_{(k+1}(r,\frac{1}{f-a})\leqslant\frac{1}{k+1}N_{(k+1}(r,\frac{1}{f-a}).$$

则

$$\begin{aligned}\overline{N}(r,\frac{1}{f-a})&\leqslant\frac{k}{k+1}\overline{N}_{k)}(r,\frac{1}{f-a})+\frac{1}{k+1}\overline{N}_{k)}(r,\frac{1}{f-a})\\&\quad+\frac{1}{k+1}N_{(k+1}(r,\frac{1}{f-a})\\&\leqslant\frac{k}{k+1}\overline{N}_{k)}(r,\frac{1}{f-a})+\frac{1}{k+1}N(r,\frac{1}{f-a}).\end{aligned}$$

这就证明了(3.2.1).

注意到

$$N(r,\frac{1}{f-a})\leqslant T(r,f)+O(1).$$

由(3.2.1)即可得到(3.2.2).

引理 3.5 设 $f(z)$ 为非常数亚纯函数,$a_j(j=1,2,\cdots,q)$ 为 $q(\geqslant 3)$ 个判别的复数,$k_j(j=1,2,\cdots,q)$ 为 q 个正整数. 则

(i)
$$(q-2)T(r,f)<\sum_{j=1}^{q}\frac{k_j}{k_j+1}\overline{N}_{k_j)}(r,\frac{1}{f-a_j})+\sum_{j=1}^{q}\frac{1}{k_j+1}N(r,\frac{1}{f-a_j})+S(r,f),\tag{3.2.3}$$

(ii)
$$(q-2-\sum_{j=1}^{q}\frac{1}{k_j+1})T(r,f)<\sum_{j=1}^{q}\frac{k_j}{k_j+1}\overline{N}_{k_j)}(r,\frac{1}{f-a_j})+S(r,f).\tag{3.2.4}$$

证. 由第二基本定理得

$$(q-2)T(r,f)<\sum_{j=1}^{q}\overline{N}(r,\frac{1}{f-a_j})+S(r,f).$$

再由(3.2.1)即得(3.2.3),由(3.2.2)即得(3.2.4)

3.2.2 拟 Borel 例外值

定义 3.1 设 $f(z)$ 于开平面亚纯,其级 λ 为有穷正数,a 为任意复数,k 为正整数. 如果

$$\overline{\lim_{r\to\infty}}\frac{\log^{+}\overline{n}_{k)}(r,\frac{1}{f-a})}{\log r}<\lambda,$$

则 a 称为 $f(z)$ 的 k 级拟 Borel 例外值.

引理 3.6 a 为 $f(z)$ 的 k 级拟 Borel 例外值的必要且充分的条件是

$$\overline{\lim_{r\to\infty}}\frac{\log^{+}\overline{N}_{k)}(r,\frac{1}{f-a})}{\log r}<\lambda,\tag{3.2.5}$$

其中 λ 为 $f(z)$ 的级.

证. 若 a 为 $f(z)$ 的 k 级拟 Borel 例外值. 由定义 3.1 知,存在 $\tau,0<\tau<\lambda$,使当 $r>r_0$ 时有

$$\overline{n}_{k)}(r,\frac{1}{f-a})<r^{\tau}.$$

故

$$\overline{N}_{k)}(r,\frac{1}{f-a})=\overline{N}_{k)}(r_0,\frac{1}{f-a})+\int_{r0}^{r}\frac{\overline{n}_{k)}(t,\frac{1}{f-a})}{t}dt$$
$$\leqslant\overline{N}_{k)}(r_0,\frac{1}{f-a})+\frac{r^{\tau}}{\tau}.$$

于是

$$\overline{\lim_{r\to\infty}}\frac{\log^+\overline{N}_{k)}(r,\frac{1}{f-a})}{\log r}\leqslant\tau<\lambda.$$

反之,如果(3.2.5)成立,则当 $r>r_0$ 时有

$$\overline{N}_{k)}(r,\frac{1}{f-a})<r^{\tau},$$

其中 $0<\tau<\lambda$. 故

$$\overline{n}_{k)}(r,\frac{1}{f-a})=\frac{\overline{n}_{k)}(r,\frac{1}{f-a})}{\log 2}\int_r^{2r}\frac{dt}{t}$$
$$\leqslant\frac{1}{\log 2}\int_r^{2r}\frac{\overline{n}_{k)}(t,\frac{1}{f-a})}{t}dt$$
$$\leqslant\frac{1}{\log 2}\overline{N}_{k)}(2r,\frac{1}{f-a})$$
$$<\frac{(2r)^{\tau}}{\log 2}.$$

于是

$$\overline{\lim_{r\to\infty}}\frac{\log^+\overline{n}_{k)}(r,\frac{1}{f-a})}{\log r}\leqslant\tau<\lambda.$$

定理 3.9 设 $f(z)$ 于开平面亚纯,其级 λ 为有穷正数,$a_j(j=1,2,\cdots,q)$ 为 q 个判别的复数,$k_j(j=1,2,\cdots,q)$ 为 q 个正整数. 如果 $f(z)$ 以 $a_j(j=1,2,\cdots,q)$ 为 k_j 级拟 Borel 例外值,则

$$\sum_{j=1}^{q}(1-\frac{1}{k_j+1})\leqslant 2. \tag{3.2.6}$$

证. 当 $q \leqslant 2$ 时，(3.2.6) 显然成立. 设 $q \geqslant 3$. 由引理 3.5 得

$$\left(q-2-\sum_{j=1}^{q}\frac{1}{k_j+1}\right)T(r,f)<\sum_{j=1}^{q}\frac{k_j}{k_j+1}\overline{N}_{k_j)}\left(r,\frac{1}{f-a_j}\right)+S(r,f). \tag{3.2.4}$$

如果 $q-2-\sum_{j=1}^{q}\frac{1}{k_j+1}>0$，注意到 $f(z)$ 以 $a_j(j=1,2,\cdots,q)$ 为 k_j 级拟 Borel 例外值，再由引理 3.6 知(3.2.4) 右端的级小于 λ. 而(3.2.4) 左端的级为 λ，这是一个矛盾. 因此

$$q-2-\sum_{j=1}^{q}\frac{1}{k_j+1}\leqslant 0.$$

从而得到 (3.2.6)

由定理 3.9 可得下述

系. 有穷正级亚纯函数 $f(z)$ 的 k 级拟 Borel 例外值的数目不超过 $\frac{2(k+1)}{k}$ 个. 特别地，$f(z)$ 的单级拟 Borel 例外值不超过 4 个，二级拟 Borel 例外值不超过 3 个，三级拟 Borel 例外值不超过 2 个.

定理 3.9 和系中的结论是精确的. 例如 $k=1$ 时，考虑函数 $f(z)=\mathrm{sn}(z)$，这里 $\mathrm{sn}(z)$ 为 Jacobian 椭圆函数. 有关椭圆函数的知识可参看 Rainville[1]. 我们知道，$f(z)$ 为有穷正级亚纯函数，且满足 $(f')^2=(1-f^2)(1-t^2f^2)$，这里 $t(\neq 0,1,-1)$ 是常数. 容易看到，$1,-1,\frac{1}{t},-\frac{1}{t}$ 为 $f(z)$ 的四个重值，这四个值便是 $f(z)$ 的单级拟 Borel 例外值.

当 $f(z)$ 为整函数，$a_j(j=1,2,\cdots,q)$ 为 q 个判别的有穷复数时，类似于(3.2.4) 的推导有

$$\left(q-1-\sum_{j=1}^{q}\frac{1}{k_j+1}\right)T(r,f)<\sum_{j=1}^{q}\frac{k_j}{k_j+1}\overline{N}_{k_j)}\left(r,\frac{1}{f-a_j}\right)+S(r,f).$$

于是我们有下述

定理 3.10 若 $f(z)$ 为有穷正级整函数，以判别的有穷复数 $a_j(j=1,2,\cdots,q)$ 为 k_j 级拟 Borel 例外值，则

$$\sum_{j=1}^{q}\left(1-\frac{1}{k_j+1}\right)\leqslant 1.$$

特别地,$f(z)$ 有穷的单级拟 Borel 例外值数目不超过 2,二级或二级以上的拟 Borel 例外值数目不超过 1.

3.2.3 拟亏量

设 $f(z)$ 为开平面上的超越亚纯函数,a 为任意复数. k 为正整数,相应于通常的亏量,杨乐[6]引入拟亏量

$$\delta_{k)}(a,f)=1-\varlimsup_{r\to\infty}\frac{\overline{N}_{k)}(r,\frac{1}{f-a})}{T(r,f)}.$$

拟亏量具有下述性质.

定理 3.11 设 $f(z)$ 为超越亚纯函数. k 为正整数,则

(i) 对于所有的复数 a 有 $0\leqslant\delta_{k)}(a,f)\leqslant 1$.

(ii) 使 $\delta_{k)}(a,f)$ 为正数的复数 a 至多为一可数集,并且

$$\sum_{a}\delta_{k)}(a,f)\leqslant\frac{2(k+1)}{k}. \tag{3.2.7}$$

证. 由拟亏量的定义,显然有 $0\leqslant\delta_{k)}(a,f)\leqslant 1$.

若 $a_j(j=1,2,\cdots,q)$ 为 $q(>2)$ 个判别的复数,由引理 3.5. 我们有

$$(q-2-\frac{q}{k+1})T(r,f)<\frac{k}{k+1}\sum_{j=1}^{q}\overline{N}_{k)}(r,\frac{1}{f-a_j})+S(r,f).$$

于是

$$\frac{k}{k+1}\sum_{j=1}^{q}(1-\frac{\overline{N}_{k)}(r,\frac{1}{f-a_j})}{T(r,f)})<2+\frac{S(r,f)}{T(r,f)}.$$

从而

$$\sum_{j=1}^{q}\delta_{k)}(a_j,f)=\sum_{j=1}^{q}\varliminf_{r\to\infty}(1-\frac{\overline{N}_{k)}(r,\frac{1}{f-a_j})}{T(r,f)})$$

$$\leqslant\varliminf_{r\to\infty}\sum_{j=1}^{q}(1-\frac{\overline{N}_{k)}(r,\frac{1}{f-a_j})}{T(r,f)})$$

$$\leqslant \lim_{r\to\infty} \frac{k+1}{k}(2+\frac{S(r,f)}{T(r,f)})$$
$$=\frac{k+1}{k}(2+\lim_{r\to\infty}\frac{S(r,f)}{T(r,f)})$$
$$=\frac{2(k+1)}{k}. \tag{3.2.8}$$

再由 $a_j(j=1,2,\cdots,q)$ 的任意性，由(3.2.8)即得(3.2.7). 由(3.2.7)即知，使 $\delta_{k)}(a,f)$ 为正数的复数 a 至多为一可数集.

定理3.11中(3.2.7)右端的囿界是准确的. 例如 $k=1$ 时，考虑函数 $f(z)=\mathrm{sn}(z)$，这里 $\mathrm{sn}(z)$ 为 Jacobian 椭圆函数. 由§3.2.2中分析即知，$\delta_{1)}(1,f)=\delta_{1)}(-1,f)=\delta_{1)}(\frac{1}{t},f)=\delta_{1)}(-\frac{1}{t},f)=1$. 从而 $\sum\delta_{1)}(a,f)=4$.

3.2.4 唯一性定理

设 $f(z)$ 为非常数亚纯函数，a 为任意复数，k 为正整数. 我们以 $\overline{E}_{k)}(a,f)$ 表示 $f(z)-a$ 的重级不超过 k 的零点集合，每个零点仅计一次，杨乐[6] 证明了

定理3.12 设 $f(z)$ 为非常数亚纯函数，k 为正整数，则 $f(z)$ 由 $q=5+[\frac{2}{k}]$ 个值点集 $\overline{E}_{k)}(a_j,f)$ $(j=1,2,\cdots,q)$ 完全确定，其中 $a_j(j=1,2,\cdots,q)$ 为 q 个判别的复数，$[\frac{2}{k}]$ 为 $\frac{2}{k}$ 的最大整数部分.

证. 设 $g(z)$ 为非常数亚纯函数，且满足

$$\overline{E}_{k)}(a_j,f)=\overline{E}_{k)}(a_j,g),\quad (j=1,2,\cdots,q). \tag{3.2.9}$$

不妨设 $a_j(j=1,2,\cdots,q)$ 均为有穷复数，否则须先作一适当的分式线性变换，正象定理3.1的证明所做的那样. 如果 $f(z)\not\equiv g(z)$，由(3.2.4)得

$$(q-2-\frac{q}{k+1})T(r,f)<\frac{k}{k+1}\sum_{j=1}^{q}\overline{N}_{k)}(r,\frac{1}{f-a_j})+S(r,f). \tag{3.2.10}$$

由(3.2.9)得

$$\sum_{j=1}^{q}\overline{N}_{k)}(r,\frac{1}{f-a_j})\leqslant N(r,\frac{1}{f-g})$$
$$\leqslant T(r,f)+T(r,g)+O(1).$$

再由(3.2.10)得

$$(q-2-\frac{q}{k+1})T(r,f)<\frac{k}{k+1}T(r,f)+\frac{k}{k+1}T(r,g)+S(r,f). \tag{3.2.11}$$

同理也有

$$(q-2-\frac{q}{k+1})T(r,g)<\frac{k}{k+1}T(r,f)+\frac{k}{k+1}T(r,g)+S(r,g). \tag{3.2.12}$$

结合(3.2.11),(3.2.12)即得

$$(kq-4k-2)\{T(r,f)+T(r,g)\}<S(r,f)+S(r,g). \tag{3.2.13}$$

注意到 $q=5+[\frac{2}{k}]$. 故

$$kq-4k-2>0.$$

于是(3.2.13)不能成立.这个矛盾证明了 $f(z)\equiv g(z)$.

由定理3.12即得下述

系. 设 $f(z)$ 为非常数亚纯函数,则 $f(z)$ 可由七个值点集 $\overline{E}_{1)}(a_j,f)(j=1,2,\cdots,7)$ 或六个值点集 $\overline{E}_{2)}(a_j,f)(j=1,2,\cdots,6)$ 或五个值点集 $\overline{E}_{3)}(a_j,f)(j=1,2,\cdots,5)$ 完全确定.

1980年,H. Ueda[2] 用例子证实了定理3.12中的数字 $q=5+[\frac{2}{k}]$ 是最佳的.对于五个集的情况,还可予以精确化,杨乐[6] 证明了

定理3.13 设 $f(z)$ 为非常数亚纯函数,$a_j(j=1,2,\cdots,5)$ 为五个判别的复数.则 $f(z)$ 可以由三个值点集 $\overline{E}_{3)}(a_j,f)(j=1,2,3)$ 和两个值点集 $\overline{E}_{2)}(a_j,f)(j=4,5)$ 唯一确定.

证. 设 $g(z)$ 为非常数亚纯函数,且满足

$$\overline{E}_{3)}(a_j,f)=\overline{E}_{3)}(a_j,g)\quad(j=1,2,3)$$

和

$$\overline{E}_{2)}(a_j,f)=\overline{E}_{2)}(a_j,g)\quad (j=4,5).\tag{3.2.14}$$

不妨设 $a_j(j=1,2,3,4,5)$ 均为有穷复数. 如果 $f(z)\not\equiv g(z)$,由(3.2.4)得

$$\begin{aligned}(5-2-\frac{3}{4}-\frac{2}{3})T(r,f)&<\frac{3}{4}\sum_{j=1}^{3}\overline{N}_{3)}(r,\frac{1}{f-a_j})\\&+\frac{2}{3}\sum_{j=4}^{5}\overline{N}_{2)}(r,\frac{1}{f-a_j})+S(r,f)\\&<\frac{3}{4}\{\sum_{j=1}^{3}\overline{N}_{3)}(r,\frac{1}{f-a_j})+\sum_{j=4}^{5}\overline{N}_{2)}(r,\frac{1}{f-a_j})\}+S(r,f).\end{aligned}\tag{3.2.15}$$

由(3.2.14)得

$$\begin{aligned}\sum_{j=1}^{3}\overline{N}_{3)}(r,\frac{1}{f-a_j})+\sum_{j=4}^{5}\overline{N}_{2)}(r,\frac{1}{f-a_j})&\leqslant N(r,\frac{1}{f-g})\\&\leqslant T(r,f)+T(r,g)+O(1).\end{aligned}$$

再由(3.2.15)得

$$\frac{19}{12}\cdot T(r,f)<\frac{3}{4}T(r,f)+\frac{3}{4}T(r,g)+S(r,f).\tag{3.2.16}$$

同理也有

$$\frac{19}{12}\cdot T(r,g)<\frac{3}{4}T(r,f)+\frac{3}{4}T(r,g)+S(r,g).\tag{3.2.17}$$

结合(3.2.16),(3.2.17)即得

$$\frac{1}{12}\{T(r,f)+T(r,g)\}<S(r,f)+S(r,g).$$

这是一个矛盾. 于是 $f(z)\equiv g(z)$.

设 $f(z)$ 与 $g(z)$ 为超越亚纯函数,a 为任意复数,k 为正整数. 我们以 $n_0^{(k)}(r,a)$ 表示在 $|z|\leqslant r$ 内 $f^{(k)}(z)-a$ 与 $g^{(k)}(z)-a$ 的公共零点的个数,重级按小者计,$N_0^{(k)}(r,a)$ 表示 $n_0^{(k)}(r,a)$ 相应的计数函数. 置

$$N_{12}^{(k)}(r,a)=N(r,\frac{1}{f^{(k)}-a})+N(r,\frac{1}{g^{(k)}-a})-2N_0^{(k)}(r,a).$$

杨乐[3] 应用他所建立的不等式(1.4.47),证明了下述唯一性定理.

定理3.14 设 $f(z)$ 与 $g(z)$ 为超越亚纯函数,$a_j(j=1,2,\cdots,q)$ 为 $q(\geqslant 4)$ 个判别的有穷复数,k 为正整数.如果

$$\sum_{j=1}^{q}\{1-\overline{\lim_{r\to\infty}}\frac{N_{12}^{(k)}(r,a_j)}{T(r,f^{(k)})+T(r,g^{(k)})}\}>3+\frac{q-1}{kq+q-1},\tag{3.2.18}$$

则 $f^{(k)}(z)\equiv g^{(k)}(z)$. 于是 $f(z)\equiv g(z)+p(z)$,其中 $p(z)$ 为次数不超过 $k-1$ 次的多项式.

证. 假设 $f^{(k)}(z)\not\equiv g^{(k)}(z)$. 由定理1.35得

$$\{q-1-\frac{q-1}{kq+q-1}\}T(r,f^{(k)})<\sum_{j=1}^{q}N(r,\frac{1}{f^{(k)}-a_j})+\varepsilon T(r,f^{(k)})+S(r,f^{(k)}),\tag{3.2.19}$$

及

$$\{q-1-\frac{q-1}{kq+q-1}\}T(r,g^{(k)})<\sum_{j=1}^{q}N(r,\frac{1}{g^{(k)}-a_j})+\varepsilon T(r,g^{(k)})+S(r,g^{(k)}).\tag{3.2.20}$$

注意到

$$\sum_{j=1}^{q}\{N(r,\frac{1}{f^{(k)}-a_j})+N(r,\frac{1}{g^{(k)}-a_j})\}=\sum_{j=1}^{q}\{N_{12}^{(k)}(r,a_j)+2N_0^{(k)}(r,a_j)\},$$

及

$$\sum_{j=1}^{q}N_0^{(k)}(r,a_j)\leqslant N(r,\frac{1}{f^{(k)}-g^{(k)}})\leqslant T(r,f^{(k)})+T(r,g^{(k)})+O(1).$$

由(3.2.19),(3.2.20)得

$$\left\{q-3-\frac{q-1}{kq+q-1}\right\}(T(r,f^{(k)})+T(r,g^{(k)}))$$

$$< \sum_{j=1}^{q} N_{12}^{(k)}(r,a_j) + \varepsilon(T(r,f^{(k)}) + T(r,g^{(k)})$$
$$+ S(r,f^{(k)}) + S(r,g^{(k)}).$$

于是

$$\sum_{j=1}^{q}\left\{1 - \overline{\lim_{r\to\infty}} \frac{N_{12}^{(k)}(r,a_j)}{T(r,f^{(k)}) + T(r,g^{(k)})}\right\} \leqslant 3 + \frac{q-1}{kq+q-1} + \varepsilon.$$

再由 ε 的任意性,即得

$$\sum_{j=1}^{q}\left\{1 - \overline{\lim_{r\to\infty}} \frac{N_{12}^{(k)}(r,a_j)}{T(r,f^{(k)}) + T(r,g^{(k)})}\right\} \leqslant 3 + \frac{q-1}{kq+q-1},$$

此式与(3.2.18)矛盾.因此 $f^{(k)}(z) \equiv g^{(k)}(z)$.

由定理 3.14 即可得下述

系. 设 $f(z)$ 与 $g(z)$ 为超越亚纯函数,$a_j(j=1,2,3,4)$ 为四个判别的有穷复数,k 为正整数.如果

$$\overline{\lim_{r\to\infty}} \frac{N_{12}^{(k)}(r,a_j)}{T(r,f^{(k)}) + T(r,g^{(k)})} < \frac{4k}{4k+3},$$

则 $f^{(k)}(z) \equiv g^{(k)}(z)$.特别地,若 $a_j(j=1,2,3,4)$ 为 $f^{(k)}(z)$ 与 $g^{(k)}(z)$ 的 CM 公共值,则 $f^{(k)}(z) \equiv g^{(k)}(z)$.

本节的结果可参看杨乐[1,3,4,6].

§3.3 重值与唯一性

3.3.1 亚纯函数的重值与唯一性

1986 年,仪洪勋[2] 应用杨乐方法,改进了 Gopalakrishna-Bhoosnurmath[1] 的有关结果,证明了下述

定理 3.15 设 $f(z)$ 与 $g(z)$ 为非常数亚纯函数,$a_j(j=1,2,\cdots,q)$ 为 q 个判别的复数.$k_j(j=1,2,\cdots,q)$ 为正整数或 ∞,且满足

$$k_1 \geqslant k_2 \geqslant \cdots \geqslant k_q. \tag{3.3.1}$$

如果

$$\overline{E}_{k_j)}(a_j,f)=\overline{E}_{k_j)}(a_j,g)\ (j=1,2,\cdots,q),\tag{3.3.2}$$

且

$$\sum_{j=3}^{q}\frac{k_j}{k_j+1}>2.\tag{3.3.3}$$

则 $f(z)\equiv g(z)$.

证. 不失一般性，不妨设 $a_j(j=1,2,\cdots,q)$ 均为有穷，否则只需进行一次变换即可. 由引理 3.5 即得

$$(q-2-\sum_{j=1}^{q}\frac{1}{k_j+1})T(r,f)<\sum_{j=1}^{q}\frac{k_j}{k_j+1}\overline{N}_{k_j)}(r,\frac{1}{f-a_j})+S(r,f).\tag{3.3.4}$$

由(3.3.1)得

$$1\geqslant\frac{k_1}{k_1+1}\geqslant\frac{k_2}{k_2+1}\geqslant\cdots\geqslant\frac{k_q}{k_q+1}\geqslant\frac{1}{2}.$$

再由(3.3.4)得

$$\begin{aligned}\left(\sum_{j=1}^{q}\frac{k_j}{k_j+1}-2\right)T(r,f)&<\frac{k_2}{k_2+1}\sum_{j=1}^{q}\overline{N}_{k_j)}\left(r,\frac{1}{f-a_j}\right)\\&\quad+\left(\frac{k_1}{k_1+1}-\frac{k_2}{k_2+1}\right)\overline{N}_{k_1)}\left(r,\frac{1}{f-a_1}\right)+S(r,f)\\&<\frac{k_2}{k_2+1}\sum_{j=1}^{q}\overline{N}_{k_j)}\left(r,\frac{1}{f-a_j}\right)\\&\quad+\left(\frac{k_1}{k_1+1}-\frac{k_2}{k_2+1}\right)T(r,f)+S(r,f).\end{aligned}$$

于是

$$\left(\sum_{j=3}^{q}\frac{k_j}{k_j+1}+\frac{2k_2}{k_2+1}-2\right)T(r,f)<\frac{k_2}{k_2+1}\sum_{j=1}^{q}\overline{N}_{k_j)}\left(r,\frac{1}{f-a_j}\right)+S(r,f).\tag{3.3.5}$$

如果 $f(z)\not\equiv g(z)$，由(3.3.2)得

$$\begin{aligned}\sum_{j=1}^{q}\overline{N}_{k_j)}(r,\frac{1}{f-a_j})&\leqslant N(r,\frac{1}{f-g})\\&\leqslant T(r,f)+T(r,g)+O(1).\end{aligned}$$

再由(3.3.5)得

$$\left(\sum_{j=3}^{q}\frac{k_j}{k_j+1}+\frac{2k_2}{k_2+1}-2\right)T(r,f)<\frac{k_2}{k_2+1}\{T(r,f)+T(r,g)\}$$
$$+S(r,f). \tag{3.3.6}$$

同理可得

$$\left(\sum_{j=3}^{q}\frac{k_j}{k_j+1}+\frac{2k_2}{k_2+1}-2\right)T(r,g)<\frac{k_2}{k_2+1}\{T(r,f)+T(r,g)\}$$
$$+S(r,g). \tag{3.3.7}$$

结合(3.3.6),(3.3.7)即得

$$\left(\sum_{j=3}^{q}\frac{k_j}{k_j+1}-2\right)(T(r,f)+T(r,g))<S(r,f)+S(r,g). \tag{3.3.8}$$

由(3.3.3)知,(3.3.8)不能成立.这个矛盾证明了 $f(z)\equiv g(z)$.

由定理3.15,容易得出下述

系. 设 $f(z)$ 与 $g(z)$ 为非常数亚纯函数,$a_j(j=1,2,\cdots,q)$ 为 q 个判别的复数,$k_j(j=1,2,\cdots,q)$ 为正整数或 ∞,且满足(3.3.1)与(3.3.2).

(i) 如果 $q=7$, 则 $f(z)\equiv g(z)$.

(ii) 如果 $q=6$, $k_3\geqslant 2$, 则 $f(z)\equiv g(z)$.

(iii) 如果 $q=5$, $k_3\geqslant 3$, $k_5\geqslant 2$, 则 $f(z)\equiv g(z)$.

(iv) 如果 $q=5$, $k_4\geqslant 4$, 则 $f(z)\equiv g(z)$.

(v) 如果 $q=5$, $k_3\geqslant 5$, $k_4\geqslant 3$, 则 $f(z)\equiv g(z)$.

(vi) 如果 $q=5$, $k_3\geqslant 6$, $k_4\geqslant 2$, 则 $f(z)\equiv g(z)$.

3.3.2 特征函数的比较

H. Ueda[2] 用例子证实了定理3.15中条件(3.3.3)是必要的,当(3.3.3)不成立时,我们可以考虑两个亚纯函数特征函数的比较问题.我们有下述

定理3.16 设 $f(z)$ 与 $g(z)$ 为非常数亚纯函数,$a_j(j=1,2,\cdots,q)$ 为 q 个判别的复数,$k_j(j=1,2,\cdots,q)$ 为正整数或 ∞,且满足(3.3.1),(3.3.2).如果

$$\frac{2k_2}{k_2+1}+\sum_{j=3}^{q}\frac{k_j}{k_j+1}>2, \tag{3.3.9}$$

则
$$T(r,f)=O(T(r,g)) \quad (r\notin E), \tag{3.3.10}$$
$$T(r,g)=O(T(r,f)) \quad (r\notin E). \tag{3.3.11}$$

证. 与定理 3.15 的证明类似，我们也可得到(3.3.5). 由(3.3.2)即可得

$$\sum_{j=1}^{q}\overline{N}_{k_j)}\left(r,\frac{1}{f-a_j}\right)=\sum_{j=1}^{q}\overline{N}_{k_j)}\left(r,\frac{1}{g-a_j}\right)\leqslant qT(r,g)+O(1). \tag{3.3.12}$$

由(3.3.5),(3.3.9),(3.3.12)即可得到

$$T(r,f)=O(T(r,g)) \quad (r\notin E).$$

同理可得

$$T(r,g)=O(T(r,f)) \quad (r\notin E).$$

由定理 3.16,容易得到下述

系. 设 $f(z)$ 与 $g(z)$ 为非常数亚纯函数，$a_j(j=1,2,\cdots,q)$ 为 q 个判别的复数，$k_j(j=1,2,\cdots,q)$ 为正整数或 ∞，且满足(3.3.1),(3.3.2).

(i) 如果 $q=5$，则 (3.3.10),(3.3.11) 成立.

(ii) 如果 $q=4$，$k_2\geqslant 2$，则 (3.3.10),(3.3.11) 成立.

(iii) 如果 $q=3$，$k_2\geqslant 4$，则 (3.3.10),(3.3.11) 成立.

(iv) 如果 $q=3,k_2\geqslant 3,k_3\geqslant 2$,则(3.3.10),(3.3.11)成立.

我们还有下述

定理 3.17 设 $f(z)$ 与 $g(z)$ 为非常数亚纯函数，$a_j(j=1,2,\cdots,q)$ 为 q 个判别的复数，$k_j(j=1,2,\cdots,q)$ 为正整数或 ∞，且满足(3.3.1),(3.3.2). 如果 $f(z)\not\equiv g(z)$，且

$$\sum_{j=3}^{q}\frac{k_j}{k_j+1}=2. \tag{3.3.13}$$

则 (i) $T(r,f)=T(r,g)+S(r,g)$,

$T(r,g)=T(r,f)+S(r,f)$.

(ii) $$\sum_{j=1}^{q}\overline{N}_{k_j)}\left(r,\frac{1}{f-a_j}\right)=2T(r,f)+S(r,f),$$

$$\sum_{j=1}^{q}\overline{N}_{k_j)}(r,\frac{1}{g-a_j})=2T(r,g)+S(r,g).$$

证. 由(3.3.5),(3.3.13)得

$$2T(r,f)<\sum_{j=1}^{q}\overline{N}_{k_j)}(r,\frac{1}{f-a_j})+S(r,f). \tag{3.3.14}$$

因为 $f(z)\not\equiv g(z)$，由(3.3.2)得

$$\begin{aligned}\sum_{j=1}^{q}\overline{N}_{k_j)}(r,\frac{1}{f-a_j})&\leqslant N(r,\frac{1}{f-g})\\&\leqslant T(r,f)+T(r,g)+O(1).\end{aligned} \tag{3.3.15}$$

由(3.3.14),(3.3.15)即得

$$T(r,f)<T(r,g)+S(r,f). \tag{3.3.16}$$

同理可得

$$T(r,g)<T(r,f)+S(r,g). \tag{3.3.17}$$

由(3.3.16),(3.3.17)即得(i). 再由(3.3.14),(3.3.15)即得

$$2T(r,f)<\sum_{j=1}^{q}\overline{N}_{k_j)}(r,\frac{1}{f-a_j})\leqslant 2T(r,f)+S(r,f).$$

同理可得

$$2T(r,g)<\sum_{j=1}^{q}\overline{N}_{k_j)}(r,\frac{1}{g-a_j})\leqslant 2T(r,g)+S(r,g).$$

由此即得(ii).

由定理 3.17,容易得到下述

系. 设 $f(z)$ 与 $g(z)$ 为非常数亚纯函数，$a_j(j=1,2,3,4)$ 为其四个判别的 IM 公共值，如果 $f(z)\not\equiv g(z)$，则

(i) $T(r,f)=T(r,g)+S(r,g)$,

$T(r,g)=T(r,f)+S(r,f)$.

(ii) $\sum_{j=1}^{4}\overline{N}(r,\frac{1}{f-a_j})=2T(r,f)+S(r,f)$.

3.3.3 具有亏值的情况

H. Ueda[2] 考虑了当定理 3.15 中条件(3.3.3)不成立，而函数具有亏值时的唯一性问题. H. Ueda 证明了下述

定理3.18 设$f(z)$与$g(z)$为超越亚纯函数,$a_j(j=1,2,\cdots,q)$为q个判别的复数,$k_j(j=1,2,\cdots,q)$为正整数或∞,且满足(3.3.1),(3.3.2).

(i) 如果 $\sum_{j=2}^{q}\frac{k_j}{k_j+1}-\frac{k_1}{k_1+1}-2<0$, 且

$$\frac{1}{k_1+1}\cdot\sum_{j=1}^{q}\min\{\delta(a_j,f),\delta(a_j,g)\}>2+\frac{k_1}{k_1+1}-\sum_{j=2}^{q}\frac{k_j}{k_j+1},$$

则 $f(z)\equiv g(z)$.

(ii) 如果 $\sum_{j=2}^{q}\frac{k_j}{k_j+1}-\frac{k_1}{k_1+1}-2=0$, 且

$$\frac{1}{k_1+1}\cdot\sum_{j=1}^{q}\max\{\delta(a_j,f),\delta(a_j,g)\}>0,$$

则 $f(z)\equiv g(z)$.

仪洪勋[11]改进了定理3.18,证明了下述

定理3.19 设$f_1(z)$与$f_2(z)$为非常数亚纯函数,$a_j(j=1,2,\cdots,q)$为q个判别的复数,$k_j(j=1,2,\cdots,q)$为正整数或∞,且满足(3.3.1)及

$$\overline{E}_{k_j)}(a_j,f_1)=\overline{E}_{k_j)}(a_j,f_2)\quad(j=1,2,\cdots,q).\tag{3.3.18}$$

再设

$$A_i=\frac{\delta(a_1,f_i)+\delta(a_2,f_i)}{k_3+1}+\sum_{j=3}^{q}\frac{\delta(a_j,f_i)}{k_j+1}\quad(i=1,2).$$

如果

$$\min\{A_1,A_2\}\geqslant 2-\sum_{j=3}^{q}\frac{k_j}{k_j+1},\tag{3.3.19}$$

及

$$\max\{A_1,A_2\}>2-\sum_{j=3}^{q}\frac{k_j}{k_j+1},\tag{3.3.20}$$

则 $f_1(z)\equiv f_2(z)$.

证. 不失一般性,不妨设$a_j(j=1,2,\cdots,q)$均为有穷,否则只需进行一次变换就可以了.由引理3.5即得

$$(q-2)T(r,f_1)<\sum_{j=1}^{q}\frac{k_j}{k_j+1}\overline{N}_{k_j)}(r,\frac{1}{f_1-a_j})$$

$$+\sum_{j=1}^{q}\frac{1}{k_j+1}N(r,\frac{1}{f_1-a_j})+S(r,f_1).$$

再由(3.3.1)得

$$\begin{aligned}(q-2)T(r,f_1)<&\frac{k_3}{k_3+1}\sum_{j=1}^{q}\overline{N}_{k_j)}(r,\frac{1}{f_1-a_j})\\&+\sum_{j=1}^{2}(\frac{k_j}{k_j+1}-\frac{k_3}{k_3+1})N(r,\frac{1}{f_1-a_j})\\&+\sum_{j=1}^{q}\frac{1}{k_j+1}N(r,\frac{1}{f_1-a_j})+S(r,f_1)\\=&\frac{k_3}{k_3+1}\sum_{j=1}^{q}\overline{N}_{k_j)}(r,\frac{1}{f_1-a_j})\\&+\frac{1}{k_3+1}\sum_{j=1}^{2}N(r,\frac{1}{f_1-a_j})\\&+\sum_{j=3}^{q}\frac{1}{k_j+1}N(r,\frac{1}{f_1-a_j})+S(r,f_1)\\<&\frac{k_3}{k_3+1}\sum_{j=1}^{q}\overline{N}_{k_j)}(r,\frac{1}{f_1-a_j})\\&+\frac{1}{k_3+1}\sum_{j=1}^{2}(1-\delta(a_j,f_1))T(r,f_1)\\&+\sum_{j=3}^{q}\frac{1}{k_j+1}(1-\delta(a_j,f_1))T(r,f_1)+S(r,f_1).\end{aligned}$$

于是

$$\begin{aligned}&(A_1+\frac{2k_3}{k_3+1}+\sum_{j=3}^{q}\frac{k_j}{k_j+1}-2)T(r,f_1)\\&\quad<\frac{k_3}{k_3+1}\sum_{j=1}^{q}\overline{N}_{k_j)}(r,\frac{1}{f_1-a_j})+S(r,f_1).\qquad(3.3.21)\end{aligned}$$

如果 $f_1(z)\not\equiv f_2(z)$，由(3.3.20)得

$$\begin{aligned}\sum_{j=1}^{q}\overline{N}_{k_j)}(r,\frac{1}{f_1-a_j})&\leqslant N(r,\frac{1}{f_1-f_2})\\&\leqslant T(r,f_1)+T(r,f_2)+O(1).\end{aligned}$$

再由(3.3.21)得

$$(A_1 + \frac{k_3}{k_3+1} + \sum_{j=3}^{q} \frac{k_j}{k_j+1} - 2)T(r,f_1)$$
$$< \frac{k_3}{k_3+1}T(r,f_2) + S(r,f_1). \tag{3.3.22}$$

由(3.3.19),(3.3.22)得

$$T(r,f_1) < T(r,f_2) + S(r,f_1). \tag{3.3.23}$$

同理可得

$$(A_2 + \frac{k_3}{k_3+1} + \sum_{j=3}^{q} \frac{k_j}{k_j+1} - 2)T(r,f_2)$$
$$< \frac{k_3}{k_3+1}T(r,f_1) + S(r,f_2) \tag{3.3.24}$$

及

$$T(r,f_2) < T(r,f_1) + S(r,f_2). \tag{3.3.25}$$

结合(3.3.22),(3.3.25)即得

$$(A_1 + \sum_{j=3}^{q} \frac{k_j}{k_j+1} - 2)T(r,f_1) < S(r,f_1). \tag{3.3.26}$$

结合(3.3.23),(3.3.24)即得

$$(A_2 + \sum_{j=3}^{q} \frac{k_j}{k_j+1} - 2)T(r,f_2) < S(r,f_2). \tag{3.3.27}$$

由(3.3.20)知,(3.3.26)与(3.3.27)中至少有一个是矛盾不等式. 于是 $f_1(z) \equiv f_2(z)$.

显然定理 3.15,3.16 均为定理 3.19 的简单推论. 由定理 3.19,容易得到下述

系. 设 $f(z)$ 与 $g(z)$ 为非常数亚纯函数,$a_j(j=1,2,\cdots,q)$ 为 q 个判别的复数.

(i) 如果 $q=6$, 且

$$\overline{E}_{1)}(a_j,f) = \overline{E}_{1)}(a_j,g) \quad (j=1,2,\cdots,6)$$

$$\sum_{j=1}^{6} \max\{\delta(a_j,f),\delta(a_j,g)\} > 0,$$

则 $f(z) \equiv g(z)$.

(ii) 如果 $q=5$, 且

$$\overline{E}_{2)}(a_j,f) = \overline{E}_{2)}(a_j,g) \quad (j=1,2,\cdots,5)$$

$$\sum_{j=1}^{5}\max\{\delta(a_j,f),\delta(a_j,g)\}>0,$$

则 $f(z)\equiv g(z)$.

(iii) 如果 $q=5$, 且

$$\overline{E}_{1)}(a_j,f)=\overline{E}_{1)}(a_j,g)\quad(j=1,2,\cdots,5)$$

$$\sum_{j=1}^{5}\min\{\delta(a_j,f),\delta(a_j,g)\}\geqslant 1,$$

$$\sum_{j=1}^{5}\max\{\delta(a_j,f),\delta(a_j,g)\}>1,$$

则 $f(z)\equiv g(z)$.

为了叙述下面一个结果,我们先引入一个概念.

定义 3.2 设 $f(z)$ 为开平面上的非常数亚纯函数,a 为任一复数. 定义 a 对于 $f(z)$ 的 Valiron 亏量(或简称为 Valiron 亏量)为

$$\triangle(a,f)=\overline{\lim_{r\to\infty}}\frac{m\left(r,\frac{1}{f-a}\right)}{T(r,f)}=1-\underline{\lim_{r\to\infty}}\frac{N\left(r,\frac{1}{f-a}\right)}{T(r,f)}.$$

容易看出 $0\leqslant\delta(a,f)\leqslant\triangle(a,f)\leqslant 1$.

定义 3.3 复数 a 称为亚纯函数 $f(z)$ 的 Valiron 亏值,若其 Valiron 亏量 $\triangle(a,f)>0$.

我们以后将应用下述引理.

引理 3.7 设 $f(z)$ 为 λ 级整函数,其零点均为负数,如果 $\frac{1}{2}\leqslant\lambda\leqslant 1$,则 $\triangle(0,f)\geqslant 1-\sin\pi\lambda$.

引理 3.6 的证明可参看 D. F. Shea[1].

对有穷级亚纯函数,仪洪勋[11] 改进了 H. Ueda[2] 的一个结果,证明了

定理 3.20 设 $f_1(z)$ 与 $f_2(z)$ 为有穷级超越亚纯函数,$a_j(j=1,2,\cdots,q)$ 为 q 个判别的复数,$k_j(j=1,2,\cdots,q)$ 为正整数或 ∞,且满足(3.3.1) 及(3.3.18). 再设

$$B_i=\frac{\triangle(a_1,f_i)+\triangle(a_2,f_i)}{k_3+1}+\sum_{j=3}^{q}\frac{\triangle(a_j,f_i)}{k_j+1}\quad(i=1,2).$$

如果

$$\sum_{j=3}^{q}\frac{k_j}{k_j+1}=2 \tag{3.3.28}$$

及

$$\max\{B_1,B_2\}>0, \tag{3.3.29}$$

则 $f_1(z)\equiv f_2(z)$.

证. 不失一般性,不妨设 $a_j(j=1,2,\cdots,q)$ 均为有穷. 与定理 3.16 的证明类似,可以得到

$$\begin{aligned}(q-2)T(r,f_1)<&\frac{k_3}{k_3+1}\sum_{j=1}^{q}\overline{N}_{k_j)}(r,\frac{1}{f_1-a_j})\\&+\frac{1}{k_3+1}\sum_{j=1}^{2}N(r,\frac{1}{f_1-a_j})\\&+\sum_{j=3}^{q}\frac{1}{k_j+1}N(r,\frac{1}{f_1-a_j})+S(r,f_1).\end{aligned} \tag{3.3.30}$$

如果 $f_1(z)\not\equiv f_2(z)$,由(3.3.18)得

$$\begin{aligned}\sum_{j=1}^{q}\overline{N}_{k_j)}(r,\frac{1}{f_1-a_j})&\leqslant N(r,\frac{1}{f_1-f_2})\\&\leqslant T(r,f_1)+T(r,f_2)+O(1).\end{aligned}$$

再由(3.3.30)得

$$\begin{aligned}(q-2)T(r,f_1)<&\frac{k_3}{k_3+1}\{T(r,f_1)+T(r,f_2)\}\\&+\frac{1}{k_3+1}\sum_{j=1}^{2}N(r,\frac{1}{f_1-a_j})\\&+\sum_{j=3}^{q}\frac{1}{k_j+1}N(r,\frac{1}{f_1-a_j})+S(r,f_1).\end{aligned} \tag{3.3.31}$$

同理可得

$$\begin{aligned}(q-2)T(r,f_2)<&\frac{k_3}{k_3+1}\{T(r,f_1)+T(r,f_2)\}\\&+\frac{1}{k_3+1}\sum_{j=1}^{2}N(r,\frac{1}{f_2-a_j})\end{aligned}$$

$$+\sum_{j=3}^{q}\frac{1}{k_j+1}N(r,\frac{1}{f_2-a_j})+S(r,f_2).$$

(3.3.32)

结合(3.3.31),(3.3.32)即得

$$(q-2-\frac{2k_3}{k_3+1})\sum_{i=1}^{2}T(r,f_i)$$

$$<\frac{1}{k_3+1}\sum_{i=1}^{2}\sum_{j=1}^{2}N(r,\frac{1}{f_i-a_j})+\sum_{i=1}^{2}\sum_{j=3}^{q}\frac{1}{k_j+1}N(r,\frac{1}{f_i-a_j})$$
$$+S(r,f_1)+S(r,f_2)$$

$$<\left\{\frac{2}{k_3+1}+\sum_{j=3}^{q}\frac{1}{k_j+1}+o(1)\right\}\cdot\sum_{i=1}^{2}T(r,f_i).\tag{3.3.33}$$

由(3.3.28)得

$$q-2-\frac{2k_3}{k_3+1}=\frac{2}{k_3+1}+\sum_{j=3}^{q}\frac{1}{k_j+1}.$$

再由(3.3.33)即得$B_1=B_2=0$.这与(3.3.29)矛盾.于是 $f_1(z)\equiv f_2(z)$.

由定理3.20,容易得到下述

系. 设$f(z)$与$g(z)$为有穷级超越亚纯函数,$a_j(j=1,2,\cdots,q)$为q个判别的复数.

(i) 如果 $q=6$, 且

$$\overline{E}_{1)}(a_j,f)=\overline{E}_{1)}(a_j,g)\quad(j=1,2,\cdots,6),$$

$$\sum_{j=1}^{6}\max\{\triangle(a_j,f),\triangle(a_j,g)\}>0,$$

则 $f(z)\equiv g(z)$.

(ii) 如果 $q=5$, 且

$$\overline{E}_{2)}(a_j,f)=\overline{E}_{2)}(a_j,g)\quad(j=1,2,\cdots,5),$$

$$\sum_{j=1}^{5}\max\{\triangle(a_j,f),\triangle(a_j,g)\}>0,$$

则 $f(z)\equiv g(z)$.

与§3.3.2类似,我们也可考虑在定理3.19中(3.3.19),(3.3.20)不成立时,两个亚纯函数特征函数的比较问题,我们也

可得到与定理 3.16,3.17 相类似的结论,这里不再赘述.

3.3.4 整函数的重值与唯一性

应用证明定理 3.15 的方法,可以证明下述

定理3.21 设 $f(z)$ 与 $g(z)$ 为非常数整函数,$a_j(j=1,2,\cdots,q)$ 为 q 个判别的有穷复数. $k_j(j=1,2,\cdots,q)$ 为正整数或 ∞,且满足(3.3.1) 与(3.3.2). 如果

$$\sum_{j=3}^{q}\frac{k_j}{k_j+1}>1, \tag{3.3.34}$$

则 $f(z)\equiv g(z)$.

证. 类似于(3.3.5) 的推导,我们有

$$\left(\sum_{j=3}^{q}\frac{k_j}{k_j+1}+\frac{2k_2}{k_2+1}-1\right)T(r,f)$$
$$<\frac{k_2}{k_2+1}\sum_{j=1}^{q}\overline{N}_{k_j)}(r,\frac{1}{f-a_j})+S(r,f). \tag{3.3.35}$$

如果 $f(z)\not\equiv g(z)$,类似于(3.3.6),(3.3.7) 的推导,我们有

$$\left(\sum_{j=3}^{q}\frac{k_j}{k_j+1}+\frac{2k_2}{k_2+1}-1\right)T(r,f)$$
$$<\frac{k_2}{k_2+1}\{T(r,f)+T(r,g)\}+S(r,f) \tag{3.3.36}$$

及

$$\left(\sum_{j=3}^{q}\frac{k_j}{k_j+1}+\frac{2k_2}{k_2+1}-1\right)T(r,g)$$
$$<\frac{k_2}{k_2+1}\{T(r,f)+T(r,g)\}+S(r,g) \tag{3.3.37}$$

结合(3.3.36),(3.3.37) 即得

$$\left(\sum_{j=3}^{q}\frac{k_j}{k_j+1}-1\right)(T(r,f)+T(r,g))$$
$$<S(r,f)+S(r,g). \tag{3.3.38}$$

由 (3.3.34) 知,(3.3.38) 不能成立. 这个矛盾证明了 $f(z)\equiv g(z)$.

由定理 3.21,容易得到下述

系. 设 $f(z)$ 与 $g(z)$ 为非常数整函数，$a_j(j=1,2,\cdots,q)$ 为 q 个判别的有穷复数.

(i) 如果 $q=5$，则 $f(z)\equiv g(z)$，

(ii) 如果 $q=4$，$k_3\geqslant 2$，则 $f(z)\equiv g(z)$.

应用证明定理 3.19 的方法，可以证明下述

定理 3.22 设 $f(z)$ 与 $g(z)$ 为非常数整函数，$a_j(j=1,2,3,4)$ 为四个判别的有穷复数，k_1,k_2 为正整数或 ∞，且满足

$$k_1\geqslant k_2\geqslant k_3=k_4=1$$

及

$$\overline{E}_{k_j)}(a_j,f)=\overline{E}_{k_j)}(a_j,g)\quad(j=1,2,3,4).$$

如果

$$\sum_{j=1}^{4}\max\{\delta(a_j,f),\delta(a_j,g)\}>0,$$

则 $f(z)\equiv g(z)$.

由定理 3.22，即可得到下述

系. 设 $f(z)$ 与 $g(z)$ 为非常数整函数，$a_j(j=1,2,3,4)$ 为四个判别的有穷复数. 如果

$$\overline{E}_{1)}(a_j,f)=\overline{E}_{1)}(a_j,g)\quad(j=1,2,3,4),$$

$$\sum_{j=1}^{4}\max\{\delta(a_j,f),\delta(a_j,g)\}>0.$$

则 $f(z)\equiv g(z)$.

应用证明定理 3.20 的方法，可以证明下述

定理 3.23 设 $f(z)$ 与 $g(z)$ 为有穷级超越整函数，$a_j(j=1,2,3,4)$ 为四个判别的有穷复数. 如果

$$\overline{E}_{1)}(a_j,f)=\overline{E}_{1)}(a_j,g)\quad(j=1,2,3,4),$$

$$\sum_{j=1}^{4}\max\{\triangle(a_j,f),\triangle(a_j,g)\}>0,$$

则 $f(z)\equiv g(z)$.

H. Ueda[2] 证明了下述

定理 3.24 设 $f(z)$ 与 $g(z)$ 为超越整函数，其级 $\lambda(f)$ 与 $\lambda(g)$

均大于$\frac{1}{2}$,$a_j(j=1,2,3,4)$为四个判别的有穷复数,使得

$$\overline{E}_{1)}(a_j,f)=\overline{E}_{1)}(a_j,g)\quad(j=1,2,3,4).\tag{3.3.39}$$

再设 $f(z)-a_1$ 的零点均为负数,其零点收敛指数有穷,则 $f(z)\equiv g(z)$.

证. 首先证明 $\lambda(f)=\lambda(g)$.

由(3.3.35)得

$$T(r,f)<\frac{1}{2}\sum_{j=1}^{4}\overline{N}_{1)}(r,\frac{1}{f-a_j})+S(r,f).$$

再由(3.3.39)得

$$\begin{aligned}T(r,f)&<\frac{1}{2}N(r,\frac{1}{f-g})+S(r,f)\\&<\frac{1}{2}T(r,f)+\frac{1}{2}T(r,g)+S(r,f).\end{aligned}$$

于是

$$T(r,f)<T(r,g)+S(r,f).$$

再由定理 1.19 即得

$$\lambda(f)\leqslant\lambda(g).$$

同理可得

$$\lambda(g)\leqslant\lambda(f).$$

这就证明 $\lambda(f)=\lambda(g)$.

设 $P(z)$ 为 $f(z)-a_1$ 的非零零点的典型乘积.

$$f(z)-a_1=c_kz^k+c_{k+1}z^{k+1}+\cdots\quad(c_k\neq0).$$

置

$$F(z)=\frac{f(z)-a_1}{z^kP(z)},$$

则 $F(z)$ 为整函数,且 0 为其 Picard 例外值. 故

$$F(z)=e^{h(z)},$$

其中 $h(z)$ 为整函数. 于是

$$f(z)-a_1=z^kP(z)e^{h(z)}.\tag{3.3.40}$$

设 $f(z)-a_1$ 的零点收敛指数为 ρ_1,由定理 3.22 的假设知,$\rho_1<\infty$. 再设 $P(z)$ 的级为 ρ. 由定理 2.3 知,$\rho=\rho_1<\infty$. 设 p 为典

型乘积 $P(z)$ 的亏格. 则有

$$\rho_1 - 1 \leqslant p \leqslant \rho_1. \tag{3.3.41}$$

我们区分四种情形.

1) 假设 $\lambda(f) = \infty$.

由(3.3.40)知, $e^{h(z)}$ 的级 $\lambda(e^h)$ 与下级 $\mu(e^h)$ 均为 ∞. 再由定理 1.17 知 $f(z)$ 的下级 $\mu(f) = \infty$. 于是 $\rho < \mu(f)$. 再由定理 1.18 知,

$$T(r,P) = o(T(r,f)), \ (r \to \infty). \tag{3.3.42}$$

由(3.3.40)知

$$\begin{aligned} N(r,\frac{1}{f-a_1}) &\leqslant k\log r + N(r,\frac{1}{P}) \\ &\leqslant T(r,P) + k\log r + O(1). \end{aligned} \tag{3.3.43}$$

结合(3.3.42), (3.3.43) 即得 $\delta(a_1,f) = 1$. 由定理 3.22 即得 $f(z) \equiv g(z)$.

2) 假设 $1 < \lambda(f) < \infty$, 且 $p \geqslant 1$.

设 g 为 $f(z)$ 的亏格, 由有穷级整函数亏格的定义, 显然有 $g \geqslant p \geqslant 1$. 注意到 $f(z) - a_1$ 的零点均为负数, 由引理 2.5 知. $\delta(a_1, f) > 0$. 再由定理 3.22 即得 $f(z) \equiv g(z)$.

3) 假设 $1 < \lambda(f) < \infty$, 且 $p = 0$.

由(3.3.41)知, $\rho_1 \leqslant p + 1 = 1$, 故 $P(z)$ 的级 $\rho \leqslant 1$. 再由(3.3.40)得

$$\mu(e^h) = \lambda(e^h) = \lambda(f).$$

由定理 1.17 知, $\mu(f) = \lambda(f) > 1$. 再由定理 1.18 知

$$T(r,P) = o(T(r,f)) \quad (r \to \infty).$$

与情形 1) 类似, 我们也有 $\delta(a_1,f) = 1$. 由定理 3.22 即得 $f(z) \equiv g(z)$.

4) 假设 $\frac{1}{2} < \lambda(f) \leqslant 1$.

由引理 3.7 得

$$\triangle(a_1,f) \geqslant 1 - \sin\pi\lambda(f) > 0.$$

由定理 3.23 即得 $f(z) \equiv g(z)$.

与本节有关的结果可参看熊庆来[1,2,3], 杨乐[1,6],

Gopalakrishna-Bhoosnurmath[1,2]，谢晖春[1]，陆伟成[1]，Ueda[2]，姜南 - 林勇[1]，仪洪勋[2,11,12].

§ 3.4　亚纯函数族 $\mathscr{A}$ 的唯一性

3.4.1　亚纯函数族 $\mathscr{A}$.

我们以 $\mathscr{F}$ 表示满足条件 $\delta(0)=\delta(\infty)=1$ 的开平面内非常数亚纯函数族，显然 $\mathscr{F}$ 中的函数均为超越亚纯函数，对于亚纯函数族 $\mathscr{F}$ 的唯一性问题，先后被熊庆来[1,2]，杨乐[6]，谢晖春[1]，Gopalakrishna-Bhoosnurmath[1,2]，仪洪勋[2,9,12] 所研究. 仪洪勋[2] 证明了

定理 3.25　设 $a_j(j=1,2,3)$ 与 $b_j(j=1,2,3)$ 为两组有穷异于 0 的复数且在同组内互为判别，对于 $\mathscr{F}$ 中任一亚纯函数 $f(z)$，完全由 $\overline{E}_{1)}(a_j,f)(j=1,2,3)$ 或 $\overline{E}_{1)}(b_j,f^{(k)})$ $(j=1,2,3)$ 唯一确定.

我们以 $\mathscr{K}$ 表示满足条件 $\Theta(0)=\Theta(\infty)=1$ 的开平面内非常数亚纯函数族，显然 $\mathscr{K}$ 中的函数均为超越亚纯函数. 注意到对任意亚纯函数 $h(z)$，均有 $0\leqslant\delta(0,h)\leqslant\Theta(0,h)\leqslant1$ 及 $0\leqslant\delta(\infty,h)\leqslant\Theta(\infty,h)\leqslant1$. 因此 $\mathscr{F}$ 中的亚纯函数都属于 $\mathscr{K}$，即 $\mathscr{F}$ 为 $\mathscr{K}$ 的一个子族. 仪洪勋[24] 研究了亚纯函数 $\mathscr{K}$ 的唯一性问题，证明了

定理 3.26　设 $a_j(j=1,2,3)$ 与 $b_j(j=1,2,3)$ 为两组有穷异于 0 的复数且在同组内互为判别，对于 $\mathscr{K}$ 中任一函数 $f(z)$，完全由 $\overline{E}_{1)}(a_j,f)(j=1,2,3)$ 或 $\overline{E}_{1)}(b_j,f^{(k)})(j=1,2,3)$ 唯一确定.

我们以 $\mathscr{A}$ 表示满足下述条件的开平面内非常数亚纯函数族.

若 $f(z)\in\mathscr{A}$，则 $\overline{N}(r,f)+\overline{N}(r,\frac{1}{f})=S(r,f)$. 显然 $\mathscr{A}$ 中的函数均为超越亚纯函数，注意到，若 $h(z)\in\mathscr{K}$，则有 $\overline{N}(r,h)+\overline{N}(r,\frac{1}{h})=o(T(r,h))$，故也有 $\overline{N}(r,h)+\overline{N}(r,\frac{1}{h})=S(r,h)$.

因此 $\mathscr{K}$ 中的亚纯函数都属于 $\mathscr{A}$，即 $\mathscr{K}$ 为 $\mathscr{A}$ 的一个子族. 本节主要研究亚纯函数族 $\mathscr{A}$ 的唯一性问题，所得结果对亚纯函数族 $\mathscr{F}$ 与亚纯函数族 $\mathscr{K}$ 都成立. 我们首先来研究亚纯函数族 $\mathscr{A}$ 中函数的性质.

引理 3.8 若 $f(z) \in \mathscr{A}$，k 为正整数，则

(i) $T(r,\frac{f^{(k)}}{f}) = S(r,f)$,

(ii) $T(r,f^{(k)}) = T(r,f) + S(r,f)$,

(iii) $f^{(k)}(z) \in \mathscr{A}$.

证. 由 $f(z) \in \mathscr{A}$ 知

$$\overline{N}(r,\frac{1}{f}) = S(r,f), \quad \overline{N}(r,f) = S(r,f).$$

显然有

$$\begin{aligned}T(r,\frac{f^{(k)}}{f}) &= N(r,\frac{f^{(k)}}{f}) + m(r,\frac{f^{(k)}}{f})\\ &\leqslant k\{\overline{N}(r,f) + \overline{N}(r,\frac{1}{f})\} + S(r,f)\\ &= S(r,f).\end{aligned}$$

这就证明了(i).

注意到

$$\begin{aligned}T(r,f^{(k)}) &\leqslant T(r,\frac{f^{(k)}}{f}) + T(r,f)\\ &\leqslant T(r,f) + S(r,f),\\ T(r,f) &\leqslant T(r,f^{(k)}) + T(r,\frac{f}{f^{(k)}})\\ &= T(r,f^{(k)}) + T(r,\frac{f^{(k)}}{f}) + O(1)\\ &= T(r,f^{(k)}) + S(r,f),\end{aligned}$$

于是 $T(r,f^{(k)}) = T(r,f) + S(r,f)$. 这就证明了(ii).

显然有

$$\overline{N}(r,f^{(k)}) = \overline{N}(r,f) = S(r,f) = S(r,f^{(k)}),$$

$$\overline{N}(r,\frac{1}{f^{(k)}}) \leqslant \overline{N}(r,\frac{f}{f^{(k)}}) + \overline{N}(r,\frac{1}{f})$$

$$\leqslant T(r,\frac{f^{(k)}}{f})+S(r,f)$$
$$=S(r,f)=S(r,f^{(k)}).$$

因此

$$\overline{N}(r,f^{(k)})+\overline{N}(r,\frac{1}{f^{(k)}})=S(r,f^{(k)}).$$

这就证明了(iii).

引理 3.9 若 $f(z),g(z)\in\mathscr{A}$,且 $f^{(k)}(z)\equiv g^{(k)}(z)$,其中 k 为正整数,则 $f(z)\equiv g(z)$.

证. 假设 $f(z)\not\equiv g(z)$. 由 $f^{(k)}(z)\equiv g^{(k)}(z)$ 得

$$f(z)\equiv g(z)+p(z),$$

其中 $p(z)$ 为次数不超过 $k-1$ 次的多项式,且 $p(z)\not\equiv 0$.

因 $f(z)$ 为超越亚纯函数,故

$$T(r,p)=S(r,f)$$

且

$$T(r,g)=T(r,f)+S(r,f).$$

由第二基本定理的一个推广(定理 1.36)有

$$T(r,f)<\overline{N}(r,f)+\overline{N}(r,\frac{1}{f})+\overline{N}(r,\frac{1}{f-p})+S(r,f)$$
$$=\overline{N}(r,f)+\overline{N}(r,\frac{1}{f})+\overline{N}(r,\frac{1}{g})+S(r,f)$$
$$=S(r,f),$$

这是不可能的. 这个矛盾即证明了 $f(z)\equiv g(z)$.

引理 3.10 若 $f(z)\in\mathscr{A}$,a 为任一有穷非零复数,则

$$\overline{N}_{1)}(r,\frac{1}{f-a})=T(r,f)+S(r,f). \tag{3.4.1}$$

证. 由第二基本定理得

$$T(r,f)<\overline{N}(r,\frac{1}{f})+\overline{N}(r,f)+\overline{N}(r,\frac{1}{f-a})+S(r,f)$$
$$=\overline{N}(r,\frac{1}{f-a})+S(r,f).$$

由(3.2.2)得

$$\overline{N}(r,\frac{1}{f-a})\leqslant\frac{1}{2}\overline{N}_{1)}(r,\frac{1}{f-a})+\frac{1}{2}T(r,f)+O(1).$$

于是

$$T(r,f) < \frac{1}{2}\overline{N}_{1)}(r,\frac{1}{f-a}) + \frac{1}{2}T(r,f) + S(r,f).$$

由此即可得到

$$T(r,f) < \overline{N}_{1)}(r,\frac{1}{f-a}) + S(r,f). \tag{3.4.2}$$

显然有

$$\overline{N}_{1)}(r,\frac{1}{f-a}) \leqslant T(r,f) + O(1). \tag{3.4.3}$$

结合(3.4.2),(3.4.3) 即得(3.4.1).

3.4.2 三单重值点集定理

显然定理 3.25 是定理 3.26 的一个简单推论,定理 3.26 又是下述定理的一个简单推论.

定理 3.27 设 $a_j(j=1,2,3)$ 与 $b_j(j=1,2,3)$ 为两组有穷异于 0 的复数且在同组内互为判别. 对于 $\mathscr{A}$ 中任一函数 $f(z)$,完全由 $\overline{E}_{1)}(a_j,f)(j=1,2,3)$ 或 $\overline{E}_{1)}(b_j,f^{(k)})(j=1,2,3)$ 唯一确定.

证. 首先证明,对于 $\mathscr{A}$ 中任一函数 $f(z)$,完全由 $\overline{E}_{1)}(a_j,f)(j=1,2,3)$ 唯一确定.

假设不然,设存在两个亚纯函数 $f(z),g(z)\in\mathscr{A}$,满足

$$\overline{E}_{1)}(a_j,f) = \overline{E}_{1)}(a_j,g), \quad (j=1,2,3), \tag{3.4.4}$$

但 $f(z)\not\equiv g(z)$. 由引理 3.10 得

$$3T(r,f) = \sum_{j=1}^{3}\overline{N}_{1)}(r,\frac{1}{f-a_j}) + S(r,f). \tag{3.4.5}$$

由(3.4.4) 得

$$\sum_{j=1}^{3}\overline{N}_{1)}(r,\frac{1}{f-a_j}) \leqslant N(r,\frac{1}{f-g}) \leqslant T(r,f) + T(r,g) + O(1).$$

再由(3.4.5) 得

$$3T(r,f) \leqslant T(r,f) + T(r,g) + S(r,f). \tag{3.4.6}$$

同理可得

$$3T(r,g) \leqslant T(r,f) + T(r,g) + S(r,g). \tag{3.4.7}$$

结合(3.4.6),(3.4.7)即得

$$T(r,f)+T(r,g)<S(r,f)+S(r,g).$$

这是一个矛盾.

最后证明,对于 $\mathscr{A}$ 中任一函数 $f(z)$,完全由 $\overline{E}_{1)}(b_j,f^{(k)})$ $(j=1,2,3)$ 唯一确定.

假设不然,设存在两个亚纯函数 $f(z),g(z)\in\mathscr{A}$,满足

$$\overline{E}_{1)}(b_j,f^{(k)})=\overline{E}_{1)}(b_j,g^{(k)})\quad (j=1,2,3),$$

但 $f(z)\not\equiv g(z)$. 由引理 3.8 知,$f^{(k)}g^{(k)}(z)\in\mathscr{A}$. 由前面所证知 $f^{(k)}(z)\equiv g^{(k)}(z)$. 再由引理 3.8 知. $f(z)\equiv g(z)$. 这也是一个矛盾.

使用与证明定理 3.27 类似的方法,我们可以证明下述

定理 3.27′ 设 $a_j(j=1,2,3)$ 与 $b_j(j=1,2,3)$ 为两组有穷异于 0 的复数且在同组内互为判别,$\lambda_j(j=1,2,3)$ 与 $\mu_j(j=1,2,3)$ 为正整数或 ∞. 对于 $\mathscr{A}$ 中任一函数 $f(z)$,完全由 $\overline{E}_{\lambda_j)}(a_j,f)$ $(j=1,2,3)$ 或 $\overline{E}_{\mu_j)}(b_j,f^{(k)})$ $(j=1,2,3)$ 唯一确定.

由定理 3.27′,即得下述

系. 设 $a_j(j=1,2,3)$ 与 $b_j(j=1,2,3)$ 为两组有穷异于 0 的复数,且在同组内互为判别. 对于 $\mathscr{A}$ 中任一函数 $f(z)$,完全由 $\overline{E}(a_j,f)$,$(j=1,2,3)$ 或 $\overline{E}(b_j,f^{(k)})(j=1,2,3)$ 唯一确定.

设 $f(z)=e^z$, $g(z)=e^{-z}$, $a_1=1$, $a_2=-1$, 容易验证, $f(z),g(z)\in\mathscr{A}$,且满足

$$\overline{E}_{1)}(a_j,f)=\overline{E}_{1)}(a_j,g)\quad (j=1,2).$$

但 $f(z)\not\equiv g(z)$. 这个例子证实,定理 3.27 及系要求三单重值点集相同是必要的.

3.4.3 一单重值点集定理

仪洪勋[24] 改进了定理 3.26,证明了

定理 3.28 设 $f(z),g(z)\in\mathscr{K}$,a,b 为有穷异于零的复数,k 为正整数.

(i) 若 $\overline{E}_{1)}(a,f)=\overline{E}_{1)}(a,g)$，则 $f(z)\equiv g(z)$ 或 $f(z)\cdot g(z)\equiv a^2$.

(ii) 若 $\overline{E}_{1)}(b,f^{(k)})=\overline{E}_{1)}(b,g^{(k)})$，则 $f(z)\equiv g(z)$ 或 $f^{(k)}(z)\cdot g^{(k)}(z)\equiv b^2$.

由定理 3.28 即可得出下述

系. 设 a_1,a_2,b_1,b_2 为有穷异于零的复数，且满足 ${a_1}^2\neq {a_2}^2$，${b_1}^2\neq {b_2}^2$. 对于 $\mathscr{K}$ 中任一函数 $f(z)$，完全由 $\overline{E}_{1)}(a_j,f)(j=1,2)$ 或 $\overline{E}_{1)}(b_j,f^{(k)})(j=1,2)$ 唯一确定.

显然定理 3.25，3.26 均为定理 3.28 及其系的简单推论. 使用与证明定理 3.28 类似的证明方法，我们可以证明下述定理，它是定理 3.28 的推广.

定理 3.29 设 $f(z),g(z)\in\mathscr{A}$，a,b 为有穷异于 0 的复数，k 为正整数.

(i) 若 $\overline{E}_{1)}(a,f)=\overline{E}_{1)}(a,g)$，则 $f(z)\equiv g(z)$ 或 $f(z)\cdot g(z)\equiv a^2$.

(ii) 若 $\overline{E}_{1)}(b,f^{(k)})=\overline{E}_{1)}(b,g^{(k)})$，则 $f(z)\equiv g(z)$ 或 $f^{(k)}(z)\cdot g^{(k)}(z)\equiv b^2$.

证. 首先证明(i). 由 $\overline{E}_{1)}(a,f)=\overline{E}_{1)}(a,g)$ 得

$$\overline{N}_{1)}(r,\frac{1}{f-a})=\overline{N}_{1)}(r,\frac{1}{g-a}).$$

由引理 3.10 得

$$\overline{N}_{1)}(r,\frac{1}{f-a})=T(r,f)+S(r,f),$$

$$\overline{N}_{1)}(r,\frac{1}{g-a})=T(r,g)+S(r,f).$$

于是

$$T(r,g)=T(r,f)+S(r,f),\tag{3.4.8}$$

$$N_{(2}(r,\frac{1}{f-a})=S(r,f),$$

$$N_{(2}(r,\frac{1}{g-a})=S(r,g).$$

置

$$h(z)=\frac{f(z)-a}{g(z)-a}. \tag{3.4.9}$$

显然 $h(z)$ 的零点与极点是由 $f(z)-a$ 与 $g(z)-a$ 的不同极点与零点所组成. 因而

$$\overline{N}(r,h)\leqslant\overline{N}(r,f)+\overline{N}_{(2}(r,\frac{1}{g-a})=S(r,f), \tag{3.4.10}$$

$$\overline{N}(r,\frac{1}{h})\leqslant\overline{N}(r,g)+\overline{N}_{(2}(r,\frac{1}{f-a})=S(r,f), \tag{3.4.11}$$

且

$$\begin{aligned}T(r,h)&\leqslant T(r,f)+T(r,g)+O(1)\\&\leqslant 2T(r,f)+S(r,f).\end{aligned}$$

设 $f_1=\frac{1}{a}f,\ f_2=h,\ f_3=-\frac{1}{a}hg$. 由 (3.4.8) 得 $\sum_{j=1}^{3}f_i\equiv 1$. 由(3.4.8),(3.4.10),(3.4.11) 得

$$\sum_{j=1}^{3}\left(\overline{N}(r,\frac{1}{f_j})+\overline{N}(r,f_j)\right)=S(r,f).$$

使用与证明定理 1.56 类似的方法即可得到 $f_2\equiv 1$ 或 $f_3\equiv 1$.

如果 $f_2\equiv 1$, 由 (3.4.9) 得 $f(z)\equiv g(z)$. 如果 $f_3\equiv 1$, 由 (3.4.9) 得 $f(z)\cdot g(z)\equiv a^2$. 这就证明了(i). 下面证明(ii).

由引理 3.8 知, $f^{(k)}(z),g^{(k)}(z)\in\mathscr{A}$. 应用(i) 的结论, 则有 $f^{(k)}(z)\equiv g^{(k)}(z)$ 或 $f^{(k)}(z)\cdot g^{(k)}(z)\equiv b^2$. 若 $f^{(k)}(z)\equiv g^{(k)}(z)$, 由引理 3.9 得 $f(z)\equiv g(z)$. 这就证明了(ii).

由定理 3.29, 即得下述

系. 设 a_1,a_2,b_1,b_2 为有穷异于零的复数, 且满足 $a_1{}^2\neq a_2{}^2$, $b_1{}^2\neq b_2{}^2$, 对于 $\mathscr{A}$ 中任一函数 $f(z)$, 完全由 $\overline{E}_{1)}(a_j,f)(j=1,2)$ 或 $\overline{E}_{1)}(b_j,f^{(k)})(j=1,2)$ 唯一确定.

显然定理 3.27 是定理 3.29 及其系的简单推论. 使用与证明定理 3.29 类似的证明方法, 可以证明下述

定理 3.30 设 $f(z),g(z)\in\mathscr{A}$, a,b 为有穷异于 0 的复数, k 为正整数.

(i) 若 a 为 $f(z)$ 与 $g(z)$ 的 IM 公共值,则 $f(z) \equiv g(z)$ 或 $f(z) \cdot g(z) \equiv a^2$.

(ii) 若 b 为 $f^{(k)}(z)$ 与 $g^{(k)}(z)$ 的 IM 公共值,则 $f(z) \equiv g(z)$ 或 $f^{(k)}(z) \cdot g^{(k)}(z) \equiv b^2$.

G. Brosch[1] 证明了下述

定理 3.31 设 $f(z), g(z) \in \mathscr{A}$,且

$$\varlimsup_{\substack{r\to\infty \\ r\notin E}} \frac{\overline{N}_0(r,1)}{T(r,f)+T(r,g)} > \frac{1}{3}, \tag{3.4.12}$$

则 $f(z) \equiv g(z)$ 或 $f(z) \cdot g(z) \equiv 1$.

证. 由引理 3.7 知,$f'(z), g'(z) \in \mathscr{A}$,故

$$\overline{N}(r,\frac{1}{f'}) = S(r,f),$$

$$\overline{N}(r,\frac{1}{g'}) = S(r,g).$$

再由引理 3.9 得

$$N_{(2}(r,\frac{1}{f-1}) = S(r,f),$$

$$N_{(2}(r,\frac{1}{g-1}) = S(r,g).$$

设

$$\triangle = \frac{f''}{f'} - \frac{g''}{g'} - 2(\frac{f'}{f-1} - \frac{f'}{g-1}). \tag{3.4.13}$$

如果 $\triangle \not\equiv 0$. 设 z_0 为 $f(z)-1$ 的单重零点,也是 $g(z)-1$ 的单重零点.设在 $z=z_0$ 附近

$$f-1 = a_1(z-z_0) + a_2(z-z_0)^2 + \cdots, \quad (a_1 \neq 0),$$
$$g-1 = b_1(z-z_0) + b_2(z-z_0)^2 + \cdots, \quad (b_1 \neq 0).$$

则

$$\frac{f''}{f'} - 2\cdot\frac{f'}{f-1} = -\frac{2}{z-z_0} + c_1(z-z_0) + c_2(z-z_0)^2 + \cdots,$$

$$\frac{g''}{g'} - 2\cdot\frac{g'}{g-1} = -\frac{2}{z-z_0} + d_1(z-z_0) + d_2(z-z_0)^2 + \cdots.$$

于是

$$\triangle = (c_1 - d_1)(z - z_0) + (c_2 - d_2)(z - z_0)^2 + \cdots.$$

即 z_0 必为 $\triangle$ 的零点. 因此

$$\begin{aligned}\overline{N}_0(r,1) &\leqslant N(r,\frac{1}{\triangle}) + S(r,f) + S(r,g)\\ &\leqslant T(r,\triangle) + S(r,f) + S(r,g)\\ &\leqslant N(r,\triangle) + S(r,f) + S(r,g)\\ &\leqslant \overline{N}(r,\frac{1}{f-1}) - \overline{N}_0(r,1) + \overline{N}(r,\frac{1}{g-1}) - \overline{N}_0(r,1)\\ &\quad + S(r,f) + S(r,g)\\ &\leqslant T(r,f) + T(r,g) - 2\overline{N}_0(r,1)\\ &\quad + S(r,f) + S(r,g).\end{aligned}$$

故

$$3\overline{N}_0(r,1) \leqslant T(r,f) + T(r,g) + S(r,f) + S(r,g).$$

这就导出

$$\overline{\lim_{\substack{r\to\infty\\ r\notin E}}} \frac{\overline{N}_0(r,1)}{T(r,f)+T(r,g)} \leqslant \frac{1}{3}.$$

这与(3.4.12)矛盾. 于是 $\triangle \equiv 0$. 由(3.4.13)得

$$\frac{f''}{f'} - \frac{2f'}{f-1} = \frac{g''}{g'} - \frac{2g'}{g-1}. \tag{3.4.14}$$

(3.4.14)左右两端积分两次得

$$\frac{1}{f-1} = \frac{c_1}{g-1} + c_2, \tag{3.4.15}$$

其中 $c_1(\neq 0)$, c_2 为常数. 由(3.4.15)知, 1为 $f(z)$ 与 $g(z)$ 的CM公共值, 再由定理3.30得 $f(z) \equiv g(z)$ 或 $f(z)\cdot g(z) \equiv 1$.

定理3.31中条件(3.4.12)是必要的, 常数 $\frac{1}{3}$ 是最好可能. 例如, 设 $f(z) = e^{2\pi i z}$, $g(z) = e^{4\pi i z}$, 则 $f(z), g(z) \in \mathscr{A}$, 且

$$\overline{N}_0(r,1) = \overline{N}(r,\frac{1}{f-1}) = T(r,f) + S(r,f).$$

容易看出

$$T(r,g) = 2T(r,f).$$

于是

$$\lim_{r\to\infty}\frac{\overline{N}_0(r,1)}{T(r,f)+T(r,g)}=\frac{1}{3}.$$

但 $f(z)\not\equiv g(z)$，且 $f(z)\cdot g(z)\not\equiv 1$.

设 $f_j(z)(j=1,2,\cdots,q)$ 为 q 个非常数亚纯函数，我们以 $\overline{N}_0(r,1,f_1,f_2,\cdots,f_q)$ 表示 $f_j(z)-1(j=1,2,\cdots,q)$ 的公共零点的计数函数，每个零点仅计一次.

Jank-Terglane[1] 证明了

定理 3.32 设 $f(z),g(z),h(z)\in\mathscr{A}$. 如果 $f(z),g(z),h(z)$ 互为判别，则

$$\tau=\varlimsup_{\substack{r\to\infty\\ r\notin E}}\frac{\overline{N}_0(r,1,f,g,h)}{T(r,f)+T(r,g)+T(r,h)}\leqslant\frac{1}{4}. \quad (3.4.16)$$

证. 与定理 3.31 的证明类似，可以得到

$$\overline{N}(r,\frac{1}{f'})=S(r,f),\overline{N}(r,\frac{1}{g'})=S(r,g),\overline{N}(r,\frac{1}{h'})=S(r,h),$$

及

$$N_{(2}(r,\frac{1}{f-1})=S(r,f),\ N_{(2}(r,\frac{1}{g-1})=S(r,g),$$

$$N_{(2}(r,\frac{1}{h-1})=S(r,h).$$

设

$$\triangle_1=(\frac{f''}{f'}-2\cdot\frac{f'}{f-1})-(\frac{g''}{g'}-2\cdot\frac{g'}{g-1}),$$

$$\triangle_2=(\frac{g''}{g'}-2\cdot\frac{g'}{g-1})-(\frac{h''}{h'}-2\cdot\frac{h'}{h-1}),$$

$$\triangle_3=(\frac{h''}{h'}-2\cdot\frac{h'}{h-1})-(\frac{f''}{f'}-2\cdot\frac{f'}{f-1}).$$

如果 $\triangle_1\not\equiv 0$，与定理 3.31 的证明类似，我们有

$$3\overline{N}_0(r,1,f,g)\leqslant T(r,f)+T(r,g)+S(r,f)+S(r,g).$$

注意到 $\overline{N}_0(r,1,f,g,h)\leqslant\overline{N}_0(r,1,f,g)$.

故

$$3\overline{N}_0(r,1,f,g,h)\leqslant T(r,f)+T(r,g)+S(r,f)+S(r,g). \quad (3.4.17)$$

同理，如果 $\triangle_2 \not\equiv 0$，则有

$$3\overline{N}_0(r,1,f,g,h) \leqslant T(r,g) + T(r,h) + S(r,g) + S(r,h). \tag{3.4.18}$$

如果 $\triangle_3 \not\equiv 0$，则有

$$3\overline{N}_0(r,1,f,g,h) \leqslant T(r,h) + T(r,f) + S(r,h) + S(r,f). \tag{3.4.19}$$

我们讨论下述三种情况.

1) 假设 $\triangle_1 \not\equiv 0$，$\triangle_2 \not\equiv 0$，$\triangle_3 \not\equiv 0$. 由(3.4.17)，(3.4.18)，(3.4.19)得

$$\begin{aligned}9\overline{N}_0(r,1,f,g,h) \leqslant\ & 2T(r,f) + 2T(r,g) + 2T(r,h) \\ & + S(r,f) + S(r,g) + S(r,h).\end{aligned}$$

于是

$$\tau \leqslant \frac{2}{9} < \frac{1}{4}.$$

2) 假设 $\triangle_1 \equiv 0$，$\triangle_2 \not\equiv 0$，$\triangle_3 \not\equiv 0$. 由 $\triangle_1 \equiv 0$，与定理 3.31 的证明类似，我们可以得到 $f(z) \equiv g(z)$ 或 $f(z) \cdot g(z) \equiv 1$. 由定理 3.32 的条件知，$f(z) \not\equiv g(z)$. 故 $f(z) \cdot g(z) \equiv 1$. 因此

$$T(r,g) = T(r,f) + O(1).$$

如果 $\overline{N}_0(r,1,f,g,h) = S(r,f) + S(r,g) + S(r,h)$. 显然有 $\tau = 0 < \frac{1}{4}$. 下面假设

$$\overline{N}_0(r,1,f,g,h) \neq S(r,f) + S(r,g) + S(r,h).$$

注意到

$$\overline{N}_0(r,1,f,g,h) \leqslant \overline{N}\left(r,\frac{1}{f-1}\right) \leqslant T(r,f) + O(1). \tag{3.4.20}$$

由(3.4.18)，(3.4.20)得

$$\begin{aligned}&\frac{\overline{N}_0(r,1,f,g,h)}{T(r,f) + T(r,g) + T(r,h)} \\ &\qquad \leqslant \frac{\overline{N}_0(r,1,f,g,h)}{4\overline{N}_0(r,1,f,g,h) + S(r,g) + S(r,h)}.\end{aligned}$$

于是有

$$\tau \leqslant \frac{1}{4}.$$

对于 $\triangle_1 \not\equiv 0, \triangle_2 \equiv 0, \triangle_3 \not\equiv 0$ 与 $\triangle_1 \not\equiv 0, \triangle_2 \not\equiv 0, \triangle_3 \equiv 0$ 的情况，也可类似得到 $\tau \leqslant \frac{1}{4}$.

3) 假设 $\triangle_1 \equiv 0$, $\triangle_2 \equiv 0$, 则 $\triangle_3 \equiv 0$.

由 $\triangle_1 \equiv 0$，与定理 3.31 的证明类似，我们可以得到 $f(z) \equiv g(z)$ 或 $f(z) \equiv \frac{1}{g(z)}$. 由 $\triangle_2 \equiv 0$，我们也可以得到 $g(z) \equiv h(z)$ 或 $g(z) \equiv \frac{1}{h(z)}$. 于是 $f(z), g(z), h(z)$ 中至少有二个恒等，这与定理 3.32 的条件矛盾.

由定理 3.32 即可得到下述

系. 设 $f(z), g(z), h(z) \in \mathscr{A}$，且

$$\tau = \varlimsup_{\substack{r\to\infty \\ r\notin E}} \frac{\overline{N}_0(r,1,f,g,h)}{T(r,f)+T(r,g)+T(r,h)} > \frac{1}{4}, \quad (3.4.21)$$

则 $f(z), g(z), h(z)$ 中至少有二个恒等.

定理 3.32 中不等式(3.4.16)是精确的. 例如，设 $f(z) = e^z$, $g(z) = e^{-z}$, $h(z) = e^{2z}$，则

$$\overline{N}_0(r,1,f,g,h) = \overline{N}\left(r, \frac{1}{f-1}\right) = T(r,f) + S(r,f),$$

$$T(r,g) = T(r,f), \quad T(r,h) = 2T(r,f).$$

于是

$$\tau = \lim_{r\to\infty} \frac{\overline{N}_0(r,1,f,g,h)}{T(r,f)+T(r,g)+T(r,h)} = \frac{1}{4}.$$

上述例子也可证实，定理 3.32 的系中不等式(3.4.21)是必要的.

由定理 3.32 也可得到下述

定理 3.33 设 $f(z), g(z), h(z) \in \mathscr{A}$，且 1 为 $f(z), g(z), h(z)$ 的 IM 公共值，则 $f(z), g(z), h(z)$ 中至少有二个恒等.

证. 由引理 3.10 知，

$$\overline{N}\left(r, \frac{1}{f-1}\right) = T(r,f) + S(r,f).$$

故

$$\overline{N}_0(r,1,f,g,h)=T(r,f)+S(r,f).$$

同理可得

$$\overline{N}_0(r,1,f,g,h)=T(r,g)+S(r,g),$$

$$\overline{N}_0(r,1,f,g,h)=T(r,h)+S(r,h).$$

于是

$$\varlimsup_{\substack{r\to\infty\\ r\notin E}}\frac{\overline{N}_0(r,1,f,g,h)}{T(r,f)+T(r,g)+T(r,h)}=\frac{1}{3}>\frac{1}{4}.$$

由定理 3.32 的系即得定理 3.33 的结论. 显然,由定理 3.30 也可得到定理 3.33 的结论. 我们将在 §5.1 应用定理 3.33.

把本节中的定理 3.25—— 定理 3.33 中的常数换为小函数,其结论仍成立. 下面我们仅叙述定理 3.31 的推广,其他定理的推广不再赘述.

定理 3.31′ 设 $f(z),g(z)\in\mathscr{A}$,且

$$\varlimsup_{\substack{r\to\infty\\ r\notin E}}\frac{\overline{N}_0(r,a,f,g)}{T(r,f)+T(r,g)}>\frac{1}{3},$$

其中 $a(z)$ 为 $f(z)$ 与 $g(z)$ 的小函数且 $a(z)\not\equiv 0$,$\overline{N}_0(r,a,f,g)$ 表 $f(z)-a(z)$ 与 $g(z)-a(z)$ 公共零点的计数函数,每个零点仅计一次,则 $f(z)\equiv g(z)$ 或 $f(z)\cdot g(z)\equiv a^2$.

证. 令 $F(z)=\dfrac{f(z)}{a(z)}$, $G(z)=\dfrac{f(z)}{a(z)}$,

则 $F(z),G(z)\in\mathscr{A}$, 且

$$\overline{N}_0(r,1,F,G)=\overline{N}_0(r,a,f,g)+S(r,f)+S(r,g).$$

应用定理 3.31 即可得到定理 3.31′ 的结论.

与本节有关的结果可参看熊庆来[1,2,3],杨乐[6],Gopalakrishna-Bhoosnurmath[2],谢晖春[1],仪洪勋[2,9,12,24],Brosch[1],Jank-Terglane[1].

§ 3.5　关于重值与唯一性的普遍性定理

3.5.1　涉及到亚纯函数重值与唯一性问题的普遍性定理

1986 年，仪洪勋[12] 证明了下述

定理 3.34　设 $f_1(z)$ 与 $f_2(z)$ 为非常数亚纯函数，$a_j(j=1,2,\cdots,q)$ 为 q 个判别的复数，$k_j(j=1,2,\cdots,q)$ 为正整数或 ∞，且满足

$$k_1 \geqslant k_2 \geqslant \cdots \geqslant k_q \tag{3.5.1}$$

及

$$\overline{E}_{k_j)}(a_j,f_1)=\overline{E}_{k_j)}(a_j,f_2)(j=1,2,\cdots,q). \tag{3.5.2}$$

再设

$$\Theta_{f_i}=\sum_a \Theta(a,f_i)-\sum_{j=1}^{q}\Theta(a_j,f_i) \quad (i=1,2),$$

$$A_i=\frac{\delta(a_1,f_i)+\delta(a_2,f_i)}{k_3+1}+\sum_{j=3}^{q}\frac{k_j+\delta(a_j,f_i)}{k_j+1}+\Theta_{f_i}-2 \quad (i=1,2)$$

如果

$$\min\{A_1,A_2\}\geqslant 0, \tag{3.5.3}$$

$$\max\{A_1,A_2\}>0, \tag{3.5.4}$$

则　$f_1(z)\equiv f_2(z)$.

证.　不失一般性，设 $a_j(j=1,2,\cdots,q)$ 均为有穷，否则只需进行一次变换即可.

不妨假设，使 $\Theta(b,f_1)>0$ 且不等于 $a_j(j=1,2,\cdots,q)$ 的 b 有无穷多个，设其为 $b_1,b_2,\cdots$. 显然 $\Theta_{f_1}=\sum_{k=1}^{\infty}\Theta(b_k,f_1)$. 于是存在 p，使 $\sum_{k=1}^{p}\Theta(b_k,f_1)>\Theta_f-\varepsilon$，其中 $\varepsilon>0$. 由第二基本定理有

$$(p+q-2)T(r,f_1)<\sum_{k=1}^{p}\overline{N}(r,\frac{1}{f_1-b_k})+\sum_{j=1}^{q}\overline{N}(r,\frac{1}{f_1-a_j})$$

$$+ S(r,f_1). \tag{3.5.5}$$

显然

$$\overline{N}(r,\frac{1}{f_1-b_k}) < (1-\Theta(b_k,f_1))T(r,f_1) + S(r,f_1). \tag{3.5.6}$$

由引理 3.4 得

$$\begin{aligned}\overline{N}(r,\frac{1}{f_1-a_j}) &\leqslant \frac{k_j}{k_j+1}\overline{N}_{k_j)}(r,\frac{1}{f_1-a_j}) + \frac{1}{k_j+1}N(r,\frac{1}{f_1-a_j})\\ &< \frac{k_j}{k_j+1}\overline{N}_{k_j)}(r,\frac{1}{f_1-a_j})\\ &\quad + \frac{1}{k_j+1}(1-\delta(a_j,f_1))T(r,f_1) + S(r,f_1).\end{aligned} \tag{3.5.7}$$

由(3.5.1)得

$$\frac{k_1}{k_1+1} \geqslant \frac{k_2}{k_2+1} \geqslant \cdots \geqslant \frac{k_q}{k_q+1}.$$

再由(3.5.5),(3.5.6),(3.5.7)得

$$\begin{aligned}(p+q-2)T(r,f_1) &< (p-\Theta_{f_1}+\varepsilon)T(r,f_1)\\ &\quad + \frac{k_3}{k_3+1}\sum_{j=1}^{q}\overline{N}_{k_j)}(r,\frac{1}{f_1-a_j})\\ &\quad + \sum_{j=1}^{2}(\frac{k_j}{k_j+1}-\frac{k_3}{k_3+1})(1-\delta(a_j,f_1))T(r,f_1)\\ &\quad + \left\{\sum_{j=1}^{q}\frac{1-\delta(a_j,f_1)}{k_j+1}\right\}T(r,f_1) + S(r,f_1).\end{aligned}$$

于是

$$\begin{aligned}&\left(\frac{2k_3}{k_3+1}+A_1-\varepsilon\right)T(r,f_1)\\ &< \frac{k_3}{k_3+1}\sum_{j=1}^{q}\overline{N}_{k_j)}(r,\frac{1}{f_1-a_j}) + S(r,f_1).\end{aligned} \tag{3.5.8}$$

由(3.5.3)知,$A_1 \geqslant 0$. 再由(3.5.8)得

$$(\frac{2k_3}{k_3+1}-\varepsilon)T(r,f_1) < \frac{k_3}{k_3+1}\sum_{j=1}^{q}\overline{N}_{k_j)}(r,\frac{1}{f_1-a_j}) + S(r,f_1). \tag{3.5.9}$$

由(3.5.2)得

$$\sum_{j=1}^{q}\overline{N}_{k_j)}(r,\frac{1}{f_1-a_j})=\sum_{j=1}^{q}\overline{N}_{k_j)}(r,\frac{1}{f_2-a_j})$$
$$\leqslant q\,T(r,f_2)+O(1). \tag{3.5.10}$$

结合(3.5.9),(3.5.10)即得

$$(\frac{2k_3}{k_3+1}-\varepsilon)T(r,f_1)<\frac{k_3}{k_3+1}T(r,f_2)+S(r,f_1). \tag{3.5.11}$$

同理也有

$$(\frac{2k_3}{k_3+1}-\varepsilon)T(r,f_2)<\frac{k_3}{k_3+1}T(r,f_1)+S(r,f_2). \tag{3.5.12}$$

如果 $f_1(z)\not\equiv f_2(z)$,由(3.5.2)得

$$\sum_{j=1}^{q}\overline{N}_{k_j)}(r,\frac{1}{f_1-a_j})\leqslant N(r,\frac{1}{f_1-f_2})$$
$$\leqslant T(r,f_1)+T(r,f_2)+O(1). \tag{3.5.13}$$

结合(3.5.8),(3.5.13)即得

$$(\frac{2k_3}{k_3+1}+A_1-\varepsilon)T(r,f_1)<\frac{k_3}{k_3+1}(T(r,f_1)+T(r,f_2))$$
$$+S(r,f_1). \tag{3.5.14}$$

同理也有

$$(\frac{2k_3}{k_3+1}+A_2-\varepsilon)T(r,f_2)<\frac{k_3}{k_3+1}(T(r,f_1)+T(r,f_2))$$
$$+S(r,f_2). \tag{3.5.15}$$

由(3.5.14),(3.5.15)即得

$$(A_1-\varepsilon)T(r,f_1)+(A_2-\varepsilon)T(r,f_2)<S(r,f_1)+S(r,f_2). \tag{3.5.16}$$

注意到 ε 的任意性,由(3.5.3),(3.5.4),(3.5.11),(3.5.12)即知(3.5.16)不能成立,这个矛盾即证实 $f_1(z)\equiv f_2(z)$.

由定理 3.34,我们有下述

系 1. 设 $f_1(z)$ 与 $f_2(z)$ 为非常数亚纯函数,$a_j(j=1,2,\cdots,q)$ 为 q 个判别的复数,k 为正整数或 ∞,且满足

$$\overline{E}_{k)}(a_j,f_1)=\overline{E}_{k)}(a_j,f_2)\quad (j=1,2,\cdots,q).$$

再设

$$\Theta_{f_i}=\sum_a\Theta(a,f_i)-\sum_{j=1}^{q}\Theta(a_j,f_i)\quad (i=1,2),$$

$$\delta_{f_i}=\sum_{j=1}^{q}\delta(a_j,f_i)\quad (i=1,2),$$

$$B_i=4+\frac{2}{k}-\frac{1}{k}\delta_{f_i}-(1+\frac{1}{k})\Theta_{f_i}\quad (i=1,2).$$

如果 $\quad q\geqslant\max\{B_1,B_2\},$

$\qquad\quad q>\min\{B_1,B_2\},$

则 $\quad f_1(z)\equiv f_2(z).$

系 2. 设 $f(z)$ 为满足 $\Theta(0,f)+\Theta(\infty,f)>\dfrac{k+2}{k+1}$ 的亚纯函数，其中 k 为正整数或 ∞. 则 $f(z)$ 由 $\overline{E}_{k)}(a_j,f)(j=1,2,3)$ 唯一确定，其中 $a_j(j=1,2,3)$ 为三个互为判别的有穷异于 0 的复数.

容易看到，定理 3.1,3.12,3.13,3.15,3.18,3.19,3.21,3.22,3.25,3.26,3.27 均为定理 3.34 的推论. 因此，定理 3.34 可以称为关于重值与唯一性的普遍性定理.

3.5.2 涉及到亚纯函数导数的重值与唯一性问题的一个定理

为了证明一个涉及到亚纯函数导数的重值与唯一性问题的结果，我们需要下述熊庆来[1]定理.

定理 3.35 设 $f(z)$ 为非常数亚纯函数，$b_j(j=1,2,\cdots,q)$ 为 q 个互为判别的有穷异于 0 的复数，n 为正整数，则

$$qT(r,f)<\overline{N}(r,f)+qN(r,\frac{1}{f})+\sum_{j=1}^{q}N(r,\frac{1}{f^{(n)}-b_j})$$
$$-[(q-1)N(r,\frac{1}{f^{(n)}})+N(r,\frac{1}{f^{(n+1)}})]+S(r,f).$$

证. 为了叙述方便，设 $b_0=0$. 注意到

$$\frac{1}{\prod\limits_{j=0}^{q}(f^{(n)}-b_j)}=\sum_{j=0}^{q}\frac{B_j}{f^{(n)}-b_j},$$

其中

$$B_j = \frac{1}{(b_j - b_0)(b_j - b_1)\cdots(b_j - b_{j-1})(b_j - b_{j+1})\cdots(b_j - b_q)}.$$

置

$$H = \sum_{j=0}^{q} \frac{B_j}{f^{(n)} - b_j},$$

则

$$\prod_{j=0}^{q} (f^{(n)} - b_j) = \frac{1}{H}. \tag{3.5.17}$$

显然有

$$\frac{1}{f^q} = (\frac{1}{f^{(n)}})^q \cdot (\frac{f^{(n)}}{f})^q \cdot \prod_{j=0}^{q} (f^{(n)} - b_j) \cdot H. \tag{3.5.18}$$

置 $z = re^{i\theta}$,并将(3.5.18)两端求积分有

$$\begin{aligned} q \cdot \frac{1}{2\pi} \int_0^{2\pi} \log\left|\frac{1}{f}\right| d\theta = {} & q \cdot \frac{1}{2\pi} \int_0^{2\pi} \log\left|\frac{1}{f^{(n)}}\right| d\theta \\ & + q \cdot \frac{1}{2\pi} \int_0^{2\pi} \log\left|\frac{f^{(n)}}{f}\right| d\theta + \sum_{j=0}^{q} \frac{1}{2\pi} \int_0^{2\pi} \log|f^{(n)} - b_j| d\theta \\ & + \frac{1}{2\pi} \int_0^{2\pi} \log|H| d\theta, \end{aligned} \tag{3.5.19}$$

由第一基本定理,我们有

$$\begin{aligned} \frac{1}{2\pi} \int_0^{2\pi} \log\left|\frac{1}{f}\right| d\theta &= \frac{1}{2\pi} \int_0^{2\pi} \log^+ \left|\frac{1}{f}\right| d\theta - \frac{1}{2\pi} \int_0^{2\pi} \log^+ |f| d\theta \\ &= m(r, \frac{1}{f}) - m(r, f) = N(r, f) - N(r, \frac{1}{f}) + O(1). \end{aligned} \tag{3.5.20}$$

同理有

$$\frac{1}{2\pi} \int_0^{2\pi} \log\left|\frac{1}{f^{(n)}}\right| d\theta = N(r, f^{(n)}) - N(r, \frac{1}{f^{(n)}}) + O(1) \tag{3.5.21}$$

我们还有

$$\begin{aligned} \frac{1}{2\pi} \int_0^{2\pi} \log\left|\frac{f^{(n)}}{f}\right| d\theta &= m(r, \frac{f^{(n)}}{f}) - m(r, \frac{f}{f^{(n)}}) \\ &= S(r, f) - m(r, \frac{f}{f^{(n)}}). \end{aligned} \tag{3.5.22}$$

注意到

$$m(r,f)\leqslant m(r,\frac{f}{f^{(n)}})+m(r,f^{n)}),$$

故

$$m(r,\frac{f}{f^{(n)}})\geqslant m(r,f)-m(r,f^{(n)}). \tag{3.5.23}$$

把(3.5.23)代入(3.5.22)得

$$\frac{1}{2\pi}\int_0^{2\pi}\log\left|\frac{f^{(n)}}{f}\right|d\theta\leqslant m(r,f^{(n)})-m(r,f)+S(r,f). \tag{3.5.24}$$

再由第一基本定理，我们有

$$\begin{aligned}\frac{1}{2\pi}\int_0^{2\pi}\log|f^{(n)}-b_j|d\theta&=\frac{1}{2\pi}\int_0^{2\pi}\log^+|f^{(n)}-b_j|d\theta\\&\quad-\frac{1}{2\pi}\int_0^{2\pi}\log^+\frac{1}{|f^{(n)}-b_j|}d\theta\\&=m(r,f^{(n)}-b_j)-m(r,\frac{1}{f^{(n)}-b_j})\\&=N(r,\frac{1}{f^{(n)}-b_j})-N(r,f^{(n)}-b_j)\\&=N(r,\frac{1}{f^{(n)}-b_j})-N(r,f^{(n)}).\end{aligned} \tag{3.5.25}$$

由(1.3.7)，(3.5.17)得

$$\begin{aligned}\frac{1}{2\pi}\int_0^{2\pi}\log|H|d\theta&=\frac{1}{2\pi}\int_0^{2\pi}\log^+|H|d\theta-\frac{1}{2\pi}\int_0^{2\pi}\log^+\left|\frac{1}{H}\right|d\theta\\&=\frac{1}{2\pi}\int_0^{2\pi}\log^+\left|\sum_{j=0}^{q}B_j\cdot\frac{f^{(n+1)}}{f^{(n)}-b_j}\cdot\frac{f^{(n)}}{f^{(n+1)}}\cdot\frac{1}{f^{(n)}}\right|d\theta\\&\quad-\frac{1}{2\pi}\int_0^{2\pi}\log^+\left|\prod_{j=0}^{q}(f^{(n)}-b_j)\right|d\theta\\&\leqslant\sum_{j=0}^{q}\frac{1}{2\pi}\int_0^{2\pi}\log^+\left|\frac{f^{(n+1)}}{f^{(n)}-b_j}\right|d\theta+\frac{1}{2\pi}\int_0^{2\pi}\log^+\left|\frac{f^{(n)}}{f^{(n+1)}}\right|d\theta\\&\quad+\frac{1}{2\pi}\int_0^{2\pi}\log^+\left|\frac{1}{f^{(n)}}\right|d\theta-(q+1)m(r,f^{(n)})+O(1)\\&=m(r,\frac{f^{(n)}}{f^{(n+1)}})+m(r,\frac{1}{f^{(n)}})-(q+1)m(r,f^{(n)})+S(r,f).\end{aligned} \tag{3.5.26}$$

由第一基本定理得

$$m\left(r,\frac{f^{(n)}}{f^{(n+1)}}\right)=m\left(r,\frac{f^{(n+1)}}{f^{(n)}}\right)+N\left(r,\frac{f^{(n+1)}}{f^{(n)}}\right)-N\left(r,\frac{f^{(n)}}{f^{(n+1)}}\right)+O(1)$$

$$=N(r,f^{(n+1)})-N\left(r,\frac{1}{f^{(n+1)}}\right)+N\left(r,\frac{1}{f^{(n)}}\right)-N(r,f^{(n)})+S(r,f)$$

$$=\overline{N}(r,f)+N\left(r,\frac{1}{f^{(n)}}\right)-N\left(r,\frac{1}{f^{(n+1)}}\right)+S(r,f) \tag{3.5.27}$$

及

$$m\left(r,\frac{1}{f^{(n)}}\right)=m(r,f^{(n)})+N(r,f^{(n)})-N\left(r,\frac{1}{f^{(n)}}\right)+O(1). \tag{3.5.28}$$

把(3.5.27),(3.5.28)代入(3.5.26)得

$$\begin{aligned}\frac{1}{2\pi}\int_0^{2\pi}\log|H|d\theta<&\overline{N}(r,f)+N\left(r,\frac{1}{f^{(n)}}\right)-N\left(r,\frac{1}{f^{(n+1)}}\right)\\&+m(r,f^{(n)})+N(r,f^{(n)})-N\left(r,\frac{1}{f^{(n)}}\right)\\&-(q+1)m(r,f^{(n)})+S(r,f)\\=&\overline{N}(r,f)-N\left(r,\frac{1}{f^{(n+1)}}\right)+N(r,f^{(n)})\\&-qm(r,f^{(n)})+S(r,f).\end{aligned} \tag{3.5.29}$$

把(3.5.20),(3.5.21),(3.5.24),(3.5.25),(3.5.29)代入(3.5.19)得

$$\begin{aligned}qN(r,f)-qN\left(r,\frac{1}{f}\right)=&qN(r,f^{(n)})-qN\left(r,\frac{1}{f^{(n)}}\right)\\&+qm(r,f^{(n)})-qm(r,f)+\sum_{j=0}^{q}N\left(r,\frac{1}{f^{(n)}-b_j}\right)\\&-(q+1)N(r,f^{(n)})+\overline{N}(r,f)-N\left(r,\frac{1}{f^{(n+1)}}\right)\\&+N(r,f^{(n)})-qm(r,f^{(n)})+S(r,f).\end{aligned}$$

于是

$$\begin{aligned}qT(r,f)<&\overline{N}(r,f)+qN\left(r,\frac{1}{f}\right)+\sum_{j=1}^{q}N\left(r,\frac{1}{f^{(n)}-b_j}\right)\\&-\left[(q-1)N\left(r,\frac{1}{f^{(n)}}\right)+N\left(r,\frac{1}{f^{(n+1)}}\right)\right]+S(r,f).\end{aligned}$$

由定理 3.35 即得下述

系. 设 $f(z)$ 为非常数亚纯函数，$b_j(j=1,2,3)$ 为三个判别的有穷异于 0 的复数，n 为正整数，则

$$3T(r,f)<\overline{N}(r,f)+3N\left(r,\frac{1}{f}\right)+\sum_{j=1}^{3}\overline{N}\left(r,\frac{1}{f^{(n)}-b_j}\right)+S(r,f).$$

1986 年，仪洪勋[12] 证明了下述

定理 3.36 设 $f_1(z)$ 与 $f_2(z)$ 为非常数亚纯函数，$b_j(j=1,2,3)$ 为三个互为判别的有穷异于 0 的复数，k 为正整数或 ∞，n 为正整数，且满足

$$\overline{E}_{k)}(b_j,f_1^{(n)})=\overline{E}_{k)}(b_j,f_2^{(n)})\quad(j=1,2,3).\tag{3.5.30}$$

再设

$$C_i=3(k+1)\delta(0,f_i)+(2nk+3n+k+1)\Theta(\infty,f_i)-(2nk+3n+3k+4)\quad(i=1,2).$$

如果

$$\min\{C_1,C_2\}\geqslant 0,\tag{3.5.31}$$

$$\max\{C_1,C_2\}>0,\tag{3.5.32}$$

则 $f_1(z)\equiv f_2(z)$.

证. 由定理 3.35 的系得

$$3T(r,f_1)<\overline{N}(r,f_1)+3N\left(r,\frac{1}{f_1}\right)+\sum_{j=1}^{3}\overline{N}\left(r,\frac{1}{f_1^{(n)}-b_j}\right)+S(r,f_1).\tag{3.5.33}$$

注意到

$$T(r,f_1^{(n)})\leqslant T(r,f_1)+n\overline{N}(r,f_1)+S(r,f_1).$$

故

$$\begin{aligned}\overline{N}\left(r,\frac{1}{f_1^{(n)}-b_j}\right)&<\frac{k}{k+1}\overline{N}_{k)}\left(r,\frac{1}{f_1^{(n)}-b_j}\right)\\&\quad+\frac{1}{k+1}T(r,f_1^{(n)})+O(1)\\&<\frac{k}{k+1}\overline{N}_{k)}\left(r,\frac{1}{f_1^{(n)}-b_j}\right)+\frac{1}{k+1}T(r,f_1)\end{aligned}$$

$$+\frac{n}{k+1}\overline{N}(r,f_1)+S(r,f_1). \quad (3.5.34)$$

把(3.5.34)代入(3.5.33)得

$$\begin{aligned}3T(r,f_1) &< \frac{3n+k+1}{k+1}\overline{N}(r,f_1)+3N(r,\frac{1}{f_1})\\ &\quad +\frac{3}{k+1}T(r,f_1)+\frac{k}{k+1}\sum_{j=1}^{3}\overline{N}_{k)}(r,\frac{1}{f_1^{(n)}-b_j})\\ &\quad +S(r,f_1)\\ &< \frac{3n+k+1}{k+1}(1-\Theta(\infty,f_1))T(r,f_1)\\ &\quad +3(1-\delta(0,f_1))T(r,f_1)+\frac{3}{k+1}T(r,f_1)\\ &\quad +\frac{k}{k+1}\sum_{j=1}^{3}\overline{N}_{k)}(r,\frac{1}{f_1^{(n)}-b_j})+S(r,f_1).\end{aligned}$$

于是

$$\begin{aligned}&\left\{3\delta(0,f_1)+\frac{3n+k+1}{k+1}\Theta(\infty,f_1)-\frac{3n+k+4}{k+1}\right\}T(r,f_1)\\ &\qquad < \frac{k}{k+1}\sum_{j=1}^{3}\overline{N}_{k)}(r,\frac{1}{f_1^{(n)}-b_j})+S(r,f_1),\end{aligned}$$

即

$$\begin{aligned}&\{2k+2nk(1-\Theta(\infty,f_1))+C_1\}T(r,f_1)\\ &\qquad < k\sum_{j=1}^{3}\overline{N}_{k)}(r,\frac{1}{f_1^{(n)}-b_j})+S(r,f). \quad (3.5.35)\end{aligned}$$

由(3.5.30)得

$$\begin{aligned}\sum_{j=1}^{3}\overline{N}_{k)}(r,\frac{1}{f_1^{(n)}-b_j}) &= \sum_{j=1}^{3}\overline{N}_{k)}(r,\frac{1}{f_2^{(n)}-b_j})\\ &\leqslant 3T(r,f_2^{(n)})+O(1)\\ &\leqslant 3(n+1)T(r,f_2)+S(r,f_2).\end{aligned}$$

(3.5.36)

注意到 $C_1\geqslant 0$,由(3.5.35),(3.5.36)即得

$$T(r,f_1)=O(T(r,f_2)) \quad (r\to\infty, r\notin E).$$

(3.5.37)

同理可得

$$T(r,f_2)=O(T(r,f_1))\quad(r\to\infty,r\notin E).\tag{3.5.38}$$

如果 $f_1^{(n)}(z)\not\equiv f_2^{(n)}(z)$，由(3.5.30)得

$$\begin{aligned}\sum_{j=1}^{3}\overline{N}_{k)}(r,\frac{1}{f_1^{(n)}-b_j})&\leqslant N(r,\frac{1}{f_1^{(n)}-f_2^{(n)}})\\&\leqslant T(r,f_1^{(n)})+T(r,f_2^{(n)})+O(1)\\&\leqslant T(r,f_1)+n\overline{N}(r,f_1)+T(r,f_2)+n\overline{N}(r,f_2)\\&\quad+S(r,f_1)+S(r,f_2)\\&\leqslant T(r,f_1)+n(1-\Theta(\infty,f_1))T(r,f_1)\\&\quad+T(r,f_2)+n(1-\Theta(\infty,f_2))T(r,f_2)\\&\quad+S(r,f_1)+S(r,f_2).\end{aligned}\tag{3.5.39}$$

把(3.5.39)代入(3.5.35)即得

$$\begin{aligned}&\{k+nk(1-\Theta(\infty,f_1))+C_1\}T(r,f_1)\\&\quad<\{k+nk(1-\Theta(\infty,f_2))\}T(r,f_2)+S(r,f_1)\\&\quad\quad+S(r,f_2).\end{aligned}\tag{3.5.40}$$

同理也有

$$\begin{aligned}&\{k+nk(1-\Theta(\infty,f_2)+C_2\}T(r,f_2)\\&\quad<\{k+nk(1-\Theta(\infty,f_1))\}T(r,f_1)\\&\quad\quad+S(r,f_1)+S(r,f_2).\end{aligned}\tag{3.5.41}$$

结合(3.5.40)，(3.5.41)即得

$$C_1\cdot T(r,f_1)+C_2T(r,f_2)<S(r,f_1)+S(r,f_2).\tag{3.5.42}$$

由(3.5.31)，(3.5.32)，(3.5.37)，(3.5.38)即知(3.5.42)不能成立. 这个矛盾即证实 $f_1^{(n)}(z)\equiv f_2^{(n)}(z)$. 于是 $f_1(z)\equiv f_2(z)+p(z)$，其中 $p(z)$ 为次数不超过 $n-1$ 次的多项式.

由(3.5.31)知，

$$\delta(0,f)>0,\ \Theta(\infty,f_i)>0\quad(i=1,2).$$

因此 $f_i(z)$ $(i=1,2)$ 必为超越亚纯函数. 故

$$T(r,p)=o(T(r,f_i))\quad(i=1,2).$$

若 $p(z)\not\equiv 0$，则

$$
\begin{aligned}
&\Theta(0,f_1)+\Theta(p,f_1)+\Theta(\infty,f_1)\\
&\quad\geqslant\delta(0,f_1)+\delta(p,f_1)+\Theta(\infty,f_1)\\
&\quad=\delta(0,f_1)+\delta(0,f_2)+\Theta(\infty,f_1)\\
&\quad\geqslant\frac{2nk+3n+3k+4}{3(k+1)}-\left(\frac{2nk+3n+k+1}{3(k+1)}-1\right)\Theta(\infty,f_1)\\
&\qquad+\frac{2nk+3n+3k+4}{3(k+1)}-\frac{2nk+3n+k+1}{3(k+1)}\Theta(\infty,f_2)\\
&\quad\geqslant\frac{1}{3(k+1)}\{(2nk+3n+3k+4)-(2nk+3n-2k-2)\\
&\qquad+(2nk+3n+3k+4)-(2nk+3n+k+1)\}\\
&\quad=\frac{7k+9}{3(k+1)}>2,
\end{aligned}
$$

这是不可能的,故 $p(z)\equiv 0$,即 $f_1(z)\equiv f_2(z)$.

由定理 3.34,3.36,即可得下述

系. 设 $f(z)$ 为满足条件 $6\delta(0,f)+(5n+2)\Theta(\infty,f)>5n+7$ 的亚纯函数,则它由 $\overline{E}_{1)}(a_j,f)$ $(j=1,2,3)$ 或 $\overline{E}_{1)}(b_j,f^{(k)})$ $(j=1,2,3)$ 唯一确定,其中 $a_j(j=1,2,3)$ 与 $b_j(j=1,2,3)$ 为两组有穷异于 0 的复数,且在同组内互为判别.

3.5.3 代数体函数的重值与唯一性

设 $A_j(z)(j=0,1,\cdots,v)$ 为没有公共零点的整函数,且 $A_v(z)\not\equiv 0$,则方程

$$A_v(z)w^v+A_{v-1}(z)w^{v-1}+\cdots+A_1(z)w+A_0(z)=0 \tag{3.5.43}$$

定义了 w 为 z 的函数. 当 $v=1$ 时,方程(3.5.43) 简化为

$$A_1(z)w+A_0(z)=0,$$

即

$$w=-\frac{A_0(z)}{A_1(z)},$$

这时 w 为 z 的亚纯函数,它是单值函数. 当 $v>1$ 时,我们假定

(3.5.43) 为不可约方程，即(3.5.43) 的左端不能分解为含有 w 的因子，其系数仍为 z 的整函数，这时 w 为多值函数，不论 υ 等于 1 或大于 1，用(3.5.43) 所定义的 w 为 z 的函数称作代数体函数. 代数体函数包括亚纯函数在内.

如果(3.5.43) 为不可约方程，则由方程(3.5.43) 所定义的 w 为 z 的函数称作 υ 值代数体函数. 显然 υ 值代数体函数为亚纯函数的自然推广.

当 $A_j(z)$ $(j=0,1,\cdots,\upsilon)$ 均为多项式时，则由(3.5.43) 所定义的 w 为 z 的函数称作 υ 值代数函数. 在 § 2.2.4 中我们介绍了代数函数唯一性的有关结果. 一般地，我们考虑 $A_j(z)$ $(j=0,1,\cdots,\upsilon)$ 中至少有一个为超越整函数的情况. 关于代数体函数的基本理论可参看何育赞 - 萧修治[1]，何育赞[1,2].

设 $w(z)$ 为(3.5.43) 所确定的 υ 值代数体函数，a 为任意复数，k 为正整数，我们以 $\overline{E}(a,w)$ 表示 $w(z)=a$ 的值点集，每个值点仅计一次，我们以 $\overline{E}_{k)}(a,w)$ 表示 $w(z)=a$ 的重级不超过 k 的值点集，每个值点计一次.

何育赞系统地研究过代数体函数的重值与唯一性问题，得到了一系列创造性研究成果. 何育赞[2] 证明了

定理 3.37 设 $w(z)$ 与 $u(z)$ 分别为 υ 值与 μ 值代数体函数，且 $\mu\leqslant\upsilon$. 再设 $a_j(j=1,2,\cdots,4\upsilon+1)$ 为 $4\upsilon+1$ 个互为判别的复数. 如果

$$\overline{E}(a_j,w)=\overline{E}(a_j,u)\quad(j=1,2,\cdots,4\upsilon+1),$$

则 $\quad w(z)\equiv u(z)$.

何育赞[3] 还证明了

定理 3.38 设 $w(z)$ 与 $u(z)$ 分别为 υ 值与 μ 值代数体函数，且 $\mu\leqslant\upsilon$，再设 k 为正整数，$a_j(j=1,2,\cdots,q)$ 为 q 个互为判别的复数，其中 $\quad q=4\upsilon+1+\left[\frac{2\upsilon}{k}\right]$，$\left[\frac{2\upsilon}{k}\right]$ 表 $\frac{2\upsilon}{k}$ 的最大整数部分. 如果

$$\overline{E}_{k)}(a_j,w)=\overline{E}_{k)}(a_j,u)\quad(j=1,2,\cdots,q),$$

则 $\quad w(z)\equiv u(z)$.

关于代数体函数唯一性问题的有关结果可参看 Valiron[2,3]，Baganas[1]，熊庆来[4]，何育赞[1,2,3,4,5,6]，何育赞 - 高仕安[1]，仪洪勋[23]，林运泳[1,2]，方明亮[1] 等.

第四章　四值定理

1929年，R. Nevanlinna 证明了著名的 4CM 值定理，这是亚纯函数唯一性理论的一个重要结果. 1979年，Gundersen 证明了 4IM $\neq$ 4CM 和 3CM + 1IM = 4CM. 1983年，Gundersen 进一步证明了 2CM + 2IM = 4CM. 1989年，Mues 又在 Gundersen 上述结果上前进了一大步，但 1CM + 3IM $\overset{?}{=}$ 4CM 的问题至今还没解决. 本章将叙述和证明 Nevanlinna，Gundersen，Mues 等的有关研究成果.

最近，Reinders 在其博士学位论文中得出了 4DM 值定理，刻划了仅有单值点和二重值点，与仅有单值点和三重值点函数的特性，我们将在 §4.5 中介绍他的研究成果.

§4.1　Nevanlinna 四值定理

4.1.1　预备定理

首先，我们有下述

定理4.1　设 $f(z)$ 与 $g(z)$ 为非常数亚纯函数，$0,1,\infty,c$ 为其四个判别的 CM 公共值，则 $f(z)$ 与 $g(z)$ 必满足下述七种关系之一：

(i)　$f(z)\equiv g(z)$.

(ii)　$f(z)\equiv -g(z)$，仅当 $c=-1$ 成立，此时 $1,-1$ 为 f 与 g 的 Picard 例外值.

(iii) $f(z)\equiv 2-g(z)$，仅当 $c=2$ 成立，此时 $0,2$ 为 f 与 g 的 Picard 例外值.

(iv)　$f(z)\equiv 1-g(z)$，仅当 $c=\dfrac{1}{2}$ 成立，此时 $0,1$ 为 f 与 g

的 Picard 例外值.

(v) $f(z)\equiv\dfrac{g(z)}{2g(z)-1}$,仅当 $c=\dfrac{1}{2}$ 成立,此时 $\dfrac{1}{2},\infty$ 为 f 与 g 的 Picard 例外值.

(vi) $f(z)=\dfrac{g(z)}{g(z)-1}$,仅当 $c=2$ 成立,此时 $1,\infty$ 为 f 与 g 的 Picard 例外值.

(vii) $f(z)\equiv\dfrac{1}{g(z)}$,仅当 $c=-1$ 成立,此时 $0,\infty$ 为 f 与 g 的 Picard 例外值.

由定理 4.1,可以得到下述

系. 设 $f(z)$ 与 $g(z)$ 为非常数亚纯函数,$0,1,\infty,c$ 为其四个判别的 CM 公共值. 如果 $c\neq-1,\dfrac{1}{2},2$,则 $f(z)\equiv g(z)$.

为了证明定理 4.1,我们先来证明两个引理.

引理 4.1 设 $f(z)$ 与 $g(z)$ 为非常数整函数,a_1,a_2 为两个判别的有穷复数,且 a_1 为 $f(z)$ 与 $g(z)$ 的 Picard 例外值,a_2 为 $f(z)$ 与 $g(z)$ 的 CM 公共值. 如果 $f(z)\not\equiv g(z)$,则 $f(z)=e^{\alpha(z)}+a_1$, $g(z)=(a_1-a_2)^2e^{-\alpha(z)}+a_1$,其中 $\alpha(z)$ 为非常数整函数.

证. 由定理 1.42 的系 1 得

$$f(z)=e^{\alpha(z)}+a_1,\quad g(z)=e^{\beta(z)}+a_1,$$

其中 $\alpha(z)$ 与 $\beta(z)$ 为非常数整函数. 因 $f(z)\not\equiv g(z)$, 故 $e^{\alpha(z)}\not\equiv e^{\beta(z)}$. 因 a_2 为 $f(z)$ 与 $g(z)$ 的 CM 公共值,故

$$\frac{f-a_2}{g-a_2}=e^{\gamma},$$

其中 $\gamma(z)$ 为整函数,且 $e^{\gamma}\not\equiv1$. 于是

$$\frac{e^{\alpha}+a_1-a_2}{e^{\beta}+a_1-a_2}=e^{\gamma},$$

故

$$\frac{1}{a_2-a_1}e^{\alpha}+e^{\gamma}-\frac{1}{a_2-a_1}e^{\beta+\gamma}=1.\qquad(4.1.1)$$

注意到 $e^{\gamma}\not\equiv1$. 由定理 1.57 即得 $-\dfrac{1}{a_2-a_1}e^{\beta+r}\equiv1$,再由(4.1.1)

得 $e^{\beta}=(a_1-a_2)^2e^{-\alpha}$,由此即得引理 4.1 的结论.

引理4.2 设 $f(z)$ 与 $g(z)$ 为非常数亚纯函数,∞ 为其CM公共值. 再设 a_1,a_2 为两个判别的有穷复数,且 a_1,a_2 均为 $f(z)$ 与 $g(z)$ 的 Picard 例外值. 如果 $f(z)\not\equiv g(z)$,则

$$f(z)=\frac{a_1e^{\alpha(z)}-a_2}{e^{\alpha(z)}-1},\quad g(z)=\frac{a_1e^{-\alpha(z)}-a_2}{e^{-\alpha(z)}-1}.$$

证. 由定理 1.42 的系 2 得

$$f(z)=\frac{a_1e^{\alpha(z)}-a_2}{e^{\alpha(z)}-1},\quad g(z)=\frac{a_1e^{\beta(z)}-a_2}{e^{\beta(z)}-1},$$

其中 $\alpha(z)$ 与 $\beta(z)$ 为非常数整函数. 因 $f(z)\not\equiv g(z)$,故 $e^{\alpha(z)}\not\equiv e^{\beta(z)}$. 由 a_1,∞ 为 $f(z)$ 与 $g(z)$ 的 CM 公共值得

$$\frac{f-a_1}{g-a_1}=e^{\gamma},$$

其中 $r(z)$ 为整函数,且 $e^{\gamma}\not\equiv 1$. 于是

$$\frac{e^{\beta}-1}{e^{\alpha}-1}=e^{\gamma},$$

故

$$e^{\beta}+e^{\gamma}-e^{\alpha+\gamma}=1. \tag{4.1.2}$$

注意到 $e^{\gamma}\not\equiv 1$,由定理 1.57 即得 $-e^{\alpha+\gamma}\equiv 1$. 再由(4.1.2)得 $e^{\beta}=e^{-\alpha}$,由此即得引理 4.2 的结论.

下面证明定理 4.1. 由 $0,1,\infty,c$ 为 $f(z)$ 与 $g(z)$ 的CM公共值得

$$\frac{f}{g}=e^{\phi_1},\quad \frac{f-1}{g-1}=e^{\phi_2},\quad \frac{f-c}{g-c}=e^{\phi_3}, \tag{4.1.3}$$

其中 $\phi_1(z),\phi_2(z),\phi_3(z)$ 均为整函数. 假设 $f(z)\not\equiv g(z)$,则 $e^{\phi_j}\not\equiv 1\quad(j=1,2,3)$,$e^{\phi_j-\phi_i}\not\equiv 1\quad(1\leqslant j<i\leqslant 3)$. 我们讨论下述七种情况.

1) 假设 $e^{\phi_1}\equiv k_1$,其中 $k_1(\neq 0,1)$ 为常数. 由 $\dfrac{f}{g}=k_1\neq 1$ 知,$1,c$ 为 f 与 g 的 Picard 例外值. 再由引理 4.2 得

$$f=\frac{e^{\alpha}-c}{e^{\alpha}-1},\quad g=\frac{e^{-\alpha}-c}{e^{-\alpha}-1}, \tag{4.1.4}$$

其中 $\alpha(z)$ 为非常数整函数. 由 $\dfrac{f}{g}=k_1$ 得

$$(1-ck_1)e^{\alpha}=c-k_1.$$

故 $1-ck_1=0,\ c-k_1=0$，于是 $c=k_1=-1$，由此即得(ii).

2) 假设 $e^{\phi_2}\equiv k_2$，其中 $k_2(\neq 0,1)$ 为常数. 由 $\dfrac{f-1}{g-1}=k_2\neq 1$ 知，$0,c$ 为 f 与 g 的 Picard 例外值. 与 1) 类似，可得 $c=2,k_2=-1$，由此即得(iii).

3) 假设 $e^{\phi_3}\equiv k_3$，其中 $k_3(\neq 0,1)$ 为常数. 由 $\dfrac{f-c}{g-c}=k_3\neq 1$ 知，$0,1$ 为 f 与 g 的 Picard 例外值. 与 1) 类似，可得 $c=\dfrac{1}{2},k_3=-1$. 由此即得(iv).

4) 假设 $e^{\phi_1-\phi_2}\equiv k_4$，其中 $k_4(\neq 0,1)$ 为常数. 故有 $\dfrac{f}{f-1}\cdot\dfrac{g-1}{g}=k_4\neq 1$. 因此 c,∞ 为 f 与 g 的 Picard 例外值. 再由引理 4.1 得

$$f=e^{\alpha}+c,\quad g=c^2e^{-\alpha}+c,$$

其中 $\alpha(z)$ 为非常数整函数. 因此有

$$\frac{e^{\alpha}+c}{e^{\alpha}+c-1}\cdot\frac{c^2e^{-\alpha}+c-1}{c^2e^{-\alpha}+c}=k_4,$$

故

$$[(c-1)-ck_4]e^{\alpha}=c[(c-1)k_4-c].$$

因此有 $\quad (c-1)-ck_4=0,\quad (c-1)k_4-c=0.$

于是 $\quad c=\dfrac{1}{2},\ k_4=-1$. 由此即得(v).

5) 假设 $e^{\phi_1-\phi_3}\equiv k_5$，其中 $k_5(\neq 0,1)$ 为常数. 故有 $\dfrac{f}{f-c}\cdot\dfrac{g-c}{g}=k_5\neq 1$. 因此 $1,\infty$ 为 f 与 g 的 Picard 例外值. 与 4) 类似，可得 $c=2,k_5=-1$. 由此即得(vi).

6) 假设 $e^{\phi_2-\phi_3}\equiv k_6$，其中 $k_6(\neq 0,1)$ 为常数. 故有 $\dfrac{f-1}{f-c}$

$\cdot\dfrac{g-c}{g-1}=k_6\neq 1$. 因此 $0,\infty$ 为 f 与 g 的 Picard 例外值，与 4) 类似，可得 $c=-1, k_6=-1$. 由此即得(vii).

7) 假设 $e^{\phi_j}(j=1,2,3)$, $e^{\phi_j-\phi_i}(1\leqslant j<i\leqslant 3)$ 均不为常数. 由(4.1.3) 消去 f 与 g 得

$$-e^{\phi_1+\phi_2-\phi_3}+(1-c)e^{\phi_1-\phi_3}+ce^{\phi_2-\phi_3}+(1-c)e^{\phi_2}+ce^{\phi_1}=1. \tag{4.1.5}$$

由定理 1.55 知 $-e^{\phi_1+\phi_2-\phi_3}=1$. 再由(4.1.5) 得

$$\frac{c-1}{c}e^{\phi_1-\phi_2}+e^{2\phi_1}+\frac{1-c}{c}e^{\phi_1+\phi_2}=1.$$

由定理 1.57 得 $\dfrac{1-c}{c}e^{\phi_1+\phi_2}=1$. 再由 $-e^{\phi_1+\phi_2-\phi_3}=1$ 得 $e^{\phi_3}\equiv\dfrac{c}{c-1}$, 这与假设矛盾.

这就完成了定理 4.1 的证明.

由定理 4.1，我们有下述

定理 4.2 设 $f(z)$ 与 $g(z)$ 为非常数整函数，$0,1,c$ 为其三个判别的有穷 CM 公共值，则 $f(z)$ 与 $g(z)$ 必满足下述四种关系之一：

(i) $f(z)\equiv g(z)$.

(ii) $f(z)\equiv\dfrac{g(z)}{2g(z)-1}$，仅当 $c=\dfrac{1}{2}$ 成立，此时 $\dfrac{1}{2}$ 为 f 与 g 的 Picard 例外值.

(iii) $f(z)=\dfrac{g(z)}{g(z)-1}$，仅当 $c=2$ 成立，此时 1 为 f 与 g 的 Picard 例外值.

(iv) $f(z)=\dfrac{1}{g(z)}$，仅当 $c=-1$ 成立，此时 0 为 f 与 g 的 Picard 例外值.

由定理 4.2 可得下述

系. 设 $f(z)$ 与 $g(z)$ 为非常数整函数，$a_j(j=1,2,3)$ 为三个判别的有穷复数，且 $a_j(j=1,2,3)$ 为 $f(z)$ 与 $g(z)$ 的 CM 公共值. 如果

$$\frac{a_1-a_3}{a_2-a_3}\neq\frac{1}{2},2,-1,\ 则\quad f(z)\not\equiv g(z).$$

证. 设 $L(z)=\dfrac{z-a_3}{a_2-a_3}$,则有 $L(a_2)=1$, $L(a_3)=0$, $L(a_1)=\dfrac{a_1-a_3}{a_2-a_3}$. 设 $F(z)=L(f(z))$, $G(z)=L(g(z))$, $c=L(a_1)$. 由 $a_j(j=1,2,3)$ 为 $f(z)$ 与 $g(z)$ 的 CM 公共值知,$L(a_j)(j=1,2,3)$ 为 $F(z)$ 与 $G(z)$ 的 CM 公共值. 即 c,l,o 为 $F(z)$ 与 $G(z)$ 的 CM 公共值,由定理 4.2 得 $F(z)\equiv G(z)$,于是 $f(z)\equiv g(z)$.

4.1.2 4CM 值定理

R. Nevanlinna[2] 证明了下述

定理4.3 设 $f(z)$ 与 $g(z)$ 为非常数亚纯函数,$a_j(j=1,2,3,4)$ 为四个判别的复数,且 $a_j(j=1,2,3,4)$ 为 $f(z)$ 与 $g(z)$ 的 CM 公共值. 如果 $f(z)\not\equiv g(z)$,则 $f(z)=T(g(z))$,其中 T 为一个分式线性变换,保持 $a_j(j=1,2,3,4)$ 中二个值不变,但将另二值互调,又此两互调的值均为 $f(z)$ 与 $g(z)$ 的 Picard 例外值.

证. 设

$$L(z)=\frac{z-a_3}{z-a_4}\cdot\frac{a_2-a_4}{a_2-a_3},\tag{4.1.6}$$

则有 $L(a_2)=1$, $L(a_3)=0$, $L(a_4)=\infty$. 设

$$c=L(a_1)=\frac{a_1-a_3}{a_1-a_4}\cdot\frac{a_2-a_4}{a_2-a_3}.$$

$$F(z)=L(f(z)),\quad G(z)=L(g(z)).$$

由 $f(z)\not\equiv g(z)$ 得 $F(z)\not\equiv G(z)$. 由 $a_j(j=1,2,3,4)$ 为 $f(z)$ 与 $g(z)$ 的 CM 公共值知,$L(a_j)(j=1,2,3,4)$ 为 $F(z)$ 与 $G(z)$ 的 CM 公共值,即 $c,1,0,\infty$ 为 $F(z)$ 与 $G(z)$ 的 CM 公共值. 由定理 4.1 知,$F(z)$ 与 $G(z)$ 满足下述六种关系之一:

1) $F(z)+G(z)\equiv 0$, 仅当 $c=-1$ 成立,此时 $1,-1$ 为 $F(z)$ 与 $G(z)$ 的 Picard 例外值. 由此即得 $L(f(z))+L(g(z))\equiv 0$, 仅当 $L(a_1)=-1$ 时成立,a_1,a_2 为 $f(z)$ 与 $g(z)$ 的 Picard 例外值.

2) $F(z)+G(z)\equiv 2$,仅当 $c=2$ 成立,此时 $0,2$ 为 F 与 G 的

Picard 例外值. 由此即得 $L(f(z))+L(g(z))\equiv 2$,仅当 $L(a_1)=2$ 成立,此时 a_1,a_3 为 $f(z)$ 与 $g(z)$ 的 Picard 例外值.

3) $F(z)+G(z)\equiv 1$,仅当 $c=\frac{1}{2}$ 成立,此时 0,1 为 F 与 G 的 Picard 例外值. 由此即得 $L(f(z))+L(g(z))\equiv 1$,仅当 $L(a_1)=\frac{1}{2}$ 成立. 此时 a_2,a_3 为 $f(z)$ 与 $g(z)$ 的 Picard 例外值.

4) $2F(z)G(z)\equiv F(z)+G(z)$,仅当 $c=\frac{1}{2}$ 成立,此时 $\frac{1}{2}$, ∞ 为 F 与 G 的 Picard 例外值. 由此即得 $2L(f(z))\cdot L(g(z))\equiv L(f(z))+L(g(z))$, 仅当 $L(a_1)=\frac{1}{2}$ 成立,此时 a_1,a_4 为 $f(z)$ 与 $g(z)$ 的 Picard 例外值.

5) $F(z)\cdot G(z)\equiv F(z)+G(z)$,仅当 $c=2$ 成立. 此时 1, ∞ 为 F 与 G 的 Picard 例外值. 由此即得 $L(f(z))\cdot L(g(z))\equiv L(f(z))+L(g(z))$, 仅当 $L(a_1)=2$ 成立,此时 a_2,a_4 为 $f(z)$ 与 $g(z)$ 的 Picard 例外值.

6) $F(z)\cdot G(z)\equiv 1$,仅当 $c=-1$ 成立,此时 $0,\infty$ 为 F 与 G 的 Picard 例外值. 由此即得,$L(f(z))\cdot L(g(z))\equiv 1$,仅当 $L(a_1)=-1$ 成立,此时 a_3,a_4 为 $f(z)$ 与 $g(z)$ 的 Picard 例外值.

由上述六种关系即可得到定理 4.3 的结论.

设 $a_j(j=1,2,3,4)$ 为四个判别的复数,(4.1.6) 中的分式线性变换 $L(z)$ 是将 a_2,a_3,a_4 依次映为 $1,0,\infty$ 的唯一的分式线性变换. 在映照 $L(z)$ 下,a_1 的象 $L(a_1)$ 称为 a_1,a_2,a_3,a_4 的交比,记作 (a_1,a_2,a_3,a_4),即

$$(a_1,a_2,a_3,a_4)=\frac{a_1-a_3}{a_1-a_4}\cdot\frac{a_2-a_4}{a_2-a_3}.$$

显然有

$$(a_1,a_2,a_3,a_4)=(a_3,a_4,a_1,a_2).$$

若 $a_j(j=1,2,3,4)$ 中有一个为 ∞,我们定义作

$$(a_1,a_2,a_3,a_4)=\lim_{a_j\to\infty}\left(\frac{a_1-a_3}{a_1-a_4}\cdot\frac{a_2-a_4}{a_2-a_3}\right).$$

例如 $(a_1,a_2,a_3,\infty)=\dfrac{a_1-a_3}{a_2-a_3}$.

设 T 为任一分式线性变换,交比具有性质

$$(T(a_1),T(a_2),T(a_3),T(a_4))=(a_1,a_2,a_3,a_4).$$

关于交比的有关结果,可参看 Ahlfors[1].

由上即知,定理 4.3 也可叙述为下述

定理 4.3′ 设 $f(z)$ 与 $g(z)$ 为非常数亚纯函数,$a_j(j=1,2,3,4)$ 为四个判别的复数,且 $a_j(j=1,2,3,4)$ 为 $f(z)$ 与 $g(z)$ 的 CM 公共值.如果 $f(z)\not\equiv g(z)$,则 $f(z)=T(g(z))$,其中 T 为一个分式线性变换,且 $a_j(j=1,2,3,4)$ 中有二个值,记作 a_1,a_2,必是 $f(z)$ 与 $g(z)$ 的 Picard 例外值,交比 $(a_1,a_2,a_3,a_4)=-1$.

由定理 4.3,可以得到下述

系. 设 $f(z)$ 与 $g(z)$ 为非常数亚纯函数,$a_j(j=1,2,3,4)$ 为四个判别的复数,且 $a_j(j=1,2,3,4)$ 为 $f(z)$ 与 $g(z)$ 的 CM 公共值.如果交比

$$(a_1,a_2,a_3,a_4)=\frac{a_1-a_3}{a_1-a_4}\cdot\frac{a_2-a_4}{a_2-a_3}\neq-1,\frac{1}{2},2,$$

则 $f(z)\equiv g(z)$.

4.1.3 4IM 值定理

先证明一个引理.

引理 4.3 设 $f(z)$ 为非常数亚纯函数,$P(f)=a_0f^p+a_1f^{p-1}+\cdots+a_p(a_0\neq0)$ 为 f 的 p 次多项式,其系数 $a_j(j=0,1,\cdots,p)$ 均为常数,$b_j(j=1,2,\cdots,q)$ 为 $q(>p)$ 个判别的有穷复数,则

$$m\left(r,\frac{P(f)\cdot f'}{(f-b_1)(f-b_2)\cdots(f-b_q)}\right)=S(r,f).$$

证. 显然有

$$\frac{P(f)}{(f-b_1)(f-b_2)\cdots(f-b_q)}=\sum_{j=1}^{q}\frac{A_j}{f-b_j},$$

其中 A_j 为常数,可用待定系数法求出.于是有

$$m\left(r,\frac{P(f)\cdot f'}{(f-b_1)(f-b_2)\cdots(f-b_q)}\right)$$

$$= m(r, \sum_{j=1}^{q} \frac{A_j \cdot f'}{f - b_j})$$

$$\leqslant \sum_{j=1}^{q} m(r, \frac{f'}{f - b_j}) + O(1)$$

$$= S(r, f).$$

定理4.4 设$f(z)$与$g(z)$为非常数亚纯函数,$a_j(j=1,2,3,4)$为其判别的IM公共值.如果$f(z) \not\equiv g(z)$,则

(i) $T(r,f) = T(r,g) + S(r,f), T(r,g) = T(r,f) + S(r,g)$,

(ii) $\sum_{j=1}^{4} \overline{N}(r, \frac{1}{f - a_j}) = 2T(r,f) + S(r,f)$,

(iii) $\overline{N}(r, \frac{1}{f - b}) = T(r,f) + S(r,f)$,

$\overline{N}(r, \frac{1}{g - b}) = T(r,g) + S(r,g)$,

其中$b \neq a_j (j = 1,2,3,4)$,

(iv) $N_0(r, \frac{1}{f'}) = S(r,f), N_0(r, \frac{1}{g'}) = S(r,g)$,

其中$N_0(r, \frac{1}{f'})$表示f'的零点但不是$f - a_j (j = 1,2,3,4)$的零点的计数函数,$N_0(r, \frac{1}{g'})$类似定义,

(v) $\sum_{j=1}^{4} N^*(r, a_j) = S(r,f)$,其中$N^*(r, a_j)$表示$f - a_j$与$g - a_j$的重级均大于1的零点的计数函数,按重级小者计算次数.

证. 由定理3.17的系知(i),(ii)成立.事实上,由第二基本定理,我们有

$$2T(r,f) < \sum_{j=1}^{4} \overline{N}(r, \frac{1}{f - a_j}) + S(r,f)$$

$$\leqslant \overline{N}(r, \frac{1}{f - g}) + S(r,f)$$

$$\leqslant T(r,f) + T(r,g) + S(r,f). \quad (4.1.7)$$

同理有

$$2T(r,g) < \sum_{j=1}^{4}\overline{N}(r,\frac{1}{g-a_j}) + S(r,g)$$
$$\leqslant T(r,f) + T(r,g) + S(r,g). \quad (4.1.8)$$

由(4.1.7),(4.1.8)即得(i)与(ii).

再由第二基本定理,我们有

$$3T(r,f) < \sum_{j=1}^{4}\overline{N}(r,\frac{1}{f-a_j}) + \overline{N}(r,\frac{1}{f-b}) + S(r,f)$$
$$= 2T(r,f) + \overline{N}(r,\frac{1}{f-b}) + S(r,f)$$
$$< 3T(r,f) + S(r,f).$$

由此即得 $\overline{N}(r,\frac{1}{f-b}) = T(r,f) + S(r,f)$. 同理也有

$$\overline{N}(r,\frac{1}{g-b}) = T(r,g) + S(r,g).$$

由第二基本定理,我们有

$$2T(r,f) < \sum_{j=1}^{4}\overline{N}(r,\frac{1}{f-a_j}) - N_0(r,\frac{1}{f'}) + S(r,f),$$
$$= 2T(r,f) - N_0(r,\frac{1}{f'}) + S(r,f).$$

由此即得 $N_0(r,\frac{1}{f'}) = S(r,f)$. 同理也有 $N_0(r,\frac{1}{g'}) = S(r,g)$.

下面证明(v).不失一般性,可以假设 $a_1 = c$, $a_2 = 0$, $a_3 = 1$, $a_4 = \infty$. 否则只需进行一个分式线性变换即可.置

$$\psi = \frac{f'g'(f-g)^2}{f(f-1)(f-c)g(g-1)(g-c)} \quad (4.1.9)$$

设 $f(z_0) = 0$, 或 1,或 ∞,或 c,重级为 p,

$g(z_0) = 0$, 或 1,或 ∞,或 c,重级为 q.

由(4.1.9)即知

$$\psi(z) = O((z-z_0)^{2\min(p,q)-2}), \quad (4.1.10)$$

于是 ψ 为整函数.再由引理4.3得

$$T(r,\psi) = m(r,\psi)$$
$$\leqslant m(r,\frac{f'f}{(f-1)(f-c)}) + m(r,\frac{f'}{(f-1)(f-c)})$$
$$+ m(r,\frac{f'}{f(f-1)(f-c)}) + m(r,\frac{g'g}{(g-1)(g-c)})$$

$$+ m(r,\frac{g'}{(g-1)(g-c)}) + m(r,\frac{g'}{g(g-1)(g-c)}) + O(1)$$
$$= S(r,f) + S(r,g) = S(r,f).$$

由(4.1.10)知

$$\sum_{j=1}^{4} N^*(r,a_j) \leqslant N(r,\frac{1}{\psi}) \leqslant T(r,\psi) + O(1)$$
$$= S(r,f).$$

这就得到(v).

设 $f(z)$ 与 $g(z)$ 为非常数亚纯函数,a 为任意复数. 我们用 $N_E(r,a)$ 表示 $f(z)-a$ 与 $g(z)-a$ 具有相同重级的公共零点的计数函数,每个零点仅计一次. 我们用 $N_E^{1)}(r,a)$ 表示 $f(z)-a$ 与 $g(z)-a$ 的公共单零点的计数函数,每个零点计一次. 由定理 4.4 的(v),我们可以得到下述

系. 设 $f(z)$ 与 $g(z)$ 为非常数亚纯函数,$a_j(j=1,2,3,4)$ 为其判别的 IM 公共值. 如果 $f(z) \not\equiv g(z)$,则对 $j=1,2,3,4$,我们有

$$N_E(r,a_j) = N_E^{1)}(r,a_j). \tag{4.1.11}$$

设 $f(z)$ 与 $g(z)$ 为非常数亚纯函数,$a_j(j=1,2,3,4)$ 为其四个判别的 IM 公共值. 若 $f(z)$ 与 $g(z)$ 均为有理函数,由定理 2.16 知,$f(z) \equiv g(z)$. 假设 $f(z) \not\equiv g(z)$,且 $f(z)$ 为超越亚纯函数,由定理 4.4 的(i)知,$g(z)$ 也必为超越亚纯函数.

4.1.4 定理 4.3 的第二个证明

由定理 4.4 的(i)知,$S(r,g)=S(r,f)$. 再由定理 4.4 的(ii)知,$\overline{N}(r,\frac{1}{f-a_j})(j=1,2,3,4)$ 中至少有二个不等于 $S(r,f)$,不失一般性,不妨设

$$\overline{N}(r,\frac{1}{f-a_3}) \neq S(r,f), \quad \overline{N}(r,\frac{1}{f-a_4}) \neq S(r,f). \tag{4.1.12}$$

设

$$L(z)=\frac{z-a_3}{z-a_4}\cdot\frac{a_2-a_4}{a_2-a_3},$$

则 $\quad L(a_3)=0,\quad L(a_4)=\infty,\quad L(a_2)=1,$

$L(a_1)=(a_1,a_2,a_3,a_4)$ 是 a_1,a_2,a_3,a_4 的交比. 设

$$F(z)=L(f(z)),\quad G(z)=L(g(z)).$$

由 $f(z)\not\equiv g(z)$ 得 $F(z)\not\equiv G(z)$. 由 $a_j(j=1,2,3,4)$ 为 $f(z)$ 与 $g(z)$ 的 CM 公共值知, $L(a.)(j=1,2,3,4)$ 为 $F(z)$ 与 $G(z)$ 的 CM 公共值, 即 $c,1,0,\infty$ 为 $F(z)$ 与 $G(z)$ 的 CM 公共值, 其中 $c=L(a_1)$. 显然有 $S(r,G)=S(r,F)$. 由(4.1.12)得

$$\overline{N}(r,\frac{1}{F})\neq S(r,F),\quad \overline{N}(r,F)\neq S(r,F).\tag{4.1.13}$$

令

$$H=\frac{F'}{F(F-1)(F-c)}-\frac{G'}{G(G-1)(G-c)}.\tag{4.1.14}$$

假设 $H\not\equiv 0$, 由引理 4.3 得

$$m(r,H)=S(r,F).$$

因 $c,1,0,\infty$ 为 $F(z)$ 与 $G(z)$ 的 CM 公共值, 故 H 无极点, 即 H 为整函数. 于是

$$T(r,H)=m(r,H)=S(r,F).$$

设 z_0 为 $F(z)$ 的 p 重极点, 则 z_0 也为 $G(z)$ 的 p 重极点, 由(4.1.14)知, z_0 必为 H 的零点, 其重级至少为 $3p-(p+1)=2p-1$.

因此

$$\overline{N}(r,F)\leqslant N(r,\frac{1}{H})\leqslant T(r,H)+O(1)=S(r,F).$$

这与(4.1.13)矛盾. 于是 $H\equiv 0$.

令

$$Q=\frac{F'F}{(F-1)(F-c)}-\frac{G'G}{(G-1)(G-c)}\tag{4.1.15}$$

假设 $Q\not\equiv 0$. 由引理 4.3 得

$$m(r,Q)=S(r,F).$$

因 $c,1,0,\infty$ 为 $F(z)$ 与 $G(z)$ 的 CM 公共值，故 Q 无极点，于是

$$T(r,Q) = m(r,Q) = S(r,F).$$

设 z_0 为 $F(z)$ 的 p 重零点，则 z_0 也为 $G(z)$ 的 p 重零点，由(4.1.15)知，z_0 必为 Q 的零点，其重级至少为 $p+(p-1)=2p-1$.

因此

$$\overline{N}(r,\frac{1}{F}) \leqslant N(r,\frac{1}{Q}) \leqslant T(r,Q) + O(1) = S(r,F).$$

这也与(4.1.13)矛盾. 于是 $Q \equiv 0$.

由 $H \equiv Q \equiv 0$ 得

$$\begin{aligned} 0 \equiv Q &= \frac{F'F^2}{F(F-1)(F-c)} - \frac{G'G^2}{G(G-1)(G-c)} \\ &= \frac{F'}{F(F-1)(F-c)}(F^2 - G^2). \end{aligned} \tag{4.1.16}$$

注意到 $F \not\equiv G$，由(4.1.16)得 $F \equiv -G$. 由 $F \equiv -G$ 知，$-1,1$ 均为 $F(z)$ 与 $G(z)$ 的 Picard 例外值，再由定理 4.4 的(iii)知，$c=-1$，故有

$$L(a_1) = (a_1,a_2,a_3,a_4) = -1.$$

因此 a_1,a_2 均为 $f(z)$ 与 $g(z)$ 的 Picard 例外值. 并且

$$L(f(z)) \equiv -L(g(z)).$$

于是

$$f(z) \equiv \frac{(a_3+a_4)g(z) - 2a_3a_4}{2g(z) - (a_3+a_4)}.$$

此变换保持 a_3,a_4 不变，且将 a_1,a_2 互调. 这就完成了定理 4.3 的证明.

与本节有关的结果可参看 Nevanlinna[1,2], Gundersen[2,3], Mues[2], 仪洪勋[20], Jank-Volkmann[1], Frank[1].

§4.2 3CM 值 1IM 值定理

4.2.1 3CM + 1IM = 4CM 定理

L. Rubel 提出下述问题：能否把定理 4.3 中的 CM 换为 IM 仍

得同样结论?此问题被 Gundersen[2] 用下述例子所否定. 设

$$f(z)=\frac{e^{h(z)}+b}{(e^{h(z)}-b)^2},\quad g(z)=\frac{(e^{h(z)}+b)^2}{8b^2(e^{h(z)}-b)},\tag{4.2.1}$$

其中 $h(z)$ 为非常数整函数, $b(\neq 0)$ 为有穷复数. 容易验证 $0,\infty,\frac{1}{b},-\frac{1}{8b}$ 为 $f(z)$ 与 $g(z)$ 的 IM 公共值. 但 $0,\infty,\frac{1}{b},-\frac{1}{8b}$ 都不是 $f(z)$ 与 $g(z)$ 的 CM 公共值, 事实上两者取值的重级对每个值都不相同, 即 $0,\infty,\frac{1}{b},-\frac{1}{8b}$ 均为 $f(z)$ 与 $g(z)$ 的 DM 公共值. $f(z)$ 不为 $g(z)$ 的线性变换是显然的. 1979 年, Gundersen[2] 得到了下述定理.

定理 4.5 设 $f(z)$ 与 $g(z)$ 为非常数亚纯函数, $a_j(j=1,2,3,4)$ 为四个判别的复数. 如果 a_1,a_2,a_3 为 $f(z)$ 与 $g(z)$ 的 CM 公共值, a_4 为 $f(z)$ 与 $g(z)$ 的 IM 公共值, 则 a_4 必为 $f(z)$ 与 $g(z)$ 的 CM 公共值. 于是定理 4.3 的结论成立.

证. 不失一般性, 不妨设 $a_1=1,a_2=0,a_3=\infty,a_4=c$. 令

$$F(z)=\frac{f'(f-c)}{f(f-1)}-\frac{g'(g-c)}{g(g-1)}.\tag{4.2.2}$$

如果 $F(z)\equiv 0$, 则 c 为 $f(z)$ 与 $g(z)$ 的 CM 公共值. 于是定理 4.5 成立. 下设 $F(z)\not\equiv 0$. 由引理 4.3 得

$$m(r,F)=S(r,f).$$

因 $1,0,\infty$ 为 $f(z)$ 与 $g(z)$ 的 CM 公共值, 故 $F(z)$ 无极点. 于是

$$T(r,F)=m(r,F)=S(r,f).$$

注意到 c 为 $f(z)$ 与 $g(z)$ 的 IM 公共值, 由 (4.2.2) 得

$$\begin{aligned}\overline{N}(r,\frac{1}{f-c})&=\overline{N}(r,\frac{1}{g-c})\leqslant N(r,\frac{1}{F})\\&\leqslant T(r,F)+O(1)=S(r,f).\end{aligned}\tag{4.2.3}$$

不失一般性, 不妨设

$$\overline{N}(r,\frac{1}{f-1})\neq S(r,f).\tag{4.2.4}$$

令

$$G(z)=\frac{f'(f-1)}{f(f-c)}-\frac{g'(g-1)}{g(g-c)}.\tag{4.2.5}$$

如果 $G(z) \equiv 0$，则 c 为 $f(z)$ 与 $g(z)$ 的 CM 公共值. 于是定理 4.5 成立. 下设 $G(z) \not\equiv 0$. 由引理 4.3 得

$$m(r,G) = S(r,f).$$

因 $0,\infty$ 为 $f(z)$ 与 $g(z)$ 的 CM 公共值，c 为 $f(z)$ 与 $g(z)$ 的 IM 公共值，由(4.2.3)，(4.2.5) 得

$$N(r,G) \leqslant \overline{N}(r,\frac{1}{f-c}) = S(r,f).$$

于是

$$T(r,G) = S(r,f).$$

注意到，1 为 $f(z)$ 与 $g(z)$ 的 CM 公共值，由(4.2.5) 得

$$\overline{N}(r,\frac{1}{f-1}) \leqslant N(r,\frac{1}{G}) \leqslant T(r,G) + O(1) = S(r,f),$$

这与(4.2.4) 矛盾. 这就完成了定理 4.5 的证明.

4.2.2 4"CM" = 4CM 定理

设 $f(z)$ 与 $g(z)$ 为非常数亚纯函数，a 为任意复数. 我们用 $\overline{N}_0(r,a)$ 表示 $f(z)-a$ 与 $g(z)-a$ 公共零点的计数函数，每个零点仅计一次. 如果

$$\overline{N}(r,\frac{1}{f-a}) - \overline{N}_0(r,a) = S(r,f)$$

及

$$\overline{N}(r,\frac{1}{g-a}) - \overline{N}_0(r,a) = S(r,g),$$

则我们称 a 为 $f(z)$ 与 $g(z)$ 的"IM" 公共值. 显然，若 a 为 $f(z)$ 与 $g(z)$ 的 IM 公共值，则 a 必为 $f(z)$ 与 $g(z)$ 的"IM" 公共值，反之不一定成立. 使用与证明定理 4.4 完全类似的证明方法，可以证明下述

定理 4.6 设 $f(z)$ 与 $g(z)$ 为非常数亚纯函数，$a_j(j=1,2,3,4)$ 为其判别的"IM" 公共值. 如果 $f(z) \not\equiv g(z)$，则定理 4.4 的结论 (i)—(v) 成立.

显然定理 4.6 为定理 4.4 的推广.

设 $f(z)$ 与 $g(z)$ 为非常数亚纯函数，a 为任意复数. 我们用 $N_E(r,a)$ 表示 $f(z)-a$ 与 $g(z)-a$ 具有相同重级的共公零点的计数函数，每个零点仅计一次. 如果

$$\overline{N}(r,\frac{1}{f-a})-N_E(r,a)=S(r,f)$$

及

$$\overline{N}(r,\frac{1}{g-a})-N_E(r,a)=S(r,g),$$

则我们称 a 为 $f(z)$ 与 $g(z)$ 的"CM"公共值.

注意到 $N_E(r,a)\leqslant\overline{N}_0(r,a)$，我们有下述

引理 4.4 若 a 为 $f(z)$ 与 $g(z)$ 的"CM"公共值，则 a 必为 $f(z)$ 与 $g(z)$ 的"IM"公共值.

Mues[2] 改进了定理 4.3，证明了下述

定理 4.7 设 $f(z)$ 与 $g(z)$ 为非常数亚纯函数，$a_j(j=1,2,3,4)$ 为四个判别的复数. 如果 $f(z)\not\equiv g(z)$，且 $a_j(j=1,2,3,4)$ 为 $f(z)$ 与 $g(z)$ 的"CM"公共值，则 $a_j(j=1,2,3,4)$ 必为 $f(z)$ 与 $g(z)$ 的 CM 公共值，于是定理 4.3 的结论成立.

证. 不失一般性，不妨设 $a_1=0$，$a_2=1$，$a_3=\infty$，$a_4=c$，并且

$$\overline{N}(r,\frac{1}{f})\neq S(r,f),\quad \overline{N}(r,f)\neq S(r,f). \tag{4.2.6}$$

因 $0,1,\infty,c$ 为 $f(z)$ 与 $g(z)$ 的"CM"公共值，由引理 4.4 及定理 4.6 的(iv)，(v) 得

$$\overline{N}_{(2}(r,f)+\overline{N}_{(2}(r,g)=S(r,f) \tag{4.2.7}$$

及

$$\overline{N}(r,\frac{1}{f'})+\overline{N}(r,\frac{1}{g'})=S(r,f).$$

令

$$H=\frac{f''}{f'}-\frac{g''}{g'}, \tag{4.2.8}$$

则有

$$m(r,H)=S(r,f).$$

及

$$N(r,H)\leqslant\overline{N}(r,f)-N_E(r,\infty)+\overline{N}(r,g)-N_E(r,\infty)$$
$$+\overline{N}(r,\frac{1}{f'})+\overline{N}(r,\frac{1}{g'})$$
$$=S(r,f).$$

于是

$$T(r,H)=S(r,f).$$

设 z_0 为 $f(z)$ 的单极点，也为 $g(z)$ 的单极点，并设

$$f(z)=\frac{b_1}{z-z_0}+b_2+b_3(z-z_0)+\cdots,$$

$$g(z)=\frac{c_1}{z-z_0}+c_2+c_3(z-z_0)+\cdots.$$

通过计算知，z_0 必为 H 的零点. 再由(4.2.7)得

$$\overline{N}(r,f)-S(r,f)\leqslant N(r,\frac{1}{H})\leqslant T(r,H)+O(1)=S(r,f).$$

于是 $\overline{N}(r,f)=S(r,f)$，这与(4.2.6)矛盾. 因此 $H\equiv 0$. 再由(4.2.8)得

$$f(z)\equiv Ag(z)+B, \tag{4.2.9}$$

其中 A,B 为积分常数.

由(4.2.6)，(4.2.9)得 $B=0$. 于是

$$f(z)\equiv Ag(z). \tag{4.2.10}$$

注意到 $f(z)\not\equiv g(z)$，故 $A\neq 1$. 由 $A\neq 0$ 即知，$1,c$ 均为 $f(z)$ 与 $g(z)$ 的 Picard 例外值. 再由(4.2.10)知，A,Ac 也为 $f(z)$ 的 Picard 例外值. 于是

$$A=c,\quad Ac=1.$$

由此即得 $c=-1$ 及 $f(z)\equiv -g(z)$. 因此 $0,1,\infty,c$ 均为 $f(z)$ 与 $g(z)$ 的 CM 公共值，并且定理 4.3 的结论成立.

显然上述定理 4.7 的证明实际上也是定理 4.3 的第三个证明. 应用定理 4.7，可以证明下述

定理4.8 设 $f(z)$ 与 $g(z)$ 为非常数亚纯函数，$a_j(j=1,2,3,4)$ 为四个判别的复数. 设 $f(z)\not\equiv g(z)$，且 $a_j(j=1,2,3,4)$ 为

$f(z)$ 与 $g(z)$ 的 IM 公共值. 如果 $\overline{N}(r,\frac{1}{f-a_1})=S(r,f)$, $\overline{N}(r,\frac{1}{f-a_2})=S(r,f)$, 则 $a_j(j=1,2,3,4)$ 必为 $f(z)$ 与 $g(z)$ 的 CM 公共值. 于是定理 4.3 的结论成立.

证. 不失一般性, 不妨设 $a_1=0$, $a_2=\infty$, $a_3=1$, $a_4=c$. 则

$$\overline{N}(r,\frac{1}{f})=S(r,f),\quad \overline{N}(r,f)=S(r,f).$$

于是 0,∞ 为 $f(z)$ 与 $g(z)$ 的"CM"公共值. 再由引理 3.9 得

$$\overline{N}_{1)}(r,\frac{1}{f-1})=T(r,f)+S(r,f),$$

于是

$$\overline{N}(r,\frac{1}{f-1})=\overline{N}_{1)}(r,\frac{1}{f-1})+S(r,f)$$

$$\overline{N}_{(2}(r,\frac{1}{f-1})=S(r,f).$$

同理可得

$$\overline{N}_{(2}(r,\frac{1}{g-1})=S(r,f).$$

因此, 我们有

$$\begin{aligned}\overline{N}(r,\frac{1}{f-1})&\geqslant N_E^{1)}(r,1)\geqslant\overline{N}_{1)}(r,\frac{1}{f-1})-\overline{N}_{(2}(r,\frac{1}{g-1})\\&=\overline{N}(r,\frac{1}{f-1})+S(r,f).\end{aligned}$$

故

$$N_E^{1)}(r,1)=\overline{N}(r,\frac{1}{f-1})+S(r,f).$$

再由定理 4.4 的系即得

$$N_E(r,1)=\overline{N}(r,\frac{1}{f-1})+S(r,f).$$

这就证明, 1 为 $f(z)$ 与 $g(z)$ 的"CM"公共值. 同理可证 c 也为 $f(z)$ 与 $g(z)$ 的"CM"公共值. 于是 $0,\infty,1,c$ 均为 $f(z)$ 与 $g(z)$ 的"CM"

公共值. 由定理 4.7 即得 $0,\infty,1,c$ 为 $f(z)$ 与 $g(z)$ 的 CM 公共值.

在 §4.2.4 节中,我们将应用定理 4.7 证明 Ueda[3] 的一个结果.

4.2.3 一个引理

为了证明 Ueda[3] 的一个结果,我们还需要下述引理. 这个引理在第五章也用到.

引理 4.5 设 $f(z)$ 与 $g(z)$ 为非常数亚纯函数,$a_j(j=1,2,3,4)$ 为四个判别的复数. 如果 $f(z)\not\equiv g(z)$,且 $a_j(j=1,2,3)$ 为 $f(z)$ 与 $g(z)$ 的三个 CM 公共值,则

$$N_{(3}(r,\frac{1}{f-a_4})=S(r,f),\quad N_{(3}(r,\frac{1}{g-a_4})=S(r,g).$$

证. 不失一般性,不妨设 $a_1=0,\ a_2=1,\ a_3=\infty,\ a_4=c$, 并且

$$\overline{N}(r,\frac{1}{f})\neq S(r,f).$$

因 $0,1,\infty$ 为 $f(z)$ 与 $g(z)$ 的 CM 公共值,故

$$\frac{f}{g}=e^{\phi_1},\qquad \frac{f-1}{g-1}=e^{\phi_2},\tag{4.2.11}$$

其中 $\phi_1(z),\phi_2(z)$ 均为整函数. 由 $f(z)\not\equiv g(z)$ 得 $e^{\phi_j}\not\equiv 1\ (j=1,2,3)$,其中 $\phi_3=\phi_2-\phi_1$. 再由(4.2.11)得

$$f=\frac{e^{\phi_2}-1}{e^{\phi_3}-1},\quad g=\frac{e^{-\phi_2}-1}{e^{-\phi_3}-1}.\tag{4.2.12}$$

由 $\overline{N}(r,\frac{1}{f})\neq S(r,f)$ 知, $e^{\phi_2}\not\equiv$ 常数.

由(4.2.12)得

$$f-c=\frac{e^{\phi_2}-ce^{\phi_3}-(1-c)}{e^{\phi_3}-1}.\tag{4.2.13}$$

设

$$H(z)=e^{\phi_2(z)}-ce^{\phi_3(z)}-(1-c).\tag{4.2.14}$$

由(4.2.13)知,$H(z)\not\equiv 0$,且 $f-c$ 的零点必为 H 的零点. 显然有

$$T(r,g)<N(r,\frac{1}{g})+N(r,\frac{1}{g-1})+N(r,g)+S(r,g)$$

$$
\begin{aligned}
&= N(r,\frac{1}{f}) + N(r,\frac{1}{f-1}) + N(r,f) + S(r,g) \\
&< 3T(r,f) + S(r,g) \\
&= 3T(r,f) + S(r,f).
\end{aligned}
$$

再由(4.2.11)得

$$
\begin{aligned}
T(r,e^{\phi_1}) &\leqslant T(r,f) + T(r,g) + O(1) \\
&< 4T(r,f) + S(r,f), \qquad (4.2.15)
\end{aligned}
$$

$$
T(r,e^{\phi_2}) < 4T(r,f) + S(r,f). \qquad (4.2.16)
$$

因此

$$
\begin{aligned}
T(r,e^{\phi_3}) &< T(r,e^{\phi_1}) + T(r,e^{\phi_2}) + O(1) \\
&< 8T(r,f) + S(r,f), \\
T(r,H) &< T(r,e^{\phi_1}) + T(r,e^{\phi_3}) + O(1) \\
&< 12T(r,f) + S(r,f). \qquad (4.2.17)
\end{aligned}
$$

我们区分三种情形.

1) 假设 $e^{\phi_3} \equiv K_1$,其中 $K_1(\neq 0,1)$ 为常数.由(4.2.14)得

$$
H(z) = e^{\phi_2(z)} - (cK_1 + 1 - c).
$$

设 z_0 为 $f(z)-c$ 的 p 重零点,其中 $p \geqslant 2$,则 z_0 必满足 $H(z_0) = 0$, $H'(z_0) = 0$. 于是得

$$
\phi'_2(z_0) = 0,
$$

注意到 $e^{\phi_2} \neq$ 常数,故 $\phi'_2 \not\equiv 0$.因此

$$
\begin{aligned}
N_{(2}(r,\frac{1}{f-c}) &\leqslant 2N(r,\frac{1}{\phi'_2}) \\
&\leqslant 2T(r,\phi'_2) + O(1). \qquad (4.2.18)
\end{aligned}
$$

由定理1.47得

$$
T(r,\phi'_2) = S(r,e^{\phi_2}). \qquad (4.2.19)
$$

结合(4.2.16),(4.2.18),(4.2.19)得

$$
N_{(2}(r,\frac{1}{f-c}) = S(r,f).
$$

2) 假设 $e^{\phi_1} \equiv K_2$,其中 $K_2(\neq 0,1)$ 为常数,则 $e^{\phi_3} = e^{\phi_2-\phi_1} = \frac{1}{K_2}e^{\phi_2}$. 再由(4.2.14)得

$$H = (1 - \frac{c}{K_2})e^{\phi_2} - (1 - c).$$

若 $1 - \frac{c}{K_2} = 0$,则 $H(z)$ 无零点，若 $1 - \frac{c}{K_2} \neq 0$,与1) 类似,也可得到

$$N_{(2}(r, \frac{1}{f - c}) = S(r, f).$$

3) 假设 e^{ϕ_3}, e^{ϕ_1} 均不为常数. 故 $e^{\phi_2 - \phi_3}$ 不为常数. 设 z_0 为 $f(z) - c$ 的 p 重零点,其中 $p \geqslant 3$,则 z_0 必满足

$$H(z_0) = 0, \quad H'(z_0) = 0, \quad H''(z_0) = 0.$$

由 $H'(z_0) = 0$, $H''(z_0) = 0$ 得

$$\phi'_2(z_0)[\phi''_3(z_0) + (\phi'_3(z_0))^2] - \phi'_3(z_0)[\phi''_2(z_0) + (\phi'_2(z_0))^2] = 0.$$

设

$$G(z) = \phi'_2(z)[\phi''_3(z) + (\phi'_3(z))^2] - \phi'_3(z)[\phi''_2(z) + (\phi'_2(z))^2].$$

则 $G(z_0) = 0$. 如果 $G(z) \equiv 0$, 则

$$\frac{\phi''_2}{\phi'_2} + \phi'_2 \equiv \frac{\phi''_3}{\phi'_3} + \phi'_3.$$

积分两次即得

$$e^{\phi_2} + Ae^{\phi_3} = B, \tag{4.2.20}$$

其中 A, B 为积分常数,且 $A \neq 0$. 注意到 e^{ϕ_2} 不为常数. 应用定理1.55,由(4.2.20) 得 $B = 0$. 于是 $e^{\phi_2 - \phi_3}$ 为常数. 这是一个矛盾. 这就得到 $G(z) \not\equiv 0$. 因此

$$\begin{aligned} N_{(3}(r, \frac{1}{f - c}) &\leqslant 3N(r, \frac{1}{G}) \\ &\leqslant 3T(r, G) + O(1) \\ &= S(r, f). \end{aligned}$$

由上即得

$$N_{(3}(r, \frac{1}{f - c}) = S(r, f).$$

同理可证

$$N_{(3}(r, \frac{1}{g - c}) = S(r, g).$$

4.2.4 Ueda 的一个结果

H. Ueda[3] 证明了下述

定理4.9 设 $f(z)$ 与 $g(z)$ 为非常数亚纯函数，$a_j(j=1,2,3,4)$ 为四个判别的复数. 如果 $f(z)\not\equiv g(z)$，$a_j(j=1,2,3)$ 为 $f(z)$ 与 $g(z)$ 的 CM 公共值，且 $\overline{E}_{k)}(a_4,f)=\overline{E}_{k)}(a_4,g)$，其中 k 为正整数或 ∞，且 $k\geqslant 2$，则 a_4 为 $f(z)$ 与 $g(z)$ 的 CM 公共值，于是定理 4.3 的结论成立.

显然定理 4.9 是定理 4.5 的推广. 当 $k=1$ 时，定理 4.9 不再成立. 例如，设 $f(z)=e^{2z}+e^z+1$，$g(z)=e^{-2z}+e^{-z}+1$. 容易验证 $0,1,\infty$ 均为 $f(z)$ 与 $g(z)$ 的 CM 公共值，且 $\overline{E}_{1)}(\frac{3}{4},f)=\overline{E}_{1)}(\frac{3}{4},g)(=\phi)$，但 $\frac{3}{4}$ 不为 $f(z)$ 与 $g(z)$ 的 CM 公共值. 事实上，$f(z)-\frac{3}{4}=(e^z+\frac{1}{2})^2$，$g(z)-\frac{3}{4}=(e^{-z}+\frac{1}{2})^2$. H. Ueda[3] 原来的证明很长，我们应用定理 4.7 和引理 4.5 可以给出定理 4.9 的一个简化证明.

不失一般性，不妨设 $a_1=1$，$a_2=0$，$a_3=\infty$，$a_4=c$. 令

$$F(z)=\frac{f'(f-c)}{f(f-1)}-\frac{g'(g-c)}{g(g-1)}. \tag{4.2.21}$$

如果 $F(z)\equiv 0$，则 c 为 $f(z)$ 与 $g(z)$ 的 CM 公共值. 于是定理 4.9 成立. 下设 $F(z)\not\equiv 0$. 由引理 4.3 得

$$m(r,F)=S(r,f).$$

显然 $F(z)$ 无极点，故

$$T(r,F)=m(r,F)=S(r,f).$$

设 $\overline{N}_0(r,c)$ 为 $f(z)-c$ 与 $g(z)-c$ 的公共零点的计数函数，每个零点计一次. 由(4.2.21) 得

$$\overline{N}_0(r,c)\leqslant N(r,\frac{1}{F})\leqslant T(r,F)+O(1)=S(r,f).$$

注意到 $\overline{E}_{k)}(c,f)=\overline{E}_{k)}(c,g)$，$k\geqslant 2$，并应用引理 4.5 得

$$\overline{N}(r,\frac{1}{f-c}) \leqslant \overline{N}_0(r,c) + \overline{N}_{(k+1}(r,\frac{1}{f-c})$$
$$= S(r,f).$$

同理可得

$$\overline{N}(r,\frac{1}{g-c}) = S(r,g).$$

于是c为$f(z)$与$g(z)$的"CM"公共值. 再由定理 4.7 知,c为$f(z)$与$g(z)$的 CM 公共值. 于是定理 4.9 也成立.

显然,上述定理 4.9 的证明也是定理 4.5 的一个简化证明.

与本节有关的结果可参看 Gundersen[2],Mues[2],Jank-Volkmann[1],Frank[1],Ueda[2,3].

§4.3 2CM 值 2IM 值定理

前面讨论了f与g具有 3 个 CM 公共值及 1 个 IM 公共值的情况. 接着很自然是讨论 2 个 CM 公共值及 2 个 IM 公共值时的情况. 这时需对两函数的零点、极点等作进一步的刻划. 这方面 Gundersen,Mues 等作了主要的贡献. 特别引进了许多新的方法,开拓了此方面的研究.

4.3.1 几个引理

我们需要下述

引理 4.6 设$f(z)$与$g(z)$为非常数亚纯函数,$0,1,\infty,c$为其判别的 IM 公共值,且$f(z)\not\equiv g(z)$. 设

$$\alpha=\{\frac{f''}{f'}-(\frac{2f'}{f}+\frac{f'}{f-1}+\frac{f'}{f-c})\}-\{\frac{g''}{g'}-(\frac{2g'}{g}+\frac{g'}{g-1}+\frac{g'}{g-c})\},$$

$$\beta=\{\frac{f''}{f'}-(\frac{f'}{f-1}+\frac{f'}{f-c}-\frac{2f'}{f})\}-\{\frac{g''}{g'}-(\frac{g'}{g-1}+\frac{g'}{g-c}-\frac{2g'}{g})\}.$$

如果 $\alpha\not\equiv 0,\beta\not\equiv 0$, 则

$$T(r,\alpha) \leqslant \overline{N}(r,f) - N_E(r,\infty) + \overline{N}(r,\frac{1}{f}) - N_E(r,0) + S(r,f). \tag{4.3.1}$$

$$T(r,\beta)\leqslant \overline{N}(r,f)-N_E(r,\infty)+\overline{N}(r,\frac{1}{f})$$
$$-N_E(r,0)+S(r,f). \qquad (4.3.2)$$

证. 显然有

$$m(r,\alpha)=S(r,f).$$

设 z_1 为 $f(z)-1$ 或 $f(z)-c$ 的零点,并设在 $z=z_1$ 附近

$$f(z)=a+b_q(z-z_1)^q+b_{q+1}(z-z_1)^{q+1}+\cdots \quad (b_q\neq 0),$$
$$g(z)=a+c_p(z-z_1)^p+c_{p+1}(z-z_1)^{p+1}+\cdots \quad (c_p\neq 0),$$

其中 $a=1$ 或c. 通过计算得

$$\alpha(z)=\{\frac{-1}{z-z_1}+O(1)\}-\{\frac{-1}{z-z_1}+O(1)\}$$
$$=O(1).$$

于是 $f(z)-1$ 与 $f(z)-c$ 的零点均不为 $\alpha(z)$ 的极点. 显然 $f(z)$ 与 $g(z)$ 重级相同的零点和重级相同的极点也不为 $\alpha(z)$ 的极点. 再由定理 4.4 的(iv) 得

$$N(r,\alpha)\leqslant \overline{N}(r,f)-N_E(r,\infty)+\overline{N}(r,\frac{1}{f})-N_E(r,0)$$
$$+N_0(r,\frac{1}{f'})+N_0(r,\frac{1}{g'})+S(r,f)$$
$$=\overline{N}(r,f)-N_E(r,\infty)+\overline{N}(r,\frac{1}{f})-N_E(r,0)+S(r,f).$$

由此即得(4.3.1). 同理可得(4.3.2).

引理4.7 设$f(z)$与$g(z)$为非常数亚纯函数,0,1,∞,c为其判别的 IM 公共值,且 $f(z)\not\equiv g(z)$. 设

$$F_1=\frac{g'(f-g)}{g(f-1)(g-c)},\quad G_1=\frac{f'(f-g)}{f(g-1)(f-c)},$$
$$F_c=\frac{g'(f-g)}{g(g-1)(f-c)},\quad G_c=\frac{f'(f-g)}{f(f-1)(g-c)}.$$

则

$$T(r,F_1)\leqslant T(r,f)-\overline{N}(r,\frac{1}{f-1})+S(r,f),$$
$$T(r,G_1)\leqslant T(r,g)-\overline{N}(r,\frac{1}{g-1})+S(r,g),$$
$$T(r,F_c)\leqslant T(r,f)-\overline{N}(r,\frac{1}{f-c})+S(r,f),$$

$$T(r,G_c)\leqslant T(r,g)-\overline{N}(r,\frac{1}{g-c})+S(r,g).$$

证. 注意到

$$F_1=\frac{1}{f-1}\{\frac{g'}{g(g-c)}-\frac{g'}{g-c}\}+\frac{g'}{g(g-c)}.$$

由引理 4.3 得

$$m(r,F_1)\leqslant m(r,\frac{1}{f-1})+S(r,f).$$

设 z_c 为 $f(z)-c$ 的零点，则 z_c 为 $\frac{g'}{g-c}$ 的单极点，且 z_c 为 $f-g$ 的零点，故 z_c 不为 F_1 的极点. 同理可证 $f(z)$ 的零点也不为 F_1 的极点. 设 z^* 为 $f(z)$ 的 p 重极点，为 $g(z)$ 的 q 重极点，则 z^* 至多为 $f(z)-g(z)$ 的 $\max\{p,q\}$ 重极点，于是

$$\begin{aligned}F_1(z)&=O((z-z^*)^{(2q+p)-(q+1+\max\{p,q\})})\\&=O((z-z^*)^{q+p-1-\max\{p,q\}}).\end{aligned}$$

故 z^* 不为 F_1 的极点. 设 z_1 为 $f-1$ 的 p 重零点，则 z_1 也为 $f-g$ 的零点. 于是 z_1 至多为 F_1 的 $p-1$ 重极点，这就证明了

$$N(r,F_1)\leqslant N(r,\frac{1}{f-1})-\overline{N}(r,\frac{1}{f-1}).$$

由此即得

$$\begin{aligned}T(r,F_1)&\leqslant m(r,\frac{1}{f-1})+N(r,\frac{1}{f-1})-\overline{N}(r,\frac{1}{f-1})+S(r,f)\\&=T(r,f)-\overline{N}(r,\frac{1}{f-1})+S(r,f).\end{aligned}$$

同理可证

$$T(r,G_1)\leqslant T(r,g)-\overline{N}(r,\frac{1}{g-1})+S(r,g),$$

$$T(r,F_c)\leqslant T(r,f)-\overline{N}(r,\frac{1}{f-c})+S(r,f),$$

$$T(r,G_c)\leqslant T(r,g)-\overline{N}(r,\frac{1}{g-c})+S(r,g).$$

引理 4.8 设 $f(z)$ 与 $g(z)$ 为非常数亚纯函数，$0,1,\infty,c$ 为其判别的 IM 公共值，且 $f(z)\not\equiv g(z)$. 设

$$\gamma = \alpha^2 - (1+c)^2\psi,$$
$$\delta = \beta^2 - (1+c)^2\psi,$$

其中ψ为(4.1.9)所定义的函数,α,β为引理4.6中所定义的函数.设z_0为$f(z)$与$g(z)$的公共单零点,z_∞为$f(z)$与$g(z)$的公共单极点,则$\gamma(z_0)=0$, $\delta(z_\infty)=0$.

证. 设在$z=z_0$附近

$$f(z) = a_1(z-z_0) + a_2(z-z_0)^2 + \cdots, \quad (a_1 \neq 0),$$
$$g(z) = b_1(z-z_0) + b_2(z-z_0)^2 + \cdots, \quad (b_1 \neq 0).$$

通过计算得

$$\psi(z_0) = \frac{1}{c^2}(a_1 - b_1)^2,$$

$$\alpha(z_0) = (1 + \frac{1}{c})(a_1 - b_1).$$

于是

$$\gamma(z_0) = (\alpha(z_0))^2 - (1+c)^2\psi(z_0) = 0.$$

设在$z=z_\infty$附近

$$f(z) = \frac{c_1}{z-z_\infty} + c_2 + O(z-z_\infty), \quad (c_1 \neq 0),$$
$$g(z) = \frac{d_1}{z-z_\infty} + d_2 + O(z-z_\infty), \quad (d_1 \neq 0).$$

通过计算得

$$\psi(z_\infty) = (\frac{1}{c_1} - \frac{1}{d_1})^2,$$

$$\beta(z_\infty) = (1+c)(\frac{1}{c_1} - \frac{1}{d_1}).$$

于是

$$\delta(z_\infty) = (\beta(z_\infty))^2 - (1+c)^2\psi(z_\infty) = 0.$$

应用与证明引理4.8类似的方法,可以证明下述

引理4.9 在引理4.8的假设下,我们有

$$\alpha(z_0) = (1+c)F_1(z_0) = (1+c)G_1(z_0) = (1+c)F_c(z_0)$$
$$= (1+c)G_c(z_0),$$

$$\beta(z_\infty) = (1+c)F_1(z_\infty) = (1+c)G_1(z_\infty) = (1+c)F_c(z_\infty)$$
$$= (1+c)G_c(z_\infty),$$

其中 F_1, G_1, F_c, G_c 为引理 4.7 所定义的函数.

证. 应用引理 4.8 的证明所用的符号,通过计算得

$$F_1(z_0) = G_1(z_0) = F_c(z_0) = G_c(z_0) = \frac{1}{c}(a_1 - b_1),$$

$$F_1(z_\infty) = G_1(z_\infty) = F_c(z_\infty) = G_c(z_\infty) = \frac{1}{c_1} - \frac{1}{d_1}.$$

由此即可得到引理 4.9 的结论.

4.3.2 2CM + 2IM = 4CM 定理

1983 年,Gundersen[3] 改进了定理 4.5,得出了下述定理.

定理 4.10 设 $f(z)$ 与 $g(z)$ 为非常数亚纯函数,$a_j (j = 1,2,3,4)$ 为四个判别的复数. 如果 $f(z) \not\equiv g(z)$,且 a_1, a_2 为 $f(z)$ 与 $g(z)$ 的 CM 公共值,a_3, a_4 为 $f(z)$ 与 $g(z)$ 的 IM 公共值,则 a_3, a_4 必为 $f(z)$ 与 $g(z)$ 的 CM 公共值. 于是定理 4.3 的结论成立.

然而,1983 年,Gundersen[3] 对定理 4.10 的证明有错. 1987 年,Gundersen[4] 纠正了他本人的错误,给出了定理 4.10 的正确证明. Gundersen[3,4] 对定理 4.10 的证明很长,我们不再给予介绍,可参看 Gundersen[3,4]. 下面我们将给出定理 4.10 的一个简化证明.

不失一般性,不妨设 $a_1 = \infty, a_2 = 0, a_3 = 1, a_4 = c$,应用 §4.3.1 节诸引理中所用的符号. 我们区分四种情况.

1) 假设 $\gamma \not\equiv 0, \delta \not\equiv 0$.

注意到 $0, \infty$ 为 $f(z)$ 与 $g(z)$ 的 CM 公共值,由引理 4.6,4.8 得

$$N_E^{1)}(r,0) \leqslant N\left(r, \frac{1}{\gamma}\right) \leqslant T(r,\gamma) + O(1)$$
$$= T(r, \alpha^2 - (1+c)^2\psi) + O(1)$$
$$\leqslant 2T(r,\alpha) + T(r,\psi) + O(1)$$
$$= S(r,f).$$

再应用定理 4.4 的系得

$$\overline{N}(r,\frac{1}{f})=S(r,f).$$

同理,由引理 4.6,4.8 和定理 4.4 的系得

$$\overline{N}(r,f)\leqslant N(r,\frac{1}{\delta})=T(r,\delta)+O(1)=S(r,f).$$

由定理 4.8 知,$0,\infty,1,c$ 均为 $f(z)$ 与 $g(z)$ 的 CM 公共值.

2) 假设 $\gamma\not\equiv 0,\delta\equiv 0$.

由 $\gamma\not\equiv 0$,与 1) 类似,可以得到

$$\overline{N}(r,\frac{1}{f})=S(r,f)\ . \tag{4.3.3}$$

首先考虑 $c\neq -1$ 的情况. 如果 $F_1\equiv G_1$,则

$$\frac{f'(f-1)}{f(f-c)}\equiv\frac{g'(g-1)}{g(g-c)},$$

因此 $0,1,\infty,c$ 均为 $f(z)$ 与 $g(z)$ 的 CM 公共值. 如果 $F_c\equiv G_c$,同理可证,$0,1,\infty,c$ 为 $f(z)$ 与 $g(z)$ 的 CM 公共值. 下设 $F_1\not\equiv G_1,F_c\not\equiv G_c$,由 $F_1\not\equiv G_1$ 知,两函数

$$\beta-(1+c)F_1,\quad \beta-(1+c)G_1.$$

中至少有一个不恒等于 0. 由引理 4.6,4.7,4.9 得

$$\begin{aligned}\overline{N}(r,f)&<N(r,\frac{1}{\beta-(1+c)F_1})\leqslant T(r,\beta)+T(r,F_1)+O(1)\\&<T(r,f)-\overline{N}(r,\frac{1}{f-1})+S(r,f)\end{aligned}$$

或

$$\begin{aligned}\overline{N}(r,f)&<N(r,\frac{1}{\beta-(1+c)G_1})\leqslant T(r,\beta)+T(r,F_1)+O(1)\\&<T(r,f)-\overline{N}(r,\frac{1}{f-1})+S(r,f).\end{aligned} \tag{4.3.4}$$

与上面类似,由两函数

$$\beta-(1+c)F_c,\quad \beta-(1+c)G_c,$$

我们也可得到

$$\overline{N}(r,f)<T(r,f)-\overline{N}(r,\frac{1}{f-c})+S(r,f). \tag{4.3.5}$$

结合(4.3.4),(4.3.5),并应用定理 4.4 的(ii) 得

$$2\overline{N}(r,f) < 2T(r,f) - \overline{N}(r,\frac{1}{f-1}) - \overline{N}(r,\frac{1}{f-c}) + S(r,f)$$

$$= \overline{N}(r,f) + \overline{N}(r,\frac{1}{f}) + S(r,f).$$

于是

$$\overline{N}(r,f) < \overline{N}(r,\frac{1}{f}) + S(r,f).$$

再由(4.3.3)得

$$\overline{N}(r,f) = S(r,f). \tag{4.3.6}$$

应用定理4.8,由(4.3.3),(4.3.6)即知,$0,\infty,1,c$ 均为 $f(z)$ 与 $g(z)$ 的CM公共值.

下面再考虑 $c=-1$ 的情况. 由 $\delta\equiv 0$ 得 $\beta\equiv 0$. 积分得

$$\frac{f'f^2}{f^2-1} \equiv A\cdot\frac{g'g^2}{g^2-1}, \tag{4.3.7}$$

其中 $A(\neq 0)$ 为积分常数. 若 $1,-1$ 均为 $f(z)$ 的Picard例外值,则 $1,-1,0,\infty$ 均为 $f(z)$ 与 $g(z)$ 的CM公共值. 不失一般性,不妨设1不为 $f(z)$ 的Picard例外值. 则存在 z_1,使 $f(z_1)=g(z_1)=1$. 设在 $z=z_1$ 附近

$$f(z) = 1 + b_p(z-z_1)^p + b_{p+1}(z-z_1)^{p+1} + \cdots \quad (b_p\neq 0),$$

$$g(z) = 1 + c_q(z-z_1)^q + c_{q+1}(z-z_1)^{q+1} + \cdots \quad (c_q\neq 0).$$

由(4.3.7),通过计算得 $A=\frac{p}{q}$. 于是

$$\frac{f'f^2}{f^2-1} \equiv \frac{p}{q}\cdot\frac{g'g^2}{g^2-1}. \tag{4.3.8}$$

再设

$$\lambda = \frac{f'}{f(f^2-1)} - \frac{p}{q}\cdot\frac{g'}{g(g^2-1)}. \tag{4.3.9}$$

如果 $\lambda\equiv 0$,则有

$$\frac{f'}{f(f^2-1)} \equiv \frac{p}{q}\cdot\frac{g'}{g(g^2-1)}. \tag{4.3.10}$$

结合(4.3.8),(4.3.10)得 $f^3\equiv g^3$. 故有

$$f \equiv B\cdot g, \tag{4.3.11}$$

其中 B 为常数,且满足 $B^3=1$. 因 $f\not\equiv g$,故 $B\neq 1$. 于是 B 为

$\exp\{\frac{2\pi}{3}i\}$ 或 $\exp\{\frac{4\pi}{3}i\}$. 由(4.3.11)知, $1, -1, B, -B$ 均为 $f(z)$ 的 Picard 例外值,这是一个矛盾. 于是 $\lambda \not\equiv 0$. 由引理 4.3 得

$$m(r,\lambda) = S(r,f).$$

显然 $f(z)$ 的极点不为 λ 的极点. 设 z^* 为 $f(z)-1$ 与 $g(z)-1$ 的一个零点,设在 $z=z^*$ 附近

$$f(z) = 1 + b_m(z-z^*)^m + b_{m+1}(z-z^*)^{m+1} + \cdots, \quad (b_m \neq 0),$$

$$g(z) = 1 + c_n(z-z^*)^n + c_{n+1}(z-z^*)^{n+1} + \cdots, \quad (c_n \neq 0).$$

由(4.3.8)得 $\frac{m}{n} = \frac{p}{q}$. 再由(4.3.9)得

$$\begin{aligned}\lambda(z) &= (\frac{2m}{z-z^*} + O(1)) - \frac{p}{q}\cdot(\frac{2n}{z-z^*} + O(1)) \\ &= O(1).\end{aligned}$$

故 z^* 不为 λ 的极点,同理可证 $f(z)+1$ 与 $g(z)+1$ 的零点也不为 $\lambda(z)$ 的极点. 因此

$$N(r,\lambda) \leqslant \overline{N}(r,\frac{1}{f}).$$

再由(4.3.3)得

$$N(r,\lambda) = S(r,f).$$

于是

$$T(r,\lambda) = S(r,f).$$

设 z^{**} 为 $f(z)$ 与 $g(z)$ 的 t 重极点. 由(4.3.9)知, z^{**} 为 λ 的零点. 其重级至少为 $2t-1$. 这就得到

$$\begin{aligned}\overline{N}(r,f) &\leqslant N(r,\frac{1}{\lambda}) \leqslant T(r,\lambda) + O(1) \\ &= S(r,f).\end{aligned}$$

由定理 4.8,我们也可得到, $0, \infty, 1, -1$ 均为 $f(z)$ 与 $g(z)$ 的 CM 公共值.

3) 假设 $\gamma \equiv 0, \delta \not\equiv 0$.

由 $\delta \not\equiv 0$,与 1) 类似,可以得到

$$\overline{N}(r,f) = S(r,f). \tag{4.3.12}$$

首先考虑 $c \neq -1$ 的情况. 如果 $F_1 \equiv G_1$ 或 $F_c \equiv G_c$. 与 2) 类似,可证 $0,1,\infty,c$ 均为 $f(z)$ 与 $g(z)$ 的 CM 公共值. 下设 $F_1 \not\equiv G_1$, $F_c \not\equiv G_c$. 由 $F_1 \not\equiv G_1$ 知,两函数

$$\alpha - (1+c)F_1, \qquad \alpha - (1+c)G_1$$

中至少有一个不恒等于 0. 由引理 4.6,4.7,4.9 得

$$\overline{N}(r,\frac{1}{f}) < N(r,\frac{1}{\alpha-(1+c)F_1}) \leqslant T(r,\alpha) + T(r,F_1) + O(1)$$
$$< T(r,f) - \overline{N}(r,\frac{1}{f-1}) + S(r,f)$$

或

$$\overline{N}(r,\frac{1}{f}) < N(r,\frac{1}{\alpha-(1+c)G_1}) \leqslant T(r,\alpha) + T(r,G_1) + O(1)$$
$$< T(r,f) - \overline{N}(r,\frac{1}{f-1}) + S(r,f). \tag{4.3.13}$$

与上面类似,由两函数

$$\alpha - (1+c)F_c, \qquad \alpha - (1+c)G_c$$

我们也可得到

$$\overline{N}(r,\frac{1}{f}) < T(r,f) - \overline{N}(r,\frac{1}{f-c}) + S(r,f). \tag{4.3.14}$$

结合(4.3.13),(4.3.14),并应用定理 4.4 的(ii) 得

$$2\overline{N}(r,\frac{1}{f}) < 2T(r,f) - \overline{N}(r,\frac{1}{f-1}) - \overline{N}(r,\frac{1}{f-c}) + S(r,f)$$
$$= \overline{N}(r,f) + \overline{N}(r,\frac{1}{f}) + S(r,f).$$

于是

$$\overline{N}(r,\frac{1}{f}) < \overline{N}(r,f) + S(r,f).$$

再由(4.3.12) 得

$$\overline{N}(r,\frac{1}{f}) = S(r,f). \tag{4.3.15}$$

与前面类似,由(4.3.12),(4.3.15) 可得,$0,\infty,1,c$ 均为 $f(z)$ 与 $g(z)$ 的 CM 公共值.

下面再考虑 $c = -1$ 的情况,由 $\gamma \equiv 0$ 得 $\alpha \equiv 0$. 积分得

$$\frac{f'}{f^2(f^2-1)} \equiv A \cdot \frac{g'}{g^2(g^2-1)}, \tag{4.3.16}$$

其中 $A(\neq 0)$ 为积分常数. 再设

$$\mu = \frac{f'f}{f^2-1} - A \cdot \frac{g'g}{g^2-1}. \tag{4.3.17}$$

如果 $\mu \equiv 0$,则有

$$\frac{f'f}{f^2-1} \equiv A \cdot \frac{g'g}{g^2-1}. \tag{4.3.18}$$

由(4.3.16),(4.3.18) 得 $f^3 \equiv g^3$. 由 2) 类似,也可得出矛盾,于是 $\mu \not\equiv 0$.

由引理 4.3 得

$$m(r,\mu) = S(r,f).$$

与 2) 类似,由(4.3.16),(4.3.17) 可以证明,$f-1$,$f+1$ 的零点均不为 μ 的极点. 故

$$N(r,\mu) \leqslant \overline{N}(r,f).$$

再由(4.3.12) 得

$$N(r,\mu) = S(r,f).$$

因此

$$T(r,\mu) = S(r,f).$$

显然 f 的零点为 μ 的零点. 于是

$$\overline{N}\left(r,\frac{1}{f}\right) \leqslant N\left(r,\frac{1}{\mu}\right) \leqslant T(r,\mu) + O(1) = S(r,f). \tag{4.3.19}$$

与前面类似,由(4.3.12),(4.3.19) 我们也可以得到 $0,\infty,1,-1$ 均为 $f(z)$ 与 $g(z)$ 的 CM 公共值.

4) 假设 $\gamma \equiv 0$,$\delta \equiv 0$. 则有

$$\gamma - \delta \equiv 0.$$

注意到

$$\gamma - \delta = \alpha^2 - \beta^2 = (\alpha+\beta)(\alpha-\beta).$$

于是 $\alpha + \beta \equiv 0$ 或 $\alpha - \beta \equiv 0$.

如果 $\alpha - \beta \equiv 0$, 注意到

$$\alpha - \beta = \frac{-4f'}{f} + \frac{4g'}{g},$$

于是

$$\frac{f'}{f} \equiv \frac{g'}{g},$$

积分得

$$f(z) \equiv A \cdot g(z),$$

其中 $A(\neq 0)$ 为积分常数. 与前面类似,可得 $A = c = -1$,且 $0,1,\infty,c$ 均为 $f(z)$ 与 $g(z)$ 的 CM 公共值.

如果 $\alpha + \beta \equiv 0$, 注意到

$$\alpha + \beta = \{2 \cdot \frac{f''}{f'} - 2(\frac{f'}{f-1} + \frac{f'}{f-c})\} - \{2 \cdot \frac{g''}{g'} - 2(\frac{g'}{g-1} - \frac{g'}{g-c})\}.$$

于是

$$\frac{f''}{f'} - \frac{f'}{f-1} - \frac{f'}{f-c} \equiv \frac{g''}{g'} - \frac{g'}{g-1} - \frac{g'}{g-c}.$$

积分得

$$\frac{f'}{(f-1)(f-c)} \equiv A \cdot \frac{g'}{(g-1)(g-c)}, \qquad (4.3.20)$$

其中 $A(\neq 0)$ 为积分常数. 如果 $1,c$ 均为 $f(z)$ 的 Picard 例外值,则 $0,\infty,1,c$ 均为 $f(z)$ 与 $g(z)$ 的 CM 公共值. 不失一般性,设存在 z_1,使 $f(z_1) = g(z_1) = 1$. 设在 $z = z_1$ 附近

$$f(z) = 1 + b_p(z - z_1)^p + b_{p+1}(z - z_1)^{p+1} + \cdots \quad (b_p \neq 0),$$

$$g(z) = 1 + c_q(z - z_1)^q + c_{q+1}(z - z_1)^{q+1} + \cdots \quad (c_q \neq 0).$$

由(4.3.20),通过计算得 $A = \frac{p}{q}$. 于是

$$\frac{q \cdot f'}{(f-1)(f-c)} \equiv \frac{p \cdot g'}{(g-1)(g-c)}.$$

再积分得

$$(\frac{f-1}{f-c})^q \equiv B \cdot (\frac{g-1}{g-c})^p, \qquad (4.3.21)$$

其中 $B(\neq 0)$ 为积分常数. 由(4.3.21)得

$$qT(r,f) = pT(r,g) + O(1).$$

再由定理 4.4 的(i)得 $p = q$,于是

$$\frac{f-1}{f-c} \equiv B \cdot \frac{g-1}{g-c}.$$

由此即得 1,c 也为 $f(z)$ 与 $g(z)$ 的 CM 公共值.

这就完成了定理 4.10 的证明.

4.3.3 Mues 的两个结果

我们先引进一个定义.

设 $f(z)$ 与 $g(z)$ 为非常数亚纯函数,a 为任意复数. 如果 a 为 $f(z)$ 与 $g(z)$ 的 IM 公共值,定义

$$\tau(a)=\begin{cases}\varliminf\limits_{r\to\infty}\dfrac{N_E(r,a)}{\overline{N}(r,\dfrac{1}{f-a})}, & \text{当 } \overline{N}(r,\dfrac{1}{f-a})\not\equiv 0,\\ 1, & \text{当 } \overline{N}(r,\dfrac{1}{f-a})\equiv 0.\end{cases}$$

其中 $N_E(r,a)$ 为 §4.2.2 中所定义的量.

显然,如果 a 为 $f(z)$ 与 $g(z)$ 的 CM 公共值,则 $\tau(a)=1$.

E. Mues[2] 改进了定理 4.10,证明了下述

定理 4.11 设 $f(z)$ 与 $g(z)$ 为非常数亚纯函数,$a_j(j=1,2,3,4)$ 为四个判别的复数,且 $f(z)\not\equiv g(z)$. 如果 a_1 为 $f(z)$ 与 $g(z)$ 的 CM 公共值,a_2,a_3,a_4 为 $f(z)$ 与 $g(z)$ 的 IM 公共值,且 $\tau(a_2)>\frac{2}{3}$,则 a_2,a_3,a_4 必为 $f(z)$ 与 $g(z)$ 的 CM 公共值,于是定理 4.3 的结论成立.

证. 不失一般性,不妨设 $a_1=\infty,a_2=0,a_3=1,a_4=c$. 应用 §4.3.2 节定理 4.10 的证明中所用的符号,我们区分三种情况.

1) 假设 $\gamma\not\equiv 0,\delta\not\equiv 0$.

注意到 ∞ 为 $f(z)$ 与 $g(z)$ 的 CM 公共值,由引理 4.6,4.8 得

$$\begin{aligned}N_E^{1)}(r,0)&\leqslant N(r,\frac{1}{\gamma})\leqslant T(r,\gamma)+O(1)\\&=T(r,\alpha^2-(1+c)^2\psi)+O(1)\\&\leqslant 2T(r,\alpha)+T(r,\psi)+O(1)\\&\leqslant 2\overline{N}(r,\frac{1}{f})-2N_E(r,0)+S(r,f).\end{aligned}$$

再应用定理 4.4 的系得

$$N_E(r,0) = N_E^{1)}(r,0) + S(r,f).$$

于是

$$3N_E(r,0) \leqslant 2\overline{N}(r,\frac{1}{f}) + S(r,f) .$$

再由定理 4.11 的假设 $\tau(0) > \frac{2}{3}$ 得

$$\overline{N}(r,\frac{1}{f}) \doteq S(r,f). \tag{4.3.22}$$

同理,由引理 4.6,4.8 和定理 4.4 的系得

$$\begin{aligned}\overline{N}(r,f) &\leqslant N(r,\frac{1}{\delta}) \leqslant T(r,\delta) + O(1)\\ &= T(r,\beta^2 - (1+c)^2\psi) + O(1)\\ &\leqslant 2T(r,\beta) + T(r,\psi) + O(1)\\ &\leqslant 2\overline{N}(r,\frac{1}{f}) - 2N_E(r,0) + S(r,f) .\end{aligned} \tag{4.3.23}$$

由(4.3.22),(4.3.23) 即得

$$\overline{N}(r,f) = S(r,f). \tag{4.3.24}$$

应用定理 4.8,由(4.3.23),(4.3.24) 即知,$0,\infty,1,c$ 为 $f(z)$ 与 $g(z)$ 的 CM 公共值.

2) 假设 $\delta \equiv 0$.

由 $\delta \equiv 0$ 得

$$\beta^2 \equiv (1+c)^2\psi.$$

设

$$\eta = \frac{f'f^2(g-1)(g-c)}{g'g^2(f-1)(f-c)}.$$

容易验证

$$\beta = \frac{\eta'}{\eta}.$$

于是

$$(\frac{\eta'}{\eta})^2 \equiv (1+c)^2\psi. \tag{4.3.25}$$

在 §4.1.3 节定理 4.4 的证明中已证,ψ 为整函数,由(4.3.25)知,

0,∞ 均为 η 的 Picard 例外值,于是得

$$\frac{f'f^2(g-1)(g-c)}{g'g^2(f-1)(f-c)} = e^p, \tag{4.3.26}$$

其中 p 为整函数,由(4.3.26)即知,0,∞ 均为 f 与 g 的 CM 公共值. 由定理 4.10 即得,0,∞,1,c 均为 $f(z)$ 与 $g(z)$ 的 CM 公共值.

3) 假设 $\gamma \equiv 0$. 则有

$$\alpha^2 \equiv (1+c)^2\psi.$$

设

$$\theta = \frac{f'g^2(g-1)(g-c)}{g'f^2(f-1)(f-c)}.$$

容易验证

$$\alpha = \frac{\theta'}{\theta}.$$

于是

$$\left(\frac{\theta'}{\theta}\right)^2 \equiv (1+c)^2\psi.$$

与情况 2)的证明类似,由 ψ 为整函数即得 0,∞ 均为 θ 的 Picard 例外值,于是得

$$\frac{f'g^2(g-1)(g-c)}{g'f^2(f-1)(f-c)} = e^q, \tag{4.3.27}$$

其中 q 为整函数. 由(4.3.27)即知,0,∞ 均为 f 与 g 的 CM 公共值. 由定理 4.10 即得,0,∞,1,c 均为 $f(z)$ 与 $g(z)$ 的 CM 公共值.

显然定理 4.10 为定理 4.11 的一个简单推论.

E. Mues[2] 还证明了下述

定理 4.12 设 $f(z)$ 与 $g(z)$ 为非常数亚纯函数,$a_j(j=1,2,3,4)$ 为四个判别的复数,且 $f(z) \not\equiv g(z)$,交比 $(a_1,a_2,a_3,a_4) = -1$. 如果 a_1 为 $f(z)$ 与 $g(z)$ 的 CM 公共值,a_2,a_3,a_4 为 $f(z)$ 与 $g(z)$ 的 IM 公共值,且 $\tau(a_2) > \frac{1}{2}$. 则 a_2,a_3,a_4 必为 $f(z)$ 与 $g(z)$ 的 CM 公共值. 于是定理 4.3 的结论成立.

在证明定理 4.12 以前,我们先来证明一个引理.

引理 4.10 设 $f(z)$ 与 $g(z)$ 为非常数亚纯函数,0,1,∞,-1

为其判别的 IM 公共值. 设 z_0 为 $f(z)$ 与 $g(z)$ 的公共单零点, z_∞ 为 $f(z)$ 与 $g(z)$ 的公共单极点, 则 $\alpha(z_0)=0$, $\beta(z_\infty)=0$, 其中 α,β 为引理 4.6 中所定义的函数, $c=-1$.

证. 注意到 $c=-1$. 由引理 4.8 的证明, 即得 $\alpha(z_0)=0$, $\beta(z_0)=0$.

下面证明定理 4.12.

不失一般性, 不妨设 $a_1=\infty$, $a_2=0$, $a_3=1$, $a_4=c$, 由 $(a_1,a_2,a_3,a_4)=-1$ 得 $(\infty,0,1,c)=-1$. 由此即得 $c=-1$.

应用 §4.3.2 节定理 4.10 的证明中所用的符号. 我们区分两种情况.

1) 假设 $\alpha\not\equiv 0$, $\beta\not\equiv 0$.

注意到 ∞ 为 $f(z)$ 与 $g(z)$ 的 CM 公共值. 由引理 4.6, 4.10 即得

$$
\begin{aligned}
N_E^{1)}(r,0) &\leqslant N\left(r,\frac{1}{\alpha}\right)\leqslant T(r,\alpha)+O(1)\\
&\leqslant \overline{N}\left(r,\frac{1}{f}\right)-N_E(r,0)+S(r,f).
\end{aligned}
$$

再应用定理 4.4 的系得

$$
N_E(r,0)\leqslant \overline{N}\left(r,\frac{1}{f}\right)-N_E(r,0)+S(r,f).
$$

于是

$$
2N_E(r,0)\leqslant \overline{N}\left(r,\frac{1}{f}\right)+S(r,f).
$$

再由定理 4.12 的假设 $\tau(0)>\frac{1}{2}$ 得

$$
\overline{N}\left(r,\frac{1}{f}\right)=S(r,f). \tag{4.3.28}
$$

同理, 由引理 4.6, 4.10 和定理 4.4 的系得

$$
\begin{aligned}
\overline{N}(r,f) &\leqslant N\left(r,\frac{1}{\beta}\right)\leqslant T(r,\beta)+O(1)\\
&\leqslant \overline{N}\left(r,\frac{1}{f}\right)-N_E(r,0)+S(r,f).
\end{aligned}
$$

再由 (4.3.28) 即得

$$\overline{N}(r,f) = S(r,f). \tag{4.3.29}$$

应用定理 4.8,由(4.3.28),(4.3.29)即知,$0,\infty,1,-1$均为$f(z)$与$g(z)$的 CM 公共值.

2) 假设$\beta \equiv 0$.

由$\beta \equiv 0$,积分得

$$\frac{f'f^2}{(f-1)(f+1)} \equiv A \cdot \frac{g'g^2}{(g-1)(g+1)}, \tag{4.3.30}$$

其中$A(\neq 0)$为积分常数.由(4.3.30)即知,$\infty,0$均为$f(z)$与$g(z)$的 CM 公共值.由定理 4.10 即得,$\infty,0,1,-1$均为$f(z)$与$g(z)$的 CM 公共值.

3) 假设$\alpha \equiv 0$.

由$\alpha \equiv 0$,积分得

$$\frac{f'}{f^2(f-1)(f+1)} \equiv B \cdot \frac{g'}{g^2(g-1)(g+1)}, \tag{4.3.31}$$

其中$B(\neq 0)$为积分常数,与情况 2)的证明类似,也可得,$\infty,0,1,-1$均为$f(z)$与$g(z)$的 CM 公共值.

4.3.4 Mues 结果的推广

近来,王书培[1]也改进了定理 4.10,证明了下述

定理 4.13 设$f(z)$与$g(z)$为非常数亚纯函数,$a_j(j=1,2,3,4)$为四个判别的复数,且$f(z)\not\equiv g(z)$.如果$a_j(j=1,2,3,4)$为$f(z)$与$g(z)$的 IM 公共值,且$\tau(a_1)>\frac{4}{5}$,$\tau(a_2)>\frac{4}{5}$,则$a_j(j=1,2,3,4)$必为$f(z)$与$g(z)$的 CM 公共值.

定理 4.14 设$f(z)$与$g(z)$为非常数亚纯函数,$a_j(j=1,2,3,4)$为四个判别的复数,且$f(z)\not\equiv g(z)$,交比$(a_1,a_2,a_3,a_4)=-1$.如果$a_j(j=1,2,3,4)$为$f(z)$与$g(z)$的 IM 公共值,且$\tau(a_1)>\frac{2}{3}$,$\tau(a_2)>\frac{2}{3}$,则$a_j(j=1,2,3,4)$必为$f(z)$与$g(z)$的 CM 公共值.

显然定理 4.11 与定理 4.13 是两个互为强弱的结果,互不包含.定理 4.12 与定理 4.14 也是两个互为强弱的结果,互不包含.

仪洪勋 - 周长桐[1] 证明了下述两个定理,定理 4.11 与定理 4.13,定理 4.12 与定理 4.14 分别为其特殊情况.

定理 4.15 设 $f(z)$ 与 $g(z)$ 为非常数亚纯函数,$a_j(j=1,2,3,4)$ 为四个判别的复数,且 $f(z)\not\equiv g(z)$. 如果 $a_j(j=1,2,3,4)$ 为 $f(z)$ 与 $g(z)$ 的 IM 公共值,且

$$\tau(a_2)>\frac{2}{3},\quad \tau(a_1)>\frac{2\tau(a_2)}{5\tau(a_2)-2}, \tag{4.3.32}$$

则 $a_j(j=1,2,3,4)$ 必为 $f(z)$ 与 $g(z)$ 的 CM 公共值.

我们先来比较定理 4.11 与定理 4.15. 易见,当 $\frac{2}{3}<\tau(a_2)\leqslant 1$ 时,$\frac{2}{3}\leqslant\frac{2\tau(a_2)}{5\tau(a_2)-2}<1$. 于是当 $\tau(a_1)>\frac{2\tau(a_2)}{5\tau(a_2)-2}$ 时,必有 $\frac{2\tau(a_2)}{5\tau(a_2)-2}<\tau(a_1)\leqslant 1$. 因此定理 4.15 是定理 4.11 的改进.

我们再来比较定理 4.13 与定理 4.15,易见当 $\frac{4}{5}<\tau(a_2)\leqslant 1$ 时,$\frac{2\tau(a_2)}{5\tau(a_2)-2}<\frac{4}{5}$. 于是当 $\tau(a_1)>\frac{2\tau(a_2)}{5\tau(a_2)-2}$ 时,$\tau(a_1)$ 不一定大于 $\frac{4}{5}$,$\tau(a_1)$ 可为 $\frac{2\tau(a_2)}{5\tau(a_2)-2}<\tau(a_1)\leqslant\frac{4}{5}$ 或 $\frac{4}{5}<\tau(a_1)\leqslant 1$. 因此定理 4.15 也是定理 4.13 的改进.

下面证明定理 4.15.

不失一般性,不妨设 $a_1=\infty, a_2=0, a_3=1, a_4=c$. 应用 §4.3.2 节定理 4.10 的证明中所用的符号.

如果 $\delta\equiv 0$,与 §4.3.3 节定理 4.10 的证明中的 2) 类似,可得 $\infty,0,1,c$ 均为 $f(z)$ 与 $g(z)$ 的 CM 公共值. 如果 $\gamma\equiv 0$,与 §4.3.3 节定理 4.10 的证明中的 3) 类似,也可得 $\infty,0,1,c$ 均为 $f(z)$ 与 $g(z)$ 的 CM 公共值. 下设 $\delta\not\equiv 0,\gamma\not\equiv 0$.

由引理 4.6,4.8 得

$$\begin{aligned}N_E^{1)}(r,0)&\leqslant N\left(r,\frac{1}{\gamma}\right)\leqslant T(r,\gamma)+O(1)\\&=T(r,\alpha^2-(1+c)^2\psi)+O(1)\\&\leqslant 2T(r,\alpha)+T(r,\psi)+O(1)\end{aligned}$$

$$\leqslant 2\overline{N}(r,\frac{1}{f}) - 2N_E(r,0) + 2\overline{N}(r,f) - 2N_E(r,\infty) + S(r,f).$$

由定理 4.4 的系得

$$N_E(r,0) = N_E^{1)}(r,0) + S(r,f).$$

于是

$$3N_E(r,0) - 2\overline{N}(r,\frac{1}{f}) \leqslant 2\overline{N}(r,f) - 2N_E(r,\infty) + S(r,f).$$

注意到 $\tau(a_2) > \frac{2}{3}$,由上式即得

$$3(\tau(a_2) - \frac{2}{3})\overline{N}(r,\frac{1}{f}) \leqslant 2(1 - \tau(a_1))\overline{N}(r,f) + S(r,f).$$

于是

$$\overline{N}(r,\frac{1}{f}) \leqslant \frac{2(1-\tau(a_1))}{3(\tau(a_2) - \frac{2}{3})}\overline{N}(r,f) + S(r,f). \tag{4.3.33}$$

类似地,由引理 4.6,4.8 和定理 4.4 的系得

$$\begin{aligned} N_E(r,\infty) - S(r,f) &\leqslant N(r,\frac{1}{\delta}) \leqslant T(r,\delta) + O(1) \\ &= T(r,\beta^2 - (1+c)^2\psi) + O(1) \\ &\leqslant 2T(r,\beta) + T(r,\psi) + O(1) \\ &\leqslant 2\overline{N}(r,\frac{1}{f}) - 2N_E(r,0) + 2\overline{N}(r,f) - 2N_E(r,\infty) \\ &\quad + S(r,f). \end{aligned}$$

于是

$$3N_E(r,\infty) - 2\overline{N}(r,f) \leqslant 2\overline{N}(r,\frac{1}{f}) - 2N_E(r,0) + S(r,f).$$

由 $\tau(a_1) > \frac{2\tau(a_2)}{5\tau(a_2) - 2}$ 得 $\tau(a_1) > \frac{2}{3}$. 再由上式得

$$3(\tau(a_1) - \frac{2}{3})\overline{N}(r,f) \leqslant 2(1 - \tau(a_2))\overline{N}(r,\frac{1}{f}) + S(r,f).$$

于是

$$\overline{N}(r,f) \leqslant \frac{2(1-\tau(a_2))}{3(\tau(a_1) - \frac{2}{3})}\overline{N}(r,\frac{1}{f}) + S(r,f).$$

$$(4.3.34)$$

结合(4.3.33),(4.3.34) 即得

$$\overline{N}(r,\frac{1}{f}) \leqslant \frac{4(1-\tau(a_1))(1-\tau(a_2))}{9(\tau(a_1)-\frac{2}{3})(\tau(a_2)-\frac{2}{3})} \cdot \overline{N}(r,\frac{1}{f}) + S(r,f). \tag{4.3.35}$$

由

$$\tau(a_1) > \frac{2\tau(a_2)}{5\tau(a_2)-2}$$

得

$$\frac{4(1-\tau(a_1))(1-\tau(a_2))}{9(\tau(a_1)-\frac{2}{3})(\tau(a_2)-\frac{2}{3})} < 1.$$

再由(4.3.35) 得

$$\overline{N}(r,\frac{1}{f}) = S(r,f). \tag{4.3.36}$$

由(4.3.34),(4.3.36) 得

$$\overline{N}(r,f) = S(r,f). \tag{4.3.37}$$

应用定理 4.8,由(4.3.36),(4.3.37) 即得,$0,\infty,1,c$ 为 $f(z)$ 与 $g(z)$ 的 CM 公共值.

定理 4.16 设 $f(z)$ 与 $g(z)$ 为非常数亚纯函数,$a_j(j=1,2,3,4)$ 为四个判别的复数,且 $f(z)\not\equiv g(z)$,交比 $(a_1,a_2,a_3,a_4)=-1$. 如果 $a_j(j=1,2,3,4)$ 为 $f(z)$ 与 $g(z)$ 的 IM 公共值,且 $\tau(a_2)>\frac{1}{2}$, $\tau(a_1)>\frac{\tau(a_2)}{3\tau(a_2)-1}$,则 $a_j(j=1,2,3,4)$ 必为 $f(z)$ 与 $g(z)$ 的 CM 公共值.

我们先来比较定理 4.16 与定理 4.12. 易见,当 $\frac{1}{2}<\tau(a_2)\leqslant 1$ 时, $\frac{1}{2}\leqslant\frac{\tau(a_2)}{3\tau(a_2)-1}<1$. 于是当 $\tau(a_1)>\frac{\tau(a_2)}{3\tau(a_2)-1}$ 时,必有

$$\frac{\tau(a_2)}{3\tau(a_2)-2}<\tau(a_1)\leqslant 1.$$

因此定理 4.16 是定理 4.12 的改进.

我们再来比较定理 4.14 与定理 4.16. 易见当 $\frac{2}{3}<\tau(a_2)\leqslant 1$ 时，$\frac{\tau(a_2)}{3\tau(a_2)-1}<\frac{2}{3}$. 于是当 $\tau(a_1)>\frac{\tau(a_2)}{3\tau(a_2)-1}$ 时，$\tau(a_1)$ 不一定大于 $\frac{2}{3}$. $\tau(a_1)$ 可为 $\frac{\tau(a_2)}{3\tau(a_2)-1}<\tau(a_1)\leqslant\frac{2}{3}$ 或 $\frac{2}{3}<\tau(a_1)\leqslant 1$. 因此定理 4.16 也是定理 4.14 的改进.

下面证明定理 4.16.

不失一般性，不妨设 $a_1=\infty, a_2=0, a_3=1, a_4=c$. 由 $(a_1,a_2,a_3,a_4)=-1$ 得 $(\infty,0,1,c)=-1$. 由此即得 $c=-1$. 应用 §4.3.2 节定理 4.10 的证明中所用的符号.

如果 $\beta\equiv 0$，与 §4.3.3 节定理 4.10 的证明中的 2) 类似，可得 $\infty,0,1,-1$ 均为 $f(z)$ 与 $g(z)$ 的 CM 公共值. 如果 $\alpha\equiv 0$，与 §4.3.3 节定理 4.10 的证明中的 3) 类似，也可得 $\infty,0,1,c$ 为 $f(z)$ 与 $g(z)$ 的 CM 公共值. 下设 $\beta\not\equiv 0, \alpha\not\equiv 0$.

由引理 4.6, 4.10 得

$$
\begin{aligned}
N_E^{1)}(r,0) &\leqslant N(r,\frac{1}{\alpha})\leqslant T(r,\alpha)+O(1)\\
&\leqslant \overline{N}(r,\frac{1}{f})-N_E(r,0)+\overline{N}(r,f)-N_E(r,\infty)\\
&\quad +S(r,f)
\end{aligned}
$$

再由定理 4.4 的系得

$$N_E(r,0)=N_E^{1)}(r,0)+S(r,f).$$

于是

$$2N_E(r,0)-\overline{N}(r,\frac{1}{f})\leqslant\overline{N}(r,f)-N_E(r,\infty)+S(r,f).$$

注意到 $\tau(a_2)>\frac{1}{2}$，由上式即得

$$2(\tau(a_2)-\frac{1}{2})\overline{N}(r,\frac{1}{f})\leqslant(1-\tau(a_1))\overline{N}(r,f)+S(r,f).$$

于是

$$\overline{N}(r,\frac{1}{f})\leqslant\frac{1-\tau(a_1)}{2\tau(a_2)-1}\cdot\overline{N}(r,f)+S(r,f). \tag{4.3.38}$$

类似地，由引理 4.6, 4.10, 定理 4.4 的系得

$$N_E(r,\infty) - S(r,f) \leqslant N(r,\frac{1}{\beta}) \leqslant T(r,\beta) + O(1)$$

$$< \overline{N}(r,\frac{1}{f}) - N_E(r,0) + \overline{N}(r,f) - N_E(r,\infty) + S(r,f).$$

于是

$$2N_E(r,\infty) - \overline{N}(r,f) < \overline{N}(r,\frac{1}{f}) - N_E(r,0) + S(r,f).$$

由　$\tau(a_1) > \dfrac{\tau(a_2)}{3\tau(a_2) - 1}$　得　$\tau(a_1) > \dfrac{2}{3}$. 再由上式得

$$2(\tau(a_1) - \frac{1}{2})\overline{N}(r,f) < (1 - \tau(a_2))\overline{N}(r,\frac{1}{f}) + S(r,f).$$

于是

$$\overline{N}(r,f) < \frac{1 - \tau(a_2)}{2\tau(a_1) - 1}\overline{N}(r,\frac{1}{f}) + S(r,f). \tag{4.3.39}$$

结合(4.3.38),(4.3.39)得

$$\overline{N}(r,\frac{1}{f}) < \frac{(1 - \tau(a_1))(1 - \tau(a_2))}{(2\tau(a_1) - 1)(2\tau(a_2) - 1)}\overline{N}(r,\frac{1}{f}) + S(r,f). \tag{4.3.40}$$

由

$$\tau(a_1) > \frac{\tau(a_2)}{3\tau(a_2) - 1},$$

得

$$\frac{(1 - \tau(a_1))(1 - \tau(a_2))}{(2\tau(a_1) - 1)(2\tau(a_2) - 1)} < 1.$$

再由(4.3.40)得

$$\overline{N}(r,\frac{1}{f}) = S(r,f). \tag{4.3.41}$$

由(4.3.39),(4.3.41)得

$$\overline{N}(r,f) = S(r,f). \tag{4.3.42}$$

应用定理4.8,由(4.3.41),(4.3.42)即得$0,\infty,1,-1$为$f(z)$与$g(z)$的CM公共值.

对于L. Rubel提出的能否把定理4.3中的CM换为IM的问题，定理4.5的结论为3CM + 1IM = 4CM. 定理4.10的结论为2CM + 2IM = 4CM. §4.2.1节中所举的例子证实，4IM ≠ 4CM. 尽管定理4.11，4.13，4.15改进了定理4.10，但1CM +

3IM $\stackrel{?}{=}$ 4CM，还是一个有待解决的问题.

与本节有关的结果可参看 Gundersen[2,3,4],Mues[2],Frank[1],王书培[1],仪洪勋 - 周长桐[1,2,3].

§4.4 整函数的 DM 值定理

4.4.1 几个引理

我们需要下述

引理 4.11 设 $f(z)$ 与 $g(z)$ 为非常数亚纯函数,$a_j(j=1,2,3,4)$ 为其判别的 IM 公共值. 如果 $f(z)\not\equiv g(z)$，则

$$m(r,\frac{1}{f-g})=S(r,f).$$

证. 假设 $a_j(j=1,2,3,4)$ 均为有穷,则

$$\begin{aligned}2T(r,f)&\leqslant\sum_{j=1}^{4}\overline{N}(r,\frac{1}{f-a_j})+S(r,f)\\&\leqslant N(r,\frac{1}{f-g})+S(r,f)\leqslant T(r,\frac{1}{f-g})+S(r,f)\\&\leqslant T(r,f)+T(r,g)+S(r,f).\end{aligned}$$

即
$$T(r,f)\leqslant T(r,g)+S(r,f).$$

同理也有

$$T(r,g)\leqslant T(r,f)+S(r,g).$$

由上即得

$$T(r,\frac{1}{f-g})=N(r,\frac{1}{f-g})+S(r,f).$$

于是

$$m(r,\frac{1}{f-g})=S(r,f).$$

假设 $a_4=\infty$. 设 $b\neq a_j(j=1,2,3,4)$， $F(z)=\dfrac{1}{f(z)-b}$, $G(z)=\dfrac{1}{g(z)-b}$. 则 $b_j(j=1,2,3,4)$ 为 $F(z)$ 与 $G(z)$ 的 IM 公

共值，其中

$b_j = \frac{1}{a_j - b}(j = 1,2,3)$，$b_4 = 0$. 由上面所证知，

$$m(r,\frac{1}{F-G}) = S(r,f), \tag{4.4.1}$$

因 $b \neq a_j(j = 1,2,3,4)$. 由定理 4.4 的(iii) 得

$$N(r,\frac{1}{f-b}) = T(r,f) + S(r,f).$$

即

$$N(r,F) = T(r,F) + S(r,F).$$

于是

$$m(r,F) = S(r,f). \tag{4.4.2}$$

同理可得

$$m(r,G) = S(r,f). \tag{4.4.3}$$

因此，由(4.4.1)，(4.4.2)，(4.4.3) 得

$$\begin{aligned} m(r,\frac{1}{f-g}) &= m(r,\frac{FG}{F-G}) \\ &\leqslant m(r,\frac{1}{F-G}) + m(r,F) + m(r,G) + O(1) \\ &= S(r,f). \end{aligned}$$

引理 4.12 在引理 4.11 的假设下，有

$$m(r,\frac{f}{f-g}) + m(r,\frac{g}{f-g}) + m(r,\frac{f'}{f-g}) + m(r,\frac{g'}{f-g}) + m(r,\frac{f'g'}{f-g}) = S(r,f).$$

证. 设

$$F = \frac{1}{f}, \qquad G = \frac{1}{g},$$

则 $b_j = \frac{1}{a_j}(j = 1,2,3,4)$ 为 F 与 G 的 IM 公共值. 由引理 4.11 得

$$m(r,\frac{1}{F-G}) = S(r,F).$$

注意到

$$\frac{1}{F-G}=\frac{fg}{g-f},$$

于是

$$m(r,\frac{fg}{f-g})=S(r,f).$$

由恒等式

$$(\frac{f}{f-g})^2=\frac{f}{f-g}+\frac{fg}{(f-g)^2}$$

得

$$\begin{aligned}2m(r,\frac{f}{f-g})&\leqslant m(r,\frac{f}{f-g})+m(r,\frac{fg}{f-g})+m(r,\frac{1}{f-g})+O(1)\\&\leqslant m(r,\frac{f}{f-g})+S(r,f).\end{aligned}$$

由此即得

$$m(r,\frac{f}{f-g})=S(r,f).$$

同理可得

$$m(r,\frac{g}{f-g})=S(r,f).$$

因此我们还有

$$m(r,\frac{f'}{f-g})\leqslant m(r,\frac{f'}{f})+m(r,\frac{f}{f-g})=S(r,f),$$

$$m(r,\frac{g'}{f-g})\leqslant m(r,\frac{g'}{g})+m(r,\frac{g}{f-g})=S(r,f),$$

$$m(r,\frac{f'g'}{f-g})\leqslant m(r,\frac{f'}{f})+m(r,\frac{g'}{g})+m(r,\frac{fg}{f-g})=S(r,f).$$

4.4.2 整函数的 DM 值定理

E. Mues[3] 证明了

定理 4.17 不存在两个非常数整函数,使其具有 3 个判别的 DM 公共值.

定理 4.17 中条件 3 个判别的 DM 公共值是必要的. 例如,设 $g(z)=e^z+\frac{1}{2}$, $f(z)=\frac{g^2}{2g-1}$. 容易验证 0 和 1 为 $f(z)$ 与 $g(z)$

的 2 个判别的 DM 公共值.

下面证明定理 4.17.

假设定理 4.17 不成立，即存在两个非常数整函数 $f(z)$ 与 $g(z)$，使 $a_j(j=1,2,3)$ 为其判别的 DM 公共值，不失一般性，设 $a_1=0, a_2=1, a_3=c$，令

$$\varphi\frac{(f')^2(g')^2(f-g)}{f(f-1)(f-c)g(g-1)(g-c)}.$$

设 z_0 为 $f(z)$ 的 p 重零点，且为 $g(z)$ 的 q 重零点，因 0 为 $f(z)$ 与 $g(z)$ 的 DM 公共值，故 $p\neq q$. 则

$$\varphi(z)=O((z-z_0)^t),$$

其中 $t=p+q-4+\min(p,q)\geqslant 0$. 于是 f 的零点不为 $\varphi(z)$ 的极点. 同理可证，$f-1, f-c$ 的零点也不为 $\varphi(z)$ 的极点. 因此 $\varphi(z)$ 为整函数. 显然有

$$\varphi=\frac{f'g'}{f-g}\cdot\psi,$$

其中 ψ 为(4.1.9) 式所定义的函数. 再由引理 4.12 得

$$\begin{aligned}T(r,\varphi)=m(r,\varphi)&\leqslant m\left(r,\frac{f'g'}{f-g}\right)+m(r,\psi)\\&=S(r,f).\end{aligned}$$

设 $N^*(r)$ 为 $f, f-1, f-c$ 的重级大于 2 的零点或 $g, g-1, g-c$ 的重级大于 2 的零点的计数函数，每个零点计一次，则

$$\begin{aligned}N^*(r)&\leqslant N\left(r,\frac{1}{\varphi}\right)\\&\leqslant T(r,\varphi)+O(1)=S(r,f).\end{aligned}\tag{4.4.4}$$

注意到 0,1,c 为 $f(z)$ 与 $g(z)$ 的 DM 公共值，再由定理 4.4 的(iv)得

$$\begin{aligned}&\overline{N}\left(r,\frac{1}{f}\right)+\overline{N}\left(r,\frac{1}{f-1}\right)+\overline{N}\left(r,\frac{1}{f-c}\right)\\&\quad=N\left(r,\frac{1}{f'}\right)+N\left(r,\frac{1}{g'}\right)+S(r,f).\end{aligned}$$

注意到 f 与 g 为整函数，再由定理 4.4 的(ii) 得

$$2T(r,f)=\overline{N}\left(r,\frac{1}{f}\right)+\overline{N}\left(r,\frac{1}{f-1}\right)+\overline{N}\left(r,\frac{1}{f-c}\right)+S(r,f)$$

$$= N(r,\frac{1}{f'}) + N(r,\frac{1}{g'}) + S(r,f)$$

$$= m(r,f') - m(r,\frac{1}{f'}) + m(r,g') - m(r,\frac{1}{g'}) + S(r,f)$$

$$\leqslant m(r,f) - m(r,\frac{1}{f'}) + m(r,g) - m(r,\frac{1}{g'}) + S(r,f)$$

$$= 2T(r,f) - m(r,\frac{1}{f'}) - m(r,\frac{1}{g'}) + S(r,f).$$

于是

$$m(r,\frac{1}{f'}) + m(r,\frac{1}{g'}) = S(r,f).$$

注意到

$$m(r,\frac{1}{f}) + m(r,\frac{1}{f-1}) + m(r,\frac{1}{f-c}) \leqslant m(r,\frac{1}{f'}) + S(r,f).$$

故有

$$m(r,\frac{1}{f}) + m(r,\frac{1}{f-1}) + m(r,\frac{1}{f-c}) = S(r,f).$$

如果

$$N(r,\frac{1}{f}) - \overline{N}(r,\frac{1}{f}) = S(r,f),$$

则有

$$\begin{aligned} T(r,f) &= N(r,\frac{1}{f}) + m(r,\frac{1}{f}) + O(1) \\ &= N(r,\frac{1}{f}) + S(r,f) \\ &= \overline{N}(r,\frac{1}{f}) + S(r,f) \\ &= \overline{N}(r,\frac{1}{g}) + S(r,f) \\ &\leqslant \frac{1}{2}N(r,\frac{1}{g}) + S(r,f) \\ &\leqslant \frac{1}{2}T(r,g) + S(r,f) \\ &= \frac{1}{2}T(r,f) + S(r,f), \end{aligned}$$

这是一个矛盾. 因此

$$N(r,\frac{1}{f}) - \overline{N}(r,\frac{1}{f}) \neq S(r,f). \tag{4.4.5}$$

同理可证

$$N(r,\frac{1}{f-1}) - \overline{N}(r,\frac{1}{f-1}) \neq S(r,f),$$

$$N(r,\frac{1}{f-c}) - \overline{N}(r,\frac{1}{f-c}) \neq S(r,f).$$

令

$$\Omega = 2\frac{f''}{f'} - 3(\frac{f'}{f} + \frac{f'}{f-1} + \frac{f'}{f-c}) - 2\frac{g''}{g'} + 2(\frac{g'}{g} + \frac{g'}{g-1} + \frac{g'}{g-c}) + \frac{f'-2g'}{f-g}.$$

设 z_0 为 $f(z)$ 的二重零点，且为 $g(z)$ 的一重零点，设

$$f(z) = a_2(z-z_0)^2 + a_3(z-z_0)^3 + \cdots, \quad (a_2 \neq 0)$$

$$g(z) = b_1(z-z_0) + b_2(z-z_0)^2 + \cdots, \quad (b_1 \neq 0).$$

通过计算得

$$\Omega(z) = \frac{2}{z-z_0} - 3\cdot\frac{2}{z-z_0} + 2\cdot\frac{1}{z-z_0} + \frac{2}{z-z_0} + O(1) = O(1).$$

故 z_0 不为 $\Omega(z)$ 的极点. 设 z'_0 为 $f(z)$ 的一重零点，且为 $g(z)$ 的二重零点，与上面类似，也可证明 z'_0 不为 $\Omega(z)$ 的极点. 同理可证 $f-1, f-c$ 的二重零点且为 $g-1, g-c$ 的一重零点，或 $f-1, f-c$ 的一重零点且为 $g-1, g-c$ 的二重零点均不为 $\Omega(z)$ 的极点. 再由定理 4.4 的(iv)，(4.4.4) 得

$$N(r,\Omega) = S(r,f).$$

再由引理 4.12 得

$$m(r,\Omega) = S(r,f).$$

故有

$$T(r,\Omega) = S(r,f).$$

设 z_0 为 $f(z)$ 的二重零点，且为 $g(z)$ 的一重零点，通过计算得

$$\Omega(z_0) = -(1+\frac{1}{c})g'(z_0),$$

$$\psi(z_0) = \frac{2}{c^2}(g'(z_0))^2.$$

于是

$$\frac{\Omega^2(z_0)}{2\psi(z_0)} = (c+1)^2.$$

如果

$$\frac{\Omega^2}{2\psi} - (c+1)^2 \not\equiv 0,$$

则

$$\begin{aligned} N(r,\frac{1}{f}) - \overline{N}(r,\frac{1}{f}) - S(r,f) &\leqslant N(r,\frac{1}{\frac{\Omega^2}{2\psi} - (c+1)^2}) \\ &\leqslant 2T(r,\Omega) + T(r,\psi) + O(1) \\ &= S(r,f). \end{aligned}$$

这与(4.4.5)矛盾.于是

$$\frac{\Omega^2}{2\psi} \equiv (c+1)^2. \tag{4.4.6}$$

设 z_1 为 $f(z)-1$ 的二重零点,且为 $g(z)-1$ 的一重零点,通过计算得

$$\frac{\Omega^2(z_1)}{2\psi(z_1)} = (2-c)^2.$$

于是

$$(c+1)^2 = (2-c)^2.$$

解得

$$c = \frac{1}{2}.$$

设 z_c 为 $f-c$ 的二重零点,且为 $g-c$ 的一重零点,通过计算得

$$\frac{\Omega^2(z_c)}{2\psi(z_c)} = (2c-1)^2.$$

于是 $(c+1)^2=(2c-1)^2$,注意到 $c\neq 0$,解得 $c=2$,这就得到矛盾.

4.4.3 定理 4.17 的推广

由定理 4.17 的证明，我们容易得出下述

定理 4.18 设 $f(z)$ 与 $g(z)$ 为非常数亚纯函数，$a_j(j=1,2,3,4)$ 为其判别的 DM 公共值，则

$$\overline{N}(r,\frac{1}{f-a_j})\neq S(r,f)\quad(j=1,2,3,4)$$

证. 假设

$$\overline{N}(r,\frac{1}{f-a_4})=S(r,f).$$

不失一般性，设 $a_1=0,a_2=1,a_3=c,a_4=\infty$，则有

$$\overline{N}(r,f)=S(r,f).$$

应用与定理 4.17 完全类似的证明方法，即可得出矛盾.

a 为 $f(z)$ 与 $g(z)$ 的 DM 公共值的本质含义是：a 为 $f(z)$ 与 $g(z)$ 的 IM 公共值，且 $N_E(r,a)=0$，即 $f-a$ 与 $g-a$ 重级相同的公共零点的个数为 0. 从这个意义上来看，定理 4.18 实质上也是定理 4.17 的推广.

§4.5 4DM 值定理

4.5.1 二重值点定理

设 $f(z)$ 与 $g(z)$ 为非常数亚纯函数，a 为其 IM 公共值. 设 z^* 为 $f-a$ 的 p 重零点，且为 $g-a$ 的 q 重零点，则我们称 z^* 为 f 与 g 的 (p,q) 重 a 值点. 我们以 $N_{(p,q)}(r,a)$ 表示 f 与 g 的 (p,q) 重 a 值点的计数函数，每个 a 值点计一次.

Gundersen[2] 给出下述例子

$$\hat{f}(z)=\frac{e^z+1}{(e^z-1)^2},\quad \hat{g}(z)=\frac{(e^z+1)^2}{8(e^z-1)}.\qquad(4.5.1)$$

这个例子表明，$0,1,\infty,-\frac{1}{8}$ 均为 $\hat{f}(z)$ 与 $\hat{g}(z)$ 的 DM 公共值，

且 0 和 1 为 $\hat{f}(z)$ 与 $\hat{g}(z)$ 的(1,2) 重零点和 1 值点,∞ 和 $-\frac{1}{8}$ 为 $\hat{f}(z)$ 与 $\hat{g}(z)$ 的(2,1) 重极点和 $-\frac{1}{8}$ 值点. 设

$$f = L \circ \hat{f} \circ h, \quad g = L \circ \hat{g} \circ h, \tag{4.5.2}$$

其中 h 为非常数整函数,L 为分式线性变换. 并设 $a_1 = L(0)$,$a_2 = L(1)$,$a_3 = L(\infty)$,$a_4 = L(-\frac{1}{8})$. 容易验证,$a_j(j = 1,2,3,4)$ 均为 $f(z)$ 与 $g(z)$ 的 DM 公共值,且 a_1 和 a_2 为 $f(z)$ 与 $g(z)$ 的(1,2) 重 a_1 和 a_2 值点,a_3 和 a_4 为 $f(z)$ 与 $g(z)$ 的(2,1) 重 a_3 和 a_4 值点. M. Reinders[1,2] 证明了,(4.5.2) 中所定义的函数 $f(z)$ 与 $g(z)$ 为唯一的一对具有上述性质的函数. 事实上,Reinders[1,2] 证明了下述

定理 4.19 设 $f(z)$ 与 $g(z)$ 为非常数亚纯函数,$a_j(j = 1,2,3,4)$ 为其判别的 IM 公共值. 如果

$$\overline{N}(r,\frac{1}{f-a_j}) = N_{(1,2)}(r,a_j) + S(r,f) \quad (j = 1,2), \tag{4.5.3}$$

$$\overline{N}(r,\frac{1}{f-a_j}) = N_{(2,1)}(r,a_j) + S(r,f) \quad (j = 3,4), \tag{4.5.4}$$

则 $f(z)$ 与 $g(z)$ 必为(4.5.2) 中所定义的函数.

证. 由定理 4.4 的(ii) 得

$$\begin{aligned}
2T(r,f) + S(r,f) &= \sum_{j=1}^{4}\overline{N}(r,\frac{1}{f-a_j}) \\
&= N_{(1,2)}(r,a_1) + N_{(1,2)}(r,a_2) + N_{(2,1)}(r,a_3) + N_{(2,1)}(r,a_4) \\
&\leqslant \frac{1}{2}N(r,\frac{1}{g-a_1}) + \frac{1}{2}N(r,\frac{1}{g-a_2}) + \frac{1}{2}N(r,\frac{1}{f-a_3}) \\
&\quad + \frac{1}{2}N(r,\frac{1}{f-a_4}) \\
&\leqslant T(r,g) + T(r,f) + O(1) \\
&= 2T(r,f) + S(r,f).
\end{aligned}$$

由此即得

$$\overline{N}(r,\frac{1}{f-a_j}) = \frac{1}{2}T(r,f) + S(r,f), \quad (j = 1,2,3,4),$$

(4.5.5)

不失一般性,不妨设 $a_1=0, a_2=1, a_3=c, a_4=\infty$,设

$$\psi=\frac{f' g'(f-g)^2}{f(f-1)(f-c)(g-1)(g-c)}, \tag{4.5.6}$$

$$\alpha=\frac{f'}{f-c}-2 \cdot \frac{g'}{g-c}, \tag{4.5.7}$$

$$\beta=2 \cdot \frac{f'}{f(f-1)}-\frac{g'}{g(g-1)}. \tag{4.5.8}$$

显然有

$$m(r,\alpha)=S(r,f).$$

设 z_c 为 f 与 g 的(2,1)重 c 值点,把 f 与 g 在 z_c 的 Taylor 展式代入(4.5.7)知,z_c 不为 α 的极点. 设 z_p 为 f 与 g 的(2,1)重极点,与上面类似,也可证明 z_p 不为 α 的极点. 再由(4.5.4)得

$$N(r,\alpha)=S(r,f).$$

于是

$$T(r,\alpha)=S(r,f).$$

设 z_0 为 f 与 g 的(1,2)重零点,把 f 与 g 在 z_0 的 Taylor 展式代入(4.5.6),(4.5.7),通过计算得

$$\alpha^2(z_0)-\frac{1}{2}\psi(z_0)=\left(-\frac{f'(z_0)}{c}\right)^2-\frac{1}{2} \cdot \frac{2(f'(z_0))^2}{c^2}=0.$$

如果 $\alpha^2-\frac{1}{2}\psi \not\equiv 0$,注意到 $T(r,\psi)=S(r,f)$,则有

$$\begin{aligned}
N_{(1,2)}(r,0) &\leqslant N\left(r,\frac{1}{\alpha^2-\frac{1}{2}\psi}\right) \\
&\leqslant 2T(r,\alpha)+T(r,\psi)+O(1) \\
&=S(r,f).
\end{aligned}$$

再由(4.5.3)得

$$\overline{N}\left(r,\frac{1}{f}\right)=N_{(1,2)}(r,0)+S(r,f)=S(r,f),$$

这与(4.5.5)矛盾. 于是

$$\alpha^2 \equiv \frac{1}{2}\psi. \tag{4.5.9}$$

显然也有

$$m(r,\beta)=S(r,f).$$

由(4.5.3)知

$$N(r,\beta)=S(r,f),$$

故有

$$T(r,\beta)=S(r,f).$$

设 z_c 为 f 与 g 的(2,1)重 c 值点,通过计算得

$$\beta^2(z_c)-\frac{1}{2}\psi(z_c)=[-\frac{g'(z_0)}{c(c-1)}]^2-\frac{1}{2}[\frac{2(g'(z_0))^2}{c^2(c-1)^2}]=0.$$

如果 $\beta^2-\frac{1}{2}\psi\neq 0$, 则有

$$\begin{aligned}N_{(2,1)}(r,c)&\leqslant N(r,\frac{1}{\beta^2-\frac{1}{2}\psi})\\&\leqslant 2T(r,\beta)+T(r,\psi)+O(1)\\&=S(r,f).\end{aligned}$$

再由(4.5.4)得

$$\overline{N}(r,\frac{1}{f-c})=N_{(2,1)}(r,c)+S(r,f)=S(r,f),$$

这与(4.5.5)矛盾. 于是

$$\beta^2\equiv\frac{1}{2}\psi. \tag{4.5.10}$$

再由(4.5.9),(4.5.10)得 $\alpha\equiv-\beta$ 或 $\alpha\equiv\beta$.

假设 $\alpha\equiv-\beta$, 积分得

$$\frac{(f-c)(f-1)^2g}{(g-c)^2(g-1)f^2}\equiv A, \tag{4.5.11}$$

其中 $A(\neq 0)$ 为积分常数. 应用第二基本定理, 由(4.5.3), (4.5.4)得

$$\begin{aligned}T(r,fg)&<\overline{N}(r,\frac{1}{fg-c})+\overline{N}(r,\frac{1}{fg})+\overline{N}(r,fg)+S(r,fg)\\&\leqslant\overline{N}(r,\frac{1}{fg-c})+\frac{1}{3}N(r,\frac{1}{fg})+\frac{1}{3}N(r,fg)+S(r,fg)\\&\leqslant\overline{N}(r,\frac{1}{fg-c})+\frac{2}{3}T(r,fg)+S(r,fg).\end{aligned}$$

故有

$$T(r,fg)<3\overline{N}(r,\frac{1}{fg-c})+S(r,fg).$$

这表明 $fg-c$ 有无穷多个零点. 设 z^* 为 $fg-c$ 的零点. 显然 $f(z^*)\neq 0,1,c,\infty$. 由(4.5.11)得

$$A=\frac{(f(z^*)-c)(f(z^*)-1)^2\cdot\frac{c}{f(z^*)}}{(\frac{c}{f(z^*)}-c)^2(\frac{c}{f(z^*)}-1)\cdot(f(z^*))^2}=-\frac{1}{c}.$$

因而有

$$\frac{(f-c)(f-1)^2g}{(g-c)^2(g-1)f^2}\equiv-\frac{1}{c}. \qquad (4.5.12)$$

由(4.5.12)知, $\frac{(g-c)^2}{f-c}$ 为没有零点的整函数. 于是设

$$\frac{(g-c)^2}{f-c}=-ce^{2h}, \qquad (4.5.13)$$

其中 h 为非常数整函数. 作代换

$$w=-\frac{1}{c}e^{-h}(g-c).$$

由(4.5.13)得

$$f=-cw^2+c,\quad g=-ce^hw+c. \qquad (4.5.14)$$

显然 $w\neq$ 常数. 把(4.5.14)代入(4.5.12)得

$$\frac{(-cw^2)(-cw^2+c-1)^2(-ce^hw+c)}{(-ce^hw)^2(-cw^2+c)^2(-ce^hw+c-1)}\equiv-\frac{1}{c},$$

即

$$\frac{(w^2-1+\frac{1}{c})^2(e^hw-1)}{e^{2h}(w^2-1)^2(e^hw-1+\frac{1}{c})}\equiv 1. \qquad (4.5.15)$$

于是有

$$[(w^2-1)e^{2h}+\frac{1}{c}we^h-(w^2-1+\frac{1}{c})][w(w^2-1)e^h$$
$$-(w^2-1+\frac{1}{c})]$$
$$=w(w^2-1)^2e^{3h}+(\frac{1}{c}-1)(w^2-1)^2e^{2h}-w(w^2-1+\frac{1}{c})^2e^h$$

$$+ (w^2 - 1 + \frac{1}{c})^2$$

$$= e^{2h}(w^2 - 1)^2(e^h w - 1 + \frac{1}{c}) - (w^2 - 1 + \frac{1}{c})^2(e^h w - 1)$$

$$\equiv 0. \tag{4.5.16}$$

如果

$$w(w^2 - 1)e^h - (w^2 - 1 + \frac{1}{c}) \equiv 0,$$

则有 $w \neq 0, 1, -1$. 再由(4.5.14)知,$f \neq c, 0$,这与(4.5.5)矛盾. 于是

$$w(w^2 - 1)e^h - (w^2 - 1 + \frac{1}{c}) \not\equiv 0.$$

再由(4.5.16)得

$$(w^2 - 1)e^{2h} + \frac{1}{c}we^h - (w^2 - 1 + \frac{1}{c}) \equiv 0. \tag{4.5.17}$$

显然(4.5.17)可写为

$$(w + \frac{1}{2c} \cdot \frac{e^h}{e^{2h} - 1})^2 = \frac{(e^{2h} - \gamma_1)(e^{2h} - \gamma_2)}{(e^{2h} - 1)^2}, \tag{4.5.18}$$

其中

$$\gamma_1 = -\frac{1}{2}(\frac{1}{4c^2} + \frac{1}{c} - 2) + \frac{\sqrt{1 + 8c}}{8c^2},$$

$$\gamma_2 = -\frac{1}{2}(\frac{1}{4c^2} + \frac{1}{c} - 2) - \frac{\sqrt{1 + 8c}}{8c^2}.$$

注意到e^{2h}为非常数整函数,由(4.5.18)知,$(e^{2h} - \gamma_1)(e^{2h} - \gamma_2)$必为某个亚纯函数的完全平方,故有$\gamma_1 = \gamma_2$,从而得$c = -\frac{1}{8}$,$\gamma_1 = \gamma_2 = -3$. 再由(4.5.18)得

$$\left(w - \frac{4e^h}{e^{2h} - 1}\right)^2 = \frac{(e^{2h} + 3)^2}{(e^{2h} - 1)^2}.$$

由此即得

$$w = \frac{e^h + 3}{e^h - 1} \quad 或 \quad w = -\frac{e^h - 3}{e^h + 1}.$$

再由(4.5.14)得

$$f = \frac{e^h + 1}{(e^h - 1)^2} = \hat{f} \circ h, \qquad g = \frac{(e^h + 1)^2}{8(e^h - 1)} = \hat{g} \circ h$$

或

$$f = -\frac{e^h - 1}{(e^h + 1)^2} = \hat{f} \circ \hat{h}, \quad g = -\frac{(e^h - 1)^2}{8(e^h + 1)} = \hat{g} \circ \hat{h},$$

其中 $\hat{h}(z) = h(z) + \pi i$.

假设 $\alpha \equiv \beta$，积分得

$$\frac{(f - c)f^2(g - 1)}{(g - c)^2 g(f - 1)^2} \equiv B, \tag{4.5.19}$$

其中 $B(\neq 0)$ 为积分常数. 设 $f_1 = 1 - f$，$g_1 = 1 - g$，$c_1 = 1 - c$，由(4.5.19)得

$$\frac{(f_1 - c_1)(f_1 - 1)^2 g_1}{(g_1 - c_1)^2(g_1 - 1)f_1^2} \equiv - B. \tag{4.5.20}$$

显然(4.5.20)的形式与(4.5.11)的形式完全类似. 与前面相同的方法，也可得到

$$f_1 = \hat{f} \circ h, \quad g_1 = \hat{g} \circ h.$$

于是有

$$f = 1 - \hat{f} \circ h = L \circ \hat{f} \circ h,$$
$$g = 1 - \hat{g} \circ h = L \circ \hat{g} \circ h,$$

其中 $L(z) = 1 - z$ 为分式线性变换.

这就完成了定理 4.19 的证明.

Reinders[1,2] 进一步改进了定理 4.19，证明了

定理 4.20 设 $f(z)$ 与 $g(z)$ 为非常数亚纯函数，$a_j(j = 1,2,3,4)$ 为其判别的 IM 公共值. 如果，对 $j = 1,2,3,4$，$f - a_j$ 的每个单零点均为 $g - a_j$ 的二重零点，并且 $g - a_j$ 的每个单零点均为 $f - a_j$ 的二重零点，则 $f(z)$ 与 $g(z)$ 必为(4.5.2)中所定义的函数.

Reinders[1,2] 对定理 4.20 的证明很长，我们不予介绍，可参看 Reinders[1,2]. Reinders[1,2] 从另一方向改进了定理 4.19，证明了

定理 4.21 设 $f(z)$ 与 $g(z)$ 为非常数亚纯函数，$a_j(j = 1,2,3,4)$ 为其判别的 IM 公共值. 如果，对 $j = 1,2,3,4$，$f - a_j$ 与 $g - a_j$ 之一的所有零点均为重零点，则 $f(z)$ 与 $g(z)$ 必为(4.5.2)中所

定义的函数.

证. 设

$$I=\{j\in\{1,2,3,4\},f-a_j\text{ 的零点均为重零点}\},$$
$$J=\{1,2,3,4\}\backslash I,$$

则有

$$\overline{N}(r,\frac{1}{f-a_j})\leqslant\frac{1}{2}N(r,\frac{1}{f-a_j})\leqslant\frac{1}{2}T(r,f)+O(1),\text{对 }j\in I,$$

$$\overline{N}(r,\frac{1}{f-a_j})\leqslant\frac{1}{2}N(r,\frac{1}{g-a_j})\leqslant\frac{1}{2}T(r,f)+S(r,f),\text{对 }j\in J.$$

由定理 4.4 的(ii) 得

$$\sum_{j=1}^{4}\overline{N}(r,\frac{1}{f-a_j})=2T(r,f)+S(r,f).$$

于是对 $j=1,2,3,4$,有

$$\overline{N}(r,\frac{1}{f-a_j})=\frac{1}{2}T(r,f)+S(r,f),\tag{4.5.21}$$

且对 $j\in I$,有

$$N(r,\frac{1}{f-a_j})-2\overline{N}(r,\frac{1}{f-a_j})=S(r,f).$$

再由定理 4.4 的(v) 知,对 $j\in I$,有

$$\frac{1}{2}T(r,f)+S(r,f)=\overline{N}(r,\frac{1}{f-a_j})=N_{(2,1)}(r,a_j)+S(r,f).\tag{4.5.22}$$

同理,对 $j\in J$,有

$$\frac{1}{2}T(r,f)+S(r,f)=\overline{N}(r,\frac{1}{f-a_j})=N_{(1,2)}(r,a_j)+S(r,f).\tag{4.5.23}$$

我们区分两种情况.

1) 假设 I 中含有两个元素,则 J 中也含有两个元素,由定理 4.19 知,定理 4.21 成立.

2) 假设 I 中含有三个元素或四个元素. 不失一般性,设 $1,2,3\in I$,并且 $a_1=0,a_2=1,a_3=c,a_4=\infty$. 设

$$\varphi=\frac{f'}{f(f-1)(f-c)}-2\cdot\frac{g'}{g(g-1)(g-c)}.\tag{4.5.24}$$

由引理 4.3 得

$$m(r,\varphi)=S(r,f).$$

显然 f 的极点不为 φ 的极点. 设 z_0 为 f 的二重零点，且为 g 的单零点，把 f 与 g 的 Taylor 展式代入(4.5.24) 知，z_0 不为 φ 的极点，同理可证，$f-1$，$f-c$ 的二重零点，且为 $g-1$，$g-c$ 的单零点的点也不为 φ 的极点. 再由(4.5.22) 得

$$N(r,\varphi)=S(r,f).$$

于是

$$T(r,\varphi)=S(r,f).$$

设 z_p 为 f 的极点，由(4.5.24) 得

$$\varphi(z_p)=0.$$

如果 $\varphi\not\equiv 0$，则有

$$\overline{N}(r,f)\leqslant N(r,\frac{1}{\varphi})\leqslant T(r,\varphi)+O(1)=S(r,f),$$

这与(4.5.21) 矛盾. 于是 $\varphi\equiv 0$，即

$$\frac{f'}{f(f-1)(f-c)}\equiv 2\cdot\frac{g'}{g(g-1)(g-c)}. \tag{4.5.25}$$

设 z_∞ 为 f 的 m 重极点，且为 g 的 n 重极点，由(4.5.25) 得 $m=n$，即 f 与 g 的极点的重级均相同，这与(4.5.22) 或(4.5.23) 矛盾.

显然定理 4.19，4.20，4.21 均表达了 Gundersen 例子(4.5.1) 的特性.

4.5.2 Gundersen 例子的新特性

设 $\hat{f}(z)$ 与 $\hat{g}(z)$ 为(4.5.1) 给出的函数，易见

$$\hat{f}(z)+\frac{1}{2}=\frac{e^{2z}+3}{2(e^z-1)^2},\quad \hat{g}(z)-\frac{1}{4}=\frac{e^{2z}+3}{8(e^z-1)}.$$

于是有

$$\hat{f}(z)=-\frac{1}{2}\Rightarrow\hat{g}(z)=\frac{1}{4}. \tag{4.5.26}$$

这表达了 Gundersen 例子的一个新的有趣的性质. 1992 年，Reinders[3] 证明了一个结果，这个结果表明，从一定意义上，$\hat{f}(z)$

与 $\hat{g}(z)$ 为唯一一对具有性质(4.5.26)的函数. 事实上,Reinders[3] 证明了下述

定理 4.22 设 $f(z)$ 与 $g(z)$ 为非常数亚纯函数,$a_j(j=1,2,3,4)$ 为其判别的 IM 公共值,且 $f(z)\not\equiv g(z)$. 如果存在

$$a,b\in \overline{C}\backslash\{a_1,a_2,a_3,a_4\},$$

满足

$$f(z)=a\Rightarrow g(z)=b,\tag{4.5.27}$$

则或者

$$f=T\circ g,\tag{4.5.28}$$

其中 T 为分式线性变换,或者 $f(z)$ 与 $g(z)$ 为(4.5.2)中所定义的函数.

证. 首先注意到 $a\neq b$. 因如果 $a=b$,则由第二基本定理和定理 4.4 的(i)得

$$\begin{aligned}3T(r,f)&<\sum_{j=1}^{4}\overline{N}(r,\frac{1}{f-a_j})+\overline{N}(r,\frac{1}{f-a})+S(r,f)\\&<\overline{N}(r,\frac{1}{f-g})+S(r,f)\\&<T(r,f)+T(r,g)+S(r,f)\\&=2T(r,f)+S(r,f),\end{aligned}$$

这就得出矛盾.

不失一般性,不妨设 $a,b,a_j(j=1,2,3,4)$ 均为有穷. 设

$$\varphi_j=\frac{(g-b)(f-a_j)}{(f-a)(g-a_j)},\ (j=1,2,3,4).\tag{4.5.29}$$

如果 $\varphi_j(j=1,2,3,4)$ 中有一个为常数,则 f 为 g 的分式线性变换,于是(4.5.28)成立. 因此,我们可以假设 $\varphi_j(j=1,2,3,4)$ 均不为常数. 显然有

$$\begin{aligned}m(r,\varphi_j)\leqslant\ & m(r,g)+m(r,f)+m(r,\frac{1}{f-a})\\&+m(r,\frac{1}{g-a_j})+O(1).\end{aligned}$$

再由定理 4.4 的(iii)得

$$m(r,\varphi_j) < m\left(r,\frac{1}{g-a_j}\right) + S(r,f). \qquad (4.5.30)$$

由(4.5.27),(4.5.29)得

$$N(r,\varphi_j) < N\left(r,\frac{1}{f-a}\right) - \overline{N}\left(r,\frac{1}{f-a}\right) + N\left(r,\frac{1}{g-a_j}\right) - \overline{N}\left(r,\frac{1}{g-a_j}\right).$$

再由定理 4.4 的(iii)得

$$N(r,\varphi_j) < N\left(r,\frac{1}{g-a_j}\right) - \overline{N}\left(r,\frac{1}{g-a_j}\right) + S(r,f). \qquad (4.5.31)$$

由(4.5.30),(4.5.31)得

$$\begin{aligned} T(r,\varphi_j) &< T(r,g) - \overline{N}\left(r,\frac{1}{g-a_j}\right) + S(r,f) \\ &= T(r,f) - \overline{N}\left(r,\frac{1}{f-a_j}\right) + S(r,f). \end{aligned}$$

如果 $f(z_0) = g(z_0) = a_k \quad (k \neq j)$,则

$$\varphi_j(z_0) = \frac{a_k - b}{a_k - a}.$$

因此

$$\begin{aligned} \overline{N}\left(r,\frac{1}{f-a_k}\right) &\leqslant N\left(r,\frac{1}{\varphi_j - \dfrac{a_k-b}{a_k-a}}\right) \\ &\leqslant T(r,\varphi_j) + O(1) \\ &< T(r,f) - \overline{N}\left(r,\frac{1}{f-a_j}\right) + S(r,f). \end{aligned}$$

于是对 $k \neq j$,有

$$\overline{N}\left(r,\frac{1}{f-a_k}\right) + \overline{N}\left(r,\frac{1}{f-a_j}\right) < T(r,f) + S(r,f).$$

再由定理 4.4 的(ii)得

$$\overline{N}\left(r,\frac{1}{f-a_j}\right) = \frac{1}{2}T(r,f) + S(r,f), \quad (j=1,2,3,4). \qquad (4.5.32)$$

与(4.1.9)类似,我们设

$$\psi=\frac{f'g'(f-g)^2}{(f-a_1)(f-a_2)(f-a_3)(f-a_4)(g-a_1)(g-a_2)(g-a_3)(g-a_4)}.$$

使用定理 4.4 的(v) 的证明方法，我们可以得到

$$T(r,\psi)=S(r,f).$$

我们再设

$$\varphi=\frac{g'(f-g)(g-b)}{(g-a_1)(g-a_2)(g-a_3)(g-a_4)(f-a)}. \tag{4.5.33}$$

则有

$$m(r,\varphi)\leqslant m\left(r,\frac{g'}{(g-a_1)(g-a_2)(g-a_3)(g-a_4)}\right)$$
$$+m\left(r,\frac{1}{f-a}\right)+m(r,f)+2m(r,g)+O(1).$$

再由引理 4.3，定理 4.4 的(iii) 得

$$m(r,\varphi)=S(r,f).$$

由(4.5.27)，(4.5.33) 得

$$N(r,\varphi)<N\left(r,\frac{1}{f-a}\right)-\overline{N}\left(r,\frac{1}{f-a}\right).$$

再由定理 4.4 的(iii) 得

$$N(r,\varphi)=S(r,f).$$

于是

$$T(r,\varphi)=S(r,f).$$

设

$$H=\frac{\varphi^2}{\psi}=\frac{g'(f-a_1)(f-a_2)(f-a_3)(f-a_4)(g-b)^2}{f'(g-a_1)(g-a_2)(g-a_3)(g-a_4)(f-a)^2}. \tag{4.5.34}$$

则有

$$\begin{aligned}T(r,H)&\leqslant 2T(r,\varphi)+T(r,\psi)+O(1)\\&=S(r,f).\end{aligned} \tag{4.5.35}$$

设 $\{z_n^{(1)}\}$ 为 $f-a_1$ 与 $g-a_1$ 的零点，其重级分别为 $p_n^{(1)}$ 与 $q_n^{(1)}$. 由(4.5.34) 得

$$H(z_n^{(1)})=\frac{q_n^{(1)}(a_1-b)^2}{p_n^{(1)}(a_1-a)^2}. \tag{4.5.36}$$

如果 H 不为常数，由(4.5.35)，(4.5.36)知对任意自然数 p,q，都有

$$N_{(p,q)}(r,a_1)\leqslant N\left(r,\frac{1}{H-\dfrac{q(a_1-b)^2}{p(a_1-a)^2}}\right)$$
$$\leqslant T(r,H)+O(1)$$
$$=S(r,f).$$

于是

$$\overline{N}(r,\frac{1}{f-a_1})\leqslant\sum_{p=1}^{3}\sum_{q=1}^{3}N_{(p,q)}(r,a_1)$$
$$+\frac{1}{5}(N(r,\frac{1}{f-a_1})+N(r,\frac{1}{g-a_1}))$$
$$\leqslant\frac{2}{5}T(r,f)+S(r,f),$$

这与(4.5.32)矛盾. 这就证明 H 必为常数. 再由(4.5.36)知，存在两个互质正整数 p_1,q_1 使得

$$\frac{q_n^{(1)}}{p_n^{(1)}}=\frac{q_1}{p_1}\qquad(n=1,2\cdots).\tag{4.5.37}$$

由定理 4.4 的(v)和(4.5.32)知，$\min\{p_1,q_1\}=1$. 首先设 $p_1=1$，如果 $q_1\geqslant 3$，由(4.5.37)得

$$\overline{N}(r,\frac{1}{f-a_1})\leqslant\frac{1}{3}N(r,\frac{1}{g-a_1})\leqslant\frac{1}{3}T(r,f)+S(r,f),$$

这与(4.5.32)矛盾. 因此 $q_1=1$ 或 $q_1=2$. 再设 $q_1=1$，同上面类似，可得 $p_1=1$ 或 $p_1=2$. 于是

$$\frac{p_1}{q_1}\in\{1,2,\frac{1}{2}\}.\tag{4.5.38}$$

设 $\{z_n^{(j)}\}$ 为 $f-a_j$ 与 $g-a_j(j=2,3,4)$ 的零点，其重级分别为 $p_n^{(j)}$ 与 $q_n^{(j)}$. 与前面类似，我们也可以得到，对 $j=2,3,4$，我们有

$$H(z_n^{(j)})=\frac{q_n^{(j)}(a_j-b)^2}{p_n^{(j)}(a_j-a)^2},\tag{4.5.39}$$

$$\frac{q_n^{(j)}}{p_n^{(j)}}=\frac{q_j}{p_j},\tag{4.5.40}$$

及

$$\frac{p_j}{q_j} \in \{1,2,\frac{1}{2}\}. \tag{4.5.41}$$

如果 $\frac{p_j}{q_j}$ $(j=1,2,3,4)$ 中至少有二个等于 1,由定理 4.10 知,(4.5.28) 成立. 如果 $\frac{p_j}{q_j} \neq 1$, $(j=1,2,3,4)$,由定理 4.21 知,$f(z)$ 与 $g(z)$ 为(4.5.2) 中所定义的函数. 余下的仅需考虑 $\frac{p_j}{q_j}$ $(j=1,2,3,4)$ 中恰好有一个等于 1 的情况. 不失一般性,我们可以假设

$$\frac{p_1}{q_1}=\frac{p_2}{q_2}=\frac{p_3}{q_3}=2, \quad \frac{p_4}{q_4}=1 \tag{4.5.42}$$

或

$$\frac{p_1}{q_1}=\frac{p_2}{q_2}=2, \quad \frac{p_3}{q_3}=\frac{1}{2}, \quad \frac{p_4}{q_4}=1. \tag{4.5.43}$$

否则,我们仅需变换指标 j 的次数和交换 f 与 g 即可. 下面我们证明这两种情况不能出现.

如果(4.5.42) 成立,注意到 H 为常数,由(4.5.36),(4.5.39) 得

$$\frac{1}{2}\cdot\frac{(a_1-b)^2}{(a_1-a)^2}=\frac{1}{2}\cdot\frac{(a_2-b)^2}{(a_2-a)^2}=\frac{1}{2}\cdot\frac{(a_3-b)^2}{(a_3-a)^2}=\frac{(a_4-b)^2}{(a_4-a)^2}. \tag{4.5.44}$$

注意到 $a\neq b, a_j (j=1,2,3)$ 互为判别,易见(4.5.44) 不可能成立.

如果(4.5.43) 成立. 应用定理 4.4 的(v),我们有

$$\overline{N}(r,\frac{1}{f-a_j})=\begin{cases} N_{(2,1)}(r,a_j)+S(r,f), & (j=1,2), \\ N_{(1,2)}(r,a_j)+S(r,f), & (j=3), \\ N_{(1,1)}(r,a_j)+S(r,f), & (j=4). \end{cases} \tag{4.5.45}$$

设

$$\alpha = 2\cdot\frac{f''}{f'}-3\cdot\frac{f'}{f-a_1}-3\cdot\frac{f'}{f-a_2} \\ -2\cdot\frac{g''}{g'}+2\cdot\frac{f'}{f-g}+4\cdot\frac{g'}{g-f}. \tag{4.5.46}$$

由引理 4.12 得

$$m(r,\alpha)=S(r,f).$$

容易验证：

(i) α在f与g的每个(2,1)重a_1值点和a_2值点为零，

(ii) α在f与g的每个(1,2)重a_3值点正则，

(iii) α在f与g的每个(1,1)重a_4值点至多有一个单极点，其留数为

$$\frac{2f'(z_4)-4g'(z_4)}{f'(z_4)-g'(z_4)},$$

其中z_4为f与g的(1,1)重a_4值点，

(iv) α在f的每个单极点，且不为g的极点的点正则，α在g的每个单极点，且不为f的极点的点正则.

由定理4.4的(i),(ii)的证明知

$$N_0\left(r,\frac{1}{f-g}\right)=S(r,f),$$

其中$N_0\left(r,\frac{1}{f-g}\right)$表示$f-g$的零点，但不是$f-a_j(j=1,2,3,4)$的零点的计数函数. 再由定理4.4的(iv)得

$$N(r,\alpha)\leqslant\overline{N}\left(r,\frac{1}{f-a_4}\right)+S(r,f).$$

如果$\alpha\not\equiv0$，由(i)得

$$\begin{aligned}\overline{N}\left(r,\frac{1}{f-a_1}\right)+\overline{N}\left(r,\frac{1}{f-a_2}\right)&\leqslant N\left(r,\frac{1}{\alpha}\right)\leqslant T(r,\alpha)+O(1)\\&=m(r,\alpha)+N(r,\alpha)+O(1)\\&<\overline{N}\left(r,\frac{1}{f-a_4}\right)+S(r,f).\end{aligned}$$

这与(4.5.32)矛盾. 因此$\alpha\equiv0$，且

$$f'(z_4)=2g'(z_4).\tag{4.5.47}$$

再设

$$\beta=\frac{f'}{(f-a_1)(f-a_2)}-2\cdot\frac{g'}{(g-a_1)(g-a_2)}.\tag{4.5.48}$$

显然有

$$m(r,\beta)=S(r,f).$$

由(4.5.45)得

$$N(r,\beta)=S(r,f).$$

于是

$$T(r,\beta)=S(r,f).$$

注意到 z_4 为 f 与 g 的(1,1)重 a_4 值点,由(4.5.47),(4.5.48)得

$$\beta(z_4)=\frac{f'(z_4)-2g'(z_4)}{(a_4-a_1)(a_4-a_2)}=0。$$

如果 $\beta\not\equiv 0$,则有

$$N_{(1,1)}(r,a_4)\leqslant N(r,\frac{1}{\beta})\leqslant T(r,\beta)+O(1)$$

$$=S(r,f).$$

这与(4.5.32),(4.5.45)矛盾.于是 $\beta\equiv 0$.设 z_3 为 f 与 g 的(1,2)重 a_3 值点,由(4.5.48)得

$$\beta(z_3)=\frac{f'(z_3)}{(a_3-a_1)(a_3-a_2)}\neq 0,$$

这与 $\beta\equiv 0$ 矛盾.

4.5.3 两个例子

1988年,N. Steinmetz[2] 纠正了H. Cartan[1] 的一个结果,证明了下述

定理 4.23 设 $f(z)$,$g(z)$ 与 $h(z)$ 为互为判别的非常数亚纯函数,$1,0,\infty,-a$ 为其判别的IM公共值,则 $a(\neq 1)$ 为1的一个三次方根,$w=f,g$ 与 h 为代数方程

$$p(U(z),w)=0 \tag{4.5.49}$$

的解,其中

$$p(x,y)=y^3-3((\bar{a}-1)x^2-2x)y^2$$
$$-3(2x^2-(a-1)x)y-x^3, \tag{4.5.50}$$

亚纯函数 U 为微分方程

$$(\frac{dU}{dz})^2=4(\gamma')^2U(U+1)(U-a) \tag{4.5.51}$$

的非常数解,这里 γ 为非常数整函数.

N. Steinmetz[2] 还证明了,定理 4.23 的逆定理也是正确的. 事实上,Steinmetz[2] 证明了下述

定理 4.24 设 $a(\neq 1)$ 为 1 的一个三次根,γ 为一个非常数整函数. 则微分方程(4.5.51)的每个解均为亚纯函数. 如果 U 为微分方程(4.5.51)的任一个非常数解,则存在三个互为判别的非常数亚纯函数 f,g 与 h,$w=f,g,h$ 满足代数方程(4.5.49),并且 $1,0,\infty,-a$ 为其 IM 公共值.

Steinmetz[2] 对定理 4.23,4.24 的证明很长,我们不再给予介绍,可参看 Steinmetz[2]. 定理 4.23 实质上给出了所有三个不同的具有四个判别的 IM 公共值的亚纯函数的特性. 定理 4.24 给出了具有四个判别的 IM 公共值而使定理 4.3 不成立的第二个例子. 事实上,定理 4.24 中给出的亚纯函数 $f(z)$ 与 $g(z)$,$1,0,\infty,-a$ 为其 IM 公共值,但 $1,0,\infty,-a$ 既不为 $f(z)$ 与 $g(z)$ 的 CM 公共值,也不为 $f(z)$ 与 $g(z)$ 的 DM 公共值,它和 Gundersen 的例子(4.5.1)具有不同的特性.

1992 年,M. Reinders[4] 给出了具有四个判别的 IM 公共值而使定理 4.3 不成立的第三个例子. 事实上,Reinders[4] 证明了下述

定理 4.25 设

$$F=\frac{U'}{8\sqrt{3}}\cdot\frac{U}{U+1},$$
$$G=\frac{U'}{8\sqrt{3}}\cdot\frac{U+4}{(U+1)^2}, \tag{4.5.52}$$

其中 U 为微分方程

$$(U')^2=12U(U+1)(U+4) \tag{4.5.53}$$

的非常数解. 则 $0,1,\infty,-1$ 为 $F(z)$ 与 $G(z)$ 的 IM 公共值,并且 F 的每个 $0,1,\infty,-1$ 值点集或者为 F 的单值点集,G 的三重值点集,或者为 F 的三重值点集,G 的单值点集.

显然 $0,1,\infty,-1$ 均为定理 4.25 中给出的亚纯函数 $F(z)$ 与 $G(z)$ 的 DM 公共值. 下面证明定理 4.25.

由(4.5.52),(4.5.53)得

$$(F-G)^2=\frac{1}{16}\frac{U(U+4)(U-2)^2(U+2)^2}{(U+1)^3}, \tag{4.5.54}$$

$$(F-G)^4=16F(F-1)(F+1)G(G-1)(G+1). \tag{4.5.55}$$

由(4.5.55)即知,$0,1,\infty,-1$为$F(z)$与$G(z)$的IM公共值.

设z_0为F与G的(p,q)重零点,由(4.5.53)知,U与$U+4$仅有二重零点,$U+2$与$U+2$仅有一重零点.再由(4.5.54)知,$F-G$仅有单零点.因此$\min\{p,q\}=1$.再由(4.5.55)知,$p+q=4$.于是$p=1,q=3$或者$p=3,q=1$,即z_0为F与G的$(1,3)$重零点或$(3,1)$重零点.这就证明,F的每个零点或者为F的单零点,G的三重零点,或者为F的三重零点,G的单零点.同理可证,F的每个$1,\infty,-1$值点集或者为F的单值点集,G的三重值点集,或者为F的三重值点集,G的单值点集.

4.5.4 三重值点定理

设$F(z)$与$G(z)$为定理4.25给出的亚纯函数.再设

$$f=L\circ F\circ h,\quad g=L\circ G\circ h, \tag{4.5.56}$$

其中h为非常数整函数,L为分式线性变换.并设$a_1=L(0)$,$a_2=L(1)$,$a_3=L(\infty)$,$a_4=L(-1)$.由定理4.25即知,$a_j(j=1,2,3,4)$均为$f(z)$与$g(z)$的DM公共值,并且对$j=1,2,3,4$,$f(z)$的每个单a_j值点均为$g(z)$的三重a_j值点,$g(z)$的每个单a_j值点均为$f(z)$的三重a_j值点.M. Reinders[4]证明了,(4.5.56)所定义的函数$f(z)$与$g(z)$为唯一的一对具有上述性质的函数.事实上,Reinders[4]证明了下述

定理4.26 设$f(z)$与$g(z)$为非常数亚纯函数,$a_j(j=1,2,3,4)$为其判别的IM公共值.如果对$j=1,2,3,4$,$f(z)$的每个单a_j值点均为$g(z)$的重级至少为3的a_j值点,$g(z)$的每个单a_j值点均为$f(z)$的重级至少为3的a_j值点,则$f(z)$与$g(z)$必为(4.5.56)中所定义的函数.

证. 不失一般性,不妨设$a_1=0,a_2=1,a_3=\infty,a_4=c$.由

定理 4.26 的假设和定理 4.4 的(i) 得,对 $j=1,2,3,4$ 有

$$
\begin{aligned}
4\overline{N}(r,\frac{1}{f-a_j}) &\leqslant N(r,\frac{1}{f-a_j})+N(r,\frac{1}{g-a_j}) \\
&\leqslant T(r,f)+T(r,g)+O(1) \\
&=2T(r,f)+S(r,f).
\end{aligned}
$$

再由定理 4.4 的(ii) 即得,对 $j=1,2,3,4$ 有

$$
\overline{N}(r,\frac{1}{f-a_j})=\frac{1}{2}T(r,f)+S(r,f), \tag{4.5.57}
$$

$$
N(r,\frac{1}{f-a_j})=T(r,f)+S(r,f) \tag{4.5.58}
$$

及

$$
N(r,\frac{1}{f-a_j})+N(r,\frac{1}{g-a_j})-4\overline{N}(r,\frac{1}{f-a_j})=S(r,f). \tag{4.5.59}
$$

由定理 4.4 的(v) 和(4.5.59) 即得,对 $j=1,2,3,4$ 有

$$
\overline{N}(r,\frac{1}{f-a_j})=N_{(1,3)}(r,a_j)+N_{(3,1)}(r,a_j)+S(r,f). \tag{4.5.60}
$$

由(4.5.57),(4.5.58) 得,对 $j=1,2,3,4$ 有

$$
\begin{aligned}
2N_{(3,1)}(r,a_j) \leqslant N(r,\frac{1}{f-a_j})-\overline{N}(r,\frac{1}{f-a_j}) &= \frac{1}{2}T(r,f) \\
&+S(r,f).
\end{aligned}
$$

故有

$$
N_{(3,1)}(r,a_j)\leqslant\frac{1}{4}T(r,f)+S(r,f).
$$

同理,也有

$$
N_{(1,3)}(r,a_j)\leqslant\frac{1}{4}T(r,f)+S(r,f).
$$

再由(4.5.57),(4.5.60) 即得,对 $j=1,2,3,4$ 有

$$
N_{(1,3)}(r,a_j)=\frac{1}{4}T(r,f)+S(r,f) \tag{4.5.61}
$$

及

$$
N_{(3,1)}(r,a_j)=\frac{1}{4}T(r,f)+S(r,f). \tag{4.5.62}
$$

我们定义三个辅助函数

$$\lambda = 3 \cdot \frac{f''}{f'} - 4\left(\frac{f'}{f} + \frac{f'}{f-1} + \frac{f'}{f-c}\right)$$

$$+ 10 \cdot \frac{f'}{f-g} - 3 \cdot \frac{g''}{g'} + 6 \cdot \frac{g'}{g-f}, \qquad (4.5.63)$$

$$\mu = 3 \cdot \frac{g''}{g'} - 4\left(\frac{g'}{g} + \frac{g'}{g-1} + \frac{g'}{g-c}\right)$$

$$+ 10 \cdot \frac{g'}{g-f} - 3 \cdot \frac{f''}{f'} + 6 \cdot \frac{f'}{f-g}, \qquad (4.5.64)$$

及

$$\alpha = \frac{(f-g)^4}{f(f-1)(f-c)g(g-1)(g-c)}. \qquad (4.5.65)$$

我们将证明 $\lambda \equiv 0$, $\mu \equiv 0$ 及 $\alpha \equiv$ 常数.

由引理 4.12 得

$$m(r,\lambda) = S(r,f).$$

把 f 与 g 在 $a_j(j=1,2,3,4)$ 值点的 Laurent 展式代入(4.5.63),容易证明,λ 在 f 与 g 的(1,3)重 a_j 值点正则,在 f 与 g 的(3,1)重 a_j 值点为零. 由定理 4.4 的(i),(ii)的证明知,$N_0(r,\frac{1}{f-g}) = S(r,f)$,其中 $N_0(r,\frac{1}{f-g})$ 表示 $f-g$ 的零点,但不是 $f-a_j(j=1,2,3)$ 的零点的计数函数. 再由定理 4.4 的(iv),(4.5.60)得

$$N(r,\lambda) = S(r,f).$$

于是

$$T(r,\lambda) = S(r,f).$$

如果 $\lambda \not\equiv 0$, 则对 $j=1,2,3,4$ 有

$$N_{(3,1)}(r,a_j) \leqslant N(r,\frac{1}{\lambda}) \leqslant T(r,\lambda) + O(1) = S(r,f),$$

这与(4.5.62)矛盾. 于是 $\lambda \equiv 0$. 同理可证 $\mu \equiv 0$. 注意到

$$\frac{\alpha'}{\alpha} \equiv \frac{1}{4}\{\lambda + \mu\}.$$

则有 $\frac{\alpha'}{\alpha} \equiv 0$,于是 $\alpha \equiv$ 常数.

设 z_p 为 f 与 g 的(3,1)重极点,(4.5.62)保证了这样的点一定存在. 设 f 与 g 在 z_p 的 Laurent 展式为

$$f(z)=\frac{A_{-3}}{(z-z_p)^3}+\frac{A_{-2}}{(z-z_p)^2}+\frac{A_{-1}}{z-z_p}+A_0+O(z-z_p),\tag{4.5.66}$$

$$g(z)=\frac{B_{-1}}{z-z_p}+B_0+B_1(z-z_p)+B_2(z-z_p)^2+O((z-z_p)^3).\tag{4.5.67}$$

注意到 $\lambda\equiv 0$，把(4.5.66)，(4.5.67) 代入(4.5.63) 得

$$\frac{2}{3}\cdot\frac{A_{-2}^2}{A_{-3}^2}-\frac{2A_{-1}+24B_{-1}}{A_{-3}}+6\cdot\frac{B_1}{B_{-1}}=0,\tag{4.5.68}$$

$$-\frac{10}{9}\cdot\frac{A_{-2}^3}{A_{-3}^3}+\frac{4A_{-2}A_{-1}+34A_{-2}B_{-1}}{A_{-3}^2}+\frac{12(c+1)-6A_0-30B_0}{A_{-3}}+18\cdot\frac{B_2}{B_{-1}}=0.\tag{4.5.69}$$

注意到 $\mu\equiv 0$，把(4.5.66)，(4.5.67) 代入(4.5.64) 得

$$\frac{A_{-2}}{A_{-3}}+\frac{c+1-3B_0}{B_{-1}}=0,\tag{4.5.70}$$

$$-\frac{14}{3}\cdot\frac{A_{-2}^2}{A_{-3}^2}+\frac{10A_{-1}-8B_{-1}}{A_{-3}}+\frac{4(c^2+1)-8(c+1)B_0+12B_0^2}{B_{-1}^2}-30\cdot\frac{B_1}{B_{-1}}=0,\tag{4.5.71}$$

$$\frac{46}{9}A_{-2}^3+\frac{-16A_{-2}A_{-1}+14A_{-2}B_{-1}}{A_{-3}^2}+\frac{18A_0-18B_0}{A_{-3}}+\frac{4(c^3+1)-12(c^2+1)B_0+12(c+1)B_0^2-12B_0^3}{B_{-1}^3}+\frac{36B_0B_1-12(c+1)B_1}{B_{-1}^2}-54\cdot\frac{B_2}{B_{-1}}=0.\tag{4.5.72}$$

把(4.5.66)，(4.5.67) 代入(4.5.65)，并注意到 $\alpha\equiv$ 常数，有

$$\alpha=\frac{A_{-3}}{B_{-1}^3}.\tag{4.5.73}$$

由方程(4.5.68)—(4.5.73)，消去 $A_{-3},A_{-2},A_{-1},A_0,B_{-1},B_0,B_1,B_2$ 得

$$\alpha=\frac{48}{c^2-c+1}\tag{4.5.74}$$

及

$$2c^3-3c^2-3c+2=0.\tag{4.5.75}$$

解方程(4.5.75)得 $c=-1$, $c=2$ 或 $c=\frac{1}{2}$. 注意到交比

$$(0,1,\infty,\frac{1}{2})=(1,\infty,0,2)=(0,\infty,1,-1)=-1.$$

不失一般性,不妨设 $c=-1$,因为另外二种情况可通过一个适当的分式线性变换导出. 把 $c=-1$ 代入(4.5.74)得 $\alpha=16$. 再由(4.5.65)得

$$(f-g)^4=16f(f-1)(f+1)g(g-1)(g+1). \tag{4.5.76}$$

为了解代数方程(4.5.76),我们定义一个亚纯函数 u,

$$u=f\cdot\frac{(f+g)^2-4}{(f-g)(fg+1)}. \tag{4.5.77}$$

我们希望由(4.5.76),(4.5.77)消去 g,为此,我们把这两个方程写为 g 的多项式的形式:

$$g^4+(12f-16f^3)g^3+6f^2g^2+(12f^3-16f)g+f^4=0, \tag{4.5.78}$$

$$(u+1)fg^2+((2-u)f^2+u)g+(f^3-(u+4)f)=0. \tag{4.5.79}$$

上述两个关于 g 的多项式的结式必恒等于 0,即

$$\begin{vmatrix} 1 & 12f-16f^3 & 6f^2 & 12f^3-16f & f^4 & 0 \\ 0 & 1 & 12f-16f^3 & 6f^2 & 12f^3-16f & f^4 \\ (u+1)f & (2-u)f^2+u & f^3-(u+4)f & 0 & 0 & 0 \\ 0 & (u+1)f & (2-u)f^2+u & f^3-(u+4)f & 0 & 0 \\ 0 & 0 & (u+1)f & (2-u)f^2+u & f^3-(u+4)f & 0 \\ 0 & 0 & 0 & (u+1)f & (2-u)f^2+u & f^3-(u+4)f \end{vmatrix}$$

$$=16f^2(f^2-1)^2(f^2-2f-1)^2(f^2+2f-1)^2[16(u+1)f^2-u^3(u+4)]\equiv 0.$$

注意到 f 不为常数,由此即可导出

$$f^2=\frac{1}{16}\cdot\frac{u^3(u+4)}{u+1}. \tag{4.5.80}$$

由(4.5.80)知,u 不为常数,且 u 的 $0,-1,-4,\infty$ 值点的重级均为偶数. 因此函数

$$\frac{(u')^2}{u(u+1)(u+4)}$$

仅有偶重零点,没有极点,于是存在非常数整函数 $h(z)$,满足

$$(u')^2 = 12(h')^2 u(u+1)(u+4). \tag{4.5.81}$$

设 U 为微分方程(4.5.53)的非常数解,由(4.5.81)得

$$u(z) = U(h(z)+d),$$

其中 d 为常数.通过再定义 $h(z)$,我们可以假设

$$u(z) = U(h(z)). \tag{4.5.82}$$

由(4.5.80),(4.5.81)得

$$\begin{aligned} f^2 &= \frac{1}{16}u(u+1)(u+4)\cdot\frac{u^2}{(u+1)^2} \\ &= \frac{1}{192}\cdot\frac{(u')^2}{(h')^2}\cdot\frac{u^2}{(u+1)^2}. \end{aligned} \tag{4.5.83}$$

如果必要的话,我们用 $-h$ 代替 h,由(4.5.83)得

$$f = \frac{1}{8\sqrt{3}}\cdot\frac{u'}{h'}\cdot\frac{u}{u+1}. \tag{4.5.84}$$

由(4.5.52),(4.5.82),(4.5.84)即得

$$f = F\circ h.$$

为了证明 $g = G\circ h$,我们设 $g = fw$,代入(4.5.79).从所得方程与(4.5.80)消去 f,即得

$$w^2 + \left(\frac{2-u}{u+1} + \frac{16}{u^2(u+4)}\right)w + \left(\frac{1}{u+1} - \frac{16}{u^3}\right) = 0. \tag{4.5.85}$$

方程(4.5.85)有解

$$w = \frac{u+4}{u(u+1)} \tag{4.5.86}$$

及

$$w = \frac{u^3-16(u+1)}{u^2(u+4)}. \tag{4.5.87}$$

假设(4.5.87)成立.并设 z_0 为 $u^3-16(u+1)$ 的一个零点.由(4.5.80)知 $f(z_0)\neq 0,\infty$,再由(4.5.87)知,$w(z_0)=0$.注意到 $g=fw$,于是 $g(z_0)=f(z_0)w(z_0)=0$,这与0为 $f(z)$ 与 $g(z)$ 的IM公共值矛盾.因此(4.5.86)必成立.由(4.5.82),(4.5.84),(4.5.86)即得

$$g(z) = f(z) \cdot w(z) = \frac{U'(h(z))}{8\sqrt{3}} \cdot \frac{U(h(z)) + 4}{(U(h(z)) + 1)^2}$$

$$= G \circ h.$$

这就完成了定理 4.26 的证明.

第五章　具有三个公共值的亚纯函数的唯一性

在第二章中，我们证明了，有穷非整数下级亚纯函数可由三个值点集完全确定，并指出这个结果对下级为整数或无穷的亚纯函数不再成立. 本章主要介绍在各种情形下亚纯函数可由三个值点集而定的种种研究结果和方法，其中包括三个亚纯函数的唯一性定理，重值与唯一性，亏值与唯一性等有关结果，还包括 Brosch 在其博士学位论文中得出的周期函数与偶函数的唯一性，微分方程解的唯一性等有关结果. Brosch 在其博士学位论文中还得出了具有三个公共值的亚纯函数具有分式线性变换关系的各种充分条件，并由此得出特征函数的关系，我们将在 §5.5 和 §5.6 中介绍他的研究成果.

§5.1　Nevanlinna 三值定理

5.1.1　Nevanlinna 三值定理

设 $f(z)$ 与 $g(z)$ 为非常数亚纯函数，$a_j(j=1,2,3)$ 为其判别的 CM 公共值. 不失一般性，不妨设 $a_1=0, a_2=1, a_3=\infty$. 否则，我们只需设

$$F(z)=\frac{f(z)-a_1}{f(z)-a_3}\cdot\frac{a_2-a_3}{a_2-a_1},\quad G(z)=\frac{g(z)-a_1}{g(z)-a_3}\cdot\frac{a_2-a_3}{a_2-a_1},$$

则 $0,1,\infty$ 为 $F(z)$ 与 $G(z)$ 的 CM 公共值，由 $F(z)$ 与 $G(z)$ 的关系即得 $f(z)$ 与 $g(z)$ 的关系. R. Nevanlinna[2] 证明了

定理 5.1　设 $f(z)$ 与 $g(z)$ 为非常数亚纯函数，$0,1,\infty$ 为其 CM 公共值. 如果 $f(z)\not\equiv g(z)$，则

(i)　$$f(z)=\frac{e^{\beta(z)}-1}{e^{\gamma(z)}-1},\quad g(z)=\frac{e^{-\beta(z)}-1}{e^{-\gamma(z)}-1},\qquad(5.1.1)$$

其中 $\beta(z)$ 与 $\gamma(z)$ 为整函数，且 $e^{\beta(z)} \not\equiv 1$，$e^{\gamma(z)} \not\equiv 1$，$e^{\beta(z)} \not\equiv e^{\gamma(z)}$.

(ii) $T(r,g) = O(T(r,f)) \quad (r \to \infty, r \notin E)$,

$T(r,e^{\beta}) = O(T(r,f)) \quad (r \to \infty, r \notin E)$,

$T(r,e^{\gamma}) = O(T(r,f)) \quad (r \to \infty, r \notin E)$.

证. 由 $0,1,\infty$ 为 $f(z)$ 与 $g(z)$ 的 CM 公共值知

$$\frac{f(z)}{g(z)} = e^{\alpha(z)}, \quad \frac{f(z)-1}{g(z)-1} = e^{\beta(z)}, \tag{5.1.2}$$

其中 $\alpha(z)$ 与 $\beta(z)$ 为整函数. 由 $f(z) \not\equiv g(z)$ 知，$e^{\alpha(z)} \not\equiv 1$，$e^{\beta(z)} \not\equiv 1$，$e^{\beta(z)-\alpha(z)} \not\equiv 1$. 再由(5.1.2)得

$$f(z) = \frac{e^{\beta(z)}-1}{e^{\beta(z)-\alpha(z)}-1}, \quad g(z) = \frac{e^{-\beta(z)}-1}{e^{-\beta(z)+\alpha(z)}-1}. \tag{5.1.3}$$

再令 $\gamma(z) = \beta(z) - \alpha(z)$，由(5.1.3)即得(5.1.1).

由定理 2.18 得

$$T(r,g) < 3T(r,f) + S(r,f). \tag{5.1.4}$$

再由(5.1.2)得

$$\begin{aligned} T(r,e^{\alpha}) &\leqslant T(r,f) + T(r,g) + O(1) \\ &< 4T(r,f) + S(r,f), \\ T(r,e^{\beta}) &\leqslant T(r,f) + T(r,g) + O(1) \\ &< 4T(r,f) + S(r,f). \end{aligned} \tag{5.1.5}$$

因此

$$\begin{aligned} T(r,e^{\gamma}) &= T(r,e^{\beta-\alpha}) \\ &\leqslant T(r,e^{\beta}) + T(r,e^{\alpha}) + O(1) \\ &< 8T(r,f) + S(r,f). \end{aligned} \tag{5.1.6}$$

由(5.1.4),(5.1.5),(5.1.6)即得定理 5.1 的结论(ii).

注意到(5.1.1)中的 $\beta(z)$ 与 $\gamma(z)$ 具有任意性. 如果 $f(z)$ 与 $g(z)$ 具有三个判别的 CM 公共值，由定理 5.1 很难确定 f 与 g 的关系. 因此要想确定 $f(z)$ 与 $g(z)$ 的关系，必须再给函数加上一定的条件. 本章所介绍的就是这方面的研究结果.

5.1.2 三个亚纯函数的唯一性定理

R. Nevanlinna[2] 证明了

定理 5.2 至多存在两个不同的非常数亚纯函数，具有三个判别的 CM 公共值.

证. 不妨设三个 CM 公共值为 $0,1,\infty$. 假设定理 5.2 不成立，则存在三个非常数亚纯函数 $f(z)$，$g(z)$ 与 $h(z)$，具有 CM 公共值 $0,1,\infty$，且 $f(z)\not\equiv g(z)$，$f(z)\not\equiv h(z)$，$g(z)\not\equiv h(z)$.

如果 $0,1,\infty$ 中有二个为 $f(z)$ 的 Picard 例外值，不妨设 $0,\infty$ 为 $f(z)$ 的 Picard 例外值. 由定理 3.33 知，$f(z)$，$g(z)$，$h(z)$ 中至少有二个恒等，这与假设矛盾. 因此，$0,1,\infty$ 中至少有二个不为 $f(z)$ 的 Picard 例外值. 不妨设 $0,\infty$ 不为 $f(z)$ 的 Picard 例外值，于是 f 的零点与极点均存在.

由 $0,1,\infty$ 为 $f(z)$ 与 $g(z)$ 的 CM 公共值，应用定理 5.1 得

$$f=\frac{e^{\beta_1}-1}{e^{\gamma_1}-1},\quad g=\frac{e^{-\beta_1}-1}{e^{-\gamma_1}-1},\tag{5.1.7}$$

其中 β_1 与 γ_1 为整函数，且 $e^{\beta_1}\not\equiv 1$，$e^{\gamma_1}\not\equiv 1$，$e^{\beta_1}\not\equiv e^{\gamma_1}$. 因 $0,\infty$ 不为 $f(z)$ 的 Picard 例外值，由(5.1.7)知，$e^{\beta_1}\not\equiv$ 常数，$e^{\gamma_1}\not\equiv$ 常数.

由 $0,1,\infty$ 为 $f(z)$ 与 $h(z)$ 的 CM 公共值，与前面类似，也可得到

$$f=\frac{e^{\beta_2}-1}{e^{\gamma_2}-1},\quad h=\frac{e^{-\beta_2}-1}{e^{-\gamma_2}-1},\tag{5.1.8}$$

其中 β_2 与 γ_2 为整函数，且 $e^{\beta_2}\not\equiv$ 常数，$e^{\gamma_2}\not\equiv$ 常数，$e^{\beta_2}\not\equiv e^{\gamma_2}$.

由(5.1.7)，(5.1.8)得

$$f=\frac{e^{\beta_1}-1}{e^{\gamma_1}-1}=\frac{e^{\beta_2}-1}{e^{\gamma_2}-1}.\tag{5.1.9}$$

如果 $e^{\beta_1}\equiv e^{\beta_2}$，由(5.1.9)得 $e^{\gamma_1}\equiv e^{\gamma_2}$. 再由(5.1.7)，(5.1.8)得 $g\equiv h$，这与假设矛盾. 故 $e^{\beta_1}\not\equiv e^{\beta_2}$. 如果 $e^{\beta_2-\beta_1}\equiv c$，其中 $c(\neq 0,1)$ 为常数. 由(5.1.9)知，f 的零点必满足 $e^{\beta_1}-1=0$ 及 $e^{\beta_2}-1=ce^{\beta_1}-1=0$. 注意到 $e^{\beta_1}-1=0$ 与 $ce^{\beta_1}-1=0$ 没有公共零点，这是一个矛盾. 于是 $e^{\beta_2-\beta_1}\not\equiv$ 常数. 同理可证 $e^{\gamma_2-\gamma_1}\not\equiv$ 常数.

由(5.1.9)得

$$e^{\gamma_2}-e^{\beta_2+\gamma_1-\beta_1}+e^{\beta_2-\beta_1}+e^{\gamma_1-\beta_1}-e^{\gamma_2-\beta_1}=1.\tag{5.1.10}$$

应用定理 1.54，由(5.1.10)知，$e^{\beta_2+\gamma_1-\beta_1}$，$e^{\gamma_1-\beta_1}$，$e^{\gamma_2-\beta_1}$ 中至少有一个

为常数.我们区分三种情况.

(1) 假设 $e^{\gamma_1-\beta_1}\equiv k_1$, 其中 $k_1(\neq 0,1)$ 为常数,则 $e^{\gamma_1}=k_1e^{\beta_1}$, 代入(5.1.10)得

$$e^{\gamma_2}-k_1e^{\beta_2}+e^{\beta_2-\beta_1}-e^{\gamma_2-\beta_1}=1-k_1. \tag{5.1.11}$$

再应用定理1.54,由(5.1.11)知,$e^{\gamma_2-\beta_1}$ 为常数,设 $e^{\gamma_2-\beta_1}\equiv c_1$. 则 $e^{\gamma_2-\gamma_1}=\dfrac{c_1}{k_1}$,这是一个矛盾.于是 $e^{\gamma_1-\beta_1}\not\equiv$ 常数.

(2) 假设 $e^{\gamma_2-\beta_1}\equiv k_2$, 其中 $k_2(\neq 0)$ 为常数,则 $e^{\gamma_2}=k_2e^{\beta_1}$,代入(5.1.10)得

$$k_2e^{\beta_1}-e^{\beta_2+\gamma_1-\beta_1}+e^{\beta_2-\beta_1}+e^{\gamma_1-\beta_1}=1+k_2. \tag{5.1.12}$$

如果 $1+k_2=0$. 由(5.1.12)得

$$-e^{2\beta_1-\beta_2-\gamma_1}+e^{-\gamma_1}+e^{-\beta_2}=1. \tag{5.1.13}$$

应用定理1.56,由(5.1.13)得 $e^{2\beta_1-\beta_2-\gamma_1}=-1$ 及 $e^{-\gamma_1}=-e^{-\beta_2}$. 于是 $e^{2(\gamma_1-\beta_1)}=1$. 这又是一个矛盾.下设 $1+k_2\neq 0$. 应用定理1.54,由(5.1.12)知,$e^{\beta_2+\gamma_1-\beta_1}$ 为常数.设 $e^{\beta_2+\gamma_1-\beta_1}\equiv c_2(\neq 0)$, 则 $e^{\gamma_1}=c_2e^{\beta_1-\beta_2}$,代入(5.1.12)得

$$k_2e^{\beta_1}+e^{\beta_2-\beta_1}+c_2e^{-\beta_2}=1+k_2+c_2. \tag{5.1.14}$$

应用定理1.54,由(5.1.14)得 $1+k_2+c_2=0$. 于是

$$-k_2e^{2\beta_1-\beta_2}-c_2e^{\beta_1-2\beta_2}=1. \tag{5.1.15}$$

再应用定理1.54,由(5.1.15)得 $e^{2\beta_1-\beta_2}$ 与 $e^{\beta_1-2\beta_2}$ 均为常数.因此 e^{β_1} 与 e^{β_2} 均为常数,这是一个矛盾.于是 $e^{\gamma_2-\beta_1}\not\equiv$ 常数.

(3) 假设 $e^{\beta_2+\gamma_2-\beta_1}\equiv k_3$,其中 $k_3(\neq 0)$ 为常数.则 $e^{\beta_2-\beta_1}=k_3e^{-\gamma_2}$,代入(5.1.10)得

$$e^{\gamma_2}+k_3e^{-\gamma_2}+e^{\gamma_1-\beta_1}-e^{\gamma_2-\beta_1}=1+k_3. \tag{5.1.16}$$

应用定理1.54,由(5.1.16)得 $k_3=-1$. 由(5.1.16)得

$$e^{2\gamma_2}+e^{\gamma_1+\gamma_2-\beta_1}-e^{2\gamma_2-\beta_1}=1. \tag{5.1.17}$$

应用定理1.56,由(5.1.17)得 $e^{\gamma_1+\gamma_2-\beta_1}\equiv 1$ 或 $-e^{2\gamma_2-\beta_1}\equiv 1$.

若 $e^{\gamma_1+\gamma_2-\beta_1}\equiv 1$,由(5.1.17)得 $e^{2\gamma_2}\equiv e^{2\gamma_2-\beta_1}$. 于是 $e^{\beta_1}\equiv 1$. 这是一个矛盾.

若 $-e^{2\gamma_2-\beta_1}\equiv 1$,则 $e^{\beta_1}\equiv -e^{2\gamma_2}$. 注意到 $e^{\beta_2+\gamma_2-\beta_1}\equiv -1$. 于是

得 $e^{\beta_2} \equiv e^{\gamma_2}$,这又是一个矛盾.

这就完成了定理 5.2 的证明.

5.1.3 四个亚纯函数的唯一性定理

1991 年,Jank-Terglane[1] 用实例证实了,定理 5.2 是精确的. Jank-Terglane 的例子是:

$$f = \frac{e^{3\beta}}{e^{\beta}+1-e^{2\beta}}, \quad g = \frac{e^{\beta}}{e^{\beta}+1-e^{2\beta}}, \quad h = \frac{e^{-\beta}}{e^{\beta}+1-e^{2\beta}},$$

其中 β 为非常数整函数. 容易验证,$0,\infty$ 均为 f,g,h 的 CM 公共值,1 为 f,g,h 的 IM 公共值,但 f,g,h 互不相同. Jank-Terglane[1] 证明了下述

定理 5.3 设 f,g,h,k 均为非常数亚纯函数,$a_j(j=1,2,3)$ 为三个判别的复数. 如果 a_1,a_2 为 f,g,h,k 的 CM 公共值,a_3 为 f,g,h,k 的 IM 公共值,则 f,g,h,k 中至少有二个是相同的.

设 $f=2e^{\alpha}-1$, $g=e^{-\alpha}(2e^{\alpha}-1)$, $h=e^{-2\alpha}(2e^{\alpha}-1)$, $k=(2e^{\alpha}-1)^2$,其中 α 为非常数整函数. 容易验证,∞ 为 f,g,h,k 的 CM 公共值,0,1 均为 f,g,h,k 的 IM 公共值,但 f,g,h,k 互不相同. 这个例子表明,定理 5.3 是精确的. 下面证明定理 5.3.

不失一般性,不妨设 $a_1=0,a_2=\infty,a_3=1$. 假设定理 5.3 不成立,即设 f,g,h,k 互不相同.

由定理 2.18,则有 $S(r,f)=S(r,g)=S(r,h)=S(r,k)$. 不妨设其为 $S(r)$. 为了方便,我们定义

$\overline{N}(r,0)=\overline{N}\left(r,\dfrac{1}{f}\right)$, $\overline{N}(r,\infty)=\overline{N}(r,f)$, $\overline{N}(r,1)=\overline{N}\left(r,\dfrac{1}{f-1}\right)$.

如果 $\overline{N}(r,0),\overline{N}(r,\infty),\overline{N}(r,1)$ 中有二个等于 $S(r)$,由定理 3.33 知,f,g,h 中至少有二个恒等,这与假设矛盾. 因此 $\overline{N}(r,0)$, $\overline{N}(r,\infty)$,$\overline{N}(r,1)$ 中至少有二个不等于 $S(r)$. 不失一般性,不妨设

$$\overline{N}(r,0)\neq S(r), \quad \overline{N}(r,1)\neq S(r). \tag{5.1.18}$$

由 $0,\infty$ 为 f,g,h,k 的 CM 公共值,得

$$\frac{f}{g} = e^{\alpha}, \quad \frac{f}{h} = e^{\beta}, \quad \frac{f}{k} = e^{\gamma}, \tag{5.1.19}$$

其中α,β,γ为整函数. 如果$\alpha \equiv c$,其中c为常数,注意到1为f,g的IM公共值,再由(5.1.18),(5.1.19)得$e^{\alpha} \equiv 1$,于是得$f \equiv g$,这与假设矛盾. 因此,α不为常数. 同理可证$\beta,\gamma,\alpha-\beta,\alpha-\gamma,\beta-\gamma$均不为常数. 设

$$\frac{f-1}{g-1} = A, \quad \frac{f-1}{h-1} = B, \quad \frac{f-1}{k-1} = C, \tag{5.1.20}$$

其中A,B,C为亚纯函数. 由(5.1.18),(5.1.20)得$A,B,C,\frac{A}{B},\frac{A}{C},\frac{B}{C}$均不为常数. 由(5.1.19),(5.1.20)解出g,得

$$g = \frac{A-1}{A-e^{\alpha}}, \tag{5.1.21}$$

$$g = \frac{\frac{B}{A}-1}{\frac{B}{A}-e^{\beta-\alpha}} e^{\beta-\alpha}, \tag{5.1.22}$$

$$g = \frac{\frac{C}{A}-1}{\frac{C}{A}-e^{\gamma-\alpha}} e^{\gamma-\alpha}. \tag{5.1.23}$$

由(5.1.21),(5.1.22)得

$$e^{\alpha-\beta} = \frac{e^{\alpha}(B-A)+(A-AB)}{B-AB}. \tag{5.1.24}$$

由(5.1.21),(5.1.23)得

$$e^{\alpha-\gamma} = \frac{e^{\alpha}(C-A)+(A-AC)}{C-AC}. \tag{5.1.25}$$

再由(5.1.21),(5.1.22)得

$$e^{\beta-\alpha} = \frac{e^{\beta}(A-B)+(B-AB)}{A-AB}. \tag{5.1.26}$$

再由(5.1.21),(5.1.23)得

$$e^{\gamma-\alpha} = \frac{e^{\gamma}(A-C)+(C-AC)}{A-AC}. \tag{5.1.27}$$

由(5.1.24),(5.1.26)知,1为e^{α}与e^{β}的IM公共值. 同理,由(5.1.25),(5.1.27)知,1为e^{α}与e^{γ}的IM公共值. 注意到$0,\infty$均

为 $e^{\alpha},e^{\beta},e^{\gamma}$ 的 Picard 例外值,由定理 3.33 知,$e^{\alpha},e^{\beta},e^{\gamma}$ 中至少有二个恒等,这与 $\alpha-\beta,\alpha-\gamma,\beta-\gamma$ 均不为常数矛盾.

这就证明了定理 5.3.

5.1.4 重值与唯一性

1985 年,仪洪勋[10] 证明了下述

定理 5.4 设 $f(z)$ 与 $g(z)$ 为非常数亚纯函数,$0,1,\infty$ 为其 CM 公共值.如果

$$N_{(2}(r,\frac{1}{f})+N_{(2}(r,\frac{1}{f-1})+N_{(2}(r,f)\neq S(r,f),\tag{5.1.28}$$

则 $f(z)\equiv g(z)$.

证. 假设 $f(z)\not\equiv g(z)$.由定理 5.1 得

$$f=\frac{e^{\beta}-1}{e^{\gamma}-1},\quad g=\frac{e^{-\beta}-1}{e^{-\gamma}-1},\tag{5.1.29}$$

其中 β 与 γ 为整函数,且 $e^{\beta}\not\equiv 1,e^{\gamma}\not\equiv 1,e^{\beta}\not\equiv e^{\gamma}$.再由定理 5.1 得

$$T(r,e^{\beta})=O(T(r,f))\quad(r\to\infty,r\notin E),\tag{5.1.30}$$

$$T(r,e^{\gamma})=O(T(r,f))\quad(r\to\infty,r\notin E).\tag{5.1.31}$$

于是有

$$T(r,e^{\beta-\gamma})=O(T(r,f))\quad(r\to\infty,r\notin E).\tag{5.1.32}$$

显然 $f(z)$ 的重零点必满足

$$\begin{cases}e^{\beta}-1=0\\ \beta'=0.\end{cases}\tag{5.1.33}$$

若 β 为常数,必有 $N_{(2}(r,\frac{1}{f})=0$.下设 $\beta\not\equiv$ 常数.由(5.1.33)得

$$N_{(2}(r,\frac{1}{f})\leqslant 2N(r,\frac{1}{\beta'})\leqslant 2T(r,\beta')+O(1).\tag{5.1.34}$$

由定理 1.47 得

$$T(r,\beta')=S(r,e^{\beta}).$$

再由(5.1.30)得

$$T(r,\beta')=S(r,f).\tag{5.1.35}$$

由(5.1.34),(5.1.35)即得

$$N_{(2}(r,\frac{1}{f}) = S(r,f). \qquad (5.1.36)$$

显然 $f(z)$ 的重极点必满足

$$\begin{cases} e^{\gamma} - 1 = 0, \\ \gamma' = 0. \end{cases}$$

与上面类似,也可得到

$$N_{(2}(r,f) = S(r,f). \qquad (5.1.37)$$

注意到

$$f - 1 = \frac{e^{\gamma}(e^{\beta-\gamma} - 1)}{e^{\gamma} - 1}.$$

于是 $f - 1$ 的重零点必满足

$$\begin{cases} e^{\beta-\gamma} - 1 = 0, \\ \beta' - \gamma' = 0. \end{cases}$$

与上面类似,也可得到

$$N_{(2}(r,\frac{1}{f-1}) = S(r,f). \qquad (5.1.38)$$

由(5.1.36),(5.1.37),(5.1.38)即得

$$N_{(2}(r,\frac{1}{f}) + N_{(2}(r,\frac{1}{f-1}) + N_{(2}(r,f) = S(r,f),$$

这与(5.1.28)矛盾.于是 $f(z) \equiv g(z)$.

1989 年,G. Brosch[1] 也得到了与定理 5.4 类似的结果,下面给出他的证明.

假设

$$N_{(2}(r,\frac{1}{f-1}) \neq S(r,f). \qquad (5.1.39)$$

设

$$\Delta_1 = \frac{f'}{f} - \frac{g'}{g}. \qquad (5.1.40)$$

如果 $\Delta_1 \not\equiv 0$, 由(5.1.40)知, $m(r,\Delta_1) = S(r,f)$. 因 $0,\infty$ 均为 f 与 g 的 CM 公共值,故 Δ_1 没有极点,即 $N(r,\Delta_1) = 0$. 于是

$$T(r,\Delta_1) = S(r,f).$$

显然有

$$N_{(2}(r,\frac{1}{f-1}) \leqslant 2N(r,\frac{1}{\Delta})$$
$$\leqslant 2T(r,\Delta)+O(1)$$
$$=S(r,f).$$

这与(5.1.39)矛盾. 于是 $\Delta_1 \equiv 0$. 由(5.1.40)得

$$f \equiv cg, \tag{5.1.41}$$

其中 $c(\neq 0)$ 为积分常数. 由(5.1.39),(5.1.41)得 $c=1$. 因此 $f \equiv g$.

假设

$$N_{(2}(r,\frac{1}{f}) \neq S(r,f).$$

设

$$\Delta_2 = \frac{f'}{f-1} - \frac{g'}{g-1},$$

与上面类似,也可得到 $f \equiv g$.

假设

$$N_{(2}(r,f) \neq S(r,f).$$

设

$$\Delta_3 = \frac{f'}{f(f-1)} - \frac{g'}{g(g-1)}.$$

与上面类似,也可得到 $f \equiv g$.

定理 5.5 设 $f(z)$ 与 $g(z)$ 为非常数亚纯函数,0,1 为其 CM 公共值,∞ 为其 IM 公共值. 如果

$$N^*(r,\infty) \neq S(r,f), \tag{5.1.42}$$

其中 $N^*(r,\infty)$ 表示 f 与 g 的重级均大于 1 的极点的计数函数,按重级小者计算次数,则 $f(z) \equiv g(z)$.

证. 设

$$\beta = (\frac{f'}{f} - \frac{f'}{f-1}) - (\frac{g'}{g} - \frac{g'}{g-1})$$
$$= -\frac{f'}{f(f-1)} + \frac{g'}{g(g-1)}. \tag{5.1.43}$$

如果 $\beta \not\equiv 0$. 显然有 $m(r,\beta)=S(r,f)$. 注意到 0,1 为 f 与 g 的 CM 公共值,故 f,$f-1$ 的零点均不为 β 的极点,由(5.1.43)知,f 的极

点也不为 β 的极点，故 β 为整函数. 于是

$$T(r,\beta)=S(r,f).$$

设 z_0 为 f 的 $p(\geqslant 2)$ 重极点，为 g 的 $q(\geqslant 2)$ 重极点. 由(5.1.43)知，z_0 为 β 的零点，其重级 $\geqslant \min\{p,q\}-1$. 于是

$$\begin{aligned}N^*(r,\infty) &\leqslant 2N\left(r,\frac{1}{\beta}\right)\\ &\leqslant 2T(r,\beta)+O(1)\\ &=S(r,f).\end{aligned}$$

这与(5.1.42)矛盾. 于是 $\beta\equiv 0$. 再由(5.1.43)得

$$\frac{f}{f-1}\equiv c\cdot\frac{g}{g-1},\tag{5.1.44}$$

其中 $c(\neq 0)$ 为积分常数. 设 z_0 为 f 的极点，由(5.1.42)知，z_0 点一定存在. 把 z_0 代入(5.1.44)得 $c=1$. 由此即得 $f(z)\equiv g(z)$.

设 $\quad f(z)=\dfrac{(2e^z-1)^2}{4(e^z-1)^2},\quad g(z)=\dfrac{(2e^z-1)^2}{1-e^z}.$

注意到

$$f(z)-1=\frac{4e^z-3}{4(e^z-1)^2},\quad g(z)-1=\frac{e^z(4e^z-3)}{1-e^z}.$$

容易验证，0，1 为 f 与 g 的 CM 公共值，∞ 为 $f(z)$ 与 $g(z)$ 的 IM 公共值，且 $N^*(r,\infty)=0$，$N_{(2}\left(r,\frac{1}{f}\right)\neq S(r,f)$，$f(z)\not\equiv g(z)$. 这表明定理 5.4 中的条件“0，1，$\infty$ 均为 f 与 g 的 CM 公共值”是必要的，也表明定理 5.5 中的条件(5.1.42)也是必要的.

与本节有关的结果可参看 Nevanlinna[1,2]，仪洪勋[10,17]，Brosch[1]，Jank-Terglane[1].

§5.2 亏值与唯一性

5.2.1 公共值具有亏值

H. Ueda[1,3] 改进和推广了定理 2.33，证明了下述

定理 5.6 设 f 与 g 为非常数亚纯函数，0，1，∞ 为其 CM 公

共值.如果

$$\varlimsup_{r\to\infty}\frac{N(r,\frac{1}{f})+N(r,f)}{T(r,f)}<\frac{1}{2},\qquad(5.2.1)$$

则　$f\equiv g$　或者　$fg\equiv 1$.

仪洪勋[17]改进了定理5.6,证明了下述

定理5.7　设f与g为非常数亚纯函数,0,1,∞为其CM公共值.如果

$$N_{1)}(r,\frac{1}{f})+N_{1)}(r,f)<(\lambda+o(1))T(r),\quad(r\in I),\qquad(5.2.2)$$

其中$\lambda<\frac{1}{2}$, $T(r)=\max\{T(r,f),T(r,g)\}$,$I$为$(0,\infty)$中具有无穷线性测度的一个集合,则$f\equiv g$,或者$fg\equiv 1$.

证.　我们把集合I分成两部分,使得当$r\in I_1$时,$T(r,f)<T(r,g)$,当$r\in I_2$时,$T(r,g)\leqslant T(r,f)$.显然I_1与I_2中至少有一个其线性测度无穷.不失一般性,不妨设

$$T(r,g)\leqslant T(r,f)\quad(r\in I)\qquad(5.2.3)$$

于是有

$$T(r)=T(r,f)\quad(r\in I)\qquad(5.2.4)$$

假设　$f\not\equiv g$.由定理5.4得

$$N_{(2}(r,\frac{1}{f})+N_{(2}(r,\frac{1}{f-1})+N_{(2}(r,f)=S(r,f).\qquad(5.2.5)$$

由定理5.1得

$$f=\frac{e^{\beta}-1}{e^{\gamma}-1},\quad g=\frac{e^{-\beta}-1}{e^{-\gamma}-1},\qquad(5.2.6)$$

其中β与γ为整函数,且$e^{\beta}\not\equiv 1$, $e^{\gamma}\not\equiv 1$, $e^{\beta}\not\equiv e^{\gamma}$.再由定理5.1得

$$T(r,e^{\beta})=O(T(r,f))\quad(r\notin E),\qquad(5.2.7)$$

$$T(r,e^{\gamma})=O(T(r,f))\quad(r\notin E).\qquad(5.2.8)$$

设$f_1=f$, $f_2=e^{\beta}$, $f_3=-fe^{\gamma}$.由(5.2.6)得

$$\sum_{j=1}^{3}f_j\equiv 1.\qquad(5.2.9)$$

设 $T^*(r) = \max\{T(r,f_j)\}(j = 1,2,3)$，由(5.2.7)，(5.2.8) 得

$$T^*(r) = O(T(r,f)) \quad (r \notin E). \tag{5.2.10}$$

如果 $f_j(j = 1,2,3)$ 线性无关，应用定理 1.48，由(5.2.9)，(5.2.10) 得

$$T(r,f_1) < \sum_{j=1}^{3} N(r,\frac{1}{f_j}) + N(r,D) - N(r,f_2) - N(r,f_3) + S(r,f), \tag{5.2.11}$$

其中

$$D = \begin{vmatrix} f_1 & f_2 & f_3 \\ f_1' & f_2' & f_3' \\ f_1'' & f_2'' & f_3'' \end{vmatrix}. \tag{5.2.12}$$

显然

$$\sum_{j=1}^{3} N(r,\frac{1}{f_j}) = 2N(r,\frac{1}{f}), \tag{5.2.13}$$

由(5.2.9)，(5.2.12) 得

$$D = \begin{vmatrix} f_2' & f_3' \\ f_2'' & f_3'' \end{vmatrix}.$$

因此

$$N(r,D) - N(r,f_2) - N(r,f_3) \leqslant N(r,f'') - N(r,f) \leqslant 2N(r,f). \tag{5.2.14}$$

由(5.2.5)，(5.2.11)，(5.2.13)，(5.2.14) 得

$$T(r,f) < 2N_{1)}(r,\frac{1}{f}) + 2N_{1)}(r,f) + S(r,f).$$

再由(5.2.2)，(5.2.4) 得

$$T(r) < 2(\lambda + o(1))T(r) \quad (r \in I), \tag{5.2.15}$$

因 $\lambda < \frac{1}{2}$，(5.2.15) 不可能成立. 这个矛盾证明了 $f_j(j = 1,2,3)$ 线性相关，即存在不全为零的常数 $c_j(j = 1,2,3)$，使得

$$c_1 f_1 + c_2 f_2 + c_3 f_3 = 0,$$

即

$$c_1 f + c_2 e^{\beta} - c_3 f e^{\gamma} = 0. \tag{5.2.16}$$

如果 $c_2 = 0$，由(5.2.16)得

$$e^{\gamma} = \frac{c_1}{c_3},$$

代入(5.2.6)得

$$f = \frac{e^{\beta} - 1}{\frac{c_1}{c_3} - 1}.$$

由此即得

$$N_{1)}(r, \frac{1}{f}) = T(r, f) + S(r, f)$$
$$= (1 + o(1))T(r). \quad (r \in I).$$

这与(5.2.2)矛盾.因此 $c_2 \neq 0$.由(5.2.16)得

$$e^{\beta} = -\frac{c_1}{c_2}f + \frac{c_3}{c_2}fe^{\gamma}. \tag{5.2.17}$$

把(5.2.17)代入(5.2.9)得

$$(1 - \frac{c_1}{c_2})f - (1 - \frac{c_3}{c_2})fe^{\gamma} = 1. \tag{5.2.18}$$

如果 $1 - \frac{c_1}{c_2} \neq 0$，注意到 f 不为常数,由(5.2.18)得,$1 - \frac{c_3}{c_2} \neq 0$ 及

$$f = \frac{1}{(1 - \frac{c_1}{c_2}) - (1 - \frac{c_3}{c_2})e^{\gamma}}.$$

由此即得

$$N_{1)}(r, f) = T(r, f) + S(r, f)$$
$$= (1 + o(1))T(r), \quad (r \in I).$$

这与(5.2.2)矛盾.因此 $1 - \frac{c_1}{c_2} = 0$，即 $c_1 = c_2$.由(5.2.18)得 $1 - \frac{c_3}{c_2} \neq 0$ 及

$$f = \frac{c_2}{c_3 - c_2}e^{-\gamma}. \tag{5.2.19}$$

把(5.2.19)代入(5.2.17)得

$$e^{\beta} = \frac{c_2}{c_2 - c_3}(e^{-\gamma} - \frac{c_3}{c_2}),$$

由此即得 $c_3=0$ 及 $e^{\beta}=e^{-\gamma}$. 再由(5.2.6)得 $f=-e^{-\gamma}$ 及 $g=-e^{\gamma}$,于是 $f\cdot g\equiv 1$.

由定理 5.7,我们可以得到下述

系. 设 f 与 g 为非常数亚纯函数,0,1,∞ 为其 CM 公共值. 如果

$$\delta_{1)}(0,f)+\delta_{1)}(\infty,f)>\frac{3}{2},$$

则 $f\equiv g$ 或者 $f\cdot g\equiv 1$.

5.2.2 非公共值具有亏值

1985 年,仪洪勋[7] 证明了

定理 5.8 设 f 与 g 为非常数亚纯函数,0,1,∞ 为其 CM 公共值,且 $f\not\equiv g$. 再设 a 为一个有穷复数,且 $a\neq 0,1$. 如果 $\delta(a,f)>\frac{1}{2}$,则 a 为 f 的 Picard 例外值,且仅可能出现下述三种情况之一:

(i) $(f-a)(g+a-1)\equiv a(1-a)$,且 $f=a(1-e^{\phi})$, $g=(1-a)(1-e^{-\phi})$,

(ii) $f-(1-a)g\equiv a$, 且 $f=\frac{a}{1-e^{\phi}}$,$g=\frac{a}{(a-1)(1-e^{-\phi})}$,

(iii) $f\equiv ag$,且 $f=\frac{ae^{\phi}-1}{e^{\phi}-1}$, $g=\frac{ae^{\phi}-1}{a(e^{\phi}-1)}$,

其中 ϕ 为非常数整函数.

证. 由定理 5.1 得

$$f=\frac{e^{\beta}-1}{e^{\gamma}-1},\quad g=\frac{e^{-\beta}-1}{e^{-\gamma}-1},\tag{5.2.20}$$

其中 β 与 γ 为整函数,且 $e^{\beta}\not\equiv 1$, $e^{\gamma}\not\equiv 1$, $e^{\beta}\not\equiv e^{\gamma}$. 再由定理 5.1 得

$$T(r,e^{\beta})=O(T(r,f))\quad (r\notin E),\tag{5.2.21}$$

$$T(r,e^{\gamma})=O(T(r,f))\quad (r\notin E).\tag{5.2.22}$$

由(5.2.20)得

$$f - 1 = \frac{e^{\gamma}(e^{\beta-\gamma} - 1)}{e^{\gamma} - 1}. \tag{5.2.23}$$

我们区分四种情况.

(1) 假设 $e^{\beta}, e^{\gamma}, e^{\beta-\gamma}$ 均不为常数.

由(5.2.20),(5.2.21)得

$$N(r, \frac{1}{f}) + N(r, \frac{1}{e^{\gamma} - 1}) - N(r, f) = N(r, \frac{1}{e^{\beta} - 1})$$
$$= T(r, e^{\beta}) + S(r, f). \tag{5.2.24}$$

设

$$f_1 = \frac{1}{a-1}(f - a)(e^{\gamma} - 1),$$

$$f_2 = -\frac{1}{a-1}e^{\beta},$$

$$f_3 = \frac{a}{a-1}e^{\gamma}.$$

显然 $f_j (j = 1,2,3)$ 均为整函数. 由(5.2.20)得

$$\sum_{j=1}^{3} f_j \equiv 1. \tag{5.2.25}$$

如果 $f_j (j = 1,2,3)$ 线性相关,则存在不全为零的常数 $c_j (j = 1,2,3)$,使

$$c_1 f_1 + c_2 f_2 + c_3 f_3 = 0. \tag{5.2.26}$$

如果 $c_1 = 0$,由(5.2.26)得

$$c_2 f_2 + c_3 f_3 = 0,$$

即

$$-\frac{c_2}{a-1}e^{\beta} + \frac{c_3 a}{a-1}e^{\gamma} = 0.$$

由此即得 $e^{\beta-\gamma}$ 为常数,这与假设矛盾. 因此 $c_1 \neq 0$,再由(5.2.26)得

$$f_1 = -\frac{c_2}{c_1}f_2 - \frac{c_3}{c_1}f_3. \tag{5.2.27}$$

把(5.2.27)代入(5.2.25)得

$$(1 - \frac{c_2}{c_1})f_2 + (1 - \frac{c_3}{c_1})f_3 = 1,$$

即

$$-(1-\frac{c_2}{c_1})\cdot\frac{1}{a-1}\cdot e^{\beta}+(1-\frac{c_3}{c_1})\cdot\frac{a}{a-1}e^{\gamma}=1.$$

应用定理 1.54 即可得到矛盾. 于是 $f_j(j=1,2,3)$ 必线性无关. 应用定理 1.48, 由(5.2.25) 得

$$T(r,f_2)<N(r,\frac{1}{f_1})+S(r,f),$$

$$T(r,f_3)<N(r,\frac{1}{f_1})+S(r,f).$$

即

$$T(r,e^{\beta})<N(r,\frac{1}{f-a})+N(r,\frac{1}{e^{\gamma}-1})-N(r,f)+S(r,f), \tag{5.2.28}$$

$$T(r,e^{\gamma})<N(r,\frac{1}{f-a})+N(r,\frac{1}{e^{\gamma}-1})-N(r,f)+S(r,f). \tag{5.2.29}$$

由(5.2.24),(5.2.28) 得

$$N(r,\frac{1}{f})<N(r,\frac{1}{f-a})+S(r,f). \tag{5.2.30}$$

由(5.2.29) 得

$$N(r,f)<N(r,\frac{1}{f-a})+S(r,f). \tag{5.2.31}$$

由(5.2.21),(5.2.22),(5.2.23) 得

$$N(r,\frac{1}{f-1})+N(r,\frac{1}{e^{\gamma}-1})-N(r,f)=N(r,\frac{1}{e^{\beta-\gamma}-1})=T(r,e^{\beta-\gamma})+S(r,f). \tag{5.2.32}$$

设

$$g_1=-\frac{1}{a}e^{-\gamma}(f-a)(e^{\gamma}-1),$$

$$g_2=\frac{1}{a}e^{\beta-\gamma},$$

$$g_3=\frac{a-1}{a}e^{-\gamma}.$$

显然 $g_j(j=1,2,3)$ 均为整函数. 由(5.2.20) 得

$$\sum_{j=1}^{3} g_j \equiv 1. \tag{5.2.33}$$

与前面类似,也可得到 $g_j(j=1,2,3)$ 必线性无关. 应用定理1.48,由(5.2.33)得

$$T(r,g_2) < N(r,\frac{1}{g_1}) + S(r,f),$$

即

$$T(r,e^{\beta-\gamma}) < N(r,\frac{1}{f-a}) + N(r,\frac{1}{e^{\gamma}-1}) - N(r,f) + S(r,f). \tag{5.2.34}$$

由(5.2.32),(5.2.34)得

$$N(r,\frac{1}{f-1}) < N(r,\frac{1}{f-a}) + S(r,f). \tag{5.2.35}$$

应用第二基本定理,由(5.2.30),(5.2.31),(5.2.35)得

$$\begin{aligned} 2T(r,f) &< N(r,\frac{1}{f}) + N(r,\frac{1}{f-1}) + N(r,f) \\ &\quad + N(r,\frac{1}{f-a}) + S(r,f) \\ &< 4N(r,\frac{1}{f-a}) + S(r,f) \\ &< 4(1-\delta(a,f)+o(1))T(r,f), \quad (r \notin E). \end{aligned} \tag{5.2.36}$$

因为 $\delta(a,f) > \frac{1}{2}$,故(5.2.36)不能成立.

(2) 假设 $e^{\gamma} \equiv k_1$,这里 $k_1(\neq 0,1)$ 为常数.

由(5.2.20)得

$$f - a = \frac{1}{k_1 - 1}\{e^{\beta} - [1 + a(k_1 - 1)]\}. \tag{5.2.37}$$

因为 $\delta(a,f) > \frac{1}{2}$,由(5.2.37)得

$$1 + a(k_1 - 1) = 0.$$

因此

$$k_1 = \frac{a-1}{a}.$$

把 $e^{\gamma}=\dfrac{a-1}{a}$ 代入(5.2.20)即得

$$f=a(1-e^{\beta}),\quad g=(1-a)(1-e^{-\beta}).$$

于是

$$(f-a)(g+a-1)\equiv a(1-a).$$

这就得到了(i).

(3) 假设 $e^{\beta}\equiv k_2$,其中 $k_2(\neq 0,1)$ 为常数.

由(5.2.20)得

$$f-a=\frac{(k_2+a-1)-ae^{\gamma}}{e^{\gamma}-1}. \tag{5.2.38}$$

因为 $\delta(a,f)>\dfrac{1}{2}$,由(5.2.38)得

$$k_2+a-1=0.$$

因此

$$k_2=1-a.$$

把 $e^{\beta}=1-a$ 代入(5.2.20)即得

$$f=\frac{a}{1-e^{\gamma}},\quad g=\frac{a}{a-1}\cdot\frac{1}{1-e^{-\gamma}}.$$

于是

$$f-(1-a)g\equiv a,$$

这就得到了(ii).

(4) 假设 $e^{\beta-\gamma}\equiv k_3$,其中 $k_3(\neq 0,1)$ 为常数.由(5.2.20)得

$$f-a=\frac{(k_3-a)e^{\gamma}-(1-a)}{e^{\gamma}-1}. \tag{5.2.39}$$

因为 $\delta(a,f)>\dfrac{1}{2}$,由(5.2.39)得 $k_3-a=0$.因此 $k_3=a$.把 $e^{\beta-\gamma}=a$ 代入(5.2.20)即得

$$f=\frac{ae^{\gamma}-1}{e^{\gamma}-1},\quad g=\frac{e^{-\gamma}-a}{a(e^{-\gamma}-1)}.$$

于是

$$f\equiv ag,$$

这就得到了(iii).

对于整函数,我们有下述

定理 5.9 设 f 与 g 为非常数整函数，0，1 为其 CM 公共值，且 $f \not\equiv g$. 再设 a 为一个有穷复数，且 $a \neq 0,1$. 如果 $\delta(a,f) > \frac{1}{3}$，则 a 与 $1-a$ 分别为 f 与 g 的 Picard 例外值，且

$$(f-a)(g+a-1) \equiv a(1-a).$$

证. 与定理 5.8 的证明类似，我们也可得到(5.2.20). 如果 $e^{\beta}, e^{\gamma}, e^{\beta-\gamma}$ 均不为常数，与定理 5.8 的证明类似，我们也可得到(5.2.30)，(5.2.35). 注意到 f 为整函数，应用第二基本定理，由(5.2.30)，(5.2.35) 得

$$\begin{aligned} 2T(r,f) &< N(r,\frac{1}{f}) + N(r,\frac{1}{f-1}) + N(r,\frac{1}{f-a}) + S(r,f) \\ &< 3\,N(r,\frac{1}{f-a}) + S(r,f) \\ &< 3(1-\delta(a,f)+o(1))T(r,f), \quad (r \notin E). \end{aligned} \tag{5.2.40}$$

因为 $\delta(a,f) > \frac{1}{3}$，故(5.2.40) 不能成立. 因 f 为非常数整函数，由(5.2.20) 知，$e^{\beta}, e^{\beta-\gamma}$ 均不为常数. 于是 $e^{\gamma} \equiv$ 常数. 与定理 5.8 的证明类似，我们即可得到定理 5.9 的结论.

对有穷级整函数，我们有下述

定理 5.10 设 f 与 g 为有穷级非常数整函数，0，1 为其CM公共值，且 $f \not\equiv g$. 再设 a 为一个有穷复数，且 $a \neq 0,1$. 如果 $\delta(a,f) > 0$，则 a 与 $1-a$ 分别为 f 与 g 的 Picard 例外值，且

$$(f-a)(g+a-1) \equiv a(1-a).$$

证. 与定理 5.8 的证明类似，我们也可得到(5.2.20). 如果 $e^{\beta}, e^{\gamma}, e^{\beta-\gamma}$ 均不为常数，与定理 5.8 的证明类似，我们也可得到(5.2.30)，(5.2.35). 由(5.2.30) 即得 $\delta(0,f) \geqslant \delta(a,f) > 0$. 由(5.2.35) 即得 $\delta(1,f) \geqslant \delta(a,f) > 0$. 再由定理 2.35 得 $f \equiv g$，这与定理5.10的条件矛盾. 因 f 为非常数整函数，由(5.2.20) 知，e^{β}，$e^{\beta-\gamma}$ 均不为常数，于是 $e^{\gamma} \equiv$ 常数. 与定理 5.8 的证明类似，即可得定理 5.10 的结论.

5.2.3 定理 5.8 的改进

最近,仪洪勋[34] 改进了定理 5.8,证明了

定理 5.11 设 f 与 g 为非常数亚纯函数,$0,1,\infty$ 为其 CM 公共值,且 $f \not\equiv g$. 再设 a 为一个有穷复数,且 $a \neq 0,1$. 如果

$$N(r,\frac{1}{f-a}) \neq T(r,f) + S(r,f), \tag{5.2.41}$$

则 a 为 f 的 Picard 例外值,且仅可能出现下述三种情况之一:

(i) $(f-a)(g+a-1) \equiv a(1-a)$,

(ii) $f-(1-a)g \equiv a$,

(iii) $f \equiv ag$.

证. 与定理 5.8 的证明类似,我们也可得到(5.2.20),(5.2.21),(5.2.22). 我们区分四种情况.

(1) 假设 $e^{\beta}, e^{\gamma}, e^{\beta-\gamma}$ 均不为常数.

显然有 $\beta' \not\equiv 0$, $\gamma' \not\equiv 0$, $\beta' \not\equiv \gamma'$. 应用定理 1.47,由(5.2.21),(5.2.22) 得

$$T(r,\beta') = S(r,f), \tag{5.2.42}$$

$$T(r,\gamma') = S(r,f). \tag{5.2.43}$$

设

$$h = \frac{\beta'}{\gamma'}, \tag{5.2.44}$$

则 $h \not\equiv 0,1$, 且

$$T(r,h) \leqslant T(r,\beta') + T(r,\gamma') + O(1) = S(r,f). \tag{5.2.45}$$

如果

$$\beta'(h-1) - h' \equiv 0,$$

积分得

$$h - 1 = Ae^{\beta}, \tag{5.2.46}$$

其中 $A(\neq 0)$ 为积分常数. 由(5.2.44),(5.2.46) 得

$$\frac{\beta'}{Ae^{\beta}+1} = \gamma',$$

再积分得

$$A + e^{-\beta} = Be^{-\gamma}, \tag{5.2.47}$$

其中 $B(\neq 0)$ 为积分常数. 应用定理 1.54, 由(5.2.47)知, $e^{-\beta}$, $e^{-\gamma}$ 均为常数, 这是一个矛盾. 于是

$$\beta'(h-1) - h' \not\equiv 0. \tag{5.2.48}$$

由(5.2.20)得

$$f - h = \frac{e^{\beta} - he^{\gamma} + h - 1}{e^{\gamma} - 1}. \tag{5.2.49}$$

设

$$F = (f-h)(e^{\gamma}-1) = e^{\beta} - he^{\gamma} + h - 1.$$

则

$$\begin{aligned}\frac{F'}{F} - \beta' &= \frac{(e^{\beta} - he^{\gamma} + h - 1)' - \beta'(e^{\beta} - he^{\gamma} + h - 1)}{(f-h)(e^{\gamma}-1)} \\ &= \frac{\beta'(h-1) - h'}{f-h}.\end{aligned}$$

于是

$$\frac{1}{f-h} = \frac{\frac{F'}{F} - \beta'}{\beta'(h-1) - h'}. \tag{5.2.50}$$

由(5.2.50)得

$$\begin{aligned}m\left(r, \frac{1}{f-h}\right) \leqslant m\left(r, \frac{F'}{F}\right) + 2T(r, \beta') + T(r, h) \\ + T(r, h') + O(1).\end{aligned}$$

再由(5.2.42),(5.2.45)得

$$m\left(r, \frac{1}{f-h}\right) = S(r, f). \tag{5.2.51}$$

由(5.2.42),(5.2.45),(5.2.50)还可得到

$$N_{(2}\left(r, \frac{1}{f-h}\right) = S(r, f). \tag{5.2.52}$$

由(5.2.20)得

$$\frac{f-g}{g-1} = e^{\beta} - 1$$

及

$$\frac{g'}{g} = \frac{\beta' e^{\gamma} - \gamma' e^{\beta} + (\gamma' - \beta')}{(e^{\beta}-1)(e^{\gamma}-1)}.$$

于是

$$\frac{g'(f-g)}{g(g-1)}=\frac{\beta' e^{\gamma}-\gamma' e^{\beta}+(\gamma'-\beta')}{e^{\gamma}-1}. \qquad (5.2.53)$$

由(5.2.44),(5.2.49)得

$$-\gamma'(f-h)=\frac{\beta' e^{\gamma}-\gamma' e^{\beta}+(\gamma'-\beta')}{e^{\gamma}-1}. \qquad (5.2.54)$$

由(5.2.53),(5.2.54)即得

$$-\gamma'(f-h)=\frac{g'(f-g)}{g(g-1)}. \qquad (5.2.55)$$

由定理 5.4,(5.2.52),(5.2.55)得

$$N(r,\frac{1}{f-h})=N(r,\frac{1}{g'})+N_0(r)+S(r,f), \qquad (5.2.56)$$

其中 $N_0(r)$ 表 $f-g$ 的零点,但不是 $g,g-1$ 与 $\frac{1}{g}$ 的零点的计数函数.由(5.2.45),(5.2.51),(5.2.56)得

$$\begin{aligned}T(r,f)&=T(r,f-h)+S(r,f)\\&=m(r,\frac{1}{f-h})+N(r,\frac{1}{f-h})+S(r,f)\\&=N(r,\frac{1}{g'})+N_0(r)+S(r,f).\end{aligned}$$

于是

$$T(r,f)-N(r,\frac{1}{g'})=N_0(r)+S(r,f). \qquad (5.2.57)$$

同理可得

$$T(r,g)-N(r,\frac{1}{f'})=N_0(r)+S(r,f). \qquad (5.2.58)$$

应用第二基本定理,并使用(5.2.57)得

$$\begin{aligned}T(r,f)+T(r,g)&\leqslant T(r,f)+N(r,\frac{1}{g})+N(r,\frac{1}{g-1})\\&\quad+N(r,g)-N(r,\frac{1}{g'})+S(r,f)\\&=N(r,\frac{1}{g})+N(r,\frac{1}{g-1})+N(r,g)\\&\quad+N_0(r)+S(r,f)\\&\leqslant N(r,\frac{1}{f-g})+N(r,g)+S(r,f)\\&\leqslant T(r,f-g)+N(r,g)+S(r,f)\end{aligned}$$

$$\leqslant m(r,f) + m(r,g) + N(r,f-g) + N(r,g) + S(r,f)$$

$$\leqslant m(r,f) + m(r,g) + N(r,f) + N(r,g) + S(r,f)$$

$$= T(r,f) + T(r,g) + S(r,f).$$

由此即得

$$T(r,f) + T(r,g) = N(r,\frac{1}{g}) + N(r,\frac{1}{g-1}) + N(r,g) + N_0(r) + S(r,f). \quad (5.2.59)$$

再应用第二基本定理,由(5.2.58),(5.2.59)得

$$2T(r,f) \leqslant N(r,\frac{1}{f}) + N(r,\frac{1}{f-1}) + N(r,\frac{1}{f-a}) + N(r,f) - N(r,\frac{1}{f'}) + S(r,f)$$

$$\leqslant N(r,\frac{1}{g}) + N(r,\frac{1}{g-1}) + N(r,\frac{1}{f-a}) + N(r,g) + N_0(r) - T(r,g) + S(r,f)$$

$$= T(r,f) + T(r,g) + N(r,\frac{1}{f-a}) - T(r,g) + S(r,f)$$

$$= T(r,f) + N(r,\frac{1}{f-a}) + S(r,f)$$

$$\leqslant 2T(r,f) + S(r,f).$$

由此即得

$$N(r,\frac{1}{f-a}) = T(r,f) + S(r,f), \quad (5.2.60)$$

这与定理 5.11 中条件(5.2.41)矛盾.

(2) 假设 $e^{\gamma} \equiv k_1$,其中 $k_1(\neq 0,1)$ 为常数.

与定理 5.8 的证明类似,我们也可得到(5.2.37). 由(5.2.37),(5.2.41)即得

$$1 + a(k_1 - 1) = 0.$$

与定理 5.8 的证明类似,我们也可得到(i).

(3) 假设 $e^{\beta} \equiv k_2$,其中 $k_2(\neq 0,1)$ 为常数. 与定理 5.8 的证明类似,我们也可得到(ii).

(4) 假设 $e^{\beta-\gamma} \equiv k_3$，其中 $k_3(\neq 0,1)$ 为常数. 与定理 5.8 的证明类似，我们也可得到(iii).

由定理 5.11，我们有下述

系 1. 把定理 5.8 中的条件“$\delta(a,f) > \frac{1}{2}$”换为“$\delta(a,f) > 0$”，定理 5.8 仍成立.

系 2. 设 f 与 g 为非常数亚纯函数，$0,1,\infty$ 为其 CM 公共值，且 $f \not\equiv g$. 再设 a 为一个有穷复数，且 $a \neq 0,1$. 如果

$$N(r,\frac{1}{f-a}) \neq T(r,f) + S(r,f),$$

$$N(r,f) \neq T(r,f) + S(r,f),$$

则 a,∞ 为 f 的 Picard 例外值，$1-a,\infty$ 为 g 的 Picard 例外值，且 $(f-a)(g+a-1) \equiv a(1-a)$.

显然定理 5.11 的系 2 为定理 5.9，5.10 的改进. 另外，仪洪勋[28] 还证明了下述

定理 5.12 设 f 与 g 为非常数亚纯函数，$0,1,\infty$ 为其 CM 公共值，且 $f \not\equiv g$. 再设 a 为一个有穷复数，且 $a \neq 0,1$. 如果

$$\overline{N}(r,\frac{1}{f-a}) < (\lambda + o(1))T(r,f), \quad (r \in I), \tag{5.2.61}$$

其中 $\lambda < \frac{1}{2}$，I 为 $(0,\infty)$ 中具有无穷线性测度的一个集合，则

$$N(r,\frac{1}{f-a}) \neq T(r,f) + S(r,f). \tag{5.2.62}$$

于是定理 5.11 的结论成立.

证. 由引理 4.5 得

$$N_{(3}(r,\frac{1}{f-a}) = S(r,f). \tag{5.2.63}$$

显然有

$$N_{2)}(r,\frac{1}{f-a}) \leqslant 2\overline{N}(r,\frac{1}{f-a}). \tag{5.2.64}$$

由(5.2.63)，(5.2.64) 即得

$$N(r,\frac{1}{f-a}) \leqslant 2\overline{N}(r,\frac{1}{f-a}) + S(r,f). \tag{5.2.65}$$

再由(5.2.61) 得

$$N(r,\frac{1}{f-a}) \leqslant 2(\lambda+o(1))T(r,f), \quad (r \in I). \tag{5.2.66}$$

注意到 $\lambda < \frac{1}{2}$，由(5.2.66)即得(5.2.62).

由定理 5.12，我们有下述

系. 把定理 5.8 中的条件"$\delta(a,f) > \frac{1}{2}$"换为"$\Theta(a,f) > \frac{1}{2}$"，定理 5.8 仍成立.

设 $f(z) = e^{2z} + e^{z} + 1$, $g(z) = e^{-2z} + e^{-z} + 1$. 容易验证 0，1，∞ 为 f 与 g 的 CM 公共值，且 $f \not\equiv g$. 设 $a = \frac{3}{4}$，则有 $f(z) - \frac{3}{4} = (e^{z} + \frac{1}{2})^{2}$，由此即得

$$\overline{N}(r,\frac{1}{f-a}) = \frac{1}{2}T(r,f) + S(r,f),$$

$$\Theta(a,f) = \frac{1}{2}.$$

但 a 不为 f 的 Picard 例外值. 这个例子表明定理 5.12 及其系中的条件是精确的.

5.2.4 非分式线性变换关系

由定理 5.11，5.12 的证明，可以得到下述

定理 5.13 设 f 与 g 为非常数亚纯函数，0，1，∞ 为其 CM 公共值. 如果 f 不为 g 的分式线性变换，则

(i) $$T(r,f) = N(r,\frac{1}{g'}) + N_0(r) + S(r,f),$$

$$T(r,g) = N(r,\frac{1}{f'}) + N_0(r) + S(r,f),$$

(ii) $$T(r,f) + T(r,g) = N(r,\frac{1}{f}) + N(r,\frac{1}{f-1}) + N(r,f) + N_0(r) + S(r,f),$$

(iii) $$T(r,f) = N(r,\frac{1}{f-a}) + S(r,f) \leqslant 2\overline{N}(r,\frac{1}{f-a}) + S(r,f), \text{ 其中 } a \neq 0,1,\infty,$$

(iv) $\overline{N}(r,\frac{1}{f'}) = N(r,\frac{1}{f'}) + S(r,f)$.

证. 由定理 5.1 得

$$f = \frac{e^{\beta} - 1}{e^{\gamma} - 1}, \quad g = \frac{e^{-\beta} - 1}{e^{-\gamma} - 1}, \tag{5.2.67}$$

其中 β 与 γ 为整函数，且 $e^{\beta} \not\equiv 1, e^{\gamma} \not\equiv 1, e^{\beta} \not\equiv e^{\gamma}$. 由(5.2.67)得

$$\frac{f-1}{g-1} = e^{\beta}, \qquad \frac{(f-1)g}{(g-1)f} = e^{\gamma},$$
$$\frac{f}{g} = e^{\beta-\gamma}. \tag{5.2.68}$$

如果 $e^{\beta}, e^{\gamma}, e^{\beta-\gamma}$ 中有一个为常数，由(5.2.68)即知，f 为 g 的分式线性变换，与定理 5.13 的假设矛盾. 于是 $e^{\beta}, e^{\gamma}, e^{\beta-\gamma}$ 均不为常数.

下面使用定理 5.11 证明中所用的符号. 由(5.2.57)，(5.2.58)即得(i). 由(5.2.59)即得(ii). 由(5.2.60)，(5.2.64)即得(iii). 下面证明(iv).

由(5.2.50)得

$$\overline{N}(r,\frac{1}{f-h}) = N(r,\frac{1}{f-h}) + S(r,f). \tag{5.2.69}$$

由(5.2.55)知，g' 的零点必为 $\gamma'(f-h)$ 的零点. 于是有

$$\overline{N}(r,\frac{1}{g'}) = N(r,\frac{1}{g'}) + S(r,f).$$

同理可得

$$\overline{N}(r,\frac{1}{f'}) = N(r,\frac{1}{f'}) + S(r,f),$$

这就证明了(iv).

应用定理 5.13，下面给出 Nevanlinna 四值定理(定理 4.3)一个简化证明.

假设 f 不为 g 的分式线性变换. 因 a_1, a_2, a_3 为 f 与 g 的 CM 公共值，由定理 5.13 的(iii)得

$$T(r,f) = N(r,\frac{1}{f-a_4}) + S(r,f).$$

同理可得

$$T(r,f) = N(r,\frac{1}{f-a_j}) + S(r,f), \quad (j = 1,2,3).$$

由定理 5.4 得

$$N(r,\frac{1}{f-a_j}) = \overline{N}(r,\frac{1}{f-a_j}) + S(r,f), \quad (j = 1,2,3,4).$$

因此

$$4T(r,f) = \sum_{j=1}^{4}\overline{N}(r,\frac{1}{f-a_j}) + S(r,f),$$

这与定理 4.4 的(ii) 矛盾. 于是 f 为 g 的分式线性变换.

与本节有关的结果可参看 Ozawa[1],Ueda[1,3], 仪洪勋[7,13,14,17,28,34],叶寿桢[3],仪洪勋 - 叶寿桢[1],Brosch[1].

§5.3 周期函数与偶函数的唯一性

5.3.1 周期性,奇偶性

1989 年,Brosch[1] 在其博士学位论文中证明了下述

定理 5.14 设 $f(z)$ 与 $g(z)$ 为非常数亚纯函数,$a_j(j=1,2,3)$ 为其判别的 CM 公共值. 如果 $f(z)=f(Az+B)$,其中 A,B 为有穷复数,且 $|A|=1$,则 $g(z)=g(Az+B)$.

证. 设 $L(z)=Az+B$. 首先假设 $a_1=0,a_2=1,a_3=\infty$. 由 $0,1,\infty$ 为 f 与 g 的 CM 公共值得

$$\frac{f(z)}{g(z)} = e^{\alpha(z)}, \qquad \frac{f(z)-1}{g(z)-1} = e^{\beta(z)}, \tag{5.3.1}$$

其中 $\alpha(z)$ 与 $\beta(z)$ 为整函数. 由(5.3.1) 得

$$e^{\alpha\circ L-\alpha} = \frac{f\circ L}{g\circ L}\cdot\frac{g}{f} = \frac{g}{g\circ L}, \tag{5.3.2}$$

$$e^{\beta\circ L-\beta} = \frac{f\circ L-1}{g\circ L-1}\cdot\frac{g-1}{f-1} = \frac{g-1}{g\circ L-1}. \tag{5.3.3}$$

由(5.3.2),(5.3.3) 即知,$0,1,\infty$ 为 g 与 $g\circ L$ 的 CM 公共值. 于是 $0,1,\infty$ 为 $f,g,g\circ L$ 的 CM 公共值. 由定理 5.2 得,$f,g,g\circ L$ 中至少有二个是相同的. 由此即得

$$g(z) = g(Az + B).$$

对于一般情况,我们作变换

$$T(z) = \frac{z - a_1}{z - a_3} \cdot \frac{a_2 - a_3}{a_2 - a_1},$$

则 $T(a_1) = 0$, $T(a_2) = 1$, $T(a_3) = \infty$. 再设

$$F = T \circ f, \qquad G = T \circ g,$$

则 $0,1,\infty$ 为 F 与 G 的 CM 公共值,且

$$F \circ L = T \circ f \circ L = T \circ f = F_3$$

由前面所证,也有

$$G \circ L = G.$$

于是

$$g \circ L = T^{-1} \circ G \circ L = T^{-1} \circ G = g,$$

即

$$g(z) = g(Az + B).$$

定理 5.14 中要求 $|A| = 1$ 是显然的. 容易证明,没有亚纯函数 $f(z)$ 满足

$$f(z) = f(Az + B),$$

其中 A,B 为有穷复数,且 $|A| \neq 1$.

在定理 5.14 中,令 $A = 1$,则得下述

定理 5.15 设 $f(z)$ 与 $g(z)$ 为非常数亚纯函数,$a_j(j = 1,2,3)$ 为其判别的 CM 公共值. 如果 $f(z)$ 为以 d 为周期的周期函数,则 $g(z)$ 也为以 d 为周期的周期函数.

在定理 5.14 中,令 $A = -1$, $B = 0$,则得下述

定理 5.16 设 $f(z)$ 与 $g(z)$ 为非常数亚纯函数,$a_j(j = 1,2,3)$ 为其判别的 CM 公共值,如果 $f(z)$ 为偶函数,则 $g(z)$ 也为偶函数.

5.3.2 周期函数的唯一性

我们先证明下述引理

引理 5.1 设 $f(z)$ 为非常数周期亚纯函数,则 $f(z)$ 的级

$\lambda(f) \geqslant 1$,下级 $\mu(f) \geqslant 1$.

证. 设 $f(z)$ 的周期为 $d(\neq 0)$. 因非常数亚纯函数至多有两个 Picard 例外值,可设 a 不为 $f(z)$ 的 Picard 例外值,并设

$$n(|d|,\frac{1}{f-a}) = k, \qquad (k \text{ 为正整数}).$$

注意到 $f(z)$ 的周期为 d,于是有

$$n(r,\frac{1}{f-a}) \geqslant cr,$$

其中 c 为正数. 因此

$$N(r,\frac{1}{f-a}) \geqslant cr.$$

由此即得

$$T(r,f) \geqslant cr - O(1).$$

因此 $f(z)$ 的级 $\lambda(f) \geqslant 1$, $f(z)$ 的下级 $\mu(f) \geqslant 1$.

与定义 1.18 类似,我们有下述

定义 5.1 设 $f(z)$ 为非常数亚纯函数, $f(z)$ 的下超级 ν_1 定义为 $\log^+ T(r,f)$ 的下级,即

$$\nu_1 = \varliminf_{r\to\infty} \frac{\log^+ \log^+ T(r,f)}{\log r}.$$

与定理 1.45 类似,我们有下述

定理 5.17 设 $h(z)$ 为非常数整函数,其下级为 $\mu(h)$. 再设 $f(z) = e^{h(z)}$, 其下超级为 $\nu_1(f)$,则 $\nu_1(f) = \mu(h)$,即 $h(z)$ 的下级等于 $e^{h(z)}$ 的下超级.

证. 与定理 1.45 的证明类似,我们也有

$$T(r,h) \leqslant \log\{6T(4r,f) + 3|h(0)|\}$$

及

$$\log T(r,f) \leqslant 3T(2r,h),$$

由此即可得到 $\nu_1(f) = \mu(h)$.

1992 年,郑建华[1] 改进了 Brosch[1] 的一个结果,证明了下述

定理 5.18 设 $f(z)$ 与 $g(z)$ 为非常数亚纯函数, $0,1,\infty$ 为其 CM 公共值. 如果 $f(z)$ 为以 $d(\neq 0)$ 为周期的周期函数,则 $g(z)$ 也

为以 d 为周期的周期函数. 如果再设 $f(z)$ 的下超级 $\nu_1(f) < 1$，则 $f(z) \equiv g(z)$，除非 $f(z)$ 与 $g(z)$ 有形式

$$f(z) = \frac{e^{a_1 z + b_1} - 1}{e^{a_2 z + b_2} - 1}, \quad g(z) = \frac{e^{-a_1 z - b_1} - 1}{e^{-a_2 z - b_2} - 1},$$

其中 $a_1 = \frac{2m\pi i}{d}$，$a_2 = \frac{2k\pi i}{d}$，b_1, b_2 为常数，m, k 为整数.

证. 由定理 5.15 知，$g(z)$ 也为以 d 为周期的周期函数. 假设 $f(z) \not\equiv g(z)$，应用定理 5.1 得

$$f(z) = \frac{e^{\beta(z)} - 1}{e^{\gamma(z)} - 1}, \quad g(z) = \frac{e^{-\beta(z)} - 1}{e^{-\gamma(z)} - 1}, \tag{5.3.4}$$

其中 $\beta(z)$ 与 $\gamma(z)$ 为整函数，且 $e^{\beta} \not\equiv 1$，$e^{\gamma} \not\equiv 1$，$e^{\beta} \not\equiv e^{\gamma}$.

$$T(r, e^{\beta}) = O(T(r, f)) \quad (r \notin E), \tag{5.3.5}$$

$$T(r, e^{\gamma}) = O(T(r, f)) \quad (r \notin E). \tag{5.3.6}$$

由(5.3.4)得

$$\frac{f - 1}{g - 1} = e^{\beta},$$

于是有

$$e^{\beta(z+d)} = \frac{f(z+d) - 1}{g(z+d) - 1} = \frac{f(z) - 1}{g(z) - 1} = e^{\beta(z)},$$

即

$$e^{\beta(z+d) - \beta(z)} \equiv 1. \tag{5.3.7}$$

因此

$$\beta'(z + d) - \beta'(z) \equiv 0.$$

这就证明 $\beta'(z)$ 为以 d 为周期的周期函数. 如果 $\beta'(z)$ 不为常数. 由引理 5.1 知，$\beta'(z)$ 的下级 $\mu(\beta') \geqslant 1$. 再由定理 1.21 知，$\beta(z)$ 的下级 $\mu(\beta) \geqslant 1$. 再由定理 5.17 知，$e^{\beta(z)}$ 的下超级 $\nu_1(e^{\beta}) = \mu(\beta) \geqslant 1$. 另一方面，由(5.3.5)知，$\nu_1(e^{\beta}) \leqslant \nu_1(f)$. 于是有 $f(z)$ 的下超级 $\nu_1(f) \geqslant 1$. 这与定理 5.18 的条件 $\nu_1(f) < 1$ 矛盾. 于是 $\beta'(z)$ 必为常数. 设

$$\beta'(z) = a_1,$$

则

$$\beta(z) = a_1 z + b_1,$$

其中 a_1,b_1 为常数,由(5.3.7)得,$e^{a_1z+b_1}$ 也为以 d 为周期的周期函数.由此即得 $a_1=\frac{2m\pi i}{d}$,其中 m 为整数.

由(5.3.4)得

$$\frac{(f-1)g}{(g-1)f}=e^{\gamma},$$

于是有

$$e^{\gamma(z+d)}-e^{\gamma(z)}=1.$$

与上面类似,也可得到

$$\gamma(z)=a_2z+b_2,$$

其中 $a_2=\frac{2k\pi i}{d}$,b_2 为常数,k 为整数.这就证明了定理 5.18.

由定理 5.18,可以得到下述

系. 设 $f(z)$ 与 $g(z)$ 为非常数亚纯函数,$a_j(j=1,2,3)$ 为其判别的 CM 公共值.如果 $f(z)$ 为周期函数,其级 $\lambda(f)>1$,其下超级 $\nu_1(f)<1$,则 $f(z)\equiv g(z)$.

对于整函数,我们有下述定理,它是郑建华[1]有关结果的纠正.

定理 5.19 设 $f(z)$ 与 $g(z)$ 为非常数整函数,0,1 为其 CM 公共值.如果 $f(z)$ 为以 $d(\neq 0)$ 为周期的周期函数,则 $g(z)$ 也为以 d 为周期的周期函数.如果再设 $f(z)$ 的下超级 $\nu_1(f)<1$,则 $f(z)\equiv g(z)$.除非 $f(z)$ 与 $g(z)$ 有下述形式:

(i) $f(z)=A(1-e^{az+b})$, $g(z)=(1-A)(1-e^{-az-b})$,其中 $A(\neq 0,1)$, $a=\frac{2m\pi i}{d}$,b 为常数,$m(\neq 0)$ 为整数.

(ii) $f(z)=e^{nh(z)}+e^{(n-1)h(z)}+\cdots+1,$

$g(z)=e^{-nh(z)}+e^{-(n-1)h(z)}+\cdots+1,$

其中 n 为正整数,$h(z)=az+b$,这里 $a=\frac{2k\pi i}{d}$,b 为常数,$k(\neq 0)$ 为整数.

(iii) $f(z)=-e^{-nh(z)}-e^{-(n-1)h(z)}-\cdots-e^{-h(z)},$

$g(z)=-e^{nh(z)}-e^{(n-1)h(z)}-\cdots-e^{h(z)},$

其中 $n, h(z)$ 同上.

证. 由定理 5.15 知, $g(z)$ 也为以 d 为周期的周期函数. 假设 $f(z) \not\equiv g(z)$, 应用定理 5.18 得

$$f(z) = \frac{e^{a_1 z + b_1} - 1}{e^{a_2 z + b_2} - 1}, \quad g(z) = \frac{e^{-a_1 z - b_1} - 1}{e^{-a_2 z - b_2} - 1}, \tag{5.3.8}$$

其中 $a_1 = \frac{2m\pi i}{d}$, $a_2 = \frac{2k\pi i}{d}$, b_1, b_2 为常数, m, k 为整数.

如果 $k = 0$, 由(5.3.8)得

$$f(z) = \frac{1}{e^{b_2} - 1}(e^{a_1 z + b_1} - 1), \quad g(z) = \frac{e^{b_2}}{1 - e^{b_2}}(e^{-a_1 z - b_1} - 1). \tag{5.3.9}$$

设 $\frac{1}{1 - e^{b_2}} = A$, 则 $A \neq 0, 1$. 由(5.3.9)即得定理 5.19 的(i). 下面假设 $k \neq 0$. 应用定理 2.31, 由(5.3.8)得

$$a_1 z + b_1 = P(a_2 z + b_2) + 2Q\pi i, \tag{5.3.10}$$

其中 $P(\neq 0), Q$ 为整数. 我们区分两种情况.

(1) 假设 $P = n + 1$, 其中 n 为正整数.

由(5.3.8), (5.3.10)即得定理 5.19 的(ii).

(2) 假设 $P = -n$, 其中 n 为正整数.

由(5.3.8), (5.3.10)即得定理 5.19 的(iii).

5.3.3 偶函数的唯一性

1989 年, Brosch[1] 证明了下述

定理 5.20 设 $f(z)$ 与 $g(z)$ 为非常数亚纯函数, $a_j (j = 1, 2, 3)$ 为其判别的 CM 公共值. 如果 $f(z)$ 为偶函数, 则 $g(z)$ 也为偶函数. 如果再设 $f(z)$ 的下级 $\mu(f) < \infty$, $f(z)$ 的级 $\lambda(f)$ 不为偶数, 则 $f(z) \equiv g(z)$.

证. 由定理 5.16 知, $g(z)$ 也为偶函数. 不失一般性, 不妨设 $a_1 = 0, a_2 = 1, a_3 = \infty$, 且 1 不为 $f(z)$ 的 Borel 例外值. 由 $0, \infty$ 为 f 与 g 的 CM 公共值得

$$\frac{f(z)}{g(z)} = e^{\alpha(z)}, \tag{5.3.11}$$

其中 $\alpha(z)$ 为整函数. 再由 $\mu(f) < \infty$ 知, $\alpha(z)$ 为多项式.

假设 $f(z) \not\equiv g(z)$, 如果 e^{α} 为常数, 把 f 与 g 的 1 值点代入 (5.3.11) 得 $e^{\alpha} \equiv 1$, 因此 $f(z) \not\equiv g(z)$. 这与假设矛盾, 故 e^{α} 不为常数.

因 $f(z)$ 与 $g(z)$ 均为偶函数, 再由 (5.3.11) 得

$$1 \equiv \frac{f(-z)}{f(z)} \cdot \frac{g(z)}{g(-z)} = e^{\alpha(-z)-\alpha(z)}.$$

因此

$$e^{\alpha(-z)} = e^{\alpha(z)},$$

即 $e^{\alpha(z)}$ 为偶函数. 故 $\alpha(z)$ 必为偶次多项式. 设 $\deg\alpha = 2n$, 其中 n 为正整数. 注意到 1 不为 $f(z)$ 的 Borel 例外值, 于是对任给 $\varepsilon > 0$, 当 r 足够大时有

$$\begin{aligned} r^{2n+\varepsilon} &\geqslant T(r, e^{\alpha}) = T\left(r, \frac{f}{g}\right) \\ &\geqslant N\left(r, \frac{1}{f-1}\right) + O(1) \\ &\geqslant r^{\lambda(f)-\varepsilon}. \end{aligned}$$

因此

$$\lambda(f) \leqslant 2n + 2\varepsilon.$$

由 ε 的任意性得

$$\lambda(f) \leqslant 2n.$$

另一方面, 由定理 1.14 与定理 1.44 得

$$2n = \lambda(e^{\alpha}) \leqslant \max\{\lambda(f), \lambda(g)\} = \lambda(f).$$

因此

$$\lambda(f) = 2n,$$

这与定理 5.20 的条件 $\lambda(f)$ 不为偶数矛盾. 于是 $f(z) \equiv g(z)$.

由定理 5.20, 容易得到下述

系. 设 $G(z)$ 为偶函数, 其下级 $\mu(G) < \infty$, 其级 $\lambda(G)$ 不为偶数. 再设 $f(z)$ 为非常数亚纯函数, $g = G \circ L$, 其中 $L(z) = Az + B$, $A(\neq 0)$, B 为有穷复数. 如果 $f(z)$ 与 $g(z)$ 具有三个判别的 CM 公共值, 则 $f(z) \equiv g(z)$.

证.　设 $F = f \circ L^{-1}$，又 $G = g \circ L^{-1}$. 由 f 与 g 具有三个判别的 CM 公共值知，F 与 G 也具有三个判别的 CM 公共值. 再由定理 5.20 得 $F \equiv G$. 于是 $f \equiv g$.

与本节有关的结果可参看 Brosch[1]，郑建华[1].

§5.4　微分方程解的唯一性

5.4.1　微分方程的一个结果

1985 年，Jank-Volkmann[1] 证明了下述

定理 5.21　设 $f(z)$ 为非常数亚纯函数，并且满足微分方程

$$(f')^n = a_0(z) + a_1(z)f + \cdots + a_{2n}(z) \cdot f^{2n} = P(z,f), \tag{5.4.1}$$

其中 n 为正整数，$a_0, a_1, \cdots, a_{2n-1}, a_{2n}(\not\equiv 0)$ 为亚纯函数，且满足

$$\sum_{j=0}^{2n} T(r,a_j) = S(r,f). \tag{5.4.2}$$

则

$$m(r,f) = S(r,f),$$

$$m\left(r,\frac{1}{f-\alpha}\right) = S(r,f), \tag{5.4.3}$$

其中 α 为有穷复数，且 $P(z,\alpha) \not\equiv 0$.

证.　注意到 $a_{2n} \not\equiv 0$，由(5.4.1)得

$$f = \frac{1}{a_{2n}} \cdot \frac{(f')^n}{f^{2n-1}} - \frac{a_0}{a_{2n}} \cdot \frac{1}{f^{2n-1}} - \cdots - \frac{a_{2n-1}}{a_{2n}},$$

因此当 $|f| \geqslant 1$ 时有

$$|f| \leqslant \frac{1}{|a_{2n}|} \cdot \left|\frac{f'}{f}\right|^n + \left|\frac{a_0}{a_{2n}}\right| + \cdots + \left|\frac{a_{2n-1}}{a_{2n}}\right|.$$

于是有

$$m(r,f) = S(r,f).$$

设 $g = f - \alpha$，由(5.4.1)得

$$(g')^n = a_{2n} \cdot g^{2n} + b_{2n-1}g^{2n-1} + \cdots + b_1 g + P(z,\alpha), \tag{5.4.4}$$

且

$$\sum_{j=1}^{2n-1} T(r,b_j) + T(r,P(z,\alpha)) = S(r,g) = S(r,f).$$

当 $|g| \leqslant 1$ 时，由(5.4.4)得

$$\left|\frac{1}{g}\right| \leqslant \frac{1}{|P|} \cdot \left|\frac{g'}{g}\right|^n + \left|\frac{a_{2n}}{P}\right| + \left|\frac{b_{2n-1}}{P}\right| + \cdots + \left|\frac{b_1}{P}\right|.$$

于是有

$$m(r,\frac{1}{g}) = S(r,g) = S(r,f),$$

即

$$m(r,\frac{1}{f-\alpha}) = S(r,f).$$

5.4.2 Riccati 微分方程的一个结果

1987 年，E. Mues 证明了下述

定理 5.22 设 $f(z)$ 为非常数亚纯函数，并且满足 Riccati 微分方程

$$f' = a + bf + cf^2, \tag{5.4.5}$$

其中 $a,b,c(\neq 0)$ 为亚纯函数，且满足

$$T(r,a) + T(r,b) + T(r,c) = S(r,f).$$

再设 ρ 为亚纯函数，且满足 $T(r,\rho) = S(r,f)$.

(i) 如果 ρ 满足微分方程(5.4.5)，则

$$\overline{N}(r,\frac{1}{f-\rho}) = S(r,f).$$

(ii) 如果 ρ 不满足微分方程(5.4.5)，则

$$N(r,\frac{1}{f-\rho}) = T(r,f) + S(r,f).$$

证. 设 $g = cf$，则微分方程(5.4.5)可化为 Riccati 微分方程

$$g' = A + Bg + g^2, \tag{5.4.6}$$

其中 $T(r,A) + T(r,B) = S(r,g)$. 易见，若 ρ 满足方程

(5.4.5)，则 $\tau = c\rho$ 满足方程(5.4.6). 再设

$$h = g - \tau,$$

则微分方程(5.4.6) 可化为

$$h' = h(B + 2\tau + h). \tag{5.4.7}$$

再应用定理 5.21 得

$$m(r,h) = S(r,h) = S(r,f). \tag{5.4.8}$$

由(5.4.7) 得

$$N(r,h) = \overline{N}(r,h) + S(r,f). \tag{5.4.9}$$

于是，由(5.4.7)，(5.4.8)，(5.4.9) 得

$$\begin{aligned} T(r,h) &= T(r,B + 2\tau + h) + S(r,f) \\ &= T(r,\frac{h'}{h}) + S(r,f) \\ &= \overline{N}(r,h) + \overline{N}(r,\frac{1}{h}) + S(r,f) \\ &= T(r,h) + \overline{N}(r,\frac{1}{h}) + S(r,f). \end{aligned}$$

由此即得

$$\begin{aligned} S(r,f) = \overline{N}(r,\frac{1}{h}) &= \overline{N}(r,\frac{1}{c(f-\rho)}) + S(r,f) \\ &= \overline{N}(r,\frac{1}{f-\rho}) + S(r,f). \end{aligned}$$

这就证明了

$$\overline{N}(r,\frac{1}{f-\rho}) = S(r,f).$$

即(i) 成立.

下面假设 ρ 不满足方程(5.4.5)，则 $h = g - \tau$ 满足 Riccati 微分方程

$$\begin{aligned} h' &= (A + B\tau + \tau^2 - \tau') + (B + 2\tau)h + h^2 \\ &= P(z,h). \end{aligned}$$

因 τ 不满足方程(5.4.6)，故 $P(z,0) \not\equiv 0$. 再由定理 5.21 得

$$m(r,\frac{1}{h}) = S(r,f).$$

于是

$$\begin{aligned}T(r,f) &= T(r,f-\rho)+S(r,f)\\&= N(r,\frac{1}{f-\rho})+m(r,\frac{1}{f-\rho})+S(r,f)\\&= N(r,\frac{1}{f-\rho})+m(r,\frac{1}{c(f-\rho)})+S(r,f)\\&= N(r,\frac{1}{f-\rho})+m(r,\frac{1}{h})+S(r,f)\\&= N(r,\frac{1}{f-\rho})+S(r,f).\end{aligned}$$

这就证明

$$N(r,\frac{1}{f-\rho})=T(r,f)+S(r,f),$$

即(ii) 成立.

5.4.3 微分方程解的唯一性

1989 年,Brosch[1] 在其博士学位论文中证明了

定理 5.23 设 $f(z)$ 与 $g(z)$ 为非常数亚纯函数,$c_j(j=1,2,3)$ 为其判别的 CM 公共值. 再设 f 满足微分方程

$$(f')^n=\sum_{j=0}^{2n}a_jf^j=P(z,f), \tag{5.4.10}$$

其中 n 为正整数,$a_j(j=0,1,\cdots,2n)$ 为亚纯函数,且满足

$$\sum_{j=0}^{2n}T(r,a_j)=S(r,f),\quad a_{2n}\not\equiv 0.$$

如果 $P(z,c_j)\not\equiv 0\ (j=1,2,3)$,则 $f(z)\equiv g(z)$.

证. 首先假设 $c_1=0$, $c_2=1$, $c_3=\infty$. 由 $0,1,\infty$ 为 f 与 g 的 CM 公共值得

$$\frac{f}{g}=e^{\alpha},\qquad \frac{f-1}{g-1}=e^{\beta}, \tag{5.4.11}$$

其中 α,β 为整函数. 假设 $f\not\equiv g$,下面证明 $e^{\beta-\alpha}$ 不为常数. 因为,如果 $e^{\beta-\alpha}\equiv c$,其中 $c(\neq 0)$ 为常数,则有

$$e^{\beta-\alpha}=\frac{f-1}{g-1}\cdot\frac{g}{f}=c. \tag{5.4.12}$$

注意到 f 满足微分方程(5.4.10),应用定理 5.21 得

$$m(r,f)=S(r,f).$$

于是

$$T(r,f)=N(r,f)+S(r,f).$$

故 f 必有极点. 设 z_p 为 f 的极点，把 z_p 代入(5.4.12)即得 $c=1$. 于是有 $f\equiv g$，这与假设矛盾. 因此 $e^{\beta-\alpha}$ 不为常数. 由(5.4.11)，解出 f 即得

$$f=\frac{e^{\beta}-1}{e^{\beta-\alpha}-1}. \tag{5.4.13}$$

把(5.4.13)代入(5.4.10)得

$$\begin{aligned}&[-\beta' e^{\beta}+(\beta'-\alpha')e^{\beta-\alpha}+\alpha' e^{2\beta-\alpha}]^{n}\\&=\sum_{k=0}^{2n}a_k(e^{\beta}-1)^{k}\cdot(e^{\beta-\alpha}-1)^{2n-k}.\end{aligned} \tag{5.4.14}$$

注意到，(5.4.14)的右端为

$$\begin{aligned}&\sum_{k=0}^{2n}\sum_{l=0}^{k}\sum_{j=0}^{2n-k}a_k(-1)^{l+j}\binom{k}{l}\binom{2n-k}{j}e^{(l+j)\beta-j\alpha}\\&=\sum_{\mu=0}^{2n}\sum_{\nu=\mu}^{2n}C_{\nu,\mu}e^{\nu\beta-\mu\alpha},\end{aligned} \tag{5.4.15}$$

其中 $C_{\nu,\mu}$ 为亚纯函数，且满足 $T(r,C_{\nu,\mu})=S(r,f)$，$C_{2n,0}=a_{2n}\not\equiv 0$. (5.4.14)的左端为

$$\begin{aligned}&\sum_{n_1+n_2+n_3}\frac{n!}{n_1!n_2!n_3!}(-\beta' e^{\beta})^{n_1}(\beta'-\alpha')^{n_2}e^{n_2(\beta-\alpha)}\cdot(\alpha')^{n_3}\cdot e^{n_3(2\beta-\alpha)}\\&=\sum_{n_1+n_2+n_3}\frac{n!}{n_1!n_2!n_3!}(-\beta')^{n_1}(\beta'-\alpha')^{n_2}(\alpha')^{n_3}\cdot e^{(n+n_3)\beta-(n-n_1)\alpha}\\&=\sum_{\mu=0}^{n}\sum_{\nu=n}^{2n}D_{\nu,\mu}e^{\nu\beta-\mu\alpha},\end{aligned} \tag{5.4.16}$$

其中 $D_{\nu,\mu}$ 为亚纯函数，且满足 $T(r,D_{\nu,\mu})=S(r,f)$，$D_{2n,0}\equiv 0$.

设 $A_0=C_{0,0}$，由(5.4.14)，(5.4.15)，(5.4.16)得

$$\begin{aligned}A_0&=C_{0,0}\\&=\sum_{\mu=0}^{n}\sum_{\nu=n}^{2n}D_{\nu,\mu}e^{\nu\beta-\mu\alpha}-\sum_{\mu=0}^{2n}\sum_{\substack{\nu=\mu\\ \nu\geqslant 1}}^{2n}C_{\nu,\mu}e^{\nu\beta-\mu\alpha}\\&=\sum_{\mu=0}^{2n}\sum_{\nu=1}^{2n}E_{\nu,\mu}e^{\nu\beta-\mu\alpha}\end{aligned}$$

$$= \sum_{k=1}^{(2n+1)2n} A_k e^{g_k}, \tag{5.4.17}$$

其中 $E_{\nu,\mu}, A_k$ 为亚纯函数，且满足

$$T(r, E_{\nu,\mu}) = S(r,f), \quad T(r, A_k) = S(r,f),$$

$$E_{2n,0} = D_{2n,0} - C_{2n,0} = -a_{2n} \neq 0.$$

注意到，当 $j, p, q = 1, 2, \cdots, (2n+1)2n, p \neq q$ 时，有

$$g_j, g_p - g_q = \nu\beta + \mu\alpha,$$

其中 ν, μ 为整数，且不全为零. 下面证明

$$T(r, e^{\nu\beta+\mu\alpha}) \geqslant T(r,f) + S(r,f). \tag{5.4.18}$$

由第一基本定理，我们只需考虑两种情况 $\nu \geqslant 0, \mu \geqslant 0$ 及 $\nu \leqslant 0, \mu \geqslant 0$ 即可. 由定理 5.23 的条件 $P(z, c_j) \not\equiv 0$, $(j = 1, 2, 3)$，再应用定理 5.21 得

$$m(r,f) + m(r,\frac{1}{f}) + m(r,\frac{1}{f-1}) = S(r,f). \tag{5.4.19}$$

(1) 假设 $\nu \geqslant 0, \mu \geqslant 0, \nu + \mu > 0$.

由(5.4.11)，(5.4.19) 得

$$\begin{aligned}
T(r, e^{\nu\beta+\mu\alpha}) &= m(r, (\frac{f}{g})^{\mu}(\frac{f-1}{g-1})^{\nu}) \\
&= m(r, \frac{1}{g^{\mu}(g-1)^{\nu}}) + S(r,f) \\
&= T(r, g^{\mu}(g-1)^{\nu}) - N(r, \frac{1}{g^{\mu}(g-1)^{\nu}}) + S(r,f) \\
&= (\mu+\nu)T(r,g) - \mu N(r,\frac{1}{f}) - \nu N(r,\frac{1}{f-1}) \\
&\quad + S(r,f) \\
&= (\mu+\nu)(T(r,g) - T(r,f)) + S(r,f) \\
&= (\mu+\nu)m(r,g) + S(r,f) \\
&\geqslant m(r,g) + S(r,f) \\
&= m(r,\frac{g}{f}) + S(r,f) \\
&\geqslant N(r, \frac{1}{\frac{g}{f}-1}) + S(r,f)
\end{aligned}$$

$$\geqslant N(r,\frac{1}{f-1})+S(r,f)$$
$$=T(r,f)+S(r,f),$$

于是(5.4.18)成立.

(2) 假设$\nu\leqslant 0,\mu\geqslant 0$,且$\nu,\mu$不全为零.

由(5.4.11),(5.4.19)得

$$\begin{aligned}T(r,e^{\nu\beta+\mu\alpha})&=m(r,(\frac{f}{g})^{\mu}(\frac{g-1}{f-1})^{-\nu})\\&=m(r,\frac{(g-1)^{-\nu}}{g^{\mu}})+S(r,f)\\&=T(r,\frac{(g-1)^{-\nu}}{g^{\mu}})-N(r,\frac{(f-1)^{-\nu}}{f^{\mu}})+S(r,f)\\&=\max\{\mu,-\nu\}\cdot T(r,g)-N(r,\frac{1}{f^{\mu}})\\&\quad-\max\{0,-\nu-\mu\}N(r,f)+S(r,f)\\&=\max\{\mu,-\nu\}T(r,g)-\mu T(r,f)\\&\quad-\max\{0,-\nu-\mu\}T(r,f)+S(r,f)\\&=\max\{\mu,-\nu\}(T(r,g)-T(r,f))+S(r,f)\\&=\max\{\mu,-\nu\}\cdot m(r,g)+S(r,f)\\&\geqslant m(r,g)+S(r,f),\end{aligned}$$

与前面类似,也有

$$m(r,g)\geqslant T(r,f)+S(r,f).$$

于是(5.4.18)也成立.

应用定理1.51,由(5.4.17),(5.4.18)得$A_k\equiv 0(k=0,1,\cdots,(2n+1)2n)$.这与$E_{2n,0}\not\equiv 0$矛盾.这就证明$f(z)\equiv g(z)$.

对于一般情况.我们做变换

$$T(z)=\frac{z-c_1}{z-c_3}\cdot\frac{c_2-c_3}{c_2-c_1},\tag{5.4.20}$$

则$T(c_1)=0$, $T(c_2)=1$, $T(c_3)=\infty$.再设

$$F=T\circ f,\qquad G=T\circ g,\tag{5.4.21}$$

则$0,1,\infty$为F与G的CM公共值.

由(5.4.20)得

$$T^{-1}(z)=\frac{\alpha z+\beta}{\gamma z+\delta},$$

其中$\alpha,\beta,\gamma,\delta$为仅与$c_1,c_2,c_3$有关的常数，且$\triangle=\alpha\delta-\beta\gamma\neq 0$. 再由(5.4.21)得

$$f=\frac{\alpha F+\beta}{\gamma F+\delta}. \tag{5.4.22}$$

不妨设$c_3\neq\infty$，则$T^{-1}(\infty)=c_3=\dfrac{\alpha}{\gamma}$. 把(5.4.22)代入微分方程(5.4.10)得

$$\frac{\triangle^n(F')^n}{(\gamma F+\delta)^{2n}}=\sum_{j=0}^{2n}a_j\left(\frac{\alpha F+\beta}{\gamma F+\delta}\right)^j.$$

于是

$$\begin{aligned}(F')^n&=\frac{1}{\triangle^n}\sum_{j=0}^{2n}a_j(\alpha F+\beta)^j\cdot(\gamma F+\delta)^{2n-j}\\&=\frac{1}{\triangle^n}\cdot\left(\sum_{k=0}^{2n}a_k\alpha^k\gamma^{2n-k}\right)F^{2n}+\cdots\\&\quad+\frac{1}{\triangle^n}\sum_{k=0}^{2n}a_k\beta^k\delta^{2n-k}\end{aligned} \tag{5.4.23}$$

在上式右端F^{2n}的系数为

$$\begin{aligned}\frac{1}{\triangle^n}\sum_{k=0}^{2n}a_k\alpha^k\gamma^{2n-k}&=\frac{\gamma^{2n}}{\triangle^n}\sum_{k=0}^{2n}a_k\left(\frac{\alpha}{\gamma}\right)^k\\&=\frac{\gamma^{2n}}{\triangle^n}\sum_{k=0}^{2n}a_kC_3{}^k\\&=\frac{\gamma^{2n}}{\triangle^n}P(z,c_3)\not\equiv 0,\end{aligned} \tag{5.4.24}$$

由(5.4.23)，(5.4.24)知，F满足微分方程

$$(F')^n=\sum_{j=0}^{2n}b_jF^j,$$

其中$b_{2n}\neq 0$，$\sum\limits_{j=0}^{2n}T(r,b_j)=S(r,F)$. 由前面所证知$F\equiv G$. 于是$f\equiv g$.

由定理5.23，可得下述

系. 设$f(z)$为非常数亚纯函数，$c_j(j=1,2,3)$为三个判别

的复数，且 $c_j \neq i, -i (j=1,2,3)$. 如果 $c_j (j=1,2,3)$ 为 $f(z)$ 与 $\tan z$ 的 CM 公共值，则 $f(z) \equiv \tan z$.

证. 设 $g(z) = \tan z$，显然 $g(z)$ 满足 Riccati 微分方程

$$g' = g^2 + 1 = (g+i)(g-i).$$

由定理 5.22，即得 $f(z) \equiv g(z)$.

定理 5.23 中的条件 $P(z, c_j) \not\equiv 0 \ (j=1,2,3)$ 是必要的. 例如 $g(z) = \tan z$ 满足 Riccati 微分方程

$$g' = (g+i)(g-i),$$

再设 $f(z) = -\tan z$. 容易验证 $0, i, -i, \infty$ 均为 $f(z)$ 与 $g(z)$ 的 CM 公共值，但 $f(z) \not\equiv g(z)$. 这主要是因为 i 与 $-i$ 不满足定理 5.23 中的条件 $P(z, c_j) \not\equiv 0 \ (j=1,2,3)$. 再如，$f(z) = \dfrac{1}{e^z - 1}$ 满足微分方程

$$f' = -f(f+1).$$

再设 $g(z) = \dfrac{1}{e^{-z} - 1}$. 容易验证 $-1, -\dfrac{1}{2}, 0, \infty$ 均为 $f(z)$ 与 $g(z)$ 的 CM 公共值，但 $f(z) \not\equiv g(z)$. 这主要是因为 -1 与 0 不满足定理 5.23 中的条件 $P(z, c_j) \not\equiv 0 \ (j=1,2,3)$.

§5.5 特征函数的关系

5.5.1 整函数的情况

1976 年，Osgood-Yang[1] 证明了下述

定理 5.24 设 f 与 g 为有穷级非常数整函数，具有二个判别的有穷 CM 公共值，则 $T(r,f) \sim T(r,g) \quad (r \to \infty)$.

易见，定理 5.24 实质上是定理 2.32 的一个简单推论. 1976 年，Osgood-Yang[1] 还猜测，在定理 5.24 中把 f 与 g 的级的限制去掉，定理 5.24 仍成立. 但这个猜测至今还没有证实.

5.5.2 有穷下级亚纯函数的情况

1979 年，Gundersen[2] 得出：若 f 与 g 为非常数亚纯函数，0，1，

∞ 为其 CM 公共值，则 $T(r,f) \sim T(r,g)(r \to \infty, r \notin E)$. 然而 Gundersen[2] 的推导是不正确的. 1989 年，Brosch[1] 证明了下述

定理 5.25 设 f 与 g 为有穷下级非常数亚纯函数，具有三个判别的 CM 公共值，则 $T(r,f) \sim T(r,g)(r \to \infty)$.

Brosch[1] 对定理 5.25 的证明是相当复杂的，并且使用了比较多的预备知识. 下面我们给出定理 5.25 的一个简化证明. 为了证明定理 5.25，先证明一个引理.

引理 5.2 设 $\beta(z)$ 与 $\gamma(z)$ 为整函数，且满足 $e^{\beta} \not\equiv 1$, $e^{\gamma} \not\equiv 1$, $e^{\beta} \not\equiv e^{\gamma}$，设

$$f(z) = \frac{e^{\beta(z)} - 1}{e^{\gamma(z)} - 1}.$$

我们以 $N_0(r,0)$ 表示 $e^{\beta} - 1$ 与 $e^{\gamma} - 1$ 的公共零点的计数函数，重级按小者计，并且设

$$H(\theta) = \max\{\mathrm{Re}\beta(re^{i\theta}), \mathrm{Re}\gamma(re^{i\theta}), 0\},$$

则

$$T(r,f) = (1 + o(1)) \cdot \frac{1}{2\pi}\int_0^{2\pi} H(\theta)d\theta - N_0(r,0) \quad (r \notin E),$$

其中 E 为有穷线性测度的一个集合.

证. 首先，我们有

$$\begin{aligned} N(r,f) &= N(r,\frac{1}{e^{\gamma} - 1}) - N_0(r,0) \\ &= (1 + o(1))T(r,e^{\gamma}) - N_0(r,0), \quad (r \notin E). \end{aligned} \tag{5.5.1}$$

为了计算 $m(r,f)$. 我们定义

$$S_1 = \{\theta \mid |\theta| \leqslant \pi, \mathrm{Re}\beta(re^{i\theta}) \leqslant 1\},$$

$$S_2 = \{\theta \mid |\theta| \leqslant \pi, \mathrm{Re}\beta(re^{i\theta}) > 1, \mathrm{Re}\gamma(re^{i\theta}) \leqslant 1\},$$

$$S_3 = \{\theta \mid |\theta| \leqslant \pi, \mathrm{Re}\beta(re^{i\theta}) > 1, \mathrm{Re}\gamma(re^{i\theta}) > 1\}.$$

于是，

$$\int_{S_1} \log^+ |f(re^{i\theta})| d\theta \leqslant \int_{S_1} \log^+ \frac{1}{|e^{\gamma(re^{i\theta})} - 1|} d\theta + O(1)$$

$$\leqslant m\left(r, \frac{1}{e^{\gamma}-1}\right)+O(1)$$

$$=o(T(r, e^{\gamma})) \quad (r \notin E), \tag{5.5.2}$$

$$\int_{S_2} \log^+ |f(re^{i\theta})| d\theta = \int_{S_2} \log^+ |e^{\beta(re^{i\theta})}-1| d\theta$$

$$+\int_{S_2} \log^+ \frac{1}{|e^{\gamma(re^{i\theta})}-1|} d\theta+O(1)$$

$$=\int_{S_2} \mathrm{Re}^+ \beta(re^{i\theta}) d\theta+o(T(r, e^{\gamma})) \quad (r \notin E), \tag{5.5.3}$$

$$\int_{S_3} \log^+ |f(re^{i\theta})| d\theta = \int_{S_3} \mathrm{Re}^+ (\beta(re^{i\theta})-\gamma(re^{i\theta})) d\theta+O(1) \tag{5.5.4}$$

由(5.5.1),(5.5.2),(5.5.3),(5.5.4)得

$$\begin{aligned}
T(r, f) &= N(r, f)+m(r, f) \\
&= N(r, f)+\sum_{j=1}^{3} \frac{1}{2\pi} \int_{S_j} \log^+ |f(re^{i\theta})| d\theta \\
&= (1+o(1)) T(r, e^{\gamma})+\frac{1}{2\pi} \int_{S_2} Re^+ \beta(re^{i\theta}) d\theta \\
&\quad +\frac{1}{2\pi} \int_{S_3} \mathrm{Re}^+ (\beta(re^{i\theta})-\gamma(re^{i\theta})) d\theta-N_0(r, 0), (r \notin E).
\end{aligned} \tag{5.5.5}$$

注意到

$$\begin{aligned}
T(r, e^{\gamma}) &= \frac{1}{2\pi} \int_{-\pi}^{\pi} \mathrm{Re}^+ \gamma(re^{i\theta}) d\theta \\
&= \frac{1}{2\pi} \int_{S_1} \mathrm{Re}^+ \gamma(re^{i\theta}) d\theta+\frac{1}{2\pi} \int_{S_3} \mathrm{Re}^+ \gamma(re^{i\theta}) d\theta+O(1).
\end{aligned} \tag{5.5.6}$$

且当 $\theta \in S_3$ 时有

$$\begin{aligned}
&\mathrm{Re}^+ (\beta(re^{i\theta})-\gamma(re^{i\theta}))+\mathrm{Re}^+ \gamma(re^{i\theta}) \\
&\quad = \max\{\mathrm{Re}\beta(re^{i\theta}), \mathrm{Re}\gamma(re^{i\theta})\}.
\end{aligned} \tag{5.5.7}$$

由(5.5.5),(5.5.6),(5.5.7)得

$$T(r, f)=(1+o(1)) \cdot \frac{1}{2\pi} \int_0^{2\pi} H(\theta) d\theta-N_0(r, 0), \quad (r \notin E).$$

由引理 5.2 可得下述

引理 5.3 设

$$\begin{aligned}\beta(z) &= a_0 z^n + a_1 z^{n-1} + \cdots + a_n, \\ \gamma(z) &= b_0 z^n + b_1 z^{n-1} + \cdots + b_n,\end{aligned} \tag{5.5.8}$$

其中 $a_j, b_j (j = 0, 1, \cdots, n)$ 为常数，且 $a_0 \neq 0, b_0 \neq 0, n$ 为正整数. 再设

$$f(z) = \frac{e^{\beta(z)} - 1}{e^{\gamma(z)} - 1},$$

其中 $e^\beta \not\equiv e^\gamma$. 我们以 $N_0(r, 0)$ 表 $e^\beta - 1$ 与 $e^\gamma - 1$ 的公共零点的计数函数，重级按小者计，并且设

$$H^*(\theta) = \max\{\mathrm{Re} a_0 r^n e^{in\theta}, \mathrm{Re} b_0 r^n e^{in\theta}, 0\},$$

则

$$T(r, f) = (1 + o(1)) \cdot \frac{1}{2\pi} \int_0^{2\pi} H^*(\theta) d\theta - N_0(r, 0).$$

证. 注意到

$$H(\theta) = H^*(\theta) + O(r^{n-1}),$$

由引理 5.2 即得引理 5.3 的结论.

下面证明定理 5.25.

不失一般性，不妨设 $0, 1, \infty$ 为 f 与 g 的 CM 公共值. 假设 $f \not\equiv g$. 由定理 5.1 得

$$f(z) = \frac{e^{\beta(z)} - 1}{e^{\gamma(z)} - 1}, \quad g(z) = \frac{e^{-\beta(z)} - 1}{e^{-\gamma(z)} - 1}, \tag{5.5.9}$$

其中 $\beta(z)$ 与 $\gamma(z)$ 为整函数，且 $e^{\beta(\gamma)} \not\equiv 1, e^{\gamma(z)} \not\equiv 1$, $e^{\beta(z)} \not\equiv e^{\gamma(z)}$. 由定理 5.1 还可得到

$$T(r, e^\beta) = O(T(r, f)) \quad (r \notin E), \tag{5.5.10}$$

$$T(r, e^\gamma) = O(T(r, f)) \quad (r \notin E). \tag{5.5.11}$$

因 f 的下级有穷，由(5.5.10)，(5.5.11)知，e^β 与 e^γ 的下级也为有穷，于是 $\beta(z)$ 与 $\gamma(z)$ 均为多项式. 我们区分二种情况.

(1) 假设 $\deg\beta \neq \deg\gamma$.

不失一般性，不妨设 $\deg\beta > \deg\gamma$，则

$$T(r, e^\gamma) = o(T(r, e^\beta))$$

再由(5.5.9)得

$$T(r,f)=(1+o(1))T(r,e^{\beta}),$$
$$T(r,g)=(1+o(1))T(r,e^{-\beta})=(1+o(1))T(r,e^{\beta}).$$

于是

$$T(r,f)\sim T(r,g)\quad (r\to\infty).$$

(2) 假设 $\deg\beta=\deg\gamma$.

设 $\beta(z)$ 与 $\gamma(z)$ 如(5.5.8)所表示.应用引理 5.3,由(5.5.9)得

$$T(r,f)=(1+o(1))\cdot\frac{1}{2\pi}\int_0^{2\pi}H_1^*(\theta)d\theta-N_0(r,0), \tag{5.5.12}$$

其中

$$H_1^*(\theta)=\max\{\mathrm{Re}a_0r^ne^{in\theta},\mathrm{Re}b_0r^ne^{in\theta},0\}, \tag{5.5.13}$$

$$T(r,g)=(1+o(1))\cdot\frac{1}{2\pi}\int_0^{2\pi}H_2^*(\theta)d\theta-N_0(r,0), \tag{5.5.14}$$

其中

$$H_2^*(\theta)=\max\{\mathrm{Re}(-a_0r^ne^{in\theta}),\mathrm{Re}(-b_0r^ne^{in\theta}),0\}. \tag{5.5.15}$$

由(5.5.13),(5.5.15)得

$$H_2^*(\theta+\frac{\pi}{n})=H_1^*(\theta). \tag{5.5.16}$$

注意到 2π 为 $H_1^*(\theta)$ 的周期,由(5.5.12),(5.5.14),(5.5.16)得

$$\begin{aligned}T(r,g)&=(1+o(1))\cdot\frac{1}{2\pi}\int_0^{2\pi}H_2^*(\theta)d\theta-N_0(r,0)\\&=(1+o(1))\cdot\frac{1}{2\pi}\int_{-\frac{\pi}{n}}^{2\pi-\frac{\pi}{n}}H_2^*(t+\frac{\pi}{n})dt-N_0(r,0)\\&=(1+o(1))\cdot\frac{1}{2\pi}\int_{-\frac{\pi}{n}}^{2\pi-\frac{\pi}{n}}H_1^*(\theta)d\theta-N_0(r,0)\\&=(1+o(1))\cdot\frac{1}{2\pi}\int_0^{2\pi}H_1^*(\theta)d\theta-N_0(r,0)\\&=(1+o(1))T(r,f).\end{aligned}$$

于是 $$T(r,f)\sim T(r,g)\quad (r\to\infty).$$

5.5.3 无穷级亚纯函数的情况

1990 年，Bergweiler[1] 证明了下述

定理 5.26 设 $\phi(t)$ 在 $t \geqslant t_0 > 0$ 有定义，且 $\phi(t) \to \infty$ $(t \to \infty)$，则存在一个集合 F 满足

$$\int_F \frac{\phi(t)}{t} dt = \infty,$$

并且存在两个亚纯函数 $f(z)$ 与 $g(z)$，使得 $0,1,\infty$ 为 f 与 g 的 CM 公共值，且

$$\varlimsup_{\substack{r\to\infty \\ r\in F}} \frac{T(r,f)}{T(r,g)} \geqslant 2.$$

定理 5.26 的证明比较长，可参看 Bergweiler[1]. 由定理 5.26 易知，我们在 §5.5.2 段提到的 Gundersen[2] 在 1979 年的一个结论是不正确的.

若 f 与 g 为非常数亚纯函数，具有三个判别的 CM 公共值. 由定理 5.1 知

$$T(r,f) = O(T(r,g)) \quad (r \notin E)$$
$$T(r,g) = O(T(r,f)) \quad (r \notin E).$$

由此即得

$$k_1 - o(1) \leqslant \frac{T(r,f)}{T(r,g)} \leqslant k_2 + o(1) \quad (r \notin E), \qquad (5.5.17)$$

其中 $0 < k_1 \leqslant k_2 < \infty$. 现在自然要问：在(5.5.17)中，$k_1$ 与 k_2 的最佳值是什么？由定理 2.18 知，

$$\frac{1}{3} \leqslant k_1 \leqslant k_2 \leqslant 3. \qquad (5.5.18)$$

由定理 5.26 知，存在亚纯函数 f 与 g，使得

$$0 < k_1 \leqslant \frac{1}{2}, \qquad 2 \leqslant k_2 < \infty. \qquad (5.5.19)$$

1989 年，Brosch[1] 在其博士学位论文中，证明了

$$\frac{3}{8} \leqslant k_1 \leqslant k_2 \leqslant \frac{8}{3}. \qquad (5.5.20)$$

关于(5.5.20)的证明，我们将在 §5.5.5 中给出.

5.5.4 与 $N_0(r)$ 有关的结果

1989 年,Brosch[1] 证明了下述

定理 5.27 设 f 与 g 为非常数亚纯函数,0,1,∞ 为其CM公共值.如果

$$\overline{\lim_{\substack{r\to\infty \\ r\notin E}}} \frac{N_0(r)}{T(r,f)} > \frac{2}{3}, \tag{5.5.21}$$

其中 $N_0(r)$ 表 $f-g$ 的零点,但不是 $f,f-1$ 与 $\frac{1}{f}$ 的零点的计数函数,则 f 为 g 的分式线性变换.

证. 假设 f 不为 g 的分式线性变换.如果 $\overline{N}(r,\frac{1}{f})$,$\overline{N}(r,\frac{1}{f-1})$,$\overline{N}(r,f)$ 中有两个等于 $S(r,f)$,由定理 3.30 知,f 为 g 的分式线性变换,这与假设矛盾.不失一般性,不妨设

$$\overline{N}(r,\frac{1}{f-1}) \neq S(r,f), \quad \overline{N}(r,f) \neq S(r,f). \tag{5.5.22}$$

由定理 5.4 得

$$N_{(2}(r,\frac{1}{f}) + N_{(2}(r,\frac{1}{f-1}) + N_{(2}(r,f) = S(r,f). \tag{5.5.23}$$

与定理 5.13 的证明类似,我们也可得到

$$f = \frac{e^\beta - 1}{e^\gamma - 1}, \quad g = \frac{e^{-\beta} - 1}{e^{-\gamma} - 1}, \tag{5.5.24}$$

其中 $e^\beta, e^\gamma, e^{\beta-\gamma}$ 均不为常数.下面使用定理 5.11 证明中所用的符号.

由(5.2.68)得

$$e^\gamma - 1 = \frac{(f-1)g}{(g-1)f} - 1 = \frac{f-g}{f(g-1)}. \tag{5.5.25}$$

注意到

$$F = (f-h)(e^\gamma - 1) = e^\beta - he^\gamma + h - 1, \tag{5.5.26}$$

由(5.2.55),(5.2.68),(5.5.25)即得

$$F = -\frac{1}{\gamma'} \cdot \frac{g'(f-g)}{g(g-1)} \cdot \frac{f-g}{f(g-1)}$$

$$= -\frac{1}{\gamma'}e^{\beta-\gamma}g'\left(\frac{f-g}{f(g-1)}\right)^2. \tag{5.5.27}$$

由(5.2.52),(5.5.26)得

$$N_{(3}\left(r,\frac{1}{F}\right) = S(r,f). \tag{5.5.28}$$

由定理 5.13 的(iv)得

$$\overline{N}\left(r,\frac{1}{g'}\right) = N\left(r,\frac{1}{g'}\right) + S(r,f). \tag{5.5.29}$$

由(5.2.52),(5.2.55),(5.5.27),(5.5.28),(5.5.29)知,F 的零点的计数函数除了 $S(r,f)$ 外,仅需考虑两部分:(1)g' 的单零点,同时也为 F 的单零点,(2)$f-g$ 的零点,但不是 $f,f-1,\frac{1}{f}$ 的零点,同时也为 F 的二重零点.

下面定义几个整函数.设

$$\tau_1 = \frac{1}{2}[(\beta')^2 - \gamma'(h'+\beta')],$$

$$\tau_2 = \frac{1}{6}[3\beta'\beta'' + (\beta')^3 - (\gamma'' + (\gamma')^2)(h'+\beta') - 2\gamma'(h''+\beta'')],$$

$$\tau_3 = \frac{1}{24}[(\beta')^4 + 4\beta'\beta''' + 6(\beta')^2\beta'' + 3(\beta'')^2 - (\gamma''' + 3\gamma'\gamma'' + (\gamma')^3)(h'+\beta') - 3(\gamma''+(\gamma')^2)(h''+\beta'') - 3\gamma'(h'''+\beta''')].$$

如果 $\tau_1 \equiv 0$,则有 $\beta'(h-1) - h' \equiv 0$,这与(5.2.48)矛盾.于是 $\tau_1 \not\equiv 0$.设 z_0 为 $f-g$ 的零点,但不是 $f,f-1$ 与 $\frac{1}{f}$ 的零点,并且 z_0 满足 $\gamma'(z_0) \neq 0$, $\tau_1(z_0) \neq 0$.由(5.2.68)得

$$e^{\beta(z_0)} = e^{\gamma(z_0)} = 1. \tag{5.5.30}$$

应用(5.2.44),(5.5.30),由(5.5.26)得 F 在 z_0 的 Taylor 展式为

$$F(z) = \tau_1(z_0)(z-z_0)^2 + \tau_2(z_0)(z-z_0)^3 + \tau_3(z_0)(z-z_0)^4 + O(z-z_0)^5. \tag{5.5.31}$$

设

$$w = \frac{F'}{F}, \tag{5.5.32}$$

再由(5.2.50)得

$$w = \beta' + \frac{\beta'(h-1) - h'}{f-h}. \tag{5.5.33}$$

设

$$B = \frac{\tau_2}{\tau_1},$$

$$C = 2\frac{\tau_3}{\tau_1} - (\frac{\tau_2}{\tau_1})^2.$$

由(5.5.31),(5.5.32)得 w 在 z_0 的 Laurent 展式为

$$w(z) = \frac{2}{z-z_0} + B(z_0) + C(z_0)(z-z_0) + O(z-z_0)^2. \tag{5.5.34}$$

再设

$$H = w' + \frac{1}{2}w^2 - Bw - A, \tag{5.5.35}$$

其中

$$A = 3C - \frac{1}{2}B^2 - 2B'.$$

由(5.5.34)即得,H 在 z_0 的 Laurent 展式为

$$\begin{aligned} H(z) = & -\frac{2}{(z-z_0)^2} + C(z_0) \\ & + \frac{1}{2}\left[\frac{4}{(z-z_0)^2} + \frac{4B(z_0)}{z-z_0} + B^2(z_0) + 4C(z_0)\right] \\ & - \left[B(z_0) + B'(z_0)(z-z_0)\right]\left[\frac{2}{z-z_0} + B(z_0)\right] \\ & - A(z_0) + O(z-z_0) \\ = & O(z-z_0). \end{aligned}$$

于是 z_0 为 H 的零点.如果 $H \not\equiv 0$,则有

$$\begin{aligned} N_0(r) & \leqslant N(r, \frac{1}{H}) + S(r,f) \\ & \leqslant T(r,H) + S(r,f). \end{aligned} \tag{5.5.36}$$

由(5.5.32),(5.5.35)得

$$m(r,H) = S(r,f). \tag{5.5.37}$$

由(5.5.26)得

$$N(r,F) = S(r,f). \tag{5.5.38}$$

注意到 z_0 为 H 的零点，由(5.5.32)，(5.5.35)，(5.5.38)得

$$N(r,H) \leqslant 2N(r,\frac{1}{g'}) + S(r,f). \tag{5.5.39}$$

由定理 5.13 的(i)得

$$T(r,f) = N(r,\frac{1}{g'}) + N_0(r) + S(r,f). \tag{5.5.40}$$

由(5.5.37)，(5.5.39)，(5.5.40)得

$$T(r,H) \leqslant 2T(r,f) - 2N_0(r) + S(r,f). \tag{5.5.41}$$

由(5.5.36)，(5.5.41)得

$$3N_0(r) \leqslant 2T(r,f) + S(r,f),$$

这与定理 5.27 的条件(5.5.21)矛盾. 于是 $H \equiv 0$. 因此 w 满足 Riccati 微分方程

$$w' = A + Bw - \frac{1}{2}w^2. \tag{5.5.42}$$

注意到，g' 的零点除了 $S(r,f)$ 外，均为 F 的单零点. 设 $g'(z_0) = 0$，

$$F(z) = a_1(z - z_0) + a_2(z - z_0)^2 + \cdots, \quad (a_1 \neq 0),$$

则 $w = \dfrac{F'}{F}$ 在 z_0 的 Lanrent 展式为

$$w = \frac{1}{z - z_0} + O(1). \tag{5.5.43}$$

显然(5.5.43)不满足微分方程(5.5.42). 于是

$$N(r,\frac{1}{g'}) = S(r,f).$$

再由定理 5.13 的(i)得

$$T(r,f) = N_0(r) + S(r,f). \tag{5.5.44}$$

同理可证

$$T(r,g) = N_0(r) + S(r,g). \tag{5.5.45}$$

把(5.5.33)代入微分方程(5.5.42)，化简后知，f 满足 Riccati 微分方程

$$f' = a_0 + a_1 f + a_2 f^2 \equiv P(z,f), \tag{5.5.46}$$

其中 a_0, a_1, a_2 为亚纯函数，且满足

$$\sum_{j=0}^{2} T(r,a_j) = S(r,f).$$

注意到 $\overline{N}(r,f)\neq S(r,f)$，由(5.5.46)得 $a_2\neq 0$. 应用定理 5.21，由(5.5.46)得

$$m(r,f)=S(r,f),$$

于是

$$N(r,f)=T(r,f)+S(r,f). \tag{5.5.47}$$

如果 $p(z,1)\equiv 0$，由定理 5.22 的(i)得

$$\overline{N}(r,\frac{1}{f-1})=S(r,f),$$

这与(5.5.22)矛盾. 于是 $p(z,1)\not\equiv 0$，再由定理 5.22 的(ii)得

$$N(r,\frac{1}{f-1})=T(r,f)+S(r,f). \tag{5.5.48}$$

由定理 5.13 的(ii)得

$$T(r,f)+T(r,g)=N(r,\frac{1}{f})+N(r,\frac{1}{f-1})+N(r,f)+N_0(r)+S(r,f). \tag{5.5.49}$$

由(5.5.44)，(5.5.45)得

$$T(r,g)=T(r,f)+S(r,f). \tag{5.5.50}$$

由(5.5.44)，(5.5.47)，(5.5.48)，(5.5.49)，(5.5.50)得

$$2T(r,f)=N(r,\frac{1}{f})+3T(r,f)+S(r,f),$$

这是不可能的. 于是 f 为 g 的分式线性变换.

5.5.5 Brosch 不等式的证明

1989 年，Brosch[1] 证明了下述

定理 5.28 设 f 与 g 为非常数亚纯函数，具有三个判别的 CM 公共值，则

$$\frac{3}{8}\leqslant\varliminf_{\substack{r\to\infty\\ r\notin E}}\frac{T(r,f)}{T(r,g)}\leqslant\varlimsup_{\substack{r\to\infty\\ r\notin E}}\frac{T(r,f)}{T(r,g)}\leqslant\frac{8}{3}, \tag{5.5.51}$$

其中 E 的线性测度有穷.

证. 假设 f 为 g 的分式线性变换，由定理 1.11 得

$$T(r,f)=T(r,g)+O(1),$$

定理 5.28 成立. 下设 f 不为 g 的分式线性变换. 不失一般性，不妨

设 0,1,∞ 为 f 与 g 的 CM 公共值. 由定理 5.27 得

$$\varlimsup_{\substack{r\to\infty\\ r\notin E}}\frac{N_0(r)}{T(r,f)}\leqslant\frac{2}{3}. \tag{5.5.52}$$

由定理 5.13 的(ii) 得

$$\begin{aligned}T(r,f)+T(r,g)&=N(r,\frac{1}{f})+N(r,\frac{1}{f-1})+N(r,f)\\&\quad+N_0(r)+S(r,f)\\&\leqslant 3T(r,f)+N_0(r)+S(r,f).\end{aligned}$$

于是

$$T(r,g)\leqslant 2T(r,f)+N_0(r)+S(r,f). \tag{5.5.53}$$

由(5.5.52),(5.5.53) 即得

$$\varlimsup_{\substack{r\to\infty\\ r\notin E}}\frac{T(r,g)}{T(r,f)}\leqslant 2+\varlimsup_{\substack{r\to\infty\\ r\notin E}}\frac{N_0(r)}{T(r,f)}\leqslant\frac{8}{3}. \tag{5.5.54}$$

同理可证

$$\varlimsup_{\substack{r\to\infty\\ r\notin E}}\frac{T(r,f)}{T(r,g)}\leqslant\frac{8}{3},$$

即

$$\varliminf_{\substack{r\to\infty\\ r\notin E}}\frac{T(r,g)}{T(r,f)}\geqslant\frac{3}{8}. \tag{5.5.55}$$

由(5.5.54),(5.5.55) 即得 (5.5.51).

§5.6 分式线性变换关系

5.6.1 与导数零点有关的结果

设 f 与 g 为非常数亚纯函数,0,1,∞ 为其 IM 公共值. 我们用 $N'_0(r,0)$ 表示 f' 与 g' 的公共零点,但不是 $f,f-1$ 的零点的计数函数,重级按小者计.

我们首先证明下述

定理 5.29 设 f 与 g 为非常数亚纯函数,0,∞ 为其 CM 公共值,1 为其 IM 公共值,并且 $N_{(2}(r,\frac{1}{f})=S(r,f)$. 如果 $N'_0(r,0)$

$\neq S(r,f)$，则 $f \equiv cg$，其中 $c(\neq 0)$ 为常数.

证. 设

$$\triangle = \frac{f'}{f} - \frac{g'}{g}. \tag{5.6.1}$$

如果 $\triangle \not\equiv 0$，由 $0,\infty$ 为 f 与 g 的 CM 公共值知，$\triangle$ 为整函数，因此

$$T(r,\triangle) = m(r,\triangle) = S(r,f). \tag{5.6.2}$$

如果

$$N^*(r,1) \neq S(r,f),$$

其中 $N^*(r,1)$ 表示 $f-1$ 与 $g-1$ 的重级均大于 1 的零点的计数函数，重级按小者计，由定理 5.5 得 $f \equiv g$. 下设

$$N^*(r,1) = S(r,f). \tag{5.6.3}$$

注意到

$$N_{(2}(r,\frac{1}{f}) = S(r,f). \tag{5.6.4}$$

由(5.6.1)，(5.6.2)，(5.6.3)，(5.6.4)得

$$\begin{aligned} N'_0(r,0) &\leqslant N(r,\frac{1}{\triangle}) + N_{(2}(r,\frac{1}{f}) + N^*(r,1) \\ &\leqslant T(r,\triangle) + S(r,f) \\ &= S(r,f). \end{aligned}$$

这与定理 5.29 的条件 $N'_0(r,0) \neq S(r,f)$ 矛盾. 于是 $\triangle \equiv 0$，即 $\frac{f'}{f} \equiv \frac{g'}{g}$. 积分得

$$f \equiv cg,$$

其中 $c(\neq 0)$ 为积分常数.

应用定理 5.29，我们有下述

定理 5.30 设 $f(z)$ 与 $g(z)$ 为非常数亚纯函数，$0,1,\infty$ 为其 CM 公共值，如果 $N'_0(r,0) \neq S(r,f)$，则 $f \equiv g$.

证. 假设 $f \not\equiv g$. 由定理 5.4 得

$$N_{(2}(r,\frac{1}{f}) + N_{(2}(r,\frac{1}{f-1}) = S(r,f). \tag{5.6.5}$$

再由定理 5.29 得

$$f \equiv c_1 g, \tag{5.6.6}$$

其中 $c_1(\neq 0)$ 为常数.

设 $F = 1 - f$, $G = 1 - g$,则 $0,1,\infty$ 为 F 与 G 的 CM 公共值. 由(5.6.5)得

$$N_{(2}(r,\frac{1}{F}) = S(r,F).$$

再由 $N'_0(r,0) \neq S(r,f)$,应用定理 5.29 得

$$F \equiv c_2 G,$$

即

$$1 - f \equiv c_2(1 - g), \tag{5.6.7}$$

其中 $c_2(\neq 0)$ 为常数. 由(5.6.6),(5.6.7)得

$$(c_2 - c_1)g \equiv c_2 - 1. \tag{5.6.8}$$

注意到 g 不为常数,由(5.6.8)得 $c_1 = c_2 = 1$. 于是 $f \equiv g$.

Brosch[1] 证明了下述

定理 5.31 设 $f(z)$ 与 $g(z)$ 为非常数亚纯函数,$0,1,\infty$ 为其 CM 公共值. 如果 f 不为 g 的分式线性变换,则

$$N(r,\frac{1}{f-a}) \leqslant \overline{N}(r,\frac{1}{f'}) + \overline{N}(r,\frac{1}{g'}) + S(r,f),$$

其中 $a = 0,1,\infty$.

证. 由定理 5.4 得

$$N_{(2}(r,f) + N_{(2}(r,\frac{1}{f}) + N_{(2}(r,\frac{1}{f-1}) = S(r,f). \tag{5.6.9}$$

设

$$\triangle_1 = \frac{f''}{f'} - \frac{g''}{g'}. \tag{5.6.10}$$

如果 $\triangle_1 \equiv 0$,由(5.6.10),积分得

$$f' \equiv Ag',$$

再积分得

$$f \equiv Ag + B,$$

其中 $A(\neq 0)$,B 为积分常数,即 f 为 g 的线性变换,与定理 5.31 的假设矛盾. 于是 $\triangle_1 \not\equiv 0$.

设 z_0 为 f 与 g 的单极点,设在 $z = z_0$ 附近

$$f(z) = \frac{c_1}{z - z_0} + c_2 + c_3(z - z_0) + \cdots, \quad (c_1 \neq 0)$$

$$g(z) = \frac{d_1}{z - z_0} + d_2 + d_3(z - z_0) + \cdots, \quad (d_1 \neq 0).$$

把 $f(z)$ 与 $g(z)$ 的 Laurent 展式代入(5.6.10),通过计算得

$$\triangle_1(z) = O(z - z_0).$$

于是

$$N_{1)}(r,f) \leqslant N(r,\frac{1}{\triangle_1}) \leqslant T(r,\triangle_1) + O(1)$$

$$\leqslant \overline{N}(r,\frac{1}{f'}) + \overline{N}(r,\frac{1}{g'}) + S(r,f).$$

再由(5.6.9)即得

$$N(r,f) \leqslant \overline{N}(r,\frac{1}{f'}) + \overline{N}(r,\frac{1}{g'}) + S(r,f).$$

即对 $a = \infty$,定理 5.31 成立.

设

$$\triangle_2 = (\frac{f''}{f'} - 2 \cdot \frac{f'}{f}) - (\frac{g''}{g'} - 2 \cdot \frac{g'}{g}). \tag{5.6.11}$$

如果 $\triangle_2 \equiv 0$,由(5.6.11),积分两次即得 f 为 g 的分式线性变换,与定理 5.31 的条件矛盾. 于是 $\triangle_2 \not\equiv 0$. 与前面类似,可得

$$N(r,\frac{1}{f}) \leqslant N(r,\frac{1}{\triangle_2}) + S(r,f)$$

$$\leqslant \overline{N}(r,\frac{1}{f'}) + \overline{N}(r,\frac{1}{g'}) + S(r,f),$$

即对 $a = 0$,定理 5.31 成立.

设

$$\triangle_3 = (\frac{f''}{f'} - 2 \cdot \frac{f'}{f-1}) - (\frac{g''}{g'} - 2 \cdot \frac{g'}{g-1}), \tag{5.6.12}$$

与前面类似,可得 $\triangle_3 \not\equiv 0$ 及

$$N(r,\frac{1}{f-1}) \leqslant N(r,\frac{1}{\triangle_3}) + S(r,f)$$

$$\leqslant \overline{N}(r,\frac{1}{f'}) + \overline{N}(r,\frac{1}{g'}) + S(r,f).$$

即对 $a = 1$,定理 5.31 成立.

由定理 5.31,即得下述

系. 设 $f(z)$ 与 $g(z)$ 为非常数亚纯函数,0,1,∞ 为其CM公共值.如果

$$\overline{N}(r,\frac{1}{f'})+\overline{N}(r,\frac{1}{g'})=S(r,f),$$

则 f 为 g 的分式线性变换.

证. 假设 f 不为 g 的分式线性变换,由定理 5.31 得

$$\begin{aligned}N(r,\frac{1}{f})+N(r,\frac{1}{f-1})+N(r,f)&\leqslant 3\{\overline{N}(r,\frac{1}{f'})\\&\quad+\overline{N}(r,\frac{1}{g'})\}+S(r,f)\\&=S(r,f).\end{aligned}$$

再由第一基本定理得

$$\begin{aligned}T(r,f)&<N(r,\frac{1}{f})+N(r,\frac{1}{f-1})+N(r,f)+S(r,f)\\&=S(r,f),\end{aligned}$$

这是一个矛盾.于是 f 为 g 的分式线性变换.

由定理 5.31,下面给出四值定理(定理 4.3)一个简化证明.

不妨设 $0,1,\infty,c$ 为 f 与 g 的四个判别的CM公共值.由定理 5.4 得

$$\begin{aligned}N_{(2}(r,\frac{1}{f})+N_{(2}(r,\frac{1}{f-1})+N_{(2}(r,f)+N_{(2}(r,\frac{1}{f-c})\\=S(r,f).\end{aligned}$$

由定理 4.4 得

$$\begin{aligned}\overline{N}(r,\frac{1}{f})+\overline{N}(r,\frac{1}{f-1})+\overline{N}(r,f)+\overline{N}(r,\frac{1}{f-c})\\=2T(r,f)+S(r,f).\end{aligned}$$

再由第二基本定理得

$$\begin{aligned}2T(r,f)&<N(r,\frac{1}{f})+N(r,\frac{1}{f-1})+N(r,f)\\&\quad+N(r,\frac{1}{f-c})-N(r,\frac{1}{f'})+S(r,f)\\&=2T(r,f)-N(r,\frac{1}{f'})+S(r,f).\end{aligned}$$

于是

$$N(r,\frac{1}{f'}) = S(r,f).$$

同理可得

$$N(r,\frac{1}{g'}) = S(r,f).$$

再由定理5.31的系即知,f 为 g 的分式线性变换.这就证明了四值定理.

5.6.2 与三个公共值有关的结果

1989年,Brosch[1] 也改进了定理5.6,证明了下述

定理5.32 设 $f(z)$ 与 $g(z)$ 为非常数亚纯函数,0,1,∞ 为其CM公共值.如果

$$\varlimsup_{\substack{r\to\infty\\ r\in I}} \frac{\overline{N}(r,\frac{1}{f}) + \overline{N}(r,f) - \frac{1}{2}m(r,\frac{1}{g-1})}{T(r,f)} < \frac{1}{2}, \tag{5.6.13}$$

且 $f \not\equiv g$,则 $fg \equiv 1$.

证. 由定理5.4得

$$N_{(2}(r,\frac{1}{f}) + N_{(2}(r,f) + N_{(2}(r,\frac{1}{f-1}) = S(r,f). \tag{5.6.14}$$

再由第二基本定理得

$$\begin{aligned} T(r,f) &< N(r,\frac{1}{f}) + N(r,\frac{1}{f-1}) + N(r,f) \\ &\quad - N(r,\frac{1}{f'}) + S(r,f) \\ &= \overline{N}(r,\frac{1}{f}) + \overline{N}(r,\frac{1}{f-1}) + \overline{N}(r,f) \\ &\quad - N(r,\frac{1}{f'}) + S(r,f). \end{aligned} \tag{5.6.15}$$

同理可得

$$T(r,g) < \overline{N}(r,\frac{1}{g}) + \overline{N}(r,\frac{1}{g-1}) + \overline{N}(r,g)$$

$$- N(r,\frac{1}{g'}) + S(r,g). \tag{5.6.16}$$

应用第一基本定理，由(5.6.16)得

$$m(r,\frac{1}{g-1}) \leqslant \overline{N}(r,\frac{1}{f}) + \overline{N}(r,f) - N(r,\frac{1}{g'}) + S(r,f). \tag{5.6.17}$$

由(5.6.15)，(5.6.17)得

$$T(r,f) + m(r,\frac{1}{g-1}) < 2[\overline{N}(r,\frac{1}{f}) + \overline{N}(r,f)] + \overline{N}(r,\frac{1}{f-1}) - [N(r,\frac{1}{f'}) + N(r,\frac{1}{g'})] + S(r,f). \tag{5.6.18}$$

我们区分两种情况.

(1) 假设 f 不为 g 的分式线性变换.

由定理 5.31 得

$$\overline{N}(r,\frac{1}{f-1}) < \overline{N}(r,\frac{1}{f'}) + \overline{N}(r,\frac{1}{g'}) + S(r,f). \tag{5.6.19}$$

由(5.6.18)，(5.6.19)得

$$T(r,f) + m(r,\frac{1}{g-1}) < 2[\overline{N}(r,\frac{1}{f}) + \overline{N}(r,f)] + S(r,f),$$

这与定理 5.32 的条件(5.6.13)矛盾.

(2) 假设 f 为 g 的分式线性变换.

由定理 1.11 得

$$T(r,g) = T(r,f) + O(1). \tag{5.6.20}$$

如果

$$\overline{N}(r,\frac{1}{f-1}) = S(r,f),$$

则有

$$\begin{aligned} T(r,f) &= T(r,g) + S(r,f) \\ &= N(r,\frac{1}{g-1}) + m(r,\frac{1}{g-1}) + S(r,f) \\ &= \overline{N}(r,\frac{1}{f-1}) + m(r,\frac{1}{g-1}) + S(r,f) \end{aligned}$$

$$= m(r, \frac{1}{g-1}) + S(r, f).$$

于是

$$\begin{aligned}
&\overline{N}(r, \frac{1}{f}) + \overline{N}(r, f) - \frac{1}{2}m(r, \frac{1}{g-1}) \\
&= \overline{N}(r, \frac{1}{f}) + \overline{N}(r, f) + \overline{N}(r, \frac{1}{f-1}) - \frac{1}{2}T(r, f) + S(r, f) \\
&\geqslant T(r, f) - \frac{1}{2}T(r, f) + S(r, f) \\
&= \frac{1}{2}T(r, f) + S(r, f).
\end{aligned}$$

这与(5.6.13)矛盾.于是

$$\overline{N}(r, \frac{1}{f-1}) \neq S(r, f). \tag{5.6.21}$$

再区分四种情况.

(a) 假设 $0, \infty$ 均为 f 的 Picard 例外值. 由定理 3.30 得 $f \cdot g \equiv 1$.

(b) 假设 ∞ 为 f 的 Picard 例外值, 0 不为 f 的 Picard 例外值.

设

$$f = \frac{ag + b}{cg + d}, \tag{5.6.22}$$

其中 a, b, c, d 为常数, 且 $ad - bc \neq 0$. 把 f 与 g 的公共零点代入得 $b = 0$, 再把 f 与 g 的公共 1 值点代入得 $a = c + d$. 于是(5.6.22)为

$$f = \frac{(c + d)g}{cg + d}, \tag{5.6.23}$$

其中 c, d 为常数, 且 $d(c + d) \neq 0$. 注意到 ∞ 为 f 的 Picard 例外值, 由(5.6.23)得 $-\frac{d}{c}$ 为 g 的 Picard 例外值. 再由第二基本定理得

$$\begin{aligned}
T(r, g) &< \overline{N}(r, \frac{1}{g}) + \overline{N}(r, g) + \overline{N}(r, \frac{1}{g + \frac{d}{c}}) + S(r, g) \\
&= \overline{N}(r, \frac{1}{g}) + S(r, g).
\end{aligned}$$

于是

$$\overline{N}(r,\frac{1}{g}) = T(r,g) + S(r,g). \tag{5.6.24}$$

同理可得

$$\overline{N}(r,\frac{1}{g-1}) = T(r,g) + S(r,g). \tag{5.6.25}$$

由(5.6.20),(5.6.24)得

$$\overline{N}(r,\frac{1}{f}) = T(r,f) + S(r,f). \tag{5.6.26}$$

由(5.6.20),(5.6.25)得

$$m(r,\frac{1}{g-1}) = S(r,f). \tag{5.6.27}$$

于是

$$\overline{N}(r,\frac{1}{f}) + \overline{N}(r,f) - \frac{1}{2}m(r,\frac{1}{g-1}) = T(r,f) + S(r,f),$$

这与定理 5.32 的条件(5.6.13)矛盾.

(c) 假设 0 为 f 的 Picard 例外值,∞ 不为 f 的 Picard 例外值.

把 f 与 g 的公共极点代入(5.6.22)得 $c=0$. 再把 f 与 g 的公共 1 值点代入(5.6.22)得 $d=a+b$. 于是(5.6.22)为

$$f = \frac{ag+b}{a+b}, \tag{5.6.28}$$

其中 a,b 为常数,且 $a(a+b)\neq 0$. 注意到 0 为 f 的 Picard 例外值,由(5.6.28)得 $-\frac{b}{a}$ 为 g 的 Picard 例外值,与情况(b)类似,我们可以得到

$$\overline{N}(r,f) = T(r,f) + S(r,f),$$

及

$$m(r,\frac{1}{g-1}) = S(r,f).$$

于是

$$\overline{N}(r,\frac{1}{f}) + N(r,f) - \frac{1}{2}m(r,\frac{1}{g-1}) = T(r,f) + S(r,f),$$

也与(5.6.13)矛盾.

(d) 假设 0,∞ 均不为 f 的 Picard 例外值.

把 f 与 g 的公共 0 点代入(5.6.28)得 $b=0$. 于是 $f\equiv g$. 这

也与定理 5.32 的条件 $f \not\equiv g$ 矛盾.

应用与证明定理 5.32 类似的方法,可以证明

定理 5.33 设 f 与 g 为非常数亚纯函数,$1,\infty$ 为其 CM 公共值,0 为其 IM 公共值,并且 $N_{(2}(r,\frac{1}{f-1}) = S(r,f)$. 如果

$$\varlimsup_{\substack{r\to\infty \\ r\notin I}} \frac{3\overline{N}(r,\frac{1}{f}) + 2\overline{N}(r,f) - m(r,\frac{1}{g-1})}{T(r,f)} < 1, \quad (5.6.29)$$

且 $f \not\equiv g$,则 $fg \equiv 1$.

证. 我们区分两种情况.

(1) 假设 f 不为 g 的分式线性变换. 设

$$\Delta = (\frac{f''}{f'} - 2\cdot\frac{f'}{f-1}) - (\frac{g''}{g'} - 2\cdot\frac{g'}{g-1}). \quad (5.6.30)$$

如果 $\Delta \equiv 0$,由(5.6.30)积分得

$$\frac{f'}{(f-1)^2} \equiv A \cdot \frac{g'}{(g-1)^2},$$

再积分得

$$\frac{1}{f-1} \equiv A \cdot \frac{1}{g-1} + B,$$

其中 $A(\neq 0)$,B 为积分常数,即 f 为 g 的分式线性变换,与假设矛盾,于是 $\Delta \not\equiv 0$.

设 z_0 为 $f-1$ 与 $g-1$ 的单零点. 把 f 与 g 在 z_0 的 Taylor 展式代入(5.6.30)得

$$\Delta(z) = O(z-z_0). \quad (5.6.31)$$

注意到 ∞ 为 f 与 g 的 CM 公共值,由(5.6.30),(5.6.31)得

$$\begin{aligned} N_{1)}(r,\frac{1}{f-1}) &\leqslant N(r,\frac{1}{\Delta}) \leqslant T(r,\Delta) + O(1) \\ &\leqslant \overline{N}(r.\frac{1}{f'}) + \overline{N}(r,\frac{1}{g'}) + S(r,f). \end{aligned}$$

再由定理 5.33 的假设 $N_{(2}(r,\frac{1}{f-1}) = S(r,f)$ 得

$$\overline{N}(r,\frac{1}{f-1}) \leqslant \overline{N}(r,\frac{1}{f'}) + \overline{N}(r,\frac{1}{g'}) + S(r,f). \quad (5.6.32)$$

由第二基本定理,我们有

$$T(r,f) < \overline{N}(r,\frac{1}{f-1}) + \overline{N}(r,\frac{1}{f}) + \overline{N}(r,f)$$

$$- N_0(r,\frac{1}{f'}) + S(r,f), \tag{5.6.33}$$

$$T(r,g) < \overline{N}(r,\frac{1}{g-1}) + \overline{N}(r,\frac{1}{g}) + \overline{N}(r,g)$$

$$- N_0(r,\frac{1}{g}) + S(r,g), \tag{5.6.34}$$

其中 $N_0(r,\frac{1}{f'})$ 表示 f' 的零点，但不是 $f,f-1$ 的零点的计数函数，$N_0(r,\frac{1}{g'})$ 类似定义. 由(5.6.33)，(5.6.34) 得

$$T(r,f) + T(r,g) < 2[\overline{N}(r,\frac{1}{f}) + \overline{N}(r,f)] + \overline{N}(r,\frac{1}{g-1})$$

$$+ \overline{N}(r,\frac{1}{f-1}) - [N_0(r,\frac{1}{f'}) + N_0(r,\frac{1}{g'})] + S(r,f). \tag{5.6.35}$$

再应用第一基本定理，由(5.6.32)，(5.6.35) 得

$$T(r,f) + m(r,\frac{1}{g-1}) < 2[\overline{N}(r,\frac{1}{f}) + \overline{N}(r,f)]$$

$$+ [\overline{N}(r,\frac{1}{f'}) - N_0(r,\frac{1}{f'})] + [\overline{N}(r,\frac{1}{g'})$$

$$- N_0(r,\frac{1}{g'})] + S(r,f). \tag{5.6.36}$$

设 $N_u(r,0,f,g)$ 表 f 的单零点且是 g 的重零点或 f 的重零点且是 g 的单零点的计数函数，每个零点计一次，显然

$$N_u(r,0,f,g) \leqslant \overline{N}(r,\frac{1}{f}).$$

由定理 5.5 得

$$N^*(r,0) = S(r,f),$$

其中 $N^*(r,0)$ 表 f 与 g 的重级均大于 1 的零点的计数函数，按重级小者计次数. 由定理 5.33 的假设 $N_{(2}(r,\frac{1}{f-1}) = S(r,f)$ 知，f' 的零点且是 $f-1$ 的零点的计数函数等于 $S(r,f)$，同理 g' 的零点且是 $g-1$ 的零点的计数函数等于 $S(r,f)$. 于是我们有

$$[\overline{N}(r,\frac{1}{f'}) - N_0(r,\frac{1}{f'})] + [\overline{N}(r,\frac{1}{g'}) - N_0(r,\frac{1}{g'})]$$
$$\leqslant N_u(r,0,f,g) + S(r,f)$$
$$\leqslant \overline{N}(r,\frac{1}{f}) + S(r,f). \qquad (5.6.37)$$

由(5.6.36),(5.6.37)即得

$$T(r,f) > 3\overline{N}(r,\frac{1}{f}) + 2\overline{N}(r,f) - m(r,\frac{1}{g-1}) + S(r,f),$$

这与定理 5.33 的条件(5.6.29)矛盾.

(2) 假设 f 为 g 的分式线性变换,与定理 5.32 的证明类似,可以得到 $fg \equiv 1$.

5.6.3 满足 $f(z)=a \Rightarrow g(z)=a$ 的亚纯函数

1980 年,H. Ueda[2] 证明了下述

定理 5.34 设 f 与 g 为非常数整函数,0,1 为其 CM 公共值. 再设 a 为有穷复数,且 $a \neq 0,1$. 如果 $f(z)=a \to g(z)=a$,则 f 为 g 的分式线性变换.

1989 年,Brosch[1] 推广改进了定理 5.34,证明了下述

定理 5.35 设 f 与 g 为非常数亚纯函数,0,1,∞ 为其 CM 公共值. 再设 a 为有穷复数,且 $a \neq 0,1$. 如果 $f(z)=a \Rightarrow g(z)=a$,则 f 为 g 的分式线性变换.

证. 假设 f 不为 g 的分式线性变换. 由定理 5.13 的(iii)得

$$\overline{N}(r,\frac{1}{f-a}) \geqslant \frac{1}{2}T(r,f) + S(r,f). \qquad (5.6.38)$$

注意到

$$-\gamma'(f-h) = \frac{g'(f-g)}{g(g-1)}, \qquad (5.2.55)$$

及

$$f = a \Rightarrow g = a, \qquad (5.6.39)$$

再由(5.6.38)知, $h \equiv a$. 由(5.2.60),(5.2.69)即得

$$\overline{N}(r,\frac{1}{f-a}) = T(r,f) + S(r,f). \qquad (5.6.40)$$

由(5.6.39),(5.6.40)得

$$N_0(r) \geqslant T(r,f) + S(r,f).$$

因此

$$\overline{\lim_{\substack{r\to\infty \\ r\notin E}}} \frac{N_0(r)}{T(r,f)} \geqslant 1 > \frac{2}{3}.$$

这与定理 5.27 矛盾. 于是 f 为 g 的分式线性变换.

定理 5.36 设 f 与 g 为非常数亚纯函数, a,b,c,d 为四个判别的复数, 且交比 $(a,b,c,d)=-1$, 或 2, 或 $\frac{1}{2}$. 如果 b,c,d 为 f 与 g 的 CM 公共值, 且 $N_0(r,a)\neq S(r,f)$, 其中 $N_0(r,a)$ 表 $f-a$ 与 $g-a$ 的公共零点的计数函数, 重级按小者计, 则 f 为 g 的分式线性变换.

证. 不失一般性, 不妨设 $d=\infty$, 否则作变换 $L(z)=\frac{1}{z-d}$ 即可.

设

$$\Delta = \frac{f'(f-a)}{(f-b)(f-c)} - \frac{g'(g-a)}{(g-b)(g-c)}. \tag{5.6.41}$$

注意到

$$\frac{f'(f-a)}{(f-b)(f-c)} = \frac{a-c}{b-c}\cdot\frac{f'}{f-c} + \frac{b-a}{b-c}\cdot\frac{f'}{f-b},$$

$$\frac{g'(g-a)}{(g-b)(g-c)} = \frac{a-c}{b-c}\cdot\frac{g'}{g-c} + \frac{b-a}{b-c}\cdot\frac{g'}{g-b},$$

则

$$\Delta = \frac{a-c}{b-c}\left(\frac{f'}{f-c} - \frac{g'}{g-c}\right) + \frac{b-a}{b-c}\left(\frac{f'}{f-b} - \frac{g'}{g-b}\right). \tag{5.6.42}$$

如果 $\Delta\neq 0$, 由(5.6.42)得 $m(r,\Delta)=S(r,f)$. 注意到 b,c,∞ 为 f 与 g 的 CM 公共值, 再由(5.6.42)得 $N(r,\Delta)=0$. 于是

$$T(r,\Delta) = S(r,f).$$

再由(5.6.41)得

$$N_0(r,a) \leqslant N\left(r,\frac{1}{\Delta}\right) \leqslant T(r,\Delta) + O(1) = S(r,f),$$

这与定理 5.36 的条件 $N_0(r,a) \neq S(r,f)$ 矛盾. 于是 $\Delta \equiv 0$. 我们区分三种情况.

(1) 假设 $(a,b,c,\infty) = \frac{a-c}{b-c} = \frac{1}{2}$.

由 $\frac{a-c}{b-c} = \frac{1}{2}$ 得 $\frac{b-a}{b-c} = \frac{1}{2}$. 再由(5.6.42)得

$$\left(\frac{f'}{f-c} - \frac{g'}{g-c}\right) + \left(\frac{f'}{f-b} - \frac{g'}{g-b}\right) \equiv 0.$$

积分得

$$(f-b)(f-c) \equiv A(g-b)(g-c). \tag{5.6.43}$$

由 $N_0(r,a) \neq S(r,f)$,把 f 与 g 的公共 a 值点代入(5.6.43)得 $A = 1$. 于是

$$(f-b)(f-c) \equiv (g-b)(g-c). \tag{5.6.44}$$

由(5.6.44)即得 $f \equiv g$ 或 $f \equiv 2a - g$.

(2) 假设 $(a,b,c,\infty) = \frac{a-c}{b-c} = 2$.

由 $\frac{a-c}{b-c} = 2$ 得 $\frac{b-a}{b-c} = -1$. 应用与前面类似的方法,可以证明

$$\left(\frac{f-c}{g-c}\right)^2 \equiv \frac{f-b}{g-b}. \tag{5.6.45}$$

由(5.6.45)即得 $f \equiv g$ 或 $f \equiv \frac{bg - 2bc + c^2}{g-b}$.

(3) 假设 $(a,b,c,\infty) = \frac{a-c}{b-c} = -1$.

由 $\frac{a-c}{b-c} = -1$ 得 $\frac{b-a}{b-c} = 2$. 与前面类似,可得

$$\left(\frac{f-b}{g-b}\right)^2 \equiv \frac{f-c}{g-c}. \tag{5.6.46}$$

由(5.6.46)即得 $f \equiv g$ 或 $f \equiv \frac{cg - 2bc + b^2}{g-c}$.

5.6.4 满足 $f(z) = a \Leftrightarrow g(z) = b$ 的亚纯函数

1989 年,Brosch[1] 证明了下述

定理 5.37 设 f 与 g 为非常数亚纯函数,$0,1,\infty$ 为其CM公

共值. 再设 a,b 为有穷复数，且 $a,b\neq 0,1$. 如果 $f(z)=a\Leftrightarrow g(z)=b$，则 f 为 g 的分式线性变换.

证. 如果 $a=b$，由定理 4.5 得 f 为 g 为分式线性变换. 下设 $a\neq b$.

假设 f 不为 g 的分式线性变换，如果 $\overline{N}(r,\frac{1}{f})$，$\overline{N}(r,\frac{1}{f-1})$，$\overline{N}(r,f)$ 中有两个等于 $S(r,f)$，由定理 3.30 知，f 为 g 的分式线性变换，这与假设不符. 不失一般性，不妨设

$$\overline{N}(r,\frac{1}{f-1})\neq S(r,f),\quad \overline{N}(r,f)\neq S(r,f). \tag{5.6.47}$$

由定理 5.4 得

$$N_{(2}(r,\frac{1}{f})+N_{(2}(r,\frac{1}{f-1})+N_{(2}(r,f)=S(r,f). \tag{5.6.48}$$

与定理 5.13 的证明类似，我们也可得到

$$f=\frac{e^{\beta}-1}{e^{\gamma}-1},\quad g=\frac{e^{-\beta}-1}{e^{-\gamma}-1}, \tag{5.6.49}$$

其中 $e^{\beta},e^{\gamma},e^{\beta-\gamma}$ 均不为常数. 下面区分两种情况讨论.

(1) 设

$$N_{(2}(r,\frac{1}{f-a})=S(r,f),\ N_{(2}(r,\frac{1}{g-b})=S(r,f). \tag{5.6.50}$$

置

$$F=(f-a)(e^{\gamma}-1)=e^{\beta}-ae^{\gamma}+a-1, \tag{5.6.51}$$

$$w=\frac{F'}{F}. \tag{5.6.52}$$

由(5.6.49)得

$$e^{\gamma}-1=\frac{f-g}{f(g-1)}. \tag{5.6.53}$$

由(5.6.51)，(5.6.53)知，F 的零点由两部分组成，一是 $f-a$ 的零点，二是 $f-g$ 的零点，但不是 $f,f-1,\frac{1}{f}$ 的零点. 注意到 F 为整函数，由(5.6.52)即得

$$T(r,w)=N(r,w)+S(r,f)$$

$$= N(r,\frac{1}{F}) + S(r,f)$$

$$= N(r,\frac{1}{f-a}) + N_0(r) + S(r,f). \tag{5.6.54}$$

由定理 5.13 的(iii) 得

$$T(r,f) = N(r,\frac{1}{f-a}) + S(r,f), \tag{5.6.55}$$

$$T(r,g) = N(r,\frac{1}{g-b}) + S(r,g). \tag{5.6.56}$$

由(5.6.54),(5.6.55) 得

$$T(r,w) = T(r,f) + N_0(r) + S(r,f). \tag{5.6.57}$$

下面定义几个整函数,设

$$\tau_1 = \frac{a-1}{b-1}(\beta' - b\gamma'),$$

$$\tau_2 = \frac{1}{2}\frac{a-1}{b-1}[\beta'' + (\beta')^2 - b(\gamma'' + (\gamma')^2)]$$

$$\tau_3 = \frac{1}{6}\cdot\frac{a-1}{b-1}[\beta''' + 3\beta'\beta'' + (\beta')^3 - b(\gamma''' + 3\gamma'\gamma'' + (\gamma')^3)]$$

如果 $\tau_1 \equiv 0$, 则 $h = \frac{\beta'}{\gamma'} \equiv b$. 由(5.2.55) 得

$$\gamma'(g-h) = \frac{f'(g-f)}{f(f-1)}.$$

于是

$$\gamma'(g-b) = \frac{f'(g-f)}{f(f-1)}. \tag{5.6.58}$$

注意到 $g-b$ 的零点均为 $f-a$ 的零点,由(5.6.58) 知,$g-b$ 的零点必为 f' 的零点,这与(5.6.50),(5.6.56) 矛盾,于是 $\tau_1 \not\equiv 0$.

设 z_0 为 $f-a$ 的单零点,且使得 $\tau_1(z_0) \neq 0$. 则 $g(z_0) = b$. 再由(5.6.49) 得

$$e^{\beta(z_0)} = \frac{a-1}{b-1}, \quad e^{\gamma(z_0)} = \frac{b(a-1)}{a(b-1)}.$$

由(5.6.51) 得 F 在 z_0 的 Taylor 展式为

$$F(z) = \tau_1(z_0)(z-z_0) + \tau_2(z_0)(z-z_0)^2 + \tau_3(z_0)(z-z_0)^3 + O((z-z_0)^4). \tag{5.6.59}$$

设

$$B = 2 \cdot \frac{\tau_2}{\tau_1}, \qquad C = 2\left(\frac{\tau_3}{\tau_1} - \left(\frac{\tau_2}{\tau_1}\right)^2\right),$$

由(5.6.52),(5.6.59)得 w 在 z_0 的 Laurent 展式为

$$w(z) = \frac{1}{z - z_0} + \frac{B(z_0)}{2} + C(z_0)(z - z_0) + O((z - z_0)^2). \tag{5.6.60}$$

设

$$H = w' + w^2 - Bw - A, \tag{5.6.61}$$

其中 $A = 3C - \frac{B^2}{4} - B'$. 由(5.6.60),(5.6.61)得 H 在 z_0 的 Laurent 展式为

$$\begin{aligned} H(z) = & \left[-\frac{1}{(z - z_0)^2} + C(z_0)\right] \\ & + \left[\frac{1}{(z - z_0)^2} + \frac{B(z_0)}{z - z_0} + 2C(z_0) + \frac{B^2(z_0)}{4}\right] \\ & - \left[B(z_0) + B'(z_0)(z - z_0)\right]\left[\frac{1}{z - z_0} + \frac{B(z_0)}{2}\right] \\ & - A(z_0) + O(z - z_0) \\ = & O(z - z_0), \end{aligned}$$

于是 z_0 为 H 的零点. 如果 $H \not\equiv 0$,则

$$\begin{aligned} N_{1)}\left(r, \frac{1}{f - a}\right) \leqslant N\left(r, \frac{1}{H}\right) & \leqslant T(r, H) + O(1) \\ & = N(r, H) + S(r, f). \end{aligned}$$

再由(5.6.50),(5.6.55)得

$$T(r, f) \leqslant N(r, H) + S(r, f). \tag{5.6.62}$$

由(5.6.52),(5.6.61)知,H 的极点由两部分组成,一是 $f - a$ 的重零点,二是 $f - g$ 的零点,但不是 $f, f - 1, \frac{1}{f}$ 的零点,于是

$$\overline{N}(r, H) \leqslant N_0(r) + S(r, f). \tag{5.6.63}$$

由(5.6.51)知,F 的零点除了 $S(r, f)$ 外,均为单零点. 设 z_p 为 F 的单零点,由(5.6.52)得

$$w = \frac{1}{z - z_p} + C + O(z - z_p). \tag{5.6.64}$$

把(5.6.64)代入(5.6.61)得

$$H(z) = \left[\frac{-1}{(z-z_p)^2} + O(1)\right] + \left[\frac{1}{z-z_p} + C + O(z-z_p)\right]^2$$

$$- B(z_p)\left[\frac{1}{z-z_p} + O(1)\right] - A(z_p)$$

$$= \frac{1}{z-z_p}(2C - B(z_p)) + O(1).$$

于是

$$N(r,H) = \overline{N}(r,H) + S(r,f). \tag{5.6.65}$$

由(5.6.62),(5.6.63),(5.6.65)得

$$T(r,f) \leqslant N_0(r) + S(r,f).$$

于是有

$$\varlimsup_{\substack{r\to\infty \\ r\notin E}} \frac{N_0(r)}{T(r,f)} \geqslant 1 > \frac{2}{3}.$$

由定理 5.27 即可得出矛盾. 因此 $H\equiv 0$, w 满足 Riccati 微分方程

$$w' = A + Bw - w^2. \tag{5.6.66}$$

由(5.6.51),(5.6.52)得

$$F(w - r') = (\beta' - \gamma')\cdot(e^\beta - \tau), \tag{5.6.67}$$

其中 $\tau = (a-1)\cdot\frac{\gamma'}{\beta'-\gamma'}$. 由(5.6.67)得

$$\overline{N}\left(r,\frac{1}{w-\gamma'}\right) \leqslant \overline{N}\left(r,\frac{1}{\beta'-\gamma'}\right) + \overline{N}\left(r,\frac{1}{e^\beta-\tau}\right)$$

$$= \overline{N}\left(r,\frac{1}{e^\beta-\tau}\right) + S(r,f)$$

$$\leqslant \overline{N}\left(r,\frac{1}{F(w-\gamma')}\right) + S(r,f)$$

$$\leqslant \overline{N}\left(r,\frac{1}{w-\gamma'}\right) + \overline{N}_{(2}\left(r,\frac{1}{F}\right) + S(r,f)$$

$$\leqslant \overline{N}\left(r,\frac{1}{w-\gamma'}\right) + S(r,f).$$

于是

$$\overline{N}\left(r,\frac{1}{w-\gamma'}\right) = \overline{N}\left(r,\frac{1}{e^\beta-\tau}\right) + S(r,f)$$

$$= T(r,e^\beta) + S(r,f). \tag{5.6.68}$$

由(5.6.49)得

$$\frac{f-g}{g-1}=e^{\beta}-1.$$

于是

$$T(r,e^{\beta})=N(r,\frac{1}{e^{\beta}-1})+S(r,f)=N(r,\frac{1}{f})+N_0(r)$$
$$+S(r,f). \tag{5.6.69}$$

由(5.6.68),(5.6.69)得

$$\overline{N}(r,\frac{1}{w-r'})=N(r,\frac{1}{f})+N_0(r)+S(r,f). \tag{5.6.70}$$

同理可得

$$\overline{N}(r,\frac{1}{w-\beta'})=N(r,f)+N_0(r)+S(r,f), \tag{5.6.71}$$

$$\overline{N}(r,\frac{1}{w})=N(r,\frac{1}{f-1})+N_0(r)+S(r,f). \tag{5.6.72}$$

再区分两种情况.

(a) 假设 $w=0$, $w=\beta'$, $w=\gamma'$ 中有一个满足 Riccati 微分方程(5.6.66).

若 $w=0$ 满足微分方程(5.6.66),由定理 5.22 得

$$\overline{N}(r,\frac{1}{w})=S(r,f).$$

再由(5.6.72)得

$$N(r,\frac{1}{f-1})+N_0(r)=S(r,f),$$

这与(5.6.47)矛盾.同理,若 $w=\beta'$ 满足微分方程(5.6.66),也可得到

$$N(r,f)+N_0(r)=S(r,f),$$

这也与(5.6.47)矛盾.若 $w=r'$ 满足微分方程(5.6.66),也可得到

$$N(r,\frac{1}{f})+N_0(r)=S(r,f). \tag{5.6.73}$$

设 z_0 为 $f(z)-a$ 的零点,则 $g(z_0)=b$.注意到 $\frac{f-1}{g-1}=e^{\beta}$,

因此 $e^{\beta(z_0)}=\dfrac{a-1}{b-1}$. 于是

$$\overline{N}(r,\frac{1}{f-a})\leqslant N(r,\frac{1}{e^{\beta}-\dfrac{a-1}{b-1}})$$
$$=T(r,e^{\beta})+S(r,f).$$

再由(5.6.50),(5.6.55),(5.6.69),(5.6.73)得

$$T(r,f)\leqslant N(r,\frac{1}{f})+N_0(r)+S(r,f)=S(r,f),$$

这就得出矛盾.

(b) 假设 $w=0$, $w=\beta'$, $w=\gamma'$ 都不满足微分方程. 由定理5.22得

$$T(r,w)=N(r,\frac{1}{w-\gamma'})+S(r,f)$$
$$=N(r,\frac{1}{f})+N_0(r)+S(r,f),$$

$$T(r,w)=N(r,\frac{1}{w-\beta'})+S(r,f)$$
$$=N(r,f)+N_0(r)+S(r,f),$$

$$T(r,w)=N(r,\frac{1}{w})+S(r,f)$$
$$=N(r,\frac{1}{f-1})+N_0(r)$$
$$+S(r,f).$$

再由(5.6.57)得

$$T(r,f)=N(r,\frac{1}{f})+S(r,f),$$
$$T(r,f)=N(r,f)+S(r,f),$$
$$T(r,f)=N(r,\frac{1}{f-1})+S(r,f).$$

于是

$$N(r,\frac{1}{f})+N(r,f)+N(r,\frac{1}{f-1})=3T(r,f)+S(r,f).\tag{5.6.74}$$

由(5.6.50),(5.6.55),(5.6.56)得

$$T(r,g)=T(r,f)+S(r,f),$$

再由定理 5.13 的(ii) 得

$$2T(r,f)=N(r,\frac{1}{f})+N(r,\frac{1}{f-1})+N(r,f)+N_0(r)+S(r,f). \tag{5.6.75}$$

(5.6.74) 代入(5.6.75) 得

$$2T(r,f)=3T(r,f)+N_0(r)+S(r,f),$$

这显然也是一个矛盾.

(2) 假设 $N_{(2}(r,\frac{1}{f-a})$, $N_{(2}(r,\frac{1}{g-b})$ 中至少有一个不等于 $S(r,f)$. 不失一般性,不妨设

$$N_{(2}(r,\frac{1}{g-b})\neq S(r,f). \tag{5.6.76}$$

由定理 5.30 知,$N'_0(r,0)=S(r,f)$. 于是

$$N_{(2}(r,\frac{1}{f-a})=S(r,f). \tag{5.6.77}$$

在 §5.2.3 段中,我们证明了

$$-\gamma'(f-h)=\frac{g'(f-g)}{g(g-1)}. \tag{5.2.55}$$

如果 $h\not\equiv a$,由(5.2.55) 得

$$N_{(2}(r,\frac{1}{g-b})\leqslant 2N(r,\frac{1}{g'})\leqslant 2N(r,\frac{1}{h-a})+N(r,\frac{1}{r'})=S(r,f),$$

这与(5.6.76) 矛盾. 于是 $h\equiv a$.

设

$$F=(f-a)(e^{\gamma}-1)=e^{\beta}-ae^{\gamma}+a-1, \tag{5.6.78}$$

$$w=\frac{F'}{F}=\beta'+\frac{\beta'(a-1)}{f-a}=\beta'\cdot\frac{f-1}{f-a}. \tag{5.6.79}$$

与情况(1) 类似,可以证明 w 满足 Riccati 微分方程

$$w'=A+Bw-w^2. \tag{5.6.66}$$

把(5.6.79) 代入(5.6.66),化简后知,f 满足 Riccati 微分方程

$$f'=a_0+a_1f+a_2f^2=P(z,f). \tag{5.6.80}$$

注意到 $\overline{N}(r,f)\neq S(r,f)$,由(5.6.80) 得 $a_2\not\equiv 0$. 再由定理 5.21 得

$$m(r,f) = S(r,f).$$

于是

$$N(r,f) = T(r,f) + S(r,f). \tag{5.6.81}$$

如果 $p(z,1) \equiv 0$，由定理 5.22 的(i) 得

$$\overline{N}(r,\frac{1}{f-1}) = S(r,f),$$

这与(5.6.47) 矛盾，于是 $p(z,1) \not\equiv 0$. 再由定理 5.22 的(ii) 得

$$N(r,\frac{1}{f-1}) = T(r,f) + S(r,f). \tag{5.6.82}$$

再区分两种情况.

(a) 假设 $p(z,0) \not\equiv 0$. 由定理 5.23 得 $f \equiv g$，这是一个矛盾.

(b) 假设 $p(z,0) \equiv 0$. 由定理 5.22 的(i) 得

$$\overline{N}(r,\frac{1}{f}) = S(r,f).$$

再由(5.6.48) 得

$$N(r,\frac{1}{f}) = S(r,f). \tag{5.6.83}$$

注意到 $h \equiv a$，由(5.2.55) 得

$$-r'(f-a) = \frac{g'(f-g)}{g(g-1)}. \tag{5.6.84}$$

由(5.6.84) 得

$$N(r,\frac{1}{g'}) = N(r,\frac{1}{f-a}) + S(r,f).$$

再由(5.6.55) 得

$$N(r,\frac{1}{g'}) = T(r,f) + S(r,f).$$

由定理 5.13 的(i) 得

$$T(r,f) = N(r,\frac{1}{g'}) + N_0(r) + S(r,f).$$

于是

$$N_0(r) = S(r,f). \tag{5.6.85}$$

由(5.6.69)，(5.6.83)，(5.6.85) 得

$$T(r,e^{\beta}) = N(r,\frac{1}{f}) + N_0(r) + S(r,f) = S(r,f).$$

(5.6.86)

设 z_0 为 $f(z)-a$ 的零点，则 $g(z_0)=b$. 注意到$\frac{f-1}{g-1}=e^{\beta}$，因此 $e^{\beta(z_0)}=\frac{a-1}{b-1}$. 于是

$$\overline{N}(r,\frac{1}{f-a}) \leqslant N(r,\frac{1}{e^{\beta}-\frac{a-1}{b-1}}) = T(r,e^{\beta}) + S(r,f). \tag{5.6.87}$$

由(5.6.55)，(5.6.77)得

$$\overline{N}(r,\frac{1}{f-a}) = T(r,f) + S(r,f). \tag{5.6.88}$$

再由(5.6.86)，(5.6.87)，(5.6.88)得

$$T(r,f) < S(r,f),$$

这也是一个矛盾. 于是 f 必为 g 的分式线性变换.

这就完成了定理 5.37 的证明.

5.6.5 关于函数关系的一个结果

1979 年，Gundersen[2] 证明了下述

定理 5.38 设 $f(z)$，$g(z)$，$F(z)$ 均为非常数亚纯函数，其中 $g(z)=F(f(z))$. 如果 $f(z)$ 与 $g(z)$ 具有三个判别的 IM 公共值，则当且仅当对某个非常数整函数 $h(z)$，我们有(通过一个适当的线性分式变换)下述情况之一：

(i) $f\equiv g$,

(ii) $f=e^h$, $g=a_1(1+4a_1e^{-h}-4a_1^2e^{-2h})$，具有三个 IM 公共值 $a_1\neq 0$，$a_2=-a_1$，∞，

(iii) $f=e^h$, $g=\frac{1}{2}(e^h+a_1^2e^{-h})$，具有三个 IM 公共值 $a_1\neq 0$，$a_2=-a_1$，∞，

(iv) $f=e^h$, $g=a_1+a_2-a_1a_2e^{-h}$，具有三个 IM 公共值 $a_1\neq 0$，$a_2\neq 0$，∞，

(v) $f = e^h$, $g = \frac{1}{a_2}e^{2h} - 2e^h + 2a_2$，具有三个 IM 公共值 $a_1 = 2a_2, a_2 \neq 0, \infty$,

(vi) $f = e^h, g = a_1^2 e^{-h}$，具有三个 IM 公共值 $a_1 \neq 0, 0, \infty$.

定理 5.38 的证明参看 Gundersen[2]. 由定理 5.38，可得下述

系. 设 $f(z), g(z), F(z)$ 为非常数亚纯函数，其中 $g(z) = F(f(z))$. 如果 f 与 g 具有四个判别的 IM 公共值，则这四个值均为 f 与 g 的 CM 公共值.

第六章　亚纯函数的三值集合

单复变函数论中经典及具基础性的 Weierstrass 定理是说：给定复平面上的任意一个无有限极限点的序列$\{a_n\}$，我们总可构造一个整函数使其零点恰好为$\{a_n\}$. 1966 年，Nevanlinna 问：给定复平面上的三个序列$\{a_n\}$，$\{b_n\}$，$\{p_n\}$，它们互不相交，且仅以 ∞ 为极限点，是否存在一个亚纯函数，使其零点，1 值点，极点恰好分别为$\{a_n\}$，$\{b_n\}$，$\{p_n\}$？本章主要叙述与 Nevanlinna 上述问题有关的研究成果，主要包括整函数的 0-1 集合，亚纯函数的 0-1-∞ 集合及亚纯函数的 0-d-∞ 集合的唯一性等有关结果.

§6.1　整函数的二值集合

6.1.1　Weierstrass 方法

设 $a_1,a_2,\cdots,a_n,\cdots$ 为任意一个复数序列，仅以 ∞ 为极限点，是否存在一个整函数 $f(z)$，以且仅以 $a_1,a_2,\cdots,a_n,\cdots$ 为零点？下面介绍 Weierstrass 方法.

引理 6.1　如果正实数序列$\{r_n\}$满足

$$0<r_1\leqslant r_2\leqslant\cdots\leqslant r_n\leqslant\cdots,$$

且当 $n\to\infty$ 时，$r_n\to\infty$，则存在一个正整数序列$\{p_n\}$，使级数

$$\sum_{n=1}^{\infty}\left(\frac{r}{r_n}\right)^{p_n}$$

为收敛，其中 r 为任意有限值.

证.　因 $r_n\to\infty$，故存在正整数 N，使得当 $n\geqslant N$ 时，$r_n>2r$，从而$\frac{r}{r_n}<\frac{1}{2}$，于是级数 $\sum_{n=1}^{\infty}\left(\frac{r}{r_n}\right)^n$ 收敛. 故只须取 $p_n=n$ 即可.

我们称

$$E(u,0)=1-u,$$

$$E(u,p)=(1-u)e^{u+\frac{u^2}{2}+\cdots+\frac{u^p}{p}},\quad p=1,2,\cdots$$

为基本因子.

引理 6.2 设 $|u|\leqslant\frac{1}{k}$,其中 $k>1$,则

$$|\log E(u,p)|\leqslant\frac{k}{k-1}|u|^{p+1}.$$

证. 注意到 $|u|\leqslant\frac{1}{k}<1$, 故有

$$\begin{aligned}\log E(u,p)&=\log(1-u)+u+\frac{u^2}{2}+\cdots+\frac{u^p}{p}\\&=-\frac{u^{p+1}}{p+1}-\frac{u^{p+2}}{p+2}-\cdots.\end{aligned}$$

于是

$$\begin{aligned}|\log E(u,p)|&\leqslant|u|^{p+1}+|u|^{p+2}+\cdots\\&\leqslant|u|^{p+1}(1+\frac{1}{k}+\frac{1}{k^2}+\cdots)\\&=\frac{k}{k-1}|u|^{p+1}.\end{aligned}$$

由引理 6.1 和引理 6.2 即得下述

定理 6.1 设 $a_1,a_2,\cdots,a_n\cdots$ 为任意一个复数序列,仅以 ∞ 为极限点,则存在一整函数,以且仅以这些点为零点.

证. 设 $|a_n|=r_n$, 并不妨设

$$0<r_1\leqslant r_2\leqslant\cdots\leqslant r_n\leqslant\cdots,$$

则当 $n\to\infty$ 时,$r_n\to\infty$. 设 r 为任意有限正数,由引理 6.1 知,存在一个正整数序列 $\{p_n\}$,使级数

$$\sum_{n=1}^{\infty}\left(\frac{r}{r_n}\right)^{p_n}\tag{6.1.1}$$

为收敛,特别可选取 $p_n=n$. 命

$$P(z)=\prod_{n=1}^{\infty}E(\frac{z}{a_n},n-1).\tag{6.1.2}$$

我们下面证明 $P(z)$ 为整函数.

设 D 为复平面上任意一个有界闭域,则存在 $R>0$,使对 D 中任意 z 都有 $|z|=r\leqslant R$. 由 $r_n\to\infty$ 知,存在 N,当 $n\geqslant N$ 时有

$$\left|\frac{z}{a_n}\right|=\frac{r}{r_n}<\frac{1}{2}.$$

再由引理 6.2 得

$$\left|\log E\left(\frac{z}{a_n},n-1\right)\right|\leqslant 2\cdot\left(\frac{r}{r_n}\right)^n<\left(\frac{1}{2}\right)^{n-1}.$$

故为 $|z|\leqslant R$,级数

$$\sum_{n=1}^{\infty}\log E\left(\frac{z}{a_n},n-1\right)$$

为一致收敛. 因此 $\prod_{n=1}^{\infty}E\left(\frac{z}{a_n},n-1\right)$ 为一致收敛. 于是 $P(z)$ 为整函数. 显然 $P(z)$ 以且仅以 $\{a_n\}$ 为零点,则 $P(z)$ 满足定理需要.

设 $g(z)$ 为任意整函数,$f(z)=P(z)e^{g(z)}$,则 $f(z)$ 也满足定理需要. 因此满足定理 6.1 的 $f(z)$ 不是唯一的. 一般整函数可依下面方法分解因子.

定理 6.2 设 $f(z)$ 为以 $0,a_1,a_2,\cdots$,为零点的整函数,$z=0$ 为 $f(z)$ 的 m 重零点,则

$$f(z)=z^mP(z)e^{g(z)},$$

其中 $P(z)$ 为无穷积(6.1.2),$g(z)$ 为整函数.

证. 设

$$\phi(z)=\frac{f'(z)}{f(z)}-\frac{m}{z}-\frac{P'(z)}{P(z)}. \tag{6.1.3}$$

显然(6.1.3) 右端每一项的极点都相互抵消,从而 $\phi(z)$ 为一个整函数. 于是

$$g(z)=\log A+\int_0^z\phi(z)dz=\log f(z)-\log z^m-\log P(z)$$

也是整函数,其中 $A=\lim\limits_{z\to 0}\frac{f(z)}{z^m}$ 为常数. 取指数,即得定理的结果.

6.1.2 整函数的 0-1 集合

1966 年, 在纪念 Weierstrass 学术报告会议上,R.

Nevanlinna[5] 提出下述问题：设在复平面上给定三个序列$\{a_n\}$，$\{b_n\}$，$\{p_n\}$，它们互不相交，且仅以∞为极限点. 是否存在一个整函数，使其零点恰好为$\{a_n\}$，使其1值点恰好为$\{b_n\}$？是否存在一个亚纯函数，使其零点恰好为$\{a_n\}$，使其1值点恰好为$\{b_n\}$，使其极点恰好为$\{p_n\}$？

1973年，Rubel-Yang[1] 引入下述

定义 6.1 设$\{a_n\}$，$\{b_n\}$为复平面上的两个序列，它们互不相交，且没有有限极限点. 如果存在一个整函数f，它的零点序列恰好是$\{a_n\}$，它的1值点序列恰好是$\{b_n\}$，则序列对$(\{a_n\},\{b_n\})$称作整函数$f(z)$的0-1集合.

设$\{a_n\}$，$\{b_n\}$为两个实数序列，它们互不相交，且没有有限极限点，再设存在正数$\tau>1$，使得

$$\sum_{n=1}^{\infty}|a_n|^{-\tau} \tag{6.1.4}$$

发散. 可以证明序列对$(\{a_n\},\{b_n\})$不为任何整函数的0-1集合. 事实上，如果存在一个整函数$f(z)$，使得$(\{a_n\},\{b_n\})$为其0-1集合. 于是$f(z)$的零点与1值点均为实数，由引理2.6知，$f(z)$的级$\lambda(f)\leqslant 1$. 由(6.1.4)知，$f(z)$的零点收敛指数$\rho_1>1$，再由定理2.2知，$\rho_1\leqslant\lambda(f)$. 因此$\lambda(f)>1$. 这就得出矛盾. 这表明，不是任何序列对$(\{a_n\},\{b_n\})$可为整函数的0-1集合. 也就是说，Nevanlinna的上述问题不一定有解.

Rubel-Yang[1] 进一步证明了下述

定理 6.3 对任一给定的复数序列$\{a_n\}$，我们都可找到另一复数序列$\{b_n\}$，其与$\{a_n\}$互不相交，使得$(\{a_n\},\{b_n\})$不为整函数的0-1集合.

为了证明定理6.3，先引入一个记号.

设$\{c_n\}$为任一复数序列，我们以$n(t,\{c_n\})$表示在$|z|\leqslant r$内所含$\{c_n\}$的项的个数，并设

$$N(r,\{c_n\})=\int_0^r\frac{n(t,\{c_n\})-n(0,\{c_n\})}{t}dt+n(0,\{c_n\})\cdot\log r.$$

下面证明定理 6.3. 不失一般性，不妨设 $a_n \neq 0$. 设

$$P_1(z) = \prod_{n=1}^{\infty} E(\frac{z}{a_n}, n-1). \tag{6.1.5}$$

由定理 6.1，$P_1(z)$ 为整函数，其零点恰好为 $\{a_n\}$. 现取 $\{b_n\}$ 为任一序列，并满足

(i) $\{b_n\}$ 与 $\{a_n\}$ 不相交，$b_n \neq 0$，

(ii) $b_2 = -b_3, b_4 = -b_5, \cdots, b_{2n} = -b_{2n+1}, \cdots$,

(iii) $T(r, P_1) = o(N(r, \{b_n\})) \quad (r \to \infty)$ (6.1.6)

显然，如此的 $\{b_n\}$ 必然存在. 下面证明 $(\{a_n\}, \{b_n\})$ 不为整函数的 0-1 集合.

假设存在一个整函数 $f(z)$，使得 $(\{a_n\}, \{b_n\})$ 为其 0-1 集合. 设

$$P_2(z) = \prod_{n=1}^{\infty} [E(\frac{z}{b_{2n}}, n-1) \cdot E(\frac{z}{b_{2n+1}}, n-1)]. \tag{6.1.7}$$

由定理 6.1，$P_2(z)$ 为整函数，其零点恰好为 $\{b_n\} (n \neq 1)$，且 $P_2(-z) = P_2(z)$. 于是，我们有

$$f(z) = P_1(z) e^{\alpha(z)}, \tag{6.1.8}$$

$$f(z) - 1 = (z - b_1) P_2(z) e^{\beta(z)}, \tag{6.1.9}$$

其中 $\alpha(z)$ 与 $\beta(z)$ 为整函数. 由 (6.1.8) 得

$$T(r, f) \leqslant T(r, P_1) + T(r, e^{\alpha}).$$

由 (6.1.6) 得

$$T(r, P_1) = o(N(r, \frac{1}{f-1})) = o(T(r, f)).$$

于是

$$T(r, P_1) = o(T(r, e^{\alpha})). \tag{6.1.10}$$

由 (6.1.8)，(6.1.9) 得

$$P_1(z) e^{\alpha(z)} - (z - b_1) P_2(z) e^{\beta(z)} = 1.$$

因此

$$e^{-\beta(z)} - P_1(z) e^{\alpha(z) - \beta(z)} = -(z - b_1) P_2(z). \tag{6.1.11}$$

注意到 $P_2(-z) = P_2(z)$. 由 (6.1.11) 得

$$P_1(z)e^{\alpha(z)} - \frac{z-b_1}{z+b_1}e^{\beta(z)-\beta(-z)} + \frac{z-b_1}{z+b_1}P_1(-z)e^{\beta(z)+\alpha(-z)-\beta(-z)}$$
$$= 1. \tag{6.1.12}$$

应用定理 1.56,由(6.1.10),(6.1.12) 知,

$$-\frac{z-b_1}{z+b_1}e^{\beta(z)-\beta(-z)} \text{与} \frac{z-b}{z+b}P_1(-z)e^{\beta(z)+\alpha(-z)-\beta(-z)}$$

中必有一个恒等于 1,这是不可能的,于是($\{a_n\}$,$\{b_n\}$) 不为整函数的 0-1 集合.

1977 年,Ozawa[2] 证明了下述

定理 6.4 设$\{a_n\}$,$\{b_n\}$ 为复平面上的两个序列,它们互不相交,且没有有限极限点. 如果 $b_1 \neq b_2$,则三个序列对

$$(\{a_n\},\{b_n\}_{n=1}^{\infty}),\ (\{a_n\},\{b_n\}_{n=2}^{\infty}),\ (\{a_n\},\{b_n\}_{n=3}^{\infty} \cup \{b_1\})$$

中至少有一对不为整函数的 0-1 集合.

证. 假设不然,则存在三个整函数 f,g 与 h,使得($\{a_n\}$,$\{b_n\}_{n=1}^{\infty}$) 为 $f(z)$ 的 0-1 集合,($\{a_n\}$,$\{b_n\}_{n=2}^{\infty}$) 为 $g(z)$ 的 0-1 集合,($\{a_n\}$,$\{b_n\}_{n=3}^{\infty} \cup \{b_1\}$) 为 $h(z)$ 的 0-1 集合. 于是

$$g = f \cdot e^{\alpha}, \quad (g-1)(z-b_1) = (f-1)e^{\beta} \tag{6.1.13}$$

及

$$h = f \cdot e^{\gamma}, \quad (h-1)(z-b_2) = (f-1)e^{\delta}, \tag{6.1.14}$$

其中 $\alpha,\beta,\gamma,\delta$ 为整函数. 由(6.1.13) 得

$$f = \frac{(z-b_1)-e^{\beta}}{(z-b_1)e^{\alpha}-e^{\beta}}. \tag{6.1.15}$$

由(6.1.14) 得

$$f = \frac{(z-b_2)-e^{\delta}}{(z-b_2)e^{\gamma}-e^{\delta}}. \tag{6.1.16}$$

由(6.1.15),(6.1.16) 得

$$(z-b_1)(z-b_2)(e^{\gamma}-e^{\alpha}) + (z-b_2)(e^{\beta}-e^{\beta+\gamma})$$
$$-(z-b_1)(e^{\delta}-e^{\alpha+\delta}) = 0. \tag{6.1.17}$$

假设 $e^{\alpha} \equiv c$,其中 $c(\neq 0)$ 为常数. 把 $z=b_1$ 与 $z=b_2$ 分别代入(6.1.13) 得 $c=g(b_1)\neq 1$ 与 $c=1$,这是一个矛盾. 于是 e^{α} 不为常数. 同理可证 e^{γ} 也不为常数.

假设 $e^{\beta} \equiv c$,其中 $c(\neq 0)$ 为常数. 把 $z=a_n$ 代入(6.1.13) 得

$a_n = b_1 + c(n=1,2\cdots)$，这是不可能的，于是 e^{β} 不为常数. 同理可证 e^{δ} 也不为常数.

假设 $e^{\alpha-\gamma} \equiv c$，其中 $c(\neq 0)$ 为常数. 由(6.1.13)，(6.1.14) 得

$$g \equiv c \cdot h. \tag{6.1.18}$$

把 $z = b_1$ 与 $z = b_3$ 分别代入(6.1.18) 得 $c = g(b_1) \neq 1$ 与 $c = 1$，这是不可能的. 于是 $e^{\alpha-\gamma}$ 不为常数.

假设 $e^{\beta-\delta} \equiv c$，其中 $c(\neq 0)$ 为常数. 由(6.1.13)，(6.1.14) 得

$$(g-1)(z-b_1) = c(h-1)(z-b_2). \tag{6.1.19}$$

把 $z = a_n$ 代入(6.1.19) 得

$$a_n - b_1 = c(a_n - b_2). \tag{6.1.20}$$

如果 $c = 1$，由(6.1.20) 得 $b_1 = b_2$，这是不可能的. 如果 $c \neq 1$，由(6.1.20) 得

$$a_n = \frac{1}{1-c}(b_1 - cb_2) \quad (n = 1,2\cdots),$$

这也是不可能的. 于是 $e^{\beta-\delta}$ 不为常数.

假设 $e^{\alpha-\beta} \equiv c$，其中 $c(\neq 0)$ 为常数. 则 $e^{\alpha} = ce^{\beta}$. 再由(6.1.17) 得

$$\begin{aligned}&\frac{z-b_1}{c(z-b_1)-1}e^{\gamma-\beta} - \frac{1}{c(z-b_1)-1}e^{\gamma} \\ &- \frac{z-b_1}{(z-b_2)[c(z-b_1)-1]}e^{\delta-\beta} + \frac{c(z-b_1)}{(z-b_2)[c(z-b_1)-1]}e^{\delta} \\ &= 1.\end{aligned} \tag{6.1.21}$$

再由定理 1.61 得 $\dfrac{z-b_1}{c(z-b_1)-1}e^{\gamma-\beta} \equiv 1$，这是不可能的. 于是 $e^{\alpha-\beta}$ 不为常数. 同理可证 $e^{\gamma-\delta}$ 也不为常数.

由(6.1.17) 得

$$\begin{aligned}&(z-b_2)e^{\gamma-\delta} - (z-b_2)e^{\alpha-\delta} + \frac{z-b_2}{z-b_1}e^{\beta-\delta} - \frac{z-b_2}{z-b_1}e^{\beta+\gamma-\delta} \\ &\qquad + e^{\alpha} = 1.\end{aligned}$$

再由定理 1.63 得

$$-(z-b_2)e^{\alpha-\delta} \equiv 1, \text{ 或 } \quad -\frac{z-b_2}{z-b_1}e^{\beta+\gamma-\delta} \equiv 1$$

或 $\quad -(z-b_2)e^{\alpha-\delta}-\dfrac{z-b_2}{z-b_1}e^{\beta+\gamma-\delta}\equiv 1,$

这是不可能的. 这就证明了定理 6.4.

作为定理 6.4 的补充,Ozawa[2] 还证明了

定理 6.5 设 $\{a_n\}$ 为复平面上的一个序列,没有有限极限点,再设 $\{b_n\}_{n=1}^m$ 为一个非空有限集合,且与 $\{a_n\}$ 不相交. 则两个序列对

$$(\{a_n\},\{b_n\}_{n=1}^m),\quad (\{a_n\},\{b_n\}_{n=2}^m)$$

中至少有一对不为整函数的 0-1 集合.

证. 假设不然,则存在二个整函数 f 与 g,使得 $(\{a_n\},\{b_n\}_{n=1}^m)$ 为 $f(z)$ 的 0-1 集合,$(\{a_n\},\{b_n\}_{n=2}^m)$ 为 $g(z)$ 的 0-1 集合. 于是

$$g=fe^{\alpha},\quad (g-1)(z-b_1)=(f-1)e^{\beta}, \tag{6.1.22}$$

$$f-1=P(z)e^{\gamma}, \tag{6.1.23}$$

其中 α、β、γ 为整函数, $P(z)=\prod\limits_{n=1}^{m}(z-b_m)$. 由(6.1.22)得

$$f=\frac{(z-b_1)-e^{\beta}}{(z-b_1)e^{\alpha}-e^{\beta}},\quad f-1=\frac{(z-b_1)(1-e^{\alpha})}{(z-b_1)e^{\alpha}-e^{\beta}}. \tag{6.1.24}$$

再由(6.1.23),(6.1.24)得

$$Pe^{\gamma+\alpha}-\frac{P}{z-b_1}e^{\gamma+\beta}+e^{\alpha}=1. \tag{6.1.25}$$

假设 $e^{\alpha}\equiv c$,其中 $c(\neq 0)$ 为常数. 把 $z=b_1$ 与 $z=b_2$ 分别代入(6.1.22)得 $c=g(b_1)\neq 1$ 与 $c=1$. 这是不可能的. 于是 e^{α} 不为常数. 应用定理 1.56,由(6.1.25)得 $Pe^{\gamma+\alpha}\equiv 1$ 或 $-\dfrac{P}{z-b_1}e^{\gamma+\beta}\equiv 1$. 这是不可能的. 这就证明了定理 6.5.

使用与证明定理 6.5 类似的方法,可以证明下述

定理 6.6 设 $\{a_n\}_{n=1}^m$ 为一个有限集合,$\{b_n\}_{n=1}^{\infty}$ 为一个无限集合,没有有限极限点,且互不相交. 则两个序列对

$$(\{a_n\}_{n=1}^m,\{b_n\}_{n=1}^{\infty}),\quad (\{a_n\}_{n=1}^m,\{b_n\}_{n=2}^{\infty})$$

中至少有一对不为整函数的 0-1 集合.

对有穷非整数级整函数，Ozawa[2] 证明了下述

定理6.7 设 $f(z)$ 为有穷非整数级整函数，$(\{a_n\},\{b_n\})$ 为其 0-1 集合. 则 $(\{a_n\},\{b_n\}_{n=2}^{\infty})$ 不为整函数的 0-1 集合.

证. 假设不然，设 $(\{a_n\},\{b_n\}_{n=2}^{\infty})$ 为整函数 $g(z)$ 的 0-1 集合. 则

$$g=fe^{\alpha},\quad (g-1)(z-b_1)=(f-1)e^{\beta}, \tag{6.1.26}$$

其中 α,β 为整函数. 由(6.1.26)得

$$T(r,e^{\beta})\leqslant T(r,f)+T(r,g)+O(\log r).$$

注意到

$$\begin{aligned}T(r,g)&<N\left(r,\frac{1}{g}\right)+N\left(r,\frac{1}{g-1}\right)+S(r,g)\\&<N\left(r,\frac{1}{f}\right)+N\left(r,\frac{1}{f-1}\right)+S(r,g)\\&<2T(r,f)+S(r,g).\end{aligned}$$

于是有

$$T(r,e^{\beta})\leqslant 3T(r,f)+S(r,f). \tag{6.1.27}$$

由(6.1.27)知，β 为多项式，并且 $\lambda(e^{\beta})<\lambda(f)$.

由(6.1.26)得

$$f=\frac{(z-b_1)-e^{\beta}}{(z-b_1)e^{\alpha}-e^{\beta}}.$$

因此

$$\begin{aligned}N\left(r,\frac{1}{f}\right)&\leqslant N\left(r,\frac{1}{e^{\beta}-(z-b_1)}\right)\\&\leqslant T(r,e^{\beta})+S(r,e^{\beta}).\end{aligned} \tag{6.1.28}$$

注意到 $f(z)$ 为有穷非整数级整函数，由定理 2.11 知，0 不为 $f(z)$ 的 Borel 例外值. 再由(6.1.28)得 $\lambda(f)<\lambda(e^{\beta})$. 这就得到矛盾. 于是定理 6.7 成立.

设 $f(z)=\dfrac{z+c-ce^{z}}{ze^{z}}$，$g(z)=\dfrac{z+c-ce^{z}}{z}$，

其中 $c(\neq 0)$ 为常数. 设 $(\{a_n\},\{b_n\})$ 为 $g(z)$ 的 0-1 集合. 容易验证 $(\{a_n\},\{b_n\}\cup\{c\})$ 为 $f(z)$ 的 0-1 集合，这表明定理 6.4 中的条件“三个序列对”是必要的. 注意到 $f(z)$ 的级为 1，这表明定理 6.7 中

的条件“$f(z)$ 为有穷非整数级”是必要的.

6.1.3 整函数 0-d 集合的唯一性

1979 年,Ozawa[3] 引入下述

定义 6.2 设$\{a_n\}$,$\{c_n\}$为复平面上的两个序列,它们互不相交,且没有有限极限点.如果存在一个整函数 $f(z)$,它的零点序列恰好是$\{a_n\}$,它的 d 值点序列恰好是$\{c_n\}$,其中 $d\neq 0$,则序列对$(\{a_n\},\{c_n\})$称作整函数 $f(z)$ 的 0-d 集合.

定义 6.3 设$(\{a_n\},\{c_n\})$为整函数的 0-d 集合.如果仅存在一个整函数 $f(z)$,它的 0-d 集合恰好是$(\{a_n\},\{c_n\})$,则称 0-d 集合$(\{a_n\},\{c_n\})$是唯一的.

易见,整函数 e^z 的所有 0-d 集合都不是唯一的,多项式的所有 0-d 集合都是唯一的.

应用第二章和第五章的部分定理可以给出一些整函数 0-d 集合的唯一性定理.例如,由定理 2.20 可得下述

定理 6.8 设 $f(z)$ 为有穷非整数级整函数,则 $f(z)$ 的所有 0-d 集合都是唯一的.

由定理 5.4 可得下述

定理 6.9 设 $f(z)$ 为非常数整函数,且满足 $N_{(2}(r,\frac{1}{f})\neq S(r,f)$,则 $f(z)$ 的所有 0-d 集合都是唯一的.

由定理 5.7 可得下述

定理 6.10 设 $f(z)$ 为非常数整函数,且满足$\frac{1}{2}<\delta_{1)}(0,f)<1$,则 $f(z)$ 的所有 0-d 集合都是唯一的.

由定理 5.11 可得下述

定理 6.11 设 $f(z)$ 为非常数整函数,且满足 $0<\delta(a,f)<1$,其中 $a\neq 0,d$,则 $f(z)$ 的所有 0-d 集合都是唯一的.

在这里就不再一一列举了.1979 年,Ozawa[3] 证明了下述

定理 6.12 设$(\{a_n\},\{b_n\})$与$(\{a_n\},\{c_n\})$分别为非常数整函数 $f(z)$ 的 0-1 集合与 0-d 集合,其中 $d\neq 0,1$,则两序列对中至少

有一个是唯一的，除非 $f(z)=e^{L(z)}+A$，其中 $L(z)$ 为整函数，A 为常数.

证. 如果 $\{a_n\}$ 为空集，则 $f(z)=e^{L(z)}$；如果 $\{b_n\}$ 为空集，则 $f(z)=e^{L(z)}+1$；如果 $\{c_n\}$ 为空集，则 $f(z)=e^{L(z)}+d$，这都是例外情况. 下面假设 $\{a_n\},\{b_n\},\{c_n\}$ 均不为空集. 假设两序列对都不是唯一的，则存在整函数 $g(z)$ 与 $h(z)$，使得 $g(z)\not\equiv f(z)$，$h(z)\not\equiv f(z)$，且 $(\{a_n\},\{b_n\})$ 为 $g(z)$ 的 0-1 集合，$(\{a_n\},\{c_n\})$ 为 $h(z)$ 的 0-d 集合，于是

$$g=fe^{\alpha},\quad g-1=(f-1)e^{\beta},\tag{6.1.29}$$

$$h=fe^{\gamma},\quad h-d=(f-d)e^{\delta},\tag{6.1.30}$$

其中 $\alpha,\beta,\gamma,\delta$ 为整函数.

假设 $e^{\alpha}\equiv c$，其中 $c(\neq 0)$ 为常数. 把 $z=b_1$ 代入(6.1.29)得 $c=1$. 因此 $f\equiv g$，这是一个矛盾. 于是 e^{α} 不为常数. 同理可证 e^{β}，e^{γ}，e^{δ} 均不为常数.

假设 $e^{\alpha-\beta}\equiv c$，其中 $c(\neq 0)$ 为常数. 如果 $c=1$，由(6.1.29)得 $f\equiv g$，这是一个矛盾. 因此 $c\neq 1$. 再由(6.1.29)得

$$f=\frac{e^{-\beta}-1}{c-1},$$

这是例外情况，假设 $e^{\gamma-\delta}\equiv c$，其中 $c(\neq 0)$ 为常数. 与上面类似，可得 $c\neq 1$ 及

$$f=\frac{e^{-\delta}-1}{c-1},$$

这也是例外值情况. 下面假设 $e^{\alpha-\beta}$，$e^{\gamma-\delta}$ 均不为常数.

由(6.1.29)，(6.1.30)得

$$\frac{e^{-\beta}-1}{e^{\alpha-\beta}-1}=f=\frac{d(e^{-\delta}-1)}{e^{\gamma-\delta}-1}.\tag{6.1.31}$$

于是

$$\frac{1}{d-1}(e^{\gamma-\beta-\delta}-e^{\gamma-\delta}-e^{-\beta}-de^{\alpha-\beta-\delta}+de^{\alpha-\beta}+de^{-\delta})=1.\tag{6.1.32}$$

应用定理 1.63，由(6.1.32)得

$$e^{\gamma-\beta-\delta}=d-1 \tag{6.1.33}$$

或

$$-de^{\alpha-\beta-\delta}=d-1 \tag{6.1.34}$$

或

$$e^{\gamma-\beta-\delta}-de^{\alpha-\beta-\delta}=d-1. \tag{6.1.35}$$

我们区分三种情况.

(1) 假设(6.1.33)成立.

由(6.1.32)得

$$\frac{1}{d}e^{\gamma}+\frac{1}{d}e^{\delta-\beta}+e^{\alpha-\beta}-e^{\delta+\alpha-\beta}=1. \tag{6.1.36}$$

再应用定理1.63,由(6.1.36)得 $e^{\delta-\beta}\equiv d$ 或 $e^{\delta+\alpha-\beta}\equiv-1$ 或 $\frac{1}{d}e^{\delta-\beta}-e^{\delta+\alpha-\beta}\equiv 1$.

再区分三种情况.

(a) 假设 $e^{\delta-\beta}\equiv d$.

由(6.1.36)得

$$\frac{1}{d}e^{\gamma-\alpha}+e^{-\beta}=d.$$

再由引理1.10即可得到矛盾.

(b) 假设 $e^{\delta+\alpha-\beta}\equiv-1$.

由(6.1.36)得

$$e^{\delta-\beta-\gamma}+de^{\alpha-\beta-\gamma}\equiv-1.$$

由定理1.55知,$e^{\delta-\beta-\gamma}$ 必为常数.再由(6.1.33)知,$e^{2\beta}$ 必为常数,这是一个矛盾.

(c) 假设 $\frac{1}{d}e^{\delta-\beta}-e^{\delta+\alpha-\beta}\equiv 1$.

由定理1.55知,$e^{\delta-\beta}$ 与 $e^{\delta+\alpha-\beta}$ 必为常数.因此 e^{α} 必为常数,这也是一个矛盾.

(2) 假设(6.1.34)成立,与情况(1)类似,可以得出矛盾.

(3) 假设(6.1.35)成立.

应用定理1.55,由(6.1.35)得

$$e^{\gamma-\beta-\delta}\equiv c_1,\quad e^{\alpha-\beta-\delta}\equiv c_2. \tag{6.1.37}$$

其中 $c_1(\neq 0), c_2(\neq 0)$ 为常数，且满足

$$c_1 - c_2 d = d - 1. \tag{6.1.38}$$

再由(6.1.32)得

$$-e^{\beta+\gamma-\delta} + de^{\alpha} + de^{\beta-\delta} = 1. \tag{6.1.39}$$

由定理1.56得，$-e^{\beta+\gamma-\delta} \equiv 1$ 或 $de^{\beta-\delta} \equiv 1$. 再区分二种情况.

(a) 假设 $-e^{\beta+\gamma-\delta} \equiv 1$.

由(6.1.39)得 $e^{\alpha-\beta} = -e^{-\delta}$. 再由(6.1.37)得 $-e^{-\delta} = c_2 e^{\delta}$，故 e^{δ} 为常数，这是一个矛盾.

(b) 假设 $de^{\beta-\delta} \equiv 1$. 则 $e^{\delta} = de^{\beta}$.

由(6.1.39)得 $e^{\delta} = \frac{1}{d} e^{\beta+\gamma-\alpha}$. 于是 $e^{\gamma} = d^2 e^{\alpha}$. 再由(6.1.37)得

$$e^{\alpha-2\beta} = \frac{c_1}{d} \quad 与 \quad e^{\alpha-2\beta} = c_2 d.$$

因此 $c_2 d = \frac{c_1}{d}$. 再由(6.1.38)得 $c_1 = d$. 于是 $e^{\alpha} \equiv e^{2\beta}$. 把 $e^{\alpha} \equiv e^{2\beta}$ 代入(6.1.31)得

$$f = \frac{e^{-\beta} - 1}{e^{\beta} - 1} = -e^{-\beta}.$$

因此 $\{a_n\}$ 为空集，这也是一个矛盾.

这就完成了定理6.12的证明.

由定理6.12，可得下述

系. 设 $f(z)$ 为非常数整函数，没有有穷 Picard 例外值，则 $f(z)$ 的所有 0-d 集合是唯一的，至多除去一个例外.

1977年，Ozawa[2] 证明了下述

定理6.13 假设$(\{a_n\}, \{b_n\})$为整函数 $f(z)$ 的0-1集合，但不唯一，则$(\{a_n\}, \{b_n\}_{n=n_0}^{\infty})$ $(n_0 \geq 2)$ 不是任何整函数的0-1集合.

证. 假设$(\{a_n\}, \{b_n\}_{n=n_0}^{\infty})$为整函数 $g(z)$ 的0-1集合，则

$$g = fe^{\alpha}, \quad (g-1)p = (f-1)e^{\beta}, \tag{6.1.40}$$

其中 α, β 为整函数，$p = (z-b_1)(z-b_2)\cdots(z-b_{n_0}-1)$. 注意到 $f(z)$ 的0-1集合不唯一，则存在整函数 $h(z)$，满足 $h \neq f$，且

$$h = fe^{\gamma}, \quad h - 1 = (f-1)e^{\delta}, \tag{6.1.41}$$

其中 γ,δ 为整函数. 与定理 6.4 的证明类似，可以证明 $e^{\alpha},e^{\beta},e^{\gamma},e^{\delta}$，$e^{\alpha-\gamma},e^{\alpha+\gamma},e^{\beta-\delta},e^{\beta+\delta}$ 均不为常数.

由(6.1.40)，(6.1.41) 得

$$\frac{pe^{-\beta}-1}{pe^{\alpha-\beta}-1}=f=\frac{e^{-\delta}-1}{e^{\gamma-\delta}-1}. \tag{6.1.42}$$

于是

$$-pe^{\gamma-\beta}+pe^{\delta-\beta}+e^{\gamma}+pe^{\alpha-\beta}-pe^{\alpha-\beta+\delta}=1. \tag{6.1.43}$$

应用定理 1.55，由(6.1.43) 得 $e^{\gamma-\beta},e^{\alpha-\beta},e^{\alpha-\beta+\delta}$ 中至少有一个为常数. 我们区分三种情况.

(1) 假设 $e^{\gamma-\beta}\equiv c$，其中 $c(\neq 0)$ 为常数. 由(6.1.43) 得

$$\frac{p}{1+cp}e^{\delta-\beta}+\frac{c}{1+cp}e^{\beta}+\frac{p}{1+cp}e^{\alpha-\beta}-\frac{p}{1+cp}e^{\alpha-\beta+\delta}=1. \tag{6.1.44}$$

由 $e^{\gamma-\beta}\equiv c$ 知，$e^{\alpha-\beta}$ 不为常数. 应用定理 1.61，由(6.1.44) 得

$$-\frac{p}{1+cp}e^{\alpha-\beta+\delta}\equiv 1,$$

这是不可能的. 于是 $e^{\gamma-\beta}$ 不为常数.

(2) 假设 $e^{\alpha-\beta}\equiv c$，其中 $c(\neq 0)$ 为常数. 由(6.1.43) 得

$$\frac{-p}{1-cp}e^{\gamma-\beta}+\frac{p}{1-cp}e^{\delta-\beta}+\frac{1}{1-cp}e^{\gamma}-\frac{cp}{1-cp}e^{\delta}=1. \tag{6.1.45}$$

应用定理 1.55，由(6.1.45) 即可得出矛盾. 于是 $e^{\alpha-\beta}$ 不为常数.

(3) 假设 $e^{\alpha-\beta+\delta}\equiv c$，其中 $c(\neq 0)$ 为常数. 由(6.1.43) 得

$$\frac{-p}{1+cp}e^{\gamma-\beta}+\frac{p}{1+cp}e^{\delta-\beta}+\frac{1}{1+cp}e^{\gamma}+\frac{cp}{1+cp}e^{-\delta}=1. \tag{6.1.46}$$

应用定理 1.55，由(6.1.46) 即可得出矛盾. 于是 $e^{\alpha-\beta+\delta}$ 也不为常数.

这就证明了定理 6.13.

使用与证明定理 6.12，6.13 类似的证明方法，Ozawa[3] 证明

了下述

定理 6.14 设 $f(z)$ 为非常数整函数，它的 0-1 集合不是唯一的，但所有其他 0-d 集合 $(\{a_n\}, \{c_n\}_{n\geq 1})$ 是唯一的，则 $(\{a_n\}, \{c_n\}_{n\geq n_0})$ $(n_0 \geq 2)$ 不是任何整函数的 0-d 集合.

与本节有关的结果可参看 Nevanlinna[5], Rubel-Yang[1], Ozawa[2,3], 仪洪勋[8], Winkler[1].

§6.2 亚纯函数的三值集合

6.2.1 亚纯函数的 0-1-∞ 集合

1985 年，Winkler[2] 引入下述

定义 6.4 设 $\{a_n\}, \{b_n\}, \{p_n\}$ 为复平面上的三个序列，它们互不相交，且没有有限极限点. 如果存在一个亚纯函数 $f(z)$，它的零点序列，1 值点序列，极点序列恰好分别是 $\{a_n\}, \{b_n\}, \{p_n\}$，则序列组 $(\{a_n\}, \{b_n\}, \{p_n\})$ 称作亚纯函数 $f(z)$ 的 0-1-∞ 集合.

1989 年，Ueda[4] 引入下述

定义 6.5 设 $(\{a_n\}, \{b_n\}, \{p_n\})$ 为亚纯函数的 0-1-∞ 集合，如果仅存在一个亚纯函数 $f(z)$，它的 0-1-∞ 集合恰好是 $(\{a_n\}, \{b_n\}, \{p_n\})$，则称 0-1-∞ 集合 $(\{a_n\}, \{b_n\}, \{p_n\})$ 是唯一的.

6.2.2 0-1-∞ 集合不唯一的情况

1989 年，Ueda[4] 证明了下述

定理 6.15 设 $f(z)$ 为非常数亚纯函数，它的 0-1-∞ 集合 $(\{a_n\}, \{b_n\}, \{p_n\})$ 不是唯一的. 设 $\{c_n\}, \{d_n\}, \{q_n\}$ 分别为 $\{a_n\}, \{b_n\}, \{p_n\}$ 的子集，使得

$$\{c_n\} \cup \{d_n\} \cup \{q_n\} \neq \phi, \tag{6.2.1}$$

且

$$\sum_{c_n \neq 0} |c_n|^{-1} + \sum_{d_n \neq 0} |d_n|^{-1} + \sum_{q_n \neq 0} |q_n|^{-1} < +\infty. \tag{6.2.2}$$

则$(\{a_n\}\backslash\{c_n\},\{b_n\}\backslash\{d_n\},\{p_n\}\backslash\{q_n\})$不是任何非常数亚纯函数的0-1-∞集合.

显然定理6.15是定理6.13的推广和改进.下面再作两点说明.

(1) 定理6.15中条件(6.2.2)是必要的.考虑例子:设

$$f(z)=\frac{e^z-1}{e^z+1},\quad g(z)=-f(z),h(z)=\frac{e^z}{e^z+1}.$$

设$(\{a_n\},\{b_n\},\{p_n\})$为$f(z)$的0-1-∞集合.注意到$\{b_n\}=\phi$,故$(\{a_n\},\{b_n\},\{p_n\})$也为$g(z)$的0-1-∞集合.因此$f(z)$的0-1-∞集合不唯一.设$\{c_n\}=\{a_n\},\{d_n\}=\phi,\{g_n\}=\Phi$.注意到$\{a_n\}\backslash\{c_n\}=\phi$,易见$(\{a_n\}\backslash\{c_n\},\{b_n\}\backslash\{d_n\},\{p_n\}\backslash\{q_n\})$为亚纯函数$h(z)$的0-1-∞集合.容易验证

$$\sum_{c_n\neq 0}|c_n|^{-1}=\frac{1}{2\pi}\sum_{k\neq 0}|k|^{-1}\doteq+\infty,$$

即条件(6.2.2)不成立.

(2) 定理6.15中条件"$f(z)$的0-1-∞集合不唯一"也是必要的.考虑例子:设

$$f(z)=(g(z))^2,\quad g(z)=\frac{P(z)}{Q(z)},$$

其中$P(z)$与$Q(z)$为两个没有公共零点的,且级<1的整函数.显然$f(z)$为级<1的亚纯函数,由定理2.17知,$f(z)$的0-1-∞集合是唯一的.设$(\{a_n\},\{b_n\},\{p_n\})$为$f(z)$的0-1-∞集合,$\{c_n\},\{d_n\},\{q_n\}$分别为$g(z)$的零点,$-1$值点,极点序列,显然$(\{a_n\}\backslash\{c_n\},\{b_n\}\backslash\{d_n\},\{p_n\}\backslash\{q_n\})$为亚纯函数$g(z)$的0-1-∞集合.

下面证明定理6.15.

假设$(\{a_n\}\backslash\{c_n\},\{b_n\}\backslash\{d_n\},\{p_n\}\backslash\{q_n\})$为亚纯函数$g(z)$的0-1-∞集合.由(6.2.2)知,存在三个亏格为0的整函数$p(z)$,$R(z)$,$Q(z)$,它们的零点恰好为$\{c_n\},\{d_n\},\{q_n\}$.如果$\{c_n\}$为空集,我们取$P(z)\equiv 1$,其余类似,于是

$$g\cdot\frac{P}{Q}=fe^{\alpha},\quad (g-1)\cdot\frac{R}{Q}=(f-1)e^{\beta},\tag{6.2.3}$$

其中 α,β 为整函数. 注意到 $f(z)$ 的 0-1-∞ 集合不唯一,则存在亚纯函数 $h(z)$,满足 $h\not\equiv f$,且

$$h=fe^{\gamma},\quad h-1=(f-1)e^{\delta}, \tag{6.2.4}$$

其中 γ,δ 为整函数,且 $e^{\gamma}\not\equiv 1,\ e^{\delta}\not\equiv 1,\ e^{\gamma-\delta}\not\equiv 1$.

由(6.2.3),(6.2.4) 得

$$\frac{\frac{R}{Q}e^{-\beta}-1}{\frac{R}{P}e^{\alpha-\beta}-1}=f=\frac{e^{-\delta}-1}{e^{\gamma-\delta}-1}. \tag{6.2.5}$$

于是

$$-\frac{R}{Q}e^{\gamma-\beta}+\frac{R}{Q}e^{\delta-\beta}+e^{\gamma}+\frac{R}{P}e^{\alpha-\beta}-\frac{R}{P}e^{\alpha-\beta+\delta}=1. \tag{6.2.6}$$

我们区分 9 种情况.

(1) 假设 $e^{\gamma}\equiv c$,其中 $c(\neq 0,1)$ 为常数. 由(6.2.5) 知,e^{δ} 不为常数. 由(6.2.6) 得

$$-\frac{cR}{Q}e^{-\beta}+\frac{R}{Q}e^{\delta-\beta}+\frac{R}{P}e^{\alpha-\beta}-\frac{R}{P}e^{\alpha-\beta+\delta}=1-c. \tag{6.2.7}$$

由(6.2.7) 得 $R\equiv 1$. 注意到 P,Q 的亏格为零,应用定理 1.55,由(6.2.7) 知,$e^{\beta},e^{\delta-\beta},e^{\alpha-\beta},e^{\alpha-\beta+\delta}$ 中至少有一个为常数. 我们再区分四种情况.

(a) 假设 $e^{\beta}\equiv c_1$,其中 $c_1(\neq 0)$ 为常数. 由(6.2.7) 得

$$\frac{1}{c_1Q}e^{\delta}+\frac{1}{c_1P}e^{\alpha}-\frac{1}{c_1P}e^{\alpha+\delta}=1-c+\frac{c}{c_1Q}. \tag{6.2.8}$$

如果 $1-c+\frac{c}{c_1Q}\equiv 0$,则 $Q\equiv 1$,由(6.2.8) 得

$$e^{\delta}-Pe^{\delta-\alpha}=1.$$

再由定理 1.55 即可得到矛盾. 于是 $1-c+\frac{c}{c_1Q}\not\equiv 0$. 应用定理 1.56,由(6.2.8) 得

$$\frac{1}{c_1 P}e^{\alpha} \equiv 1 - c + \frac{c}{c_1 Q} \quad \text{或} \quad -\frac{1}{c_1 P}e^{\alpha+\delta} \equiv 1 - c + \frac{c}{c_1 Q}.$$

如果$\frac{1}{c_1 P}e^{\alpha} \equiv 1 - c + \frac{c}{c_1 Q}$. 由(6.2.8)得$\frac{1}{c_1 P}e^{\alpha} - \frac{1}{c_1 P}e^{\alpha+\delta} \equiv 0$，于是 $e^{\delta} \equiv 1$，这是一个矛盾. 如果 $-\frac{1}{c_1 P}e^{\alpha+\delta} \equiv 1 - c + \frac{c}{c_1 Q}$. 由(6.2.8)得 $e^{\alpha-\delta} \equiv -\frac{P}{Q}$. 于是

$$e^{2\delta} = c_1(1+c)Q + c,$$

这与 e^{δ} 不为常数矛盾.

(b) 假设 $e^{\delta-\beta} \equiv c_2$，其中 $c_2(\neq 0)$ 为常数. 则 e^{β} 不为常数. 由(6.2.7)得

$$-\frac{c}{Q}e^{-\beta} + \frac{1}{P}e^{\alpha-\beta} - \frac{c_2}{P}e^{\alpha} = 1 - c - \frac{c_2}{Q}. \tag{6.2.9}$$

如果 $1 - c - \frac{c_2}{Q} \equiv 0$，由(6.2.9)得

$$\frac{1}{c_2}e^{-\beta} - \frac{cP}{c_2 Q}e^{-\alpha-\beta} = 1.$$

再由定理 1.55 即可得到矛盾. 于是 $1 - c - \frac{c_2}{Q} \not\equiv 0$. 应用定理 1.56，由(6.2.9)得$\frac{1}{P}e^{\alpha-\beta} \equiv 1 - c - \frac{c_2}{Q}$ 或 $-\frac{c_2}{P}e^{\alpha} \equiv 1 - c - \frac{c_2}{Q}$.

如果$\frac{1}{P}e^{\alpha-\beta} \equiv 1 - c - \frac{c_2}{Q}$，则 P,Q 均无零点，这与(6.2.1)矛盾. 如果 $-\frac{c_2}{P}e^{\alpha} \equiv 1 - c - \frac{c_2}{Q}$，与上面类似，也可得出矛盾.

(c) 假设 $e^{\alpha-\beta} \equiv c_3$，其中 $c_3(\neq 0)$ 为常数. 由(6.2.7)得

$$-\frac{c}{Q}e^{-\beta} + \frac{1}{Q}e^{\delta-\beta} - \frac{c_3}{P}e^{\delta} = 1 - c - \frac{c_3}{P}. \tag{6.2.10}$$

如果 $1 - c - \frac{c_3}{P} \equiv 0$，由(6.2.10)得

$$\frac{1}{c}e^{\delta} - \frac{c_3 Q}{cP}e^{\delta+\beta} \equiv 1.$$

再由定理 1.55 即可得到矛盾. 于是 $1-c-\frac{c_3}{P}\not\equiv 0$. 应用定理 1.56,由(6.2.10)得

$$-\frac{c}{Q}e^{-\beta}\equiv 1-c-\frac{c_3}{P} \quad 或 \quad \frac{1}{Q}e^{\delta-\beta}\equiv 1-c-\frac{c_3}{P}.$$

由此即可得到 P,Q 无零点,这与(6.2.1)矛盾.

(d) 假设 $e^{\alpha-\beta+\delta}\equiv c_4$,其中 $c_4(\neq 0)$ 为常数. 则 $e^{\beta-\alpha}$ 不为常数. 由(6.2.7)得

$$-\frac{c}{Q}e^{-\beta}+\frac{c_4}{Q}e^{-\alpha}+\frac{1}{P}e^{\alpha-\beta}=1-c+\frac{c_4}{P}. \tag{6.2.11}$$

如果 $1-c+\frac{c_4}{P}\equiv 0$. 由(6.2.11)得

$$\frac{c_4}{c}e^{\beta-\alpha}+\frac{Q}{cP}e^{\alpha}\equiv 1.$$

再应用定理 1.55 即可得到矛盾. 于是 $1-c+\frac{c_4}{P}\not\equiv 0$. 应用定理 1.56,由(6.2.11)得

$$-\frac{c}{Q}e^{-\beta}\equiv 1-c+\frac{c_4}{P} \quad 或 \quad \frac{c_4}{Q}e^{-\alpha}\equiv 1-c+\frac{c_4}{P}.$$

由此即可得到 P,Q 无零点,这与(6.2.1)矛盾. 于是 e^{γ} 不为常数.

(2) 假设 $e^{\delta}\equiv c$,其中 $c(\neq 0,1)$ 为常数. 由(6.2.6)得

$$-\frac{R}{Q}e^{\gamma-\beta}+\frac{cR}{Q}e^{-\beta}+e^{\gamma}+\frac{R}{P}(1-c)e^{\alpha-\beta}=1. \tag{6.2.12}$$

由(6.2.12)得 $P\equiv 1$. 注意到 R,Q 的亏格为零,应用定理 1.55,由(6.2.12)知,$e^{\gamma-\beta},e^{-\beta},e^{\alpha-\beta}$ 中至少有一个为常数. 与前面类似,都可得出矛盾. 于是 e^{δ} 不为常数.

(3) 假设 $e^{\alpha}\equiv c$,其中 $c(\neq 0)$ 为常数. 由(6.2.6)得

$$-\frac{R}{Q}e^{\gamma-\beta}+\left(\frac{R}{Q}-\frac{cR}{P}\right)e^{\delta-\beta}+e^{\gamma}+\frac{R}{P}e^{\alpha-\beta}=1. \tag{6.2.13}$$

应用定理 1.55,由(6.2.13)知,$e^{\gamma-\beta},e^{\delta-\beta},e^{\alpha-\beta}$ 中至少有一个为常

数. 与前面类似,都可得出矛盾. 于是 e^{α} 不为常数.

(4) 假设 $e^{\beta} \equiv c$,其中 $c(\neq 0)$ 为常数. 由(6.2.6)得

$$\left(1-\frac{R}{cQ}\right)e^{\gamma}+\frac{R}{cQ}e^{\delta}+\frac{R}{cP}e^{\alpha}-\frac{R}{cP}e^{\alpha+\delta}=1. \tag{6.2.14}$$

应用定理 1.55,由(6.2.14)知,e^{α},$e^{\alpha+\delta}$ 中至少有一个为常数. 与前面类似,都可得出矛盾. 于是 e^{β} 不为常数.

(5) 假设 $e^{\gamma-\delta} \equiv c$,其中 $c(\neq 0,1)$ 为常数. 由(6.2.6)得

$$\frac{R}{Q}(c-1)e^{\delta-\beta}+e^{\gamma}+\frac{R}{P}e^{\alpha-\beta}-\frac{R}{P}e^{\alpha-\beta+\delta}\equiv 1. \tag{6.2.15}$$

应用定理1.55,由(6.2.15)知,$e^{\delta-\beta}$,$e^{\alpha-\beta}$,$e^{\alpha-\beta+\delta}$ 中至少有一个为常数. 与前面类似,都可得出矛盾. 于是 $e^{\gamma-\delta}$ 不为常数.

(6) 假设 $e^{\alpha-\delta} \equiv c$,其中 $c(\neq 0)$ 为常数. 由(6.2.6)得

$$-\frac{R}{Q}e^{\gamma-\beta}+\left(\frac{R}{Q}+\frac{cR}{P}\right)e^{\delta-\beta}+e^{\gamma}-\frac{cR}{P}e^{2\delta-\beta}\equiv 1. \tag{6.2.16}$$

应用定理 1.55,由(6.2.15)知,$e^{\gamma-\beta}$,$e^{\delta-\beta}$,$e^{2\delta-\beta}$ 中至少有一个为常数. 与前面类似,都可得出矛盾. 于是 $e^{\alpha-\delta}$ 不为常数.

(7) 假设 $e^{\beta-\delta} \equiv c$,其中 $c(\neq 0)$ 为常数. 由(6.2.6)得

$$-\frac{R}{cQ}e^{\gamma-\delta}+e^{\gamma}+\frac{R}{cP}e^{\alpha-\delta}-\frac{R}{cP}e^{\alpha}=1-\frac{R}{cQ}. \tag{6.2.17}$$

应用定理 1.55,由(6.2.17)得 $1-\dfrac{cR}{Q}\equiv 1$. 于是 $R\equiv 1$, $Q\equiv 1$, $c=1$. 再由(6.2.17)得

$$-Pe^{\gamma-\beta-\alpha}+Pe^{\gamma-\alpha}+e^{-\beta}\equiv 1.$$

再由定理 1.56 得 $-Pe^{\gamma-\beta-\alpha}\equiv 1$ 或 $Pe^{\gamma-\alpha}\equiv 1$. 由(6.2.1)知,$P$ 为非常数多项式,这就得到矛盾. 于是 $e^{\beta-\delta}$ 不为常数.

(8) 假设 $e^{\beta+\gamma-\delta} \equiv c$,其中 $c(\neq 0)$ 为常数. 由(6.2.6)得

$$\frac{cR}{Q}e^{-\beta}-\frac{R}{P}e^{\alpha-\delta}+\frac{R}{P}e^{\alpha}+e^{\beta-\delta}=\frac{R}{Q}+c. \tag{6.2.18}$$

应用定理 1.55，由(6.2.18)得$\frac{R}{Q}+c\equiv 0$. 于是$R\equiv 1$, $Q\equiv 1$, $c=-1$. 再由(6.2.18)得

$$-Pe^{\delta-\alpha-\beta}+e^{\delta}+Pe^{\beta-\alpha}=1.$$

再由定理 1.56 得$-Pe^{\delta-\alpha-\beta}\equiv 1$或$Pe^{\beta-\alpha}\equiv 1$. 由(6.2.1)知，$P$为非常数多项式，这就得出矛盾. 于是$e^{\beta+\gamma-\delta}$不为常数.

(9) 假设$e^{\gamma},e^{\delta},e^{\alpha},e^{\beta},e^{\gamma-\delta},e^{\alpha-\delta},e^{\beta-\delta},e^{\beta+\gamma-\delta}$均不为常数. 由(6.2.6)得

$$e^{\gamma-\delta}-\frac{Q}{R}e^{\beta+\gamma-\delta}-\frac{Q}{P}e^{\alpha-\delta}+\frac{Q}{P}e^{\alpha}+\frac{Q}{R}e^{\beta-\delta}\equiv 1.$$

由定理 1.55，即可得出矛盾.

这就证明了，$(\{a_n\}\backslash\{c_n\},\{b_n\}\backslash\{d_n\},\{p_n\}\backslash\{q_n\})$不为任何非常数亚纯函数的 0-1-∞ 集合.

6.2.3 0-1-∞ 集合唯一的情况

1989 年，Ueda[4] 证明了下述

定理 6.16 设$f(z)$为有穷非整数级亚纯函数，其级$\lambda(f)>1$，$(\{a_n\},\{b_n\},\{p_n\})$为其 0-1-∞ 集合. 设$\{c_n\},\{d_n\},\{q_n\}$分别为$\{a_n\},\{b_n\},\{p_n\}$的子集，使得

$$\{c_n\}\cup\{d_n\}\cup\{q_n\}\neq\varnothing, \tag{6.2.19}$$

且

$$\sum_{c_n\neq 0}|c_n|^{-1}+\sum_{d_n\neq 0}|d_n|^{-1}+\sum_{q_n\neq 0}|q_n|^{-1}<+\infty, \tag{6.2.20}$$

则$(\{a_n\}\backslash\{c_n\},\{b_n\}\backslash\{d_n\},\{p_n\}\backslash\{q_n\})$不是任何亚纯函数的 0-1-∞ 集合.

由定理 2.20 知，定理 6.16 中的 0-1-∞ 集合$(\{a_n\},\{b_n\},\{p_n\})$是唯一的，下面证明定理 6.16.

设$(\{a_n\}\backslash\{c_n\},\{b_n\}\backslash\{d_n\},\{p_n\}\backslash\{q_n\})$为亚纯函数$g(z)$的 0-1-∞ 集合.

首先证明$g(z)$不为常数. 如果$g(z)$为常数，则$\{a_n\}=\{c_n\}$，$\{b_n\}=\{d_n\}$，$\{p_n\}=\{q_n\}$). 再由(6.2.20)得

$$T(r,f) < N(r,\frac{1}{f}) + N(r,\frac{1}{f-1}) + N(r,f) + S(r,f)$$
$$= N(r,\{c_n\} \cup \{d_n\} \cup \{q_n\}) + S(r,f)$$
$$= o(r) + S(r,f).$$

这与假设 $\lambda(f) > 1$ 矛盾. 于是 $g(z)$ 不为常数.

再证明 $g(z)$ 的级 $\lambda(g)$ 有穷. 显然有

$$T(r,g) < N(r,\frac{1}{g}) + N(r,\frac{1}{g-1}) + N(r,g) + S(r,g)$$
$$< N(r,\frac{1}{f}) + N(r,\frac{1}{f-1}) + N(r,f) + S(r,g)$$
$$< 3T(r,f) + S(r,g). \tag{6.2.21}$$

于是有

$$\lambda(g) \leqslant \lambda(f) < \infty. \tag{6.2.22}$$

由(6.2.20)知, 存在三个亏格为 0 的整函数 $P(z), R(z), Q(z)$, 它们的零点恰好为$\{c_n\}$, $\{d_n\}$, $\{q_n\}$. 如果$\{c_n\}$为空集, 我们取 $P(z) \equiv 1$, 其余类似. 于是

$$g \cdot \frac{P}{Q} = f \cdot e^{\alpha}, \quad (g-1) \cdot \frac{R}{Q} = (f-1)e^{\beta}, \tag{6.2.23}$$

其中 α, β 为多项式. 由(6.2.23)得

$$(\frac{R}{P}e^{\alpha-\beta} - 1)f = \frac{R}{Q}e^{-\beta} - 1. \tag{6.2.24}$$

如果$\frac{R}{P}e^{\alpha-\beta} - 1 \equiv 0$, 则 $R \equiv 1, P \equiv 1$. 再由(6.2.24)得$\frac{1}{Q}e^{-\beta} - 1 \equiv 0$, 则有 $Q \equiv 1$. 这与(6.2.20)矛盾. 于是$\frac{R}{P}e^{\alpha-\beta} - 1 \not\equiv 0$. 由(6.2.24)得

$$f = \frac{\frac{R}{Q}e^{-\beta} - 1}{\frac{R}{P}e^{\alpha-\beta} - 1}. \tag{6.2.25}$$

由(6.2.23)得

$$\lambda(e^{\alpha}) \leqslant \max\{\lambda(f), \lambda(g), \lambda(P), \lambda(Q)\}$$
$$= \lambda(f).$$

同理可得

$$\lambda(e^{\beta}) \leqslant \lambda(f).$$

于是

$$\max\{\lambda(e^{\alpha}),\lambda(e^{\beta})\}\leqslant\lambda(f).\tag{6.2.26}$$

由(6.2.25)得

$$\begin{aligned}\lambda(f)&\leqslant\max\{\lambda(e^{\beta}),\lambda(e^{\alpha}),\lambda(P),\lambda(Q),\lambda(R)\}\\&=\max\{\lambda(e^{\alpha}),\lambda(e^{\beta})\}.\end{aligned}\tag{6.2.27}$$

由(6.2.26),(6.2.27)即得

$$\lambda(f)=\max\{\lambda(e^{\alpha}),\lambda(e^{\beta})\}=\text{整数}.$$

这与定理6.16的假设 $\lambda(f)\neq$ 整数矛盾. 于是 $(\{a_n\}\backslash\{c_n\},\{b_n\}\backslash\{d_n\},\{p_n\}\backslash\{q_n\})$ 不为任何亚纯函数的 0-1-∞ 集合.

定理 6.17 设 $f(z)$ 为亚纯函数,且满足

$$\varlimsup_{r\to\infty}\frac{T(r,f)}{r}>0,\quad \varliminf_{r\to\infty}\frac{\overline{N}_{(2}(r,\frac{1}{f})}{T(r,f)}>0.\tag{6.2.28}$$

设 $(\{a_n\},\{b_n\},\{p_n\})$ 为 $f(z)$ 的 0-1-∞ 集合,$\{c_n\},\{d_n\},\{q_n\}$ 分别为 $\{a_n\},\{b_n\},\{p_n\}$ 的子集,使得

$$\{c_n\}\cup\{d_n\}\cup\{q_n\}\neq\phi,\tag{6.2.29}$$

且

$$\sum_{c_n\neq0}|c_n|^{-1}+\sum_{d_n\neq0}|d_n|^{-1}+\sum_{q_n\neq0}|q_n|^{-1}<+\infty,\tag{6.2.30}$$

则 $(\{a_n\}\backslash\{c_n\},\{b_n\}\backslash\{d_n\},\{p_n\}\backslash\{q_n\})$ 不是任何亚纯函数的 0-1-∞ 集合.

由定理5.4知,定理6.17中的 0-1-∞ 集合 $(\{a_n\},\{b_n\},\{p_n\})$ 是唯一的. 下面再作两点说明.

(1) 定理6.17中条件 $\varlimsup_{r\to\infty}\frac{T(r,f)}{r}>0$ 是必要的. 考虑例子:设

$$f(z)=(h(z))^{2m},\quad g(z)=(h(z))^{m},$$

其中 m 为正整数, $h(z)=\prod_{n=1}^{\infty}(1-\frac{z}{t_n})$,这里 $t_n=-[n]^{\frac{1}{\lambda}}$ $(\frac{1}{2}<\lambda<1)$. 容易验证 $\lim_{r\to\infty}\frac{T(r,f)}{r}=0$,

$$\varliminf_{r\to\infty}\frac{\overline{N}_{(2}(r,\frac{1}{f})}{T(r,f)}=\frac{\sin\pi\lambda}{2m}>0$$

及

$$\sum_{c_n\neq 0}|c_n|^{-1}+\sum_{d_n\neq 0}|d_n|^{-1}=\int_0^{\infty}\frac{N(r,\frac{1}{h^m})+N(r,\frac{1}{h^m+1})}{r}dr$$

$$=m\int_0^{\infty}\frac{(1+\sin\pi\lambda)r^{\lambda}(1+\varepsilon(r))}{(\lambda\sin\pi\lambda)r^2}dr<+\infty,$$

其中 $\varepsilon(r)\to 0(r\to\infty)$.

(2) 定理 6.17 中条件(6.2.30)也是必要的.考虑例子:设

$$f(z)=(g(z))^2,\quad g(z)=\frac{1}{2}(\cos z-1).$$

容易验证

$$\lim_{r\to\infty}\frac{T(r,f)}{r}=\frac{4}{\pi},$$

$$\lim_{r\to\infty}\frac{\overline{N}_{(2}(r,\frac{1}{f})}{T(r,f)}=\frac{1}{4},$$

及

$$\sum_{d_n\neq 0}|d_n|^{-1}=\frac{2}{\pi}\sum|2k+1|^{-1}=+\infty.$$

下面证明定理 6.17.

设 $(\{a_n\}\backslash\{c_n\},\ \{b_n\}\backslash\{d_n\},\ \{p_n\}\backslash\{q_n\})$ 为亚纯函数 $g(z)$ 的 0-1-∞ 集合. 与定理 6.16 的证明类似, 我们也有(6.2.22), (6.2.24),其中 α,β 为整函数.若 e^{α},e^{β} 均为常数,由(6.2.24)得

$$T(r,f)<2T(r,R)+T(r,Q)+T(r,P)+O(1)$$
$$=o(r)\quad(r\to\infty),$$

这与(6.2.27)矛盾.于是 e^{α},e^{β} 中至少有一个不为常数.与定理 6.16 的证明类似,我们也有(6.2.21).再由(6.2.23)得

$$T(r,e^{\alpha})+T(r,e^{\beta})\leqslant T(r,P)+T(r,R)+2T(r,Q)$$
$$+2T(r,g)+2T(r,f)+O(1)$$

$$\leqslant (g + o(1))T(r,f) \quad (r \notin E). \tag{6.2.31}$$

由(6.2.25)知，f 的重级零点来自 P 的零点与 $(\frac{R}{Q}e^{-\beta} - 1)'$ $= ((\frac{R}{Q})' - \beta'(\frac{R}{Q}))e^{-\beta}$ 的零点. 于是

$$\begin{aligned}\overline{N}_{(2}(r,\frac{1}{f}) &\leqslant N(r,\frac{1}{P}) + N(r,\frac{1}{(\frac{R}{Q})' - \beta'(\frac{R}{Q})}) \\ &\leqslant T(r,P) + T(r,(\frac{R}{Q})') + T(r,\beta') + T(r,\frac{R}{Q}) + O(1) \\ &\leqslant T(r,P) + (3 + o(1))T(r,\frac{R}{Q}) + o(T(r,e^{\beta})) + O(1)\end{aligned} \tag{6.2.32}$$

若 β 为常数，由(6.2.32)得

$$\varliminf_{r\to\infty} \frac{\overline{N}_{(2}(r,\frac{1}{f})}{r} = 0,$$

这与(6.2.28)矛盾. 若 β 不为常数. 由(6.2.31)，(6.2.32)得

$$\overline{N}_{(2}(r,\frac{1}{f}) = o(T(r,f)) \quad (r \notin E),$$

也与(6.2.28)矛盾. 这就证明了定理 6.17.

定理 6.18 设 $f(z)$ 为亚纯函数，它的 0-1-∞ 集合为($\{a_n\}$, $\{b_n\}$, $\{p_n\}$)，其中 $\{a_n\}$ 与 $\{p_n\}$ 均非空. 设 $\{c_n\}$, $\{d_n\}$, $\{q_n\}$ 分别为 $\{a_n\}$, $\{b_n\}$, $\{p_n\}$ 的子集，使得

$$\{c_n\} \cup \{d_n\} \cup \{q_n\} \neq \varnothing \tag{6.2.33}$$

及

$$\{c_n\} \neq \{a_n\}, \{q_n\} \neq \{p_n\}. \tag{6.2.34}$$

再设

$$\varlimsup_{r\to\infty} \frac{\overline{N}(r,\frac{1}{f}) + N(r,f) + \overline{N}(r,\{c_n\} \cup \{d_n\} \cup \{q_n\})}{T(r,f)} < \frac{1}{2}, \tag{6.2.35}$$

则($\{a_n\} \backslash \{c_n\}$, $\{b_n\} \backslash \{d_n\}$, $\{p_n\} \backslash \{q_n\}$) 不为任何亚纯函数的 0-1-∞ 集合.

由定理 5.7 知，定理 6.18 中的 0-1-∞ 集合($\{a_n\}$，$\{b_n\}$，$\{p_n\}$)是唯一的. 定理 6.18 中条件(6.2.35)是必要的. 考虑例子：设 $P(z)$ 与 $Q(z)$ 为没有公共零点的典乘积，$h(z)$ 为一个超越整函数. 再设

$$f(z)=(g(z))^2,\quad g(z)=\frac{P(z)}{Q(z)}e^{h(z)}.$$

容易验证

$$T(r,f)=2T(r,g)\sim 2T(r,e^h)\quad (r\to\infty),$$

$$\overline{N}(r,\frac{1}{f})=\overline{N}(r,\frac{1}{P})=o(T(r,e^h))\quad (r\to\infty),$$

$$N(r,f)=2N(r,\frac{1}{Q})=o(T(r,e^h))\quad (r\to\infty),$$

$$\begin{aligned}\overline{N}(r,\{c_n\}\cup\{d_n\}\cup\{q_n\})&=\overline{N}(r,\frac{1}{P})+\overline{N}(r,\frac{1}{Q})\\&\quad+\overline{N}(r,\frac{1}{\frac{P}{Q}e^h+1})\\&=(1+o(1))T(r,e^h)\quad (r\to\infty,r\notin E).\end{aligned}$$

因此

$$\frac{\overline{N}(r,\frac{1}{f})+N(r,f)+\overline{N}(r,\{c_n\}\cup\{d_n\}\cup\{q_n\})}{T(r,f)}\to\frac{1}{2}$$

$$(r\to\infty,r\notin E).$$

定理 6.18 的证明可参看 Ueda[4].

6.2.4 亚纯函数 0-d-∞ 集合的唯一性

设 d 为异于零的常数. 与定义 6.4 类似，Tohge[1] 引入下述

定义 6.6 设$\{a_n\}$，$\{c_n\}$，$\{p_n\}$为复平面上的三个序列，它们互不相交，且没有有限极限点. 如果存在一个亚纯函数 $f(z)$，它的零点序列，d 值点序列，极点序列恰好分别是$\{a_n\}$，$\{c_n\}$，$\{p_n\}$，则序列组($\{a_n\}$，$\{c_n\}$，$\{p_n\}$)称作亚纯函数 $f(z)$ 的 0-d-∞ 集合.

定义 6.7 设($\{a_n\}$，$\{c_n\}$，$\{p_n\}$)为亚纯函数的 0-d-∞ 集合. 如果仅存在一个亚纯函数 $f(z)$，它的 0-d-∞ 集合恰好是($\{a_n\}$，$\{c_n\}$，

$\{p_n\}$). 则称 0-d-∞ 集合($\{a_n\}$,$\{c_n\}$,$\{p_n\}$) 是唯一的.

1988 年,Tohge[1] 推广了定理 6.12,证明了下述

定理 6.19 设($\{a_n\}$,$\{b_n\}$,$\{p_n\}$) 与($\{a_n\}$,$\{c_n\}$,$\{p_n\}$) 分别为亚纯函数 $f(z)$ 的 0-1-∞ 集合与 0-d-∞ 集合,其中 $d\neq 0,1$. 则二个序列组中至少有一个是唯一的,除非 $f(z)=(e^{L(z)}+A)^{\pm 1}$ 或 $f(z)=\dfrac{e^{L(z)}-d}{e^{L(z)}-1}$,其中 $L(z)$ 为整函数,A 为常数.

证. 假设二个序列组都不是唯一的,则存在亚纯函数 $g(z)\not\equiv f(z)$,$h(z)\not\equiv f(z)$,且($\{a_n\}$,$\{b_n\}$,$\{p_n\}$) 为 $g(z)$ 的 0-1-∞ 集合,($\{a_n\}$,$\{c_n\}$,$\{p_n\}$) 为 $h(z)$ 的 0-d-∞ 集合. 于是

$$g=fe^{\alpha},\quad g-1=(f-1)e^{\beta}. \tag{6.2.36}$$

$$h=fe^{\gamma},\quad h-d=(f-d)e^{\delta}. \tag{6.2.37}$$

其中 $\alpha,\beta,\gamma,\delta$ 为整函数. 由 $f\not\equiv g$,$f\not\equiv h$ 知,$e^{\alpha}\not\equiv 1$,$e^{\beta}\not\equiv 1$,$e^{\beta-\alpha}\not\equiv 1$,$e^{\gamma}\not\equiv 1$,$e^{\delta}\not\equiv 1$,$e^{\delta-\gamma}\not\equiv 1$. 再由(6.2.36),(6.2.37) 得

$$\frac{e^{-\beta}-1}{e^{\alpha-\beta}-1}=f=\frac{d(e^{-\delta}-1)}{e^{\gamma-\delta}-1}. \tag{6.2.38}$$

我们区分四种情况.

(1) 假设$\{p_n\}$ 为空集,则 f,g,h 均为整函数,且($\{a_n\}$,$\{b_n\}$) 为 f 与 g 的 0-1 集合,($\{a_n\}$,$\{c_n\}$) 为 f 与 h 的 0-d 集合. 由定理 6.12 知,$f(z)=e^{L(z)}+A$. 下面假设$\{p_n\}$ 不为空集.

(2) 假设$\{a_n\}$ 为空集. 设

$$F=\frac{1}{f},\quad G=\frac{1}{g},\quad H=\frac{1}{h},\quad D=\frac{1}{d},$$

则 F,G,H 为整函数,且($\{p_n\}$,$\{b_n\}$) 为 F 与 G 的 0-1 集合,($\{p_n\}$,$\{b_n\}$) 为 F 与 H 的 0-D 集合. 由定理 6.12 知,$F(z)=e^{L(z)}+A$. 于是 $f(z)=(e^{L(z)}+A)^{-1}$. 下面假设$\{a_n\}$ 不为空集.

(3) 假设$\{c_n\}$ 为空集,则 d 为 $f(z)$ 的 Picard 例外值. 注意到 $0,1,\infty$ 为 $f(z)$ 与 $g(z)$ 的 CM 公共值,且 $f(z)\not\equiv g(z)$. 由定理 5.8 知,$f(z)=\dfrac{d-e^{L(z)}}{1-e^{L(z)}}$.

假设$\{b_n\}$ 为空集,则 1 为 $f(z)$ 的 Picard 例外值. 设

$$F(z)=\frac{1}{d}f(z),\quad H(z)=\frac{1}{d}h(z).$$

则$\frac{1}{d}$为$F(z)$的 Picard 例外值. 由定理 6.19 的条件知,0,1,∞ 为$F(z)$与$H(z)$的 CM 公共值,由定理 5.8 知

$$F(z)=\frac{\frac{1}{d}e^{L(z)}-1}{e^{L(z)}-1}.$$

于是
$$f(z)=\frac{e^{L(z)}-d}{e^{L(z)}-1}.$$

(4) 假设$\{a_n\},\{b_n\},\{c_n\},\{p_n\}$均不为空集. 由(6.2.38)知,$e^{\beta},e^{\beta-\alpha},e^{\delta},e^{\delta-\gamma}$均不为常数. 再由(6.2.38)得

$$f-1=\frac{e^{-\beta}(1-e^{\alpha})}{e^{\alpha-\beta}-1},\qquad f-d=\frac{de^{-\delta}(1-e^{\gamma})}{e^{\gamma-\delta}-1}.$$

因此e^{α},e^{γ}也不为常数. 再由(6.2.38)得

$$\frac{1}{d-1}(e^{\gamma-\beta-\delta}-e^{\gamma-\delta}-e^{-\beta}-de^{\alpha-\beta-\delta}+de^{\alpha-\beta}+de^{-\delta})=1. \tag{6.2.39}$$

应用定理 1.63,由(6.2.39)得

$$e^{\gamma-\beta-\delta}=d-1 \tag{6.2.40}$$

或

$$-de^{\alpha-\beta-\delta}=d-1 \tag{6.2.41}$$

或

$$e^{\gamma-\beta-\delta}-de^{\alpha-\beta-\delta}=d-1. \tag{6.2.42}$$

我们再区分三种情况.

(a) 假设(6.2.40)成立. 由(6.2.39)得

$$\frac{1}{d}e^{\gamma}+\frac{1}{d}e^{\delta-\beta}+e^{\alpha-\beta}-e^{\delta+\alpha-\beta}=1. \tag{6.2.43}$$

再应用定理 1.63,由(6.2.43)得$e^{\delta-\beta}\equiv d$或$e^{\delta+\alpha-\beta}\equiv -1$或$\frac{1}{d}e^{\delta-\beta}-e^{\delta+\alpha-\beta}\equiv 1$.

如果$e^{\delta-\beta}\equiv d$. 由(6.2.43)得

$$\frac{1}{d}e^{\gamma-\alpha}+e^{-\beta}=d.$$

再由引理 1.10 即可得到矛盾.

如果 $e^{\delta+\alpha-\beta} \equiv -1$，由(6.2.43)得

$$e^{\delta-\beta-\gamma} + de^{\alpha-\beta-\gamma} = -1.$$

由定理 1.55 知，$e^{\delta-\beta-\gamma}$ 必为常数，再由(6.2.40)知，$e^{2\beta}$ 必为常数，这是一个矛盾.

如果 $\frac{1}{d}e^{\delta-\beta} - e^{\delta+\alpha-\beta} = 1$，由定理 1.55 知，$e^{\delta-\beta}$ 与 $e^{\delta+\alpha-\beta}$ 必为常数. 因此 e^{α} 必为常数，这也是一个矛盾.

(b) 假设(6.2.41)成立. 与情况(a)类似，也可得出矛盾.

(c) 假设(6.2.42)成立. 应用定理 1.55，由(6.2.42)得

$$e^{\gamma-\beta-\delta} \equiv c_1, \qquad e^{\alpha-\beta-\delta} \equiv c_2, \tag{6.2.44}$$

其中 $c_1(\neq 0)$，$c_2(\neq 0)$ 为常数，且满足

$$c_1 - c_2 d = d - 1. \tag{6.2.45}$$

再由(6.2.39)，(6.2.42)得

$$-e^{\beta+\gamma-\delta} + de^{\alpha} + de^{\beta-\delta} = 1. \tag{6.2.46}$$

由定理 1.56 得 $-e^{\beta+\gamma-\delta} \equiv 1$ 或 $de^{\beta-\delta} \equiv 1$.

如果 $-e^{\beta+\gamma-\delta} \equiv 1$，由(6.2.46)得 $e^{\alpha-\beta} = -e^{-\delta}$. 再由(6.2.44)得 $-e^{-\delta} = c_2 e^{\delta}$，故 e^{δ} 为常数，这是一个矛盾.

如果 $de^{\beta-\delta} \equiv 1$，则 $e^{\delta} = de^{\beta}$. 再由(6.2.46)得 $e^{\delta} = \frac{1}{d}e^{\beta+\gamma-\alpha}$. 于是 $e^{\gamma} = d^2 e^{\alpha}$. 再由(4.2.44)得

$$e^{\alpha-2\beta} = \frac{c_1}{d} \quad 与 \quad e^{\alpha-2\beta} = c_2 d.$$

因此 $c_2 d = \frac{c_1}{d}$. 再由(6.2.45)得 $c_1 = d$. 于是 $e^{\alpha} = e^{2\beta}$，把 $e^{\alpha} = e^{2\beta}$ 代入(6.2.38)得

$$f = \frac{e^{-\beta} - 1}{e^{\beta} - 1} = -e^{-\beta}.$$

因此 $\{a_n\}$，$\{p_n\}$ 均为空集，这也是一个矛盾.

这就完成了定理 6.19 的证明.

与本节有关的结果可参看 Nevanlinna[3]，Ueda[4]，Winkler[2,3]，Tohge[1].

第七章　具有二个或一个公共值的亚纯函数的唯一性

在第五章中，我们得出了当两个亚纯函数具有三个公共值时，亏值与唯一性的有关结果. 我们将在 §7.1 中介绍当两个亚纯函数具有二个公共值时，亏值与唯一性的相应结果，它是第五章有关结果的改进与推广.

在第三章中，我们得出了具有一个公共值的亚纯函数族 $\mathscr{A}$ 中的函数的唯一性的结果. 我们将在 §7.2 中介绍当两个亚纯函数具有一个公共值时，亏值与唯一性的有关结果，它是第三章有关结果的改进与推广.

本章的结果在第十章中将起到重要作用.

§7.1　具有二个公共值的亚纯函数

7.1.1　亏值与唯一性

1990 年，仪洪勋[17] 改进了 Ozawa[1] 的一个结果(定理 2.40)，证明了下述

定理 7.1　设 $f(z)$ 与 $g(z)$ 为非常数亚纯函数，$1,\infty$ 为其CM公共值. 如果

$$N(r,\frac{1}{f})+N(r,\frac{1}{g})+2\overline{N}(r,f)$$
$$<(\mu+o(1))T(r)\quad (r\in I),\qquad (7.1.1)$$

其中　$\mu<1,T(r)=\max\{T(r,f),T(r,g)\}$，$I$ 为 r 在$(0,+\infty)$中具有无穷线性测度的一个子集合，则 $f(z)\equiv g(z)$ 或 $f(z)\cdot g(z)\equiv 1$.

为了叙述定理 7.1 的改进形式，我们引入下述符号.

设 $f(z)$ 为开平面非常数亚纯函数，a 为任一复数，我们用 $n_2(r,\frac{1}{f-a})$ 表示 $f(z)-a$ 在 $|z|\leqslant r$ 上的零点个数，其中单零点计一次，重零点计二次. $N_2(r,\frac{1}{f-a})$ 为 $n_2(r,\frac{1}{f-a})$ 相应的计数函数.

显然

$$N_2(r,\frac{1}{f-a})=\overline{N}(r,\frac{1}{f-a})+\overline{N}_{(2}(r,\frac{1}{f-a}).$$

因此

$$\overline{N}(r,\frac{1}{f-a})\leqslant N_2(r,\frac{1}{f-a})\leqslant 2\overline{N}(r,\frac{1}{f-a})$$

及

$$N_2(r,\frac{1}{f-a})\leqslant N(r,\frac{1}{f-a}).$$

我们引入下述定义.

定义 7.1 设 $f(z)$ 为开平面上的非常数亚纯函数，a 为任一复数，定义

$$\delta_2(a,f)=1-\varlimsup_{r\to\infty}\frac{N_2(r,\frac{1}{f-a})}{T(r,f)}.$$

由 $\delta_2(a,f)$ 的定义，显然有

$$0\leqslant\delta(a,f)\leqslant\delta_2(a,f)\leqslant\Theta(a,f)\leqslant 1 \tag{7.1.2}$$

及

$$\delta_2(a,f)\geqslant 2\Theta(a,f)-1. \tag{7.1.3}$$

最近，仪洪勋[37] 改进了定理 7.1，证明了

定理 7.2 把定理 7.1 中的条件(7.1.1) 换为

$$N_2(r,\frac{1}{f})+N_2(r,\frac{1}{g})+2\overline{N}(r,f)<(\mu+o(1))T(r)\quad(r\in I) \tag{7.1.4}$$

定理 7.1 的结论仍成立.

注意到定理 5.4,由定理 7.2 即可得到定理 5.7,因此定理 7.2 也是定理 5.7 的改进. 设

$$f(z)=2e^z(1-2e^z),\quad g(z)=\frac{1}{4}e^{-z}(2-e^{-z}).$$

容易验证 1,∞ 为 f 与 g 的 CM 公共值,且

$$N_2(r,\frac{1}{f})+N_2(r,\frac{1}{g})+2\overline{N}(r,f)=(1+o(1))T(r),$$

其中 $T(r)=\max\{T(r,f),T(r,g)\}$,但 $f\not\equiv g$, $fg\not\equiv 1$. 这表明定理 7.2 中条件(7.1.4)是必要的.

为了证明定理 7.2,先证明一个引理.

引理 7.1 设 $f(z)$ 为非常数亚纯函数,$g(z)$ 为 $f(z)$ 的分式线性变换. 如果

$$\overline{N}(r,\frac{1}{f})+\overline{N}(r,f)+\overline{N}(r,\frac{1}{g})+\overline{N}(r,g)$$
$$<(\lambda+o(1))T(r,f)\quad (r\in I)$$

其中 $\lambda<1$,并且存在一点 z_0,使得 $f(z_0)=g(z_0)=1$, 则 $f\equiv g$ 或 $fg\equiv 1$.

证. 由 g 为 f 的分式线性变换,不妨设

$$g=\frac{af+b}{cf+d},$$

其中 a,b,c,d 为常数,且 $ad-bc\neq 0$. 我们区分三种情况.

(1) 假设 $a\neq 0$, $c\neq 0$. 由 $ad-bc\neq 0$ 知,b,d 中至少有一个不为 0. 不妨设 $b\neq 0$,则

$$\overline{N}(r,\frac{1}{g})=\overline{N}(r,\frac{1}{f+\frac{b}{a}}).$$

因此

$$\overline{N}(r,\frac{1}{f})+\overline{N}(r,f)+\overline{N}(r,\frac{1}{f+\frac{b}{a}})$$
$$\leqslant\overline{N}(r,\frac{1}{f})+\overline{N}(r,f)+\overline{N}(r,\frac{1}{g})+\overline{N}(r,g)$$
$$<(\lambda+o(1))T(r,f)\qquad (r\in I),$$

这与第二基本定理矛盾.

(2) 假设 $c=0$,则 $ad\neq 0$. 此时

$$g=\frac{a}{d}f+\frac{b}{d}.$$

如果 $b\neq 0$,则

$$\overline{N}(r,\frac{1}{g})=\overline{N}(r,\frac{1}{f+\frac{b}{a}}).$$

与前面类似,也可得出矛盾. 因此 $b=0$,并且 $g=\frac{a}{d}f$. 把 z_0 代入即得 $\frac{a}{d}=1$. 于是 $f\equiv g$.

(3) 假设 $a=0$,则 $bc\neq 0$. 此时

$$g=\frac{b}{cf+d}.$$

如果 $d\neq 0$,则

$$\overline{N}(r,g)=\overline{N}(r,\frac{1}{f+\frac{d}{c}}).$$

因此

$$\begin{aligned}&\overline{N}(r,\frac{1}{f})+\overline{N}(r,f)+\overline{N}(r,\frac{1}{f+\frac{d}{c}})\\&\quad\leqslant\overline{N}(r,\frac{1}{f})+\overline{N}(r,f)+\overline{N}(r,\frac{1}{g})+\overline{N}(r,g)\\&\quad<(\lambda+o(1))T(r,f)\qquad(r\in I),\end{aligned}$$

这与第二基本定理矛盾. 因此 $d=0$,并且 $fg=\frac{b}{c}$. 把 z_0 代入即得 $\frac{b}{c}=1$. 于是 $fg\equiv 1$.

下面证明定理 7.2.

置

$$\Psi=(\frac{f''}{f'}-2\cdot\frac{f'}{f-1})-(\frac{g''}{g'}-2\cdot\frac{g'}{g-1}).\qquad(7.1.5)$$

首先设 $\Psi\neq 0$. 显然有

$$m(r,\Psi)=S(r,f)+S(r,g).$$

因 $1,\infty$ 为 f 与 g 的 CM 公共值，故有

$$N(r,\Psi)\leqslant\overline{N}_{(2}(r,\frac{1}{f})+\overline{N}_{(2}(r,\frac{1}{g})+N_0(r,\frac{1}{f'})$$
$$+N_0(r,\frac{1}{g'})+S(r,f)+S(r,g),$$

其中 $N_0(r,\frac{1}{f'})$ 表示 f' 的零点，但不是 f 与 $f-1$ 的零点的计数函数，$N_0(r,\frac{1}{g'})$ 表示 g' 的零点，但不是 g 与 $g-1$ 的零点的计数函数. 于是

$$T(r,\Psi)\leqslant\overline{N}_{(2}(r,\frac{1}{f})+\overline{N}_{(2}(r,\frac{1}{g})+N_0(r,\frac{1}{f'})+N_0(r,\frac{1}{g'})$$
$$+S(r,f)+S(r,g).$$

设 z_0 为 $f-1$ 的单零点，经过简单的留数计算可知，z_0 必为 Ψ 的零点，于是

$$\overline{N}_{1)}(r,\frac{1}{f-1})=\overline{N}_{1)}(r,\frac{1}{g-1})\leqslant N(r,\frac{1}{\Psi})\leqslant T(r,\Psi)+O(1)$$
$$\leqslant\overline{N}_{(2}(r,\frac{1}{f})+\overline{N}_{(2}(r,\frac{1}{g})+N_0(r,\frac{1}{f'})$$
$$+N_0(r,\frac{1}{g'})+S(r,f)+S(r,g).$$

由第二基本定理知，

$$T(r,f)\leqslant\overline{N}(r,\frac{1}{f})+\overline{N}(r,\frac{1}{f-1})+\overline{N}(r,f)-N_0(r,\frac{1}{f'})$$
$$+S(r,f),$$
$$T(r,g)\leqslant\overline{N}(r,\frac{1}{g})+\overline{N}(r,\frac{1}{g-1})+\overline{N}(r,g)-N_0(r,\frac{1}{g'})$$
$$+S(r,g).$$

注意到

$$\overline{N}(r,\frac{1}{f-1})+\overline{N}(r,\frac{1}{g-1})=2\overline{N}(r,\frac{1}{f-1})$$
$$\leqslant\overline{N}_{1)}(r,\frac{1}{f-1})+N(r,\frac{1}{f-1})$$
$$\leqslant N(r,\frac{1}{f-1})+\overline{N}_{(2}(r,\frac{1}{f})+\overline{N}_{(2}(r,\frac{1}{g})+N_0(r,\frac{1}{f'})$$

$$+N_0(r,\frac{1}{g'})+S(r,f)+S(r,g),$$

则有

$$T(r,f)+T(r,g)\leqslant N_2(r,\frac{1}{f})+N_2(r,\frac{1}{g})+2\overline{N}(r,f)$$

$$+N(r,\frac{1}{f-1})+S(r,f)+S(r,g). \qquad (7.1.6)$$

因为 $N(r,\frac{1}{f-1})\leqslant T(r,f)+O(1)$,

$$N(r,\frac{1}{f-1})=N(r,\frac{1}{g-1})\leqslant T(r,g)+O(1),$$

再由(7.1.6)得

$$(1-o(1))T(r)\leqslant N_2(r,\frac{1}{f})+N_2(r,\frac{1}{g})+2\overline{N}(r,f),$$

$$(r\notin E). \qquad (7.1.7)$$

由(7.1.4),(7.1.7)得

$$(1-o(1))T(r)\leqslant(\mu+o(1))T(r) \quad (r\in I),$$

这是一个矛盾. 于是 $\Psi\equiv 0$. 由(7.1.5),积分二次得 $g(z)$ 为 $f(z)$ 的分式线性变换. 由(7.1.4)知,1不为 f 的 Picard 例外值. 因此存在 z_0,使 $f(z_0)=g(z_0)=1$. 应用引理7.1得 $f\equiv g$ 或 $fg\equiv 1$.

由定理7.2,可得下述

系. 设 $f(z)$ 与 $g(z)$ 为非常数亚纯函数,1,∞ 为其CM公共值. 如果

$$\delta_2(0,f)+\delta_2(0,g)+2\Theta(\infty,f)>3,$$

则 $f\equiv g$ 或 $fg\equiv 1$.

定理 7.3 设 $f(z)$ 与 $g(z)$ 为非常数亚纯函数,0,1为其CM公共值. 如果

$$N_2(r,f)+N_2(r,g)+2\overline{N}(r,\frac{1}{f})<(\mu+o(1))T(r) \quad (r\in I),$$

其中 $\mu<1$, $T(r)=\max\{T(r,f),T(r,g)\}$,则 $f\equiv g$ 或 $fg\equiv 1$.

证. 设 $F=\frac{1}{f}$, $G=\frac{1}{g}$,应用定理 7.2 即得 $F\equiv G$ 或 $F\cdot G\equiv 1$. 由此即得 $f\equiv g$ 或 $fg\equiv 1$.

7.1.2 定理 7.2 的改进

使用 §4.2.2 中引入的记号,定理 7.2 可改进为

定理 7.4 设 $f(z)$ 与 $g(z)$ 为非常数亚纯函数,$1,\infty$ 为其"CM"公共值,如果(7.1.4) 成立,则 $f\equiv g$ 或 $f\cdot g\equiv 1$.

使用证明定理 7.2 完全类似的证明方法,即可证明定理 7.4. 只需注意到,当 $1,\infty$ 为 f 与 g 的"CM"公共值时,f 与 g 的 1 值点及极点对 $N(r,\Psi)$ 的影响仅为 $S(r,f)+S(r,g)$. 证明细节略去.

7.1.3 关于小函数的结果

1986 年,Frank-Ohlenroth[1] 引入下述概念.

定义 7.2 设 f 与 g 为非常数亚纯函数,a_1,a_2 为任意两个复数. 如果

$$f-a_1=0\leftrightarrows g-a_2=0,$$

则称 (a_1,a_2) 为 f 与 g 的 CM 公共值对.

由定义 7.2 易知,若 (a_1,a_2) 为 f 与 g 的 CM 公共值对,则 $(f-a_1)(g-a_2)$ 的零点不是 $\frac{f-a_1}{g-a_2}$ 的零点与极点. 特别地,如果 $a_1=a_2=a$,若 (a,a) 为 f 与 g 的 CM 公共值对,则 a 为 f 与 g 的 CM 公共值.

设 f 与 g 为非常数亚纯函数,我们用 $S(r,f,g)$ 表示满足下列条件的量:当 f 与 g 均为有穷级时, $S(r,f,g)=o(T(r,f)+T(r,g))$ $(r\to\infty)$, 当 f 与 g 中至少有一个为无穷级时,

$$S(r,f,g)=o(T(r,f)+T(r,g))\quad (r\to\infty,r\notin E),$$

以后不再说明.

定义 7.3 设 f 与 g 为非常数亚纯函数,a_1 与 a_2 为亚纯函数,且满足 $T(r,a_1)+T(r,a_2)=S(r,f,g)$. 如果

$$f-a_1=0\leftrightarrows g-a_2=0,$$

则称(a_1, a_2)为f与g的CM公共小函数对. 特别地,若$a_1 = a_2 = a$,则称a为f与g的CM公共小函数.

我们有下述

定理7.5 设f与g为非常数亚纯函数,a_1, a_2, b_1, b_2为亚纯函数,且满足$a_1 \not\equiv b_1, a_2 \not\equiv b_2$及$T(r, a_1) + T(r, a_2) + T(r, b_1) + T(r, b_2) = S(r, f, g)$. 再设$\infty$为$f$与$g$的CM公共值,$(a_1, a_2)$为$f$与$g$的CM公共小函数对. 如果

$$N_2(r, \frac{1}{f - b_1}) + N_2(r, \frac{1}{g - b_2}) + 2\overline{N}(r, f) < (\mu + o(1))T(r) \quad (r \in I), \tag{7.1.8}$$

其中$\mu < 1$, $T(r) = \max\{T(r, f), T(r, g)\}$,则

$$\frac{f - b_1}{a_1 - b_1} \equiv \frac{g - b_2}{a_2 - b_2} \quad 或 \quad \frac{f - b_1}{a_1 - b_1} \cdot \frac{g - b_2}{a_2 - b_2} \equiv 1.$$

证. 设

$$F = \frac{f - b_1}{a_1 - b_1}, \qquad G = \frac{g - b_2}{a_2 - b_2}.$$

由∞为f与g的CM公共值知,∞为F与G的"CM"公共值. 由(a_1, a_2)为f与g的CM公共小函数对知,1为F与G的"CM"公共值. 由(7.1.8)得

$$N_2(r, \frac{1}{F}) + N_2(r, \frac{1}{G}) + 2\overline{N}(r, F) < (\mu + o(1))T^*(r) \quad (r \in I),$$

其中 $T^*(r) = \max\{T(r, F), T(r, G)\}$. 应用定理7.4即得$F \equiv G$或$F \cdot G \equiv 1$. 由此即得定理7.5的结论.

由定理7.5即得下述

系. 设f与g为非常数亚纯函数,a_1, a_2, b_1, b_2为亚纯函数,且满足 $a_1 \not\equiv b_1, a_2 \not\equiv b_2$ 及 $T(r, a_1) + T(r, a_2) + T(r, b_1) + T(r, b_2) = S(r, f, g)$. 再设$\infty$为$f$与$g$的CM公共值,$(a_1, a_2)$为$f$与$g$的CM公共小函数对. 如果

$$\delta_2(b_1, f) + \delta_2(b_2, g) + 2\Theta(\infty, f) > 3,$$

则

$$\frac{f-b_1}{a_1-b_1}\equiv\frac{g-b_2}{a_2-b_2} \quad \text{或} \quad \frac{f-b_1}{a_1-a_2}\cdot\frac{g-b_2}{a_2-b_2}\equiv 1.$$

与本节有关的结果可参看仪洪勋[17,37],Frank-Ohlenroth[1],邱廉鄘[1],杨重骏 - 仪洪勋[1].

§7.2 具有一个公共值的亚纯函数

7.2.1 少极点的情况

在 §3.4 中,我们研究了亚纯函数族 $\mathscr{A}$ 的唯一性,本段将研究满足条件 $\Theta(\infty)=1$ 的亚纯函数的唯一性. 1985 年,仪洪勋[1] 改进了 Ozawa[1] 的一个结果,证明了

定理 7.6 设 f 与 g 为非常数亚纯函数,1 为其 CM 公共值. 如果 $\Theta(\infty,f)=\Theta(\infty,g)=1$ 及 $\delta(0,f)+\delta(0,g)>1$,则 $f\equiv g$ 或 $f\cdot g\equiv 1$.

更进一步,仪洪勋[1] 证明了下述

定理 7.7 设 f 与 g 为非常数亚纯函数,c 为有穷复数,且 c 为 f 与 g 的 CM 公共值. 再设 μ 与 λ 为亚纯函数,且满足 $\mu\not\equiv c,\lambda\not\equiv c$ 及 $T(r,\mu)=S(r,f)$, $T(r,\lambda)=S(r,g)$. 如果

$$\Theta(\infty,f)=\Theta(\infty,g)=1, \tag{7.2.1}$$

$$\delta_2(0,f-\mu)+\delta_2(0,g-\lambda)>1, \tag{7.2.2}$$

则

$$\frac{f-\mu}{g-\lambda}\equiv\frac{c-\mu}{c-\lambda} \quad \text{或} \quad (f-\mu)(g-\lambda)\equiv(c-\mu)(c-\lambda).$$

证. 由第二基本定理的推广,我们有

$$\begin{aligned}T(r,f)&<\overline{N}\left(r,\frac{1}{f-\mu}\right)+\overline{N}(r,f)+\overline{N}\left(r,\frac{1}{f-c}\right)+S(r,f)\\&<(1-\delta_2(0,f-\mu))T(r,f)+N\left(r,\frac{1}{g-c}\right)+S(r,f)\\&<(1-\delta_2(0,f-\mu))T(r,f)+T(r,g)+S(r,f).\end{aligned}$$

于是

$$(\delta_2(0,f-\mu))+o(1))T(r,f)<T(r,g)\quad(r\notin E).$$

由(7.2.2)知，$\delta_2(0,f-\mu)>0$. 因此

$$T(r,f)=O(T(r,g))\quad(r\notin E).$$

同理可证

$$T(r,g)=O(T(r,f))\quad(r\notin E).$$

于是

$$T(r,\mu)+T(r,\lambda)=S(r,f,g).\tag{7.2.3}$$

设

$$F=\frac{f-\mu}{c-\mu},\qquad G=\frac{g-\lambda}{c-\lambda}.$$

由(7.2.1)知，∞ 为 F 与 G 的"CM"公共值. 由 c 为 f 与 g 的 CM 公共值知，1 为 F 与 G 的"CM"公共值. 再由(7.2.1)，(7.2.2)知，

$$N_2(r,\frac{1}{F})+N_2(r,\frac{1}{G})+2\overline{N}(r,f)<(\mu+o(1))T^*(r),$$

其中 $\mu<1$，$T^*(r)=\max\{T(r,F),T(r,G)\}$. 应用定理 7.4 即得 $F\equiv G$ 或 $F\cdot G\equiv 1$. 由此即得定理 7.7 的结论.

7.2.2 杨重骏的一个猜测

设亚纯函数类 F 是形式为

$$f(z)=\mu_1(z)e^{\alpha(z)}+\mu_2(z)$$

的所有超越亚纯函数，其中 $\alpha(z)$ 为有穷级非常数整函数，$\mu_1(z)(\not\equiv 0)$ 与 $\mu_2(z)$ ($\not\equiv$ 常数) 为有穷级亚纯函数，且 μ_1 与 μ_2 的级均小于 e^{α} 的级.

1977 年，杨重骏[4] 证明了

定理 7.8 设 c_1,c_2 为两个判别的有穷复数，$f\in F$，$g\in F$. 如果 c_1,c_2 为 f 与 g 的 CM 公共值，则 $f\equiv g$，或者

$$f(z)=\frac{c_2-c_1\lambda(z)}{1-\lambda(z)}-\frac{(c_1-c_2)^2\lambda(z)}{1-\lambda(z)}\cdot\frac{1}{h(z)e^{\phi(z)}},$$

$$g(z)=\frac{c_1-c_2\lambda(z)}{1-\lambda(z)}+\frac{h(z)e^{\phi(z)}}{1-\lambda(z)},$$

其中 $\phi(z)$ 为非常数整函数，$\lambda(z)$($\not\equiv$ 常数) 与 $h(z)$ 为亚纯函数，且

满足

$$T(r,\lambda)=o(T(r,e^{\phi})),\quad T(r,h)=o(T(r,e^{\phi})).$$

杨重骏[4] 猜测,对形式为

$$f=\mu_1e^{\alpha}+\mu_2$$

的所有亚纯函数类,其中α为非常数整函数,$\mu_1(\not\equiv 0)$ 与 $\mu_2(\not\equiv$常数) 为亚纯函数,且满足

$$T(r,\mu_j)=o(T(r,e^{\alpha}))\quad(j=1,2),$$

定理 7.8 仍成立.

1985 年,仪洪勋[1] 证明了下述

定理7.9 设c_1与c_2为两个判别的有穷复数,f,g,μ与λ为非常数亚纯函数,其中$T(r,\mu)=S(r,f)$,$T(r,\lambda)=S(r,g)$. 再设c_1与c_2为f与g的CM公共值. 如果$\Theta(\infty,f)=\Theta(\infty,g)=1$及$\delta(0,f-\mu)+\delta(0,g-\lambda)>1$,则$f\equiv g$,此时$\lambda\equiv\mu$,或者$(f-\mu)(g-\lambda)\equiv(c_1-\mu)(c_1-\lambda)$,此时$\mu+\lambda\equiv c_1+c_2$.

证. 由定理 7.7 得,f 与 g 满足

$$\frac{f-\mu}{g-\lambda}\equiv\frac{c_1-\mu}{c_1-\lambda}\tag{7.2.4}$$

或

$$(f-\mu)(g-\lambda)\equiv(c_1-\mu)(c_1-\lambda),\tag{7.2.5}$$

及

$$\frac{f-\mu}{g-\lambda}\equiv\frac{c_2-\mu}{c_2-\lambda}\tag{7.2.6}$$

或

$$(f-\mu)(g-\lambda)\equiv(c_2-\mu)(c_2-\lambda).\tag{7.2.7}$$

如果 f 与 g 满足(7.2.4),(7.2.6),则得$\mu\equiv\lambda$, $f\equiv g$. 如果f与g满足(7.2.5),(7.2.7),则得 $\mu+\lambda\equiv c_1+c_2$, $(f-\mu)(g-\lambda)\equiv(c_1-\mu)(c_1-\lambda)$. 如果 f 与 g 满足(7.2.4),(7.2.7) 或(7.2.5),(7.2.6),则得 $T(r,f)=S(r,f)$, $T(r,g)=S(r,g)$,这显然是不可能的. 这就证明了定理 7.9.

由定理 7.9,可得下述

系. 杨重骏猜测成立.

证. 设 $f=\mu_1 e^{\alpha}+\mu_2$, $g=\lambda_1 e^{\beta}+\lambda_2$,
其中α与β为非常数整函数,$\mu_1(\not\equiv 0)$,$\mu_2(\not\equiv$常数$)$,$\lambda_1(\not\equiv 0)$,$\lambda_2(\not\equiv$常数$)$为亚纯函数,且满足

$$T(r,\mu_j)=o(T(r,e^{\alpha}))\qquad (j=1,2)$$

及

$$T(r,\lambda_j)=o(T(r,e^{\beta}))\qquad (j=1,2).$$

由定理 7.9 知,$f\equiv g$,或者

$$(f-\mu_2)(g-\lambda_2)\equiv(c_1-\mu_2)(c_1-\lambda_2),$$

其中 $\mu_2+\lambda_2\equiv c_1+c_2$.

如果 $f\not\equiv g$,则有

$$\mu_1 e^{\alpha}\cdot\lambda_1 e^{\beta}\equiv(\lambda_2-c_2)(c_1-\lambda_2).$$

于是

$$f=-\frac{(c_2-\lambda_2)(c_1-\lambda_2)}{\lambda_1 e^{\beta}}+(c_1+c_2-\lambda_2).$$

若令 $\lambda_1=\dfrac{h}{1-\lambda}$, $e^{\beta}=e^{\phi}$, $\lambda_2=\dfrac{c_1-c_2\lambda}{1-\lambda}$.
则可得出杨重骏猜测的结论.

7.2.3 几个引理

我们首先引入几个记号

设 F 为亚纯函数,z_0 为复平面一点,我们规定

$$U(F,z_0)=\begin{cases}p,\text{当 } z_0 \text{ 为 } F \text{ 的 } p \text{ 重极点},\\ 0,\text{当 } z_0 \text{ 不为 } F \text{ 的极点}.\end{cases}$$

$$V(F,z_0)=\begin{cases}0,\text{当 } z_0 \text{ 不为 } F \text{ 的极点},\\ 1,\text{当 } z_0 \text{ 为 } F \text{ 的单极点},\\ 2,\text{当 } z_0 \text{ 为 } F \text{ 的重极点}.\end{cases}$$

于是

$$U\left(\frac{1}{F},z_0\right)=\begin{cases}q,\text{当 } z_0 \text{ 为 } F \text{ 的 } q \text{ 重零点},\\ 0,\text{当 } z_0 \text{ 不为 } F \text{ 的零点}.\end{cases}$$

$$V\left(\frac{1}{F},z_0\right)=\begin{cases}0,\text{当 } z_0 \text{ 不为 } F \text{ 的零点},\\ 1,\text{当 } z_0 \text{ 为 } F \text{ 的单零点},\\ 2,\text{当 } z_0 \text{ 为 } F \text{ 的重零点}.\end{cases}$$

在这一段中，F_1, F_2 为两个亚纯函数，

$$D = \begin{vmatrix} F_1' & F_2' \\ F_1'' & F_2'' \end{vmatrix} = F_1'F_2'' - F_2'F_1''.$$

使用上述记号，我们有下述引理.

引理 7.2 设 $U(\frac{1}{F_1}, z_0) = U(\frac{1}{F_2}, z_0) = q \geqslant 2$，

则 $U(\frac{1}{D}, z_0) \geqslant 2q - 2$。

证. 设 $F_j(z) = (z - z_0)^q G_j(z) \quad (j = 1, 2)$.

则 $G_j(z_0) \neq 0, \infty (j = 1, 2)$. 通过计算知

$$D = (z - z_0)^{2q-2} G^*(z),$$

其中 $G^*(z_0) \neq \infty$. 由此即知 $U(\frac{1}{D}, z_0) \geqslant 2q - 2$.

用类似的方法，可以证明下述

引理 7.3 设 $U(\frac{1}{F_1}, z_0) = q_1 > 0, U(\frac{1}{F_2}, z_0) = q_2 > 0$，则 $U(\frac{1}{D}, z_0) \geqslant q_1 + q_2 - 3$.

引理 7.4 设 $U(\frac{1}{F_1}, z_0) = q \geqslant 2, U(F_2, z_0) = 0$，则 $U(\frac{1}{D}, z_0) \geqslant q - 2$.

对 D 的极点，我们有下述

引理 7.5 设 $U(F_1, z_0) = U(F_2, z_0) = 1$，则 $U(D, z_0) \leqslant 3$.

证. 设在 $z = z_0$ 附近

$$F_1(z) = \frac{a_1}{z - z_0} + a_2 + a_3(z - z_0) + \cdots \quad (a_1 \neq 0),$$

$$F_2(z) = \frac{b_1}{z - z_0} + b_2 + b_3(z - z_0) + \cdots, \quad (b_1 \neq 0).$$

则 $D(z) = \dfrac{2(a_3 b_1 - a_1 b_3)}{(z - z_0)^3} + \cdots$.

由此即得 $U(D, z_0) \leqslant 3$.

用类似的方法，可以证明下述

引理 7.6 设 $U(F_1, z_0) = U(F_2, z_0) = p$，

则 $U(D,z_0) \leqslant 2p+2$.

引理 7.7 设 $U(F_1,z_0)=p_1, U(F_2,z_0)=p_2$,
则 $U(D,z_0) \leqslant p_1+p_2+3$.

引理 7.8 设 $U(F_1,z_0)=p, U(F_2,z_0)=0$,
则 $U(D,z_0) \leqslant p+2$.

引理 7.9 设 $U(\frac{1}{F_1},z_0)=q>0, U(F_2,z_0)=P>0$,则

$$U(D,z_0)-U(\frac{1}{D},z_0) \leqslant P-q+3.$$

仪洪勋[17]还证明了下述

引理 7.10 设 $f_j(j=1,2\cdots,k)$ 为 k 个线性无关的亚纯函数,且满足 $\sum_{j=1}^{k} f_j \equiv 1$. 再设 $g_j=-\frac{f_j}{f_k}(j=1,2,\cdots,k-1)$, $g_k=\frac{1}{f_k}$. 则 $g_j(j=1,2,\cdots,k)$ 也为 k 个线性无关的亚纯函数,且满足 $\sum_{j=1}^{k} g_j \equiv 1$.

证. $\sum_{j=1}^{k} g_j \equiv 1$ 是显然的. 下面证明 $g_j(j=1,2,\cdots,k)$ 线性无关.

假设 $g_j(j=1,2,\cdots,k)$ 线性相关,则存在 k 个不全为零的常数 $c_j(j=1,2\cdots,k)$ 使得

$$\sum_{j=1}^{k} c_j g_j = 0.$$

由此即得

$$\sum_{j=1}^{k-1} c_j f_j = c_k. \tag{7.2.8}$$

如果 $c_k=0$, 则 $f_j(j=1,2,\cdots,k-1)$ 线性相关,这与引理 7.10 的条件矛盾. 如果 $c_k \neq 0$,由(7.2.8)得

$$\sum_{j=1}^{k-1} \frac{c_j}{c_k} f_j = 1. \tag{7.2.9}$$

注意到 $\sum_{j=1}^{k} f_j \equiv 1$,由(7.2.9)得

$$\sum_{j=1}^{k-1}(1-\frac{c_j}{c_k})f_j+f_k=0,$$

这也与 $f_j(j=1,2,\cdots,k)$ 线性无关矛盾. 于是 $g_j(j=1,2,\cdots,k)$ 线性无关.

7.2.4 定理 7.6 的改进

应用引理 7.2—7.10,仪洪勋[37] 改进了定理 7.6,证明了下述

定理 7.10 设 f 与 g 为非常数亚纯函数,1 为其 CM 公共值. 如果

$$N_2(r,\frac{1}{f})+N_2(r,\frac{1}{g})+N_2(r,f)+N_2(r,g)$$
$$<(\mu+o(1))T(r)\quad(r\in I),\qquad(7.2.10)$$

其中 $\mu<1$, $T(r)=\max\{T(r,f),T(r,g)\}$, I 为 r 在 $(0,\infty)$ 中具有无穷线性测度的一个集合,则 $f\equiv g$ 或 $f\cdot g\equiv 1$.

证. 设

$$H=\frac{f-1}{g-1},\qquad(7.2.11)$$

则

$$T(r,H)\leqslant T(r,f)+T(r,g)+O(1)$$
$$\leqslant 2T(r)+O(1).\qquad(7.2.12)$$

设 $f_1=f$, $f_2=H$, $f_3=-Hg$ 及

$T^*(r)=\max\limits_{1\leqslant j\leqslant 3}\{T(r,f_j)\}$. 由(7.2.11),(7.2.12)得

$$\sum_{j=1}^{3}f_j\equiv 1\qquad(7.2.13)$$

及

$$T^*(r)=O(T(r)).\qquad(7.2.14)$$

先来证明下述引理.

引理 7.11 f_1,f_2,f_3 必线性相关.

证. 假设 f_1,f_2,f_3 线性无关. 应用定理 1.48,由(7.2.13),(7.2.14)得

$$T(r,f)<N(r)+o(T(r))\quad(r\notin E),\qquad(7.2.15)$$

其中

$$N(r)=\sum_{j=1}^{3}N(r,\frac{1}{f_j})+N(r,D)-N(r,f_2)-N(r,f_3)$$
$$-N(r,\frac{1}{D}),\tag{7.2.16}$$

$$D=\begin{vmatrix}f_1 & f_2 & f_3\\ f_1' & f_2' & f_3'\\ f_1'' & f_2'' & f_3''\end{vmatrix}.$$

再由(7.2.13)得

$$D=\begin{vmatrix}f_1' & f_2'\\ f_1'' & f_2''\end{vmatrix}=-\begin{vmatrix}f_1' & f_3'\\ f_1'' & f_3''\end{vmatrix}=\begin{vmatrix}f_2' & f_3'\\ f_2'' & f_3''\end{vmatrix}.\tag{7.2.17}$$

显然 $f_j(j=1,2,3)$ 的零点与 D 的极点仅可能在 f 的零点或极点，g 的零点或极点处取得. 设 z_0 为 f 的零点或极点，或 g 的零点或极点，则 $f(z_0)-1\neq 0$, $g(z_0)-1\neq 0$. 设

$$f(z)=a_p(z-z_0)^p+a_{p+1}(z-z_0)^{p+1}+\cdots,\tag{7.2.18}$$
$$g(z)=b_q(z-z_0)^q+b_{q+1}(z-z_0)^{q+1}+\cdots,\tag{7.2.19}$$

其中 $a_p\neq 0$, $b_q\neq 0$, p 与 q 为整数，但不同时为零. 设

$$U(z_0)=\sum_{j=1}^{3}U(\frac{1}{f_j},z_0)+U(D,z_0)-U(f_2,z_0)$$
$$-U(f_3,z_0)-U(\frac{1}{D},z_0).\tag{7.2.20}$$

下面我们证明

$$U(z_0)\leqslant V(f,z_0)+V(\frac{1}{f},z_0)+V(g,z_0)+V(\frac{1}{g},z_0).\tag{7.2.21}$$

为了证明(7.2.21)，我们讨论下述四种情况.

(1) 假设 $p\geqslant 0,q\geqslant 0$，且 $p+q>0$.

显然有 $U(\frac{1}{f_1},z_0)=p$, $U(\frac{1}{f_2},z_0)=0$, $U(\frac{1}{f_3},z_0)=q$, $U(D,z_0)=0$. 由(7.2.17)有 $D=-(f_1'f_3''-f_3'f_1'')$. 再由引理 7.3，引理 7.4 得

$$U(\frac{1}{D},z_0)\geqslant U(\frac{1}{f},z_0)+U(\frac{1}{g},z_0)-V(\frac{1}{f},z_0)-V(\frac{1}{g},z_0).$$

于是

$$U(z_0) \leqslant V(\frac{1}{f}, z_0) + V(\frac{1}{g}, z_0). \tag{7.2.22}$$

（2） 假设　$p \geqslant 0, q < 0$.

显然有　$U(\frac{1}{f_1}, z_0) = p$, $U(\frac{1}{f_2}, z_0) = |q|$, $U(\frac{1}{f_3}, z_0) = 0$, $U(D, z_0) = 0$. 由(7.2.17)有 $D = f_1' f_2'' - f_2' f_1''$. 再由引理 7.3, 引理 7.4 得

$$U(\frac{1}{D}, z_0) \geqslant U(\frac{1}{f}, z_0) + U(g, z_0) - V(\frac{1}{f}, z_0) - V(g, z_0).$$

于是

$$U(z_0) \leqslant V(\frac{1}{f}, z_0) + V(g, z_0). \tag{7.2.23}$$

（3） 假设　$p < 0, q \geqslant 0$.

显然有 $U(f_1, z_0) = |p|$, $U(f_2, z_0) = |p|$, $U(\frac{1}{f_3}, z_0) - U(f_3, z_0) = q - |p|$. 注意到 $D = -(f_1' f_3'' - f_3' f_1'')$. 再由引理 7.5, 7.7, 7.8, 7.9 得

$$U(D, z_0) - U(\frac{1}{D}, z_0) \leqslant 2U(f, z_0) - U(\frac{1}{g}, z_0) + V(f, z_0) + V(\frac{1}{g}, z_0).$$

于是

$$U(z_0) \leqslant V(f_1, z_0) + V(\frac{1}{g}, z_0). \tag{7.2.24}$$

（4） 假设　$p < 0, q < 0$. 显然有

$$U(f_1, z_0) = U(f_3, z_0) = |p|,$$

$U(\frac{1}{f_2}, z_0) - U(f_2, z_0) = |q| - |p|$. 注意到 $D = f_2' f_3'' - f_3' f_2''$. 再由引理 7.7, 7.8, 7.9 得

$$U(D, z_0) - U(\frac{1}{D}, z_0) \leqslant 2U(f, z_0) - U(g, z_0) + V(f, z_0) + V(g, z_0).$$

于是

$$U(z_0) \leqslant V(f, z_0) + V(g, z_0). \tag{7.2.25}$$

由(7.2.22)—(7.2.25)即得(7.2.21). 再由(7.2.16),(7.2.20),(7.2.21)得

$$N(r) \leqslant N_2(r,f) + N_2(r,\frac{1}{f}) + N_2(r,g) + N_2(r,\frac{1}{g}).$$

再由(7.2.15)得

$$T(r,f) < N_2(r,f) + N_2(r,\frac{1}{f}) + N_2(r,g) + N_2(r,\frac{1}{g}) + o(T(r)) \quad (r \notin E), \tag{7.2.26}$$

设 $g_1 = -\frac{f_3}{f_2} = g$, $g_2 = \frac{1}{f_2} = \frac{1}{H} = h, g_3 = -\frac{f_1}{f_2} = -hf$. 由(7.2.13)得

$$\sum_{j=1}^{3} g_j \equiv 1.$$

由引理 7.10 得 g_1, g_2, g_3 线性无关.使用与上面类似的方法,即可得到

$$T(r,g) < N_2(r,g) + N_2(r,\frac{1}{g}) + N_2(r,f) + N_2(r,\frac{1}{f}) + o(T(r)) \quad (r \notin E). \tag{7.2.27}$$

由(7.2.26),(7.2.27)得

$$T(r) < N_2(r,f) + N_2(r,\frac{1}{f}) + N_2(r,g) + N_2(r,\frac{1}{g}) + o(T(r)) \quad (r \notin E),$$

这与定理 7.10 中条件(7.2.10)矛盾.于是引理 7.11 成立.

下面继续证明定理 7.10.

由引理 7.11 知,$f_j(j=1,2,3)$ 线性相关,即存在不全为零的常数 $c_j(j=1,2,3)$,使得

$$c_1 f_1 + c_2 f_2 + c_3 f_3 = 0. \tag{7.2.28}$$

如果 $c_1 = 0$,由(7.2.28)知,$c_2 \neq 0, c_3 \neq 0$ 及 $f_3 = -\frac{c_2}{c_3} f_2$.由

此即得 $g=\frac{c_2}{c_3}$,这是不可能的. 于是 $c_1\neq 0$,且

$$f_1=-\frac{c_2}{c_1}f_2-\frac{c_3}{c_1}f_3. \tag{7.2.29}$$

由(7.2.13),(7.2.29)得

$$(1-\frac{c_2}{c_1})f_2+(1-\frac{c_3}{c_1})f_3=1. \tag{7.2.30}$$

因为 1 为 f 与 g 的 CM 公共值,由(7.2.11)得

$$\overline{N}(r,H)\leqslant\overline{N}(r,f) \tag{7.2.31}$$

及

$$\overline{N}(r,\frac{1}{H})\leqslant\overline{N}(r,g). \tag{7.2.32}$$

我们区分三种情况.

(1) 假设 $c_1\neq c_2$, $c_1\neq c_3$.

由(7.2.30)得

$$(1-\frac{c_3}{c_1})g+\frac{1}{H}=1-\frac{c_2}{c_1}. \tag{7.2.33}$$

应用引理 1.10,由(7.2.31),(7.2.33)得

$$\begin{aligned}T(r,g)&<\overline{N}(r,\frac{1}{g})+\overline{N}(r,H)+\overline{N}(r,g)+S(r,g)\\&\leqslant\overline{N}(r,\frac{1}{g})+\overline{N}(r,f)+\overline{N}(r,g)+S(r,g).\end{aligned} \tag{7.2.34}$$

由(7.2.29),(7.2.30)得

$$f_1-\frac{c_2-c_3}{c_1-c_3}f_2=-\frac{c_3}{c_1-c_3},$$

故有

$$f+\frac{c_2-c_3}{c_1-c_3}H=-\frac{c_3}{c_1-c_3}. \tag{7.2.35}$$

由(7.2.33),(7.2.35)得

$$T(r,f)=T(r,g)+O(1)$$

于是

$$T(r)=T(r,g)+O(1).$$

再由(7.2.34)得

$$T(r)<\overline{N}(r,\frac{1}{g})+\overline{N}(r,f)+\overline{N}(r,g)+o(T(r))\quad(r\notin E),$$

这与(7.2.10)矛盾.

(2) 假设 $c_1 = c_3$.

由(7.2.30)得 $c_1 \neq c_2$ 及 $f_2 = \frac{c_1}{c_1 - c_2}$.

故

$$H = \frac{c_1}{c_1 - c_2}. \tag{7.2.36}$$

由(7.2.11),(7.2.36)得

$$f + \frac{c_1}{c_2 - c_1} g = \frac{c_2}{c_2 - c_1}. \tag{7.2.37}$$

如果 $c_2 \neq 0$,应用引理 1.10,由(7.2.37)得

$$T(r) < \overline{N}(r, \frac{1}{f}) + \overline{N}(r, \frac{1}{g}) + \overline{N}(r, f) + o(T(r)) \quad (r \notin E),$$

这与(7.2.10)矛盾.故 $c_2 = 0$.再由(7.2.37)得 $f \equiv g$.

(3) 假设 $c_1 = c_2$.

由(7.2.30)得 $c_1 \neq c_3$ 及

$$f_3 = \frac{c_1}{c_1 - c_3}.$$

故

$$H = \frac{c_1}{c_3 - c_1} \cdot \frac{1}{g}. \tag{7.2.38}$$

由(7.2.11),(7.2.38)得

$$f + \frac{c_1}{c_3 - c_1} \cdot \frac{1}{g} = \frac{c_3}{c_3 - c_1}. \tag{7.2.39}$$

如果 $c_3 \neq 0$,应用引理 1.10,由(7.2.39)得

$$T(r) < \overline{N}(r, \frac{1}{f}) + \overline{N}(r, g) + \overline{N}(r, f) + o(T(r)) \quad (r \notin E),$$

这与(7.2.10)矛盾.故 $c_3 = 0$.再由(7.2.39)得 $f \cdot g \equiv 1$.

7.2.5 定理 7.10 的简化证明

置 $$\Psi = \left(\frac{f''}{f'} - 2 \cdot \frac{f'}{f-1}\right) - \left(\frac{g''}{g'} - 2 \cdot \frac{g'}{g-1}\right). \tag{7.2.40}$$

首先设 $\Psi \neq 0$.显然有

$$m(r,\Psi)=S(r).$$

其中$S(r)=o(T(r))(r\notin E)$. 显然f的单极点不为$\frac{f''}{f'}-2\cdot\frac{f'}{f-1}$的极点,$g$ 的单极点不为$\frac{g''}{g'}-2\cdot\frac{g'}{g-1}$的极点. 因 1 为 f 与 g 的 CM 公共值,故有

$$N(r,\Psi)\leqslant\overline{N}_{(2}(r,f)+\overline{N}_{(2}(r,g)+\overline{N}_{(2}(r,\frac{1}{f})+\overline{N}_{(2}(r,\frac{1}{g})$$
$$+N_0(r,\frac{1}{f'})+N_0(r,\frac{1}{g'})+S(r).$$

其中 $N_0(r,\frac{1}{f'})$ 与 $N_0(r,\frac{1}{g'})$ 为 §7.1.1 段中的计数函数. 于是

$$T(r,\Psi)\leqslant\overline{N}_{(2}(r,f)+\overline{N}_{(2}(r,g)+\overline{N}_{(2}(r,\frac{1}{f})+\overline{N}_{(2}(r,\frac{1}{g})$$
$$+N_0(r,\frac{1}{f'})+N_0(r,\frac{1}{g'})+S(r).$$

与定理 7.2 的证明类似,我们也有

$$\overline{N}_{1)}(r,\frac{1}{f-1})\leqslant N(r,\frac{1}{\Psi})\leqslant T(r,\Psi)+O(1).$$

于是

$$\overline{N}_{1)}(r,\frac{1}{f-1})\leqslant\overline{N}_{(2}(r,f)+\overline{N}_{(2}(r,g)\overline{N}_{(2}(r,\frac{1}{f})+\overline{N}_{(2}(r,\frac{1}{g})$$
$$+N_0(r,\frac{1}{f'})+N_0(r,\frac{1}{g'})+S(r).$$

使用与证明定理 7.2 类似的证明方法,我们有

$$T(r)\leqslant N_2(r,\frac{1}{f})+N_2(r,f)+N_2(r,\frac{1}{g})+N_2(r,g)+S(r),$$

这与定理 7.10 中条件(7.2.10)矛盾. 于是$\Psi\equiv 0$. 由(7.2.40),积分二次得g为f的分式线性变换. 再应用引理 7.1 得$f\equiv g$或$f\cdot g\equiv 1$.

7.2.6 定理 7.10 的改进

使用 §4.2.2 中引入的记号,定理 7.10 可改进为

定理 7.11 设 f 与 g 为非常数亚纯函数,1 为其"CM"公共值. 如果(7.2.10)成立,则 $f\equiv g$ 或 $f\cdot g\equiv 1$.

使用证明定理 7.10 完全类似的方法,即可证明定理 7.11,只需注意到,当 1 为 f 与 g 的"CM"公共值时,f 与 g 的 1 值点对 $N(r,\Psi)$ 的影响仅为 $S(r)$. 证明细节略去.

由定理 7.11,可得下述

系. 设 f 与 g 为非常数亚纯函数,1 为其"CM"公共值. 如果

$$\delta_2(0,f)+\delta_2(0,g)+\delta_2(\infty,f)+\delta_2(\infty,g)>3,$$

则 $f\equiv g$ 或 $f\cdot g\equiv 1$.

7.2.7 推广到小函数的结果

最近,华歆厚[2] 证明了下述

定理 7.12 设 $f(z)$ 与 $g(z)$ 为非常数亚纯函数,$a_1(z)$,$b_1(z)$ 为 $f(z)$ 的小函数,$a_2(z)$,$b_2(z)$ 为 $g(z)$ 的小函数,并且 $a_1\not\equiv b_1$,$a_2\not\equiv b_2$. 如果 $f-a_1=0\leftrightarrows g-a_2=0$, 且

$$\delta(b_1,f)+\delta(b_2,g)+\delta(\infty,f)+\delta(\infty,g)>3, \tag{7.2.41}$$

则

$$\frac{f-b_1}{a_1-b_1}\equiv\frac{g-b_2}{a_2-b_2}\quad 或\quad \frac{f-b_1}{a_1-b_1}\cdot\frac{g-b_2}{a_2-b_2}\equiv 1.$$

设 $a_1(z)$ 与 $a_2(z)$ 为任意非零多项式,

$$f(z)=e^{2z}-a_2(z)\cdot e^z,\qquad g(z)=\frac{e^{2z}}{e^z+\dfrac{a_1(z)}{a_2(z)}}.$$

容易验证 $f-a_1=0\leftrightarrows g-a_2=0$,且

$$\delta(0,f)+\delta(0,g)+\delta(\infty,f)+\delta(\infty,g)=3.$$

但 $\dfrac{f}{a_1}\not\equiv\dfrac{g}{a_2}$, $\dfrac{f}{a_1}\cdot\dfrac{g}{a_2}\not\equiv 1$. 这表明定理 7.12 中条件(7.2.41)是必要的.

应用定理 7.11,定理 7.12 可改进为

定理 7.13 设 $f(z)$ 与 $g(z)$ 为非常数亚纯函数,a_1,a_2,b_1,b_2 为亚纯函数,且满足 $a_1\not\equiv b_1$, $a_2\not\equiv b_2$ 及

$$T(r,a_1)+T(r,a_2)+T(r,b_1)+T(r,b_2)=S(r,f,g).$$

如果(a_1,a_2)为f与g的CM公共小函数对,并且

$$N_2(r,\frac{1}{f-b_1})+N_2(r,\frac{1}{g-b_2})+N_2(r,f)+N_2(r,g)$$
$$<(\mu+o(1))T(r)\quad(r\in I),\qquad(7.2.42)$$

其中$\mu<1$, $T(r)=\max\{T(r,f),T(r,g)\}$, 则

$$\frac{f-b_1}{a_1-b_1}\equiv\frac{g-b_2}{a_2-b_2},\quad\text{或}\quad\frac{f-b_1}{a_1-b_1}\cdot\frac{g-b_2}{a_2-b_2}\equiv 1.$$

证. 设

$$F=\frac{f-b_1}{a_1-b_1},\qquad G=\frac{g-b_2}{a_2-b_2},$$

则

$$\frac{F-1}{G-1}=\frac{f-a_1}{g-a_2}\cdot\frac{a_2-b_2}{a_1-b_1}.$$

再由(a_1,a_2)为f与g的CM公共小函数对知,1为F与G的"CM"公共值.由(7.2.42)得

$$N_2(r,\frac{1}{F})+N_2(r,\frac{1}{G})+N_2(r,F)+N_2(r,G)$$
$$<(\mu+o(1))T^*(r),\quad(r\in I)$$

其中 $T^*(r)=\max\{T(r,F),T(r,G)\}$.再应用定理7.11即得$F\equiv G$或$F\cdot G\equiv 1$.由此即得定理7.13的结论.

由定理7.13,即得下述

系. 把定理7.12中条件(7.2.41)换为

$$\delta_2(b_1,f)+\delta_2(b_2,g)+\delta_2(\infty,f)+\delta_2(\infty,g)>3,$$

定理7.12的结论仍成立.

与本节有关的结果可参看Ozawa[1],杨重骏[4],仪洪勋[1,29,37,40],邱廉鄘[1],华歆厚[2].

第八章　函数与其导数具有公共值问题

亚纯函数与其导数具有公共值问题是亚纯函数唯一性问题的特殊情况.本章主要证明了,设 f 为非常数亚纯函数,如果 f 与 $f^{(k)}$ 具有二个有穷的CM公共值或三个有穷的IM公共值,则 $f \equiv f^{(k)}$. 本章还介绍了关于 f 与 f 的微分多项式 $L(f) = a_k f^{(k)} + a_{k-1} f^{(k-1)} + \cdots + a_0 f$ 具有二个有穷的CM公共值或三个有穷的IM公共值的研究成果.

§8.1　整函数与其导数具有公共值问题

8.1.1　函数与其导数具有二个CM公共值

1977年,Rubel-Yang[2] 证明了

定理 8.1　设 f 为非常数整函数,a,b 为两个判别的有穷复数.如果 a,b 为 $f(z)$ 与 $f'(z)$ 的CM公共值,则 $f(z) \equiv f'(z)$.于是 $f(z) = ce^z$,其中 $c(\neq 0)$ 为常数.

证.　如果 a,b 中有一个等于0,不失一般性,不妨设 $a=0$,$b \neq 0$.则0必为 f 与 f' 的Picard例外值.设

$$f(z) = e^{\alpha(z)},\ f'(z) = e^{\beta(z)}, \tag{8.1.1}$$

其中 $\alpha(z)$ 与 $\beta(z)$ 为非常数整函数,于是

$$e^{\beta(z)} = \alpha'(z) e^{\alpha(z)}. \tag{8.1.2}$$

注意到 b 为 f 与 f' 的CM公共值,故有

$$\frac{f-b}{f'-b} = e^{\gamma}, \tag{8.1.3}$$

其中 $\gamma(z)$ 为整函数.由(8.1.1),(8.1.3)得

$$\frac{1}{b}e^{\alpha}+e^{\gamma}-\frac{1}{b}e^{\beta+\gamma}=1. \tag{8.1.4}$$

由定理 1.56 得 $e^{\gamma}\equiv 1$ 或 $-\frac{1}{b}e^{\beta+\gamma}\equiv 1$. 若 $e^{\gamma}\equiv 1$, 由(8.1.3)得 $f\equiv f'$. 若 $-\frac{1}{b}e^{\beta+\gamma}\equiv 1$, 则 $e^{\gamma}=-be^{-\beta}$, 再由(8.1.4)得 $e^{\gamma}=-\frac{1}{b}e^{\alpha}$. 因此 $e^{\beta}=b^2e^{-\alpha}$. 由(8.1.2)得 $e^{2\alpha}=\frac{b^2}{\alpha'}$, 这是一个矛盾. 下面假设 $a\neq 0, b\neq 0$, 于是有

$$\frac{f'(z)-a}{f(z)-a}=e^{\alpha(z)},\ \frac{f'(z)-b}{f(z)-b}=e^{\beta(z)}, \tag{8.1.5}$$

其中 $\alpha(z)$ 与 $\beta(z)$ 为整函数. 假设 $f'(z)\not\equiv f(z)$, 由(8.1.5)得

$$f=\frac{be^{\beta}-ae^{\alpha}+a-b}{e^{\beta}-e^{\alpha}},\ f'=\frac{be^{\alpha}-ae^{\beta}+(a-b)e^{\beta+\alpha}}{e^{\alpha}-e^{\beta}}. \tag{8.1.6}$$

由(8.1.6)得

$$\begin{aligned}&ae^{2\beta}+be^{2\alpha}+(a-b)e^{2\alpha+\beta}-(a-b)e^{\alpha+2\beta}\\&+[(b-a)(\beta'-\alpha')-(a+b)]e^{\alpha+\beta}+(a-b)\beta'e^{\beta}\\&-(a-b)\alpha'e^{\alpha}=0.\end{aligned} \tag{8.1.7}$$

由(8.1.6)得

$$T(r,f)<2T(r,e^{\alpha})+2T(r,e^{\beta})+O(1). \tag{8.1.8}$$

设 $e^{\alpha}\equiv c$, 其中 $c(\neq 0,1)$ 为常数. 由(8.1.8)知, e^{β} 不为常数, 再由(8.1.7)得

$$Ae^{2\beta}+Be^{\beta}+bc^2=0, \tag{8.1.9}$$

其中

$$A=a-(a-b)c,$$

$$B=(a-b)c^2+[(b-a)\beta'-(a+b)]c+(a-b)\beta'.$$

由定理 1.47 得

$$T(r,B)=S(r,e^{\beta}).$$

显然(8.1.9)不能成立, 于是 e^{α} 不为常数. 同理可证 $e^{\beta}, e^{\beta-\alpha}, e^{\beta-2\alpha}, e^{2\beta-\alpha}$ 均不为常数. 由 (8.1.7) 得

$$\begin{aligned}&ae^{\beta}+be^{2\alpha-\beta}+(a-b)e^{2\alpha}-(a-b)e^{\alpha+\beta}+[(b-a)(\beta'-\alpha')\\&-(a+b)]e^{\alpha}-(a-b)\alpha'e^{\alpha-\beta}=-(a-b)\beta'.\end{aligned} \tag{8.1.10}$$

应用引理 1.9，由(8.1.10)知，存在不全为零的常数 $c_1,c_2,\cdots,c_6$，使

$$c_1e^{\beta}+c_2e^{2\alpha-\beta}+c_3e^{2\alpha}+c_4e^{\alpha+\beta}$$
$$+c_5[(b-a)(\beta'-\alpha')-(a+b)]e^{\alpha}+c_6\alpha'e^{\alpha-\beta}=0. \tag{8.1.11}$$

由(8.1.11)得

$$c_1e^{\beta-\alpha}+c_2e^{\alpha-\beta}+c_3e^{\alpha}+c_4e^{\beta}$$
$$+c_6\alpha'e^{-\beta}=-c_5[(b-a)(\beta'-\alpha')-(a+b)]. \tag{8.1.12}$$

再应用引理 1.9，由(8.1.12)得

$$d_1e^{\beta-\alpha}+d_2e^{\alpha-\beta}+d_3e^{\alpha}+d_4e^{\beta}+d_5\alpha'e^{-\beta}=0,$$

其中 $d_1,d_2,\cdots,d_5$ 为不全为零的常数. 于是

$$d_1e^{2\beta-\alpha}+d_2e^{\alpha}+d_3e^{\alpha+\beta}+d_4e^{2\beta}=-d_5\alpha'. \tag{8.1.13}$$

再应用引理 1.9，由(8.1.13)得

$$t_1e^{2\beta-\alpha}+t_2e^{\alpha}+t_3e^{\alpha+\beta}+t_4e^{2\beta}=0. \tag{8.1.14}$$

不妨设 $t_4\neq 0$，由上式得

$$-\frac{t_1}{t_4}e^{-\alpha}-\frac{t_2}{t_4}e^{\alpha-2\beta}-\frac{t_3}{t_4}e^{\alpha-\beta}=1.$$

注意到 $e^{-\alpha},e^{\alpha-2\beta},e^{\alpha-\beta}$ 均不为常数，应用定理 1.54 知，(8.1.14)不能成立. 这个矛盾即证明了 $f'(z)\equiv f(z)$.

1992 年，郑稼华 - 王书培[1] 推广了定理 8.1，证明了下述

定理 8.2 设 $f(z)$ 为非常数整函数，$a(z)$ 与 $b(z)$ 为不恒等于 ∞ 的亚纯函数，且 $a(z)\not\equiv b(z)$，并满足 $T(r,a)+T(r,b)=o(T(r,f))$. 若 $f-a=0\leftrightarrows f'-a=0$，$f-b=0\leftrightarrows f'-b=0$，则 $f(z)\equiv f'(z)$.

定理 8.2 的证明与定理 8.1 的证明方法类似，可参看郑稼华 - 王书培[1].

设 $f(z)=e^{e^z}\int_0^z e^{-e^t}(1-e^t)dt$. 容易验证 $\dfrac{f'(z)-1}{f(z)-1}=e^z$. 这表明 1 为 f 与 f' 的 CM 公共值，但 $f(z)\not\equiv f'(z)$. 这个例子表明定理

8.1 中条件"$f(z)$与$f'(z)$具有二个判别的有穷CM公共值"是必要的.

8.1.2 函数与其导数具有二个IM公共值

1979年,Mues-Steinmetz[1]改进了定理8.1,证明了下述

定理 8.3 设f为非常数整函数,a,b为两个判别的有穷复数.如果a,b为f与f'的IM公共值,则$f\equiv f'$.

证. 我们区分两种情况.

(1) 假设$a\cdot b\neq 0$.

因a,b为f与f'的IM公共值,故$f-a$与$f-b$的零点均为单零点.假设$f\not\equiv f'$,则

$$\begin{aligned}N\left(r,\frac{1}{f-f'}\right)&\leqslant T(r,f-f')+O(1)\\&=m(r,f-f')+O(1)\\&=m\left(r,f\left(1-\frac{f'}{f}\right)\right)+O(1)\\&\leqslant m(r,f)+S(r,f)\\&=T(r,f)+S(r,f).\end{aligned}$$

于是

$$\begin{aligned}N\left(r,\frac{1}{f-a}\right)+N\left(r,\frac{1}{f-b}\right)&\leqslant N\left(r,\frac{1}{f-f'}\right)\\&\leqslant T(r,f)+S(r,f).\end{aligned}\tag{8.1.15}$$

注意到

$$m\left(r,\frac{1}{f-a}\right)+m\left(r,\frac{1}{f-b}\right)\leqslant m\left(r,\frac{1}{f'}\right)+S(r,f).$$

再由(8.1.15)得

$$2T(r,f)\leqslant T(r,f)+m\left(r,\frac{1}{f'}\right)+S(r,f).\tag{8.1.16}$$

注意到

$$\begin{aligned}\overline{N}\left(r,\frac{1}{f'-a}\right)+\overline{N}\left(r,\frac{1}{f'-b}\right)&\leqslant N\left(r,\frac{1}{f-f'}\right)\\&\leqslant T(r,f)+S(r,f),\end{aligned}$$

及

$$N(r,\frac{1}{f'-a})-\overline{N}(r,\frac{1}{f'-a})+N(r,\frac{1}{f'-b})-\overline{N}(r,\frac{1}{f'-b})$$
$$\leqslant N(r,\frac{1}{f''}).$$

于是

$$N(r,\frac{1}{f'-a})+N(r,\frac{1}{f'-b})\leqslant T(r,f)+N(r,\frac{1}{f''})$$
$$+S(r,f). \tag{8.1.17}$$

注意到

$$m(r,\frac{1}{f'})+m(r,\frac{1}{f'-a})+m(r,\frac{1}{f'-b})\leqslant m(r,\frac{1}{f''})+S(r,f),$$

再由(8.1.17)得

$$m(r,\frac{1}{f'})+2T(r,f')\leqslant T(r,f)+T(r,f'')+S(r,f)$$
$$\leqslant T(r,f)+T(r,f')+S(r,f). \tag{8.1.18}$$

由(8.1.16),(8.1.18)即得

$$T(r,f')=S(r,f). \tag{8.1.19}$$

再由(8.1.16)得

$$2T(r,f)\leqslant T(r,f)+T(r,f')+S(r,f)$$
$$=T(r,f)+S(r,f).$$

因此

$$T(r,f)=S(r,f).$$

这是一个矛盾. 于是 $f\equiv f'$.

(2) 假设 $a\cdot b=0$. 不失一般性,不妨设 $a=0,b=1$.

由 0,1 为 f 与 f' 的 IM 公共值知,f 的零点的重级均大于 1,$f-1$ 的零点均为单零点. 假设 $f\not\equiv f'$,并置

$$g=\frac{f'(f'-f)}{f(f-1)}, \tag{8.1.20}$$

则 g 为整函数. 于是

$$T(r,g)=m(r,\frac{f'}{f-1}\cdot(\frac{f'}{f}-1))$$

$$\leqslant m(r,\frac{f'}{f-1})+m(r,\frac{f'}{f})+O(1)$$

$$=S(r,f). \tag{8.1.21}$$

由(8.1.20)得

$$(f')^2-ff'=g(f^2-f). \tag{8.1.22}$$

由(8.1.22)得

$$2f'f''-(f')^2-ff''=g'(f^2-f)+g(2ff'-f') \tag{8.1.23}$$

及

$$2(f'')^2+2f'f'''-3f'f''-ff'''$$
$$=g''(f^2-f)+2g'(2ff'-f')+g(2(f')^2+2ff''-f''). \tag{8.1.24}$$

设 z_1 为 $f-1$ 的零点,则 $f(z_1)=f'(z_1)=1$. 由(8.1.23)得

$$f''(z_1)=1+g(z_1). \tag{8.1.25}$$

再由(8.1.24)得

$$f'''(z_1)=2g'(z_1)-g^2(z_1)+2g(z_1)+1. \tag{8.1.26}$$

设

$$\phi=\frac{f''-(1+g)f'}{f-1}, \tag{8.1.27}$$

$$\psi=\frac{f'''-(2g'-g^2+2g+1)f'}{f-1}. \tag{8.1.28}$$

注意到 $f-1$ 的零点均为单零点. 由(8.1.25),(8.1.26)知,ϕ 与 ψ 均为整函数,于是

$$T(r,\phi)=m(r,\phi)$$
$$\leqslant m(r,\frac{f''}{f-1})+m(r,\frac{f'}{f-1})+m(r,g)+O(1)$$
$$=S(r,f).$$

同理有

$$T(r,\psi)=S(r,f).$$

由(8.1.27),(8.1.28)得

$$f'[2g^2-g'+\phi]=(f-1)[\psi-\phi'-(1+g)\phi]. \tag{8.1.29}$$

如果 $2g^2 - g' + \phi \not\equiv 0$，由(8.1.29)得

$$N(r,\frac{1}{f-1}) \leqslant N(r,\frac{1}{2g^2 - g' + \phi}) = S(r,f)$$

及

$$\overline{N}(r,\frac{1}{f}) \leqslant N(r,\frac{1}{\psi - \phi' - (1+g)\phi}) = S(r,f).$$

再由第二基本定理得

$$T(r,f) < \overline{N}(r,\frac{1}{f-1}) + \overline{N}(r,\frac{1}{f}) + S(r,f)$$
$$= S(r,f),$$

这是一个矛盾，于是

$$2g^2 - g' + \phi \equiv 0. \tag{8.1.30}$$

设 z_0 为 f 的零点，由(8.1.24)得

$$2f''(z_0) = -g(z_0).$$

由(8.1.27)得

$$f''(z_0) = -\phi(z_0).$$

于是

$$\phi(z_0) = \frac{1}{2}g(z_0).$$

再由(8.1.30)得

$$2g^2(z_0) + \frac{1}{2}g(z_0) - g'(z_0) = 0. \tag{8.1.31}$$

如果 $2g^2 + \frac{1}{2}g - g' \not\equiv 0$，由(8.1.21)，(8.1.31)得

$$\overline{N}(r,\frac{1}{f}) \leqslant N(r,\frac{1}{2g^2 + \frac{1}{2}g - g'}) = S(r,f).$$

注意到

$$N(r,\frac{1}{f-1}) \leqslant N(r,\frac{1}{\frac{f'}{f} - 1})$$
$$\leqslant T(r,\frac{f'}{f}) + O(1)$$
$$= N(r,\frac{f'}{f}) + m(r,\frac{f'}{f}) + O(1)$$

$$= \overline{N}(r, \frac{1}{f}) + S(r, f).$$

于是

$$N(r, \frac{1}{f-1}) = S(r, f).$$

再由第二基本定理得

$$T(r, f) < \overline{N}(r, \frac{1}{f-1}) + \overline{N}(r, \frac{1}{f}) + S(r, f) = S(r, f),$$

这是一个矛盾. 于是

$$g' = \frac{1}{2}g + 2g^2. \tag{8.1.32}$$

假设 g 为非常数整函数,由定理 5.21 得

$$m(r, g) = S(r, g).$$

注意到 g 为整函数,则有

$$T(r, g) = S(r, g),$$

这是一个矛盾. 于是 g 必为常数. 由(8.1.32)知,$g \equiv 0$ 或 $g \equiv -\frac{1}{4}$. 注意到 $f \not\equiv f'$,故 $g \equiv -\frac{1}{4}$,再由(8.1.20)得

$$(2f' - f)^2 = f.$$

设

$$h = 2f' - f,$$

则

$$f = h^2$$

及

$$f' = 2hh'.$$

于是

$$h' = \frac{1}{4} + \frac{1}{4}h. \tag{8.1.33}$$

解得

$$h(z) = Ae^{\frac{1}{4}z} - 1,$$

其中 $A(\neq 0)$ 为常数. 设

$$z^* = 4\pi i - 4\log A,$$

则 $h(z^*)=-2$，再由(8.1.33)得 $h'(z^*)=-\frac{1}{4}$，于是

$$f(z^*)=h^2(z^*)=4$$

及

$$f'(z^*)=2h(z^*)h'(z^*)=1.$$

这与 1 为 f 与 f' 的 IM 公共值矛盾. 这就证明了 $f\equiv f'$.

8.1.3 函数与其 k 阶导数具有二个 CM 公共值.

1990 年，杨连中[1] 证明了下述

定理 8.4 设 $f(z)$ 为非常数整函数，$k(\geqslant 2)$ 为整数，$a(\neq 0)$ 为有穷复数. 如果 0 为 f 与 $f^{(k)}$ 的 Picard 例外值，a 为 f 与 $f^{(k)}$ 的 IM 公共值，则 $f(z)=e^{Az+B}$，其中 A,B 为常数，且满足 $A^k=1$，于是 $f\equiv f^{(k)}$.

为了证明定理 8.4，我们需要下述

引理 8.1 设 $f(z)$ 为非常数亚纯函数，$k(\geqslant 2)$ 为整数，如果 0 为 f 与 $f^{(k)}$ 的 Picard 例外值，则 $f=e^{Az+B}$ 或 $f=(az+b)^{-n}$，其中 $A(\neq 0),B,a(\neq 0),b$ 为常数.

引理 8.1 的证明可参看 Frank[2]. 下面证明定理 8.4.

因 0 为 f 与 $f^{(k)}$ 的 Picard 例外值，由引理 8.1 得

$$f(z)=e^{Az+B},$$

其中 $A(\neq 0),B$ 为常数，再由 a 为 f 与 $f^{(k)}$ 的 IM 公共值知，存在 z_0 使得

$$a=f(z_0)=e^{Az_0+B}$$

及

$$a=f^{(k)}(z_0)=A^k e^{Az_0+B}.$$

于是 $A^k=1$，并且 $f\equiv^{(k)}$.

1990 年，杨连中[1] 推广了定理 8.1，证明了

定理 8.5 设 $f(z)$ 为非常数整函数，k 为正整数，a,b 为两个判别的有穷复数，如果 a,b 为 f 与 $f^{(k)}$ 的 CM 公共值，则 $f\equiv f^{(k)}$.

证. 由定理 8.1，不妨设 $k\geqslant 2$，我们区分两种情况.

(1) 假设 $a \cdot b \neq 0$.

由 a,b 为 f 与 $f^{(k)}$ 的 CM 公共值得

$$\frac{f-a}{f^{(k)}-a}=e^{\alpha},\frac{f-b}{f^{(k)}-b}=e^{\beta}, \tag{8.1.34}$$

其中 α,β 为整函数. 显然有

$$T(r,e^{\alpha})+T(r,e^{\beta})=O(T(r,f)) \quad (r \notin E). \tag{8.1.35}$$

假设 $f \not\equiv f^{(k)}$,由(8.1.34)知,$e^{\alpha} \not\equiv 1$,$e^{\beta} \not\equiv 1$,如果 $e^{\alpha} \equiv c$,其中 $c(\neq 0,1)$ 为常数. 由定理 1.30 知,b 不为 f 与 $f^{(k)}$ 的 Picard 例外值. 于是存在 z_0,使得

$$f(z_0)=f^{(k)}(z_0)=b. \tag{8.1.36}$$

把(8.1.36)代入(8.1.34)得

$$\frac{b-a}{b-a}=c,$$

这与 $c \neq 1$ 矛盾. 于是 e^{α} 不为常数. 同理可证 e^{β} 也不为常数. 于是 $\alpha' \not\equiv 0$,$\beta' \not\equiv 0$.

由(8.1.34)得

$$\alpha'=\frac{f'}{f-a}-\frac{f^{(k+1)}}{f^{(k)}-a}.$$

因此

$$\begin{aligned}\frac{\alpha'}{f-b}&=\frac{f'}{(f-a)(f-b)}-\frac{f^{(k+1)}}{(f^{(k)}-a)(f-b)}\\&=\frac{1}{b-a}\left(\frac{f'}{f-b}-\frac{f'}{f-a}\right)-\frac{f^{(k)}}{f-b}\cdot\frac{1}{a}\left(\frac{f^{(k+1)}}{f^{(k)}-a}-\frac{f^{(k+1)}}{f^{(k)}}\right).\end{aligned}$$

于是

$$m\left(r,\frac{\alpha'}{f-b}\right)=S(r,f).$$

再由(8.1.35)得

$$\begin{aligned}m\left(r,\frac{1}{f-b}\right)&\leqslant m\left(r,\frac{\alpha'}{f-b}\right)+m\left(r,\frac{1}{\alpha'}\right)\\&=S(r,f)+T(r,\alpha')\\&=S(r,f).\end{aligned}$$

由此即得

$$N(r,\frac{1}{f-b})=T(r,f)+S(r,f). \tag{8.1.37}$$

同理可证

$$N(r,\frac{1}{f-a})=T(r,f)+S(r,f). \tag{8.1.38}$$

注意到

$$\begin{aligned}N(r,\frac{1}{f-a})+N(r,\frac{1}{f-b})&\leqslant N(r,\frac{1}{f-f^{(k)}})\\&\leqslant T(r,f-f^{(k)})+O(1)\\&=m(r,f(1-\frac{f^{(k)}}{f}))+O(1)\\&\leqslant m(r,f)+S(r,f)\\&=T(r,f)+S(r,f).\end{aligned} \tag{8.1.39}$$

由(8.1.37),(8.1.38),(8.1.39)得

$$T(r,f)=S(r,f),$$

这是一个矛盾. 于是 $f\equiv f^{(k)}$.

(2) 假设 $a\cdot b=0$.

不失一般性,不妨设 $a\neq 0,b=0$. 由 $0,a$ 为 f 与 $f^{(k)}$ 的 CM 公共值得

$$\frac{f-a}{f^{(k)}-a}=e^{\alpha},\frac{f}{f^{(k)}}=e^{\beta}, \tag{8.1.40}$$

其中 α,β 为整函数. 显然有

$$T(r,e^{\alpha})+T(r,e^{\beta})=O(T(r,f))\quad(r\notin E), \tag{8.1.41}$$

假设 $f\not\equiv f^{(k)}$. 由(8.1.40)知,$e^{\alpha}\not\equiv 1,e^{\beta}\not\equiv 1$. 如果 $e^{\beta}\equiv c_1$,其中 $c_1(\neq 0,1)$ 为常数,由定理 1.30 知,a 不为 f 与 $f^{(k)}$ 的 Picard 例外值. 于是存在 z_1,使得

$$f(z_1)=f^{(k)}(z_1)=a. \tag{8.1.42}$$

把(8.1.42)代入(8.1.40)得

$$\frac{a}{a}=c_1,$$

这与 $c_1\neq 1$ 矛盾. 于是 e^{β} 不为常数. 如果 0 为 f 与 $f^{(k)}$ 的 Picard 例外值,由定理 8.4 知,$f\equiv f^{(k)}$. 下面假设 0 不为 f 与 $f^{(k)}$ 的 Picard 例外值. 如果 $e^{\alpha}\equiv c_2$,其中 $c_2(\neq 0,1)$ 为常数,注意到 0 不为 f 与

$f^{(k)}$ 的 Picard 例外值，于是存在 z_2，使得

$$f(z_2) = f^{(k)}(z_2) = 0. \tag{8.1.43}$$

把(8.1.43)代入(8.1.40)得

$$\frac{0-a}{0-a} = c_2,$$

这与 $c_2 \neq 1$ 矛盾. 于是 e^{α} 不为常数. 由此即得 $\alpha' \not\equiv 0, \beta' \not\equiv 0$.

由(8.1.40)得

$$\alpha' = \frac{f'}{f-a} - \frac{f^{(k+1)}}{f^{(k)}-a}.$$

因此

$$\begin{aligned}\frac{\alpha'}{f} &= \frac{f'}{(f-a)f} - \frac{f^{(k+1)}}{(f^{(k)}-a)f} \\ &= \frac{1}{a}\left(\frac{f'}{f-a} - \frac{f'}{f}\right) - \frac{f^{(k)}}{f}\cdot\frac{1}{a}\left(\frac{f^{(k+1)}}{f^{(k)}-a} - \frac{f^{k+1)}}{f^{(k)}}\right).\end{aligned}$$

于是

$$m\left(r, \frac{\alpha'}{f}\right) = S(r,f).$$

再由(8.1.41)得

$$\begin{aligned}m\left(r, \frac{1}{f}\right) &\leqslant m\left(r, \frac{\alpha'}{f}\right) + m\left(r, \frac{1}{\alpha'}\right) \\ &= S(r,f) + T(r,\alpha') \\ &= S(r,f).\end{aligned}$$

于是

$$N\left(r, \frac{1}{f}\right) = T(r,f) + S(r,f). \tag{8.1.44}$$

同理可证

$$N\left(r, \frac{1}{f-a}\right) = T(r,f) + S(r,f). \tag{8.1.45}$$

与(8.1.39)类似，我们也有

$$N\left(r, \frac{1}{f}\right) + N\left(r, \frac{1}{f-a}\right) \leqslant T(r,f) + S(r,f). \tag{8.1.46}$$

由(8.1.44)，(8.1.45)，(8.1.46)得

$$T(r,f) = S(r,f),$$

这是一个矛盾,于是 $f \equiv f^{(k)}$.

最近,顾永兴[2] 推广了定理 8.5,证明了

定理 8.6 设 $f(z)$ 为非常数整函数,$P(f) = f^{(n)}(z) + a_1(z)f^{(n-1)}(z) + \cdots + a_n(z)f(z)$,其中 $a_1(z), a_2(z), \cdots, a_n(z)$ 均为 $f(z)$ 的小整函数. 再设 a, b 为两个判别的有穷复数. 如果 a, b 为 f 与 $P(f)$ 的 CM 公共值,且 $a + b \neq 0$ 或 $a_n(z) \not\equiv -1$,则 $f \equiv P(f)$.

定理 8.6 的证明可参看顾永兴[2],与定理 8.6 有关的结果可参看方明亮[2].

8.1.4 f, f' 与 f'' 具有一个公共值

1986 年,Jank-Mues-Volkmann[1] 证明了

定理 8.7 设 $f(z)$ 为非常数整函数,a 为异于 0 的有穷复数. 如果

$$f = a \Leftrightarrow f' = a, f = a \rightarrow f'' = a. \tag{8.1.47}$$

则 $f \equiv f'$,

证. 设 z_0 为 $f - a$ 的零点,设在 $z = z_0$ 附近

$$f(z) = a + a_1(z - z_0) + a_2(z - z_0)^2 + \cdots, \tag{8.1.48}$$

则

$$f'(z) = a_1 + 2a_2(z - z_0) + 3a_3(z - z_0)^2 + \cdots, \tag{8.1.49}$$

$$f''(z) = 2a_2 + 6a_3(z - z_0) + \cdots.$$

再由(8.1.47)知,

$$a = a_1 = 2a_2. \tag{8.1.50}$$

于是 $f - a, f' - a$ 的零点均为单零点. 由(8.1.48),(8.1.49),(8.1.50)得

$$f(z) - f'(z) = (3a_3 - a_2)(z - z_0)^2 + \cdots.$$

假设 $f \not\equiv f'$,则有

$$
\begin{aligned}
2N(r,\frac{1}{f-a}) &\leqslant N(r,\frac{1}{f-f'}) \leqslant T(r,f-f') + O(1) \\
&= m(r,f(1-\frac{f'}{f})) + O(1) \\
&\leqslant m(r,f) + S(r,f) \\
&= T(r,f) + S(r,f).
\end{aligned} \tag{8.1.51}
$$

注意到

$$
\begin{aligned}
m(r,\frac{1}{f-a}) + m(r,\frac{1}{f'-a}) &\leqslant m(r,\frac{1}{f'}) + m(r,\frac{1}{f'-a}) + S(r,f) \\
&\leqslant m(r,\frac{1}{f''}) + S(r,f).
\end{aligned}
$$

则有

$$
\begin{aligned}
T(r,f) + T(r,f') &\leqslant N(r,\frac{1}{f-a}) + N(r,\frac{1}{f'-a}) \\
&\quad + m(r,\frac{1}{f''}) + S(r,f) \\
&= 2N(r,\frac{1}{f-a}) + T(r,f'') - N(r,\frac{1}{f''}) + S(r,f) \\
&\leqslant 2N(r,\frac{1}{f-a}) + T(r,f') - N(r,\frac{1}{f''}) + S(r,f).
\end{aligned}
$$

于是

$$
T(r,f) \leqslant 2N(r,\frac{1}{f-a}) - N(r,\frac{1}{f''}) + S(r,f). \tag{8.1.52}
$$

由(8.1.51),(8.1.52)得

$$
N(r,\frac{1}{f''}) = S(r,f) \tag{8.1.53}
$$

及

$$
T(r,f) \leqslant 2N(r,\frac{1}{f-a}) + S(r,f). \tag{8.1.54}
$$

如果 $\frac{f''}{f'} \equiv 1$,则 $f' \equiv f''$. 积分得

$$
f \equiv f' + C.
$$

由定理1.30知,a 不为 f 与 f' 的 Picard 例外值. 由此即得 $c = 0, f \equiv f'$,这与假设矛盾. 于是 $\frac{f''}{f'} \not\equiv 1$,再由(8.1.47)得

$$N(r,\frac{1}{f-a})\leqslant N(r,\frac{1}{\frac{f''}{f'}-1})\leqslant T(r,\frac{f''}{f'})+O(1)$$

$$=N(r,\frac{f''}{f'})+S(r,f)=\overline{N}(r,\frac{1}{f'})+S(r,f).$$

再由(8.1.54)得

$$T(r,f)\leqslant 2\overline{N}(r,\frac{1}{f'})+S(r,f). \tag{8.1.55}$$

设

$$\phi=\frac{f'}{f-a}-\frac{f''}{f'-a},\psi=\frac{f''-f'}{f-a}. \tag{8.1.56}$$

由(8.1.47)知,ϕ 与 ψ 均为整函数. 于是

$$T(r,\phi)=m(r,\varphi)=S(r,f),$$

$$T(r,\psi)=m(r,\psi)=S(r,f).$$

设 z_0 为 $f-a$ 的零点. 由(8.1.48),(8.1.56)得

$$\phi(z_0)=\frac{1}{2}(1-\frac{1}{a}f'''(z_0)),$$

$$\psi(z_0)=\frac{1}{a}f'''(z_0)-1.$$

于是

$$2\phi(z_0)+\psi(z_0)=0. \tag{8.1.57}$$

如果 $2\phi+\psi\not\equiv 0$,由(8.1.57)得

$$N(r,\frac{1}{f-a})\leqslant N(r,\frac{1}{2\phi+\psi})$$

$$\leqslant T(r,\phi)+T(r,\psi)+O(1)$$

$$=S(r,f),$$

这与(8.1.54)矛盾. 于是

$$2\phi+\psi\equiv 0. \tag{8.1.58}$$

设 z^* 为 f' 的零点,但不为 f'' 的零点. 则有

$$f'(z^*)=0,\ f''(z^*)\neq 0.$$

再由(8.1.56),(8.1.58)得

$$0=2\phi(z^*)+\psi(z^*)=f''(z^*)(\frac{2}{a}+\frac{1}{f(z^*)-a}).$$

于是

$$f(z^*) = \frac{a}{2}. \tag{8.1.59}$$

由(8.1.58)得

$$2\phi' + \psi' \equiv 0.$$

再由(8.1.56),(8.1.59)得

$$0 = 2\phi'(z^*) + \psi'(z^*) = \frac{2}{a}f''(z^*)(\frac{f''(z^*)}{a} - 1).$$

于是

$$f''(z^*) = a.$$

再由(8.1.56)得

$$\phi(z^*) = 1. \tag{8.1.60}$$

如果 $\phi \not\equiv 1$,由(8.1.60)得

$$\begin{aligned}\overline{N}(r,\frac{1}{f'}) - N(r,\frac{1}{f''}) &\leqslant N(r,\frac{1}{\phi - 1}) \\ &\leqslant T(r,\phi) + O(1) = S(r,f).\end{aligned} \tag{8.1.61}$$

另一方面,由(8.1.53),(8.1.55)得

$$T(r,f) \leqslant 2\overline{N}(r,\frac{1}{f}) - N(r,\frac{1}{f''}) + S(r,f).$$

再由(8.1.61)得

$$T(r,f) = S(r,f),$$

这是一个矛盾. 于是 $\phi \equiv 1$. 再由(8.1.58)得 $\psi \equiv -2$. 由(8.1.56)得

$$f'' - f' + 2(f - a) = 0. \tag{8.1.62}$$

解微分方程(8.1.62)得

$$f(z) = c_1 e^{\lambda_1 z} + c_2 e^{\lambda_2 z} + a, \tag{8.1.63}$$

其中 λ_1,λ_2 为方程 $\lambda^2 - \lambda + 2 = 0$ 的两个根,c_1,c_2 为常数. 于是

$$f''(z) = c_1\lambda_1^2 e^{\lambda_1 z} + c_2\lambda_2^2 e^{\lambda_2 z}.$$

再由(8.1.53)知,c_1,c_2 中必有一个为 0. 不失一般性,不妨设 $c_2 = 0$,则

$$f(z) = c_1 e^{\lambda_1 z} + a.$$

因此 a 为 f 的 Picard 例外值,这与(8.1.54)矛盾. 于是 $f \equiv f'$.

由定理 8.7 的证明容易看出，当 $f(z)$ 为满足 $N(r,f)=S(r,f)$ 的非常数亚纯函数时，定理 8.7 也成立. 更进一步，Jank-Mues-Volkmann[1] 证明了下述

定理 8.8 设 $f(z)$ 为非常数亚纯函数，a 为异于 0 的有穷复数. 如果

$$f=a\leftrightarrows f'=a\leftrightarrows f''=a,$$

则 $f\equiv f'$.

定理 8.8 的证明比较长，可参看 Jank-Mues-Volkmann[1]. 一个自然的问题是：设 $f(z)$ 为非常数亚纯函数，a 为异于 0 的有穷复数，n,m 为正整数，且 $n<m$，n,m 不同为偶数或奇数，如果

$$f=a\leftrightarrows f^{(n)}=a\leftrightarrows f^{(m)}=a.$$

问：是否可推出 $f\equiv f^{(n)}$？

与本节有关的结果可参看 Rubel-Yang[2]，Mues-Steinmetz[1,2]，Gundersen[5,6]，饶久泉-范秉清[1]，Jank-Mues-Volkmann[1]，杨连中[1]，郑稼华-王书培[1]，顾永兴[1]，林运泳[2]，范秉清[1]，方明亮[2].

§8.2 亚纯函数与其导数具有公共值问题

8.2.1 函数与其导数具有二个 CM 公共值

1980 年，Gundersen[5] 证明了

定理 8.9 设 $f(z)$ 为非常数亚纯函数，b 为异于 0 的有穷复数. 如果 0，b 为 f 与 f' 的 CM 公共值，则 $f\equiv f'$.

为了证明定理 8.9，我们先证下述

引理 8.2 设 $f(z)$ 为非常数亚纯函数，$\psi(z)=f^{(k)}(z)$，其中 k 为正整数，则

$$k\,\overline{N}_{1)}(r,f)\leqslant\overline{N}_{(2}(r,f)+\overline{N}\left(r,\frac{1}{\psi-1}\right)+N_0\left(r,\frac{1}{\psi'}\right)+S(r,f),$$

其中 $N_0\left(r,\frac{1}{\psi'}\right)$ 表 ψ' 的零点，但不为 $\psi-1$ 的重级零点的计数函

数.

证. 设

$$g(z)=\frac{\{f^{(k+1)}(z)\}^{k+1}}{\{1-f^{(k)}(z)\}^{k+2}}=\frac{\{\psi'(z)\}^{k+1}}{\{1-\psi(z)\}^{k+2}}.$$

再设 z_0 为 $f(z)$ 的单极点,则在 $z=z_0$ 附近

$$f(z)=\frac{a}{z-z_0}+O(1),$$

其中 $a\neq 0$. 于是

$$\begin{aligned}1-\psi(z)=1-f^{(k)}(z)&=\frac{(-1)^{k+1}ak!}{(z-z_0)^{k+1}}+O(1)\\&=\frac{(-1)^{k+1}ak!}{(z-z_0)^{k+1}}\{1+O(z-z_0)^{k+1}\},\end{aligned}$$

$$f^{(k+1)}(z)=\frac{(-1)^{k+1}a(k+1)!}{(z-z_0)^{k+2}}\{1+O(z-z_0)^{k+2}\}.$$

由此导出

$$g(z)=\frac{(-1)^{k+1}(k+1)!}{ak!}\{1+O(z-z_0)^{k+1}\}.$$

因此 $g(z_0)\neq 0,\infty$,但 z_0 为 $g'(z)$ 的至少 k 重零点. 由第一基本定理得

$$\begin{aligned}N(r,\frac{g}{g'})-N(r,\frac{g'}{g})&=m(r,\frac{g'}{g})-m(r,\frac{g}{g'})+O(1)\\&\leqslant S(r,f).\end{aligned}$$

注意到

$$\begin{aligned}N(r,\frac{g}{g'})-N(r,\frac{g'}{g})&=N(r,g)+N(r,\frac{1}{g'})-N(r,g')\\&\quad-N(r,\frac{1}{g})\\&=N(r,\frac{1}{g'})-N(r,\frac{1}{g})-\overline{N}(r,g)\\&=N_0(r,\frac{1}{g'})-\overline{N}(r,\frac{1}{g})-\overline{N}(r,g),\end{aligned}$$

其中 $N_0(r,\frac{1}{g'})$ 表 g' 的零点,但不为 g 的零点的计数函数. 于是

$$k\,\overline{N}_{1)}(r,f)\leqslant N_0(r,\frac{1}{g'})\leqslant\overline{N}(r,\frac{1}{g})+\overline{N}(r,g)+S(r,f).$$

显然 g 的零点与极点仅出现在 f 的重级极点，或 $\psi-1$ 的零点，或 ψ' 的零点但不为 $\psi-1$ 的零点处. 于是

$$\overline{N}(r,\frac{1}{g})+\overline{N}(r,g)\leqslant\overline{N}(r,\frac{1}{\psi-1})+\overline{N}_{(2}(r,f)+N_0(r,\frac{1}{\psi'}).$$

由此即得引理 8.2 的结论.

下面证明定理 8.9.

假设 $f\not\equiv f'$. 因为 0 为 f 与 f' 的 CM 公共值，故 0 必为 f 与 f' 的 Picard 例外值. 注意到 ∞ 为 f 与 f' 的 IM 公共值，由定理 2.18 得

$$T(r,f)=O(T(r,f'))\ (r\notin E). \tag{8.2.1}$$

再由第二基本定理得

$$\begin{aligned}T(r,f')&\leqslant\overline{N}(r,\frac{1}{f'-b})+\overline{N}(r,f')+S(r,f')\\&\leqslant N(r,\frac{1}{\frac{f'}{f}-1})+\overline{N}(r,f')+S(r,f')\\&\leqslant T(r,\frac{f'}{f})+\overline{N}(r,f')+S(r,f')\\&\leqslant 2\overline{N}(r,f')+S(r,f')\\&\leqslant T(r,f')+S(r,f').\end{aligned}$$

于是

$$2\overline{N}(r,f')=T(r,f')+S(r,f'), \tag{8.2.2}$$

$$2N(r,\frac{1}{f'-b})=T(r,f')+S(r,f').$$

注意到

$$\begin{aligned}T(r,f')\leqslant{}&N(r,\frac{1}{f'})+N(r,\frac{1}{f'-b})+\overline{N}(r,f')\\&-N(r,\frac{1}{f''})+S(r,f').\end{aligned}$$

则有

$$N(r,\frac{1}{f''})=S(r,f').$$

再由引理 8.2 得

$$\overline{N}_{1)}(r,f)=\overline{N}_{1)}(r,f+z)\leqslant\overline{N}_{(2}(r,f+z)+\overline{N}(r,\frac{1}{f'})$$

$$+N_0(r,\frac{1}{f''})+S(r,f+z)$$

$$\leqslant\overline{N}_{(2}(r,f)+S(r,f'). \tag{8.2.3}$$

由(8.2.2)得

$$\overline{N}_{(2}(r,f)=S(r,f'). \tag{8.2.4}$$

再由(8.2.3)得

$$\overline{N}_{1)}(r,f)=S(r,f'). \tag{8.2.5}$$

由(8.2.4),(8.2.5)得

$$\overline{N}(r,f')=\overline{N}(r,f)=S(r,f'),$$

这与(8.2.2)矛盾.于是 $f\equiv f'$.

1983 年,Mues-Steinmetz[2],Gundersen[6] 改进了定理 8.9,证明了下述

定理 8.10 设 $f(z)$ 为非常数亚纯函数,a,b 为两个判别的有穷复数.如果 a,b 为 f 与 f' 的 CM 公共值,则 $f\equiv f'$.

由定理 8.9 知,我们仅需证明 $a\cdot b\neq 0$ 的情况均可,定理 8.10 的证明将在 §8.2.2 中给出.

8.2.2 函数与其 k 阶导数具有二个 *CM* 公共值

1986 年,Frank-Ohlenroth[1] 证明了

定理 8.11 设 $f(z)$ 为非常数亚纯函数,$k(\geqslant 2)$ 为正整数,(a_1,a_2) 与 (b_1,b_2) 为两对有穷复数,且满足 $a_1\neq b_1,a_2\neq b_2,a_2b_2\neq 0$.如果 (a_1,a_2),(b_1,b_2) 均为 f 与 $f^{(k)}$ 的 CM 公共值对,则

$$(a_1-b_1)f^{(k)}-(a_2-b_2)f-(a_1b_2-a_2b_1)\equiv 0.$$

在定理 8.11 中,设 $a_1=a_2=a,b_1=b_2=b,ab\neq 0$,由定理 8.11 则得下述

定理 8.12 设 $f(z)$ 为非常数亚纯函数,a,b 为两个判别的异于零的有穷复数.如果 a,b 为 f 与 $f^{(k)}$ 的 CM 公共值,则 $f\equiv f^{(k)}$.

下面我们将同时证明定理 8.10 与定理 8.12,定理 8.11 的证明与其类似,可参看 Frank-Ohlenroth[1].

不失一般性，不妨设 $a(\neq 0,1)$，$b=1$ 为 f 与 $f^{(k)}$ 的 CM 公共值，否则只需考虑 $\frac{1}{b}f$ 即可. 假设 $f^{(k)}\not\equiv f$. 由定理 8.10,8.12 的条件知

$$\frac{f-a}{f-1}\cdot\frac{f^{(k)}-1}{f^{(k)}-a}=e^{\alpha}, \tag{8.2.6}$$

其中 α 为整函数. 由(8.2.6)得

$$T(r,e^{\alpha})=O(T(r,f))\ (r\notin E), \tag{8.2.7}$$

及

$$\alpha'=\frac{(e^{\alpha})'}{e^{\alpha}}=(a-1)\cdot\frac{f'}{(f-1)(f-a)}-(a-1)\cdot\frac{f^{(k+1)}}{(f^{(k)}-1)(f^{(k)}-a)}. \tag{8.2.8}$$

再由定理 1.47 得

$$T(\gamma,\alpha')=S(r,f). \tag{8.2.9}$$

如果 $f(z)$ 为整函数，由定理 8.1,8.5 即得 $f\equiv f^{(k)}$，这与假设不符. 于是 $f(z)$ 不为整函数，设 z_0 为 $f(z)$ 的 p 重极点. 如果 $\alpha'\equiv 0$，则 e^{α} 为常数，设 $e^{\alpha}\equiv c$，其中 $c(\neq 0)$ 为常数，把 $z=z_0$ 代入(8.2.6)得 $c=1$. 再由(8.2.6)得 $f\equiv f^{(k)}$，这也与假设不符，于是 $\alpha'\not\equiv 0$. 由(8.2.8)易知，z_0 为 α' 的至少 $p-1$ 重零点，因此

$$N(r,f)-\overline{N}(r,f)\leqslant N\left(r,\frac{1}{\alpha'}\right)\leqslant T(r,\alpha')+O(1)=S(r,f).$$

由此即得

$$N(r,f)=\overline{N}(r,f)+S(r,f). \tag{8.2.10}$$

显然 $\frac{f-a}{f^{(k)}-a}$ 没有极点，且仅在 f 的极点处有 k 重零点，故可设

$$g=\frac{f-a}{f^{(k)}-a}, \tag{8.2.11}$$

其中 $g(z)$ 为整函数，由(8.2.6),(8.2.11)得

$$f^{(k)}=(1-a)\cdot\frac{1}{g}+(a-1)\cdot\frac{1}{e^{\alpha}-1}\left(1-\frac{1}{g}\right)+a.$$

于是

$$m(r,f^{(k)})\leqslant 2m(r,\frac{1}{g})+m(r,\frac{1}{e^{\alpha}-1})+O(1).$$

注意到

$$N(r,\frac{1}{e^{\alpha}-1})=T(r,e^{\alpha})+S(r,e^{\alpha}),$$

再由(8.2.7)得

$$m(r,\frac{1}{e^{\alpha}-1})=S(r,f).$$

由此即得

$$\begin{aligned} m(r,f^{(k)}) &\leqslant 2m(r,\frac{1}{g})+S(r,f) \\ &\leqslant 2m(r,\frac{1}{f-a})+S(r,f). \end{aligned} \tag{8.2.12}$$

于是

$$\begin{aligned} N(r,f^{(k)}) \leqslant T(r,f^{(k)}) &= m(r,f^{(k)})+N(r,f^{(k)}) \\ &\leqslant 2m(r,\frac{1}{f-a})+N(r,f^{(k)})+S(r,f). \end{aligned}$$

再由(8.2.10)得

$$\begin{aligned} (k+1)\overline{N}(r,f) &\leqslant T(r,f^{(k)}) \\ &\leqslant (k+1)\overline{N}(r,f)+2m(r,\frac{1}{f-a})+S(r,f). \end{aligned} \tag{8.2.13}$$

令

$$\begin{aligned} N^{*}(r) &= N(r,\frac{1}{f^{(k)}-f})-N(r,\frac{1}{f-a})-N(r,\frac{1}{f-1}) \\ &= N(r,\frac{1}{f^{(k)}-f})-N(r,\frac{1}{f^{(k)}-a})-N(r,\frac{1}{f^{(k)}-1}). \end{aligned} \tag{8.2.14}$$

注意到

$$m(r,\frac{1}{f-a})+m(r,\frac{1}{f-1})\leqslant m(r,\frac{1}{f'})+S(r,f)$$

及

$$m(r,\frac{1}{f^{(k)}})+m(r,\frac{1}{f^{(k)}-a})+m(r,\frac{1}{f^{(k)}-1})$$

$$\leqslant m(r,\frac{1}{f^{(k+1)}})+S(r,f).$$

由(8.2.14)得

$$N^*(r)+2T(r,f)\leqslant N(r,\frac{1}{f^{(k)}-f})+m(r,\frac{1}{f'})+S(r,f)$$
$$\leqslant T(r,f)+k\overline{N}(r,f)+m(r,\frac{1}{f'})$$
$$+S(r,f)$$

及

$$N^*(r)+2T(r,f^{(k)})\leqslant T(r,f)+k\overline{N}(r,f)+m(r,\frac{1}{f^{(k+1)}})$$
$$-m(r,\frac{1}{f^{(k)}})+S(r,f)$$
$$\leqslant T(r,f)+(k+1)\overline{N}(r,f)+T(r,f^{(k)})$$
$$-N(r,\frac{1}{f^{(k+1)}})-m(r,\frac{1}{f^{(k)}}+S(r,f).$$

于是

$$N^*(r)+T(r,f)\leqslant k\overline{N}(r,f)+m(r,\frac{1}{f'})+S(r,f) \tag{8.2.15}$$

及

$$N^*(r)+T(r,f^{(k)})\leqslant T(r,f)+(k+1)\overline{N}(r,f)-N(r,\frac{1}{f^{(k+1)}})$$
$$-m(r,\frac{1}{f^{(k)}})+S(r,f). \tag{8.2.16}$$

注意到

$$m(r,\frac{1}{f'})\leqslant m(r,\frac{1}{f^{(k)}})+S(r,f),$$

由(8.2.15),(8.2.16)得

$$2N^*(r)+T(r,f^{(k)})\leqslant(2k+1)\overline{N}(r,f)$$
$$-N(r,\frac{1}{f^{(k+1)}})+S(r,f). \tag{8.2.17}$$

注意到(8.2.10),(8.2.13),由定理1.26′得

$$N(r,\frac{1}{f^{(k+1)}})>k\overline{N}(r,f)-\varepsilon\overline{N}(r,f)-S(r,f).$$

再由(8.2.17)得

$$2N^*(r)+T(r,f^{(k)})\leqslant(k+1+\varepsilon)\overline{N}(r,f)+S(r,f).$$

其中 ε 为任意预先给定的正数.再由(8.2.13)得

$$T(r,f^{(k)})\leqslant(k+1+\varepsilon)\overline{N}(r,f)+S(r,f) \tag{8.2.18}$$

及

$$N^*(r)\leqslant\frac{\varepsilon}{2}\overline{N}(r,f)+S(r,f). \tag{8.2.19}$$

下面引入辅助函数

$$F=\frac{[(f-a)(f-1)]^{k+1}[(f^{(k)}-a)(f^{(k)}-1)]^{k-1}}{(f^{(k)}-f)^{2k}},$$

$$G=\begin{cases}\dfrac{F'}{F}+(k+1)\cdot\dfrac{\alpha''}{\alpha'}, & k\geqslant 2,\\[2ex] \dfrac{F'}{F}+2\cdot\dfrac{\alpha''}{\alpha'}-2, & k=1.\end{cases}$$

容易验证,F 没有零点,且

$$\overline{N}(r,F)=N^*(r)+S(r,f). \tag{8.2.20}$$

设 z_0 为 f 的单极点,通过计算知,$F(z_0)\neq 0,\infty$.易知,G 是满足

$$T(r,G)=\overline{N}(r,F)+S(r,f) \tag{8.2.21}$$

的亚纯函数.通过计算知,f 的单极点为 G 的零点.下面区分两种情况.

(1) 假设 $G\not\equiv 0$.则有

$$\begin{aligned}\overline{N}(r,f)&\leqslant N\left(r,\frac{1}{G}\right)\leqslant T(r,G)+O(1)\\&\leqslant N^*(r)+S(r,f).\end{aligned}$$

再由(8.2.19)得

$$\overline{N}(r,f)\leqslant\frac{\varepsilon}{2}\overline{N}(r,f)+S(r,f).$$

于是

$$\overline{N}(r,f)=S(r,f).$$

再由(8.2.18)即得

$$T(r,f^{(k)})=S(r,f),$$

这是一个矛盾.

(2) 假设 $G\equiv 0$. 我们再区分两种情况.

(2.1) 假设 $k\geqslant 2$. 由 $G\equiv 0$ 得

$$F\cdot(\alpha')^{k+1}\equiv \text{常数}. \tag{8.2.22}$$

设 z_0 为 f 的单极点,设在 $z=z_0$ 附近

$$f(z)=\frac{R}{z-z_0}+O(1).\quad (R\neq 0)$$

通过计算得

$$\alpha'(z_0)=-\frac{a-1}{R},$$

$$F(z_0)=\frac{R^{2k}}{(k!)^2}.$$

因而

$$F(z_0)\cdot(\alpha'(z_0))^{2k}=\frac{(a-1)^{2k}}{(k!)^2}. \tag{8.2.23}$$

如果

$$F(z)\cdot(\alpha'(z))^{2k}\not\equiv\frac{(a-1)^{2k}}{(k!)^2},$$

由(8.2.23)得

$$\begin{aligned}\overline{N}(r,f)&\leqslant N\left(r,\frac{1}{F\cdot(\alpha')^{2k}-\frac{(a-1)^{2k}}{(k!)^2}}\right)\\&\leqslant T(r,F(\alpha')^{2k})+O(1)\\&=T(r,(\alpha')^{k-1})+O(1)\\&=S(r,f).\end{aligned}$$

再由(8.2.18)得

$$T(r,f^{(k)})=S(r,f),$$

这是一个矛盾. 于是

$$F\cdot(\alpha')^{2k}\equiv\frac{(a-1)^{2k}}{(k!)^2}. \tag{8.2.24}$$

由(8.2.22),(8.2.24)知,

$$F\equiv \text{常数},\alpha'\equiv \text{常数}.$$

于是

$$N^*(r)=0,$$

$$N(r,f)-\overline{N}(r,f)=0.$$

下面再引入两个辅助函数

$$P=\frac{f^{(k)}-f}{(f^{(k)}-a)(f^{(k)}-1)},$$

$$Q=\frac{(P')^{k+1}}{P^k}=(\frac{P'}{P})^{k+1}\cdot P.$$

显然 P,Q 均为整函数. 设 z_0 为 f 的单极点,则在 $z=z_0$ 附近

$$f(z)=\frac{R}{z-z_0}+O(1),\quad (R\neq 0)$$

通过计算得

$$P(z)=\frac{(-1)^k}{k!R}(z-z_0)^{k+1}[1-\frac{(-1)^k}{k!}(z-z_0)^k+O((z-z_0)^{k+1})],$$

$$Q(z)=\frac{(-1)^k(k+1)^{k+1}}{k!R}[1-\frac{(-1)^k(k+1)}{k!}(z-z_0)^k+O((z-z_0)^{k+1})].$$

易知,z_0 为 $P(z)$ 的 $k+1$ 重零点,为 $Q'(z)$ 的 $k-1$ 重零点,不为 $Q(z)$ 的零点. 因此

$$(k-1)\overline{N}(r,f)\leqslant N(r,\frac{Q}{Q'})\leqslant T(r,\frac{Q'}{Q})+O(1)$$
$$\leqslant\overline{N}(r,\frac{1}{Q})+S(r,f)$$

及

$$\overline{N}(r,\frac{1}{Q})+\overline{N}(r,f)\leqslant\overline{N}(r,\frac{1}{P'}).$$

于是

$$k\overline{N}(r,f)\leqslant\overline{N}(r,\frac{1}{P'})+S(r,f).\tag{8.2.25}$$

注意到 P 为整函数,由定理 1.24 得

$$N(r,\frac{1}{P'})\leqslant N(r,\frac{1}{P})+S(r,f).$$

于是

$$N_0(r,\frac{1}{P'})\leqslant\overline{N}(r,\frac{1}{P})+S(r,f),$$

其中 $N_0(r,\frac{1}{P'})$ 表 P' 的零点，但不为 P 的重级零点的计数函数. 因为 f 的单极点为 P 的 $k+1$ 重零点，且 P 的零点仅在 f 的极点处取得，因此

$$\overline{N}(r,\frac{1}{P'}) \leqslant \overline{N}(r,f) + N_0(r,\frac{1}{P'})$$
$$\leqslant 2\overline{N}(r,f) + S(r,f).$$

再由(8.2.25)得

$$(k-2)\overline{N}(r,f) = S(r,f).$$

如果 $k \geqslant 3$，则有

$$\overline{N}(r,f) = S(r,f).$$

再由(8.2.18)得

$$T(r,f^{(k)}) = S(r,f),$$

这是一个矛盾. 下面考虑 $k=2$ 的情况.

当 $k=2$ 时，

$$P = \frac{f''-f}{(f''-a)(f''-1)}$$
$$= \frac{1}{2R}(z-z_0)^3[1-\frac{1}{2}(z-z_0)^2 + O(z-z_0)^3].$$

设

$$\omega = (\frac{P'}{P})^2 + 3(\frac{P'}{P})' + 9, \tag{8.2.26}$$

则有

$$\omega(z_0) = 0. \tag{8.2.27}$$

如果 $\omega \not\equiv 0$，由(8.2.27)知，ω 为整函数，且

$$\overline{N}(r,f) \leqslant N(r,\frac{1}{\omega}) \leqslant T(r,\omega) + O(1)$$
$$\leqslant m(r,\omega) + O(1) = S(r,f).$$

再由(8.2.18)得

$$T(r,f^{(k)}) = S(r,f).$$

这是一个矛盾，于是 $\omega \equiv 0$.

注意到 P 为整函数，且仅在 f 的极点处有 3 重零点，故可设

$$u^3 = P,$$

其中 u 为整函数，则有

$$\frac{P'}{P}=3\cdot\frac{u'}{u}.$$

由(8.2.26)知，u 满足微分方程

$$u''+u=0. \tag{8.2.28}$$

微分方程(8.2.28)的通解为

$$u=c_1e^{iz}+c_2e^{-iz}, \tag{8.2.29}$$

其中 c_1,c_2 为常数，注意到 f 的极点均为 u 的零点，故 $c_1\neq 0,c_2\neq 0$. 于是

$$\begin{aligned}T(r,u)&=N(r,\frac{1}{u})+S(r,f)\\&=N(r,f)+S(r,f),\end{aligned} \tag{8.2.30}$$

$$m(r,\frac{1}{u})=S(r,f). \tag{8.2.31}$$

由 u 的定义知

$$f''-f=(f''-a)(f''-1)u^3. \tag{8.2.32}$$

于是

$$f-a=(f''-a)[1-(f''-1)u^3],$$

$$f-1=(f''-1)[1-(f''-a)u^3].$$

再由(8.2.6)得

$$e^{\alpha}=\frac{1-(f''-1)u^3}{1-(f''-a)u^3}.$$

因此

$$f''=a+\frac{1}{u^3}-\frac{1-a}{e^{\alpha}-1}. \tag{8.2.33}$$

注意到 $m(r,\frac{1}{e^{\alpha}-1})=S(r,f)$，由(8.2.31)，(8.2.33)得

$$m(r,f'')=S(r,f). \tag{8.2.34}$$

由 F 的定义知

$$F=\frac{(f-a)^3(f-1)^3(f''-a)(f''-1)}{(f''-f)^4}=(\frac{(f-a)(f-1)}{(f''-f)u})^3.$$

注意到 $F\equiv$ 常数. 于是

$$\frac{(f-a)(f-1)}{(f''-f)u}=c,$$

其中 $c(\neq 0)$ 为常数. 因此

$$f''-f=\frac{(f-a)(f-1)}{cu}.$$

由此即得

$$f''-a=(f-a)\left[1+\frac{f-1}{cu}\right],$$

$$f''-1=(f-1)\left[1+\frac{f-a}{cu}\right].$$

再由(8.2.6)得

$$e^{\alpha}=\frac{1+\dfrac{f-a}{cu}}{1+\dfrac{f-1}{cu}}.$$

因此

$$f=1-cu+\frac{1-a}{e^{\alpha}-1}.$$

注意到 $\alpha'\equiv$ 常数. 设 $\alpha'=d$, 由上式得

$$f'=-cu'-(1-a)d\left[\frac{1}{e^{\alpha}-1}+\frac{1}{(e^{\alpha}-1)^2}\right],$$

$$f''=-cu''+(1-a)d^2\left[\frac{1}{e^{\alpha}-1}+\frac{3}{(e^{\alpha}-1)^2}+\frac{2}{(e^{\alpha}-1)^3}\right].$$

再由(8.2.28)得

$$u=\frac{1}{c}f''-\frac{(1-a)d^2}{c}\left[\frac{1}{e^{\alpha}-1}+\frac{3}{(e^{\alpha}-1)^2}+\frac{3}{(e^{\alpha}-1)^3}\right]. \tag{8.2.35}$$

注意到 $m(r,\frac{1}{e^{\alpha}-1})=S(r,f)$, 由(8.2.34), (8.2.35)得

$$m(r,u)=S(r,f).$$

于是

$$T(r,u)=m(r,u)=S(r,f),$$

再由(8.2.30)得

$$N(r,f)=S(r,f).$$

这又是一个矛盾.

(2.2) 假设 $k=1$. 由 $G\equiv 0$ 得

$$\frac{f'}{f-a}+\frac{f'}{f-1}-\frac{f''-f'}{f'-f}+\frac{\alpha''}{\alpha'}-1\equiv 0.$$

积分得

$$\alpha'\cdot\frac{(f-a)(f-1)}{f'-f}=ce^{z},\tag{8.2.36}$$

其中 $c(\neq 0)$ 为常数. 设 z_0 为 f 的单极点,在 $z=z_0$ 附近

$$f(z)=\frac{R}{z-z_0}+O(1),\qquad (R\neq 0).$$

由(8.2.36)得

$$ce^{z_0}=a-1.$$

注意到 $N(r,f)-\overline{N}(r,f)=S(r,f)$,于是

$$\begin{aligned}N(r,f)&\leqslant N(r,\frac{1}{ce^{z}-(a-1)})\\&=T(r,e^{z})+O(1)\\&=\frac{r}{\pi}+O(1).\end{aligned}\tag{8.2.37}$$

由(8.2.36)得

$$(f-a)(f-1)=\frac{c}{\alpha'}e^{z}f(\frac{f'}{f}-1).\tag{8.2.38}$$

则有

$$\begin{aligned}2m(r,f)&=m(r,(f-a)(f-1))+S(r,f)\\&\leqslant m(r,\frac{1}{\alpha'})+m(r,e^{z})+m(r,f)+m(r,\frac{f'}{f})\\&\quad+S(r,f)\\&=m(r,e^{z})+m(r,f)+S(r,f).\end{aligned}$$

于是

$$\begin{aligned}m(r,f)&\leqslant m(r,e^{z})+S(r,f)\\&=\frac{r}{\pi}+S(r,f).\end{aligned}\tag{8.2.39}$$

由(8.2.37),(8.2.39)得

$$T(r,f)\leqslant\frac{2r}{\pi}+S(r,f).\tag{8.2.40}$$

由(8.2.40)知,f 的级 $\lambda(f)\leqslant 1$. 由(8.2.7)知,e^{α} 的级 $\lambda(e^{\alpha})\leqslant$

$\lambda(f) \leqslant 1$. 注意到 α 不为常数，故 α 必为一次式，α' 必为常数，$\lambda(e^{\alpha}) = \lambda(f) = 1$. 设 $\frac{\alpha'}{c} = d$. 由(8.2.38)得

$$f' - a = (f - a)[1 + de^{-z}(f - 1)].$$

于是

$$g = \frac{1}{1 + de^{-z}(f - 1)} = \frac{f - a}{f' - a} \tag{8.2.41}$$

为整函数，且 g 的级 $\lambda(g) \leqslant 1$. 在 f 的单极点 z_0 处，$g(z_0) = 0$. 于是

$$N(r, f) \leqslant N(r, \frac{1}{g}) = T(r, g) + O(1). \tag{8.2.42}$$

由(8.2.41)得

$$f = \frac{e^z}{dg} - \frac{e^z}{d} + 1. \tag{8.2.43}$$

把(8.2.43)代入(8.2.41)得

$$g^2 = - A + g(B - A \cdot \frac{g'}{g}), \tag{8.2.44}$$

其中 $A = (1 + ade^{-z})^{-1}, B = \frac{a - 1}{a} + \frac{a + 1}{a}(1 + ade^{-z})^{-1}$.

注意到

$$m(r, \frac{1}{1 + ade^{-z}}) = S(r, e^z) = S(r, f),$$

由(8.2.44)得

$$\begin{aligned} 2m(r, g) &\leqslant m(r, g) + m(r, \frac{g'}{g}) + S(r, f) \\ &= m(r, g) + S(r, f). \end{aligned}$$

于是

$$T(r, g) = m(r, g) = S(r, f).$$

再由(8.2.42)得

$$N(r, f) = S(r, f).$$

再由(8.2.18)得

$$T(r, f') = S(r, f),$$

这是一个矛盾.

这就完成了定理 8.10 与 8.12 的证明.

1986 年,Frank-Weissenborn[3] 证明了

定理 8.13 设 $f(z)$ 为非常数亚纯函数,a,b 为两个判别的有穷复数;如果 a,b 为 f 与 $f^{(k)}$ 的 CM 公共值,则 $f\equiv f^{(k)}$.

证. 由定理 8.9,8.10,8.12 知,只需证 $k\geqslant 2,ab=0$ 的情况即可. 不失一般性,不妨设 $a=0,b=1$. 假设 $f^{(k)}\not\equiv f$. 由定理 8.13 的条件知

$$\frac{f(f^{(k)}-1)}{(f-1)f^{(k)}}=e^{\alpha},\tag{8.2.45}$$

其中 α 为整函数,与定理 8.12 的证明类似,容易证明

$$T(r,e^{\alpha})=O(T(r,f)),\qquad (r\notin E),\tag{8.2.46}$$

$$N(r,f)=\overline{N}(r,f)+S(r,f).\tag{8.2.47}$$

设

$$g=\frac{f}{f^{(k)}},\tag{8.2.48}$$

其中 g 为整函数. 由(8.2.45),(8.2.48) 得

$$f^{(k)}=\frac{1}{g}-\frac{1}{e^{\alpha}-1}(1-\frac{1}{g}).\tag{8.2.49}$$

由(8.2.48) 得

$$m(r,\frac{1}{g})=S(r,f).$$

再由(8.2.49) 得

$$\begin{aligned}m(r,f^{(k)})&\leqslant m(r,\frac{1}{e^{\alpha}-1})+S(r,f)\\&=S(r,f).\end{aligned}$$

于是

$$\begin{aligned}(k+1)\overline{N}(r,f)&\leqslant T(r,f^{(k)})=m(r,f^{(k)})+N(r,f^{(k)})\\&=(k+1)\overline{N}(r,f)+S(r,f).\end{aligned}\tag{8.2.50}$$

令

$$\begin{aligned}N^{*}(r)&=N(r,\frac{1}{f^{(k)}-f})-N(r,\frac{1}{f})-N(r,\frac{1}{f-1})\\&=N(r,\frac{1}{f^{(k)}-f})-N(r,\frac{1}{f^{(k)}})-N(r,\frac{1}{f^{(k)}-1}).\end{aligned}\tag{8.2.51}$$

再引入辅助函数

$$F = \frac{[f(f-1)]^{k+1}[f^{(k)}(f^{(k)}-1)]^{k-1}}{(f^{(k)}-f)^{2k}},$$

$$G = \frac{F'}{F} + (k+1)\cdot\frac{\alpha''}{\alpha'}.$$

与定理 8.12 的证明类似，容易验证，F 没有零点，且

$$\overline{N}(r,F) = N^*(r) + S(r,f). \tag{8.2.52}$$

设 z_0 为 f 的单极点，有 $F(z_0) \neq 0,\infty$. 易知 G 是满足

$$T(r,G) = \overline{N}(r,F) + S(r,f) \tag{8.2.53}$$

的亚纯函数，且 $G(z_0) = 0$. 下面区分两种情况.

(1) 假设 $G \not\equiv 0$，则有

$$\begin{aligned}\overline{N}(r,f) &\leqslant N(r,\frac{1}{G}) \leqslant T(r,G) + O(1)\\ &\leqslant N^*(r) + S(r,f).\end{aligned} \tag{8.2.54}$$

由(8.2.49)得

$$g - 1 = \frac{f - f^{(k)}}{f^{(k)}},$$

故

$$N(r,\frac{1}{g-1}) = N(r,\frac{1}{f^{(k)}-f}) - N(r,\frac{1}{f}).$$

再由(8.2.51)得

$$\begin{aligned}N^*(r) + N(r,\frac{1}{f-1}) &= N(r,\frac{1}{g-1})\\ &\leqslant T(r,\frac{1}{g}) + O(1)\\ &\leqslant N(r,\frac{f^{(k)}}{f}) + m(r,\frac{f^{(k)}}{f}) + O(1)\\ &= k\,\overline{N}(r,f) + S(r,f).\end{aligned}$$

再由(8.2.54)得

$$N(r,\frac{1}{f-1}) \leqslant (k-1)\overline{N}(r,f) + S(r,f). \tag{8.2.55}$$

于是有

$$N(r,\frac{1}{f^{(k)}-1}) \leqslant (k-1)\overline{N}(r,f) + S(r,f).$$

再由(8.2.50)得

$$m(r,\frac{1}{f^{(k)}-1})=T(r,f^{(k)})-N(r,\frac{1}{f^{(k)}-1})+O(1)$$
$$\geqslant(k+1)\overline{N}(r,f)-(k-1)\overline{N}(r,f)$$
$$+S(r,f)=2\overline{N}(r,f)+S(r,f). \tag{8.2.56}$$

注意到

$$m(r,\frac{1}{f^{(k)}})+m(r,\frac{1}{f^{(k)}-1})\leqslant m(r,\frac{1}{f^{(k+1)}})+S(r,f)$$
$$\leqslant T(r,f^{(k+1)})-N(r,\frac{1}{f^{(k+1)}})+S(r,f),$$

再由(8.2.56)得

$$m(r,\frac{1}{f^{(k)}})\leqslant T(r,f^{(k+1)})-N(r,\frac{1}{f^{(k+1)}})-2\overline{N}(r,f)+S(r,f). \tag{8.2.57}$$

由(8.2.50)得

$$T(r,f^{(k+1)})\leqslant T(r,f^{(k)})+\overline{N}(r,f)+S(r,f)$$
$$\leqslant(k+2)\overline{N}(r,f)+S(r,f). \tag{8.2.58}$$

由定理1.26′得

$$N(r,\frac{1}{f^{(k+1)}})>(k-\varepsilon)\overline{N}(r,f)+S(r,f), \tag{8.2.59}$$

其中 ε 为任意预先给定的正数. 结合(8.2.57),(8.2.58),(8.2.59)得

$$m(r,\frac{1}{f^{(k)}})<\varepsilon\overline{N}(r,f)+S(r,f). \tag{8.2.60}$$

因此

$$m(r,\frac{1}{f-1})\leqslant m(r,\frac{1}{f^{(k)}})+S(r,f)$$
$$<\varepsilon\overline{N}(r,f)+S(r,f). \tag{8.2.61}$$

由 (8.2.55),(8.2.61)得

$$T(r,f)<(k-1+\varepsilon)\overline{N}(r,f)+S(r,f). \tag{8.2.62}$$

注意到

$$T(r,f)\geqslant N(r,\frac{1}{f})+O(1)$$
$$=N(r,\frac{1}{f^{(k)}})+O(1)$$

$$= T(r, f^{(k)}) - m(r, \frac{1}{f^{(k)}}) + O(1),$$

再由(8.2.50),(8.2.60)得

$$T(r,f) \geqslant (k+1)\overline{N}(r,f) - \varepsilon \overline{N}(r,f) + S(r,f)$$
$$= (k+1-\varepsilon)\overline{N}(r,f) + S(r,f). \quad (8.2.63)$$

由(8.2.62),(8.2.63)得

$$\overline{N}(r,f) = S(r,f),$$

这是一个矛盾.

(2) 假设 $G \equiv 0$. 则有

$$F \cdot (\alpha')^{k+1} \equiv \text{常数}.$$

与定理 8.12 的证明类似,也可得到

$$F \cdot (\alpha')^{2k} \equiv \frac{1}{(k!)^2}.$$

于是

$$F \equiv \text{常数}, \alpha' \equiv \text{常数}.$$

$$N^*(r) = 0,$$
$$N(r,f) - \overline{N}(r,f) = 0.$$

再引入两个辅助函数

$$P = \frac{f^{(k)} - f}{f^{(k)}(f^{(k)} - 1)},$$
$$Q = \frac{(P')^{k+1}}{P^k}.$$

注意到 $k \geqslant 2$,与定理 8.12 的证明类似,也可得到矛盾.

1992 年,郑稼华 - 王书培[1] 推广了定理 8.4,证明了下述

定理 8.14 设 $f(z)$ 为非常数亚纯函数,$k \geqslant 2$,$a(\neq 0)$ 为有穷复数.如果 0 为 f 与 $f^{(k)}$ 的 Picard 例外值,a 为 f 与 $f^{(k)}$ 的 IM 公共值,则 $f(z) = e^{Az+B}$,其中 A,B 为常数,且满足 $A^k = 1$.于是 $f \equiv f^{(k)}$.

证. 因 0 为 f 与 $f^{(k)}$ 的 Picard 例外值,由引理 8.1 得 $f(z) = e^{Az+B}$ 或 $f(z) = (Az+B)^{-n}$,其中 $A(\neq 0)$,B 为常数.

如果 $f(z) = e^{Az+B}$,由定理 8.4 得 $A^k = 1$ 及 $f \equiv f^{(k)}$,这就是

定理 8.14 的结论.

如果 $f(z)=(Az+B)^{-n}$,显然

$$f(z)-a=(Az+B)^{-n}[1-a(Az+B)^{n}]$$

恰有 n 个零点,且均为单零点.

$$f^{(k)}(z)-a=(-1)^{k}n(n+1)\cdots(n+k-1)(Az+B)^{-n-k}-a$$

恰有 $n+k$ 个零点,且均为单零点. 这与 a 为 f 与 $f^{(k)}$ 的 IM 公共值矛盾.

设 $f(z)=\dfrac{2A}{1-e^{-2z}}$,其中 $A(\neq 0)$ 为常数. 容易验证,0 为 f 与 f' 的 Picard 例外值,A 为 f 与 f' 的 IM 公共值,但 $f\not\equiv f'$. 这表明定理 8.14 中的条件 $k\geqslant 2$ 是必要的. 这个例子也表明定理 8.10 中条件"f 与 f' 具有二个有穷 CM 公共值"是必要的.

Frank[1] 提出下述问题:

把定理 8.13 中条件"b 为 f 与 $f^{(k)}$ 的 CM 公共值"换为"b 为 f 与 $f^{(k)}$ 的 IM 公共值",是否仍有 $f\equiv f^{(k)}$?

答案是否定的,最近李平给出一个例子证明了这一点. 李平的例子是:设 a_1 为任意有穷复数,$a_2=a_1+\sqrt{2}i$. 设 w 为 Riccati 微分方程

$$w'=(w-a_1)(w-a_2) \tag{8.2.64}$$

的非常数解,并设

$$f=(w-a_1)(w-a_2)-\frac{1}{3}.$$

容易验证

$$f''=6w'\cdot f, \tag{8.2.65}$$

$$f''+\frac{1}{6}=6(f+\frac{1}{6})^{2}. \tag{8.2.66}$$

由(8.2.64) 知,0 为 w' 的 Picard 例外值,再由(8.2.65) 知,0 为 f 与 f'' 的 CM 公共值. 由(8.2.66) 知, $-\dfrac{1}{6}$ 为 f 与 f'' 的 IM 公共值,但 $f\not\equiv f''$.

8.2.3 函数与其导数具有三个 IM 公共值

Mues-Steinmetz[1],Gundersen[5] 证明了下述

定理 8.15 设 f 为非常数亚纯函数，a_1, a_2, a_3 为三个判别的有穷复数. 如果 a_1, a_2, a_3 为 f 与 f' 的 IM 公共值，则 $f \equiv f'$.

证. 假设 $f \not\equiv f'$，则有

$$
\begin{aligned}
N(r, \frac{1}{f-f'}) &\leqslant T(r, f-f') + O(1) \\
&= N(r, f') + m(r, f(1-\frac{f'}{f})) + O(1) \\
&\leqslant N(r, f) + \overline{N}(r, f) + m(r, f) + s(r, f) \\
&= T(r, f) + \overline{N}(r, f) + S(r, f).
\end{aligned} \tag{8.2.67}
$$

我们还有

$$
\sum_{j=1}^{3} m(r, \frac{1}{f-a_j}) \leqslant m(r, \frac{1}{f'}) + S(r, f). \tag{8.2.68}
$$

首先假设 $a_1 a_2 a_3 \neq 0$. 因 $a_j(j=1,2,3)$ 为 f 与 f' 的 IM 公共值，故 $f - a_j(j=1,2,3)$ 的零点均为单零点. 于是，由(8.2.67)得

$$
\begin{aligned}
\sum_{j=1}^{3} N(r, \frac{1}{f-a_j}) &\leqslant N(r, \frac{1}{f-f'}) \\
&\leqslant T(r, f) + \overline{N}(r, f) + S(r, f).
\end{aligned} \tag{8.2.69}
$$

(8.2.68)，(8.2.69) 两式相加，得

$$
3T(r, f) \leqslant T(r, f) + \overline{N}(r, f) + m(r, \frac{1}{f'}) + S(r, f).
$$

于是

$$
2T(r, f) \leqslant T(r, f') + \overline{N}(r, f) + S(r, f). \tag{8.2.70}
$$

如果 $a_1 a_2 a_3 = 0$，不失一般性，不妨设 $a_3 = 0$，则 $f - a_j(j=1, 2)$ 的零点均为单零点，f 的零点均为重零点，于是

$$
\begin{aligned}
\sum_{j=1}^{3} N(r, \frac{1}{f-a_j}) &= \sum_{j=1}^{2} N(r, \frac{1}{f-a_j}) + \overline{N}(r, \frac{1}{f}) + N(r, \frac{1}{f'}) \\
&\leqslant N(r, \frac{1}{f-f'}) + N(r, \frac{1}{f'}).
\end{aligned}
$$

再由(8.2.67)得

$$
\sum_{j=1}^{3} N(r, \frac{1}{f-a_j}) \leqslant T(r, f) + \overline{N}(r, f) + N(r, \frac{1}{f'}) + S(r, f). \tag{8.2.71}
$$

由(8.2.68),(8.2.71)得

$$3T(r,f) \leqslant T(r,f) + \overline{N}(r,f) + T(r,f') + S(r,f).$$

于是我们也有

$$2T(r,f) \leqslant T(r,f') + \overline{N}(r,f) + S(r,f). \tag{8.2.72}$$

另一方面,a_1,a_2,a_3,∞ 为 f 与 f' 的 IM 公共值. 由定理 4.4 得

$$T(r,f') = T(r,f) + S(r,f). \tag{8.2.73}$$

由(8.2.70),(8.2.72),(8.2.73)得

$$T(r,f) \leqslant \overline{N}(r,f) + S(r,f).$$

于是

$$\begin{aligned} T(r,f') &= N(r,f) + \overline{N}(r,f) + m(r,f') \\ &\geqslant 2\overline{N}(r,f) \\ &\geqslant 2T(r,f) + S(r,f). \end{aligned} \tag{8.2.74}$$

由(8.2.73),(8.2.74)得

$$T(r,f) = S(r,f).$$

这是一个矛盾. 于是 $f \equiv f'$.

8.2.4 函数与其 k 阶导数具有三个 *IM* 公共值

1992 年,Frank-Schwick[1] 推广了定理 8.15,证明了下述

定理 8.16 设 f 为非常数亚纯函数,a_1,a_2,a_3 为三个判别的有穷复数. 如果 $a_j(j=1,2,3)$ 为 f 与 $f^{(k)}$ 的 IM 公共值,则 $f \equiv f^{(k)}$.

证. 由定理 8.15,不妨设 $k \geqslant 2$. 假设 $f \not\equiv f^{(k)}$. 因为 a_1,a_2,a_3,∞ 为 f 与 $f^{(k)}$ 的 IM 公共值,由定理 2.16 知,f 为超越亚纯函数,再由定理 4.4 得

$$T(r,f^{(k)}) = T(r,f) + S(r,f), \tag{8.2.75}$$

$$2T(r,f) = \sum_{j=1}^{3}\overline{N}\left(r,\frac{1}{f-a_j}\right) + \overline{N}(r,f) + S(r,f). \tag{8.2.76}$$

于是

$$k\overline{N}(r,f) + N(r,f) \leqslant T(r,f^{(k)}) = T(r,f) + S(r,f)$$

$$= \sum_{j=1}^{3}\overline{N}(r,\frac{1}{f-a_j}) + \overline{N}(r,f) - T(r,f) + S(r,f)$$

$$\leqslant N(r,\frac{1}{f^{(k)}-f}) + \overline{N}(r,f) - T(r,f) + S(r,f)$$

$$\leqslant T(r,f^{(k)}-f) + \overline{N}(r,f) - T(r,f) + S(r,f)$$

$$\leqslant (k+1)\overline{N}(r,f) + S(r,f).$$

由此可得

$$N(r,f) = \overline{N}(r,f) + S(r,f), \tag{8.2.77}$$

$$T(r,f^{(k)}) = T(r,f) + S(r,f) = (k+1)\overline{N}(r,f) + S(r,f). \tag{8.2.78}$$

下面引进辅助函数

$$H = \frac{f' f^{(k+1)}(f^{(k)}-f)^2}{\prod_{j=1}^{3}(f-a_j)(f^{(k)}-a_j)}.$$

由引理 4.3 得

$$m(r,H) = S(r,f).$$

由 $a_j(j=1,2,3)$ 为 f 与 $f^{(k)}$ 的 IM 公共值知，H 为整函数. 于是

$$T(r,H) = m(r,H) = S(r,f). \tag{8.2.79}$$

设

$$N_0(r,\frac{1}{f^{(k)}-f}) = N(r,\frac{1}{f^{(k)}-f}) - \sum_{j=1}^{3}\overline{N}(r,\frac{1}{f-a_j})$$

$$= N(r,\frac{1}{f^{(k)}-f}) - \sum_{j=1}^{3}\overline{N}(r,\frac{1}{f^{(k)}-a_j}).$$

注意到

$$N(r,\frac{1}{H}) = N(r,\frac{1}{f'}) - \sum_{j=1}^{3}(N(r,\frac{1}{f-a_j}) - \overline{N}(r,\frac{1}{f-a_j}))$$

$$+ N(r,\frac{1}{f^{(k+1)}}) - \sum_{j=1}^{3}(N(r,\frac{1}{f^{(k)}-a_j}) - \overline{N}(r,\frac{1}{f^{(k)}-a_j}))$$

$$+ 2(N(r,f) - \overline{N}(r,f)) + 2N_0(r,\frac{1}{f^{(k)}-f}),$$

再由(8.2.79)得

$$N(r,\frac{1}{f'}) = \sum_{j=1}^{3}(N(r,\frac{1}{f-a_j}) - \overline{N}(r,\frac{1}{f-a_j})) + S(r,f), \tag{8.2.80}$$

$$N(r,\frac{1}{f^{(k+1)}}) = \sum_{j=1}^{3}(N(r,\frac{1}{f^{(k)}-a_j}) - \overline{N}(r,\frac{1}{f^{(k)}-a_j})) + S(r,f), \tag{8.2.81}$$

$$N_0(r,\frac{1}{f^{(k)}-f}) = S(r,f). \tag{8.2.82}$$

下面引进第二个辅助函数

$$G = \frac{f^{(k+1)}(f^{(k)}-f)}{\prod_{j=1}^{3}(f^{(k)}-a_j)}.$$

显然 G 为整函数. 由(8.2.81),(8.2.82)得

$$\overline{N}(r,\frac{1}{G}) = \overline{N}(r,f) + S(r,f). \tag{8.2.83}$$

再设

$$g = \frac{G'}{G}.$$

显然有

$$m(r,g) = S(r,f). \tag{8.2.84}$$

设 $z = z_0$ 为 f 的单极点,并设

$$f(z) = \frac{R}{z-z_0} + A_0 + A_1(z-z_0) + \cdots, \qquad (R \neq 0).$$

通过计算得

$$G(z) = \frac{(-1)^{k+1}(k+1)}{R\cdot k!}(z-z_0)^k[1 - \frac{(-1)^k}{k!}(z-z_0)^k + O((z-z_0)^{k+1})] \tag{8.2.85}$$

$$g(z) = \frac{k}{z-z_0} - \frac{(-1)^k}{(k-1)!}(z-z_0)^{k-1} + O[(z-z_0)^k]. \tag{8.2.86}$$

再设

$$h=\begin{cases} g'+\dfrac{1}{k}g^2, & \text{当 } k\geqslant 3 \text{ 时},\\ g'+\dfrac{1}{2}g^2+3, & \text{当 } k=2 \text{ 时}. \end{cases}$$

由(8.2.86)得

$$h(z)=\begin{cases} O((z-z_0)^{k-2}), & \text{当 } k\geqslant 3 \text{ 时},\\ O((z-z_0)), & \text{当 } k=2 \text{ 时}. \end{cases}$$

下面区分两种情况.

(1) 假设 $h\not\equiv 0$. 由(8.2.84)得

$$m(r,h)=S(r,f).$$

注意到 f 的单极点为 h 的零点,故有

$$N(r,h)=S(r,f).$$

因此

$$T(r,h)=S(r,f).$$

于是

$$\begin{aligned}\overline{N}(r,f)&\leqslant N(r,\frac{1}{h})+S(r,f)\\&=T(r,h)+S(r,f)\\&=S(r,f).\end{aligned}$$

再由(8.2.78)得

$$T(r,f)=S(r,f),$$

这是一个矛盾.

(2) 假设 $h\equiv 0$.

首先考虑 $k\geqslant 3$ 的情况. 则有

$$g'+\frac{1}{k}g^2=0.$$

解此微分方程得

$$g(z)=\frac{k}{z-a},$$

其中 a 为积分常数. 于是

$$\frac{G'}{G}=\frac{k}{z-a},$$

积分得

$$G(z) = c(z - a)^k,$$

其中 $c(\neq 0)$ 为积分常数. 再由(8.2.83)得

$$\overline{N}(r,f) = S(r,f).$$

再由(8.2.78)即可得出矛盾.

下面考虑 $k = 2$ 的情况,此时 g 必为微分方程

$$g' + \frac{1}{2}g^2 + 3 = 0$$

的解,作变换 $g = 2 \cdot \frac{u'}{u}$,则

$$u'' + \frac{3}{2}u = 0, \tag{8.2.87}$$

及

$$G = cu^2, \tag{8.2.88}$$

其中 $c(\neq 0)$ 为常数,解微分方程(8.2.87)得

$$u = c_1 e^{\lambda_1 z} + c_2 e^{\lambda_2 z},$$

其中 $\lambda_1 = \sqrt{\frac{3}{2}}i, \lambda_2 = -\sqrt{\frac{3}{2}}i, c_1, c_2$ 为积分常数. 由(8.2.83),(8.2.88)知,$c_1 \neq 0, c_2 \neq 0$. 不失一般性,不妨设

$$u = e^{\lambda_2 z}(e^{2\lambda_1 z} - d), \tag{8.2.89}$$

其中 $d(\neq 0)$ 为常数. 设 z_0 为 f 的单极点,则 $u(z_0) = 0$. 于是

$$[u'(z_0)]^2 = -6d.$$

再由(8.2.85),(8.2.88)得

$$c(u'(z_0))^2 = -\frac{3}{2R}$$

于是

$$R = \frac{1}{4cd}.$$

与 z_0 无关. 显然有

$$H(z_0) = \frac{3}{R^2} = 48c^2d^2. \tag{8.2.90}$$

如果 $H \neq 48c^2d^2$,由(8.2.79),(8.2.90)得

$$\overline{N}(r,f) \leqslant N(r,\frac{1}{H - 48c^2d^2})$$
$$\leqslant T(r,H) + O(1)$$
$$= S(r,f).$$

再由(8.2.78)即可得到矛盾.于是

$$H \equiv 48c^2d^2.$$

由此即得

$$N(r,\frac{1}{f'}) = \sum_{j=1}^{3}(N(r,\frac{1}{f - a_j}) - \overline{N}(r,\frac{1}{f - a_j})),$$

$$N_0(r,\frac{1}{f'' - f}) = 0,$$

$$N(r,\frac{1}{f'''}) = \sum_{j=1}^{3}(N(r,\frac{1}{f'' - a_j}) - \overline{N}(r,\frac{1}{f'' - a_j})),$$

$$N(r,f) = \overline{N}(r,f) = N(r,\frac{1}{u}) = O(r).$$

再由(8.2.78)可得

$$T(r,f) = O(r). \tag{8.2.91}$$

设 z_0 为 f 的单极点,在 $z = z_0$ 附近

$$f(z) = \frac{R}{z - z_0} + A_0 + A_1(z - z_0) + \cdots.$$

由 $H \equiv 48c^2d^2$ 得 $R = \frac{1}{4cd}$,$A_0 = \frac{1}{3}(a_1 + a_2 + a_3)$ 均与 z_0 无关.定义函数

$$V(z) = e^{2\lambda_1 z} - d.$$

由(8.2.89)得 $V(z_0) = 0$.显然有 $V'(z_0) = 2\lambda_1 d$.于是 f 有如下表达式

$$f(z) = \frac{c_1}{V(z)} + \frac{1}{3}(a_1 + a_2 + a_3) + c_2 + \alpha(z) \cdot V(z), \tag{8.2.92}$$

其中 $c_1 = \frac{\lambda_1}{2c}$,$c_2 = \frac{c_1}{2d}$,$\alpha$ 为整函数.由(8.2.78),(8.2.91)得

$$m(r,f'') = O(\log r) \tag{8.2.93}$$

显然有

$$m(r,\frac{1}{V})=O(1). \tag{8.2.94}$$

注意到

$$V'=2\lambda_1 e^{2\lambda_1 z}=2\lambda_1 V+2\lambda_1 d,$$

由(8.2.92)得

$$f''=-\frac{12c_1d^2}{V^3}-\frac{18c_1d}{V^2}-\frac{6c_1}{V}+(\alpha V)''.$$

再由(8.2.93),(8.2.94)得

$$m(r,(\alpha V)'')=O(\log r).$$

注意到αV为整函数,故αV必为多项式.设$\alpha V=P$,其中P为多项式.则

$$\alpha=\frac{P}{V}. \tag{8.2.95}$$

由(8.2.95)知,当且仅当$P\equiv 0$时,α才为整函数.于是$\alpha\equiv 0$,

$$f(z)=\frac{c_1}{V(z)}+\frac{1}{3}(a_1+a_2+a_3)+c_2.$$

由此即得

$$m(r,f)=O(1).$$

再由(8.2.78)得

$$T(r,f)=S(r,f),$$

这又得到矛盾.

这就证明了定理8.16.

8.2.5 函数与其微分多项式具有公共值问题

设f为非常数亚纯函数,定义$L(f)$为

$$L(f)=f^{(k)}+a_{k-1}f^{(k-1)}+\cdots+a_0f,$$

其中L的系数$a_j(j=0,1,\cdots,k-1)$为多项式,由定理8.13,我们自然可以提出下述问题:问题1. 设a,b为两个判别的有穷复数.如果a,b为f与$L(f)$的CM公共值,是否以可得出$f\equiv L(f)$?由定理8.16,我们自然可以提出下述问题:问题2.设a,b,c为三个判别的有穷复数.如果a,b,c为f与$L(f)$的IM公共值,是否可以得

出 $f \equiv L(f)$?

1993 年,P. Rüssman[1] 在其博士学位论文中解决了问题 1,证明了除了六种例外情况,均有 $f \equiv L(f)$. 1992 年,Mues-Reinders[1] 部分地解决了问题 2,证明了下述

定理 8.17 设 f 为非常数亚纯函数,

$$L = a_k f^{(k)} + a_{k-1} f^{(k-1)} + \cdots + a_0 f,$$

其中 $2 \leqslant k \leqslant 50$, $a_j (j = 0, 1, \cdots, k)$ 为常数,且 $a_k \neq 0$. 再设 a, b, c 为三个判别的有穷复数. 如果 a, b, c 为 f 与 L 的 IM 公共值,则 $f \equiv L$.

定理 8.18 设 f 为非常数亚纯函数,

$$L = a_k f^{(k)} + a_{k-3} f^{(k-3)} + a_{k-4} f^{(k-4)} + \cdots + a_0 f,$$

其中 $k \geqslant 3$, $a_j (j = 0, 1, \cdots, k-3, k)$ 为常数,且 $a_k \neq 0$. 再设 a, b, c 为三个判别的有穷复数. 如果 a, b, c 为 f 与 L 的 IM 公共值,则 $f \equiv L$.

定理 8.17 的证明比较长,这里不再介绍,可参看 Mues-Reinders[1]. 下面证明定理 8.18.

假设 $f \not\equiv L$. 因为 a, b, c, ∞ 为 f 与 L 的 IM 公共值,由定理 2.16 知,f 为超越亚纯函数,再由定理 4.4 得

$$T(r, L) = T(r, f) + S(r, f),$$

$$2T(r, f) = \overline{N}\left(r, \frac{1}{f-a}\right) + \overline{N}\left(r, \frac{1}{f-b}\right) + \overline{N}\left(r, \frac{1}{f-c}\right) + \overline{N}(r, f) + S(r, f).$$

于是

$$\begin{aligned}
N(r, f) + k\overline{N}(r, f) &\leqslant T(r, L) = T(r, f) + S(r, f) \\
&= \overline{N}\left(r, \frac{1}{f-a}\right) + \overline{N}\left(r, \frac{1}{f-b}\right) + \overline{N}\left(r, \frac{1}{f-c}\right) \\
&\quad + \overline{N}(r, f) - T(r, f) + S(r, f) \\
&\leqslant N\left(r, \frac{1}{L-f}\right) + \overline{N}(r, f) - T(r, f) + S(r, f) \\
&\leqslant T(r, L-f) + \overline{N}(r, f) - T(r, f) + S(r, f) \\
&\leqslant m(r, f) + N(r, f) + k\overline{N}(r, f) + \overline{N}(r, f)
\end{aligned}$$

$$- T(r,f) + S(r,f)$$
$$= (k+1)\overline{N}(r,f) + S(r,f).$$

由此可得

$$N((r,f) = \overline{N}(r,f) + S(r,f), \tag{8.2.96}$$

$$T(r,L) = T(r,f) + S(r,f)$$
$$= (k+1)\overline{N}(r,f) + S(r,f) \tag{8.2.97}$$

注意到 $T(r,f) = m(r,f) + N(r,f)$，由(8.2.96)，(8.2.97)得

$$m(r,f) = k\,\overline{N}(r,f) + S(r,f) \tag{8.2.98}$$

下面引入辅助函数

$$A = \frac{L'(f-L)}{(L-a)(L-b)(L-c)}.$$

显然 A 为整函数，且 f 的单极点为 A 的 k 重零点，于是

$$M(r,A) \leqslant m\left(r, \frac{L'}{(L-a)(L-b)(L-c)} \cdot f\right)$$
$$+ m\left(r, \frac{L \cdot L'}{(L-a)(L-b)(L-c)}\right) + O(1)$$
$$\leqslant m(r,f) + S(r,f),$$

及

$$K\,\overline{N}(r,f) \leqslant N\left(r, \frac{1}{A}\right) \leqslant T(r,A) + O(1)$$
$$\leqslant m(r,f) + S(r,f).$$

再由(8.2.98)得

$$T(r,A) = k\,\overline{N}(r,f) + S(r,f). \tag{8.2.99}$$

设 z_0 为 f 的单极点，在 $z = z_0$ 附近

$$f(z) = \frac{R}{z - z_0} + O(1), \quad (R \neq 0),$$

则

$$L(z) = \frac{a_k k!(-1)^k R}{(z-z_0)^{k+1}} + \frac{a_{k-3}(k-3)!(-1)^{k-3} R}{(z-z_0)^{k+2}} + \cdots.$$

再设

$$\varphi = \frac{A'}{A}.$$

通过计算得

$$\varphi(z) = \frac{k}{z - z_0} + O((z - z_0)^2). \tag{8.2.100}$$

显然有

$$m(r,\varphi) = S(r,f), \tag{8.2.101}$$

$$N(r,\varphi) = \overline{N}(r,\frac{1}{A}) = \overline{N}(r,f) + S(r,f). \tag{8.2.102}$$

再引入辅助函数

$$H = k\varphi' + \varphi^2.$$

则有 $H(z_0) = 0$. 如果 $H \not\equiv 0$,则(8.2.101)得

$$m(r,H) = S(r,f).$$

显然也有

$$N(r,H) = S(r,f).$$

因此

$$T(r,H) = S(r,f).$$

于是

$$\begin{aligned}\overline{N}(r,f) &\leqslant N(r,\frac{1}{H}) \\ &\leqslant T(r,H) + S(r,f) \\ &= S(r,f),\end{aligned}$$

再由(8.2.97)得

$$T(r,f) = S(r,f),$$

这是一个矛盾. 于是 $H \equiv 0$. 因此 φ 满足微分方程

$$k\varphi' = -\varphi^2.$$

由此即得 φ 为有理函数. 注意到 f 为超越亚纯函数. 由(8.2.102)得

$$\overline{N}(r,f) = S(r,f).$$

再由 (8.2.97) 得

$$T(r,f) = S(r,f),$$

这也是一个矛盾. 于是 $f \equiv L$.

最近,*Frank-Hua*[1] 改进了定理 8.17 和 8.18,证明了下述

定理 8.19 把定理 8.17 中的限制 $k \leqslant 50$ 去掉,定理 8.17 的结论仍成立.

与本节有关的结果可参看 Mues-Steinmetz[1,2], Gundersen[5,6], 饶久泉-范秉清[1], 范秉清[1], Jank-Mues-Volkmann[1], Frank-Ohlenroth[1], Frank-Weissenborn[3], 郑稼华-王书培[1], 林运泳[2], Frank[1], Frank-Schwick[1], Mues-Reinders[1], Rüssmann[1], Frank-Hua[1].

第九章　两函数的导数具有公共值问题

把两函数具有公共值与两函数的导数具有公共值混合起来考虑是亚纯函数唯一性理论研究的一个重要课题，本章主要介绍与这一课题有关的研究成果，包括解决这一课题中的两个著名问题. 我们将在 §9.1 节中介绍 Köhler 和 Tohge 与解决 Hinkkanen 问题有关的研究成果，在 §9.2 节中介绍 K. Shibazaki 和笔者与解决杨重骏问题有关的研究成果.

§9.1　导数具有公共零点

9.1.1　具有公共零点的整函数

1976 年，杨重骏[5] 证明了下述

定理 9.1　设 $f(z)$ 与 $g(z)$ 为非常数整函数，且满足下述三条件：

(A)　0 为 f 与 g 的 CM 公共值，且所有零点均为单零点.

(B)　0 为 f' 与 g' 的 CM 公共值.

(C)　$\max\{\nu(f),\nu(g)\}=\nu<1$，其中 $\nu(f)$ 与 $\nu(g)$ 分别为 f 与 g 的超级.

则 f 与 g 必满足下述三关系之一：

(i)　$f(z)=cg(z)$，其中 $c(\neq 0)$ 为常数.

(ii)　$f(z)=e^{h(z)}, g(z)=e^{ah(z)+b}$，其中 $h(z)$ 为非常数整函数，其级 $\lambda(h)<1$，$a(\neq 0,1)$，b 为常数.

(iii)　$f(z)=a(e^{\mu(z)}-1), g(z)=b(e^{-\mu(z)}-1)$，其中 $\mu(z)$ 为非常数整函数，其级 $\lambda(\mu)<1$，$a(\neq 0)$，$b(\neq 0)$ 为常数.

证. 由定理 9.1 的条件知

$$\frac{f(z)}{g(z)}=e^{\alpha(z)},\frac{f'(z)}{g'(z)}=e^{\beta(z)},\tag{9.1.1}$$

其中 $\alpha(z)$, $\beta(z)$ 为整函数,其级 $\lambda(\alpha)<1$, $\lambda(\beta)<1$. 我们区分三种情况.

(1) 假设 $e^{\alpha(z)-\beta(z)}\equiv 1$. 由(9.1.1)得

$$\frac{f'(z)}{f(z)}=\frac{g'(z)}{g(z)}.$$

积分得

$$f(z)=cg(z),$$

其中 $c(\neq 0)$ 为常数. 这就得到(i).

如果 $e^{\alpha}\equiv d$,其中 $d(\neq 0)$ 为常数,由(9.1.1)得 $e^{\beta(z)}\equiv d$,于是 $e^{\alpha-\beta}\equiv 1$. 这也是第(1)种情况. 下面假设 e^{α} 不为常数.

(2) 假设 $e^{\alpha(z)-\beta(z)}\equiv a$,其中 a 为常数,且 $a\neq 0,1$. 由(9.1.1)得

$$\frac{g'}{g}=a\cdot\frac{f'}{f}.\tag{9.1.2}$$

假设 f 有零点,设 z_0 为 f 的零点. 注意到 0 为 f 与 g 的 CM 公共值,由(9.1.2)得 $a=1$,这是一个矛盾. 于是 f 与 g 没有零点,故可设

$$f(z)=e^{h(z)},\qquad g(z)=e^{u(z)},\tag{9.1.3}$$

其中 $h(z)$, $u(z)$ 均为非常数整函数,且其级 $\lambda(h)<1$, $\lambda(u)<1$. 把(9.1.3)代入(9.1.2)得

$$u'=ah'.$$

因此

$$u=ah+b,$$

其中 b 为常数,再由(9.1.3)即得(ii).

(3) 假设 $e^{\alpha(z)-\beta(z)}$ 不为常数. 由(9.1.1)得

$$g'(z)(e^{\beta(z)}-e^{\alpha(z)})=\alpha'(z)g(z)e^{\alpha(z)}.\tag{9.1.4}$$

注意到 $g(z)$ 仅有单零点,由(9.1.4)知,$\dfrac{\alpha'(z)}{g'(z)}=h(z)$ 必为整函数. 于是

$$\alpha'(z)=g'(z)\cdot h(z).\tag{9.1.5}$$

再由(9.1.4)得

$$g(z)\cdot h(z)=e^{\beta(z)-\alpha(z)}-1. \tag{9.1.6}$$

微分得

$$g'\cdot h+g\cdot h'=(\beta'-\alpha')e^{\beta-\alpha}.$$

再由(9.1.5)得

$$g(z)\cdot h'(z)=(\beta'(z)-\alpha'(z))e^{\beta(z)-\alpha(z)}-\alpha'(z). \tag{9.1.7}$$

如果 $h'(z)\equiv 0$,由(9.1.7)得

$$e^{\beta(z)-\alpha(z)}=\frac{\alpha'(z)}{\beta'(z)-\alpha'(z)}. \tag{9.1.8}$$

注意到 $e^{\beta(z)-\alpha(z)}$ 不为常数,故(9.1.8)两端函数的级

$$\lambda(e^{\beta-\alpha})\geqslant 1,$$

$$\lambda(\frac{\alpha'}{\beta'-\alpha'})<1,$$

这是一个矛盾.因此 $h'(z)\not\equiv 0$.由(9.1.7)得

$$g=\frac{(\beta'-\alpha')e^{\beta-\alpha}-\alpha'}{h'}.$$

再由(9.1.4)得

$$g'\cdot h'=\frac{\alpha'[(\beta'-\alpha')e^{\beta-\alpha}-\alpha']}{e^{\beta-\alpha}-1}. \tag{9.1.9}$$

注意到(9.1.9)左端为整函数,因此在 $e^{\beta-\alpha}-1=0$ 处,或者 $\alpha'=0$,或者 $\beta'-2\alpha'=0$.下面证明 $\beta'-2\alpha'\equiv 0$.如果 $\beta'-2\alpha'\not\equiv 0$,注意到 $e^{\beta-\alpha}$ 不为常数,故 $e^{\beta-\alpha}-1$ 的零点收敛指数 $\geqslant 1$,它大于 α' 与 $\beta'-2\alpha'$ 二者的级.于是(9.1.9)右端不能为整函数,这是一个矛盾.于是 $\beta'-2\alpha'\equiv 0$.由此即得

$$\beta(z)=2\alpha(z)+d,$$

其中 d 为常数.再由(9.1.1)得

$$\frac{f'(z)}{f^2(z)}=e^d\cdot\frac{g'(z)}{g^2(z)}.$$

积分得

$$d_1+\frac{1}{f(z)}=e^d\cdot\frac{1}{g(z)}, \tag{9.1.10}$$

其中 d_1 为常数. 如果 $d_1 = 0$,由(9.1.10)得

$$\frac{f(z)}{g(z)} = e^{-d},$$

因此 e^{α} 为常数. 由此即得 $e^{\beta-\alpha} \equiv 1$,这与假设矛盾. 于是 $d_1 \neq 0$. 再由(9.1.10)得

$$d_1 f(z) g(z) - d_0 f(z) + g(z) \equiv 0, \tag{9.1.11}$$

其中 $d_0 = e^d \neq 0$. 于是

$$(d_1 f(z) + 1)\left(g(z) - \frac{d_0}{d_1}\right) = -\frac{d_0}{d_1}. \tag{9.1.12}$$

由(9.1.12)得

$$d_1 f(z) + 1 = e^{\mu(z)}, \tag{9.1.13}$$

其中 $\mu(z)$ 为整函数,其级 $\lambda(\mu) < 1$. 于是

$$f(z) = a(e^{\mu(z)} - 1),$$

其中 $a = \dfrac{1}{d_1} \neq 0$,再由(9.1.12),(9.1.13)得

$$g(z) = b(e^{-\mu} - 1),$$

其中 $b = -\dfrac{d_0}{d_1} \neq 0$. 这就得到(iii).

设 $f(z) = \exp e^z, g(z) = e^{2z}$. 容易验证,$f$ 与 g 满足定理 9.1 的条件(A),(B),但不满足(C),并且 f 与 g 不满足关系式(i),(ii),(iii),这表明定理 9.1 的条件(C)是必要的.

由定理 9.1 的证明容易看到,如果允许 f 与 g 有重级零点,但假设 f 与 g 的重级零点的收敛指数 $< 1 - \nu$,则定理 9.1 的结论仍成立.

设 $f(z)$ 与 $g(z)$ 为没有重级零点的整函数,1976 年,H. Urabe[1] 给出了使 $f(z)$ 与 $g(z)$ 满足

$$\frac{f(z)}{g(z)} = e^{\alpha(z)}, \frac{f'(z)}{g'(z)} = \xi(z) e^{\beta(z)},$$

(其中 α, β, ξ 为级 < 1 的非常数整函数)的充要条件,推广了定理 9.1,其结果与证明可参看 Urabe[1].

1981 年,Gundersen[7] 证明了下述

定理 9.2 设 f 与 g 为非常数整函数,0 为 f 与 g 的 CM 公共

值，也为 f' 与 g' 的 CM 公共值，则 f 与 g 必满足下述三关系之一，

(i) $f(z)=cg(z)$，其中 $c(\neq 0)$ 为常数.

(ii) $f(z)=e^{h(z)}$，$g(z)=e^{ah(z)+b}$，其中 $h(z)$ 为非常数整函数，$a(\neq 0,1)$，b 为常数.

(iii)

$$f(z)=\exp\left[\int\frac{u(z)}{1-e^{-w(z)}}dz\right],$$

$$g(z)=\exp\left[\int\frac{u(z)}{e^{w(z)}-1}dz\right],$$

其中 $u(z)(\neq 0)$，$\omega(z)(\neq$ 常数$)$ 为整函数.

证. 由定理 9.2 的条件知

$$\frac{f(z)}{g(z)}=e^{\alpha(z)},\qquad \frac{f'(z)}{g'(z)}=e^{\beta(z)},\tag{9.1.14}$$

其中 $\alpha(z)$ 与 $\beta(z)$ 为整函数. 我们区分三种情况.

(1) 假设 $e^{\alpha(z)-\beta(z)}\equiv 1$. 与定理 9.1 的证明类似，我们也可得到

$$f(z)=cg(z),$$

其中 $c(\neq 0)$ 为常数. 这就得到(i).

与定理 9.1 的证明类似，也可证明，由 $e^{\alpha}\equiv$ 常数，可得 $e^{\alpha-\beta}\equiv 1$.

(2) 假设 $e^{\alpha-\beta}\equiv a$，其中 a 为常数，且 $a\neq 0,1$. 与定理 9.1 的证明类似，也可得到

$$f(z)=e^{h(z)},g(z)=e^{ah(z)+b},$$

其中 $h(z)$ 为非常数整函数，$a(\neq 0,1)$，b 为常数. 这就得到(ii).

(3) 假设 $e^{\alpha-\beta}$ 不为常数. 此时 e^{α} 不为常数，由 (9.1.14) 得

$$\frac{g'}{g}=\frac{u}{e^{w}-1},$$

其中 $u=\alpha'$，$w=\beta-\alpha$. 由此即得(iii).

应用定理 9.2，Gundersen[7] 证明了下述

定理 9.3 设 f 与 g 为非常数整函数，其级有穷. 再设 0 为 f 与 g 的 CM 公共值，也为 f' 与 g' 的 CM 公共值，则 f 与 g 必满足下述四关系之一：

(i)　$f(z)=cg(z)$，其中 $c(\neq 0)$ 为常数.

(ii)　$f(z)=e^{P(z)}$，$g(z)=e^{aP(z)+b}$，其中 $P(z)$ 为非常数多项式，$a(\neq 0,1)$，b 为常数.

(iii)　$f(z)=a(e^{P(z)}-1)^n$，$g(z)=b(1-e^{-P(z)})^n$，其中 $P(z)$ 为非常数多项式，$a(\neq 0)$，$b(\neq 0)$ 为常数，n 为正整数.

(iv)　$$f(z)=\exp\left[\sum_{n=0}^{2N}a_n(2\pi i)^{-n}\int\frac{P'(z)(P(z))^n}{1-e^{-P(z)}}dz\right],$$

$$g(z)=\exp\left[\sum_{n=0}^{2N}a_n(2\pi i)^{-n}\int\frac{P'(z)(P(z))^n}{e^{P(z)}-1}dz\right],$$

其中 N 为正整数，$P(z)$ 为非常数多项式，$\{a_n\}_{n=0}^{2N}$ 为有理数($a_{2N}>0$)，使得当 k 为整数值时，$\sum\limits_{n=0}^{2N}a_nk^n$ 为非负整数.

定理 9.4　设 f 与 g 为非常数整函数，0 为 f 与 g 的 CM 公共值，也为 f' 与 g' 的 CM 公共值，则 f 与 g 必满足下述四关系之一：

(i)　$f(z)=cg(z)$，其中 $c(\neq 0)$ 为常数.

(ii)　$f(z)=a(e^{h(z)}-1)^n$，$g(z)=b(1-e^{-h(z)})^n$，其中 $h(z)$ 为非常数整函数，$a(\neq 0)$，$b(\neq 0)$ 为常数，n 为正整数.

(iii)　f 与 g 的零点的重级是有界的，且当 $r\to\infty$ 时，

$$N\left(r,\frac{1}{f}\right)=N\left(r,\frac{1}{g}\right)=O(\log T(r,f)+\log T(r,g)),\quad (r\notin E),$$

$$N\left(r,\frac{1}{f'}\right)=N\left(r,\frac{1}{g'}\right)=O(\log T(r,f')+\log T(r,g')),\quad (r\notin E).$$

(iv)　f 与 g 的零点的重级是无界的，且

$$\lim_{\substack{r\to\infty\\ r\notin E}}\frac{\overline{N}\left(r,\frac{1}{f}\right)}{T(r,f)+T(r,g)}=0,\qquad \lim_{\substack{r\to\infty\\ r\notin E}}\frac{\overline{N}\left(r,\frac{1}{f'}\right)}{T(r,f')+T(r,g')}=0.$$

定理 9.3，9.4 的证明可参看 Gundersen[7].

9.1.2　Hinkkanen 的一个问题

设 f 与 g 为非常数亚纯函数，并且满足下述四关系之一：

(A) $f \equiv cg$,其中 $c(\neq 0)$ 为常数.

(B) $f(z)=e^{az+b}$,$g(z)=e^{cz+d}$,其中 $a(\neq 0)$,b,$c(\neq 0)$,d 为常数.

(C) $f=\dfrac{a}{1-be^{\alpha}}$,$g=\dfrac{a}{e^{-\alpha}-b}$,其中 $a(\neq 0)$,$b(\neq 0)$ 为常数,α 为非常数整函数.

(D) $f(z)=a(1-be^{cz})$,$g(z)=d(e^{-cz}-b)$,其中 a,b,c,d 为非零常数.

易见,在上述四情况中,对任意非负整数 k,0,∞ 均为 $f^{(k)}$ 与 $g^{(k)}$ 的 CM 公共值.

1984 年,A. Hinkkanen 提出下述问题(参看 Barth,Brannan,Hayman[1]):

是否存在一个正整数 n,使得若对 $k=0,1,\cdots,n$,0 和 ∞ 均为 $f^{(k)}$ 与 $g^{(k)}$ 的 CM 公共值,则 f 与 g 必满足上述四关系(A),(B),(C),(D) 之一?

1989 年,L. Köhler[1] 证明了,上述问题的答案对有穷级亚纯函数是肯定的,且可取 $n=2$. 事实上,L. Köhler[1] 证明了下述

定理 9.5 设 f 与 g 为有穷级亚纯函数,0,∞ 为其 CM 公共值. 并且 0 为 f' 与 g' 的 CM 公共值. 如果存在一个正整数 $k>1$,使得 0 为 $f^{(k)}$ 与 $g^{(k)}$ 的 CM 公共值,则 f 与 g 必满足上述四关系(A),(B),(C),(D) 之一,且在关系(C) 中,α 为非常数多项式.

设

$$f(z)=(e^{2z}-1)\exp(-ie^{z}),$$
$$g(z)=(1-e^{-2z})\exp(ie^{-z}).$$

容易验证,0,∞ 为 $f^{(k)}$ 与 $g^{(k)}$ 的 CM 公共值,其中 $k=0,1,2$,但 f 与 g 不满足上述四关系(A),(B),(C),(D) 之一. 这表明定理 9.5 对无穷级亚纯函数不再成立.

1990 年,K. Tohge[2] 就 Hinkkanen 的上述问题,在 $n=2$ 及 f 与 g 的超级均小于 2 的情况下,得到了一完整的结果. 由此结果可得下述

定理 9.6　设 f 与 g 为非常亚纯函数，其超级均小于 2. 如果 $0,\infty$ 为 f 与 g 的 CM 公共值，并且 0 为 $f^{(k)}$ 与 $g^{(k)}$ 的 CM 公共值，其中 $k=1,2,3$，则 f 与 g 必满足下述五关系之一：

(A)，(B)，(C)，(D) 和

(E) $f(z)=A\exp(e^{az+b})$，$g(z)=B\exp(e^{-(az+b)})$，其中 A,B，a,b 为常数，且 $A\cdot B\cdot a\neq 0$.

由定理 9.6 易知，Hinkkanen 的上述问题的答案对超级小于 2 的亚纯函数是肯定的，且可取 $n=4$.

1989 年，L. Köhler[1] 解决了 Hinkkanen 的上述问题. 事实上，L. Köhler[1] 证明了

定理 9.7　设 f 与 g 为非常数亚纯函数，$0,\infty$ 为其 CM 公共值. 如果对 $k=1,2,3,4,5,6$，0 为 $f^{(k)}$ 与 $g^{(k)}$ 的 CM 公共值，则 f 与 g 必满足上述四关系(A)，(B)，(C)，(D) 之一.

由定理 9.7 易知，Hinkkanen 的上述问题的答案是肯定的，且可取 $n=6$. 定理 9.5，9.6，9.7 的证明可参看 Köhler[1]，Tohge[2].

9.1.3　具有三个公共值的亚纯函数

1988 年，K. Tohge[1] 证明了下述

定理 9.8　设 f 与 g 为非常数亚纯函数，0，1 为其 IM 公共值，∞ 为其 CM 公共值. 再设 0 为 f' 与 g' 的 CM 公共值，则 f 与 g 必满足下述七关系之一：

(i)　$f\equiv g$，

(ii)　$f\cdot g\equiv 1$，

(iii)　$(f-1)(g-1)\equiv 1$，

(iv)　$f+g\equiv 1$，

(v)　$f\equiv cg$，

(vi)　$f-1\equiv c(g-1)$，

(vii)　$[(c-1)f+1][(c-1)g-c]\equiv -c$，

其中 c 为常数，且 $c\neq 0,1$.

为了证明定理 9.8，先证一个引理.

引理 9.1 设 f 与 g 为超越亚纯函数，0，1，∞ 为其 CM 公共值，并且 $f \not\equiv g$.

(i) 如果 $\delta_{1)}(0,f) + \delta_{1)}(\infty,f) > \dfrac{3}{2}$，则 $f \cdot g \equiv 1$，并且 0 为 f' 与 g' 的 CM 公共值.

(ii) 如果 $\delta_{1)}(1,f) + \delta_{1)}(\infty,f) > \dfrac{3}{2}$，则 $(f-1)\cdot(g-1) \equiv 1$，并且 0 为 f' 与 g' 的 CM 公共值.

(iii) 如果 $\delta_{1)}(0,f) + \delta_{1)}(1,f) > \dfrac{3}{2}$，则 $f + g \equiv 1$，并且 0 为 f' 与 g' 的 CM 公共值.

证. (i) 由定理 5.7 的系即得 $f \cdot g \equiv 1$. 此时 $f = e^h$，$g = e^{-h}$，由此即得 0 为 f' 与 g' 的 CM 公共值.

(ii) 设 $F = 1 - f$，$G = 1 - g$. 由 (i) 即得 (ii).

(iii) 设 $F = \dfrac{f-1}{f}$，$G = \dfrac{g-1}{g}$. 由 (i) 即得 $\dfrac{f-1}{f} \cdot \dfrac{g-1}{g} \equiv 1$. 由此即得 $f + g \equiv 1$. 0 为 f' 与 g' 的 CM 公共值是显然的.

下面证明定理 9.8.

由 0，1 为 f 与 g 的 IM 公共值，0 为 f' 与 g' 的 CM 公共值知，0，1 为 f 与 g 的 CM 公共值. 于是由定理 9.8 的条件得

$$f(z) = g(z) \cdot e^{\alpha(z)}, \tag{9.1.15}$$

$$f(z) - 1 = (g(z) - 1) \cdot e^{\beta(z)}, \tag{9.1.16}$$

$$f'(z) = g'(z) \cdot e^{\gamma(z)}, \tag{9.1.17}$$

其中 α, β, γ 为整函数，且

$$T(r,e^{\alpha}) + T(r,e^{\beta}) + T(r,e^{\gamma}) = O(T(r,f)) \quad (r \notin E). \tag{9.1.18}$$

假设 $f \not\equiv g$. 由 (9.1.15)，(9.1.16) 得 $e^{\alpha} \not\equiv 1$，$e^{\beta} \not\equiv 1$，$e^{\beta-\alpha} \not\equiv 1$，并且

$$f = \frac{e^{\beta} - 1}{e^{\beta-\alpha} - 1}, \qquad g = \frac{e^{-\beta} - 1}{e^{\alpha-\beta} - 1}. \tag{9.1.19}$$

把 (9.1.19) 代入 (9.1.17) 得

$$\beta' e^{\alpha} + \beta' e^{-\alpha+\gamma} - \alpha' e^{\beta} - \alpha' e^{-\beta+\gamma} + (\alpha' - \beta') e^{\gamma} = \beta' - \alpha'. \tag{9.1.20}$$

如果 $e^{\alpha} \equiv c$，其中 $c(\neq 0,1)$ 为常数. 由 (9.1.15) 得 $f \equiv cg$. 这

就得到(v).

如果 $e^{\beta}\equiv c$,其中 $c(\neq 0,1)$ 为常数.由(9.1.16)得 $f-1\equiv c(g-1)$,这就得到(vi).

如果 $e^{\beta-\alpha}\equiv c$,其中 $c(\neq 0,1)$ 为常数,由(9.1.15),(9.1.16)得

$$\frac{f-1}{g-1}\cdot\frac{g}{f}\equiv c.$$

由此即得

$$[(c-1)f+1][(c-1)g-c]\equiv -c,$$

这就得到(vii).

下面假设 $e^{\alpha},e^{\beta},e^{\beta-\alpha}$ 均不为常数.如果 $e^{\gamma}\equiv c$,其中 $c(\neq 0)$ 为常数.由(9.1.17)得

$$f'=cg'.$$

于是

$$f=cg+d,\tag{9.1.21}$$

其中 d 为常数.由 e^{α},e^{β} 不为常数知,$d\neq 0,1-c$.再由(9.1.21)知,0,1 为 f 与 g 的 Picard 例外值.由引理 9.1 得 $f+g\equiv 1$.这就得到(iv).下面假设 e^{γ} 不为常数.

如果 $e^{\gamma-\alpha}\equiv c$,其中 $c(\neq 0)$ 为常数,由(9.1.17),(9.1.15)得

$$\frac{f'}{f}=c\cdot\frac{g'}{g}.\tag{9.1.22}$$

如果 $c=1$,由(9.1.22)得

$$f=A\cdot g,$$

其中 $A(\neq 0)$ 为常数,这与 e^{α} 不为常数矛盾,于是 $c\neq 1$.再由(9.1.22)知,$0,\infty$ 均为 f 与 g 的 Picard 例外值.由引理 9.1 得 $f\cdot g\equiv 1$.这就得到(ii).

如果 $e^{\gamma-\beta}\equiv c$,其中 $c(\neq 0)$ 为常数,与前面类似,可得 $(f-1)(g-1)\equiv 1$.这就得到(iii).

如果 $e^{\gamma-(\alpha+\beta)}\equiv c$,其中 $c(\neq 0)$ 为常数.由(9.1.15),(9.1.16),(9.1.17)得

$$\frac{f'}{f(f-1)}=c\cdot\frac{g'}{g(g-1)}. \tag{9.1.23}$$

如果 $c=1$. 由(9.1.23),积分得

$$\frac{f-1}{f}=A\cdot\frac{g-1}{g},$$

其中 $A(\neq 0)$ 为常数,这与 $e^{\beta-\alpha}$ 不为常数矛盾. 于是 $c\neq 1$. 再由(9.1.23) 知,0,1 均为 f 与 g 的 Picard 例外值. 由引理 9.1 得 $f+g\equiv 1$. 由此即得 $f'\equiv -g'$,这与 e^{γ} 不为常数矛盾. 下面假设 $e^{\gamma-\alpha}$, $e^{\gamma-\beta}$, $e^{\gamma-(\alpha+\beta)}$ 均不为常数.

如果 $e^{\gamma-2\alpha}\equiv c$,其中 $c(\neq 0)$ 为常数. 由(9.1.15),(9.1.17) 得

$$\frac{f'}{f^2}=c\cdot\frac{g'}{g^2}.$$

积分得

$$\frac{1}{f}=c\cdot\frac{1}{g}+d, \tag{9.1.24}$$

其中 d 为常数. 由 e^{α}, $e^{\beta-\alpha}$ 不为常数知,$d\neq 0,1-c$. 再由(9.1.24) 知,1,∞ 为 f 与 g 的 Picard 例外值,由引理 9.1 得$(f-1)(g-1)\equiv 1$,于是

$$f=1+e^{h},g=1+e^{-h},$$

其中 h 为非常数整函数. 由此即得$\dfrac{f'}{f-1}=-\dfrac{g'}{g-1}$,这与 $e^{\gamma-\beta}$ 不为常数矛盾.

如果 $e^{\gamma-2\beta}\equiv c$,其中 $c(\neq 0)$ 为常数,与上面类似,也可得到矛盾,下面假设 $e^{\gamma-2\alpha}$, $e^{\gamma-2\beta}$ 均不为常数.

应用引理 1.9,由(9.1.20) 得

$$c_2\alpha' e^{-\alpha+\beta}+c_3(\alpha'-\beta')e^{-\alpha+\gamma}+c_4\alpha' e^{-\alpha-\beta+\gamma}+c_5\beta' e^{-2\alpha+\gamma}=-c_1\beta', \tag{9.1.25}$$

其中 $c_j(j=1,2,\cdots,5)$ 为不全为零的常数. 不失一般性,不妨设 $c_j\neq 0(j=1,2,3,4,5)$. 再应用引理 1.9,由(9.1.25) 得

$$d_1\alpha' e^{\alpha+\beta-\gamma}+d_2(\alpha'-\beta')e^{\alpha}+d_3\alpha' e^{\alpha-\beta}=-d_4\beta', \tag{9.1.26}$$

其中 $d_j(j=1,2,3,4)$ 为不全为零的常数. 再应用引理 1.9,由

(9.1.26) 得

$$u_1\alpha' e^{\alpha+\beta-\gamma} + u_2(\alpha' - \beta')e^{\alpha} + u_3\alpha' e^{\alpha-\beta} = 0, \qquad (9.1.27)$$

其中 $u_j(j=1,2,3)$ 为不全为零的常数. 显然 $u_j(j=1,2,3)$ 中至少有两个不为零. 若 $u_2=0$, 由(9.1.27)得 $e^{\gamma-2\beta}$ 为常数, 这是一个矛盾. 若 $u_1=0$, 由(9.1.27)得

$$\beta' e^{\beta} = \alpha'[e^{\beta} + \frac{u_3}{u_2}]. \qquad (9.1.28)$$

由 (9.1.28) 得

$$N\left(r, \frac{1}{e^{\beta} + \frac{u_3}{u_2}}\right) \leqslant N(r, \frac{1}{\beta'}),$$

即

$$T(r, e^{\beta}) \leqslant T(r, \beta) + S(r, e^{\beta}),$$

这是一个矛盾. 若 $u_3=0$, 由(9.1.27)得

$$\beta' = \alpha'(de^{\beta-\gamma} + 1), \qquad (9.1.29)$$

其中 $d = \frac{u_1}{u_2} \neq 0$. 把(9.1.29)代入(9.1.20)得

$$de^{\alpha} + e^{\alpha-\beta+\gamma} + de^{\gamma-\alpha} + e^{2\gamma-\alpha-\beta}$$
$$- (1+d)e^{\gamma} - e^{2\gamma-2\beta} = d. \qquad (9.1.30)$$

应用定理1.63, 由(9.1.30)得 $e^{\alpha-\beta+\gamma} \equiv d$ 或 $e^{2\gamma-\alpha-\beta} \equiv d$ 或 $e^{\alpha-\beta+\gamma} + e^{2\gamma-\alpha-\beta} \equiv d$.

如果 $e^{\alpha-\beta+\gamma} \equiv d$. 再由(9.1.30)得

$$e^{3\alpha} + de^{\beta} + de^{\beta-\alpha} - (1+d)e^{\beta+\alpha} = d. \qquad (9.1.31)$$

再由定理1.62得 $-(1+d)e^{\beta+\alpha} \equiv d$. 于是

$$e^{5\alpha} - \frac{d^2}{1+d}e^{\alpha} = \frac{d^2}{1+d},$$

这是一个矛盾. 同理可证当 $e^{2\gamma-\alpha-\beta} \equiv d$ 或 $e^{\alpha-\beta+\gamma} + e^{2\gamma-\alpha-\beta} \equiv d$ 时, 也可得到矛盾.

若 $u_j \neq 0(j=1,2,3)$, 由(9.1.27)得

$$\beta' = \alpha'(Ae^{\beta-\gamma} + Be^{-\beta} + 1), \qquad (9.1.32)$$

其中 $A = \frac{u_1}{u_2} \neq 0$, $B = \frac{u_3}{u_2} \neq 0$. 把(9.1.32)代入(9.1.20), 与前面

类似，也可得出矛盾. 这就完成了定理 9.8 的证明.

与本节有关的结果，可参看杨重骏[5]，Urabe[1]，Gundersen[7]，Tohge[1,2]，Barth-Brannan-Hayman[1]，Köhler[1].

§9.2 导数具有公共 1 值点

9.2.1 重值与唯一性

1976 年，杨重骏[5] 提出下述问题：设 f 与 g 为非常数整函数，且

$$f = 0 \leftrightarrows g = 0, f' = 1 \leftrightarrows g' = 1. \qquad (9.2.1)$$

问 f 与 g 之间具有何种关系？

1981 年，K. Shibazaki[1] 部分地回答了上述问题，他得到

定理 9.9 设 f 与 g 为有穷级整函数，且满足(9.2.1). 如果存在无穷多个指标$\{n\}$，使得 $\upsilon(n) \geqslant 3, f(z_n) = 0$，其中 $\upsilon(n)$ 表 z_n 为 $f(z)$ 的零点的重级，则 $f \equiv g$.

下述定理是定理 9.9 的改进和推广.

定理 9.10 设 $f(z)$ 与 $g(z)$ 为非常数亚纯函数，$g(z)$ 的下级 $\mu(g) < \infty$. 再设

$$f = 0 \rightarrow g = 0, f = \infty \leftrightarrows g = \infty, f' = 1 \leftrightarrows g' = 1.$$

如果

$$n\left(r, \frac{1}{f}\right) - n_2\left(r, \frac{1}{f}\right) > \max\{\mu(g) - 1, 0\}, \qquad (9.2.2)$$

则 $f(z) \equiv g(z)$.

证. 由定理 1.23 得

$$\begin{aligned} T(r,f) &< \overline{N}(r,f) + N\left(r, \frac{1}{f}\right) + \overline{N}\left(r, \frac{1}{f'-1}\right) + S(r,f) \\ &\leqslant \overline{N}(r,g) + N\left(r, \frac{1}{g}\right) + \overline{N}\left(r, \frac{1}{g'-1}\right) + S(r,f) \\ &< 2T(r,g) + T(r,g') + S(r,f) \\ &< 4T(r,g) + S(r,g). \end{aligned} \qquad (9.2.3)$$

由 $f' = 1 \leftrightarrows g' = 1, f = \infty \leftrightarrows g = \infty$ 得

$$\frac{f' - 1}{g' - 1} = e^h, \tag{9.2.4}$$

其中 h 为整函数,由(9.2.3),(9.2.4)得

$$\begin{aligned} T(r, e^h) &< T(r, f') + T(r, g') + O(1) \\ &< 2T(r, f) + 2T(r, g) + S(r, g) \\ &< 10T(r, g) + S(r, g). \end{aligned} \tag{9.2.5}$$

注意到 $\mu(g) < \infty$,由(9.2.5)知,h 为次数不超过 $\mu(g)$ 的多项式,由(9.2.4)得

$$f' - 1 = e^h(g' - 1),$$

两端求导得

$$f'' = e^h(g'' + g'h' - h'). \tag{9.2.6}$$

如果 h 不为常数,由 $f = 0 \to g = 0$ 得

$$n(r, \frac{1}{f}) - n_2(r, \frac{1}{f}) \leqslant n(r, \frac{1}{h'}) \leqslant \mu(g) - 1,$$

这与(9.2.2)矛盾.于是 e^h 为常数.设 $e^h \equiv c_1$,由(9.2.4)得

$$f' - 1 = c_1(g' - 1). \tag{9.2.7}$$

设 z_0 为 f 的重级 $\geqslant 3$ 的零点.把 $z = z_0$ 代入(9.2.7)得 $c_1 = 1$,于是

$$f' = g'.$$

积分得

$$f = g + c_2. \tag{9.2.8}$$

再把 $z = z_0$ 代入(9.2.8)得 $c_2 = 0$.于是

$$f \equiv g.$$

更一般地,我们有下述

定理 9.11 设 $f(z)$ 与 $g(z)$ 为非常数亚纯函数.再设

$$f = 0 \to g = 0, f = \infty \leftrightarrows g = \infty, f' = 1 \leftrightarrows g' = 1.$$

如果

$$N(r, \frac{1}{f}) - N_2(r, \frac{1}{f}) \neq S(r, g), \tag{9.2.9}$$

则 $f(z) \equiv g(z)$.

证. 与定理 9.10 的证明类似，我们也有(9.2.3)，(9.2.4)，(9.2.5)，(9.2.6). 如果 e^h 不为常数，由(9.2.6) 得

$$N(r,\frac{1}{f}) - N_2(r,\frac{1}{f}) \leqslant N(r,\frac{1}{h'}) \leqslant T(r,h') + O(1).$$

由定理 1.47 得

$$T(r,h') = S(r,e^h),$$

再由(9.2.5) 得

$$T(r,h') = S(r,g).$$

于是

$$N(r,\frac{1}{f}) - N_2(r,\frac{1}{f}) = S(r,g),$$

这与(9.2.9) 矛盾. 于是 e^h 为常数，与定理 9.10 的证明类似，我们也可得到 $f \equiv g$.

9.2.2 函数具有二个公共值

1989 年，仪洪勋[16] 回答了杨重骏[5] 提出的上述问题，证明了下述

定理 9.12 设 f 与 g 为非常数整函数，且满足(9.2.1). 如果 $\delta(0,f) > \frac{1}{2}$，则 $f \equiv g$ 或 $f' \cdot g' \equiv 1$.

设

$$f(z) = -\frac{1}{2}e^{2z} - \frac{1}{2}e^{z},$$

$$g(z) = \frac{1}{2}e^{-2z} + \frac{1}{2}e^{-z}$$

容易验证 f 与 g 满足(9.2.1)，并且 $\delta(0,f) = \frac{1}{2}$，但 $f \not\equiv g$，$f'g' \not\equiv 1$. 这表明定理 9.12 中条件 $\delta(0,f) > \frac{1}{2}$ 是必要的.

更一般地，仪洪勋[16] 证明了下述

定理 9.13 设 f 与 g 为非常数整函数，且满足 $f = 0 \leftrightarrows g = 0$，

$f^{(n)}=1 \leftrightarrows g^{(n)}=1$，其中 n 为非负整数. 如果 $\delta(0,f)>\frac{1}{2}$，则 $f\equiv g$ 或 $f^{(n)}\cdot g^{(n)}\equiv 1$.

1990 年，仪洪勋[19] 推广了定理 9.13，证明了下述

定理 9.14 设 f 与 g 为非常数亚纯函数，且满足

$$f=0 \leftrightarrows g=0,\ f=\infty \leftrightarrows g=\infty,\ f^{(n)}=1 \leftrightarrows g^{(n)}=1, \tag{9.2.10}$$

其中 n 为非负整数. 如果

$$2\delta(0,f)+(n+2)\Theta(\infty,f)>n+3, \tag{9.2.11}$$

则 $f\equiv g$ 或 $f^{(n)}\cdot g^{(n)}\equiv 1$.

证. 由 (9.2.11) 知，$\delta(0,f)>0$，因此 f 不为多项式. 由定理 1.23 得

$$\begin{aligned} T(r,g) &< \overline{N}(r,g)+N\left(r,\frac{1}{g}\right)+\overline{N}\left(r,\frac{1}{g^{(n)}-1}\right)+S(r,g) \\ &= \overline{N}(r,f)+N\left(r,\frac{1}{f}\right)+\overline{N}\left(r,\frac{1}{f^{(n)}-1}\right)+S(r,g) \\ &< 2T(r,f)+T(r,f^{(n)})+S(r,g) \\ &< (n+3)T(r,f)+S(r,g). \end{aligned} \tag{9.2.12}$$

同理可得

$$T(r,f)<(n+3)T(r,g)+S(r,f). \tag{9.2.13}$$

如果 f 为有理函数，由 (9.2.12) 知，g 也为有理函数. 应用引理 2.1，由 (9.2.10) 得

$$f=k_1 g$$

及

$$f^{(n)}-1=k_2(g^{(n)}-1),$$

其中 k_1 与 k_2 均为非零常数. 由此即得

$$(k_1-k_2)g^{(n)}=1-k_2.$$

如果 $k_1\neq k_2$，则 g 必为多项式，因此 f 也必为多项式，这是一个矛盾. 于是 $k_1=k_2$. 由此即得 $k_1=k_2=1$ 及 $f\equiv g$. 下面假设 f 为超越亚纯函数. 由 (9.2.13) 知，g 也为超越亚纯函数.

由 (9.2.10) 得

$$f^{(n)} - 1 = e^h(g^{(n)} - 1), \qquad (9.2.14)$$

其中 h 为整函数. 再由(9.2.12) 得

$$\begin{aligned} T(r,e^h) &= T(r,f^{(n)}) + T(r,g^{(n)}) + O(1) \\ &< (n+1)T(r,f) + (n+1)T(r,g) + S(r,f) \\ &< (n+1)(n+4)T(r,f) + S(r,f). \qquad (9.2.15) \end{aligned}$$

设 $f_1 = f^{(n)}, f_2 = e^h, f_3 = -e^h g^{(n)}$, 并且 $T(r) = \max\{T(r,f_j)\}(j = 1,2,3)$. 由(9.2.14) 得

$$\sum_{j=1}^{3} f_j \equiv 1 \qquad (9.2.16)$$

及

$$\sum_{j=1}^{3} N(r,\frac{1}{f_j}) = N(r,\frac{1}{f^{(n)}}) + N(r,\frac{1}{g^{(n)}}). \qquad (9.2.17)$$

再由(9.2.12),(9.2.15) 得

$$T(r) = O(T(r,f)) \ (r \notin E). \qquad (9.2.18)$$

由定理 1.24 得

$$N(r,\frac{1}{f^{(n)}}) \leqslant T(r,f^{(n)}) - T(r,f) + N(r,\frac{1}{f}) + S(r,f), \qquad (9.2.19)$$

$$\begin{aligned} N(r,\frac{1}{g^{(n)}}) &\leqslant N(r,\frac{1}{g}) + n\overline{N}(r,g) + S(r,g) \\ &= N(r,\frac{1}{f}) + n\overline{N}(r,f) + S(r,f). \qquad (9.2.20) \end{aligned}$$

再由(9.2.17) 得

$$\begin{aligned} \sum_{j=1}^{3} N(r,\frac{1}{f_j}) \leqslant\ & T(r,f^{(n)}) - T(r,f) + 2N(r,\frac{1}{f}) \\ & + n\overline{N}(r,f) + S(r,f). \qquad (9.2.21) \end{aligned}$$

下面区分三种情况.

(1) 假设 f_2, f_3 均不为常数.

如果 $f_j(j = 1,2,3)$ 线性无关, 注意到(9.2.18), 由定理 1.48 得

$$T(r,f_1) < \sum_{j=1}^{3} N(r,\frac{1}{f_j}) + N(r,D)$$

$$-N(r,f_2)-N(r,f_3)+S(r,f), \qquad (9.2.22)$$

其中 D 为 Wronskian 行列式 $W(f_1,f_2,f_3)$. 由(9.2.16)得

$$D=\begin{vmatrix} f_2' & f_3' \\ f_2'' & f_3'' \end{vmatrix}.$$

于是

$$N(r,D)-N(r,f_2)-N(r,f_3)\leqslant N(r,g^{(n+2)})-N(r,g^{(n)})$$
$$=2\overline{N}(r,g)=2\overline{N}(r,f), \qquad (9.2.23)$$

由(9.2.21),(9.2.22),(9.2.23)得

$$T(r,f^{(n)})<T(r,f^{(n)})-T(r,f)+2N(r,\frac{1}{f})$$
$$+(n+2)\overline{N}(r,f)+S(r,f).$$

因此

$$T(r,f)<2N(r,\frac{1}{f})+(n+2)\overline{N}(r,f)+S(r,f). \qquad (9.2.24)$$

由(9.2.24)即得

$$2\delta(0,f)+(n+2)\Theta(\infty,f)\leqslant n+3,$$

这与(9.2.11)矛盾. 于是 $f_j(j=1,2,3)$ 线性相关. 则存在不全为零的常数 $c_j(j=1,2,3)$,满足

$$c_1f_1+c_2f_2+c_3f_3\equiv 0. \qquad (9.2.25)$$

如果 $c_1=0$,则

$$f_2=-\frac{c_3}{c_2}f_3,$$

因此

$$e^h=\frac{c_3}{c_2}e^hg^{(n)},$$

由此即得 $g^{(n)}$ 为常数,这与 g 为超越亚纯函数矛盾. 这个矛盾证明了 $c_1\neq 0$. 由(9.2.16),(9.2.25)得

$$(1-\frac{c_2}{c_1})f_2+(1-\frac{c_3}{c_1})f_3=1. \qquad (9.2.26)$$

注意到我们假设 f_2,f_3 均不为常数,故 $c_1\neq c_2,c_1\neq c_3$. 由(9.2.25)

知，c_2，c_3 不全为零. 不失一般性，不妨设 $c_2 \neq 0$. 由(9.2.16)，(9.2.26) 得

$$f_1 + \frac{c_3 - c_2}{c_1 - c_2} f_3 = \frac{c_2}{c_2 - c_1}. \tag{9.2.27}$$

由引理 1.10 得

$$T(r,f_1) < \overline{N}(r,\frac{1}{f_1}) + \overline{N}(r,\frac{1}{f_3}) + \overline{N}(r,f_1) + S(r,f_1),$$

因此

$$T(r,f^{(n)}) < N(r,\frac{1}{f^{(n)}}) + N(r,\frac{1}{g^{(n)}}) + \overline{N}(r,f) + S(r,f). \tag{9.2.28}$$

再由(9.2.19)，(9.2.20) 得

$$T(r,f^{(n)}) < T(r,f^{(n)}) - T(r,f) + 2N(r,\frac{1}{f}) + n\overline{N}(r,f) + S(r,f).$$

因此

$$T(r,f) < 2N(r,\frac{1}{f}) + n\overline{N}(r,f) + S(r,f).$$

由此即得

$$2\delta(0,f) + n\Theta(\infty,f) \leqslant n + 1,$$

这与(9.2.11) 矛盾.

(2) 假设 $f_2 \equiv c$，其中 c 为常数.

如果 $c \neq 1$，由(9.2.16) 得

$$f_1 + f_3 = 1 - c. \tag{9.2.29}$$

由引理 1.10 得

$$T(r,f_1) < \overline{N}(r,\frac{1}{f_1}) + \overline{N}(r,\frac{1}{f_3}) + \overline{N}(r,f_1) + S(r,f_1).$$

与前面一样，也可得到矛盾. 因此 $c = 1$，再由(9.2.29) 得 $f^{(n)} \equiv g^{(n)}$.

假设 $f \not\equiv g$，则

$$f = g + P, \tag{9.2.30}$$

其中 $P(\not\equiv 0)$ 为多项式. 注意到 f 与 g 均为超越亚纯函数，故

$$T(r,P)=o(T(r,f))$$

及

$$T(r,g)=(1+o(1))T(r,f).$$

根据定理 1.36 得

$$\begin{aligned}T(r,f)&<N(r,\frac{1}{f})+N(r,\frac{1}{f-P})+\overline{N}(r,f)+S(r,f)\\&=N(r,\frac{1}{f})+N(r,\frac{1}{g})+\overline{N}(r,f)+S(r,f)\\&=2N(r,\frac{1}{f})+\overline{N}(r,f)+S(r,f).\end{aligned}$$

由此即得

$$2\delta(0,f)+\Theta(\infty,f)\leqslant 2,$$

这与(9.2.11)矛盾,于是 $f\equiv g$.

(3) 假设 $f_3\equiv c$,其中 c 为常数.

如果 $c\neq 1$,由(9.2.16)得

$$f_1+f_2=1-c. \tag{9.2.31}$$

由引理 1.10 得

$$T(r,f_1)<\overline{N}(r,\frac{1}{f_1})+\overline{N}(r,\frac{1}{f_3})+\overline{N}(r,f_1)+S(r,f_1),$$

与前面类似,也可得到矛盾,因此 $c=1$,再由(9.2.31)得 $f^{(n)}=-e^h,g^{(n)}=-e^{-h}$. 于是

$$f^{(n)}\cdot g^{(n)}\equiv 1.$$

9.2.3 函数具有一个公共值

1981年,K. Shibazaki[1] 部分地回答了杨重骏[5] 提出的上述问题,他实际上证明了下述

定理 9.15 设 f 与 g 为有穷级整函数. 如果 $\delta(0,f)>0$,0 为 g 的 Picard 例外值,且 $f'=1\leftrightarrows g'=1$,则 $f\equiv g$ 或

$$f=\frac{1}{a}e^{bz},g=-\frac{a}{b^2}e^{-bz},$$

其中 a,b 均为非零常数.

实际上,K. Shibazaki[1] 的结果是不完全的,定理 9.15 为 K.

Shibazaki[1] 有关结果的纠正，可参看仪洪勋 - 杨重骏[1].

1989 年，仪洪勋 - 杨重骏[1] 推广并改进了定理 9.15，证明了下述

定理 9.16 设 f 与 g 为非常数整函数，且满足 $f' = 1 \leftrightarrows g' = 1$. 如果 $\delta(0,f) + \delta(0,g) > 1$，则 $f \equiv g$ 或 $f' \cdot g' \equiv 1$.

1991 年，杨重骏 - 仪洪勋[1] 又推广并改进了定理 9.16，证明了下述

定理 9.17 设 f 与 g 为非常数亚纯函数，n 为非负整数，再设 a 与 b 为亚纯函数，且满足 $T(r,a) + T(r,b) = S(r,f)$，$T(r,a) + T(r,b) = S(r,g)$ 及 $a^{(n)} \not\equiv b$. 如果

$$f^{(n)} = b \leftrightarrows g^{(n)} = b,\ f^{(n)} - b = \infty \leftrightarrows g^{(n)} - b = \infty, \tag{9.2.32}$$

且

$$\delta(a,f) + \delta(a,g) + (n+2)\Theta(\infty,f) > n+3, \tag{9.2.33}$$

则 $f \equiv g$ 或 $(f^{(n)} - a^{(n)}) \cdot (g^{(n)} - a^{(n)}) \equiv (b - a^{(n)})^2$.

为了证明定理 9.17，先证下述

引理 9.2 设 F 与 G 为非常数亚纯函数，a 与 b 为亚纯函数，且满足

$$T(r,a) + T(r,b) = S(r,F),\ T(r,a) + T(r,b) = S(r,G)$$

及 $b \not\equiv a$. 如果

$$F = b \leftrightarrows G = b,\ F - b = \infty \leftrightarrows G - b = \infty$$

且

$$N_2(r,\frac{1}{F-a}) + N_2(r,\frac{1}{G-a}) + 2\overline{N}(r,F) < (\mu + o(1))T(r),\quad (r \in I),$$

其中 $T(r) = \max\{T(r,F), T(r,G)\}$，$\mu < 1$，则 $F \equiv G$ 或 $(F - a)(G - a) \equiv (b - a)^2$.

证. 设

$$f = \frac{F-a}{b-a},\quad g = \frac{G-a}{b-a},$$

由引理 9.2 的条件知

$$\frac{F-b}{G-b}=e^{\alpha},$$

其中 α 为整函数. 于是

$$\frac{f-1}{g-1}=\frac{F-b}{G-b}=e^{\alpha},$$

这表明

$$f=1\leftrightarrows g=1, f=\infty\leftrightarrows g=\infty.$$

显然

$$T(r,f)=T(r,F)+S(r,F),$$

$$T(r,g)=T(r,G)+S(r,G),$$

$$N_2(r,\frac{1}{f})\leqslant N_2(r,\frac{1}{F-a})+S(r,F),$$

$$N_2(r,\frac{1}{g})\leqslant N_2(r,\frac{1}{G-a})+S(r,G),$$

$$\overline{N}(r,f)\leqslant\overline{N}(r,F)+S(r,F).$$

再由引理 9.2 的条件知

$$N_2(r,\frac{1}{f})+N_2(r,\frac{1}{g})+2\overline{N}(r,f)<(\mu+o(1))\tilde{T}(r),\quad (r\in I),$$

其中 $\tilde{T}(r)=\max\{T(r,f),T(r,g)\}$, $\mu<1$. 再根据定理 7.2 得 $f\equiv g$ 或 $f\cdot g\equiv 1$. 于是 $F\equiv G$ 或 $(F-a)(G-a)\equiv(b-a)^2$.

下面证明定理 9.17.

由 (9.2.33) 知, $\delta(a,f)>0$ 及 $\delta(a,g)>0$, 于是 f 与 g 均不为多项式. 显然

$$m(r,\frac{1}{f-a})\leqslant m(r,\frac{1}{f^{(n)}-a^{(n)}})+m(r,\frac{f^{(n)}-a^{(n)}}{f-a})$$
$$\leqslant T(r,f^{(n)})+S(r,f).$$

取 $0<\varepsilon<\delta(a,f)$, 由 $\delta(a,f)$ 的定义知, 当 r 足够大时,

$$m(r,\frac{1}{f-a})\geqslant(\delta(a,f)-\varepsilon)T(r,f).$$

因此

$$(\delta(a,f)-\varepsilon)T(r,f)\leqslant T(r,f^{(n)})+S(r,f).$$

这就证明

$$T(r,f)=O(T(r,f^{(n)}))\qquad (r\notin E).$$

于是

$$T(r,a^{(n)})+T(r,b)=S(r,f^{(n)}).$$

同理可证

$$T(r,a^{(n)})+T(r,b)=S(r,g^{(n)}).$$

不失一般性,不妨设 $T(r,g)\leqslant T(r,f),r\in I$.

由定理 1.24 得

$$N(r,\frac{1}{f^{(n)}-a^{(n)}})\leqslant T(r,f^{(n)})-T(r,f)$$
$$+N(r,\frac{1}{f-a})+S(r,f)$$

及

$$N(r,\frac{1}{g^{(n)}-a^{(n)}})\leqslant N(r,\frac{1}{g-a})+n\overline{N}(r,g)+S(r,g).$$

于是

$$\begin{aligned}
&N(r,\frac{1}{f^{(n)}-a^{(n)}})+N(r,\frac{1}{g^{(n)}-a^{(n)}})+2\overline{N}(r,f^{(n)})\\
&\leqslant T(r,f^{(n)})-T(r,f)+N(r,\frac{1}{f-a})+N(r,\frac{1}{g-a})\\
&\quad+(n+2)\overline{N}(r,f)+S(r,f)+S(r,g)\\
&\leqslant T(r,f^{(n)})-T(r,f)+(1-\delta(a,f))T(r,f)\\
&\quad+(1-\delta(a,g))T(r,g)+(n+2)(1-\Theta(\infty,f))T(r,f)\\
&\quad+S(r,f)+S(r,g).
\end{aligned}\tag{9.2.34}$$

再由 $T(r,g)\leqslant T(r,f)$ $(r\in I)$ 得

$$\begin{aligned}
&N(r,\frac{1}{f^{(n)}-a^{(n)}})+N(r,\frac{1}{g^{(n)}-a^{(n)}})+2\overline{N}(r,f^{(n)})\\
&\quad\leqslant T(r,f^{(n)})-(\lambda+o(1))T(r,f)\ (r\in I),
\end{aligned}\tag{9.2.35}$$

其中　$\lambda=\delta(a,f)+\delta(a,g)+(n+2)\Theta(\infty,f)-(n+3)>0.$

注意到

$$T(r,f^{(n)})\leqslant(n+1+o(1))T(r,f)\qquad (r\notin E),$$

于是

$$T(r,f) \geqslant (\frac{1}{n+1} + o(1))T(r,f^{(n)}) \quad (r \notin E). \tag{9.2.36}$$

由(9.2.35),(9.2.36)得

$$N(r,\frac{1}{f^{(n)}-a^{(n)}}) + N(r,\frac{1}{g^{(n)}-a^{(n)}}) + 2\overline{N}(r,f^{(n)})$$
$$\leqslant (\mu + o(1))T(r,f^{(n)}) \quad (r \in I),$$

其中 $\mu = 1 - \frac{\lambda}{n+1} < 1$. 再由引理 9.2 得 $f^{(n)} \equiv g^{(n)}$ 或$(f^{(n)} - a^{(n)})(g^{(n)} - a^{(n)}) \equiv (b - a^{(n)})^2$.

如果 $f^{(n)} \equiv g^{(n)}$,则 $f \equiv g + P$,其中 P 为一至多 $n-1$ 次的多项式. 如果 $P \not\equiv 0$,由定理 1.36 得

$$T(r,f) < N(r,\frac{1}{f-a}) + N(r,\frac{1}{f-a-p})$$
$$+ \overline{N}(r,f) + S(r,f)$$
$$= N(r,\frac{1}{f-a}) + N(r,\frac{1}{g-a}) + \overline{N}(r,f) + S(r,f)$$
$$\leqslant [3 - (\delta(a,f) + \delta(a,g) + \Theta(\infty,f))]T(r,f) + S(r,f). \tag{9.2.37}$$

显然

$$3 - (\delta(a,f) + \delta(a,g) + \Theta(\infty,f))$$
$$\leqslant (n+4) - [\delta(a,f) + \delta(a,g) + (n+2)\Theta(\infty,f)]$$
$$< 1,$$

于是 (9.2.37) 不能成立. 这就证明 $P \equiv 0$,即 $f \equiv g$.

在定理 9.17 中,令 $a \equiv 0, b \equiv 1$,则得下述

定理 9.18 设 f 与 g 为非常数亚纯函数,n 为非负整数. 如果 $f^{(n)} = 1 \leftrightarrows g^{(n)} = 1$,$f = \infty \leftrightarrows g = \infty$,且 $\delta(0,f) + \delta(0,g) + (n+2)\Theta(\infty,f) > n+3$,则 $f \equiv g$ 或 $f^{(n)} \cdot g^{(n)} \equiv 1$.

由定理 9.18,可得下述系,它是定理 9.15 的改进.

系. 设 f 与 g 为非常数整函数,其超级小于 1. 如果 $\delta(0,f) > 0$,0 为 g 的 Picard 例外值,且 $f' = 1 \leftrightarrows g' = 1$,则 $f \equiv g$ 或 $f = \frac{1}{a}e^{bz}$,$g = -\frac{a}{b^2}e^{-bz}$,其中 a,b 均为非零常数.

证. 假设 $f \not\equiv g$，由定理 9.18 得 $f' \cdot g' \equiv 1$. 注意到 f' 与 g' 均为整函数，故可设

$$f' = e^{\phi}, g' = e^{-\phi}, \tag{9.2.38}$$

其中 ϕ 为非常数整函数.

因 0 为 g 的 Picard 例外值，故可设

$$g = Pe^{\alpha}, \tag{9.2.39}$$

其中 P 为多项式，α 为整函数. 由 g 的超级小于 1 知，α 为级小于 1 的整函数. 由(9.2.39) 得

$$g' = (P' + P\alpha')e^{\alpha}. \tag{9.2.40}$$

由(9.2.38)，(9.2.40) 得

$$P' + P\alpha' = e^{-\phi-\alpha}.$$

因 $P' + P\alpha'$ 为级小于 1 的整函数，故 $e^{-\phi-\alpha}$ 必为常数. 又 P 为多项式，α' 为整函数，故 $P' = 0$，P 与 α' 均为非零常数.

设 $P = c_1, \alpha' = c_2$，则 $\alpha = c_2 z + c_3$，其中 $c_1(\neq 0)$，$c_2(\neq 0)$，c_3 均为常数，因此

$$g(z) = c_1 e^{c_2 z + c_3}, \tag{9.2.41}$$

$$e^{-\phi} = g' = c_1 c_2 e^{c_2 z + c_3}.$$

故

$$f' = e^{\phi} = \frac{1}{c_1 c_2} e^{-c_2 z - c_3}$$

$$f = -\frac{1}{c_1 c_2^2} e^{-c_2 z - c_3} + c_4.$$

由 $\delta(0, f) > 0$ 知，$c_4 = 0$，所以

$$f = -\frac{1}{c_1 c_2^2} e^{-c_2 z - c_3}. \tag{9.2.42}$$

令 $a = -c_1 c_2^2 e^{c_3}, b = -c_2$. 由(9.2.41)，(9.2.42) 得

$$f(z) = \frac{1}{a} e^{bz}, \quad g(z) = -\frac{a}{b^2} e^{-bz},$$

其中 a, b 为非零常数.

1991 年，杨重骏 - 仪洪勋[1] 证明了下述结果，它也是定理 9.16 的一种改进和推广.

定理 9.19 设 f 与 g 为非常数亚纯函数. n 为正整数,再设 b 为亚纯函数,且满足 $T(r,b)=S(r,f)$, $T(r,b)=S(r,g)$ 及 $b\not\equiv 0$. 如果

$$f^{(n)}=b\leftrightarrows g^{(n)}=b,\ f^{(n)}-b=\infty\leftrightarrows g^{(n)}-b=\infty,$$

且

$$\delta_f+\delta_g+k_1\Theta(\infty,f)+k_2\Theta(\infty,g)>n+3, \tag{9.2.43}$$

其中 $\delta_f=\sum_{a\in C}\delta(a,f)$, $\delta_g=\sum_{a\in C}\delta(a,g)$,

k_1 与 k_2 满足 $k_1\geqslant 1$, $k_2\geqslant 1$ 及 $k_1+k_2=n+2$,则 $f'\equiv g'$ 或 $f^{(n)}\cdot g^{(n)}\equiv b^2$.

证. 显然

$$\delta_f+\Theta(\infty,f)\leqslant 2,$$

$$\delta_g+\Theta(\infty,g)\leqslant 2.$$

再由(9.2.43)知, $\delta_f>0$ 及 $\delta_g>0$,于是 f 与 g 均不为多项式,取 $0<\varepsilon<\delta_f$,由定理 1.25 得

$$N\left(r,\frac{1}{f^{(n)}}\right)\leqslant T(r,f^{(n)})-(\delta_f-\varepsilon)T(r,f),\quad (r\notin E). \tag{9.2.44}$$

因此

$$(\delta_f-\varepsilon)T(r,f)\leqslant T(r,f^{(n)})\qquad (r\notin E).$$

这就证明

$$T(r,f)=O(T(r,f^{(n)}))\qquad (r\notin E).$$

于是

$$T(r,b)=S(r,f^{(n)}).$$

同理可证

$$T(r,b)=S(r,g^{(n)}).$$

不失一般性,设

$$T(r,g)\leqslant T(r,f)\quad (r\in I). \tag{9.2.45}$$

由定理 1.25 得

$$N\left(r,\frac{1}{g^{(n)}}\right)\leqslant(1-\delta_g+\varepsilon)T(r,g)+n\overline{N}(r,g),\qquad (r\notin E).$$

$$(9.2.46)$$

由(9.2.44),(9.2.45),(9.2.46)即得

$$\begin{aligned}&N(r,\frac{1}{f^{(n)}})+N(r,\frac{1}{g^{(n)}})+2\overline{N}(r,f^{(n)})\\&\leqslant T(r,f^{(n)})-(\delta_f-\varepsilon)T(r,f)+(1-\delta_g+\varepsilon)T(r,g)\\&\quad+[k_1(1-\Theta(\infty,f))+\varepsilon]T(r,f)\\&\quad+[k_2(1-\Theta(\infty,g))+\varepsilon]T(r,g),\quad (r\notin E).\end{aligned}\tag{9.2.47}$$

注意到

$$\begin{aligned}&(1-\delta_g+\varepsilon)+[k_2(1-\Theta(\infty,g))+\varepsilon]\\&\geqslant(1-\delta_g+\varepsilon)+[(1-\Theta(\infty,g))+\varepsilon]\\&\geqslant 2-\delta_g-\Theta(\infty,g)+2\varepsilon>0,\end{aligned}$$

由(9.2.45),(9.2.47)得

$$\begin{aligned}&N(r,\frac{1}{f^{(n)}})+N(r,\frac{1}{g^{(n)}})+2\overline{N}(r,f^{(n)})\\&\qquad\leqslant T(r,f^{(n)})-\lambda T(r,f)\quad (r\in I),\end{aligned}\tag{9.2.48}$$

其中$\lambda=\delta_f+\delta_g+k_1\Theta(\infty,f)+k_2\Theta(\infty,g)-(n+3)-4\varepsilon$,

取$0<\varepsilon<\frac{1}{4}\{\delta_f+\delta_g+k_1\Theta(\infty,f)+k_2\Theta(\infty,g)-(n+3)\}$,

则$\lambda>0$. 由(9.2.36),(9.2.48)得

$$\begin{aligned}&N(r,\frac{1}{f^{(n)}})+N(r,\frac{1}{g^{(n)}})+2\overline{N}(r,f^{(n)})\\&\qquad\leqslant(\mu+o(1))T(r,f^{(n)})\quad (r\in I),\end{aligned}$$

其中$\mu=1-\frac{\lambda}{n+1}<1$. 应用引理9.2得$f^{(n)}\equiv g^{(n)}$或$f^{(n)}\cdot g^{(n)}\equiv b^2$.

如果$n=1$,则定理9.19的结论已导出,下设$n\geqslant 2$. 如果$f^{(n)}\equiv g^{(n)}$,则

$$f'\equiv g'+P,$$

其中P为一至多次数为$n-2$的多项式. 如果$P\not\equiv 0$,由定理1.36得

$$T(r,f')\leqslant N(r,\frac{1}{f'})+N(r,\frac{1}{f'-P})+\overline{N}(r,f')+S(r,f')$$

$$\leqslant N(r,\frac{1}{f'})+N(r,\frac{1}{g'})+\overline{N}(r,f)+S(r,f). \tag{9.2.49}$$

由定理 1.25 得

$$N(r,\frac{1}{f'})\leqslant T(r,f')-(\delta_f-\varepsilon)T(r,f),\quad (r\notin E)$$

$$N(r,\frac{1}{g'})\leqslant(1-\delta_g+\varepsilon)T(r,g)+\overline{N}(r,g),\quad (r\notin E).$$

于是,再由(9.2.49)得

$$\begin{aligned}T(r,f')\leqslant{}&T(r,f')-(\delta_f-\varepsilon)T(r,f)+(1-\delta_g+\varepsilon)T(r,g)\\&+(1-\Theta(\infty,g))T(r,g)+(1-\Theta(\infty,f))T(r,f)+S(r,f).\end{aligned}\tag{9.2.50}$$

注意到 $T(r,g)=T(r,f)+S(r,f)$. 由(9.2.50)得

$$(\delta_f+\delta_g+\Theta(\infty,f)+\Theta(\infty,g)-3-2\varepsilon)T(r,f)\leqslant S(r,f). \tag{9.2.51}$$

取

$$0<\varepsilon<\frac{1}{2}\{\delta_f+\delta_g+k_1\Theta(\infty,f)+k_2\Theta(\infty,g)-(n+3)\}.$$

则有

$$\begin{aligned}&\delta_f+\delta_g+\Theta(\infty,f)+\Theta(\infty,g)-3-2\varepsilon\\&\quad\geqslant\delta_f+\delta_g+k_1\Theta(\infty,f)+k_2\Theta(\infty,g)-(n+3)-2\varepsilon\\&\quad>0.\end{aligned}$$

于是(9.2.51)不能成立. 这就证明 $P\equiv 0$,即 $f'\equiv g'$.

由定理 9.19,可得下述

系. 设 f 与 g 为非常数亚纯函数,n 为正整数. 如果 $f^{(n)}=1\leftrightarrows g^{(n)}=1$, $f=\infty\leftrightarrows g=\infty$,且 $\delta_f+\delta_g+\frac{1}{2}(n+2)(\Theta(\infty,f)+\Theta(\infty,g))>n+3$,其中 $\delta_f=\sum\limits_{a\in C}\delta(a,f)$, $\delta_g=\sum\limits_{a\in C}\delta(a,g)$,则 $f'\equiv g'$ 或 $f^{(n)}\cdot g^{(n)}\equiv 1$.

设 $f(z)=e^{2z}+e^{z}$, $g(z)=\frac{(-1)^n}{2^{2n}}e^{-2z}+\frac{(-1)^{n+1}}{2^n}e^{-z}$,其中 n 为正整数. 容易验证,$f^{(n)}=1\leftrightarrows g^{(n)}=1$, $f=\infty\leftrightarrows g=\infty$ 及 $\delta(0,$

$f) + \delta(0,g) + (n+2)\Theta(\infty,f) = n+3, \delta_f + \delta_g + \frac{1}{2}(n+1)(\Theta(\infty,f)+\Theta(\infty,g)) = n+3$,但$f \not\equiv g, f' \not\equiv g', f^{(n)} \cdot g^{(n)} \not\equiv 1$. 这表明本段定理及其系的条件是精确的. 本段定理的进一步改进和推广,可参看杨重骏 - 仪洪勋[1].

9.2.4 函数具有三个公共值

1988年,K. Tohge[1] 证明了下述结果,它是定理9.8的补充.

定理9.20 设f与g为非常数亚纯函数,$0,1,\infty$为其CM公共值,其超级均小于1. 再设a为f'与g'的CM公共值,其中a为非零常数. 如果$f \not\equiv g$,则f与g必为整函数,其级恰为1,并且f与g必满足下述三关系之一:

(i) $fg \equiv 1$,

(ii) $(f-1)(g-1) \equiv 1$,

(iii) $\{(c-1)f+1\} \cdot \{(c-1)g-c\} \equiv -c$,

其中c为常数,且$c \neq 0,1$.

证. 由定理9.20的条件得

$$f = ge^{\alpha}, \tag{9.2.52}$$

$$f - 1 = (g-1)e^{\beta}, \tag{9.2.53}$$

$$f' - a = (g' - a)e^{\gamma}, \tag{9.2.54}$$

其中α, β, γ为整函数,且

$$T(r,e^{\alpha}) + T(r,e^{\beta}) + T(r,e^{\gamma}) = O(T(r,f)), \quad (r \notin E). \tag{9.2.55}$$

注意到f的超级小于1,由(9.2.55)知,α,β,γ的级均小于1. 因$f \not\equiv g$,由(9.2.52),(9.2.53)得$e^{\alpha} \not\equiv 1, e^{\beta} \not\equiv 1, e^{\beta-\alpha} \not\equiv 1$,并且

$$f = \frac{e^{\beta}-1}{e^{\beta-\alpha}-1}, \quad g = \frac{e^{-\beta}-1}{e^{\alpha-\beta}-1}. \tag{9.2.56}$$

把(9.2.56)代入(9.2.54)得

$$\begin{aligned} &ae^{\alpha-\beta} + \beta' e^{\alpha} - ae^{\alpha-\beta+\gamma} + \beta' e^{-\alpha+\gamma} + ae^{-\alpha+\beta} - \alpha' e^{\beta} \\ &\quad - ae^{-\alpha+\beta+\gamma} - \alpha' e^{-\beta+\gamma} + (\alpha' - \beta' + 2a)e^{\gamma} = 2a - \alpha' + \beta'. \end{aligned} \tag{9.2.57}$$

如果 $e^{\alpha} \equiv c$，其中 $c(\neq 0,1)$ 为常数. 由(9.2.52)得 $f \equiv cg$. 由此即知，1 为 f 与 g 的 Picard 例外值，a 为 f' 与 g' 的 Picard 例外值. 应用定理 1.29 到函数 $\frac{1}{a}(f-1)$ 即可得到矛盾.

如果 $e^{\beta} \equiv c$，其中 $c(\neq 0,1)$ 为常数. 由(9.2.53)得 $f-1 \equiv c(g-1)$. 由此即知，0 为 f 与 g 的 Picard 例外值，a 为 f' 与 g' 的 Picard 例外值. 由定理 1.29 也可得到矛盾.

如果 $e^{\beta-\alpha} \equiv c$，其中 $c(\neq 0,1)$ 为常数. 由(9.2.52)，(9.2.53)得

$$\frac{f-1}{g-1} \cdot \frac{g}{f} \equiv c.$$

由此即得

$$[(c-1)f+1][(c-1)g-c] \equiv -c,$$

这就得到(iii). 注意到 f 与 g 的超级均小于1，再由(9.2.57)知 α 与 β 均为一次式. 于是 f 与 g 必为整函数，其级恰为 1.

如果 $e^{\gamma} \equiv c$，其中 $c(\neq 0)$ 为常数. 由(9.2.54)得 $f'-a=c(g'-a)$. 积分得

$$f-cg=a(1-c)z+d, \tag{9.2.58}$$

其中 d 为常数. 由(9.2.58)知，f 与 $f-1$ 的零点仅有有限个. 再由引理 9.1 得

$$f+g \equiv 1. \tag{9.2.59}$$

由(9.2.58)，(9.2.59)即可得到矛盾.

下面假设 $e^{\alpha}, e^{\beta}, e^{\beta-\alpha}, e^{\gamma}$ 均不为常数. 我们区分下述三种情况.

(1) 假设 $e^{\alpha-\beta+\gamma} \equiv c$，其中 $c(\neq 0)$ 为常数. 由(9.2.57)得

$$\begin{aligned} &ae^{\alpha-\beta}+\beta' e^{\alpha}+c\beta' e^{\beta-2\alpha}+[c(\alpha'-\beta'+2a)+a]e^{\beta-\alpha} \\ &\quad -\alpha' e^{\beta}-cae^{2\beta-2\alpha}-c\alpha' e^{-\alpha}=a(2+c)-\alpha'+\beta'. \end{aligned} \tag{9.2.60}$$

如果 $e^{\beta-2\alpha} \equiv d$，其中 $d(\neq 0)$ 为常数，由(9.2.60)得

$$\begin{aligned} &\left(\frac{a}{d}-c\alpha'\right)e^{-\alpha}+[2\alpha'+cd(2a-\alpha')+ad]e^{\alpha} \\ &\quad -(d\alpha'+cad^2)e^{2\alpha}=a(2+c)+\alpha'-2cd\alpha'. \end{aligned} \tag{9.2.61}$$

注意到 e^{α} 不为常数，应用定理 1.51，由(9.2.61)得

$$\begin{cases}\dfrac{a}{d}-c\alpha'=0,\\ 2\alpha'+cd(2a-\alpha')+ad=0,\\ d\alpha'+cad^2=0,\\ a(2+c)+\alpha'-2cd\alpha'=0.\end{cases}$$

解得 $d=1, c^2=-1, \alpha'=-ac(\neq 0)$. 于是 $e^{\beta}=e^{2\alpha}$. 再由(9.2.56)得 $f=1+e^{\alpha}, g=1+e^{-\alpha}$. 由此即得(ii)，且 f 与 g 为整函数，其级恰为 1.

如果 $e^{\beta-2\alpha}$ 不为常数. 应用引理 1.9，由(9.2.60)即可得出矛盾.

(2) 假设 $e^{-\alpha+\beta+\gamma}=c$，其中 $c(\neq 0)$ 为常数，与情况(1)类似，可以证明 $e^{\alpha}=e^{2\beta}$. 再由(9.2.56)得 $f=-e^{\beta}, g=-e^{-\beta}$. 由此即得(i).

(3) 假设 $e^{\alpha-\beta+\gamma}, e^{-\alpha+\beta+\gamma}$ 均不为常数. 对于 α, β, γ 的各种线性组合，应用引理 1.9，由(9.2.60)即可得出矛盾. 证明的细节略去.

这就完成了定理 9.20 的证明.

与本节有关的结果可参看杨重骏[5]，K. Shibazaki[1]，仪洪勋[16,19,21,26]，仪洪勋 - 杨重骏[1,2]，杨重骏 - 仪洪勋[1]，华歆厚[3]，叶寿桢[4]，K. Tohge[1].

第十章　具有公共值集的唯一性

具有公共值集的亚纯函数唯一性问题是具有公共值的亚纯函数唯一性问题的推广. 一般来说,这类问题难度较大,对一般类型的公共值集,很难确定亚纯函数的关系. 本章主要介绍当两亚纯函数具有某些特殊类型的公共值集时,有关亚纯函数唯一性的种种研究成果.

1976 年,F. Gross 问:能否找到一个有限集合 S,使得对任何两个非常数整函数 f 与 g,当 S 为 f 与 g 的公共值集时,必有 $f\equiv g$?我们将在 §10.6 节中介绍笔者最近得到的有关解决这一问题的研究成果.

§10.1　函数具有四个公共值集

10.1.1　几个记号

设 $f(z)$ 为非常数亚纯函数,S 为复平面中的一个集合. 令

$$E_f(S)=\bigcup_{a\in S}\{z\,|\,f(z)-a=0\},$$

这里 m 重零点在 $E_f(S)$ 中重复 m 次,则称 $E_f(S)$ 为 f 下 S 的原象集合. $E_f(S)$ 有时也记作 $f^{-1}(S)$. 我们用 $\overline{E}_f(S)$ 表示 $E_f(S)$ 中不同点的集合,并称 $\overline{E}_f(S)$ 为 f 下 S 的精简原象集合.

设 $f(z)$ 与 $g(z)$ 为非常数亚纯函数,S 为复平面中的一个集合,如果 $E_f(S)=E_g(S)$,则称 S 为 f 与 g 的 CM 公共值集,有时记作

$$f\in S\leftrightarrows g\in S.$$

如果 $\overline{E}_f(S)=\overline{E}_g(S)$,则称 S 为 f 与 g 的 IM 公共值集,有时记作

$$f \in S \Leftrightarrow g \in S.$$

易见,当 $S = \{a\}$ 仅含一个元素时,$E_f(S)$ 为 f 的 a 值点集. 因此,本段概念是 §2.2.1 有关概念的推广.

10.1.2 代数相关关系

首先我们介绍一个一般性的、把公共值推广到公共值集的情形的结果,这个结果属于 F. Gross[2].

定理 10.1 设 f 与 g 为非常数亚纯函数,$S_j (j = 1,2,3)$ 为 C 中三个元素各异、不全然相同的有限点集,且无一点集为其余两者之并集. 再设 $T_j (j = 1,2,3)$ 为相应点集 $S_j (j = 1,2,3)$ 具有同数目元素的任一点集. 如果

$$E_f(S_j) = E_g(T_j) \qquad (j = 1,2,3,4),$$

其中 $S_4 = T_4 = \{\infty\}$,则 f 与 g 必为代数相关.

为了证明定理 10.1,我们需要下述引理.

引理 10.1 设 $F_k(x_1, x_2, \cdots, x_n, y_k) = 0, (k = 1,2,\cdots,n+1)$,其中 $F_k (\not\equiv 0)$ 为 $n+1$ 个变数的多项式,则存在一个非恒等于 0 的 $n+1$ 个变数的多项式 G,使得

$$G(y_1, y_2, \cdots, y_{n+1}) = 0.$$

应用数学归纳法,容易证明引理 10.1,下面给出定理 10.1 的证明.

设 $z_{jk} (k = 1,2,\cdots,n_j)$ 表 S_j 中各元素,$z'_{jk} (k = 1,2,\cdots,n_j)$ 表 T_j 中各元素$(j = 1,2,3)$. 令

$$P_j(w) = \prod_{k=1}^{n_j} (w - z_{jk}), \quad (j = 1,2,3),$$

$$Q_j(w) = \prod_{k=1}^{n_j} (w - z'_{jk}), \quad (j = 1,2,3),$$

则由定理 10.1 的假设,我们有

$$\frac{P_j(f(z))}{Q_j(g(z))} = \exp(\phi_j(z)) \quad (j = 1,2,3),$$

其中 $\phi_j(z) (j = 1,2,3)$ 均为整函数, 应用引理 10.1 知,

$\exp(\phi_j(z))(j=1,2,3)$ 必为代数相关，因此存在关系式

$$\sum_{n,m,t}\lambda_{nmt}\exp(n\phi_1+m\phi_2+t\phi_3)=0, \tag{10.1.1}$$

其中 λ_{nmt} 均为常数，且不全为 0，应用熟知的 Borel 定理（定理 1.52），由(10.1.1) 知，存在三个整数 a,b,c，使得

$$a\phi_1+b\phi_2+c\phi_3\equiv d,$$

其中 d 为常数. 于是

$$\left(\frac{P_1(f)}{Q_1(g)}\right)^a\cdot\left(\frac{P_2(f)}{Q_2(g)}\right)^b\cdot\left(\frac{P_3(f)}{Q_3(g)}\right)^c\equiv e^d. \tag{10.1.2}$$

如果

$$(P_1(w))^a\cdot(P_2(w))^b\cdot(P_3(w))^c\equiv d',$$

其中 d' 为常数，则

$$(P_1(w))^a\cdot(P_2(w))^b\equiv d'\cdot(P_3(w))^{-c},$$

因此

$$S_1\cup S_2=S_3,$$

这与定理 10.1 的假设矛盾. 于是

$$(P_1(w))^a\cdot(P_2(w))^b\cdot(P_3(w))^c\not\equiv \text{常数}.$$

由(10.1.2) 知，f 与 g 必为代数相关.

应用类似的证明方法，对于整函数，F. Gross[2] 证明了下述结果.

定理 10.2 设 f 与 g 为非常数整函数，$S_j(j=1,2,3)$ 为 C 中三个元素各异，不全然相同的有限点集，且无一点集为其余两者之并集. 再设 $T_j(j=1,2,3)$ 为相应点集 $S_j(j=1,2,3)$ 的任一点集，如果

$$E_f(S_j)=E_g(T_j)\quad(j=1,2,3),$$

则 f 与 g 必为代数相关.

注意，在定理 10.2 中，没有假设 S_j 与 $T_j(j=1,2,3)$ 的元素数目相同.

10.1.3 一种特殊情况

1985 年，仪洪勋[4] 纠正了 F. Gross[2] 的一个结果，证明了下述

定理 10.3 设 f 与 g 为非常数整函数，$S_1=\{1\}$，$S_2=\{-1\}$，$S_3=\{a,b\}$，其中 a,b 为两个有穷复数，且 $S_3\cap S_j=\phi(j=1,2)$. 如果 $E_f(S_j)=E_g(S_j)(j=1,2,3)$，则 f 与 g 必满足下述五个关系之一：

(i) $f\equiv g$，

(ii) $fg\equiv 1$，仅当 $ab=1$ 或 $a=b=0$ 成立，

(iii) $(f-a)(g-b)\equiv\frac{4}{3}$，其中 $a=\pm\frac{\sqrt{3}}{3}i$，$b=-a$，

(iv) $(f+1)(g+1)\equiv 4$，仅当 $(a+1)(b+1)=4$ 成立，

(v) $(f-1)(g-1)\equiv 4$，仅当 $(a-1)(b-1)=4$ 成立.

由定理 10.3，容易得出下述系，它是 F. Gross[2] 另外一个结果的纠正.

系. 设 f 与 g 为非常数整函数，$S_1=\{1\}$，$S_2=\{-1\}$，$S_3=\{a_1,a_2\}$，$S_4=\{b_1,b_2,\cdots,b_n\}$，其中 n 为正奇数，S_4 中元素各异，且 $S_j\cap S_k=\phi(j\neq k)$，$\{0,3,-3\}\cap S_4=\phi$. 如果 $E_f(S_j)=E_g(S_j)(j=1,2,3,4)$，则 $f\equiv g$.

更一般地，仪洪勋[4] 还把定理 10.3 的结果推广到亚纯函数，证明了下述

定理 10.4 设 f 与 g 为非常数亚纯函数，$S_1=\{1\}$，$S_2=\{-1\}$，$S_3=\{\infty\}$，$S_4=\{a,b\}$，其中 $S_j\cap S_4=\phi(j=1,2,3)$. 如果 $E_f(S_j)=E_g(S_j)(j=1,2,3,4)$，则 f 与 g 必满足下述十个关系之一：

(1) $f\equiv g$.

(2) $f+g\equiv 2$，仅当 $a+b=2$ 或 $a=b=3$ 成立，此时 -1，3 为 f 与 g 的 Picard 例外值.

(3) $(a-1)(f-1)\equiv(b-1)(g-1)$，其中 $a=2\pm\sqrt{3}i$，$b=2\mp\sqrt{3}i$，此时 -1，a 为 f 的 Picard 例外值，-1，b 为 g 的 Picard 例外值.

(4) $f+g\equiv-2$，仅当 $a+b=-2$ 或 $a=b=-3$ 成立，此时 1，-3 为 f 与 g 的 Picard 例外值.

(5) $(a+1)(f+1)\equiv(b+1)(g+1)$，其中 $a=-2\pm\sqrt{3}i$，$b=-2\mp\sqrt{3}i$，此时 $1,a$ 为 f 的 Picard 例外值，$1,b$ 为 g 的 Picard 例外值．

(6) $f+g\equiv 0$，仅当 $a+b=0$ 成立，此时 ± 1 为 f 与 g 的 Picard 例外值.

(7) $fg\equiv 1$，仅当 $ab=1$ 或 $a=b=0$ 成立，此时 $0,\infty$ 为 f 与 g 的 Picard 例外值.

(8) $(f-a)(g-b)\equiv\dfrac{4}{3}$，其中 $a=\pm\dfrac{\sqrt{3}}{3}i$，$b=-a$，此时 a,∞ 为 f 的 Picard 例外值，b,∞ 为 g 的 Picard 例外值.

(9) $(f+1)(g+1)\equiv 4$，仅当 $(a+1)(b+1)=4$ 成立，此时 $-1,\infty$ 为 f 与 g 的 Picard 例外值.

(10) $(f-1)(g-1)\equiv 4$，仅当 $(a-1)(b-1)=4$ 成立，此时 $1,\infty$ 为 f 与 g 的 Picard 例外值.

显然定理 10.3 为定理 10.4 的特殊情况. 设

$$L(z)=\frac{(2a_3-a_1-a_2)z+(2a_1a_2-a_1a_3-a_2a_3)}{(a_2-a_1)(z-a_3)},$$

其中 a_1,a_2,a_3 为三个判别的复数，则分式线性变换 $L(z)$ 把 a_1,a_2,a_3,a_4,a_5 分别变为 $1,-1,\infty,L(a_4),L(a_5)$. 通过线性变换 $L(z)$ 容易把定理 10.4 推广到一般情况，在其结论中令 $a_4=a_5$，即得下述结果，它是定理 4.3 的另一种形式.

定理 10.5 设 f 与 g 为非常数亚纯函数，$a_j(j=1,2,3,4)$ 为四个判别的复数，且 $a_j(j=1,2,3,4)$ 为 f 与 g 的 CM 公共值，则 f 与 g 必满足下述七个关系之一：

(1) $f\equiv g$.

(2) $L(f)+L(g)\equiv 2$， 仅当 $a_4=L^{-1}(3)$ 成立，此时 a_2,a_4 为 f 与 g 的 Picard 例外值，交比 $(a_2,a_4,a_1,a_3)=-1$.

(3) $L(f)+L(g)\equiv -2$，仅当 $a_4=L^{-1}(-3)$ 成立，此时 a_1,a_4 为 f 与 g 的 Picard 例外值，交比 $(a_1,a_4,a_2,a_3)=-1$.

(4) $L(f)+L(g)\equiv 0$，仅当 $a_4=L^{-1}(0)$ 成立，此时 a_1,a_2 为

f 与 g 的 Picard 例外值，交比$(a_1,a_2,a_3,a_4)=-1$.

(5) $L(f)\cdot L(g)\equiv 1$，仅当 $a_4=L^{-1}(0)$ 成立，此时 a_3,a_4 为 f 与 g 的 Picard 例外值，交比$(a_3,a_4,a_1,a_2)=-1$.

(6) $[L(f)+1]\cdot[L(g)+1]\equiv 4$，仅当 $a_4=L^{-1}(-3)$ 成立，此时 a_2,a_3 为 f 与 g 的 Picard 例外值，交比$(a_2,a_3,a_1,a_4)=-1$.

(7) $[L(f)-1]\cdot[L(g)-1]\equiv 4$，仅当 $a_4=L^{-1}(3)$ 成立，此时 a_1,a_3 为 f 与 g 的 Picard 例外值，交比$(a_1,a_3,a_2,a_4)=-1$.

由定理 10.5，容易得出下述

系. 设 f 与 g 为非常数亚纯函数，$a_j(j=1,2,3,4)$ 为四个判别的复数，且 $a_j(j=1,2,3,4)$ 为 f 与 g 的 CM 公共值. 如果

$$L(a_4)=\frac{(2a_3-a_1-a_2)a_4+(2a_1a_2-a_1a_3-a_2a_3)}{(a_2-a_1)(a_4-a_3)}$$

$\neq 0,\pm 3$，则 $f\equiv g$.

为了证明定理 10.4，我们需要下述引理.

引理 10.2 设 $f(z)$ 为非常数亚纯函数，a_1,a_2 为两个判别的有穷复数. 如果 a_1,a_2 为 $f(z)$ 的 Picard 例外值，则

$$f(z)=\frac{a_1e^{\alpha(z)}+a_2}{e^{\alpha(z)}+1},$$

其中 $\alpha(z)$ 为非常数整函数.

显然引理 10.2 为定理 1.42 的系 2 的另一种形式，其中 $e^{\alpha(z)}=e^{h(z)+\pi i}$. 由引理 10.2，容易证明下述引理.

引理 10.3 设 f 与 g 为非常数亚纯函数，∞ 为其 CM 公共值，a_1,a_2,a_3 为常数，且 $a_1\neq a_2,a_1\neq a_3$. 如果 a_1,a_2 为 f 的 Picard 例外值，a_1,a_3 为 g 的 Picard 例外值，则

$$f=\frac{a_1e^{\alpha}+a_2}{e^{\alpha}+1},g=\frac{a_1e^{\alpha}+a_3}{e^{\alpha}+1}\text{ 或 }g=\frac{a_1+a_3e^{\alpha}}{e^{\alpha}+1},$$

其中 α 为非常数整函数.

证. 由引理 10.2，

$$f=\frac{a_1e^{\alpha}+a_2}{e^{\alpha}+1},\quad g=\frac{a_1e^{\beta}+a_3}{e^{\beta}+1},\tag{10.1.3}$$

其中 α 与 β 为非常数整函数. 再由引理 10.3 的条件知

$$\frac{f-a_1}{g-a_1}=e^{\gamma}, \tag{10.1.4}$$

其中 γ 为整函数，由(10.1.3),(10.1.4) 得

$$(a_3-a_1)e^{\gamma}+(a_3-a_1)e^{\alpha+\gamma}-(a_2-a_1)e^{\beta}=a_2-a_1. \tag{10.1.5}$$

应用定理 1.56，由(10.1.5) 知，

$$(a_3-a_1)e^{\gamma}\equiv a_2-a_1 \text{ 或} (a_3-a_1)e^{\alpha+\gamma}\equiv a_2-a_1.$$

由此即得 $e^{\beta}=e^{\alpha}$ 或 $e^{\beta}=e^{-\alpha}$. 于是

$$g=\frac{a_1e^{\alpha}+a_3}{e^{\alpha}+1} \text{ 或 } g=\frac{a_1+a_3e^{\alpha}}{e^{\alpha}+1}.$$

下面证明定理 10.4.

由定理 10.4 的条件知

$$\frac{f-1}{g-1}=e^{\phi_1}, \tag{10.1.6}$$

$$\frac{f+1}{g+1}=e^{\phi_2}, \tag{10.1.7}$$

$$\frac{(f-a)(f-b)}{(g-a)(g-b)}=e^{\phi_3}, \tag{10.1.8}$$

其中 ϕ_1,ϕ_2,ϕ_3 为整函数. 假设 $f\not\equiv g$，则 $e^{\phi_1}\not\equiv 1, e^{\phi_2}\not\equiv 1, e^{\phi_2-\phi_1}\not\equiv 1$. 由(10.1.6),(10.1.7) 得

$$f=\frac{e^{\phi_1}+e^{\phi_2}-2e^{\phi_1+\phi_2}}{e^{\phi_2}-e^{\phi_1}}, g=\frac{2-e^{\phi_1}-e^{\phi_2}}{e^{\phi_2}-e^{\phi_1}}. \tag{10.1.9}$$

我们区分十一种情况.

首先，设 $e^{\phi_1}\equiv c$，其中 $c(\neq 0,1)$ 为常数. 由(10.1.6) 知，-1 为 f 与 g 的 Picard 例外值.

如果 $a=b$，则 a 也为 f 与 g 的 Picard 例外值，再由引理 10.3 得

$$f=\frac{ae^{\alpha}-1}{e^{\alpha}+1},\quad g=\frac{a-e^{\alpha}}{e^{\alpha}+1}, \tag{10.1.10}$$

其中 α 为非常数整函数. 把(10.1.10) 代入(10.1.6) 得 $c=-1, a=3$，这正是关系式(2).

如果 $a\neq b$，若 $f-a=0$ 与 $f-b=0$ 均有零点，把这些零点

代入(10.1.6)得

$$\frac{a-1}{b-1}=c \quad 及 \quad \frac{b-1}{a-1}=c.$$

由此可得 $c=-1, a+b=2$. 再由(10.1.9)得

$$f=\frac{3e^{\phi_2}-1}{e^{\phi_2}+1}, \quad g=\frac{3-e^{\phi_2}}{e^{\phi_2}+1}.$$

这也是关系式(2). 设 a 为 f 的 Picard 例外值,则 b 为 g 的 Picard 例外值,且 $\frac{b-1}{a-1}=c$. 再由引理 10.3 得

$$f=\frac{-e^{\alpha}+a}{e^{\alpha}+1}, g=\frac{-1+be^{\alpha}}{e^{\alpha}+1} \text{或} g=\frac{-e^{\alpha}+b}{e^{\alpha}+1}, \tag{10.1.11}$$

其中 α 为非常数整函数. 把(10.1.11)代入(10.1.6)得

$$-2(a-1)e^{\alpha}+(a-1)^2=-2(b-1)e^{\alpha}+(b-1)^2, \tag{10.1.12}$$

或

$$-2(a-1)e^{\alpha}+(a-1)^2=-2(b-1)+(b-1)^2e^{\alpha}. \tag{10.1.13}$$

因 $a \neq b$,故(10.1.12)不可能成立. 由(10.1.13)得

$$-2(a-1)=(b-1)^2 \quad 及 \quad -2(b-1)=(a-1)^2.$$

解得 $a=2 \pm \sqrt{3}i, b=2 \mp \sqrt{3}i$. 这正是关系式(3).

其次,设 $e^{\phi_2} \equiv c$,其中 $c(\neq 0,1)$ 为常数,与前面类似,可得关系式(4)与(5).

第三,设 $e^{\phi_3} \equiv c$,其中 $c(\neq 0)$ 为常数,如果 -1 与 1 为 f 的 Picard 例外值,由引理 10.3 得

$$f=\frac{e^{\alpha}-1}{e^{\alpha}+1}, \quad g=\frac{1-e^{\alpha}}{e^{\alpha}+1}. \tag{10.1.14}$$

把(10.1.14)代入(10.1.8)得

$$[(1-a)(1-b)-(1+a)(1+b)c]e^{2\alpha}+2(1-ab)(c-1)e^{\alpha}$$
$$+[(1+a)(1+b)-(1-a)(1-b)c]=0.$$

因此

$$\begin{cases}(1-a)(1-b)-(1+a)(1+b)c=0,\\ 2(1-ab)(c-1)=0,\\ (1+a)(1+b)-(1-a)(1-b)c=0.\end{cases}$$

解得 $c=1,a+b=0$. 这正是关系式(6). 下设 $f-1=0$ 或 $f+1=0$ 有零点，把这些零点代入(10.1.8)得 $c=1$. 再由(10.1.8)得 $f+g\equiv a+b$，其中 $a+b=2$ 或 -2. 再由(10.1.9)得

$$2e^{\phi_1+\phi_2}+(a+b)e^{\phi_2}-(a+b)e^{\phi_1}=2.$$

应用定理 1.56 得 $e^{\phi_1+\phi_2}\equiv 1,\quad e^{\phi_2}\equiv e^{\phi_1}$. 于是 $e^{2\phi_1}\equiv 1$，这是不可能的.

第四，设 $e^{\phi_2-\phi_1}\equiv c$，其中 $c(\neq 0,1)$ 为常数. 由(10.1.6)，(10.1.7)得

$$\frac{f+1}{f-1}\cdot\frac{g-1}{g+1}=c. \tag{10.1.15}$$

由此即知，∞ 为 f 与 g 的 Picard 例外值.

如果 $a=b$，由(10.1.15)知，a 也为 f 与 g 的 Picard 例外值，因此

$$f=a+e^{\alpha},\quad g=a+e^{\beta}, \tag{10.1.16}$$

其中 α,β 为非常数整函数. 把(10.1.16)代入(10.1.15)得

$$(1-c)e^{\alpha+\beta}+[(a-1)-(a+1)c]e^{\alpha}+[(a+1)-(a-1)c]e^{\beta}$$
$$=(c-1)(a^2-1).$$

再由定理 1.56 得 $e^{\alpha+\beta}=1-a^2$，$(a-1)-(a+1)c=0$ 及 $(a+1)-(a-1)c=0$. 解得 $c=-1,a=0,e^{\beta}=e^{-\alpha}$. 因此 $f=e^{\alpha},g=e^{-\alpha}$，这正是关系式(7).

如果 $a\neq b$，若 $f-a=0$ 与 $f-b=0$ 均有零点，把这些零点代入(10.1.15)得

$$\frac{(a+1)(b-1)}{(a-1)(b+1)}=c \text{ 及 } \frac{(b+1)(a-1)}{(b-1)(a+1)}=c.$$

由此可得 $c=-1,ab=1$. 因此 $e^{\phi_1}=-e^{\phi_2}$. 再由(10.1.9)得 $f=e^{\phi_2},g=e^{-\phi_2}$，这也是关系式(7). 设 a 为 f 的 Picard 例外值，则 b 为 g 的 Picard 例外值，且 $\dfrac{(b+1)(a-1)}{(b-1)(a+1)}=c$. 因此

$$f = a + e^{\alpha}, g = b + e^{\beta},$$

其中 α, β 为非常数整函数. 代入(10.1.15)得

$$(1 + b^2 - 2ab)e^{\alpha} - (1 + a^2 - 2ab)e^{\beta} - (a - b)e^{\alpha+\beta} = 2(a - b)(ab - 1).$$

应用定理 1.56 得

$$e^{\alpha+\beta} = 2(1 - ab), 1 + b^2 - 2ab = 0, 1 + a^2 - 2ab = 0.$$

解得 $a = \pm \dfrac{\sqrt{3}}{3}i, b = -a, (f - a)(g - b) = \dfrac{4}{3}$,这正是关系式(8).

第五, 设 $e^{2\phi_1 - \phi_3} \equiv c$, 其中 $c(\neq 0)$ 为常数, 由(10.1.6),(10.1.8)得

$$\frac{(f - 1)^2(g - a)(g - b)}{(g - 1)^2(f - a)(f - b)} = c. \tag{10.1.17}$$

如果 $c \neq 1$,由(10.1.17)知, $-1, \infty$ 均为 f 与 g 的 Picard 例外值. 设 $f = -1 + e^{\alpha}, g = -1 + e^{\beta}$,其中 α, β 为非常数整函数,代入(10.1.6)得

$$e^{\alpha} + 2e^{\phi_1} - e^{\beta+\phi_1} = 2.$$

再由定理 1.56 得 $-e^{\beta+\phi_1} = 2, e^{\alpha} + 2e^{\phi_1} = 0$. 因此 $f = -1 - 2e^{\phi_1}$, $g = -1 - 2e^{-\phi_1}$. 再代入(10.1.17)化简即得

$$[(1 + a)(1 + b) - 4c]e^{2\phi_1} + 2(2 + a + b)(1 - c)e^{\phi_1} = (1 + a)(1 + b)c - 4.$$

因此

$$\begin{cases}(1 + a)(1 + b) - 4c = 0, \\ 2(2 + a + b)(1 - c) = 0, \\ (1 + a)(1 + b)c - 4 = 0.\end{cases}$$

解得 $c = -1, a = 1$ 或 $-3, b = -3$ 或 1. 这是不可能的. 于是 $c = 1$. 由(10.1.17)得

$$(2 - a - b)fg + (ab - 1)(f + g) + (a + b - 2ab) = 0. \tag{10.1.18}$$

把(10.1.9)代入(10.1.18),并注意到 $e^{\phi_2} \neq 1$,化简即得

$$(a + b - ab - 1)e^{\phi_2 - 2\phi_1} + (3 - a - b - ab)e^{\phi_2 - \phi_1},$$

$$-(3-a-b-ab)e^{-\phi_1}=a+b-ab-1.$$

由定理 1.56 得 $e^{\phi_2-2\phi_1}=1, 3-a-b-ab=0$. 因此 $e^{\phi_2}=e^{2\phi_1}$，代入(10.1.9)即得

$$f=-2e^{\phi_1}-1,\quad g=-2e^{-\phi_1}-1,$$

这就得到关系式(9).

第六，设 $e^{2\phi_2-\phi_3}=c$，其中 $c(\neq 0)$ 为常数. 与第五种情况类似，可得关系式(10).

把(10.1.9)代入(10.1.8)化简后得

$$\begin{aligned}&(1+a+b+ab)e^{2\phi_1-\phi_3}+4e^{2\phi_1+2\phi_2-\phi_3}+(1-a-b+ab)e^{2\phi_2-\phi_3}\\&+2(1-ab)e^{\phi_1+\phi_2-\phi_3}-2(2+a+b)e^{2\phi_1+\phi_2-\phi_3}-2(2-a-b)e^{\phi_1+2\phi_2-\phi_3}\\&-(1+a+b+ab)e^{2\phi_2}-(1-a-b+ab)e^{2\phi_1}+2(2+a+b)e^{\phi_2}\\&+2(2-a-b)e^{\phi_1}-2(1-ab)e^{\phi_1+\phi_2}=4.\end{aligned}\tag{10.1.19}$$

应用定理 1.54，由(10.1.19)知，$e^{2\phi_1+2\phi_2-\phi_3}, e^{\phi_1+\phi_2-\phi_3}, e^{2\phi_1+\phi_2-\phi_3}, e^{\phi_1+2\phi_2-\phi_3}, e^{\phi_1+\phi_2}$ 中至少有一个为常数. 对于这五种情况，通过各种情况的分析，都可得出矛盾.

这就完成了定理 10.4 的证明.

关于定理 10.4 的证明，可参看仪洪勋[20]，K. Tohge[1].

10.1.4 Brosch 的一个结果

我们首先引入一个引理.

引理 10.4 设 f 与 g 为非常数亚纯函数，$0,1,\infty$ 为其 CM 公共值，再设 a,b 为有穷复数，且 $a,b\neq 0,1$. 如果 0 为 $f-a$ 与 $g-b$ 的"IM"公共值，则 f 为 g 的分式线性变换.

引理 10.4 是定理 5.37 的改进. 从 §5.6.4 节定理 5.37 的证明容易看出，引理 10.4 成立，由引理 10.4 容易得到下述

引理 10.5 设 f 与 g 为非常数亚纯函数，$-1,1,\infty$ 为其 CM 公共值，再设 a,b 为有穷复数，且 $a,b\neq -1,1$. 如果 0 为 $f-a$ 与 $g-b$ 的"CM"公共值，则 f 必为 g 的分式线性变换.

1989 年，G. Brosch[1] 在其博士论文中证明了下述结果，它是定理 10.4 的改进.

定理 10.6 设 f 与 g 为非常数亚纯函数，$-1,1$ 为其 CM 公共值，∞ 为其 IM 公共值. 设 $S=\{a,b\}$，其中 $a\neq b,a,b\neq -1,1,\infty$. 如果 $E_f(S)=E_g(S)$，则 f 为 g 的分式线性变换.

证. 由定理 2.18 知，

$$T(r,f)=O(T(r,g)),\quad (r\notin E),$$
$$T(r,g)=O(T(r,f)),\quad (r\notin E).$$

设

$$\begin{aligned}\triangle=&\frac{a+b-2}{2}\left(\frac{f'}{f+1}-\frac{g'}{g+1}\right)-\frac{a+b+2}{2}\left(\frac{f'}{f-1}-\frac{g'}{g-1}\right)\\&+\frac{f'}{f-a}+\frac{f'}{f-b}-\frac{g'}{g-a}-\frac{g'}{g-b}\\=&\frac{f'[(a+b+2)(a+b-2)f+(a+b)(1-ab)]}{(f^2-1)(f-a)(f-b)}\\&-\frac{g'[(a+b+2)(a+b-2)g+(a+b)(1-ab)]}{(g^2-1)(g-a)(g-b)}.\end{aligned}\tag{10.1.20}$$

显然有

$$m(r,\triangle)=S(r,f),$$

且 $\triangle$ 的极点仅可能在 f 与 g 的极点出现. 设 z_0 为 f 的 p 重极点，为 g 的 q 重极点，则 z_0 为 $\triangle$ 的第一项的 $4p-(2p+1)=2p-1\geqslant 1$ 重零点，为 $\triangle$ 的第二项的 $4q-(2q+1)=2q-1\geqslant 1$ 重零点. 于是 $N(r,\triangle)=0$. 这就导出

$$T(r,\triangle)=S(r,f).$$

设

$$\overline{N}(r,f)\neq S(r,f).$$

如果 $\triangle\not\equiv 0$，则

$$\overline{N}(r,f)\leqslant N\left(r,\frac{1}{\triangle}\right)\leqslant T(r,\triangle)+O(1)=S(r,f),$$

这是一个矛盾. 于是 $\triangle\equiv 0$. 由 (10.1.20) 知，∞ 为 f 与 g 的 CM 公共值.

设 $N_0(r,a)$ 表示 f 与 g 公共 a 值点的计数函数，$N_0(r,b)$ 表示 f 与 g 公共 b 值点的计数函数. 我们讨论下述三种情况.

(1) 假设 $N_0(r,a)\neq S(r,f)$.

设 $$\delta=\frac{f'(f-a)}{f^2-1}-\frac{g'(g-a)}{g^2-1}. \tag{10.1.21}$$
显然有 $m(r,\delta)=S(r,f)$. 注意到当 $\overline{N}(r,f)\neq S(r,f)$ 时，∞ 为 f 与 g 的 CM 公共值，故也有 $N(r,\delta)=S(r,f)$. 于是

$$T(r,\delta)=S(r,f).$$

如果 $\delta\not\equiv 0$，由(10.1.21)得

$$N_0(r,a)\leqslant N(r,\frac{1}{\delta})=S(r,f),$$

这是一个矛盾，故 $\delta\equiv 0$. 再由(10.1.21)知 a 为 f 与 g 的 CM 公共值. 这就得到，$-1,1,a$ 为 f 与 g 的 CM 公共值. ∞ 为 f 与 g 的 IM 公共值，由定理 4.5 知，f 为 g 的分式线性变换.

(2) 假设 $N_0(r,b)\neq S(r,f)$. 与情况(1)类似，也可得到定理 10.6 的结论.

(3) 假设 $N_0(r,a)=S(r,f)$，$N_0(r,b)=S(r,f)$. 则 0 为 $f-a$ 与 $g-b$ 的"CM"公共值，0 也为 $f-b$ 与 $g-a$ 的"CM"公共值. 再区分两种情况.

(i) 假设 $\overline{N}(r,f)\neq S(r,f)$. 则 ∞ 为 f 与 g 的 CM 公共值. 于是 $-1,1,\infty$ 为 f 与 g 的 CM 公共值，0 为 $f-a$ 与 $g-b$ 的"CM"公共值. 由引理 10.5 知，f 为 g 的分式线性变换.

(ii) 假设 $\overline{N}(r,f)=S(r,f)$.

如果 $$\overline{N}(r,\frac{1}{f-a})=\overline{N}(r,\frac{1}{g-b})+S(r,f)=S(r,f).$$

设 $$F=\frac{f-a}{1-a},\quad G=\frac{g-b}{1-b}.$$

则 $$\overline{N}(r,F)=S(r,F),\quad \overline{N}(r,\frac{1}{F})=S(r,F),$$

$$\overline{N}(r,G)=S(r,G),\quad \overline{N}(r,\frac{1}{G})=S(r,F),$$

且 1 为 F 与 G 的 CM 公共值. 由定理 3.30 知，F 为 G 的分式线性变换. 于是 f 为 g 的分式线性变换.

如果 $$\overline{N}(r,\frac{1}{f-b})=\overline{N}(r,\frac{1}{g-a})+S(r,f)=S(r,f),$$
与前面类似，也可得到 f 为 g 的分式线性变换.

下设

$$\overline{N}(r,\frac{1}{f-a})=\overline{N}(r,\frac{1}{g-b})+S(r,f)\neq S(r,f),$$

$$\overline{N}(r,\frac{1}{f-b})=\overline{N}(r,\frac{1}{g-a})+S(r,f)\neq S(r,f).$$

设

$$\triangle_1=\frac{f'}{f-a}-\frac{g'}{g-b},\quad \triangle_2=\frac{f'}{f+1}-\frac{g'}{g+1},$$

$$\triangle_3=\frac{f'}{f-b}-\frac{g'}{g-a},\quad \triangle_4=\frac{f'}{f-1}-\frac{g'}{g-1}.$$

并设

$$H=(a+b-2)\triangle_2-(a+b+2)\cdot\frac{(1-a)(1-b)}{(1+a)(1+b)}\triangle_4 -\frac{2(a-b)^2}{(1+a)(1+b)}\triangle_3.$$

设 $f(z_1)=a, g(z_1)=b$. 容易验证 $H(z_1)=0$. 如果 $H\not\equiv 0$,则

$$\overline{N}(r,\frac{1}{f-a})\leqslant N(r,\frac{1}{H})+S(r,f)\leqslant T(r,H)+S(r,f) =S(r,f),$$

这是一个矛盾. 于是 $H\equiv 0$,再设

$$G=(a+b-2)\triangle_2-(a+b+2)\frac{(1-a)(1-b)}{(1+a)(1+b)}\triangle_4 -\frac{2(a-b)^2}{(1+a)(1+b)}\triangle_1.$$

设 $f(z_2)=b$, $g(z_2)=a$. 容易验证 $G(z_2)=0$. 与前面类似,可以证明 $G\equiv 0$.

由 $H\equiv 0, G\equiv 0$ 得 $\triangle_1\equiv\triangle_3$. 积分得

$$\frac{f-a}{f-b}=c\cdot\frac{g-b}{g-a},$$

其中 $c(\neq 0)$ 为常数. 由此即知,f 为 g 的线性分式变换.

这就完成了定理 10.6 的证明.

10.1.5 具有 IM 公共值集的唯一性

1986 年,仪洪勋[6] 纠正了 Gross-Yang[1] 的一个结果,证明了

下述

定理 10.7 设 f 与 g 为非常数亚纯函数，

$$S_j = \{a_j, a_j + b, \cdots, a_j + (n-1)b\} \qquad (j = 1, 2, \cdots, m),$$

其中 $b \neq 0, S_{j_1} \cap S_{j_2} = \varnothing(j_1 \neq j_2), m > 4$. 如果 $\overline{E}_f(S_j) = \overline{E}_g(S_j) \quad (j = 1, 2, \cdots, m)$，则 $f \equiv g$.

证. 显然 $f - g \not\equiv kb(k = 1, 2, \cdots, n-1)$，因否则 $a_j(j = 1, 2, \cdots, m)$ 均为 f 的 Picard 例外值，$a_j + (n-1)b\ (j = 1, 2, \cdots, m)$ 均为 g 的 Picard 例外值，这是不可能的. 同理也有 $g - f \not\equiv kb(k = 1, 2, \cdots, n-1)$.

假设 $f \not\equiv g$，根据 Nevanlinna 第二基本定理

$$\begin{aligned}
(nm-2)T(r,f) &< \sum_{j=1}^{m}\sum_{k=0}^{n-1}\overline{N}\left(r, \frac{1}{f-(a_j+kb)}\right) + S(r,f) \\
&\leqslant \overline{N}\left(r, \frac{1}{f-g}\right) + \sum_{k=1}^{n-1}\overline{N}\left(r, \frac{1}{f-g-kb}\right) \\
&\quad + \sum_{k=1}^{n-1}\overline{N}\left(r, \frac{1}{g-f-kb}\right) + S(r,f) \\
&\leqslant (2n-1)\{T(r,f) + T(r,g)\} + S(r,f).
\end{aligned}$$

同理

$$(nm-2)T(r,g) < (2n-1)\{T(r,f) + T(r,g)\} + S(r,g).$$

由此即得

$$\begin{aligned}
(nm-2)\{T(r,f) + T(r,g)\} &< 2(2n-1)\{T(r,f) + T(r,g)\} \\
&\quad + S(r,f) + S(r,g).
\end{aligned}$$

因此

$$n(m-4)\{T(r,f) + T(r,g)\} < S(r,f) + S(r,g).$$

因 $m > 4$，这是不可能的. 于是 $f \equiv g$.

在定理 10.7 中，设 $n = 1$，即得出定理 3.1，因此定理 10.7 是 Nevanlinna 五值定理的推广.

设 $a_1 = 0, \quad a_2 = \sqrt{2}, \quad a_3 = \dfrac{\sqrt{2}}{1 + \sqrt{2} + \sqrt{3}}$,

$a_4 = \dfrac{\sqrt{2}}{1 + \sqrt{2} - \sqrt{3}}, \quad S_j = \{a_j, a_j + 1\} \quad (j = 1, 2, 3, 4)$. 再设

$$f(z)=\frac{1}{(\sqrt{2}-1)e^{z}+1},\quad g(z)=\frac{\sqrt{2}}{(\sqrt{2}-1)e^{-z}+1}.$$

容易验证 $\overline{E}_f(S_j)=\overline{E}_g(S_j)(j=1,2,3,4)$，但 $f\not\equiv g$. 这个例子表明，当 $n=2$ 时，定理 10.7 中条件 $m>4$ 是必要的.

1986 年，仪洪勋[6] 证明了下述

定理 10.8 设 f 与 g 为非常数亚纯函数，

$$S_j=\{c+a_j,c+a_jw,\cdots,c+a_jw^{n-1}\}\quad(j=1,2,\cdots,m),$$

其中 $w=\exp(\frac{2\pi i}{n})$，$a_j\neq 0\quad(j=1,2,\cdots,m)$，$S_{j_1}\cap S_{j_2}=\varnothing(j_1\neq j_2)$，$m>2+\frac{2}{n}$. 如果 $\overline{E}_f(S_j)=\overline{E}_g(S_j)(j=1,2,\cdots,m)$，则

$$(f-c)^n\equiv(g-c)^n.$$

证. 假设 $(f-c)^n\not\equiv(g-c)^n$，由第二基本定理得

$$\begin{aligned}(nm-2)T(r,f)&<\sum_{j=1}^{m}\sum_{k=0}^{n-1}\overline{N}(r,\frac{1}{(f-c)-a_jw^k})+S(r,f)\\&\leqslant N(r,\frac{1}{(f-c)^n-(g-c)^n})+S(r,f)\\&\leqslant n\{T(r,f)+T(r,g)\}+S(r,f).\end{aligned}$$

同理

$$(nm-2)T(r,g)<n\{T(r,f)+T(r,g)\}+S(r,g).$$

因此

$$\begin{aligned}(nm-2)\{T(r,f)+T(r,g)\}<2n\{T(r,f)+T(r,g)\}\\+S(r,f)+S(r,g).\end{aligned}$$

由此即得

$$n(m-2-\frac{2}{n})\{T(r,f)+T(r,g)\}<S(r,f)+S(r,g).$$

因 $m>2+\frac{2}{n}$，这是不可能的. 于是

$$(f-c)^n\equiv(g-c)^n.$$

在定理 10.8 中，设 $n=1$，即得出定理 3.1. 因此定理 10.8 也是 Nevanlinna 五值定理的推广. 由定理 10.8，可得下述

系 1. 设 f 与 g 为非常数亚纯函数，$S_j=\{c+a_j,c-a_j\}\quad(j$

$= 1,2,3,4$),其中 $a_j \neq 0 (j = 1,2,3,4)$, $S_{j_1} \cap S_{j_2} = \varnothing (j_1 \neq j_2)$. 如果 $\overline{E}_f(S_j) = \overline{E}_g(S_j) (j = 1,2,3,4)$,则 $f \equiv g$ 或 $f + g \equiv 2c$.

系 2. 设 f 与 g 为非常数亚纯函数,$S_j = \{c + a_j, c + a_j \cdot \exp(\frac{2\pi i}{3}), c + a_j \cdot \exp(\frac{-2\pi i}{3})\} (j = 1,2,3)$,其中 $a_j \neq 0 \ (j = 1,2,3)$, $S_{j_1} \cap S_{j_2} = \varnothing (j_1 \neq j_2)$. 如果 $\overline{E}_f(S_j) = \overline{E}_g(S_j) \quad (j = 1,2,3)$,则 $f \equiv g$ 或 $f \equiv c + (g - c) \cdot \exp(\pm \frac{2\pi i}{3})$.

我们还有下述

定理 10.9 设 f 与 g 为非常数亚纯函数,$S_j = \{c + a_j, c - a_j\} (j = 1,2,3)$, $S_4 = \{c\}$,其中 $a_j \neq 0 (j = 1,2,3)$,$S_{j_1} \cap S_{j_2} = \varnothing (j_1 \neq j_2)$. 如果 $\overline{E}_f(S_j) = \overline{E}_g(S_j) \quad (j = 1,2,3,4)$,则 $f \equiv g$ 或 $f + g \equiv 2c$.

显然定理 10.9 为定理 10.8 的系 1 中 $a_4 = 0$ 的情况. 下面证明定理 10.9.

设 $F = (f - c)^2, G = (g - c)^2, b_j = a_j^2 (j = 1,2,3), b_4 = 0$, 由定理 10.9 的条件易知,$b_j (j = 1,2,3,4)$ 为 F 与 G 的 IM 公共值. 如果 $F \not\equiv G$,由定理 4.4 的(ii) 得

$$\sum_{j=1}^{4} \overline{N}(r, \frac{1}{F - b_j}) = 2T(r,F) + S(r,F).$$

再由第二基本定理得

$$\begin{aligned}
5T(r,f) < & \sum_{j=1}^{3} \overline{N}(r, \frac{1}{f - (c + a_j)}) \\
& + \sum_{j=1}^{3} \overline{N}(r, \frac{1}{f - (c - a_j)}) + \overline{N}(r, \frac{1}{f - c}) + S(r,f) \\
= & \sum_{j=1}^{4} \overline{N}(r, \frac{1}{F - b_j}) + S(r,f) \\
= & 2T(r,F) + S(r,f) \\
= & 4T(r,f) + S(r,f),
\end{aligned}$$

这是不可能的. 于是 $F \equiv G$,这就得到

$$f \equiv g \text{ 或 } f + g \equiv 2c.$$

1986 年,仪洪勋[6] 还证明了下述

定理 10.10 把定理 10.9 中的 $S_4=\{c\}$ 换为 $S_4=\{\infty\}$,定理 10.9 的结论仍成立.

证. 设 $F=\dfrac{1}{f-c}, G=\dfrac{1}{g-c}, S'_j=\{\dfrac{1}{a_j},-\dfrac{1}{a_j}\}(j=1,2,3), S'_4=\{0\}$. 由定理 10.10 的条件易知,$S'_j(j=1,2,3,4)$ 均为 F 与 G 的 IM 公共值集. 再由定理 10.9 得 $F\equiv G$ 或 $F+G\equiv 0$. 于是 $f\equiv g$ 或 $f+g\equiv 2c$.

与本节有关的结果可参看 Gross[1,2,3], 仪洪勋[4,6,20], Tohge[1], Brosch[1], Gross-Yang[1], Gross-Osgood[1].

§10.2 函数具有三个公共值集

10.2.1 Gross-Osgood 一个结果的推广和改进

1982 年,Gross-Osgood[1] 证明了下述

定理 10.11 设 f 与 g 为有穷级整函数,$S_1=\{-1,1\}, S_2=\{0\}$. 如果 $E_f(S_j)=E_g(S_j)\quad(j=1,2)$,则 $f\equiv\pm g$ 或 $f\cdot g\equiv\pm 1$.

1985 年,仪洪勋[3] 使用了与 Gross-Osgood[1] 完全不同的方法,解决了无穷级的情况,并从几个方面推广了定理 10.11. 仪洪勋[3] 证明了

定理 10.12 设 f 与 g 为非常数亚纯函数,$S_1=\{-1,1\}, S_2=\{0\}, S_3=\{\infty\}$. 如果 $E_f(S_j)=E_g(S_j)\quad(j=1,2,3)$,则 $f\equiv\pm g$ 或 $fg\equiv\pm 1$.

由定理 10.12,即得下述

系. 把定理 10.11 中的条件“有穷级”去掉,定理 10.11 仍成立.

1986 年,仪洪勋[6] 进一步推广了定理 10.12,证明了

定理 10.13 设 f 与 g 为非常数亚纯函数,$S_1=\{c+a,c+$

$aw,\cdots,c+aw^{n-1}\}$，$S_2=\{c\}$，$S_3=\{\infty\}$，其中 $n\geqslant 2$，$a\neq 0$，$w=\exp(\frac{2\pi i}{n})$。如果 $E_f(S_j)=E_g(S_j)(j=1,2,3)$，则 $f-c\equiv t(g-c)$，其中 $t^n=1$ 或 $(f-c)(g-c)\equiv s$，其中 $s^n=a^{2n}$.

证. 设

$$F=(\frac{f-c}{a})^n,\quad G=(\frac{g-c}{a})^n.$$

由定理10.13的条件易知，0，1，∞为 F 与 G 的CM公共值，注意到 $n\geqslant 2$，则我们有

$$N_{1)}(r,\frac{1}{F})+N_{1)}(r,F)=0.$$

再由定理5.7得 $F\equiv G$ 或 $F\cdot G\equiv 1$. 由此即得定理10.13的结论.

由定理10.13，即得下述

系. 设 f 与 g 为非常数亚纯函数，$S_1=\{1,w,\cdots,w^{n-1}\}$，$S_2=\{0\}$，$S_3=\{\infty\}$，其中 $n\geqslant 2$，$w=\exp(\frac{2\pi i}{n})$. 如果 $E_f(S_j)=E_g(S_j)(j=1,2,3)$，则 $f\equiv tg$，其中 $t^n=1$，或 $f\cdot g\equiv s$，其中 $s^n=1$.

显然定理10.12为定理10.13的系的特殊情况. 我们还有下述

定理 10.14 设 f 与 g 为非常数亚纯函数，$S_1=\{a_1\}$，$S_2=\{a_2\}$，$S_3=\{a_3,a_4\}$，其中 $a_j(j=1,2,3,4)$ 为四个判别的复数，交比 $(a_1,a_2,a_3,a_4)=-1$. 如果 $E_f(S_j)=E_g(S_j)(j=1,2,3)$，则 $f\equiv g$，或 $\frac{f-a_1}{f-a_2}\equiv-\frac{g-a_1}{g-a_2}$ 或 $\frac{(f-a_1)(g-a_1)}{(f-a_2)(g-a_2)}\equiv\pm(\frac{a_3-a_1}{a_3-a_2})^2$.

证. 设

$$F=\frac{f-a_1}{f-a_2}\cdot\frac{a_3-a_2}{a_3-a_1},\quad G=\frac{g-a_1}{g-a_2}\cdot\frac{a_3-a_2}{a_3-a_1}.$$

由定理10.14的条件知，$S_1'=\{0\}$，$S_2'=\{\infty\}$，$S_3'=\{1,-1\}$ 均为 F 与 G 的CM公共值集. 由定理10.12得 $F\equiv\pm G$ 或 $F\cdot G\equiv\pm 1$. 由此即得定理10.14的结论.

1991 年，Jank-Terglane[1] 改进了定理 10.12，证明了下述.

定理 10.15 设 f 与 g 为非常数亚纯函数，0 为其 CM 公共值，∞ 为其 IM 公共值，$S=\{-1,1\}$ 为其 CM 公共值集，则 $f\equiv\pm g$ 或 $f\cdot g\equiv\pm 1$.

应用 Jank-Terglane[1] 的方法，容易证明下述结果，它是定理 10.13 的改进，也是定理 10.15 的推广.

定理 10.16 设 f 与 g 为非常数亚纯函数，c 为其 CM 公共值，∞ 为其 IM 公共值，$S=\{c+a,c+aw,\cdots,c+aw^{n-1}\}$ 为其 CM 公共值集，其中 $n\geqslant 2,a\neq 0,w=\exp(\frac{2\pi i}{n})$，则 $f-c\equiv t(g-c)$，其中 $t^n=1$ 或 $(f-c)(g-c)=s$，其中 $s^n=a^{2n}$.

证. 不失一般性，不妨设 $c=0,a=1$. 否则只需用 $\frac{f-c}{a}$ 与 $\frac{g-c}{a}$ 分别代替 f 与 g 即可.

设 $F=f^n$，$G=g^n$. 由定理 10.16 的条件知，0，1 为 F 与 G 的 CM 公共值，∞ 为 F 与 G 的 IM 公共值，且

$$S(r,F)=S(r,G)=S(r,f)=S(r,g).$$

我们区分两种情况.

(1) 假设 $\overline{N}(r,f)\neq S(r,f)$.

注意到 F,G 的极点的重级均大于 1，因此

$$N^*(r,\infty)\neq S(r,F),$$

其中 $N^*(r,\infty)$ 表示 F 与 G 的重级均大于 1 的极点的计数函数，按重级小者计算次数. 由定理 5.5 知 $F\equiv G$. 于是 $f\equiv tg$，其中 $t^n=1$.

(2) 假设 $\overline{N}(r,f)=S(r,f)$. 再区分两种情况.

(i) 假设 $\overline{N}(r,\frac{1}{f})\neq S(r,f)$. 因 0 为 f 与 g 的 CM 公共值，故 $\overline{N}(r,\frac{1}{g})\neq S(r,f)$. 显然

$$N_{(2}(r,\frac{1}{F})\geqslant 2\overline{N}(r,\frac{1}{f})\neq S(r,f),$$

$$N_{(2}(r,\frac{1}{G}) \geqslant 2\overline{N}(r,\frac{1}{g}) \neq S(r,f).$$

令

$$\triangle = \frac{F'}{F-1} - \frac{G'}{G-1}.$$

则 $m(r,\triangle) = S(r,f)$. 因 1 为 F 与 G 的 CM 公共值，且 $\overline{N}(r,F) = S(r,f)$，$\overline{N}(r,G) = S(r,f)$. 故 $N(r,\triangle) = S(r,f)$. 于是

$$T(r,\triangle) = S(r,f).$$

如果 $\triangle \not\equiv 0$，显然有

$$\overline{N}(r,\frac{1}{f}) \leqslant N(r,\frac{1}{\triangle}) = S(r,f).$$

这是一个矛盾，于是 $\triangle \equiv 0$. 积分得

$$F - 1 = c(G-1).$$

其中 $c(\neq 0)$ 为积分常数. 把 f 与 g 的公共零点代入即得 $c = 1$. 故 $F \equiv G$. 于是 $f \equiv tg$，其中 $t^n = 1$.

(ii) 假设 $\overline{N}(r,\frac{1}{f}) = S(r,f)$. 于是

$\overline{N}(r,F)$，$\overline{N}(r,G)$，$\overline{N}(r,\frac{1}{F})$，$\overline{N}(r,\frac{1}{G})$ 均为 $S(r,f)$，又 1 为 F 与 G 的 CM 公共值. 由定理 3.30 得 $F \equiv G$ 或 $F \cdot G \equiv 1$. 于是 $f = tg$，其中 $t^n = 1$ 或 $fg = s$，其中 $s^n = 1$.

10.2.2 定理 10.13 的补充

1986 年，仪洪勋[6] 证明了下述结果，它是定理 10.13 的补充.

定理 10.17 设 f 与 g 为非常数亚纯函数，$S_j = \{c + a_j, c + a_j w, \cdots, c + a_j w^{n-1}\}$ $(j = 1,2)$，$S_3 = \{\infty\}$，其中 $w = \exp(\frac{2\pi i}{n})$，$n \geqslant 3$，$a_1 a_2 \neq 0$，$a_1^{2n} \neq a_2^{2n}$. 如果 $E_f(S_j) = E_g(S_j)$ $(j = 1,2,3)$，则 $f - c \equiv t(g-c)$，其中 $t^n = 1$.

证. 设 $F = (f-c)^n$，$G = (g-c)^n$，$A_1 = a_1^n$， $A_2 = a_2^n$. 由定理 10.17 的条件知，A_1，A_2，∞ 为 F 与 G 的 CM 公共值.

假设 $F \not\equiv G$，由定理 5.4 知

$$N_{(2}(r,F)=S(r,F).$$

于是

$$\overline{N}(r,F)=\overline{N}(r,G)=S(r,F).$$

再由引理 4.5 知

$$N_{(3}(r,\frac{1}{F})=S(r,F),\quad N_{(3}(r,\frac{1}{G})=S(r,G).$$

注意到 $n\geqslant 3$，于是

$$\overline{N}(r,\frac{1}{F})=S(r,F),\quad \overline{N}(r,\frac{1}{G})=S(r,G)$$

应用定理 3.30 得 $F\cdot G\equiv A_1^2$ 及 $F\cdot G\equiv A_2^2$. 注意到 $A_1^2=a_1^{2n}\neq a_2^{2n}=A_2^2$，这是一个矛盾. 于是 $F\equiv G$. 由此即得定理 10.17 的结论.

我们还有

定理 10.18 把定理 10.17 中的 $S_3=\{\infty\}$ 换为 $S_3=\{c\}$，定理 10.17 的结论仍成立.

证. 设 $F=\dfrac{1}{f-c}$, $G=\dfrac{1}{g-c}$, $S'_j=\{\dfrac{1}{a_j},\dfrac{1}{a_j}w,\cdots,\dfrac{1}{a_j}w^{n-1}\}(j=1,2)$, $S'_3=\{\infty\}$. 由定理 10.18 的条件知，$S'_j(j=1,2,3)$ 为 F 与 G 的 CM 公共值集. 由定理 10.17 知 $F^n\equiv G^n$. 于是 $(f-c)^n\equiv(g-c)^n$，由此即得 $f-c\equiv t(g-c)$，其中 $t^n=1$.

1990 年，仪洪勋[25] 证明了下述结果，它是定理 10.13，定理 10.17 的补充.

定理 10.19 设 f 与 g 为非常数亚纯函数，$S_j=\{c+a_j,c+a_jw,\cdots,c+a_jw^{n-1}\}(j=1,2,3)$，其中 $w=\exp(\dfrac{2\pi i}{n})$, $n\geqslant 3$, a_1^{2n}, a_2^{2n}, a_3^{2n} 互为判别. 如果 $E_f(S_j)=E_g(S_j)\quad(j=1,2,3)$，则 $f-c\equiv t(g-c)$，其中 $t^n=1$.

证. 如果 a_1,a_2,a_3 中有一个等于 0，由定理 10.18 知，定理 10.19 的结论成立. 下设 $a_j\neq 0(j=1,2,3)$.

设 $F=(f-c)^n$, $G=(g-c)^n$, $A_1=a_1^n$, $A_2=a_2^n$, $A_3=a_3^n$. 由定理 10.19 的条件知，A_1,A_2,A_3 为 F 与 G 的 CM 公共值.

假设 $F \not\equiv G$. 由引理 4.5 知

$$N_{(3}(r,F) = S(r,F), \quad N_{(3}(r,G) = S(r,G),$$

$$N_{(3}(r,\frac{1}{F}) = S(r,F), \quad N_{(3}(r,\frac{1}{G}) = S(r,G).$$

注意到 $n \geqslant 3$,于是

$$\overline{N}(r,F) = S(r,F), \quad \overline{N}(r,G) = S(r,G),$$

$$\overline{N}(r,\frac{1}{F}) = S(r,F), \quad \overline{N}(r,\frac{1}{G}) = S(r,G).$$

应用定理 3.30 得 $F \cdot G \equiv A_1^2$ 及 $F \cdot G \equiv A_2^2$. 注意到 $A_1^2 = a_1^{2n} \neq a_2^{2n} = A_2^2$,这是一个矛盾. 于是 $F \equiv G$. 由此即得定理 10.19 的结论.

10.2.3 与 Gross-Yang 一个问题有关的结果

1982 年,Gross-Yang[1] 提出下述问题:是否存在两个集合 $S_1 = \{a_1, a_2\}$, $S_2 = \{b_1, b_2\}$,使得对任意两个非常数整函数 f 与 g,只要满足 $E_f(S_j) = E_g(S_j)$ $(j=1,2)$,必有 $f \equiv g$?

在同一篇论文中,Gross-Yang 研究了两个集合 $S_1 = \{a_1, a_2\}$, $S_2 = \{b_1, b_2\}$,其中 $a_1 + a_2 = b_1 + b_2$,对于两个非常数有穷级整函数 f 与 g,当 $E_f(S_j) = E_g(S_j)$ $(j=1,2)$ 时 f 与 g 应满足的关系式. 然而他们的结果是不完全的. 1985 年,仪洪勋[5] 完善了 Gross-Yang[1] 的有关结果,证明了下述

定理 10.20 设 f 与 g 为非常数有穷级整函数,$S_1 = \{a_1, a_2\}$, $S_2 = \{b_1, b_2\}$,其中 $a_1 \neq a_2$, $b_1 \neq b_2$, $a_1 + a_2 = b_1 + b_2 = c$, $a_1 a_2 \neq b_1 b_2$. 如果 $E_f(S_j) = E_g(S_j)$ $(j=1,2)$,则 f 与 g 必满足下述五个关系之一:

(i) $f \equiv g$,

(ii) $f + g \equiv c$,

(iii) $(f - \frac{c}{2})(g - \frac{c}{2}) \equiv \pm (\frac{a_1 - a_2}{2})^2$,仅当 $(a_1 - a_2)^2 + (b_1 - b_2)^2 = 0$ 成立,

(iv) $(f - a_j)(g - a_k) \equiv (-1)^{j+k}(a_1 - a_2)^2$ $(j,k = 1,2)$,仅当 $3(a_1 - a_2)^2 + (b_1 - b_2)^2 = 0$ 成立,

(v) $(f-b_j)(g-b_k)\equiv(-1)^{j+k}(b_1-b_2)^2(j,k=1,2)$,仅当$(a_1-a_2)^2+3(b_1-b_2)^2=0$成立.

1985年,仪洪勋[5]给出了定理10.20的两个证明,第一个证明比较长,这里不再给出,可参看仪洪勋[5],第二个证明将在定理10.22后给出.由定理10.20易得下述

系. 假设定理10.20的条件成立,再设$(\frac{a_2-a_1}{b_2-b_1})^2\neq-1,-3,-\frac{1}{3}$,则$f\equiv g$或$f+g\equiv c$.

仪洪勋[5]研究了定理10.17中$n=2$的情况,并证明了下述结果.

定理10.21 设f与g为非常数亚纯函数,$S_1=\{a_1,a_2\}$,$S_2=\{b_1,b_2\}$,$S_3=\{\infty\}$,其中$a_1\neq a_2$,$b_1\neq b_2$,$a_1+a_2=b_1+b_2=c$,$a_1a_2\neq b_1b_2$.如果$f\not\equiv g$,$f+g\not\equiv c$,并且$E_f(S_j)=E_g(S_j)$ $(j=1,2,3)$,则

(1) $T(r,f)=T(r,g)+S(r,f)$,

(2) $N(r,f)=S(r,f)$,

(3) $$\sum_{j=1}^{2}\left(N(r,\frac{1}{f-a_j})+N(r,\frac{1}{f-b_j})\right)+N(r,\frac{1}{f-\frac{c}{2}})=4T(r,f)+S(r,f).$$

证. 设

$$F=(f-\frac{c}{2})^2,\quad G=(g-\frac{c}{2})^2,$$

$a=(\frac{a_1-a_2}{2})^2$,$b=(\frac{b_1-b_2}{2})^2$.容易验证

$F-a=(f-a_1)(f-a_2)$,$F-b=(f-b_1)(f-b_2)$,

$G-a=(g-a_1)(g-a_2)$,$G-b=(g-b_1)(g-b_2)$.

由定理10.21的条件知,$a\neq b$,a,b,∞为F与G的CM公共值,并且 $F\not\equiv G$.因此

$$G-a=e^p(F-a),\quad G-b=e^q(F-b),\tag{10.2.1}$$

其中p,q为整函数,并且$e^p\not\equiv1$,$e^q\not\equiv1$,$e^p\not\equiv e^q$.显然还有

$$T(r,G)=O(T(r,F)) \qquad (r \notin E),$$

$$T(r,e^{p})+T(r,e^{q})=O(T(r,F)),(r \notin E).$$

由(10.2.1)得

$$F=\frac{be^{q}-ae^{p}+a-b}{e^{q}-e^{p}},G=\frac{be^{-q}-ae^{-p}+a-b}{e^{-q}-e^{-p}}. \tag{10.2.2}$$

显然 F 的极点必满足 $e^{q-p}-1=0$ 及 $q'-p'=0$. 若 $q'-p'\equiv 0$,则 $e^{q-p}\equiv$ 常数,此时 F 没有极点. 若 $q'-p'\not\equiv 0$,则

$$\begin{aligned}N(r,F)&\leqslant 2N(r,\frac{1}{q'-p'})\leqslant 2T(r,q'-p')+O(1)\\&=S(r,f).\end{aligned}$$

于是

$$N(r,f)=S(r,f), \tag{10.2.3}$$

这就证明了(2). 显然F的0点必满足$be^{q}-ae^{p}+a-b=0$及$bq'e^{q}-ap'e^{p}=0$. 若$bq'e^{q}-ap'e^{p}\equiv 0$,则$be^{q}-ae^{p}\equiv$常数,此时$F$无零点. 若$bq'e^{q}-ap'e^{p}\not\equiv 0$,则

$$\begin{aligned}N(r,\frac{1}{F})&\leqslant 2N(r,\frac{1}{bq'e^{q}-ap'e^{p}})\\&=2N(r,\frac{1}{bq'e^{q-p}-ap'})\\&\leqslant 2T(r,e^{q-p})+S(r,f).\end{aligned}$$

于是

$$N(r,\frac{1}{f-\frac{c}{2}})\leqslant N(r,\frac{1}{e^{q-p}-1})+S(r,f). \tag{10.2.4}$$

由第二基本定理得

$$\begin{aligned}4T(r,f)<{}&N(r,\frac{1}{f-a_1})+N(r,\frac{1}{f-a_2})+N(r,\frac{1}{f-b_1})\\&+N(r,\frac{1}{f-b_2})+N(r,\frac{1}{f-\frac{c}{2}})+N(r,f)\\&+S(r,f).\end{aligned} \tag{10.2.5}$$

再由(10.2.3),(10.2.4)得

$$2T(r,F) < N\left(r,\frac{1}{F-a}\right) + N\left(r,\frac{1}{F-b}\right) + N\left(r,\frac{1}{e^{q-p}-1}\right) + S(r,F). \tag{10.2.6}$$

由(10.2.1)得

$$G-F=(F-a)(e^p-1)=(F-b)(e^q-1)$$
$$=\frac{e^p}{b-a}(F-a)(F-b)(e^{q-p}-1).$$

于是

$$N\left(r,\frac{1}{G-F}\right)=N\left(r,\frac{1}{F-a}\right)+N\left(r,\frac{1}{e^p-1}\right)+S(r,F)$$
$$=N\left(r,\frac{1}{F-b}\right)+N\left(r,\frac{1}{e^q-1}\right)+S(r,F)$$
$$=N\left(r,\frac{1}{F-a}\right)+N\left(r,\frac{1}{F-b}\right)+N\left(r,\frac{1}{e^{q-p}-1}\right)+S(r,F). \tag{10.2.7}$$

由(10.2.6),(10.2.7)得

$$2T(r,F) < N\left(r,\frac{1}{G-F}\right)+S(r,F)$$
$$\leqslant T(r,G)+T(r,F)+S(r,F). \tag{10.2.8}$$

于是

$$T(r,F) < T(r,G)+S(r,F).$$

同理可得

$$T(r,G) < T(r,F)+S(r,G). \tag{10.2.9}$$

因此

$$T(r,F)=T(r,G)+S(r,F).$$

于是

$$T(r,f)=T(r,g)+S(r,f),$$

这就证明了(1).由(10.2.8),(10.2.9)得

$$N\left(r,\frac{1}{G-F}\right)=2T(r,F)+S(r,F). \tag{10.2.10}$$

再由(10.2.5),即得

$$N\left(r,\frac{1}{f-\frac{c}{2}}\right)=N\left(r,\frac{1}{e^{q-p}-1}\right)+S(r,f) \tag{10.2.11}$$

及

$$\sum_{j=1}^{2}(N(r,\frac{1}{f-a_j})+N(r,\frac{1}{f-b_j}))+N(r,\frac{1}{f-\frac{c}{2}})$$

$$=4T(r,f)+S(r,f),$$

这就证明了(3).

应用定理 10.21,即可证明下述定理

定理 10.22 假设定理 10.21 的条件成立,且

$$N(r,\frac{1}{f-\frac{c}{2}})\neq T(r,f)+S(r,f),$$

则 $(f-\frac{c}{2})(g-\frac{c}{2})\equiv\pm(\frac{a_1-a_2}{2})^2$,$\frac{c}{2}$,$\infty$ 为 f 与 g 的 Picard 例外值,且 $(a_1-a_2)^2+(b_1-b_2)^2=0$.

为了证明定理 10.22,先证下述引理

引理 10.6 设 f 与 g 为非常数亚纯函数,0,1,∞ 为其 CM 公共值,且 $f\not\equiv g$. 再设 a 为一个有穷复数,且 $a\neq 0,1$. 如果

$$N(r,\frac{1}{f-a})\neq T(r,f)+S(r,f),$$

$$N(r,\frac{1}{g-a})\neq T(r,g)+S(r,g),$$

$$N(r,f)\neq T(r,f)+S(r,f),$$

则 $a=\frac{1}{2}$,$\frac{1}{2}$ 与 ∞ 为 f 与 g 的 Picard 例外值,且 $(f-\frac{1}{2})(g-\frac{1}{2})\equiv\frac{1}{4}$.

引理 10.6 为定理 5.11 的系 2 的直接推论,由引理 10.6 可得下述

引理 10.7 设 F 与 G 为非常数亚纯函数,$F\not\equiv G$. 再设 a,b,∞ 为 F 与 G 判别的 CM 公共值,其中 $a\neq 0$,$b\neq 0$. 如果

$$N(r,\frac{1}{F})\neq T(r,F)+S(r,F),$$

$$N(r,\frac{1}{G})\neq T(r,G)+S(r,G),$$

$$N(r,F) \neq T(r,F) + S(r,F),$$

则 $a+b=0$,0 与 ∞ 为 F 与 G 的 Picard 例外值,且 $F \cdot G \equiv a^2$.

证. 设 $f=\dfrac{F-a}{b-a}, g=\dfrac{G-a}{b-a}$. 则 0,1,$\infty$ 为 f 与 g 的 CM 公共值,且

$$N(r,\frac{1}{f-A}) \neq T(r,f) + S(r,f),$$

$$N(r,\frac{1}{g-A}) \neq T(r,g) + S(r,g),$$

$$N(r,f) \neq T(r,f) + S(r,f),$$

其中 $A=-\dfrac{a}{b-a}$. 由引理 10.6 知,$A=\dfrac{1}{2}$,$\dfrac{1}{2}$ 与 ∞ 为 f 与 g 的 Picard 例外值,且 $(f-\dfrac{1}{2})(g-\dfrac{1}{2}) \equiv \dfrac{1}{4}$. 由此即得引理 10.7 的结论.

应用引理 10.7 即可证明定理 10.22. 我们仍采用定理 10.21 证明中的符号. 与(10.2.11) 类似,我们也可得到

$$N(r,\frac{1}{g-\frac{c}{2}}) = N(r,\frac{1}{e^{q-p}-1}) + S(r,f).$$

再由定理 10.22 的条件得

$$N(r,\frac{1}{g-\frac{c}{2}}) \neq T(r,g) + S(r,g).$$

于是 F 与 G 满足引理 10.7 的条件. 由引理 10.7 即可得到定理 10.22 的结论. 由定理 10.21 和定理 10.22 可得下述

系 1. 假设定理 10.21 的条件成立,且

$$\sum_{j=1}^{2}(N(r,\frac{1}{f-a_j}) + N(r,\frac{1}{f-b_j})) \neq 3T(r,f) + S(r,f),$$

则定理 10.22 的结论成立.

系 2. 假设定理 10.21 的条件成立,则

$$\sum_{j=1}^{4}(N(r,\frac{1}{f-a_j}) + N(r,\frac{1}{f-b_j})) = 3T(r,f) + S(r,f)$$

或

$$\sum_{j=1}^{4}(N(r,\frac{1}{f-a_j})+N(r,\frac{1}{f-b_j}))=4T(r,f)+S(r,f).$$

下面证明定理 10.20. 我们仍采用定理 10.21 证明中的符号. 由定理 10.20 的条件,我们也可得到(10.2.1),其中 p,q 均为多项式,由第二基本定理得

$$T(r,f)<N(r,\frac{1}{f-a_1})+N(r,\frac{1}{f-a_2})+S(r,f)$$
$$<2T(r,f)+S(r,f).$$

于是

$$\frac{1}{2}T(r,F)+S(r,F)<N(r,\frac{1}{F-a})<T(r,F)+S(r,F).$$

再由(10.2.7) 即得

$$T(r,F)+S(r,F)<N(r,\frac{1}{e^p-1})<\frac{3}{2}T(r,F)+S(r,F). \tag{10.2.12}$$

同理可得

$$T(r,F)+S(r,F)<N(r,\frac{1}{e^q-1})<\frac{3}{2}T(r,F)+S(r,F). \tag{10.2.13}$$

由(10.2.12),(10.2.13) 即知,多项式 p 的次数等于多项式 q 的次数.

如果 $F\equiv G$,则 $f\equiv g$ 或 $f+g\equiv c$,这就得到(i) 或(ii). 下面假设 $f\not\equiv g,f+g\not\equiv c$,则 $F\not\equiv G$. 如果

$$N(r,\frac{1}{f-\frac{c}{2}})\neq T(r,f)+S(r,f),$$

由定理 10.22 即得(iii). 下面假设

$$N(r,\frac{1}{f-\frac{c}{2}})=T(r,f)+S(r,f).$$

由(10.2.11) 即得

$$N(r,\frac{1}{e^{q-p}-1})=T(r,f)+S(r,f). \tag{10.2.14}$$

由(10.2.12),(10.2.14) 即知,多项式 $q-p$ 的次数等于多项式 p

的次数. 由(10.2.2)得

$$\frac{(F-b)e^{p}}{b-a}=\frac{e^{p}-1}{e^{q-p}-1}. \tag{10.2.15}$$

注意到$\frac{e^{p}-1}{e^{q-p}-1}$为整函数,由定理 2.31 得

$$p=m(q-p)+2n\pi i. \tag{10.2.16}$$

于是

$$q=(m+1)(q-p)+2n\pi i, \tag{10.2.17}$$

其中 m,n 为整数.

如果 $m>0$,由(10.2.16),(10.2.17)得

$$N(r,\frac{1}{e^{p}-1})=mN(r,\frac{1}{e^{q-p}-1})+S(r,f),$$

$$N(r,\frac{1}{e^{q}-1})=(m+1)\,N(r,\frac{1}{e^{q-p}-1})+S(r,f).$$

于是

$$N(r,\frac{1}{e^{p}-1})+N(r,\frac{1}{e^{q}-1})$$
$$=(2m+1)N(r,\frac{1}{e^{q-p}-1})+S(r,f). \tag{10.2.18}$$

由(10.2.7)得

$$N(r,\frac{1}{e^{p}-1})+N(r,\frac{1}{e^{q}-1})=4T(r,f)$$
$$+N(r,\frac{1}{e^{q-p}-1})+S(r,f). \tag{10.2.19}$$

由(10.2.14),(10.2.18),(10.2.19)得

$$(2m+1)N(r,\frac{1}{e^{q-p}-1})=5N(r,\frac{1}{e^{q-p}-1})+S(r,f).$$

由此即得 $m=2$. 由(10.2.15),(10.2.16)得

$$F=(b-a)(e^{2(p-q)}+e^{p-q}+\frac{b}{b-a})$$
$$=(b-a)[(e^{p-q}+\frac{1}{2})^{2}+(\frac{b}{b-a}-\frac{1}{4})]. \tag{10.2.20}$$

注意到 F 的零点均为重零点,由(10.2.20)知,$\frac{b}{b-a}-\frac{1}{4}=0$. 因

此 $a+3b=0$ 且

$$F=b(2e^{p-q}+1)^2.$$

于是

$$f=b_1+(b_1-b_2)e^{p-q} \text{ 或 } f=b_2+(b_2-b_1)e^{p-q}.$$

同理可得

$$g=b_1+(b_1-b_2)e^{q-p}, \text{或 } g=b_2+(b_2-b_1)e^{q-p}.$$

这就得到(v).

如果 $m<0$,由(10.2.16),(10.2.17)得

$$N(r,\frac{1}{e^p-1})=|m|N(r,\frac{1}{e^{q-p}-1})+S(r,f),$$

$$N(r,\frac{1}{e^q-1})=(|m|-1)N(r,\frac{1}{e^{q-p}-1})+S(r,f).$$

与前面类似,可得 $m=-3, 3a+b=0$,

$$(f-a_j)(g-a_k)\equiv(-1)^{j+k}(a_1-a_2)^2 \quad (j,k=1,2),$$

这就得到(iv).

现在自然要问,在定理 10.20 中把关于 f 与 g 的级的限制去掉,定理 10.20 是否成立?定理 10.20 能否推广到不限制级的亚纯函数中去?定理 10.21,10.22 是上述问题的部分回答.在这个方向上,1987 年,仪洪勋[15] 证明了下述结果,它也是上述问题的部分回答.

定理 10.23 设 f 与 g 为非常数整函数,$S_1=\{a_1,a_2\}, S_2=\{b_1,b_2\}$,其中 $a_1\neq a_2, b_1\neq b_2, a_1+a_2=b_1+b_2=c, a_1a_2\neq b_1b_2$. 再设

$$N(r,\frac{1}{f-a_1})<(\lambda+o(1))T(r,f) \quad (r\in I),$$

其中 $\lambda<\frac{1}{3}$. 如果 $E_f(S_j)=E_g(S_j), (j=1,2)$,则 f 与 g 必满足下述三关系之一:

(i) $f\equiv g$,

(ii) $f+g\equiv c$,

(iii) $(f-a_1)(g-a_j)\equiv(-1)^{1+j}(a_1-a_2)^2, (j=1,2)$,仅

当 $3(a_1-a_2)^2+(b_1-b_2)^2=0$ 成立.

定理 10.23 的证明较长,这里不再给出,可参看仪洪勋[5,15]. 本段的定理证明了,定理 10.17 中的条件 $n\geqslant 3$ 是必要的.

10.2.4 三个亚纯函数的唯一性定理

1988 年,K. Tohge[1] 证明了

定理 10.24 设 $S_1=\{a_1,a_2\}$,$S_2=\{b_1,b_2\}$,$S_3=\{c_1,c_2\}$,其中 $a_1+a_2=b_1+b_2=c_1+c_2=d$,$a_1a_2\neq b_1b_2$,$a_1a_2\neq c_1c_2$,$b_1b_2\neq c_1c_2$. 设 f,g,h 为三个非常数亚纯函数,且满足下述条件:

(1) S_1,S_2 为 f 与 g 的 CM 公共值集,

(2) S_1,S_3 为 f 与 h 的 CM 公共值集,

(3) ∞ 为 f,g,h 的 CM 公共值.

则 f,g,h 必满足下述关系之一:

(i) $f\equiv g$, $f+g\equiv d$, $f\equiv h$, $f+h=d$ 中之一成立. 否则

(ii) $g\equiv h$ 或 $g+h\equiv d$,且

$$\left(f-\frac{1}{2}d\right)\left(g-\frac{1}{2}d\right)\equiv\pm(a_1a_2-c_1c_2),$$

仅当 $c_1=c_2$,且 $a_1a_2-b_1b_2=2(a_1a_2-c_1c_2)$ 成立.

(iii) $g\equiv h$ 或 $g+h\equiv d$,且

$$\left(f-\frac{1}{2}d\right)\left(g-\frac{1}{2}d\right)\equiv\pm(a_1a_2-b_1b_2),$$

仅当 $b_1=b_2$,且 $a_1a_2-c_1c_2=2(a_1a_2-b_1b_2)$ 成立.

(iv)
$$\begin{aligned}\left(f-\frac{1}{2}d\right)\left(g-\frac{1}{2}d\right)&\equiv\pm\frac{1}{k}\left(f-\frac{1}{2}d\right)\left(h-\frac{1}{2}d\right)\\&\equiv\pm(a_1a_2-b_1b_2),\text{其中 } k\neq 0,1,\end{aligned}$$

仅当 $a_1=a_2$,且 $a_1a_2-c_1c_2=k(a_1a_2-b_1b_2)$ 成立.

定理 10.24 的证明非常长,这里不再给出,可参看 Tohge[1]. 由定理 10.24 可得下述

系. 假设定理 10.24 的条件成立，再设 $a_1 \neq a_2, b_1 \neq b_2, c_1 \neq c_2$. 则 $f \equiv g, f+g \equiv d, f \equiv h, f+h \equiv d$ 中必有一个成立.

与本节有关的结果可参看 Gross-Osgood[1]，仪洪勋[3,5,6,15,18,25]，Jank-Terglane[1]，Gross-Yang[1]，Tohge[1].

§10.3 函数具有亏值

10.3.1 Gross 一个结果的改进

1968 年，F. Gross[2] 证明了下述结果

定理 10.25 设 f 与 g 为非常数整函数，a 为其公共 Picard 例外值. 再设 S 为一个复数集合，含有有穷个元素，且 $S \neq \{a\}$. 如果 $E_f(S) = E_g(S)$，则 $f(z) = e^{\phi(z)} + a$，其中 $\phi(z)$ 为非常数整函数，$g(z) = ce^{\phi(z)} + a$，其中 $c^n = 1$（n 为整数），或 $g(z) = ke^{-\phi(z)} + a$，其中 k 为常数.

为了叙述定理 10.25 的改进结果，我们引入下述记号.

设 $a, a_1, a_2, \cdots, a_m$ 为 $m+1$ 个判别的有穷复数，令 $z_j = a - a_j (j = 1, 2, \cdots, m)$，$\sigma_0 = 1$，$\sigma_1 = \sum_{j=1}^{m} z_j$，$\sigma_2 = \sum_{\substack{j,k=1 \\ (j<k)}}^{m} z_j z_k$，$\sigma_3 = \sum_{\substack{i,j,k=1 \\ (i<j<k)}}^{m} z_i z_j z_k, \cdots$，$\sigma_m = z_1 z_2 \cdots z_m$.

如果 c 满足

(A) $\sigma_j (c^j - 1) = 0 \quad (j = 1, 2, \cdots, m)$，我们称 c 满足条件 (A). 显然满足条件 (A) 的 c 至少有一个，$c = 1$. 是否还有满足条件 (A) 的其他 c，要视 $\sigma_j (j = 1, 2, \cdots, m-1)$ 而定. 如果 $\sigma_1 \neq 0$，满足条件 (A) 的 c 仅有一个，$c = 1$. 如果 $\sigma_1 = \sigma_2 = \cdots = \sigma_{m-1} = 0$，条件 (A) 化为一个条件，$c^m = 1$，满足此条件的 c 有 m 个.

如果 k 满足

(B) $k^j \sigma_{m-j} = \sigma_j \sigma_m \quad (j = 1, 2, \cdots, m)$，我们称 k 满足条件

(B). 满足条件(B) 的 k 不一定存在. 但如果 $\sigma_1 = \sigma_2 = \cdots = \sigma_{m-1} = 0$,条件(B) 化为一个条件 $k^m = \sigma_m^2$,满足此条件的 k 有 m 个.

1985 年,仪洪勋[1] 改进了定理 10.25,证明了

定理 10.26 设 f 与 g 为非常数亚纯函数,满足 $\delta(a,f) = \delta(\infty,f) = \delta(a,g) = \delta(\infty,g) = 1$. 再设 $S = \{a_1, a_2, \cdots, a_m\}$,其中 $a, a_1, a_2, \cdots, a_m$ 为 $m+1$ 个判别的有穷复数. 如果 $\dot{E}_f(S) = E_g(S)$,则 $g - a \equiv c(f-a)$,其中 c 满足条件(A),或者 $(f-a)(g-a) \equiv k$,其中 k 满足条件(B).

先证一个引理.

引理 10.8 假设定理 10.26 的条件成立,则 $T(r,f) = T(r,g) + S(r,f)$. 因而当 $|j| \neq |k|$ 时,$(f-a)^j(g-a)^k$ 决不可能为常数.

证. 由定理 10.26 的条件知,f 与 g 均为超越亚纯函数. 由 Nevanlinna 第二基本定理得

$$mT(r,f) < N\left(r,\frac{1}{f-a}\right) + N(r,f) + \sum_{j=1}^{m} N\left(r,\frac{1}{f-a_j}\right) + S(r,f) = \sum_{j=1}^{m} N\left(r,\frac{1}{g-a_j}\right) + S(r,f) < mT(r,g) + S(r,f).$$

同理可证

$$mT(r,g) < mT(r,f) + S(r,g).$$

由此即得引理 10.8 的结论.

下面证明定理 10.26.

设

$$\frac{\prod_{j=1}^{m}\{(f-a)+(a-a_j)\}}{\prod_{j=1}^{m}\{(g-a)+(a-a_j)\}} = h.$$

显然上式可以写成

$$\sum_{j=0}^{m}\sigma_j(f-a)^{m-j} = \sum_{j=0}^{m}\sigma_j h(g-a)^{m-j}. \tag{10.3.1}$$

由 $E_f(S)=E_g(S)$ 知,h 的零点与极点仅由 f 与 g 的重级不同的极点构成,因此

$$N(r,\frac{1}{h})+N(r,h)=S(r,f).$$

(10.3.1) 可以写成

$$\sum_{j=0}^{m}\sigma_j h(g-a)^{m-j}-\sum_{j=0}^{m-1}\sigma_j(f-a)^{m-j}=\sigma_m. \qquad (10.3.2)$$

为了完成定理 10.26 的证明,先证一个引理.

引理 10.9 $h(g-a)^{m-j}(j=0,1,\cdots,m)$ 中至少有一个为常数

证　不失一般性,不妨设 $\sigma_j\neq 0$ $(j=1,2,\cdots,m-1)$. 因为如果某个 $\sigma_k=0$,我们只需在(10.3.2) 左端去掉二项 $\sigma_k h(g-a)^{m-k}$ 与 $\sigma_k(f-a)^{m-k}$,证明不受影响.

假设 $h(g-a)^{m-j}(j=0,1,\cdots,m)$ 均不为常数. 令

$$f_j=\begin{cases}-\sigma_{j-1}(f-a)^{m-j+1}, & 1\leqslant j\leqslant m,\\ \sigma_{j-m-1}h(g-a)^{2m-j+1}, & m+1\leqslant j\leqslant 2m+1.\end{cases}$$

下面证明 $f_j(j=1,2,\cdots,2m+1)$ 满足下述性质:

$$C_1f_{j1}+C_2f_{j2}+\cdots+C_kf_{jk}\not\equiv 1, \qquad (10.3.3)$$

其中 $C_1,C_2,\cdots,C_k$ 为任意非零常数,$1\leqslant j_1<j_2<\cdots<j_k\leqslant 2m+1$.

用数学归纳法,由引理 1.10 容易证明 $k=2$ 时(10.3.3) 成立. 下设 $k\leqslant n<2m+1$ 时(10.3.3) 成立,要证 $k=n+1$ 时(10.3.3) 成立,假设存在 $n+1$ 个非零常数 $C_1,C_2,\cdots,C_{n+1}$ 及 $n+1$ 个整数 $1\leqslant j_1<j_2<\cdots<j_{n+1}\leqslant 2m+1$,使得

$$C_1f_{j1}+C_2f_{j2}+\cdots+C_{n+1}f_{jn+1}\equiv 1 \qquad (10.3.4)$$

如果 $j_1\leqslant m$,由(10.3.4),应用定理 1.49 知,$f_{j1},f_{j2},\cdots,f_{jn+1}$ 必线性相关. 如果 $j_1\geqslant m+1$,由(10.3.4) 得

$$g_1+g_2+\cdots+g_{n+1}\equiv 1, \qquad (10.3.5)$$

其中

$$g_i = \begin{cases} -\dfrac{C_i f_{ji}}{C_{n+1} f_{jn+1}}, & 1 \leqslant i \leqslant n, \\ \dfrac{1}{C_{n+1} f_{jn+1}}, & i = n+1. \end{cases}$$

由(10.3.5)，应用定理1.49知，$g_1, g_2, \cdots, g_{n+1}$必线性相关，再由引理7.10知，$f_{j1}, f_{j2}, \cdots, f_{jn+1}$也线性相关. 于是存在不全为零的常数$d_1, d_2, \cdots, d_{n+1}$使得

$$d_1 f_{j1} + d_2 f_{j2} + \cdots + d_{n+1} f_{jn+1} = 0 \qquad (10.3.6)$$

不失一般性，不妨设$d_{n+1} \neq 0$. 由(10.3.4)，(10.3.6)得

$$e_1 f_{j1} + e_2 f_{j2} + \cdots + e_n f_{jn} \equiv 1,$$

其中$e_1, e_2, \cdots, e_n$均为常数，由$f_{j1}, f_{j2}, \cdots, f_{jn}$均不为常数知，$e_1$，$e_2 \cdots, e_n$中至少有二个不为零，这与归纳假设矛盾. 于是当$k = n+1$时(10.3.3)成立.

注意到$\sigma_m \neq 0$，由(10.3.2)得

$$\sum_{j=1}^{2m+1} \frac{1}{\sigma_m} f_j \equiv 1,$$

这与(10.3.3)矛盾. 这就证明了引理10.9.

下面继续证明定理10.26.

由引理10.9知，$h(g-a)^{m-j}(j=0,1,\cdots,m)$中至少有一个为常数.

如果$h \equiv c_1$(常数)，则

$$\sum_{j=0}^{m-1} \sigma_j c_1 (g-a)^{m-j} - \sum_{j=0}^{m-1} \delta_j (f-a)^{m-j} = \alpha_m - c_1 \sigma_m.$$

应用引理10.9的证明方法即可证明$c_1 = 1$. 因而

$$(g-a)^m (f-a)^{-m} + \sum_{j=1}^{m-1} \sigma_j (g-a)^{m-j} (f-a)^{-m} - \sum_{j=1}^{m-1} \sigma_j (f-a)^{-j} = 1.$$

由此可以得到，$(g-a)^m (f-a)^{-m} = 1$. 于是$(g-a) = c(f-a)$，其中c满足条件(A).

如果 $h(g-a)^m=c_2$(常数),则

$$\sum_{j=1}^{m}\sigma_j c_2(g-a)^{-j}-\sum_{j=0}^{m-1}\sigma_j(f-a)^{m-j}=\sigma_m-c_2.$$

应用引理 10.9 的证明方法即可证明,$c_2=\sigma_m$,因而

$$\sum_{j=1}^{m-1}\sigma_j\sigma_m(g-a)^{-j}(f-a)^{-m}+\sigma_m^2(g-a)^{-m}(f-a)^{-m}$$
$$-\sum_{j=1}^{m-1}\sigma_j(f-a)^{-j}=1.$$

由此可以得到,$\sigma_m^2(g-a)^{-m}(f-a)^{-m}=1$. 于是 $(f-a)(g-a)\equiv k$,其中 k 满足条件(B).

如果 $\sigma_k\neq 0$ 且 $h(g-a)^{m-k}\equiv c_3$(常数),其中 $k\neq 0,m$,则

$$\sum_{\substack{j=0\\ j\neq k}}^{m}\sigma_j c_3(g-a)^{k-j}-\sum_{j=0}^{m-1}\sigma_j(f-a)^{m-j}=\sigma_m-\sigma_k c_3.$$

应用引理 10.9 的证明方法即可证明,$c_3=\dfrac{\sigma_m}{\sigma_k}$. 因而

$$\sum_{\substack{j=0\\ j\neq k}}^{m}\sigma_j\cdot\frac{\sigma_m}{\sigma_k}(g-a)^{k-j}(f-a)^{-m}-\sum_{j=1}^{m-1}\sigma_j(f-a)^{-j}=1.$$

因此即可得出矛盾.

这就完成了定理 10.26 的证明.

由定理 10.26 的证明易知,把定理 10.26 中条件 $\delta(a,f)=\delta(\infty,f)=\delta(a,g)=\delta(\infty,g)=1$ 换为 $\Theta(a,f)=\Theta(\infty,f)=\Theta(a,g)=\Theta(\infty,g)=1$,定理 10.26 仍成立.

1991 年,叶寿桢[5] 证明了,把定理 10.26 中常数 $a_1,a_2,\cdots,a_m$ 换为 f 的小函数 $a_1(z),a_2(z),\cdots,a_m(z)$ 时,定理 10.26 仍成立. 这就推广了定理 10.26.

10.3.2 两种特殊情况

由定理 10.26 可得下述

定理 10.27 设 f 与 g 为非常数亚纯函数,满足 $\delta(a,f)=$

$\delta(\infty,f)=\delta(a,g)=\delta(\infty,g)=1$. 再设 $S=\{a_1,a_2,\cdots,a_m\}$，其中 $a_j=a+bw^j(j=1,2,\cdots,m)$，$b\neq 0$，$w=\exp(\frac{2\pi i}{m})$. 如果 $E_f(S)=E_g(S)$，则 $g-a\equiv c(f-a)$，其中 $c^m=1$，或 $(f-a)(g-a)\equiv k$，其中 $k^m=b^{2m}$.

证. 易知 $z_j=-bw^j(j=1,2,\cdots,m)$. 由此即得 $\sigma_0=1$，$\sigma_j=0\ (1\leqslant j\leqslant m-1)$，$\sigma_m=(-1)^m b^m$. 再由定理 10.26 即得定理 10.27 的结论.

由定理 10.26 还可得下述

定理 10.28 设 f 与 g 为非常数亚纯函数，满足 $\delta(a,f)=\delta(\infty,f)=\delta(a,g)=\delta(\infty,g)=1$. 再设 $S=\{a_1,a_2,\cdots,a_m\}$，其中 $a_1,a_2,\cdots,a_m$ 为方程 $(z-a)^m+b_1(z-a)^k+b_2=0$ 的 m 个判别的根，$m\geqslant 3$，$m>k$，且 m 与 k 没有公因子，$b_1\neq 0$，$b_2\neq 0$. 如果 $E_f(S)=E_g(S)$，则 $f\equiv g$.

证. 易知 $\sigma_0=1$，$\sigma_k=(-1)^k b_1$，$\sigma_m=(-1)^m b_2$，$\sigma_j=0(1\leqslant j\leqslant m-1,j\neq k)$. 再由定理 10.26 即得定理 10.28 的结论.

10.3.3 S 含有二个元素的情况

1987 年，仪洪勋[22] 证明了下述

定理 10.29 设 f 与 g 为非常数亚纯函数，满足 $\delta(\infty,f)=\delta(\infty,g)=1$，$\delta(a,f)+\delta(a,g)>1$. 再设 $S=\{a_1,a_2\}$，其中 $a_1\neq a_2$，$a=\frac{1}{2}(a_1+a_2)$. 如果 $E_f(S)=E_g(S)$，则 $f\equiv g$，或 $f+g\equiv 2a$，或 $(f-a)(g-a)\equiv\pm\ (a_1-a)(a_2-a)$.

证. 设

$$F=(\frac{f-a}{a_1-a})^2,G=(\frac{g-a}{a_1-a})^2.$$

由 $\delta(\infty,f)=\delta(\infty,g)=1$ 及 $\delta(a,f)+\delta(a,g)>1$ 可得 $\delta(\infty,F)=\delta(\infty,G)=1$ 及 $\delta(0,F)+\delta(0,G)>1$. 由 $E_f(S)=E_g(S)$ 知，1 为 F 与 G 的 CM 公共值. 再由定理 7.6 得 $F\equiv G$ 或 $F\cdot G\equiv 1$. 由此即得定理 10.29 的结论.

定理 10.30 设 $S=\{a_1,a_2\}$，$a\neq\frac{1}{2}(a_1+a_2)$，其中 a,a_1,a_2 为三个判别的常数. 设 f 与 g 为非常数亚纯函数，满足 $\delta(\infty,f)=\delta(\infty,g)=1$，$\delta(a,f)+\delta(a,g)>\frac{5}{3}$. 如果 $E_f(S)=E_g(S)$，则 $f\equiv g$ 或 $(f-a)(g-a)\equiv(a_1-a)(a_2-a)$.

证. 假设 $f\not\equiv g$. 令 $F=f-a$，$G=g-a$，则 $F\not\equiv G$. 再设 $b_1=a_1-a$，$b_2=a_2-a$. 由定理 10.30 的假设知，$b_1\neq 0$，$b_2\neq 0$，$b_1\neq b_2$，$b_1+b_2\neq 0$，并且

$$\delta(\infty,F)=\delta(\infty,G)=1, \tag{10.3.7}$$

$$\delta(0,F)+\delta(0,G)>\frac{5}{3}, \tag{10.3.8}$$

$$E_F(\{b_1,b_2\})=E_G(\{b_1,b_2\}). \tag{10.3.9}$$

由此易知

$$T(r,G)=O(T(r,F)), \tag{10.3.10}$$

$$T(r,F)=O(T(r,G)). \tag{10.3.11}$$

不失一般性，不妨设

$$T(r,G)\leqslant T(r,F)\quad(r\in I). \tag{10.3.12}$$

设

$$h=\frac{(F-b_1)(F-b_2)}{(G-b_1)(G-b_2)}. \tag{10.3.13}$$

再由(10.3.7)，(10.3.9)，(10.3.10)易知

$$N(r,h)+N\left(r,\frac{1}{h}\right)=S(r,F). \tag{10.3.14}$$

区分下述五种情况.

(1) 假设 $h\equiv 1$. 由(10.3.13)得 $F+G=b_1+b_2$. 再应用引理 1.10，由(10.3.7)，(10.3.8)即可得到矛盾.

(2) 假设 $h\equiv c$，其中 $c(\neq 0,1)$ 为常数. 设

$$f_1=\frac{1}{b_1b_2(c-1)}\cdot F^2,\quad f_2=-\frac{b_1+b_2}{b_1b_2(c-1)}\cdot F,$$

$$f_3=-\frac{c}{b_1b_2(c-1)}\cdot G^2,\quad f_4=\frac{c(b_1+b_2)}{b_1b_2(c-1)}\cdot G.$$

由(10.3.13)得

$$\sum_{j=1}^{4} f_j \equiv 1.$$

由(10.3.7),(10.3.8),(10.3.10),(10.3.12)得

$$\sum_{j=1}^{4} N(r,f_j) = o(T(r,f_k)) \qquad (r \notin E, k=1,2),$$

$$\sum_{j=1}^{4} N(r,\frac{1}{f_j}) = 3N(r,\frac{1}{F}) + 3N(r,\frac{1}{G})$$
$$\leqslant (\lambda + o(1))T(r,f_k)),(r \in I, k=1,2),$$

其中$\lambda = 6 - 3(\delta(0,F) + \delta(0,G)) < 1$.再应用定理1.58得$f_1 + f_2 \equiv 0$.于是$F^2 \equiv (b_1 + b_2)F$,这是一个矛盾.

(3) 假设$(b_1 + b_2)hG \equiv c$,其中$c(\neq 0)$为常数.如果$b_1b_2 + c \neq 0$,设

$$f_1 = -\frac{1}{b_1b_2 + c} \cdot F^2, \quad f_2 = \frac{b_1 + b_2}{b_1b_2 + c} \cdot F,$$

$$f_3 = \frac{c^2}{(b_1b_2 + c)(b_1 + b_2)^2} \cdot \frac{1}{h}, \quad f_4 = \frac{b_1b_2}{b_1b_2 + c} \cdot h.$$

由(10.3.13)得

$$\sum_{j=1}^{4} f_j \equiv 1. \tag{10.3.15}$$

由(10.3.7),(10.3.8),(10.3.10),(10.3.12)得

$$\sum_{j=1}^{4} N(r,f_j) = o(T(r,f_k)) \quad (r \notin E, k=1,2), \tag{10.3.16}$$

$$\sum_{j=1}^{4} N(r,\frac{1}{f_j}) = 3N(r,\frac{1}{F}) + S(r,F)$$
$$\leqslant (\lambda + o(1))T(r,f_k) \quad (r \in I, k=1,2), \tag{10.3.17}$$

其中$\lambda = 3 - 3\delta(0,F) < 1$.再应用定理1.58得$f_1 + f_2 \equiv 0$,因此$F^2 \equiv (b_1 + b_2)F$,这是一个矛盾.于是$b_1b_2 + c = 0$.由此即得

$$G = -\frac{b_1b_2}{b_1 + b_2} \cdot \frac{1}{h}. \tag{10.3.18}$$

由(10.3.13),(10.3.18)得

$$F^2 - (b_1 + b_2)F = \frac{b_1^2 b_2^2}{(b_1 + b_2)^2} \cdot \frac{1}{h} + b_1 b_2 h. \quad (10.3.19)$$

应用定理 1.13，由(10.3.19)得

$$T(r,F) = T(r,h) + S(r,F). \quad (10.3.20)$$

设 $g_1 = \frac{F^2}{b_1 b_2 h}, g_2 = -\frac{(b_1 + b_2)F}{b_1 b_2 h}, g_3 = -\frac{b_1 b_2}{(b_1 + b_2)^2 h^2}$. 由(10.3.19)得

$$\sum_{j=1}^{3} g_j \equiv 1. \quad (10.3.21)$$

由(10.3.7)，(10.3.8)，(10.3.14)，(10.3.20)得

$$\sum_{j=1}^{3} N(r,g_j) = o(T(r,g_3)) \qquad (r \notin E),$$

$$\sum_{j=1}^{3} N(r,\frac{1}{g_j}) = 3N(r,\frac{1}{F}) + S(r,F)$$

$$\leqslant (\lambda + o(1))T(r,g_3), \qquad (r \notin E).$$

应用定理 1.56 得 $g_2 \equiv 1$, $g_1 + g_3 \equiv 0$. 因此 $h = -\frac{(b_1 + b_2)}{b_1 b_2} F$, $h = \frac{b_1^2 b_2^2}{(b_1 + b_2)^2} \cdot \frac{1}{F^2}$，这是一个矛盾.

(4) 假设 $hG^2 \equiv c$，其中 $c(\neq 0)$ 为常数. 如果 $c - b_1 b_2 \neq 0$，设

$$f_1 = \frac{1}{c - b_1 b_2} \cdot F^2, \quad f_2 = -\frac{b_1 + b_2}{c - b_1 b_2} \cdot F,$$

$$f_3 = \frac{b_1 + b_2}{c - b_1 b_2} \cdot hG, \quad f_4 = -\frac{b_1 b_2}{c - b_1 b_2} \cdot h.$$

由(10.3.13)得

$$\sum_{j=1}^{4} f_j \equiv 1.$$

与情况(3)类似，我们也可得到矛盾. 于是 $c - b_1 b_2 = 0$ 及 $hG^2 \equiv b_1 b_2$. 由此即得

$$h = \frac{b_1 b_2}{G^2}. \quad (10.3.22)$$

再由(10.3.14)得

$$N(r,\frac{1}{G})=S(r,F). \tag{10.3.23}$$

由(10.3.13),(10.3.22)得

$$F^2-(b_1+b_2)F=-(b_1+b_2)b_1b_2\cdot\frac{1}{G}+b_1^2b_2^2\cdot\frac{1}{G^2}. \tag{10.3.24}$$

应用定理 1.13,由(10.3.24)得

$$T(r,F)=T(r,G)+S(r,F). \tag{10.3.25}$$

设 $g_1=\frac{1}{b_1^2b_2^2}\cdot F^2G^2$, $g_2=-\frac{(b_1+b_2)}{b_1^2b_2^2}\cdot FG^2$, $g_3=\frac{b_1+b_2}{b_1b_2}\cdot G$. 由(10.3.24)得

$$\sum_{j=1}^{3}g_j\equiv 1.$$

由(10.3.7),(10.3.8),(10.3.23),(10.3.25)得

$$\sum_{j=1}^{3}N(r,g_j)=o(T(r,G)),\qquad (r\notin E),$$

$$\begin{aligned}\sum_{j=1}^{3}N(r,\frac{1}{g_j})&=3N(r,\frac{1}{F})+S(r,F)\\&\leqslant(\lambda+o(1))T(r,G),\qquad (r\notin E),\end{aligned}$$

其中$\lambda<1$. 应用定理1.56得$g_1\equiv1, g_2+g_3\equiv0$. 因此 $F\cdot G\equiv b_1b_2$. 于是

$$(f-a)(g-a)\equiv(a_1-a)(a_2-a).$$

(5) 假设hG^2,hG,h均不为常数.

设$f_1=-\frac{1}{b_1b_2}F^2, f_2=\frac{b_1+b_2}{b_1b_2}F, f_3=\frac{1}{b_1b_2}hG^2, f_4=-\frac{b_1+b_2}{b_1b_2}hG$, $f_5=h$. 由(10.3.13)得

$$\sum_{j=1}^{5}f_j\equiv 1. \tag{10.3.26}$$

由引理 1.10,定理 1.56,定理 1.58,容易证明下述结论:

(i) $c_1f_{j_1}+c_2f_{j_2}\not\equiv1$, $1\leqslant j_1<j_2\leqslant5$, (10.3.27)

(ii) $c_1f_{j_1}+c_2f_{j_2}+c_3f_{j_3}\not\equiv1, 1\leqslant j_1<j_2<j_3\leqslant5$, (10.3.28)

(iii) $c_1 f_{j_1} + c_2 f_{j_2} + c_3 f_{j_3} + c_4 f_{j_4} \not\equiv 1,$

$$1 \leqslant j_1 < j_2 < j_3 < j_4 \leqslant 5, \tag{10.3.29}$$

其中 c_1, c_2, c_3, c_4 为任意非零常数.

由定理 1.48 和定理 10.30 的假设易得 $f_1, f_2, \cdots, f_5$ 线性相关. 因此存在不全为 0 的常数 $d_j (j = 1, 2, \cdots, 5)$, 使得

$$\sum_{j=1}^{5} d_j f_j = 0. \tag{10.3.30}$$

不失一般性, 不妨设 $d_5 \neq 0$. 由(10.3.30)得

$$f_5 = \sum_{j=1}^{4} \left(-\frac{d_j}{d_5} f_j\right). \tag{10.3.31}$$

由(10.3.26),(10.3.31)得

$$\sum_{j=1}^{4} \left(1 - \frac{d_j}{d_5}\right) f_j \equiv 1. \tag{10.3.32}$$

显然 $1 - \dfrac{d_j}{d_5}$ $(j = 1, 2, 3, 4)$ 中至少有两个不为零. 由(10.3.27),(10.3.28),(10.3.29)易知,(10.3.32)不能成立.

这就完成了定理 10.30 的证明.

与本节有关的结果可参看 Gross[2], 仪洪勋[1,22], 叶寿桢[5].

§ 10.4 函数具有二个或一个公共值集

10.4.1 定理 10.27 的改进

最近, 仪洪勋[41] 改进了定理 10.27, 证明了下述

定理 10.31 设 $S = \{a + b, a + bw, \cdots, a + bw^{n-1}\}$, 其中 $b \neq 0, w = \exp\left(\dfrac{2\pi i}{n}\right)$. 再设 f 与 g 为非常数亚纯函数, 且满足

$$\Theta(a, f) + \Theta(\infty, f) + \Theta(a, g) + \Theta(\infty, g) > 4 - \frac{n}{2}. \tag{10.4.1}$$

如果 $E_f(S) = E_g(S)$, 则 $g - a \equiv t(f - a)$, 其中 $t^n = 1$, 或 $(f - a)(g - a) \equiv s$, 其中 $s^n = b^{2n}$.

证.　设 $F=(\frac{f-a}{b})^n$, $G=(\frac{g-a}{b})^n$. 由 $E_f(S)=E_g(S)$ 知,1 为 F 与 G 的 CM 公共值. 注意到

$$N_2(r,\frac{1}{F})\leqslant 2\overline{N}(r,\frac{1}{F}),$$

则

$$1-\delta_2(0,F)\leqslant 2-2\Theta(0,F).$$

于是

$$\delta_2(0,F)\geqslant 2\Theta(0,F)-1.$$

同理可证

$$\delta_2(\infty,F)\geqslant 2\Theta(\infty,F)-1,$$
$$\delta_2(0,G)\geqslant 2\Theta(0,G)-1,$$
$$\delta_2(\infty,G)\geqslant 2\Theta(\infty,G)-1.$$

由此即得

$$\delta_2(0,F)+\delta_2(\infty,F)+\delta_2(0,G)+\delta_2(\infty,G)$$
$$\geqslant 2(\Theta(0,F)+\Theta(\infty,F)+\Theta(0,G)+\Theta(\infty,G))-4. \tag{10.4.2}$$

注意到

$$\overline{N}(r,\frac{1}{f-a})=\overline{N}(r,\frac{1}{F})$$

及

$$T(r,F)=nT(r,f)+O(1),$$

则

$$\Theta(0,F)=1-\frac{1}{n}+\frac{1}{n}\Theta(a,f).$$

同理可得

$$\Theta(\infty,F)=1-\frac{1}{n}+\frac{1}{n}\Theta(\infty,f),$$

$$\Theta(0,G)=1-\frac{1}{n}+\frac{1}{n}\Theta(a,g),$$

$$\Theta(\infty,G)=1-\frac{1}{n}+\frac{1}{n}\Theta(\infty,g).$$

由此即得

$$\begin{aligned}&\Theta(0,F)+\Theta(\infty,F)+\Theta(0,G)+\Theta(\infty,G)\\&=4-\frac{4}{n}+\frac{1}{n}(\Theta(a,f)+\Theta(\infty,f)+\Theta(a,g)\\&\quad+\Theta(\infty,g)).\end{aligned}\tag{10.4.3}$$

由(10.4.1),(10.4.2),(10.4.3)得

$$\delta_2(0,F)+\delta_2(\infty,F)+\delta_2(0,G)+\delta_2(\infty,G)>3.$$

再由定理7.12即得 $F\equiv G$ 或 $F\cdot G\equiv 1$. 由此即可得到定理10.31的结论.

由定理10.31,可得下述系,它为定理10.29的改进.

系. 设 $S=\{a_1,a_2\}$,其中 $a_1\neq a_2$,$a=\frac{1}{2}(a_1+a_2)$. 再设 f 与 g 为非常数亚纯函数,且满足 $\Theta(a,f)+\Theta(\infty,f)+\Theta(a,g)+\Theta(\infty,g)>3$. 如果 $E_f(S)=E_g(S)$,则 $f\equiv g$ 或 $f+g\equiv 2a$,或 $(f-a)(g-a)\equiv\pm(a_1-a)(a_2-a)$.

仪洪勋[41]还证明了下述

定理10.32 设 $S_1=\{a+b,a+bw,\cdots,a+bw^{n-1}\}$,其中 $b\neq 0$,$w=\exp(\frac{2\pi i}{n})$, $S_2=\{\infty\}$. 再设 f 与 g 为非常数亚纯函数,且满足

$$\Theta(a,f)+\Theta(a,g)+\Theta(\infty,f)>3-\frac{n}{2}.\tag{10.4.4}$$

如果 $E_f(S_j)=E_g(S_j)\quad(j=1,2)$,则 $g-a\equiv t(f-a)$,其中 $t^n=1$,或 $(f-a)(g-a)\equiv s$,其中 $s^n=b^{2n}$.

证. 设 $F=(\frac{f-a}{b})^n$, $G=(\frac{g-a}{b})^n$.

由 $E_f(S_j)=E_g(S_j)(j=1,2)$ 知,$1,\infty$ 为 F 与 G 的CM公共值. 与定理10.31的证明类似,我们也有

$$\begin{aligned}\delta_2(0,F)&\geqslant 2\Theta(0,F)-1\\&=2-\frac{2}{n}+\frac{2}{n}\Theta(a,f)-1\\&=1-\frac{2}{n}+\frac{2}{n}\Theta(a,f).\end{aligned}$$

同理可得

$$\delta_2(0,G) \geqslant 1 - \frac{2}{n} + \frac{2}{n}\Theta(a,g).$$

我们还有

$$\Theta(\infty,F) = 1 - \frac{1}{n} + \frac{1}{n}\Theta(\infty,f).$$

于是

$$\delta_2(0,F) + \delta_2(0,G) + 2\Theta(\infty,F)$$
$$\geqslant 4 - \frac{6}{n} + \frac{2}{n}(\Theta(a,f) + \Theta(a,g) + \Theta(\infty,f)). \tag{10.4.5}$$

由(10.4.4),(10.4.5)得

$$\delta_2(0,F) + \delta_2(0,G) + 2\Theta(\infty,F) > 3.$$

再由定理7.2的系得$F \equiv G$或$F \cdot G \equiv 1$.由此即得定理10.32的结论.

由定理10.32可得下述

定理10.33 设$S_1 = \{a+b, a+bw, \cdots, a+bw^{n-1}\}$,其中$b \neq 0$,$w = \exp(\frac{2\pi i}{n})$,$S_2 = \{a\}$.再设$f$与$g$为非常数亚纯函数,且满足

$$\Theta(\infty,f) + \Theta(\infty,g) + \Theta(a,f) > 3 - \frac{n}{2}. \tag{10.4.6}$$

如果$E_f(S_j) = E_g(S_j)$ $(j=1,2)$,则$g - a \equiv t(f-a)$,其中$t^n = 1$,或$(f-a)(g-a) \equiv s$,其中$s^n = b^{2n}$.

证. 设$F = a + \frac{b^2}{f-a}$,$G = a + \frac{b^2}{g-a}$,$S_3 = \{\infty\}$.由定理10.33条件知,

$$E_F(S_j) = E_G(S_j) \ (j=1,3).$$

注意到$\Theta(\infty,f) = \Theta(a,F)$,$\Theta(\infty,g) = \Theta(a,G)$,$\Theta(a,f) = \Theta(\infty,F)$.由(10.4.6)得

$$\Theta(a,F) + \Theta(a,G) + \Theta(\infty,F) > 3 - \frac{n}{2}.$$

再应用定理10.32得$G - a = t(F-a)$,其中$t^n = 1$或$(F-a)(G$

$-a)\equiv s$，其中 $s^n=b^{2n}$. 由此即得定理 10.33 的结论.

由定理 10.31 或定理 10.32 可得下述

定理 10.34 设 $S=\{a+b,a+bw,\cdots,a+bw^{n-1}\}$，其中 $b\neq 0$，$w=\exp(\frac{2\pi i}{n})$. 再设 f 与 g 为非常数整函数，且满足

$$\Theta(a,f)+\Theta(a,g)>2-\frac{n}{2}. \tag{10.4.7}$$

如果 $E_f(S)=E_g(S)$，则 $g-a=t(f-a)$，其中 $t^n=1$，或 $(f-a)(g-a)\equiv s$，其中 $s^n=b^{2n}$.

10.4.2 定理 10.13 的改进

1993 年，仪洪勋[29] 证明了下述

定理 10.35 设 f 与 g 为非常数亚纯函数，$S=\{a+b,a+bw,\cdots,a+bw^{n-1}\}$，其中 $b\neq 0$，$w=\exp(\frac{2\pi i}{n})$，$n>8$. 如果 $E_f(S)=E_g(S)$，则 $(g-a)=t(f-a)$，其中 $t^n=1$，或 $(f-a)(g-a)\equiv s$，其中 $s^n=b^{2n}$.

证. 因为 $n>8$，故有 $4-\frac{n}{2}<0$. 因此 (10.4.1) 成立. 由定理 10.31 即可得到定理 10.35 的结论.

应用定理 10.32，定理 10.33 可得下述

定理 10.36 设 f 与 g 为非常数亚纯函数，$S_1=\{a+b,a+bw,\cdots,a+bw^{n-1}\}$，其中 $b\neq 0$，$w=\exp(\frac{2\pi i}{n})$，$n>6$，$S_2=\{\infty\}$ 或 $S_2=\{a\}$. 如果 $E_f(S_j)=E_g(S_j)$ $(j=1,2)$，则 $g-a\equiv t(f-a)$，其中 $t^n=1$，或 $(f-a)(g-a)\equiv s$，其中 $s^n=b^{2n}$.

应用定理 10.34 可得下述

定理 10.37 设 f 与 g 为非常数整函数，$S=\{a+b,a+bw,\cdots,a+bw^{n-1}\}$，其中 $b\neq 0$，$w=\exp(\frac{2\pi i}{n})$，$n>4$. 如果 $E_f(S)=E_g(S)$，则 $g-a\equiv t(f-a)$，其中 $t^n=1$，或 $(f-a)(g-a)\equiv s$，其中 $s^n=b^{2n}$.

10.4.3 几个唯一性定理

由定理 4.3 的系或定理 10.4 易知，存在四个(三个) 有限集合 $S_j(j=1,2,3,4)$，使对任何两个非常数亚纯函数(整函数)f 与 g，只要满足 $E_f(S_j)=E_g(S_j)(j=1,2,3,4)$，必有 $f\equiv g$.

1976 年，F. Gross[3] 提出下述问题：

问题 10.1 能否找到二个有限集合 S_1 和 S_2，使得对任何两个非常数整函数 f 与 g，只要满足 $E_f(S_j)=E_g(S_j)(j=1,2)$，必有 $f\equiv g$?

F. Gross[3] 写道：他和 S. Koont 研究了一对集合，每个集合至多有两个元素，在这种情况下，他们大概能够证明，问题 10.1 的答案是否定的. F. Gross 继续写道：如果问题 10.1 的答案是肯定的，他非常感兴趣于知道这两个集合有多么大.

现在自然要问下述问题.

问题 10.2 能否找到三个有限集合 $S_j(j=1,2,3)$，使得对任何两个非常数亚纯函数 f 与 g，只要满足 $E_f(S_j)=E_g(S_j)$ $(j=1,2,3)$，必有 $f\equiv g$?

问题 10.3 能否找到二个有限集合 $S_j(j=1,2)$，使得对任何两个非常数亚纯函数 f 与 g，只要满足 $E_f(S_j)=E_g(S_j)$ $(j=1,2)$，必有 $f\equiv g$?

1993 年，仪洪勋[29] 对上述三个问题给出了肯定的回答，解决了这三个问题，事实上，仪洪勋[29] 证明了下述定理

定理 10.38 设 f 与 g 为非常数亚纯函数，$S_1=\{a+b,a+bw,\cdots,a+bw^{n-1}\}$，$S_2=\{c_1,c_2\}$，其中 $b\neq 0$，$w=\exp(\frac{2\pi i}{n})$，$n>8$，$c_1\neq a$，$c_2\neq a$，$(c_1-a)^n\neq(c_2-a)^n$，$(c_j-a)^n(c_k-a)^n\neq b^{2n}$ $(j,k=1,2)$. 如果 $E_f(S_j)=E_g(S_j)$ $(j=1,2)$，则 $f\equiv g$.

证. 由 $E_f(S_1)=E_g(S_1)$，应用定理 10.35 得

$$f-a=t(g-a), \tag{10.4.8}$$

其中 $t^n=1$，或

$$(f-a)(g-a)=s, \qquad (10.4.9)$$

其中 $s^n=b^{2n}$. 我们区分两种情况.

(1) 假设(10,4,8) 成立. 再分 3 种情况.

(a) 假设 c_1 不为 f 的 Picard 例外值. 则存在 z_0 使得 $f(z_0)=c_1$. 再由 $E_f(S_2)=E_g(S_2)$ 得 $g(z_0)=c_1$ 或 $g(z_0)=c_2$.

如果 $g(z_0)=c_1$, 由(10.4.8) 得 $c_1-a=t(c_1-a)$. 由此即得 $t=1$. 于是 $f\equiv g$.

如果 $g(z_0)=c_2$, 由(10.4.8) 得 $c_1-a=t(c_2-a)$. 于是 $(c_1-a)^n=t^n(c_2-a)^n=(c_2-a)^n$, 这与假设矛盾.

(b) 假设 c_2 不为 f 的 Picard 例外值, 与前面类似, 也可得出 $f\equiv g$.

(c) 假设 c_1、c_2 都为 f 的 Picard 例外值. 由 $E_f(S_2)=E_g(S_2)$ 知, c_1, c_2 也都为 g 的 Picard 例外值. 再由(10.4.8) 知, $a+t(c_1-a)$, $a+t(c_2-a)$ 也都为 f 的 Picard 例外值. 因为亚纯函数至多有两个 Picard 例外值. 于是 $c_1=a+t(c_1-a)$ 或 $c_1=a+t(c_2-a)$. 由此也得 $f\equiv g$.

(2) 假设(10.4.9) 成立. 再分 3 种情况.

(a) 假设 c_1 不为 f 的 Picard 例外值. 则存在 z_0 使得 $f(z_0)=c_1$. 由 $E_f(S_2)=E_g(S_2)$ 知, $g(z_0)=c_1$ 或 $g(z_0)=c_2$.

如果 $g(z_0)=c_1$, 由(10.4.9) 得 $(c_1-a)^2=s$. 于是 $(c_1-a)^{2n}=s^n=b^{2n}$, 这与假设矛盾.

如果 $g(z_0)=c_2$, 由(10.4.9) 得 $(c_1-a)(c_2-a)=s$. 于是 $(c_1-a)^n(c_2-a)^n=s^n=b^{2n}$, 这也与假设矛盾.

(b) 假设 c_2 不为 f 的 Picard 例外值. 与前面类似, 也可得出矛盾.

(c) 假设 c_1, c_2 都为 f 的 Picard 例外值. 由 $E_f(S_2)=E_g(S_2)$ 知, c_1, c_2 也都为 g 的 Picard 例外值. 再由(10.4.9) 知, $a+\dfrac{s}{c_1-a}$, $a+\dfrac{s}{c_2-a}$ 也都为 f 的 Picard 例外值. 于是 $c_1=a+\dfrac{s}{c_1-a}$ 或 c_1

$= a + \dfrac{s}{c_2 - a}$. 如果 $c_1 = a + \dfrac{s}{c_1 - a}$，则 $(c_1 - a)^{2n} = s^n = b^{2n}$，这与假设矛盾. 如果 $c_1 = a + \dfrac{s}{c_2 - a}$，则 $(c_1 - a)^n (c_2 - a)^n = s^n = b^{2n}$，这也与假设矛盾.

这就完成了定理 10.38 的证明.

定理 10.39 设 f 与 g 为非常数亚纯函数，$S_1 = \{a_1 + b_1, a_1 + b_1 w, \cdots, a_1 + b_1 w^{n-1}\}$，$S_2 = \{a_2 + b_2, a_2 + b_2 u, \cdots, a_2 + b_2 u^{m-1}\}$，其中 $a_1 \neq a_2$，$b_1 \neq 0$，$b_2 \neq 0$，$w = \exp(\dfrac{2\pi i}{n})$，$u = \exp(\dfrac{2\pi i}{m})$，$n > 8$，$m > 8$. 如果 $E_f(S_j) = E_g(S_j)$ $(j = 1, 2)$，则 $f \equiv g$.

证. 由 $E_f(S_1) = E_g(S_1)$，应用定理 10.35 得

$$f - a_1 = t_1 (g - a_1), \tag{10.4.10}$$

其中 $t_1^n = 1$，或

$$(f - a_1)(g - a_1) = s_1, \tag{10.4.11}$$

其中 $s_1^n = b_1^{2n}$. 同理，由 $E_f(S_2) = E_g(S_2)$ 得

$$f - a_2 = t_2 (g - a_2), \tag{10.4.12}$$

其中 $t_2^m = 1$，或

$$(f - a_2)(g - a_2) = s_2, \tag{10.4.13}$$

其中 $s_2^m = b_2^{2m}$. 我们区分四种情况.

(1) 假设 f 与 g 满足(10.4.10)，(10.4.12). 则

$$a_2 - a_1 = (t_1 - t_2) g + (t_2 a_2 - t_1 a_1). \tag{10.4.14}$$

因为 g 不为常数，故 $t_1 = t_2$. 再由(10.4.14)得 $t_1 = t_2 = 1$. 于是 $f \equiv g$.

(2) 假设 f 与 g 满足(10.4.10)，(10.4.13)，则

$$(t_1 g - t_1 a_1 + a_1 - a_2)(g - a_2) = s_2. \tag{10.4.15}$$

由定理 1.12 知，(10.4.15) 不能成立.

(3) 假设 f 与 g 满足(10.4.11)，(10.4.12)，与前面类似，也可得到矛盾.

(4) 假设 f 与 g 满足(10.4.11)，(10.4.13)，则

$$(s_1 + (a_1 - a_2)(g - a_1))(g - a_2) = s_2 (g - a_1).$$

应用定理 1.12,也可得出矛盾.

定理 10.40 设 f 与 g 为非常数亚纯函数,$S_1=\{a+b_1,a+b_1w,\cdots,a+b_1w^{n-1}\}$,$S_2=\{a+b_2,a+b_2u,\cdots,a+b_2u^{m-1}\}$,其中 $b_1\neq 0,b_2\neq 0,b_1^{2mn}\neq b_2^{2mn}$,$w=\exp(\frac{2\pi i}{n})$,$u=\exp(\frac{2\pi i}{m})$,$n>8,m>8$,且 n 与 m 没有公因子. 如果 $E_f(S_j)=E_g(S_j)(j=1,2)$,则 $f\equiv g$。

证. 由 $E_f(S_1)=E_g(S_1)$,应用定理 10.35 得

$$f-a=t_1(g-a),\tag{10.4.16}$$

其中 $t_1^n=1$,或

$$(f-a)(g-a)=s_1,\tag{10.4.17}$$

其中 $s_1^n=b_1^{2n}$. 同理,由 $E_f(S_2)=E_g(S_2)$ 得

$$f-a=t_2(g-a),\tag{10.4.18}$$

其中 $t_2^m=1$,或

$$(f-a)(g-a)=s_2,\tag{10.4.19}$$

其中 $s_2^m=b_2^{2m}$. 下面区分四种情况.

(1) 假设 f 与 g 满足(10.4.16),(10.4.18). 则 $t_1=t_2$. 注意到 $t_1^n=1,t_2^m=1$,且 n 与 m 没有公因子,于是 $t_1=t_2=1,f\equiv g$.

(2) 假设 f 与 g 满足(10.4.16),(10.4.19). 则 $t_1(g-a)^2=s_2$,这是一个矛盾.

(3) 假设 f 与 g 满足(10.4.17),(10.4.18). 与前面类似,也可得出矛盾.

(4) 假设 f 与 g 满足(10.4.17),(10.4.19). 则 $s_1=s_2$. 于是 $b_1^{2mn}=s_1^{mn}=s_2^{mn}=b_2^{2mn}$,这与假设矛盾.

定理 10.38,10.39,10.40 都给问题 10.3 肯定的回答. 例如,由定理 10.38 知,$S_1=\{1,w,\cdots,w^8\}$,其中 $w=\exp(\frac{2\pi i}{9})$,$S_2=\{2,3\}$ 即是问题 10.3 中的两个有限集合. 定理 10.38,10.39,10.40 也给问题 10.1,10.2 肯定的回答. 但对问题 10.1,10.2,仪洪勋[29,30] 得到了条件更弱的结果. 例如,仪洪勋[29] 证明了下述

定理 10.41 设 f 与 g 为非常数整函数,$S_1=\{a+b,a+bw,$

$\cdots, a+bw^{n-1}\}$, $S_2=\{c\}$，其中 $b\neq 0$，$w=\exp(\frac{2\pi i}{n})$，$n>4$，$c\neq a$，$(c-a)^{2n}\neq b^{2n}$. 如果 $E_f(S_j)=E_g(S_j)(j=1,2)$，则 $f\equiv g$.

证. 由 $E_f(S_1)=E_g(S_2)$，应用定理 10.37 得

$$f-a=t(g-a), \tag{10.4.20}$$

其中 $t^n=1$，或

$$(f-a)(g-a)=s, \tag{10.4.21}$$

其中 $s^n=b^{2n}$. 我们区分两种情况.

(1) 假设 f 与 g 满足(10.4.20).

如果 c 不为 f 的 Picard 例外值，则存在 z_0 使得 $f(z_0)=c$. 由 $E_f(S_2)=E_g(S_2)$ 知，$g(z_0)=c$. 再由(10.4.20)得 $c-a=t(c-a)$. 于是 $t=1$，$f\equiv g$.

如果 c 为 f 的 Picard 例外值. 由 $E_f(S_2)=E_g(S_2)$ 知，c 也为 g 的 Picard 例外值. 再由(10.4.20)知 $a+t(c-a)$ 也为 f 的 Picard 例外值. 因为整函数至多有一个有穷 Picard 例外值. 因此 $c=a+t(c-a)$. 于是 $t=1$，$f\equiv g$.

(2) 假设 f 与 g 满足(10.4.21).

因为 f 与 g 为整函数，由(10.4.21)知，a 为 f 的 Picard 例外值，因此 c 不为 f 的 Picard 例外值. 则存在 z_0，使 $f(z_0)=g(z_0)=c$. 再由(10.4.21)知，$(c-a)^2=s$. 于是 $(c-a)^{2n}=s^n=b^{2n}$，这与假设矛盾.

定理 10.41 给问题 10.1 肯定的回答. 例如，由定理 10.41 知，$S_1=\{1,w,w^3,w^4\}$，其中 $w=\exp(\frac{2\pi i}{5})$，$S_2=\{2\}$ 即是问题 10.1 中的两个有限集合.

定理 10.42 设 f 与 g 为非常数亚纯函数，$S_1=\{a+b, a+bw,\cdots,a+bw^{n-1}\}$，$S_2=\{c_1,c_2\}$，$S_3=\{a\}$，其中 $w=\exp(\frac{2\pi i}{n})$，$n>6$，$b\neq 0$，$c_1\neq a$，$c_2\neq a$，$(c_1-a)^n\neq(c_2-a)^n$，$(c_j-a)^n(c_k-a)^n\neq b^{2n}(k,j=1,2)$. 如果 $E_f(S_j)=E_g(S_j)(j=1,2,3)$，则 $f\equiv g$.

应用定理 10.36,使用证明定理 10.38 的方法,即可证明定理 10.42. 定理 10.42 给问题 10.2 肯定的回答. 例如,$S_1 = \{1, w, \cdots, w^6\}$,其中 $w = \exp(\frac{2\pi i}{7})$,$S_2 = \{2, 3\}$,$S_3 = \{0\}$ 即是问题 10.2 中的三个有限集合.

与本节有关的结果可参看 Gross[3],仪洪勋[29,30,32,33,41].

§10.5　整函数的原象集及象集

10.5.1　非平凡原象集

设 $f(z)$ 为非常数整函数,S 为复平面中的一个集合,令 $f^{-1}(S) = E_f(S)$,我们称 $f^{-1}(S)$ 为 f 下 S 的原象集.

设 Ω 为任一离散的复数点集. 如果 $S = \{c\}$,其中 c 为有穷复数. 由定理 6.2 知,我们总可建造一整函数 $f(z)$,使 $f^{-1}(S) = \Omega$. 如果 $S = \{0, 1\}$,现在自然要问,我们能否建造一整函数 $f(z)$,使 $f^{-1}(S) = \Omega$?显然这个问题为有关整函数 0-1 集合问题的推广. 1976 年,F. Gross[3] 引入下述定义.

定义 10.1　设 Ω 为任一离散的复数点集,如果存在一非线性整函数 $f(z)$ 与一有限集合 S,其中 S 至少含有二个元素且由不同元素组成,使得 $f^{-1}(S) = \Omega$,则 Ω 称作非平凡原象集,并以 NPS 表之.

在定义 10.1 中,NPS 为"nontrivial preimage set"的缩写.

如果 Ω 为一有限集合,则 Ω 仅可能为非线性多项式的 NPS,因此不难断定 Ω 是否为 NPS. 如果 Ω 为一无限集合,则断定 Ω 是否为 NPS 是非常困难的. 1976 年,F. Gross[3] 提出下述二个问题.

问题 10.4　给定一个非平凡原象集 Ω,我们能否在 Ω 中增加有穷个点(甚至可能一个点),使得新的集合不再是 NPS?

问题 10.5　给定一个非平凡原象集 Ω,我们能否在 Ω 中增加无穷个离散点,使得新的集合不再是 NPS?

1982 年，Gross-Yang[2] 给问题 10.5 肯定的回答. 事实上，Gross-Yang[2] 证明了

定理 10.43 设 $\{a_n\}$ 为一给定的离散点集，则总可找到另一离散点集 $\{b_n\}$，使得 $\{a_n\}\cup\{b_n\}$ 不是 NPS.

证. 选取 $\{b_n\}$，使得 $b_1=b_2=b_3, b_4=b_5=b_6, \cdots, b_{3n+1}=b_{3n+2}=b_{3n+3}$，但 $b_1\neq b_4\neq b_7\neq\cdots\neq b_{3n+1}\neq b_{3n+4}\neq\cdots$ 及满足

$$\overline{\lim_{r\to\infty}}\frac{N(r,\{a_n\})}{N(r,\{b_n\})}=0.$$

设 $\Omega=\{a_n\}\cup\{b_n\}$. 如果 Ω 为 NPS，则相应有一非线性整函数 f 及一复数集合 S，其中 S 至少含有二个不同元素，使得 $f^{-1}(S)=\Omega$. 设 $c_1, c_2\in S$，且 $c_1\neq c_2$. 则 c_1 与 c_2 为 f 的级为 3 的完全重值. 于是 $\Theta(c_j,f)=\frac{2}{3}(j=1,2)$，这是不可能的. 这就证明 Ω 不为 NPS.

是否存在二个不同的函数 f 与 g 具有相同的 NPS? Gross-Yang[2] 给出了下述例子回答了这个问题. 容易验证 $\Omega=\{0, \pm\frac{n\pi}{2}, n=1,2\cdots\}$ 为 $\sin z$ 与 $\cos z$ 的 NPS，且具有相同的象集 $S=\{0,-1,1\}$. 1984年，Gundersen-Yang[1] 给出了当 Ω 具有周期结构时的下述结果.

定理 10.44 设 $f(z)$ 为相应 NPS 集 $\Omega=\{0, \pm\pi_1\pm 2\pi, \cdots\}$ 的整函数，则 $f(z)$ 必为下述三种形式之一的函数(也可能为此三种形式的线性变换之一)：

(i) $f(z)=\exp(\frac{2iz}{m})$ 或 $f(z)=\exp(-\frac{2iz}{m})$，其中 m 为正整数，

(ii) $f(z)=\sin(\frac{z}{n}+\frac{z}{2n}+\frac{m\pi}{n})$，其中 $n(\geqslant 2)$ 为偶数，m 为整数，

(iii) $f(z)=\sin(\frac{z}{n}+\frac{m\pi}{n})$，其中 $n(\geqslant 3)$ 为奇数，m 为整数.

证. 由 Borel 定理(定理 2.10) 易知，f 的级与 Ω 的收敛指数相等. 因此 f 的级等于 1. 由定理 10.44 的条件得

$$e^{cz}(e^{2iz}-1)=P(f(z)). \tag{10.5.1}$$

其中 c 为常数，$P(z) = A(z-a_1)(z-a_2)\cdots(z-a_n)$，$n \geqslant 2$，$a_1$，$a_2 \cdots a_n$ 为判别的有穷复数. 由(10.5.1)知，f 必为指数多项式. 设

$$f(z) = A_0 + \sum_{k=1}^{m} A_k \exp(B_k z), \tag{10.5.2}$$

这里 A_k 为常数($A_k \neq 0, 1 \leqslant k \leqslant m$)，$B_k$ 为判别的非 0 常数.

假设 $m=1$，由(10.5.1)，(10.5.2)得

$$e^{cz}(e^{2iz}-1) = A\prod_{j=1}^{n}(A_1 e^{B_1 z} + A_0 - a_j). \tag{10.5.3}$$

应用定理 1.52，由(10.5.3)知，仅可能出现 4 种情况：(1) $c=0$，$nB_1 = 2i$，(2) $c=-2i$，$nB_1=-2i$，(3) $c=B_1$，$(n-1)B_1 = 2i$，(4) $c = B_1 - 2i$，$(n-1)B_1 = -2i$. 由此则得定理 10.44 中的(i).

现设 $m \geqslant 2$. 令 $B_k = \lambda_k + i\mu_k$. 不妨设 B_1 及 B_2 为两特殊之常数，满足 $\lambda_1 = \max\{\lambda_k\}$，$\mu_1 = \max\{\mu_k : \lambda_k = \lambda_1\}$，$\lambda_2 = \min\{\lambda_k\}$，$\mu_2 = \min\{\mu_k : \lambda_k = \lambda_2\}$. 应用定理 1.52，由(10.5.1)，(10.5.2)得 $nB_1 = c+2i$，$nB_2 = c$ 或 $nB_1 = c$，$nB_2 = c+2i$. 因此 $\lambda_1 = \lambda_2$. 同理可得 $m=2$. 于是可得 $(n-1)B_1 + B_2$ 必等于 $c+2i$，或 c，或 $mB_1 + kB_2$，其中 $m \neq n-1$，$k \neq 1$. 前二种形式可得定理 10.44 中的(i). 故现只需考虑 $(n-1)B_1 + B_2 = mB_1 + kB_2$，其中 $m \neq n-1$，$k \neq 1$ 的情况. 又由于 $n(B_1 - B_2) = \pm 2i$，可得 $\lambda_1 = \lambda_2 = 0$，因而可得 $c = \beta i$，其中 $\beta(\neq 0, -2)$ 为实数. 将此代入(10.5.1)，并微分两次及消去 $\exp((c+2i)z)$ 及 $\exp(cz)$ 得

$$\begin{aligned} 2i(\beta+1)P'(f)f' - P''(f)(f')^2 - P'(f)f'' \\ + \beta(\beta+2)P(f) \equiv 0. \end{aligned} \tag{10.5.4}$$

由第二基本定理知，存在 $n-1$ 个判别的有穷复数 $b_j(j=1,2,\cdots,n-1)$，使得

$$\sum_{j=1}^{n-1} m\left(r, \frac{1}{f-b_j}\right) = S(r,f). \tag{10.5.5}$$

设 $q(f) = (f-b_1)(f-b_2)\cdots(f-b_{n-1})$. 由(10.5.4)得

$$\begin{aligned} \frac{\beta(\beta+2)P(f)}{q(f)(f-a_k)} \equiv \frac{P''(f)(f')^2}{q(f)(f-a_k)} + \frac{P'(f)f''}{q(f)(f-a_k)} \\ - \frac{2i(\beta+1)P'(f)f'}{q(f)(f-a_k)}. \end{aligned} \tag{10.5.6}$$

由(10.5.6)得

$$m(r,\frac{1}{f-a_k})=S(r,f),\qquad (1\leqslant k\leqslant n).\qquad (10.5.7)$$

另一方面,由(10.5.1),(10.5.7)得

$$\begin{aligned}\frac{2r}{\pi}+S(r,f)&=N(r,\frac{1}{e^{(\beta+2)iz}-e^{\beta iz}})\\&=\sum_{j=1}^{n}N(r,\frac{1}{f-a_k})\\&=nT(r,f)+S(r,f)\\&\geqslant T(r,(e^{(\beta+2)iz}-e^{\beta iz}))+S(r,f)\\&=\begin{cases}(\beta+2)\dfrac{r}{\pi}+S(r,f),\text{如果 }\beta>0,\\-\beta\dfrac{r}{\pi}+S(r,f),\text{如果 }\beta<-2,\\\dfrac{2r}{\pi}+S(r,f),\text{如果 }-2<\beta<0.\end{cases}\end{aligned}$$

由此即得 $-2<\beta<0$. 再由(10.5.1),(10.5.2)即得 $\beta=-2$ 及

$$f(z)=A_0+A_1\exp(\frac{iz}{n})+A_2\exp(\frac{-iz}{n}).\qquad (10.5.8)$$

将(10.5.8)代入(10.5.1),进一步简单的分析可得定理 10.44 中的(ii)与(iii).

1984 年,Gundersen-Yang[1] 回答了问题 10.4. 一方面,Gundersen-Yang[1] 给出了两个例子证实了,对某些非平凡原象集 Ω,在 Ω 中增加或减少有穷个点,所得新集合仍为 NPS. 另一方面,Gundersen-Yang[1] 证明了下述定理,它表明,对某些特殊的集合 Ω,问题 10.4 的答案是肯定的.

定理 10.45 给定非平凡原象集 $\Omega=\{b,b\pm a,b\pm 2a,\cdots\}$,其中 $a(\neq 0)$,b 为常数,在 Ω 中增加或减少有穷个点,所得新集合不为 NPS.

定理 10.45 的证明可参看 Gundersen-Yang[1].

10.5.2 唯一性的非平凡原象集

设 $f(z)$ 为相应 NPS 集 Ω 的整函数,令 $g(z)=af(z)+b$,其

中 $a(\neq 0)$,b 为常数. 则 $g(z)$ 也为相应 NPS 集 Ω 的整函数. 1982 年,Gross-Yang[2] 引入下述定义.

定义 10.2 设集合 Ω 为 NPS,若 $f(z)$ 与 $g(z)$ 均为相应 NPS 集 Ω 的整函数,必有 $g(z)=af(z)+b$,其中 $a(\neq 0)$,b 为常数,则 Ω 称作唯一性的非平凡原象集,并以 UNPS 表之.

在定义 10.2 中,UNPS 为"unique nontrivial preimage set"的缩写.

一般说来,建造 UNPS 是比较困难的,似需要用到有关代数体函数值分布理论,关于代数体函数值分布理论可参看何育赞[1,2],何育赞 - 萧修治[1]. 1982 年,Gross-Yang[2] 证明了下述定理.

定理 10.46 设 f 为有穷非整数级整函数,其级 $\lambda_f>1$. 再设 f 的所有零点均为实的单重零点. 设

$$\Omega=\{z\,|\,f^3(z)-1=0\},$$

则 S 为 UNPS.

定理 10.46 的证明用到代数体函数值分布理论,这里不再给出,可参看 Gross-Yang[2].

10.5.3 唯一性象集

1982 年,Gross-Yang[2] 引入下述定义.

定义 10.3 若点集 S 使得对任何两个非常数整函数 f 与 g,只要满足 $f^{-1}(S)=g^{-1}(S)$,必有 $f\equiv g$,则称点集 S 为唯一性象集,并以 URS 表之.

在定义 10.3 中,URS 为"unique range set"的缩写.

1982 年,Gross-Yang[2] 证明了下述定理.

定理 10.47 设 $S=\{w\,|\,e^w+w=0\}$,则 S 为 URS.

证. 设 f 与 g 为非常数整函数,并满足

$$f^{-1}(S)=g^{-1}(S),$$

则

$$e^f+f=(e^g+g)e^\alpha, \tag{10.5.9}$$

其中 α 为整函数. 由定理 1.36 得

$$T(r,e^f) \sim N(r,\frac{1}{e^f+f}) \sim N(r,\frac{1}{e^g+g}) \sim T(r,e^g)$$
$$(r \to \infty, r \notin E) \tag{10.5.10}$$

另一方面，将(10.5.9)改写如下：

$$e^f - e^{g+\alpha} - ge^\alpha = -f. \tag{10.5.11}$$

应用定理1.56，由(10.5.11)得$e^{g+\alpha} \equiv f$或$ge^\alpha \equiv f$.

如果$e^{g+\alpha} = f$，则$e^f = ge^\alpha$. 因此$e^{f+g} \equiv fg$. 再设$f = e^{\beta_1}, g = e^{\beta_2}$，其中$\beta_1, \beta_2$为非常数整函数，则有

$$e^{\beta_1} + e^{\beta_2} = \beta_1 + \beta_2 + c, \tag{10.5.12}$$

其中c为常数. 应用引理1.10，由(10.5.12)即可得到矛盾.

如果$ge^\alpha = f$，则$e^f = e^{g+\alpha}$. 因此

$$g(e^\alpha - 1) = \alpha + c, \tag{10.5.13}$$

其中c为常数. 通过比较(10.5.13)两端零点知，α必为常数. 注意到g为非常数，再由(10.5.13)得$e^\alpha = 1$. 于是$f \equiv g$.

10.5.4 唯一性原象集

由熟知的解析函数恒等定理易知，如果两个非常数整函数f与g满足$f(\frac{1}{n}) = g(\frac{1}{n})(n = 1,2,\cdots)$，则$f \equiv g$. 1981年，Diamond-Pomerance-Rubel[1] 证明了下述有趣的结果：如果集合$\{f(\frac{1}{n})\} = \{g(\frac{1}{n})\}$(不管次序)，则$f \equiv g$.

设T为任一有穷复数集合，$f(z)$为任一非常数整函数，设

$$f(T) = \{f(z) \mid z \in T\}.$$

并称$f(T)$为f下T的象集.

1981年，Diamond-Pomerance-Rubel[1] 引入下述定义.

定义10.4 若点集T使得对任意两个非常数整函数f与g，只要满足$f(T) = g(T)$，必有$f \equiv g$，则称点集T为唯一性原象集.

唯一性原象集一般当然为一无穷集合，有趣的是一个唯一性原象集不因增加或减少一有限点集而改变.

Diamond-pomerance-Rubel[1] 证明了下述定理.

定理 10.48 设 T 为唯一性原象集, R 为任一有限集合, 则 TUR 或 $T\backslash R$ 仍为唯一性原象集.

证. 不失一般性, 不妨设 R 仅含一个点, 即 $R=\{t\}$, 其中 t 为有穷复数.

设 $T'=T\backslash R$, 其中 $t\in T$. 如果 T' 不为唯一性原象集, 则存在两个不同的整函数 f 与 g, 满足 $f(T')=g(T')$. 设 P 与 Q 为多项式

$$P(w)=(w-f(t))(w-g(t)), Q(w)=wP(w).$$

我们考虑复合函数 $P\circ f(z)=P(f(z))$. 显然有

$$P\circ f(T)=P\circ g(T).$$

因 T 为唯一性原象集, 故 $P\circ f=P\circ g$. 显然还有

$$Q\circ f(T)=Q\circ g(T).$$

因此也有 $Q\circ f=Q\circ g$. 于是

$$f=\frac{Q\circ f}{P\circ f}=\frac{Q\circ g}{P\circ g}=g.$$

这是一个矛盾. 这个矛盾证实了 T' 为唯一性原象集.

设 $T''=T\cup R$, 其中 $t\notin T$. 如果 T'' 不为唯一性原象集, 则存在两个不同的整函数 f 与 g, 满足 $f(T'')=g(T'')$. 设 $t'\in T$. 设 P 与 Q 为多项式

$$P(w)=(w-f(t))(w-g(t))(w-f(t'))(w-g(t')),$$
$$Q(w)=wP(w).$$

显然有

$$P\circ f(T'')=P\circ g(T'').$$

注意到 $P(w)$ 的定义, 我们有

$$P\circ f(T'')=P\circ f(T)\cup\{0\}=P\circ f(T).$$

同理也有

$$P\circ g(T'')=P\circ g(T)\cup\{0\}=P\circ g(T).$$

于是

$$P\circ f(T)=P\circ g(T).$$

因为 T 为唯一性原象集，故有 $P\circ f=P\circ g$. 同理可证. $Q\circ f=Q\circ g$. 因此

$$f=\frac{Q\circ f}{P\circ f}=\frac{Q\circ g}{P\circ g}=g,$$

这是一个矛盾，于是 T'' 为唯一性原象集.

Diamond-Pomerance-Rubel[1] 证明了下述

定理 10.49 设 T 为任一有穷复数集合，如果 T 没有有限极限点，则 T 不为唯一性原象集.

证. 由 Weierstrass 定理（定理 6.1）知，存在一个整函数 $f(z)$，以且仅以 T 中的点为零点. 因此

$$f(T)=\{0\}.$$

设 $g(z)=2f(z)$，则

$$g(T)=\{0\},$$

于是 $f(T)=g(T)$，但 $f\not\equiv g$. 这就证明 T 不为唯一性原象集.

定理 10.50 下述集合 T 为唯一性原象集：

(A) $T=\{\frac{1}{n}\}$,

(B) $T=\{\frac{i}{n^2}+\frac{1}{n^3}\}$,

(C) $T=\{\frac{1}{2^{n!}}\}$,

(D) $T=\{\frac{1}{2^{(\sqrt{2}+1)^n}}\}$,

(E) $T=\{\frac{1}{(2^n)!}\}$,

(F) $T=\{\frac{1}{2^{2^n}}\}\cup\{\frac{1}{2^{3^n}}\}$,

(G) $T=\{\frac{1}{n!}\}$,

(H) $T=\{\frac{1}{2^n}\}\cup\{\frac{1}{3^n}\}$,

(I) $T=\{\frac{1}{P_n}\}$，其中 P_n 为第 n 个素数，

(J) $T = \{\frac{1}{\log(n+1)}\}$.

定理 10.51 下述集合 T 不为唯一性原象集

(a) $T = \{\pm 1, \pm \frac{1}{2}, \pm \frac{1}{3}, \cdots\}$,

(b) $T = \{1, \frac{1}{2}, \frac{1}{2^2}, \cdots\}$,

(c) $T = \{\frac{1}{2^{\sqrt{2}^0}}, \frac{1}{2^{\sqrt{2}^1}}, \frac{1}{2^{\sqrt{2}^2}}, \cdots\}$,

(d) $T = \{a_1, a_2, a_3, \cdots\}$,其中 $a_1 = 1$,a_n 为满足递推公式 $a_n^2 + a_n = a_{n-1}$ 的正数.

定理 10.50,10.51 的证明可参看 Diamond-Pomerance-Rubel[1].

1983 年,Johnston[1] 证明了,无一三角形(包括边界及内点)可为唯一性原象集,并建造了一段弧线及一开集为唯一性原象集的例子,因所用方法与本书一般方法大不同,故不多加介绍,可参看 Johnston[1].

与本节有关的结果可参看 Gross[3],Gross-Yang[2],Gundersen-Yang[1],Diamond-Pomerance-Rubel[1],Johnston[1],Gol'dberg-Erëmenko[1],Edward[1],特别应该指出的是,上述文献中提出了许多待解问题,还有部分问题至今没有解决.

§10.6 亚纯函数的唯一性象集

10.6.1 Gross 的一个问题

1976 年,F. Gross[3] 提出下述问题:

问题 10.6 能否找到一个有限集合 S,使得对任何两个非常数整函数 f 与 g,只要满足 $E_f(S) = E_g(S)$,必有 $f \equiv g$?

显然,问题 10.6 实质上是问:能否找到一个有限的 URS?注意到定理 10.47 中的集合 S 含有无穷多个元素,因此定理 10.47 不能回答问题 10.6. 1993 年,仪洪勋[35] 对问题 10.6 给出了肯定的回答，下面叙述其结果.

设 n 与 m 为正整数，且 $n > m$，a 与 b 为非零常数，容易验证，如果

$$\frac{b^{n-m}}{a^n} \neq \frac{(-1)^n m^m (n-m)^{n-m}}{n^n}, \tag{10.6.1}$$

则代数方程 $w^n + aw^m + b = 0$ 恰有 n 个不同的根.

定理 10.52 设 $S = \{c + dw_1, c + dw_2, \cdots, c + dw_n\}$，其中 c 与 d 为常数，且 $d \neq 0$，$w_1, w_2, \cdots, w_n$ 为代数方程 $w^n + aw^m + b = 0$ 的 n 个不同的根，这里 n 与 m 为正整数，且 $n \geqslant 15$，$n > m \geqslant 5$，n 与 m 没有公因子，a 与 b 为非零常数，且满足(10.6.1). 则 S 为 URS.

证. 设 f 与 g 为非常数整函数，且满足

$$E_f(S) = E_g(S). \tag{10.6.2}$$

不失一般性，不妨设 $c = 0$，$d = 1$. 否则只需设 $F = \dfrac{f-c}{d}$，$G = \dfrac{g-c}{d}$ 即可.

由(10.6.2)得

$$\begin{aligned}(n-1)T(r,g) &< \sum_{k=1}^{n} \overline{N}\left(r, \frac{1}{g-w_k}\right) + S(r,g) \\ &= \sum_{k=1}^{n} \overline{N}\left(r, \frac{1}{f-w_k}\right) + S(r,g) \\ &< n\,T(r,f) + S(r,g).\end{aligned}$$

注意到 $n \geqslant 15$，于是

$$T(r,g) < \frac{15}{14}T(r,f) + S(r,f). \tag{10.6.3}$$

同理可证

$$T(r,f) < \frac{15}{14}T(r,g) + S(r,g). \tag{10.6.4}$$

再由(10.6.2)得

$$\frac{f^n + af^m + b}{g^n + ag^m + b} = e^h,$$

其中 h 为整函数. 于是

$$-\frac{1}{b}f^n-\frac{a}{b}f^m+\frac{1}{b}e^hg^n+\frac{a}{b}e^hg^m+e^h=1.$$

(10.6.5)

设 $f_1=-\frac{1}{b}f^n, f_2=-\frac{a}{b}f^m, f_3=\frac{1}{b}e^hg^n, f_4=\frac{a}{b}e^hg^m, f_5=e^h$ 及 $T(r)=\max\limits_{1\leqslant j\leqslant 5}\{T(r,f_j)\}$. 由(10.6.3),(10.6.4),(10.6.5)得

$$\sum_{j=1}^{5}f_j\equiv 1. \tag{10.6.6}$$

及

$$T(r)=O(T(r,f)) \qquad (r\notin E). \tag{10.6.7}$$

为了完成定理 10.52 的证明,先证三个引理.

引理 10.10 f_3,f_4,f_5 中至少有一个为常数.

证. 假设 f_3,f_4,f_5 均不为常数. 下面证明 $f_j(j=1,2,\cdots,5)$ 满足下述三个性质.

性质 1. $c_1f_{j_1}+c_2f_{j_2}\not\equiv 1$,其中 c_1,c_2 为任意非零常数,$1\leqslant j_1<j_2\leqslant 5$.

根据组合,这要证明 $C_5^2=10$ 种情况,应用引理 1.10 容易证明,细节略去.

性质 2. $c_1f_{j_1}+c_2f_{j_2}+c_3f_{j_3}\not\equiv 1$,其中 c_1,c_2,c_3 为任意非零常数,$1\leqslant j_1<j_2<j_3\leqslant 5$.

根据组合,这要证明 $C_5^3=10$ 种情况. 下面仅证 $c_1f_2+c_2f_4+c_3f_5\not\equiv 1$,其余 9 种情况可类似证明.

假设

$$c_1f_2+c_2f_4+c_3f_5\equiv 1. \tag{10.6.8}$$

如果 f_2,f_4,f_5 线性无关,应用定理 1.49 得

$$T(r,f_2)<N(r,\frac{1}{f_2})+N(r,\frac{1}{f_4})-N(r,\frac{1}{D_1})+S(r,f),$$

(10.6.9)

其中 D_1 表示 f_2,f_4,f_4 的 Wronskian 行列式. 显然

$$N(r,\frac{1}{D_1})\geqslant mN(r,\frac{1}{f})+mN(r,\frac{1}{g})-2\overline{N}(r,\frac{1}{f})$$

$$-2\overline{N}(r,\frac{1}{g}). \tag{10.6.10}$$

再由(10.6.3),(10.6.9)得

$$\begin{aligned} mT(r,f) &< 2\overline{N}(r,\frac{1}{f})+2\overline{N}(r,\frac{1}{g})+S(r,f) \\ &< 2T(r,f)+2T(r,g)+S(r,f) \\ &< \frac{29}{7}T(r,f)+S(r,f), \end{aligned}$$

因 $m\geqslant 5$,上式不能成立. 于是 f_2,f_4,f_5 线性相关,即存在不全为 0 的常数 d_1,d_2,d_3 使

$$d_1f_2+d_2f_4+d_3f_5=0. \tag{10.6.11}$$

不失一般性,设 $d_1\neq 0$. 由(10.6.8),(10.6.11)得

$$e_1f_4+e_2f_5=1,$$

其中 e_1,e_2 为常数. 因 f_4,f_5 均不为常数,故 e_1,e_2 均不为 0,这与性质 1 矛盾.

性质 3. $c_1f_{j_1}+c_2f_{j_2}+c_3f_{j_3}+c_4f_{j_4}\not\equiv 1$,其中 $c_j(j=1,2,3,4)$ 为任意非零常数,$1\leqslant j_1<j_2<j_3<j_4\leqslant 5$.

根据组合,这要证明 $C_5^4=5$ 种情况. 下面仅证 $c_1f_2+c_2f_3+c_3f_4+c_4f_5\not\equiv 1$,其余 4 种情况可类似证明.

假设

$$c_1f_2+c_2f_3+c_3f_4+c_4f_5\equiv 1. \tag{10.6.12}$$

如果 f_2,f_3,f_4,f_5 线性无关. 设

$$g_1=-\frac{c_1f_2}{c_4f_5}=\frac{c_1a}{c_4b}e^{-h}f^m,\quad g_2=-\frac{c_2f_3}{c_4f_5}=-\frac{c_2}{c_4b}g^n,$$

$$g_3=-\frac{c_3f_4}{c_4f_5}=-\frac{c_3a}{c_4b}g^m,\ g_4=\frac{1}{c_4f_5}=\frac{1}{c_4}e^{-h}.$$

由引理 7.10 和(10.6.12)知,g_1,g_2,g_3,g_4 也线性无关,且 $\sum\limits_{j=1}^{4}g_j\equiv 1$. 应用定理 1.49 得

$$T(r,g_2)<\sum_{j=1}^{4}N(r,\frac{1}{g_j})-N(r,\frac{1}{D_2})+S(r,g), \tag{10.6.13}$$

其中 D_2 为 g_1, g_2, g_3, g_4 的 Wronskian 行列式. 显然

$$N(r,\frac{1}{D_2}) \geqslant mN(r,\frac{1}{f}) - 3\overline{N}(r,\frac{1}{f}) + (n+m)N(r,\frac{1}{g}) - 5\overline{N}(r,\frac{1}{g}). \quad (10.6.14)$$

结合(10.6.13),(10.6.14) 即得

$$nT(r,g) < 3\overline{N}(r,\frac{1}{f}) + 5\overline{N}(r,\frac{1}{g}) + S(r,g) < 3T(r,f) + 5T(r,g) + S(r,g).$$

再由(10.6.4) 得

$$nT(r,g) < \frac{115}{14}T(r,g) + S(r,g).$$

因 $n \geqslant 15$,上式不能成立,于是 f_2, f_3, f_4, f_5 线性相关. 即存在不全为零的常数 $d_j (j = 1,2,3,4)$ 使

$$d_1 f_2 + d_2 f_3 + d_3 f_4 + d_4 f_5 = 0. \quad (10.6.15)$$

不失一般性,设 $d_1 \neq 0$. 由(10.6.12),(10.6.15) 得

$$e_1 f_3 + e_2 f_4 + e_3 f_5 \equiv 1,$$

其中 e_1, e_2, e_3 为常数. 因 f_3, f_4, f_5 均不为常数,故 e_1, e_2, e_3 中至少有二个不为 0,这与性质 1 或性质 2 矛盾.

下面继续证明引理 10.10.

如果 $f_1, f_2, \cdots, f_5$ 线性无关,应用定理 1.49 得

$$T(r,f_1) < \sum_{j=1}^{5} N(r,\frac{1}{f_j}) - N(r,\frac{1}{D}) + S(r,f), \quad (10.6.16)$$

其中 D 表示 $f_1, f_2, \cdots, f_5$ 的 Wronskian 行列式. 显然

$$N(r,\frac{1}{D}) \geqslant (n+m)N(r,\frac{1}{f}) - 7\overline{N}(r,\frac{1}{f}) + (n+m)N(r,\frac{1}{g}) - 7\overline{N}(r,\frac{1}{g}). \quad (10.6.17)$$

结合(10.6.16),(10.6.17) 得

$$nT(r,f) < 7\overline{N}(r,\frac{1}{f}) + 7\overline{N}(r,\frac{1}{g}) + S(r,f) < 7T(r,f) + 7T(r,g) + S(r,f).$$

再由(10.6.3)得

$$nT(r,f) < \frac{29}{2}T(r,f) + S(r,f).$$

因 $n \geqslant 15$，上式不能成立. 于是 $f_1, f_2, \cdots, f_5$ 线性相关. 即存在不全为零的常数 $d_j (j = 1, 2, \cdots, 5)$，使

$$\sum_{j=1}^{5} d_j f_j = 0. \tag{10.6.18}$$

不失一般性，设 $d_1 \neq 0$. 由(10.6.6)，(10.6.18)得

$$e_1 f_2 + e_2 f_3 + e_3 f_4 + e_4 f_5 \equiv 1,$$

其中 e_1, e_2, e_3, e_4 均为常数. 因 f_2, f_3, f_4, f_4 均不为常数，故 e_1, e_2, e_3, e_4 中至少有二个不为零，这与性质 1，或性质 2，或性质 3 矛盾. 这就证明了引理 10.10.

引理 10.11 f_4 不为常数.

证. 假设 f_4 为常数，即可设 $c^h = cg^{-m}$，其中 $e(\neq 0)$ 为常数. 于是 g 没有零点. 由(10.6.5)得

$$f^n + af^m - cg^{n-m} - bcg^{-m} = ac - b. \tag{10.6.19}$$

显然 $f^n, f^m, g^{n-m}, g^{-m}$ 均不为常数. 如果 $ac - b \neq 0$. 使用与引理 10.10 类似的证明方法，即可得出矛盾，于是 $ac - b = 0$. 由(10.6.19)得

$$f^n + af^m = \frac{bg^n + b^2}{ag^m}. \tag{10.6.20}$$

应用定理 1.13 得

$$T(r,f) = T(r,g) + S(r,f). \tag{10.6.21}$$

再由(10.6.20)得

$$\frac{a}{b^2}g^m f^n + \frac{a^2}{b^2}g^m f^m - \frac{1}{b}g^n = 1. \tag{10.6.22}$$

显然

$$\begin{aligned} T(r, g^m f^n) &\geqslant T(r, f^n) - T(r, g^{-m}) \\ &= (n - m)T(r,f) + S(r,f). \end{aligned}$$

于是 $g^m f^n$ 不为常数. 如果 $g^m f^m$ 不为常数，注意到 g 没有 0 点，使用与引理 10.10 类似的证明方法，由(10.6.22)即可得出矛盾. 于是

$g^m f^m$ 为常数，即可设 $g^m f^m = d(\neq 0)$. 由(10.6.22)得

$$adf^{n-m} = bg^n + (b^2 - a^2 d).$$

于是 $(n-m)T(r,f) = nT(r,g) + O(1)$，这与(10.6.21)矛盾. 这就证明了引理 10.11.

引理 10.12 f_3 不为常数.

证. 假设 f_3 为常数，即可设 $e^h = cg^{-n}$，其中 $c(\neq 0)$ 为常数. 于是 g 没有零点. 由(10.6.5)得

$$f^n + af^m - acg^{-(n-m)} - bcg^{-n} = c - b. \qquad (10.6.23)$$

显然 $f^n, f^m, g^{-(n-m)}, g^{-n}$ 均不为常数. 如果 $c - b \neq 0$，使用与引理 10.10 类似的证明方法即可得出矛盾. 于是 $c - b = 0$. 由(10.6.23)得

$$f^n + af^m = \frac{abg^m + b^2}{g^n}. \qquad (10.6.24)$$

应用定理 1.13 得

$$T(r,f) = T(r,g) + S(r,f). \qquad (10.6.25)$$

由(10.6.24)得

$$\frac{1}{b^2}g^n f^n + \frac{a}{b^2}g^n f^m - \frac{a}{b}g^m = 1. \qquad (10.6.26)$$

显然 $g^n f^m, g^m$ 均不为常数，如果 $g^n f^n$ 不为常数，注意到 g 没有零点，使用与引理 10.10 类似的证明方法，由(10.6.26)即可得出矛盾. 于是 $g^n f^n$ 为常数，即可设 $g^n f^n = d(\neq 0)$. 由(10.6.26)得

$$adf^{-(n-m)} = abg^m + (b^2 - d).$$

于是

$$(n-m)T(r,f) = mT(r,g) + O(1).$$

再由(10.6.25)知，$n - m = m$ 及 $n = 2m$，这与 n, m 没有公因子矛盾. 这就证明了引理 10.12.

下面继续证明定理 10.52.

由引理 10.10, 10.11, 10.12 知，f_5 必为常数. 设 $f_5 \equiv c\ (\neq 0)$. 由(10.6.5)得

$$f^n + af^m - cg^n - acg^m = b(c-1). \qquad (10.6.27)$$

如果 $c \neq 1$，使用与引理 10.10 类似的证明方法即可得出矛盾. 于

是 $c=1$. 由(10.6.27)得

$$f^n - g^n = -a(f^m - g^m). \tag{10.6.28}$$

假设 $f \not\equiv g$. 由(10.6.28)得

$$g^{n-m} = \frac{-a(h-v)(h-v^2)\cdots(h-v^{m-1})}{(h-u)(h-u^2)\cdots(h-u^{n-1})}, \tag{10.6.29}$$

其中 $h=\dfrac{f}{g}$, $u=\exp(\dfrac{2\pi i}{n})$, $v=\exp(\dfrac{2\pi i}{m})$. 由于 n 与 m 没有公因子,故(10.6.29)右端的分子与分母也没有公因子. 由(10.6.29)知,h 为非常数亚纯函数,且 $u^j(j=1,2,\cdots,n-1)$ 均为 h 的 Picard 例外值,这是不可能的. 于是 $f\equiv g$.

这就完成了定理 10.52 的证明.

定理 10.52 对问题 10.6 给出了肯定的回答. 事实上,定理 10.52 中的集合 S 就是问题 10.6 中所要找的一个有限集合. 由定理 10.52,可得下述

系. 设 $S=\{w\,|\,w^n+aw^m+b=0\}$,其中 $n\geqslant 15$, $n>m\geqslant 5$, n 与 m 没有公因子,a 与 b 非零,且满足(10.6.1),则 S 为 URS.

定理 10.52 中的条件 n 与 m 没有公因子是必要的. 事实上,由定理 10.52 的证明容易看出,下述结论成立.

定理 10.53 设 f 与 g 为非常数整函数,$S=\{w\,|\,w^{2m}+aw^m+b=0\}$,其中 m 为正整数,a 与 b 为非零常数,且满足 $m\geqslant 8$, $a^{2m}\neq 2^{2m}b^m$. 如果 $E_f(S)=E_g(S)$,则 $f\equiv tg$,其中 $t^m=1$,或 $fg\equiv s$,其中 $s^m=b$.

定理 10.54 设 f 与 g 为非常数整函数,$S=\{w\,|\,w^n+aw^m+b=0\}$,其中 $n\geqslant 15$, $n>m\geqslant 5$, $n\neq 2m$, a 与 b 为非零常数,且满足(10.6.1). 如果 $E_f(S)=E_g(S)$,则 $f\equiv tg$,其中 $t^m=1$ 及 $t^n=1$.

显然定理 10.52 为定理 10.54 的特殊情况.

10.6.2 关于整函数的 URS 的进一步结果

1993 年,仪洪勋[35] 提出下述问题:

问题 10.7 定理 10.52 中的条件 $n\geqslant 15$ 是否必要?能否被另

一小于 15 的整数代替？使定理 10.52 的结论成立的 n 的最小值是多少？

问题 10.8 能否找到元素个数少于 15 的其他类型的 URS？

最近，仪洪勋[38] 回答了问题 10.7，证明了下述

定理 10.55 设 n 与 m 为正整数，且满足 $n > 2m + 4$，n 与 m 没有公因子. 再设 a 与 b 为非零常数，且满足(10.6.1). 则 $S = \{w \mid w^n + aw^m + b = 0\}$ 为整函数的 URS.

证. 设 f 与 g 为非常数整函数，且满足

$$E_f(S) = E_g(S) \tag{10.6.30}$$

设

$$F = -\frac{f^n}{af^m + b}, \quad G = -\frac{g^n}{ag^m + b}. \tag{10.6.31}$$

由(10.6.30) 知，1 为 F 与 G 的 CM 公共值. 应用定理 1.13，由(10.6.31) 得

$$T(r,F) = nT(r,f) + S(r,f), \tag{10.6.32}$$

$$T(r,G) = nT(r,g) + S(r,g). \tag{10.6.33}$$

注意到 f 为整函数，由(10.6.31) 得

$$N_2(r,\frac{1}{F}) = 2\overline{N}(r,\frac{1}{f}) \leqslant 2T(r,f) + O(1)$$

$$\begin{aligned} N_2(r,F) &\leqslant N(r,\frac{1}{af^m + b}) \\ &\leqslant mT(r,f) + O(1). \end{aligned}$$

再由(10.6.32) 得

$$N_2(r,\frac{1}{F}) + N_2(r,F) \leqslant \frac{m+2}{n}T(r,F) + S(r,F). \tag{10.6.34}$$

同理可得

$$N_2(r,\frac{1}{G}) + N_2(r,G) \leqslant \frac{m+2}{n}T(r,G) + S(r,G). \tag{10.6.35}$$

设 $T(r) = \max\{T(r,F), T(r,G)\}$. 由(10.6.34)，(10.6.35) 得

$$N_2(r,\frac{1}{F})+N_2(r,F)+N_2(r,\frac{1}{G})+N_2(r,G)$$
$$\leqslant(\frac{2m+4}{n}+o(1))T(r)\qquad(r\notin E).$$
由定理10.55条件知，$\frac{2m+4}{n}<1$. 由定理7.10得$F\equiv G$或$F\cdot G\equiv 1$. 再由(10.6.32)，(10.6.33)得
$$T(r,f)=T(r,g)+S(r,f).\tag{10.6.36}$$
如果$F\cdot G\equiv 1$，则
$$f^ng^n=(af^m+b)(ag^m+b).\tag{10.6.37}$$
假设$m\geqslant 2$. 设$w_1,w_2,\cdots,w_m$为$aw^m+b=0$的m个判别的根. 设z_j为$f-w_j$的零点，由(10.6.37)知，z_j至少为$f-w_j$的n重零点. 因此
$$\Theta(w_j,f)\geqslant 1-\frac{1}{n}\ (j=1,2,\cdots,m).$$
这是不可能的. 假设$m=1$. 由(10.6.36)，(10.6.37)得
$$\overline{N}(r,\frac{1}{f})=\overline{N}(r,\frac{1}{ag+b})\leqslant\frac{1}{n}N(r,\frac{1}{ag+b})$$
$$\leqslant\frac{1}{n}T(r,g)+O(1)\leqslant\frac{1}{n}T(r,f)+S(r,f),$$
$$\overline{N}(r,\frac{1}{af+b})\leqslant\frac{1}{n}N(r,\frac{1}{af+b})\leqslant\frac{1}{n}T(r,f)+O(1).$$
再由第二基本定理得
$$T(r,f)<\overline{N}(r,\frac{1}{f})+\overline{N}(r,\frac{1}{af+b})+S(r,f)$$
$$\leqslant\frac{1}{n}T(r,f)+\frac{1}{n}T(r,f)+S(r,f)$$
$$=\frac{2}{n}T(r,f)+S(r,f),$$
这是一个矛盾.

如果$F\equiv G$，则
$$af^mg^m(f^{n-m}-g^{n-m})=-b(f^n-g^n).\tag{10.6.38}$$
假设$f\not\equiv g$，由(10.6.38)得

$$f^m = -\frac{b}{a} \cdot \frac{(h-u)(h-u^2)\cdots(h-u^{n-1})}{(h-v)(h-v^2)\cdots(h-v^{n-m-1})},$$

(10.6.39)

其中$h = \frac{f}{g}$, $u = \exp(\frac{2\pi i}{n})$, $v = \exp(\frac{2\pi i}{n-m})$. 由于$n$与$m$没有公因子，故(10.6.39)右端的分子与分母也没有公因子. 由(10.6.39)知，h为非常数亚纯函数，且$v^j(j=1,2,\cdots,-m-1)$均为h的 Picard 例外值，这是不可能的. 于是$f \equiv g$.

由定理 10.55，可得下述

系. 设a与b为非零常数，且满足

$$\frac{b^6}{a^7} \neq -\frac{6^6}{7^7}.$$

则$S = \{w \mid w^7 + aw + b = 0\}$为整函数的 URS.

最近，李平-杨重骏[2]，仪洪勋[38]也回答了问题 10.7，证明了下述

定理 10.56 设n与m为正整数，且满足$n > 2m + 4$，n与m没有公因子. 再设a与b为非零常数，使得代数方程$w^n + aw^{n-m} + b = 0$没有重根. 则$S = \{w \mid w^n + aw^{n-m} + b = 0\}$为整函数的 URS.

证. 设f与g为非常数整函数，且满足

$$E_f(S) = E_g(S). \tag{10.6.40}$$

设

$$F = -\frac{1}{b} f^{n-m}(f^m + a), G = -\frac{1}{b} g^{n-m}(g^m + a).$$

由(10.6.40)知，1为F与G的CM公共值. 与定理 10.55 的证明类似，应用定理 7.10 即得$F \equiv G$或$F \cdot G \equiv 1$. 再使用定理 10.55 的证明方法，即可得到$f \equiv g$.

由定理 10.56，可得下述

系. 设a与b为非零常数，且满足

$$\frac{b}{a^7} \neq -\frac{6^6}{7^7}.$$

则 $S=\{w\mid w^7+aw^6+b=0\}$ 为整函数的 URS.

现在,我们引入下述记号:

$U_E=\{S\mid S$ 为整函数的 URS$\}$,

$C_E=\min\{n(S)\mid S\in U_E\}$,

其中 $n(S)$ 表示集合 S 中元素个数.我们有下述

定理 10.57 $4\leqslant C_E\leqslant 7$.

证. 定理 10.55 的系和定理 10.56 的系都证明了 $C_E\leqslant 7$.下面证明 $C_E\geqslant 4$.

设 $S=\{a_1,a_2,a_3\}$,其中 $a_j(j=1,2,3)$ 为任意三个判别的有穷复数.置

$f(z)=a_1+(a_2-a_1)e^{\alpha(z)}$,$g(z)=a_1+(a_3-a_1)e^{-\alpha(z)}$,

其中 $\alpha(z)$ 为任意非常数整函数,容易验证,$E_f(S)=E_g(S)$,但 $f\not\equiv g$.于是 $C_E\geqslant 4$.

10.6.3 亚纯函数的唯一性象集

与定义 10.3 类似,我们也可引入亚纯函数的唯一性象集的概念.

定义 10.5 若点集 S 使得对任何两个非常数亚纯函数 f 与 g,只要满足 $E_f(S)=E_g(S)$,必有 $f\equiv g$,则称点集 S 为亚纯函数的唯一性象集,并以 URSM 表之.

最近,仪洪勋[38] 证明了下述

定理 10.58 设 n 与 m 为正整数,且满足 $m\geqslant 2,n>2m+8$,n 与 m 没有公因子.再设 a 与 b 为非零常数,且满足(10.6.1).则 $S=\{w\mid w^n+aw^m+b=0\}$ 为 URSM.

证. 设 f 与 g 为非常数亚纯函数,且满足

$$E_f(S)=E_g(S).\tag{10.6.41}$$

设

$$F=-\frac{f^n}{af^m+b},G=-\frac{g^n}{ag^m+b}\tag{10.6.42}$$

由(10.6.41)知,1 为 F 与 G 的 CM 公共值.应用定理 1.13,由

(10.6.42) 得

$$T(r,F)=nT(r,f)+S(r,f), \tag{10.6.43}$$

$$T(r,G)=nT(r,g)+S(r,g). \tag{10.6.44}$$

由(10.6.42) 得

$$N_2(r,\frac{1}{F})=2\overline{N}(r,\frac{1}{f})\leqslant 2T(r,f)+O(1),$$

$$N_2(r,F)\leqslant 2\overline{N}(r,f)+N(r,\frac{1}{af^m+b})$$
$$\leqslant (m+2)T(r,f)+O(1).$$

再由(10.6.42) 得

$$N_2(r,\frac{1}{F})+N_2(r,F)\leqslant \frac{m+4}{n}T(r,F)+S(r,F). \tag{10.6.45}$$

同理可得

$$N_2(r,\frac{1}{G})+N_2(r,G)\leqslant \frac{m+4}{n}T(r,G)+S(r,G). \tag{10.6.46}$$

设 $T(r)=\max\{T(r,F),T(r,G)\}$. 由(10.6.45),(10.6.46) 得

$$N_2(r,\frac{1}{F})+N_2(r,F)+N_2(r,\frac{1}{G})+N_2(r,G)$$
$$\leqslant (\frac{2m+8}{n}+o(1))T(r)\quad (r\notin E).$$

由定理 10.58 的条件知,$\frac{2m+8}{n}<1$. 再由定理 7.10 得 $F\equiv G$ 或 $F\cdot G\equiv 1$.

如果 $F\cdot G\equiv 1$,则

$$\frac{f^n}{af^m+b}\cdot\frac{g^n}{ag^m+b}=1. \tag{10.6.47}$$

设 z_p 为 f 的 p 重极点,由(10.6.47) 知,z_p 必为 g 的 0 点. 设 z_p 为 g 的 q 重 0 点. 再由(10.6.47) 知,

$$(n-m)p=nq. \tag{10.6.48}$$

注意到 n 与 m 没有公因子,由(10.6.48) 知,p 为 n 的因子. 因此 $p\geqslant n$. 由此即得

$$\overline{N}(r,f) \leqslant \frac{1}{n}N(r,f) \leqslant \frac{1}{n}T(r,f).$$

设 $w_1, w_2, \cdots, w_m$ 为 $aw^m + b = 0$ 的 m 个判别根. 设 z_j 为 $f - w_j$ 的零点. 由(10.6.47) 知, z_j 至少为 $f - w_j$ 的 n 重零点. 因此

$$\overline{N}(r,\frac{1}{f-w_j}) \leqslant \frac{1}{n}N(r,\frac{1}{f-w_j}) \leqslant \frac{1}{n}T(r,f) + O(1).$$

注意到 $m \geqslant 2$. 由第二基本定理得

$$\begin{aligned}(m-1)T(r,f) &< \overline{N}(r,f) + \sum_{j=1}^{m}\overline{N}(r,\frac{1}{f-w_j}) + S(r,f) \\ &< \frac{m+1}{n}T(r,f) + S(r,f),\end{aligned}$$

这是一个矛盾.

如果 $F \equiv G$, 则

$$af^m g^m(f^{n-m} - g^{n-m}) = -b(f^n - g^n). \tag{10.6.49}$$

假设 $f \not\equiv g$. 由(10.6.49) 得

$$f^m = -\frac{b}{a} \cdot \frac{(h-u)(h-u^2)\cdots(h-u^{n-1})}{(h-v)(h-v^2)\cdots(h-v^{n-m-1})}, \tag{10.6.50}$$

其中 $h = \frac{f}{g}$, $u = \exp(\frac{2\pi i}{n})$, $v = \exp(\frac{2\pi i}{n-m})$, 由于 n 与 m 没有公因子, 故(10.6.50) 右端的分子与分母也没有公因子. 由(10.6.50) 知, h 为非常数亚纯函数, 且 $h - u^j (j = 1, 2, \cdots, n-1)$ 的零点的重级均 $\geqslant m$. 因此

$$\overline{N}(r,\frac{1}{h-u^j}) \leqslant \frac{1}{m}N(r,\frac{1}{h-u^j}) \leqslant \frac{1}{m}T(r,h) + O(1).$$

再由第二基本定理得

$$\begin{aligned}(n-3)T(r,h) &\leqslant \sum_{j=1}^{n-1}\overline{N}(r,\frac{1}{h-u^j}) + S(r,h) \\ &\leqslant \frac{n-1}{m}T(r,h) + S(r,h),\end{aligned}$$

这是一个矛盾. 于是 $f \equiv g$.

由定理 10.58, 即得下述

系. 设 a 与 b 为非零常数, 且满足

$$\frac{b^{11}}{a^{13}} \neq -\frac{2^2 \cdot 11^{11}}{13^{13}}.$$

则 $S = \{w \mid w^{13} + aw^2 + b = 0\}$ 为 URSM.

最近,李平-杨重骏[2] 证明了下述

定理 10.59 设 n 与 m 为正整数,且满足 $m \geqslant 2, n > 2m + 10$, n 与 m 没有公因子. 再设 a 与 b 为非零常数,使得代数方程 $w^n + aw^{n-m} + b = 0$ 没有重根. 则 $S = \{w \mid w^n + aw^{n-m} + b = 0\}$ 为 MURS.

仪洪勋[38] 证明了比定理 10.59 稍好的下述结果.

定理 10.60 把定理 10.59 中条件 $n > 2m + 10$ 换为 $n > 2m + 8$,定理 10.59 的结论仍成立.

证. 设 f 与 g 为非常数亚纯函数,且满足

$$E_f(S) = E_g(S). \tag{10.6.51}$$

设

$$F = -\frac{1}{b} f^{n-m}(f^m + a), G = -\frac{1}{b} g^{n-m}(g^m + a).$$

由(10.6.51)知,1 为 F 与 G 的 CM 公共值. 与定理 10.58 的证明类似,应用定理 7.10 即得 $F \equiv G$ 或 $F \cdot G \equiv 1$. 再使用定理 10.58 的证明方法,即可得到 $f \equiv g$.

由定理 10.60,可得下述

最近,Mues-Reinders[2] 应用亚纯曲线的 Cartan 第二基本定理,也证明了定理 10.60.

系. 设 a 与 b 为非零常数,且满足

$$\frac{b^2}{a^{13}} \neq -\frac{2^2 \cdot 11^{11}}{13^{13}}.$$

则 $S = \{w \mid w^{13} + aw^{11} + b = 0\}$ 为 URSM.

现在,我们引入下述记号:

$U_M = \{S \mid S$ 为 URSM$\}$,

$C_M = \min\{n(S) \mid S \in U_M\}$,

其中 $n(S)$ 表示集合 S 中元素个数. 我们有下述

定理 10.61 $5 \leqslant C_M \leqslant 13$.

证. 由定理 10.58 的系或定理 10.60 的系易知，$C_M \leqslant 13$. 下面证明 $C_M \geqslant 5$.

设 $S = \{a_1, a_2, a_3, a_4\}$，其中 $a_j (j = 1,2,3,4)$ 为任意四个判别的有穷复数. 置

$$f(z) = \frac{a_2(a_3 - a_1) - a_1(a_3 - a_2)e^{\alpha(z)}}{(a_3 - a_1) - (a_3 - a_2)e^{\alpha(z)}},$$

$$g(z) = \frac{a_2(a_4 - a_1) - a_1(a_4 - a_2)e^{-\alpha(z)}}{(a_4 - a_1) - (a_4 - a_2)e^{-\alpha(z)}},$$

其中 $\alpha(z)$ 为非常数整函数. 容易验证 $E_f(S) = E_g(S)$，但 $f \not\equiv g$. 于是 $C_M \geqslant 5$.

10.6.4 定理 10.58 的补充

现在自然要问，如果定理 10.58 中条件 $m \geqslant 2$ 换为 $m = 1$，将可得何结论？仪洪勋[38] 回答了这个问题，证明了下述

定理 10.62 设 $S = \{w \mid w^n + aw + b = 0\}$，其中 $n > 10$，a 与 b 为非零常数，使得代数方程 $w^n + aw + b = 0$ 没有重根. 设 f 与 g 为两个不同的非常数亚纯函数，且满足 $E_f(S) = E_g(S)$，则

$$f = -\frac{b(h^n - 1)}{a(h^{n-1} - 1)}, \quad g = -\frac{b(h^n - 1)}{ah(h^{n-1} - 1)},$$

其中 h 为非常数亚纯函数.

证. 设

$$F = -\frac{f^n}{af + b}, G = -\frac{g^n}{ag + b}.$$

使用定理 10.58 的证明方法可得 $F \equiv G$ 或 $F \cdot G \equiv 1$.

如果 $F \cdot G \equiv 1$，则

$$\frac{f^n}{af + b} \cdot \frac{g^n}{ag + b} \equiv 1. \tag{10.6.52}$$

应用定理 1.13，由(10.6.52) 得

$$T(r, g) = T(r, f) + S(r, f). \tag{10.6.53}$$

与定理 10.58 的证明类似，我们也可得到

$$\overline{N}(r,f) \leqslant \frac{1}{n}N(r,f) \leqslant \frac{1}{n}T(r,f),$$

$$\overline{N}(r,\frac{1}{af+b}) \leqslant \frac{1}{n}N(r,\frac{1}{af+b}) \leqslant \frac{1}{n}T(r,f) + O(1).$$

同理可得

$$\overline{N}(r,g) \leqslant \frac{1}{n}N(r,g) \leqslant \frac{1}{n}T(r,g),$$

$$\overline{N}(r,\frac{1}{ag+b}) \leqslant \frac{1}{n}N(r,\frac{1}{ag+b}) \leqslant \frac{1}{n}T(r,g) + O(1).$$

显然有

$$\overline{N}(r,\frac{1}{f}) \leqslant \overline{N}(r,g) + \overline{N}(r,\frac{1}{ag+b}).$$

再由(10.6.53)得

$$\overline{N}(r,\frac{1}{f}) \leqslant \frac{2}{n}T(r,g) + O(1)$$

$$= \frac{2}{n}T(r,f) + S(r,f).$$

应用第二基本定理即得

$$T(r,f) < \overline{N}(r,\frac{1}{f}) + \overline{N}(r,f) + \overline{N}(r,\frac{1}{f+\frac{b}{a}}) + S(r,f)$$

$$\leqslant \frac{4}{n}T(r,f) + S(r,f),$$

这是一个矛盾.

如果 $F \equiv G$,则

$$afg(f^{n-1} - g^{n-1}) = -b(f^n - g^n). \qquad (10.6.54)$$

注意到 $f \not\equiv g$,由(10.6.54)得

$$f = -\frac{b(h^n - 1)}{a(h^{n-1} - 1)}, \qquad (10.6.55)$$

其中 $h = \frac{f}{g}$. 由(10.6.55)知,h 为非常数亚纯函数. 显然还有

$$g = \frac{f}{h} = -\frac{b(h^n - 1)}{ah(h^{n-1} - 1)}.$$

这就得出定理 10.62 的结论.

仪洪勋[38]还证明了下述结论.

定理 10.63 设 $S = \{w \mid w^n + aw^{n-1} + b = 0\}$,其中 $n > 10$,

a 与 b 为非零常数，使得代数方程 $w^n + aw^{n-1} + b = 0$ 没有重根. 设 f 与 g 为两个不同的非常数亚纯函数，且满足 $E_f(S) = E_g(S)$，则

$$f = -\frac{ah(h^{n-1} - 1)}{h^n - 1}, \quad g = -\frac{a(h^{n-1} - 1)}{h^n - 1},$$

其中 h 为非常数亚纯函数.

定理 10.63 的证明与定理 10.62 的证明类似，故略去. 定理 10.63 显示了定理 10.60 中条件 $m \geqslant 2$ 换为 $m = 1$ 的结论.

10.6.5 具有一个 IM 公共值集的唯一性

现在自然要问，把本节定理中条件 $E_f(S) = E_g(S)$ 换为 $\overline{E}_f(S) = \overline{E}_g(S)$，将可得何结论？仪洪勋[39] 回答了这个问题，证明了下述.

定理 10.64 设 $S = \{w \mid w^n + aw^m + b = 0\}$，其中 n 与 m 为正整数，且满足 $m \geqslant 2, n > 2m + 14, n$ 与 m 没有公因子，a 与 b 为非零常数，且满足(10.6.1). 设 f 与 g 为非常数亚纯函数，且满足 $\overline{E}_f(S) = \overline{E}_g(S)$，则 $f \equiv g$.

证. 设

$$F = -\frac{f^n}{af^m + b}, \quad G = -\frac{g^n}{ag^m + b}. \tag{10.6.56}$$

由 $\overline{E}_f(S) = \overline{E}_g(S)$ 知，1 为 F 与 G 的 IM 公共值. 应用定理 1.13，由(10.6.56) 得

$$T(r,F) = nT(r,f) + S(r,f), \tag{10.6.57}$$

$$T(r,G) = nT(r,g) + S(r,g). \tag{10.6.58}$$

设

$$\frac{F-1}{G-1} = H. \tag{10.6.59}$$

置 $f_1 = F, f_2 = H, f_3 = -HG$. 由(10.6.59) 得

$$\sum_{j=1}^{3} f_j \equiv 1. \tag{10.6.60}$$

如果 f_1, f_2, f_3 线性无关，应用定理 1.48，由(10.6.60) 得

$$T(r,f_1) < N(r) + o(T(r)) \quad (r \notin E), \qquad (10.6.61)$$

其中

$$N(r) = \sum_{j=1}^{3} N(r,\frac{1}{f_j}) + N(r,D) - N(r,f_2)$$
$$- N(r,f_3) - N(r,\frac{1}{D}), \qquad (10.6.62)$$

D 表 f_1,f_2,f_3 的 Wronskian 行列式，$T(r) = \max\limits_{1\leqslant j\leqslant 3}\{T(r,f_j)\}$.

显然 $f_j(j=1,2,3)$ 的零点与 D 的极点仅可能出现在下述三个集合之一：

$E_1 = \{z|z$ 为 F 或 G 的零点或极点$\}$,

$E_2 = \{z|z \in \overline{E}_f(S)$，且 z 为 H 的零点$\}$,

$E_3 = \{z|z \in \overline{E}_f(S)$，且 z 为 H 的极点$\}$.

下面分三种情况来讨论. 在第 $k(k=1,2,3)$ 种情况中，$f,g,D\cdots$ 的极点的相应的计数函数分别记为 $N^{(k)}(r,f),N^{(k)}(r,g),N^{(k)}(r,D),\cdots$. 并设

$$N^{(k)}(r) = \sum_{j=1}^{3} N^{(k)}(r,\frac{1}{f_j}) + N^{(k)}(r,D) - N^{(k)}(r,f_2)$$
$$- N^{(k)}(r,f_3) - N^{(k)}(r,\frac{1}{D}). \qquad (10.6.63)$$

则

$$N(r) = \sum_{k=1}^{3} N^{(k)}(r). \qquad (10.6.64)$$

情况 1. 假设 $z \in E_1$.

与定理 7.10 的证明类似，我们可得到

$$N^{(1)}(r) \leqslant N_2(r,\frac{1}{F}) + N_2(r,F) + N_2(r,\frac{1}{G})$$
$$+ N_2(r,G). \qquad (10.6.65)$$

与定理 10.58 的证明类似，我们可得到

$$N_2(r,\frac{1}{F}) + N_2(r,F) + N_2(r,\frac{1}{G}) + N_2(r,G)$$
$$\leqslant \frac{m+4}{n}\cdot T(r,F) + \frac{m+4}{n}\cdot T(r,G) + o(T(r)) \ (r \notin E).$$
$$(10.6.66)$$

由(10.6.65),(10.6.66)得

$$N^{(1)}(r) \leqslant \frac{m+4}{n}T(r,F) + \frac{m+4}{n}T(r,G) + o(T(r)) \quad (r \notin E). \tag{10.6.67}$$

情况 2. 假设 $z \in E_2$.

设 $z_0 \in E_2$,且 z_0 为 H 的 p 重零点. 由(10.6.59)知,z_0 为 $f^n + af^m + b$ 的零点,也为 $g^n + ag^m + b$ 的零点,其重级差刚好等于 p. 设 $w_1, w_2, \cdots, w_n$ 为 $w^n + aw^m + b = 0$ 的 n 个判别的根. 则

$$\begin{aligned} N^{(2)}(r,\frac{1}{H}) &\leqslant \sum_{j=1}^{n} N(r,\frac{1}{f-w_j}) - \sum_{j=1}^{n} \overline{N}(r,\frac{1}{f-w_j}) \\ &\leqslant N(r,\frac{1}{f'}). \end{aligned}$$

由定理 1.24 得

$$N(r,\frac{1}{f'}) \leqslant N(r,\frac{1}{f}) + \overline{N}(r,f) \leqslant 2T(r,f) + O(1).$$

于是

$$N^{(2)}(r,\frac{1}{H}) \leqslant 2T(r,f) + O(1). \tag{10.6.68}$$

设 z_0 为 H 的 p 重零点,易知,z_0 不为 f_1 的零点与极点,为 f_2 的 p 重零点,也为 f_3 的 p 重零点. 因此 z_0 为 D 的至少 $2p-2$ 重零点,由此即得

$$N^{(2)}(r) \leqslant 2\overline{N}^{(2)}(r,\frac{1}{H}) \leqslant 4T(r,f) + O(1). \tag{10.6.69}$$

情况 3. 假设 $z \in E_3$.

设 $z_0 \in E_3$,且 z_0 为 H 的 q 重极点. 由(10.6.59)知,z_0 为 $g^n + ag^m + b$ 的零点,也为 $f^n + ag^m + b$ 的零点,其重级差刚好等于 q. 与情况 2 类似,我们可以得到

$$\begin{aligned} N^{(3)}(r,H) &\leqslant N(r,\frac{1}{g'}) \leqslant N(r,\frac{1}{g}) + \overline{N}(r,g) \\ &\leqslant 2T(r,g) + O(1). \end{aligned}$$

设 z_0 为 H 的 q 重极点,易知,z_0 不为 f_1 的零点与极点,为 f_2 的 q 重极点,也为 f_3 的 q 重极点,注意到 $D = \begin{vmatrix} f_1' & f_2' \\ f_1'' & f_2'' \end{vmatrix}$,因此 z_0 为 D 的

至多 $q+2$ 重极点，由此即得

$$N^{(3)}(r) \leqslant \overline{N}^{(3)}(r,H) \leqslant 2T(r,g)+O(1). \quad (10.6.70)$$

由(10.6.64),(10.6.67),(10.6.69),(10.6.70)得

$$N(r) \leqslant \frac{m+8}{n}T(r,F)+\frac{m+6}{n}T(r,G)+o(T(r))$$

$$(r \notin E), \quad (10.6.71)$$

设 $w_1,w_2,\cdots,w_n$ 为 $w^n+aw^m+b=0$ 的根，由第二基本定理得

$$\begin{aligned}(n-2)T(r,f) &< \sum_{j=1}^{n}\overline{N}(r,\frac{1}{f-w_j})+S(r,f)\\ &= \sum_{j=1}^{n}\overline{N}(r,\frac{1}{g-w_j})+S(r,f)\\ &< nT(r,g)+S(r,f).\end{aligned}$$

于是

$$T(r,f) < \frac{n}{n-2}T(r,g)+S(r,f).$$

同理也有

$$T(r,g) < \frac{n}{n-2}T(r,f)+S(r,f).$$

再由(10.6.57),(10.6.58)得

$$T(r,G) < \frac{n}{n-2}T(r,F)+S(r,F). \quad (10.6.72)$$

由(10.6.71),(10.6.72)得

$$N(r) \leqslant (\frac{m+8}{n}+\frac{m+6}{n-2})T(r,F)+S(r,F).$$

$$(10.6.73)$$

注意到 $n \geqslant 2m+15$，由(10.6.61),(10.6.73)得

$$T(r,F) < (\lambda+o(1))T(r,F), \quad (r \notin E),$$

其中 $\lambda=\frac{m+8}{n}+\frac{m+6}{n-2} \leqslant \frac{m+8}{2m+15}+\frac{m+6}{2m+13} < 1$. 这是一个矛盾. 于是 f_1,f_2,f_3 线性相关，与定理 7.10 的证明类似，我们也可得到 $F\equiv G$ 或 $F\cdot G\equiv 1$. 与定理 10.58 的证明类似，可得 $f\equiv g$.

显然定理 10.64 为定理 10.58 的改进，使用类似的方法，可得

下述定理，它为定理 10.60 的改进.

定理 10.65 设 $S=\{w|w^n+aw^{n-m}+b=0\}$，其中 n 与 m 为正整数，且满足 $m\geqslant 2, n>2m+14$，n 与 m 没有公因子. a 与 b 为非零常数，使得代数方程 $w^n+aw^{n-m}+b=0$ 没有重根. 设 f 与 g 为非常数亚纯函数，且满足 $\overline{E}_f(S)=\overline{E}_g(S)$，则 $f\equiv g$.

使用类似方法，也可证明下述

定理 10.66 设 $S=\{w|w^n+aw^m+b=0\}$，其中 n 与 m 为正整数，且满足 $n>2m+7$，n 与 m 没有公因子，a 与 b 为非零常数，且满足(10.6.1). 设 f 与 g 为非常数整函数，且满足 $\overline{E}_f(S)=\overline{E}_g(S)$，则 $f\equiv g$.

定理 10.67 设 $S=\{w|w^n+aw^{n-m}+b=0\}$，其中 n 与 m 为正整数，且满足 $n>2m+7$，n 与 m 没有公因子，a 与 b 为非零常数，使得代数方程 $w^n+aw^{n-m}+b=0$ 没有重根. 设 f 与 g 为非常数整函数，且满足 $\overline{E}_f(S)=\overline{E}_g(S)$，则 $f\equiv g$.

显然定理 10.66，10.67 分别为定理 10.55，10.56 的改进.

与本节有关的结果可参看 Gross[3]，仪洪勋[35,38,39,40,41]，李平-杨重骏[1,2]，Mues-Reinders[2].

参 考 文 献

Adams, W. W. and Straus, E. G.

〔1〕 Non-Archimedian analytic functions taking the same values at the same points , *Ill. J. Math.* , **15**(1971), 418—424.

Ahlfors, L. V.

〔1〕 " Complex analysis", Third edition, McGraw-Hill, 1979.

Anastassiadis, J.

〔1〕 " Recherches algébriques sur le théorème de Picard-Montel", Exposés sur la théorie des fonctions XVIII, Hermann, Paris, 1959.

Baganas, N.

〔1〕 Sur les valeurs algébriques d'une fonctions algébroïdes et les integrales psendo-abélinnes, *Ann. Ec. Norm. Sup.* 3 Serie, **66**(1949), 161—208.

柏盛桄

〔1〕“整函数与亚纯函数”,华中师大出版社,武汉,1987.

Bank, S.

〔1〕 A general theorem concerning the growth of solutions of first-order algebraic differential equations, *Compositio Math.* , **25**(1972), 61—70.

Barth, K. F., Braman, D. A. and Hayman, W. K.

〔1〕 Research problems in complex analysis, Bull. London Math. Soc. , **16**(1984), 490—517.

Bergweiler, W.

〔1〕 On meromorphic functions that share three values and

on the exceptional set in Wiman-Valiron theory, *Kodai Math. J.*, **13** (1990), 1—9.

Borel, E.

〔1〕 Sur les zéros des fonctions entières, *Acta Math.*, **20** (1897),357—396.

Brosch, G.

〔1〕 Eindeutigkeitssätze für meromorphe Funktionen, Thesis, Technical University of Aachen, 1989.

Cartan, H.

〔1〕 Sur la fonction de croissance attachée *à* une fonction méromorphe de deux variables et ses applications aux fonctions méromorphes d'une variable, *C. R. Acad. Sci. Paris*, **189**(1929), 521—523.

程九逸

〔1〕 整函数与其导数涉及慢增长函数的唯一性定理,上海教育学院学报,4(1986),1.

Czubiak, T. P. and Gundersen, G. G.

〔1〕 Entire functions that share real zeros and real ones, *Proc. Amer. Math. Soc.*, **82**(1981), 393—397.

Diamond, H. G., Pomerance, C. and Rubel, L.

〔1〕 Sets on which an entire functions in determined by its range, *Math. Z.*, **176**(1981), 383—398.

Doeringer, W.

〔1〕 Exceptional values of differential polynomials, *Pacific J. Math.*, **98**(1982), 55—62.

Edrei, A.

〔1〕 Meromorphic functions with three radially distributed values, *Trans. Amer. Math. Soc.*, **78**(1955), 276—293.

Edrei, A. and Fuchs, W. H. J.

〔1〕 On the growth of meromorphic functions with several deficient values, *Trans. Amer. Math. Soc.*, **93**(1959), 292—328.

Edrei, A., Fuchs, W. H. J. and Hellerstein, S.

〔1〕 Radial distribution and deficiencies of the values of a meromorphic function, *Pacific J. math.*, **11**(1961), 135—151.

Edward, T.

〔1〕 Two examples of sets of range uniqueness, *Ill. J. Math.*, **27**(1983), 110—114.

范秉清

〔1〕 整函数与其导数分担值定理的一个改进,河北师院学报, **4**(1990), 23—26.

方明亮

〔1〕 代数体函数的唯一性定理,数学学报,**36**(1993),217—222.

〔2〕 涉及微分多项式的亚纯函数的唯一性,待发表.

Flatto, L.

〔1〕 A theorem on level curves of harmonic functions, *J. London Math. Soc*, **1**(1969), 470—472.

Frank, G.

〔1〕 在南开大学的讲演, 1992.

〔2〕 Eine vermutung von Hayman über nullstellen meromorpher funktion, *Math. Z.*, **149**(1976), 29—36.

Frank, G. and Hennekemper, W.

〔1〕 Einige Ergebnisse über die Werteverteilung meromorpher Funktionen und ihrer Ableitungen, *Resultate Math.*, **4**(1981), 39—54.

Frank, G. and Hua, X. H. (华歆厚)

〔1〕 Differential polynomials that share three values with

their generated meromorphic function, To appear.

Frank, G. and Ohlenroth, W.

〔1〕 Meromorphe Funktionen, die mit einer ihrer Ableitungen Werte teilen, *Complex Variables*, **6**(1986), 23—37.

Frank, G. and Schwick, W.

〔1〕 Meromorphe Funktionen, die mit einer Ableitung drei Werte teilen, *Results in Math.*, **22**(1992), 679—684.

Frank, G. and Weissenborn, G.

〔1〕 Rational deficient functions of meromorphic functions, Bull. London Math. Soc., **18**(1986), 29—33.

〔2〕 On the zeros of linear differential polynomials of meromorphic functions, *Complex Variables*, **12**(1989), 77—81.

〔3〕 Meromorphe Funktionen, die mit einer ihrer Ableitungen Werte teilen, *Complex Variables*, **7**(1986), 33—43.

Gackstatter, F. and Laine, I.

〔1〕 Zur therie der gewohnlichen differential-gleichung im Komplexen, *Ann. Polon. Math.*, **38**(1980), 259—287.

Gackstatter, F. and Meyer, G. P.

〔1〕 Zur Wertverteilung der Quotienten von Exponentialpolynonen, *Arch Math.*, **36**(1981), 255—273.

Gervais, R., Rahman, Q. I. and Schmeisser, G.

〔1〕 (0, 2)-Interpolation of entire functions, *Canad. J. Math.*, **38**(1986), 1210—1227.

Gol'dberg, A. A. and Erëmenko, A. É.

〔1〕 Generalized sets of uniqueness for entire functions, *Akad. Nauk. Armyan, SSR. Dokl.* **81**(1985), 159—

161.

Gol′dberg, A. A. and Ostrowski, I. W.

〔1〕"Value distribution of meromorphic functions", Nauka, Moscow, 1970.

宫为国

〔1〕关于杨重骏之猜想,数学进展,**14**(1985),175.

Gopalakrishna, H. S. and Bhoosnurmath, S. S.

〔1〕Uniqueness theorems for meromorphic functions, *Math. Scand.*, **39**(1976), 125—130.

〔2〕Uniqueness theorems for meromorphic functions, *Tamkang J. Math.*, **16**(1985),49—57.

Gross, F.

〔1〕"Factorization of meromorphic functions", U. S. Government Printing Office, Washington, D. C., 1972.

〔2〕On the distribution of values of meromorphic functions, *Trans. Amer. Math. Soc.*, **131**(1968), 199—214.

〔3〕Factorization of meromorphic functions and some open problems, "Complex analysis", Lecture Notes in Math., Vol. 599, Springer, 1977, 51—69.

Gross, F. and Osgood, C. F.

〔1〕Entire functions with common preimages, Lecture Notes in Pure and Applied Math., Vol. 78, Dekker, New York, 1982, 19—24.

Gross, F. and Yang, C. C.(杨重骏)

〔1〕Meromorphic functions covering certain finite sets at the same points, Ill. J. Math., **26**(1982), 432—441.

〔2〕On preimage and range sets of meromorphic functions, Proc. Japan. Acad. Ser. A. Math. Sci., **58** (1982), 17—20.

顾永兴

〔1〕“亚纯函数的正规族”，四川教育出版社，成都，1991.

〔2〕整函数及其微分多项式的唯一性，数学学报，**37**（1994），791—798.

Gundersen, G. G.

〔1〕Condition for a composite of polynomials, Amer. Math. Monthly, **87**(1980), 228.

〔2〕Meromorphic functions that share three or four values, *J. London Math. Soc.*, **20**(1979), 457—466.

〔3〕Meromorphic functions that share four values, *Trans. Amer. Math. Soc.*, **277**(1983), 545—567.

〔4〕Correction to "Meromorphic functions that share four values", *Trans. Amer. Math. Soc.*, **304**(1987), 847—850.

〔5〕Meromorphic functions that share finite values with their derivative, *J. Math. Anal. Appl.*, **75**(1980), 441—446.

〔6〕Meromorphic functions that share two finite values with their derivative, *Pacific J. Math.*, **105**(1983), 299—309。

〔7〕When two entire functions and also their first derivatives have the same zeros. *Indiana Univ. Math. J.*, **30** (1981), 293—303.

Gundersen, G. G. and Yang, C. C.（杨重骏）

〔1〕On the preimage sets of entire functions, *Kodai Math. J.*, **7**(1984), 76—85.

Hans, D. and Gerald, S.

〔1〕Zur charakterisierung von polynomen durch ihre Null- und Einsstellen, *Arch Math.* (*Basel*), **48** (1987), 337—342.

Hayman, W. K.

〔1〕"Meromorphic functions", Oxford, 1964.

〔2〕 Picard values of meromorphic functions and their derivatives, *Ann. of Math.*, **70**(1959), 9—42.

何育赞

〔1〕关于代数体函数及其导数 I，数学学报，**15**(1965)，281—295.

〔2〕关于代数体函数及其导数 II，数学学报，**15**(1965)，500—510.

〔3〕 Sur un problème d'unicite ralatif aux fonctions algébroides, *Sci. Sinica*, **14**(1965), 174—180.

〔4〕关于代数体函数的重值，数学学报，**22**(1979)，733—742.

〔5〕代数体函数与全纯函数线性组合的唯一性定理，纯粹数学与应用数学，**1**(1985)，24—31.

〔6〕全纯函数的线性组合及其应用，中山大学学报，**2**(1982)，15—21.

何育赞，高仕安

〔1〕 On algebroid functions taking the same values at the same points, *Kodai Math. J.*, **9** (1986), 256—265.

何育赞，萧修治

〔1〕"代数体函数与常微分方程"，科学出版社，北京，1988.

Hennekemper, G. and Hennekemper, W.

〔1〕 Picardsche Ausnahmewerte von Ableitungen gewisser meromorpher Function, *Complex Variables*, **5**(1985), 87—93.

Hiromi, G. and Ozawa, M.

〔1〕 On the existence of analytic mappings between two ultrahyperelliptic surfaces, *Kodai Math. Serm. Rep.*, **17** (1965), 281—306.

Holland, A. S. B.

〔1〕"Introduction to the theory of entire functions", Pure and Applied Math. Vol. 56, Academic Press, New York and London, 1973.

华歆厚

〔1〕On a problem of Hayman, *Kodai Math. J.*, **13**(1990), 386—390.

〔2〕Sharing values and a conjecture due to C. C. Yang, To appear.

〔3〕A unicity theorem for entire functions, *Bull. London Math. Soc.*, **22**(1990), 457—462.

Jank, G., Mues, E. and Volkmann, L.

〔1〕Meromorphe Funktionen, die mit ihrer ersten und zweiten Ableitung einen endlichen Wert teilen, *Complex Variables*, **6**(1986), 51—71.

Jank, G. and Terglane, N.

〔1〕Meromorphic functions sharing three values, *Math. Pannonica*, **2**(1991), 37—46.

Jank, G. and Volkmann, L.

〔1〕"Einführung in die Theorie der ganzen und meromorphen Funktionen mit Anwendungen auf Differentialgleichungen", Birkhäuser Verlag, Basel-Boston-Stuttgart, 1985.

姜南,林勇

〔1〕亚纯函数的唯一性定理,福建师大学报,**4**(1988), 33—38.

Johnston, E. H.

〔1〕On sets of range uniqueness, *Math. Z.*, **184**(1983), 533—547.

Kjellberg, B.

〔1〕On the minimum modulus of entire functions, *Math.*

Scand., **8**(1960), 189—197.

Köhler, L.

〔1〕 Meromorphic functions sharing zeros and poles and also some of their derivatives sharing zeros, *Complex Variables*, **11**(1989), 39—48.

李平,杨重骏

〔1〕 On the unique range set of meromorphic functions, To appear.

〔2〕 Some further results on the unique range sets of meromorphic functions, To appear.

李锐夫,戴崇基,宋国栋

〔1〕 "复变函数续论", 高等教育出版社,北京, 1988.

林运泳

〔1〕 取得公共值的代数体函数,数学杂志, **9** (1989), 415—422.

〔2〕 亚纯函数及其导数取得共同值的两个定理,纯粹数学与应用数学,**5**(1989), 16—23.

陆伟成

〔1〕 亚纯函数及整函数的唯一性,上海师大学报, **1** (1985), 7—10.

Milloux, H.

〔1〕 "Les fonctions méromorphes et leurs dérivées", Paris, 1940.

〔2〕 "Extension d'un théorème de M. R. Nevanlinna et applications", *Act. Scient. et Ind. No.*, **888**, 1940.

Mkrtějan, M. A.

〔1〕 A problem of Yang, Some problems of multidimensional complex analysis, pp. 237—242, Akad. Nauk SSSR Sibirsk. Otdel., Inst. Fiz., Krasnoyarsk, 1980.

莫叶

〔1〕“复变函数论”(第一册)，山东科技出版社，济南，1980.

〔2〕“复变函数论”(第二册)，山东科技出版社，济南，1983.

〔3〕“复变函数论”(第三册)，山东大学出版社，济南，1992.

Moh, T. T. (莫宗坚)

〔1〕On a certain group structure for polynomials, Proc. Amer. Math. Soc., 82 (1981), 183—187.

Mokhon'ko, A. Z.

〔1〕On the Nevanlinna characteristics of some meromorphic functions, in "Theory of functions, functional analysis and their applications", *Izd-vo Khar'kovsk. Un-ta*, **14** (1971), 83—87.

Mues, E.

〔1〕Über eine Defekt und Verzweigungsrelation fur die Ableitung Meromorpher Funktionen, *Manuscripta Math.*, **5**(1971), 275—297.

〔2〕Meromorphic functions sharing four values, *Complex Variables*, **12**(1989), 169—179.

〔3〕Bemerkungen zum Vier-Punkte-Satz. Math. Res., **53** (1989), 109—117.

Mues, E. and Reinders, M.

〔1〕Meromorphe funktionen, die mit einem linearen Differentialpolynom drei Werte teilen, Results in Math., 22 (1992), 725—738.

〔2〕Meromorphic functions sharing one value and unique range sets, To appear.

Mues, E. and Steinmetz, N.

〔1〕Meromorphe funktionen, die mit ihrer ableitung werte teilen, *Manuscripta Math.*, **29**(1979), 195—206.

〔2〕Meromorphe funktionen, die mit ihrer ableitung zwei

werte teilen, *Resultate Math.*, **6**(1983), 48—55.

Nevanlinna, R.

〔1〕 Zur Theorie der meromorphen Funktionen, *Acta Math.*, **46**(1925), 1—99.

〔2〕 "Le Théorème de Picard-Borel et la théorie des fonctions méromorphes", Paris, 1929.

〔3〕 "Eindeutige analytische Funktionen", Springer, 1953.

〔4〕 Einige Eindeutigkeitssatze in der Theorie der meromorphen Funktionen, Acta Math., **48**(1926), 367—391.

〔5〕 Über die konstruktion von meromorphen Funktionen mit gegebenen Wertzuordnungen, Festschrift zur Gedächtnisfeier für karl Weierstrass, 1815—1965, Westdeutscher Verlag, Köln-Opladen, 1966, 576—582.

Niino, K.

〔1〕 On regularly branched three-sheeted covering Riemann surfaces, Kodai *Math. Sem. Rep.*, **18**(1966), 229—250.

〔2〕 On the functional equation $(e^M-\gamma)^k(e^M-\delta)^{m-k}=f^m(e^H-\delta)^k(e^H-\tau)^{m-k}$, *Aequationes Methematicae*, **22**(1981), 293—301.

Niino, K. and Ozawa, M.

〔1〕 Deficiencies of an entire algebroid function, *Kodai Math. Sem. Rep.*, **22**(1970), 98—113.

Osgood, C. F. and Yang, C. C. (杨重骏)

〔1〕 On the quotient of two integral functions, *J. Math. Anal. Appl.*, **54**(1976), 408—418.

Ozawa, M.

〔1〕 Unicity theorems for entire functions, *J. D'Anal. Math.*, **30**(1976), 411—420.

〔2〕 On the zero-one set of an entire function, *Koadi Math. Sem. Rep.*, **28**(1977), 311—316.

〔3〕 On the zero-one set of an entire function II, *Kodai Math. J.*, **2**(1979), 194—199.

Piamond, H. G., Pomerance, C. and Rubel, L.

〔1〕 Sets on which an entire functions in determined by its range, *Math. Z.*, **176**(1981), 383—398.

Pizer, A. K.

〔1〕 A problem on rational functions, *Amer. Math. Monthly*, **5**(1973), 552—553.

Polya, G.

〔1〕 Bestimmung einer ganzen Funktion endlichen Geschlechts durch viererlei Stellen, Matematisk Tidsskrift B, (1921), 16—21.

邱廉郦

〔1〕 On a conjecture of C. C. Yang for the class F of meromorphic functions, Kodai Math. J., **16**(1993), 318—326.

〔2〕 亚纯函数的重值与唯一性定理,数学研究记事,**26**(1993), 70—76.

Rainer, B.

〔1〕 Identitätssätze für ganze Funktionen vom Exponentialtyp, *Mitt. Math. Sem. Giessen*, **168**(1984).

Rainville, E. D.

〔1〕 "Special functions", Macmillan Company, New York, 1960.

饶久泉

〔1〕 关于亚纯函数唯一性的一些结果,四川师大学报,**1**(1986), 1—6.

〔2〕 例外值与亚纯函数的唯一性,四川师大学报, **2**(1986),

16—23.

〔3〕与不动点有关的整函数的唯一性问题,四川师大学报,**2**(1985),17.

饶久泉,范秉清

〔1〕与其微分多项式分担值的亚纯函数,四川师大学报,**2**(1988),9—13.

Reinders, M.

〔1〕Eindeutigkeitssätze für meromorphe Funktionen, die vier Werte teilen, Dissertation, Universitat Hannover, 1990.

〔2〕Eindeutigkeitssätze für meromorphe Funktionen, die vier Werte teilen, *Mitt, Math. Sem. Giessen*, **200**(1991), 15—38.

〔3〕A new characterization of Gundersen's example of two meromorphic functions sharing four values, *Results in Math.*, **24**(1993), 174—179.

〔4〕A new example of meromorphic functions sharing four values and a uniqueness theorem, *Complex Variables*, **18**(1992), 213—221.

Rippon, P. J.

〔1〕A radial uniqueness theorem for meromorphic functions, *Proc. Amer. Math. Soc.*, **85**(1982), 572—574.

Ritt, J. F.

〔1〕On the zeros of exponential polynomials, *Trans. Amer. Math. Soc.*, **29**(1927), 681.

Rubel, L. A. and Yang, C. C.(杨重骏)

〔1〕Interpolation and unavoidable families of meromorphic functions, *Mich. Math. J.*, **20**(1973), 289—296.

〔2〕Values shared by an entire function and its derivative, in "Complex analysis, Kentucky, 1976", Lecture

Notes in Math., Vol. 599, Springer, 1977, 101—103.

Rüssmann, P.

〔1〕 Über Differentialpolynome, die mit ihrer erzeugenden Funktion zweiwerte teilen, Diss. (German), Berlin, TU Berlin, FB Mathematik, 129S, 1993.

Shea, D. F.

〔1〕 On the Valiron deficiencies of meromorphic functions of finite order, Trans. Amer. Math. Soc., **124** (1966), 201—227.

Shibazaki, K.

〔1〕 Unicity theorems for entire functions of finite order, *Memoirs of the National Defense Academy*, **21** (1981), 67—71.

Steinmetz, N.

〔1〕 Eine Verallgemeinerung des zweiten Navanlinnaschen Hauptsatzes, J. Reine Angew. Math., **368** (1986), 134—141.

〔2〕 A uniqueness theorem for three meromorphic functions, *Ann. Acad. Sci. Fenn. Ser. A. I. Math.*, **13** (1988), 93—110.

〔3〕 Zur Wertverteilung der Quotienten von Exponentialpolynomen, *Arch. Math.*, **35** (1980), 461—470.

〔4〕 Bermerkung zu einem satz von Yosida, In "Complex analysis, Joensuu, 1978", Lecture Notes in Math. Vol. 747, 1979, 369—377.

Strans, E. G.

〔1〕 On entire functions with algebraic derivatives at certain algebrai points, *Ann. of Math.*, **52** (1950), 188—198.

Tatyana, A.

〔1〕 Entire functions of order two, bounded in a double sequence of points, *Annuaire Univ. Sofia Fac. Math. Mec.*, **74**(1980), 21—27.

Terglane, N.

〔1〕 Identitätssätze in C meromorpher Funktionen als Ergebnis von Werteteilung, Diplomarbeit, RWTH Aachen, 1989.

Titchmarsh, E. C.

〔1〕 "The theory of functions", 2nd ed. Clarendon Press, Oxford, 1968.

Toda, N.

〔1〕 On the functional equation $\sum_{i=0}^{p} a_i f_i^{n_i} = 1$, *Tohoku Math. J.*, **23**(1971), 289—299.

〔2〕 Some generalizations of the unicity theorem of Nevanlinna, *Proc. Japan Acad. Ser. A.*, **69**(1993), 61—65.

Tohge, K.

〔1〕 Meromorphic functions covering certain finite sets at the same points, *Kodai Math. J.*, **11**(1988), 249—279.

〔2〕 On a problem of Hinkkanen about Hadamard products, Kodai Math. J., **13**(1990), 101—120.

Trembinska, A. M.

〔1〕 Uniqueness theorems for entire functions of exponential type, J. Appr. Theory, **42**(1984), 64—69.

菱振汉

〔1〕 亚纯函数的唯一性定理,武汉大学学报,4(1988),23—28.

Ueda, H.

〔1〕 Unicity theorems for entire functions, *Kodai Math.*

J., **3**(1980), 212—223.

〔2〕 Unicity theorems for meromorphic or entire functions, *Kodai Math. J.*, **3**(1980), 457—471.

〔3〕 Unicity theorems for meromorphic or entire functions II, *Kodai Math. J.*, **6**(1983), 26—36.

〔4〕 On the zero-one-pole set of a meromorphic function, *Kodai Math. J.*, **12**(1989), 9—22.

Urabe, H.

〔1〕 A generalization of a result of C. C. Yang, *Bull. Kyoto Univ. Ed. Ser. B.*, **48**(1976), 1—3.

Valiron, G.

〔1〕 "Lectures on the general theory of integral functions", Edouard Privat, Toulouse, 1923.

〔2〕 Sur quelques propriétés des fonctions algébroïdes, *C. R. Acad. Sc. Paris*, **189**(1929), 824—826.

〔3〕 Sur la derivee des fonctions algébroïdes, *Bull. Soc. Math. Fr.*, **59**(1929), 17—39.

王书培

〔1〕 On meromorphic functions that share four values, *J. Math. Anal. Appl.*, **173**(1993), 359—369.

王跃飞

〔1〕 On Mues conjecture and Picard values, To appear.

Winkler, J.

〔1〕 Zur Existenz ganzer Funktionen bei vorgegebener Menge der Nullstellen und Einsstellen, *Math. Z.*, **168**(1979), 77—85.

〔2〕 On the existence of meromorphic functions with prescribed zeros, ones, and poles, *Ann. Acad. Fen. Ser. A. I. Math.*, **10**(1985), 563—572.

〔3〕 On the existence of meromorphic functions with a prescribed set of zeros, ones and poles and on functions sharing values. *J. London Math. Soc.*, **38** (1988), 293—306.

Wittich, H.

〔1〕"Neuere untersuchungen über eindeutige analytische funktionen", Springer-Verlag, Berlin and New York, 1955.

谢晖春

〔1〕亚纯函数的重值与唯一性问题,福建师大学报,**10** (1983), 1—10.

熊庆来

〔1〕亚纯函数理论的一个基本不等式及其应用,数学学报,**8** (1958), 430—455.

〔2〕Sur le cycle de Montel-Miranda, dans la theorie des familles normales, *Sci. Sinica*, **7**(1958), 987—1000.

〔3〕Un probléme D'unicité Relatif Aux Fonctions Méromorphes, *Sci. Sinica*, **6**(1963), 743—750.

〔4〕Sur la croissance des fonctions algébroïdes en rapport avec leurs derivées, *C. R. Acad. Sc.*, **241** (1956), 3032—3035.

杨重骏

〔1〕On dificiencies of differential polynomials II, *Math. Z.*, **125**(1972), 107—112.

〔2〕关于多项式及超越整函数的某些问题,数学进展,**13** (1984), 1—3.

〔3〕A problem on polynomials, *Rev. Roum. Math. Pures et Appl.*, **22**(1977), 595—598.

〔4〕On meromorphic functions taking the same values at the same points, *Kodai Math. Sem. Rep.*, **28**(1977), 300—309.

〔5〕 On two entire functions which together with their first derivatives have the same zeros, *J. Math. Anal. Appl.*, **56**(1976), 1—6.
〔6〕 Nevanlinna 五值唯一性定理的强化,待发表.

杨重骏, 仪洪勋

〔1〕 具有亏值的亚纯函数的唯一性定理,数学学报,**37**(1994),62—72.

杨连中

〔1〕 Entire functions that share finite values with their derivatives, *Bull. Austral. Math. Soc.*, **41**(1990), 337—342.

杨乐

〔1〕"值分布论及其新研究",科学出版社,北京,1982.
〔2〕 精密的基本不等式与亏量和,中国科学,**2**(1990),117—121.
〔3〕 Precise estimate of total deficiency of meromorphic derivatives, *J. D'Anal. Math.*, **55**(1990), 287—296.
〔4〕 亚纯函数的导数总亏量的精确估计,科学通报,**16**(1990),1208—1210.
〔5〕 亚纯函数结合于导数的总亏量,科学通报,**23**(1991),1761—1763.
〔6〕 亚纯函数及函数组合的重值,数学学报,**14**(1964),428—437.
〔7〕 亚纯函数的亏函数,中国科学,**4**(1981),396—404.

杨玉珍

〔1〕 关于整函数和亚纯函数的唯一性的两个结果,哈尔滨师大学报,**3**(1987),10—16.

叶寿桢

〔1〕 关于亚纯函数唯一性定理的两点注记,温州师院学报,1989,17—20.

〔2〕几个亚纯函数的唯一性定理，温州师院学报，1991，7—14.

〔3〕Uniqueness of meromorphic functions that share three values. *Kodai Math. J.*, **15**(1992), 236—243.

〔4〕On the uniqueness of entire or meromorphic functions, 曲阜师大学报，**18**(1992)，19—24.

〔5〕一个亚纯函数唯一性定理的推广，曲阜师大学报，**17**(1991)，35—38.

仪洪勋

〔1〕具有两个亏值的亚纯函数，数学学报，**30**(1987)，588—597.

〔2〕关于亚纯函数的重值与唯一性问题的注记，数学季刊，**2**(1987)，99—104.

〔3〕具有公共原象的亚纯函数，数学杂志，**7**(1987)，219—224.

〔4〕在相同点覆盖四个有穷集合的亚纯函数，纯粹数学与应用数学，**3**(1987)，118—120.

〔5〕在相同点覆盖三个有限集合的亚纯函数，山东大学学报，**22**：2(1987)，41—53.

〔6〕关于亚纯函数的唯一性，数学学报，**31**(1988)，570—576.

〔7〕具有三个公共值的亚纯函数，数学年刊，**9A**(1988)，434—439.

〔8〕整函数 0-d 集合的唯一性定理，工程数学学报，**5**(1988)，117—120.

〔9〕关于亚纯函数族 $\mathscr{F}$ 的唯一性. 数学季刊，**3**(1988)，58—61.

〔10〕亚纯函数的唯一性定理，山东大学学报，**23**：1(1988)，15—22.

〔11〕关于 *H. Ueda* 定理的注记，山东大学学报，**23**：4(1988)，71—77.

〔12〕亚纯函数的重值与唯一性,数学年刊,**10***A*(1989),421—427.

〔13〕*Ozawa* 定理的推广,山东大学学报,**24**:1(1989),12—18.

〔14〕整函数的唯一性定理,山东大学学报,**24**:3(1989),13—19.

〔15〕关于亚纯函数唯一性问题的注记,山东大学学报,**24**:4(1989),1—9.

〔16〕A question of C. C. Yang on the uniqueness of entire functions, *Kodai*, *Math. J.*, **13**(1990), 39—46.

〔17〕Meromorphic functions that share two or three values, Kodai *Math. J.*, **13**(1990), 363—372.

〔18〕On a result of Gross and Yang, *Tohoku Math. J.*, **42**(1990), 419—428.

〔19〕Uniqueness of meromorphic functions and a question of C. C. Yang, *Complex Variables*, **14**(1990), 169—176.

〔20〕关于 Gross 的一个结果,纪念闵嗣鹤教授学术报告会论文集,山东大学出版社, 1990, 24—30.

〔21〕C. C. Yang 的一个问题,数学年刊,**12**A(1991),487—491.

〔22〕Meromorphic functions with two deficient values II, *Chinese Quart. J. Math.*, **6**:1(1991), 1—8.

〔23〕代数体函数的重值与唯一性,工程数学学报,**18**(1991),1—8.

〔24〕关于亚纯函数的重值与唯一性问题,山东大学学报,**27**:2(1992),127—134.

〔25〕具有公共原象的亚纯函数(Ⅱ),山东大学学报,**27**:4(1992),375—381.

〔26〕Unicity theorems for entire or meromorphic functions,

Acta Math. Sinica (New Series), **10**: 2(1994), 121—131.
〔27〕有穷下级亚纯函数的唯一性定理,待发表.
〔28〕Unicity theorems for meromorphic functions that share three values, To appear.
〔29〕亚纯函数的唯一性和 Gross 的一个问题,中国科学(A),**24**: 5(1994),457—466.
〔30〕亚纯函数的唯一性和 Gross 的一个问题(Ⅱ),山东大学学报,**29**: 3(1994),241—246
〔31〕具有实 0 点与实 1 点的整函数的唯一性定理,待发表.
〔32〕Unicity theorems for entire functions, *Kodai Math. J.*, **17**(1994),133—141.
〔33〕Unicity theorems for meromorphic or entire functions, *Bull. Austral. Math. Soc.*, **49**(1994), 257—265.
〔34〕具有三个公共值的亚纯函数(Ⅱ),中国科学(A)24: 11(1994),1137—1144.
〔35〕关于 Gross 的一个问题,待发表.
〔36〕关于亚纯函数组的几个定理,待发表.
〔37〕Meromorphic functions that share one or two values, To appear.
〔38〕A question of Gross and uniqueness of meromorphic functions, To appear.
〔39〕Uniqueness theorems for meromorphic functions, To appear.
〔40〕The unique range sets for entire or meromorphic functions, To appear.
〔41〕具有一个或二个公共值集的亚纯函数,待发表.
〔42〕On results of Czubiak-Gundersen and Osgood-Yang, To appear.

仪洪勋,杨重骏

〔1〕导数具有相同1值点的亚纯函数的唯一性定理,数学学报,**34**(1991),675—680.

〔2〕Unicity theorems for meromorphic functions whose n-th derivatives sharing the same 1-points, *J. D'Anal. Math.*, **62**(1994), 261—270.

仪洪勋,叶寿桢

〔1〕关于整函数与亚纯函数唯一性定理的推广,山东大学学报,**28**:3(1993),261—268.

仪洪勋,周长桐

〔1〕具有四个公共值的亚纯函数,待发表.

〔2〕关于Gundersen的一个问题,待发表.

〔3〕亚纯函数的亏量与唯一性,待发表.

余军扬

〔1〕On the problem of uniqueness and determination of algebraic functions, J. Graduate School, *Academia Sinica*,**8**(1991), 10—22.

张广厚

〔1〕"整函数和亚纯函数理论",科学出版社,北京,1986.

张庆德

〔1〕亚纯函数关于慢增长函数的一个唯一性定理,数学学报,**36**(1993),826—833.

郑穇华,王书培

〔1〕关于亚纯函数及其导数的唯一性,数学进展,**21**(1992),334—341.

郑建华

〔1〕具有三个公共值的周期亚纯函数的唯一性定理,科学通报,**1**(1992),12—15.

〔2〕亚纯函数涉及慢增长函数的唯一性定理,安徽师大学报,**3**(1987),9.

朱经浩

〔1〕亚纯函数唯一性定理的一个推广，数学学报，**30**(1987)，648—652.

庄圻泰

〔1〕“亚纯函数的奇异方向”，科学出版社，北京，1982.

〔2〕Sur la comparaison de la croissanxe d'une fonction méromorphe et de celle de sa dérivée, *Bull. Sci. Math.*, **75**(1951), 171—190.

〔3〕Une généralisation d'une inégalité de Nevanlinna, *Sci. Sinica*, **13**(1964), 887—895.

〔4〕On a theorem of Borel, 北京大学学报，**27**(1991), 546—556.

庄圻泰，杨重骏

〔1〕“亚纯函数的不动点和分解论”，北京大学出版社，1988.